KB123846

기하학 세상을 설명하다

기하학 세상을 설명하다

—

2022년 7월 13일 초판 1쇄 발행
2022년 7월 30일 초판 3쇄 발행

—

지은이 조던 엘렌버그
옮긴이 장영재
펴낸이 김정수, 강준규
감수자 박부성
책임편집 유형일
마케팅 추영대
마케팅지원 배진경, 임혜솔, 송지유

—

펴낸곳 (주)로크미디어
출판등록 2003년 3월 24일
주소 서울시 마포구 성암로 330 DMC첨단산업센터 318호
전화 02-3273-5135
팩스 02-3273-5134
편집 070-7863-0333
홈페이지 http://rokmedia.com
이메일 rokmedia@empas.com

—

ISBN 979-11-354-7454-5 (03410)
책값은 표지 뒷면에 적혀 있습니다.

—

브론스테인은 로크미디어의 과학, 건강 도서 브랜드입니다.
잘못 만들어진 책은 구입하신 서점에서 교환해 드립니다.

만물의 기저에 숨어 있는 기하학

기하학 세상을 설명하다

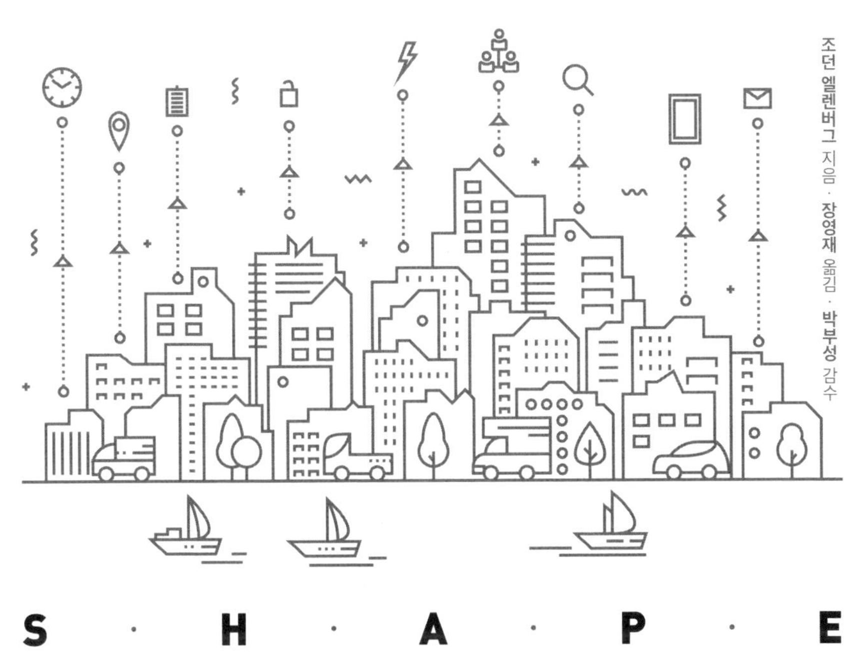

조던 엘렌버그 지음 · 장영재 옮김 · 박부성 감수

S · H · A · P · E

THE HIDDEN GEOMETRY OF INFORMATION, BIOLOGY, STRATEGY, DEMOCRACY, AND EVERYTHING ELSE

BRONSTEIN

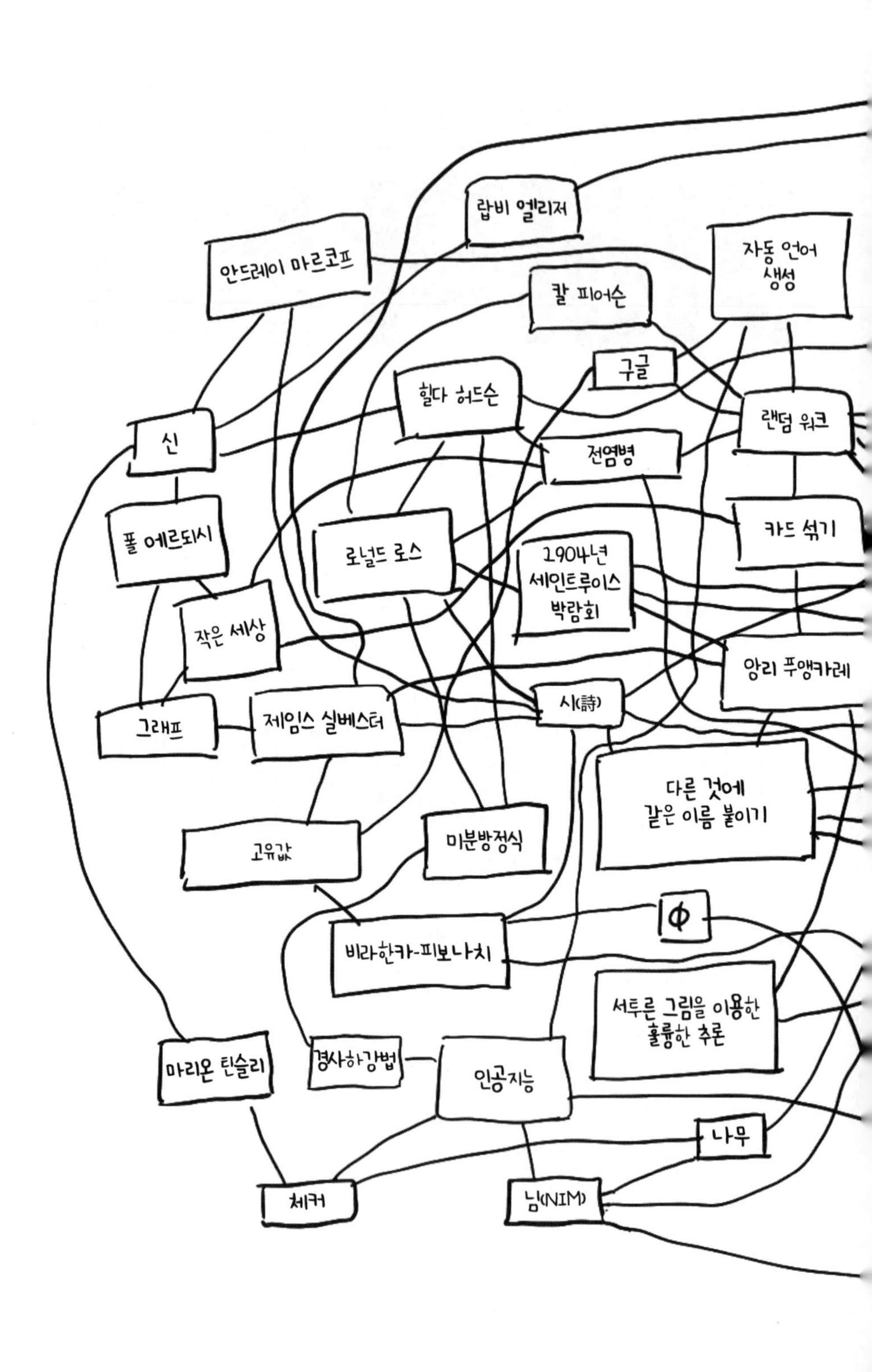

랍비 엘리저
안드레이 마르코프
자동 언어 생성
칼 피어슨
구글
힐다 허드슨
신
랜덤 워크
전염병
폴 에르되시
로널드 로스
1904년 세인트루이스 박람회
카드 섞기
작은 세상
앙리 푸앵카레
그래프
제임스 실베스터
시(詩)
다른 것에 같은 이름 붙이기
고유값
미분방정식
ϕ
비라한카-피보나치
서투른 그림을 이용한 훌륭한 추론
마리온 틴슬리
경사하강법
인공지능
나무
체커
님(NIM)

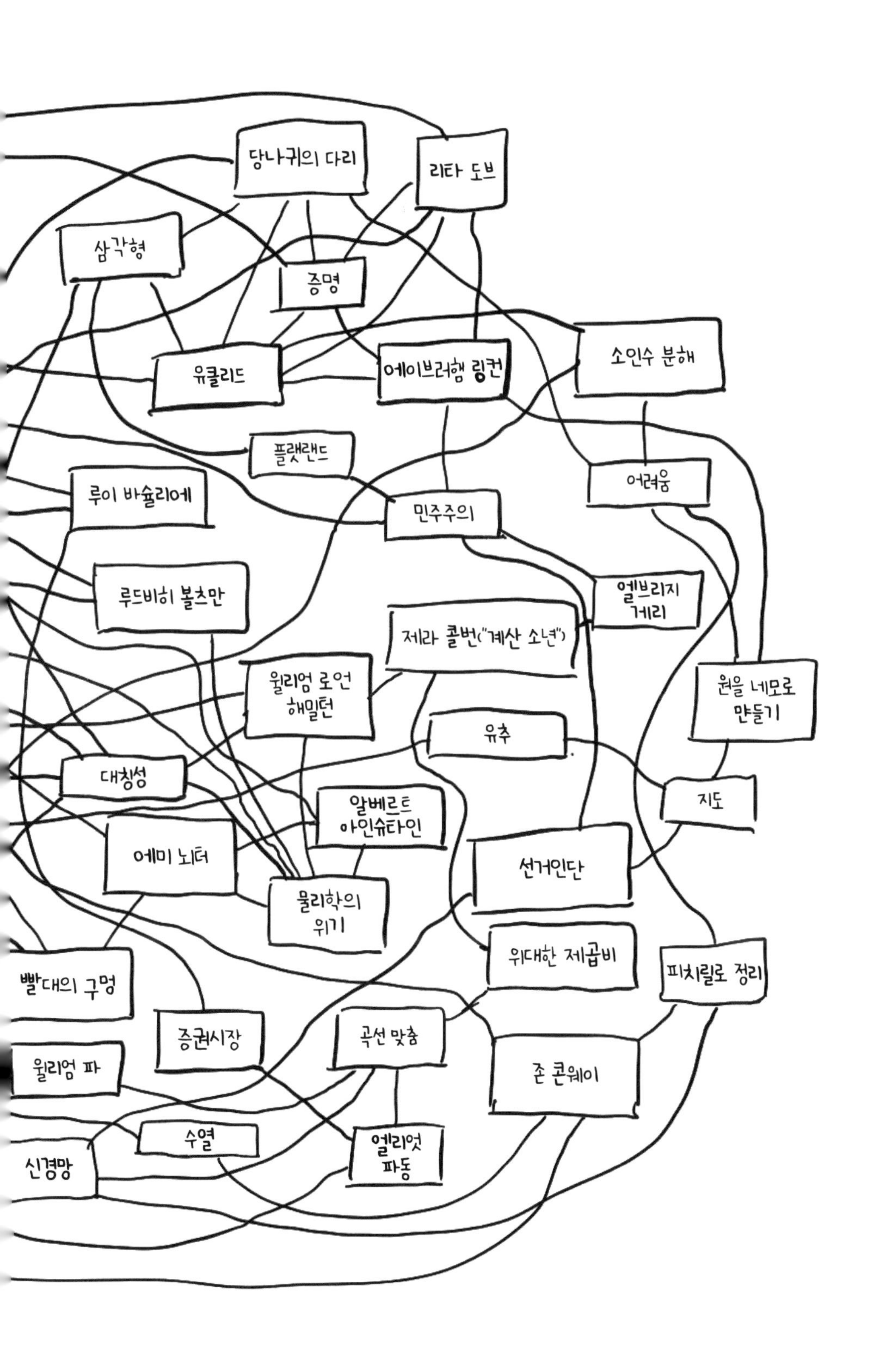
당나귀의 다리
리타 도브
삼각형
증명
유클리드
에이브러햄 링컨
소인수 분해
플랫랜드
루이 바슐리에
민주주의
어려움
루드비히 볼츠만
엘브리지
게리
제라 콜번("계산 소년")
윌리엄 로언
해밀턴
원을 네모로
만들기
유추
대칭성
지도
알베르트
아인슈타인
에미 뇌터
선거인단
물리학의
위기
위대한 제곱비
피치릴로 정리
빨대의 구멍
증권시장
곡선 맞춤
윌리엄 파
존 콘웨이
수열
엘리엇
파동
신경망

일반적인 공간의 거주자들에게

특히 CJ와 AB에게

▼

저자·역자·감수자 소개

▲

저자_ 조던 엘렌버그Jordan Ellenberg

조던 엘렌버그는 위스콘신 주립대 수학 교수이자 작가다. 어릴 때부터 수학 신동으로 명성이 자자했던 그는 12세에 SAT 수학 부문에서 만점을 기록했다. 국제 수학 올림피아드에 세 차례 출전해 금메달 2개와 은메달 1개를 수상했으며, 북미 최대의 대학생 수학경시대회인 윌리엄 로웰 퍼트넘 수학경시대회에 하버드 대표로 출전했고, 개인상 부문 상위 다섯 명에게 주는 퍼트넘 펠로우를 두 차례 수상했다. 하버드 대학교에서 수학을 전공했으며 최우등 성적으로 졸업했고, 동 대학에서 수학 박사 학위를 받았다. 2004년부터 위스콘신 주립대 수학 교수로 재직 중이다. 주 연구 분야는 수론과 대수기하학, 대수 위상학 등이며, 이들 간의 새로운 상호작용을 밝히는 데 매진하고 있다. 강연자로서 활발하게 활동하고 있으며, 세계 최대의 수학 컨퍼런스인 합동 수학회 2013년 행사의 기조 강연을 맡은 바 있다. 2013년 미국 수학회AMS가 탁월한 연구자를 지원하는 프로그램 미국 수학회 펠로우Inaugural Class of Fellows에 선정되었고, 2015년에는 뛰어난 역량을 갖춘 학자와 예술가에게 수여하는 미국의 권위 있는 상인 구겐하임 펠로십을 받았다. 수학자로서는 특이하게 존스 홉킨스 대학에서 소설 작법으로 석사 학위를 받았으며, 그가 쓴 소설 《메뚜기 왕》은 2004년에 뉴욕 공립 도서관이 35세 이하 소설 작가에게 수여하는 영 라이언스 픽션 어워드Young Lions Fiction Award 파이널리스트에 오르기도 했다. 〈뉴욕타임스〉, 〈월스트리트 저널〉, 〈워싱턴 포스트〉, 〈와이어드〉, 〈빌리버〉, 〈보스턴 글로브〉 등에 기고하고 있으며, 2001년부터 〈슬레이트〉에 '수학을 해 봐Do the Math' 칼럼을 싣고 있다. 2014년에 아마존 킨들을 이용해 독자들의 완독률을 조사하여 만든 호킹 지수에 관한 칼럼을 쓰는 등 현실 세계의 문제를 수학으로 풀어내고, 사람들이 수학적 사고를 할 수 있도록 돕는 글을 쓰고 있다.

역자_ **장영재**

서울대학교 원자핵공학과를 졸업하고 충남대학교에서 물리학 석사 학위를 받은 후 국방 과학 연구소 연구원으로 일했다. 글밥 아카데미 수료 후 〈하버드 비즈니스 리뷰〉 및 〈스켑틱〉 번역에 참여하고 있으며 현재 바른번역 소속 번역가로 활동하고 있다. 옮긴 책으로 《슈퍼매스》, 《신도 주사위 놀이를 한다》, 《워터 4.0》 등이 있다.

감수자_ **박부성**

서울대학교 수학교육과를 졸업하고 동 대학 수학과에서 이학 석사 및 박사 학위를 받았다. 고등과학원 계산과학부에서 연구원으로 활동하다가 경남대학교 수학교육과 교수로 부임하여 학생들을 가르치고 있다. 수학을 좋아하고, 수학에 대해 이야기하기를 좋아하는 그는 대중에게 수학을 널리 알리는 일에 힘쓰고 있다. 주요 저서로 《재미있는 영재들의 수학퍼즐 1, 2》 《천재들의 수학노트》가 있으며, 매년 대한수학회에서 발행하는 수학 달력 제작에 참여하고 있다.

▼

감수의 글

▲

내 전공 분야에는 HKK 정리라는 유명한 결과가 있다. 1978년에 이 정리를 증명한 세 수학자 시아Hsia, 기타오카Kitaoka, 크네저Kneser의 이름 첫 글자를 딴 명칭이다. 오랫동안 이 논문의 결과인 2n+3을 더 줄이려고 많은 수학자들이 노력하였으나, 특정한 조건 아래 2n+2가 가능하다는 정도 외에는 30년 동안 별다른 진전이 없었다. 그러다가 2008년, 조던 엘렌버그와 악샤이 벤카테시의 논문이 발표되었다. 2n+3에서 3을 줄이는 것도 어려운 상황에서 그들은 n+5, 조건을 추가하면 n+3이 가능하다는 결과를 발표했다. 이 논문은 해당 분야의 연구를 완전히 끝내버린 것이나 다름없는 결과였다.

그들의 논문을 보니 정말 대단한 수학자들이었다. 나는 절대 따라갈 수 없는, 그야말로 천상에서 노니는 수학자들이었다. 벤카테시는 이 논문을 비롯한 수많은 업적으로 2018년 세계수학자대회ICM

에서 필즈 메달을 수상하였다.

특히 엘렌버그는 학문적인 업적도 대단하지만, 일반 대중을 위한 활동도 활발해서, 소설도 쓰고, 영화 자문역도 맡고, 여러 매체에 칼럼을 연재하고, 다양한 수학 대중서를 쓰는 등, 다채로운 활동을 펼쳐왔다. 학문적인 업적도 여전히 활발하게 쌓으면서 어떻게 이렇게 다방면으로 활동할 수 있는지 신기할 지경이다. 엘렌버그는 이런 다채로운 수학적 활동을 인정받아 2015년에 뛰어난 역량의 학자들과 예술가들에게 수여하는 구겐하임 펠로십을 받기도 했다.

이번에 엘렌버그의 새 책 《기하학 세상을 설명하다》(원제: Shape)의 한국어 번역판 감수를 맡으면서 무척 기뻤다. 엘렌버그의 책을 한국어로 누구보다도 먼저 볼 수 있다니! 엘렌버그는 일급 수학자이면서 유머 넘치는 글을 잘 써서 책 읽는 즐거움을 만끽하게 하는 작가이다. 빨대의 구멍 개수 논란처럼 인터넷에서 화제가 되었던 주제를 수학적으로 무리 없이, 그러면서도 수학을 전공하지 않은 일반인도 이해하기 쉽게 잘 설명해서 감탄이 나왔다. 나도 빨대의 구멍 개수에 대한 의견을 요청 받은 적이 있었다. 이 질문에 답변하기 위해 대수적 위상수학의 호몰로지homology 개념까지 설명하는 것은 일반인에게 지나칠 것 같고, 무엇보다도 모호한 일상어와 엄밀한 수학적 개념의 차이를 설명하기가 너무 어려워 포기했던 적이 있다. 엘렌버그도 이런 설명을 한두 쪽에 할 수는 없어서 꽤 여러 쪽에 걸쳐 설명을 하고 있지만, 수학에, 또는 빨대 구멍의 개수에 관심 있는 사람이라면 충분히 납득할 만한 방식으로 설명하였다. 엘렌버그의 설명을 읽어보니 역시 글 잘 쓰는 사람은 다르다는 생각이 들었다.

엘렌버그는 이번 책에서 수학, 특히 기하학이 세상을 어떻게 설명할 수 있는지를 구체적인 사례를 제시하면서, 설득력 있는 글로 소개한다. 엘렌버그는 언뜻 보기에 기하학과는 상관없어 보이는 현상 이면에 기하학적인 구조와 기하학적인 사고가 숨어 있음을 탁월한 솜씨로 보여주고 있다. 바둑 기사 이세돌 9단과 대결하여 화제가 되었던 알파고의 작동 원리 가운데 하나인 몬테카를로 트리 탐색MCTS 기법은 아마 이 책보다 더 쉽고 친절하게 설명하기 어렵지 않을까? 몬테카를로 기법으로 전염병과 게리맨더링을 일관성 있게 설명한 방식도 인상적이었다. 엘렌버그는 이번 책을 쓰면서 아주 즐거웠다고 하는데, 나도 이런 책이라면 쓰면서 즐거웠겠다 싶다. 아마 책 한 권이 술술 써지는 경험을 하지 않았을까?

감수 소감을 쓰는 사이, 엘렌버그는 자신의 트위터에 실패한 계란말이 사진을 올렸다. 이런 다재다능한 천재도 못하는 게 있다니! 계란말이는 내가 엘렌버그보다는 잘하니까—적어도 태워 먹지는 않는다—이 책을 쓴 수학 천재에 대한 질투심은 잠깐 내려놓기로 했다.

경남대학교 수학교육과 교수

박부성

▼

서문

▲

어디에 있고 어떻게 생겼는지

내가 대중 앞에서 수학을 이야기하는 수학자라는 사실은 사람들의 잠겨 있던 무언가를 해제하는 듯하다. 그들은 내게 뭔가를 말한다. 오랫동안 아무에게도 말하지 않았던, 어쩌면 한 번도 말한 적이 없었을 것으로 느껴지는 이야기를 들려준다. 수학에 관한 이야기다. 때로는 아무 이유 없이 아이의 자존심에 진흙을 문지르는 비열한 수학 교사 같은 슬픈 이야기. 때로는 아이의 마음을 활짝 열어젖히는 갑작스러운 깨달음의 경험, 어른은 다시 돌아가고 싶어도 결코 돌아갈 수 없는 경험처럼 행복한 이야기. (사실 이런 이야기도 좀 슬프다.)

이들은 종종 기하학에 관한 이야기다. 사람들의 고등학교 시절 추억에서 기하학은 합창에 포함된 크고 어울리지 않는 이상한 음처럼 두드러지는 것 같다. 수학에 대한 이해를 멈춘 순간이 기하학이었다고 하여 기하학을 혐오하는 사람들이 있다. 어떤 사람은 이해할 수 있는 유일한 수학이 기하학이었다고 말한다. 기하학은 수학의 고수cilantro(멕시코 요리에 쓰이는 향신료_옮긴이)다. 호불호가 뚜렷하다. 중립적인 사람이 거의 없다.

기하학의 다른 점은 무엇일까? 기하학에는 우리 몸에 내장된 원초성이 있다. 어머니의 자궁에서 바깥세상으로 나오는 순간부터 우리는 사물이 어디에 있고 어떻게 생겼는지를 헤아린다. 우리 내면의 삶에 관하여 중요한 모든 것이, 대초원에서 살았던 수렵채집인의 텁수룩한 무리가 필요로 했던 것으로 거슬러 올라갈 수 있다고 말하는 사람들의 생각에 동의하지는 않는다. 그러나 그 원시인들이 모양, 거리, 위치에 관한 지식을 —아마 그들을 표현하는 말이 생기기도 전에— 발전시켜야 했으리라는 점은 의심하기 어렵다. 남아메리카의 신비주의자(그리고 남아메리카인이 아닌 그들의 모방자)가 신성한 환각제인 아야와스카ayahuasca를 마실 때 가장 먼저 일어나는 일, 즉 통제할 수 없는 구토 다음에 일어나는 첫 번째 일은, 전통적 이슬람 사원에서 볼 수 있는 격자무늬처럼 반복되는 2차원 패턴이나 맥동하는 벌집 모양으로 모여드는 육면체 세포의 3차원 환영 같은, 순수한 기하학적 형태의 인식이다.[1] 우리의 이성적 정신이 제거되어도 기하학은 여전히 남는다.

독자에게 솔직하게 말하려 한다. 처음에는 기하학에 관심이 없었다. 지금 수학자가 된 나를 생각하면 이상하다. 기하학은 말 그대로 내 일이다!

수학팀 서킷circuit(수학 실력을 겨루는 학교 대항 순회 시합_옮긴이)에 참가했던 시절에는 달랐다. 그렇다. 서킷이 있었다. 우리 고등학교 팀은 지옥의 각도들Hell's Angles이라 불렸으며, 검은색 티셔츠를 맞춰 입고 휴이 루이스 앤 더 뉴스Huey Lewis and the News 밴드의 〈힙 투 비 스퀘어Hip to Be Square〉를 카세트라디오로 틀면서 줄지어 시합장에 입장하곤 했다. 그 시절의 서킷에서 나는 '각도 APQ가 각도 CDF와 합동임을 보이라' 같은 문제가 나올 때마다 버벅대는 것으로 동료들 사이에서 유명했다. 그런 문제를 풀지 못했다는 말은 아니다! 하지만 가능한 가장 복잡한 방법, 즉 도형의 여러 점에 각각 숫자 좌표를 할당하고 삼각형의 면적과 선분의 길이를 산출하기 위하여 수 페이지에 걸친 대수 및 수치 계산을 하는 방법으로 풀었다. 허락된 범위에서, 사실상 기하학의 사용을 피하기 위한 모든 방법을 동원한 것이었다. 올바르게 문제를 풀 때도 있었고 그렇지 못할 때도 있었다. 그렇지만 과정은 항상 지저분했다.

기하학에 타고난 소질을 가진 사람이 있다면 나는 그와 반대다. 아기들에게도 기하학 테스트를 할 수 있다.[2] 쌍을 이룬 그림을 계속해서 보여 주는 테스트다. 대부분 경우에 두 그림이 같은 모양이지만, 서너 번에 한 번꼴로 오른쪽의 모양이 뒤집힌다. 아기들은 뒤집힌 모양을 보는 데 더 많은 시간을 보낸다. 그들은 뭔가가 일어나고 있음을 알고 새로움을 추구하는 마음에 긴장을 느낀다. 그리고 반전된 모양을 응시하면서 더 많은 시간을 보내는 아기들이 유치원에 가서 수학 및 공간 추론 테스트에서 더 높은 점수를 받는 경향이 있다. 그들은 모양이 회전하거나 달라붙으면 어떻게 보일지를 시각화하는데, 더 빠르고 정확하다. 나는? 그런 능력이 거의 없다. 주유소의 신용카드 기계에서, 카드를 긋는 방향을 보여 주는 작은 그림을 본 적이 있는가? 나에게는 아무 소용 없는 그림이다. 평면도형을 3차원 행동으로 전환하는 것은 내 능력 밖의 일이다. 나는 매번 네 가지 가능성 모두를 시도해야 한다. 마그네틱 띠를 위로 향하게 하고 오른쪽으로, 마그네틱 띠를 위로 향하게 하고 왼쪽으로, 마그네틱 띠를 아래로 향하게 하고 오른쪽으로, 마그네틱 띠를 아래로 향하게 하고 왼쪽으로. 기계가 카드를 읽는 데 동의하고 휘발유를 팔 때까지.

그렇지만 기하학은 일반적으로 세계의 진정한 이해를 위해서 필요한 핵심이라고 여겨진다. 지금은 책과 영화 『히든 피겨스Hidden Figures』의 주인공으로 유명한 NASA(미항공우주국)의 수학자 캐서린 존슨Katherine Johnson은 자신이 비행연구부에서 거둔 초기의 성공을 다음과 같이 설명했다.

"부원 모두 수학 석사학위가 있었다.[3] 하지만 그들은 자신이 알았던 기하학을 모두 잊어버렸다…. 나는 여전히 기억했다."

강함은 매혹이다

윌리엄 워즈워스William Wordsworth는 거의 자서전에 가까운 장시 〈서곡The Prelude〉에서 다소 믿기 어려운 이야기를 들려준다. 그것은 약 2,500년 전에 기하학의 공리와 명제를 설명하여 기하학을 공식 학문으로 출범시킨 유클리드Euclid의 《원론Elements》 한 권 외에는 아무 것도 없이 무인도의 해변으로 내던져진 난파선 희생자에 관한 내용이다. 난파당한 친구에게 행운이 있기를. 그는 배가 고프고 의기소침했지만, 막대기로 모래 위에 도형을 그리면서 유클리드의 증명을 하나씩 따라가는 일에서 위안을 얻었다. 마치 중년의 워즈워스가 묘사하는 젊고, 예민하고, 시적인 워즈워스의 모습 같았다. 또는 시인의 말을 빌리자면,

> 강함mighty은 매혹이다
> 이미지에 시달리고 스스로 사로잡힌 마음을 사로잡는
> 추상화abstractions의 매혹.4

(아야와스카를 마신 사람들도 비슷한 말을 한다. 환각제가 자신의 뇌를 재시동하고, 갇혀서 고문당한다고 생각되는 미로 위로 정신을 끌어올린다고.)

워즈워스의 난파선 기하학 이야기의 가장 기이한 점은 그것이 기본적으로 실화라는 것이다. 워즈워스는, 몇몇 문구는 손도 대지 않은 채로 존 뉴턴John Newton이라는 젊은 노예상인 견습생의 회고록에서 이야기를 빌려왔다. 뉴턴은 1745년에 —말 그대로 난파한 것은 아니었으나 상사에 의하여— 할 일이 거의 없고 먹을 것은 더욱 없는 상태로 시에라리온Sierra Leone의 플랜테인섬Plantain Island에 남겨지는 처지가 되었다. 섬은 무인도가 아니고 노예가 된 아프리카인들이 함께 살았는데, 그중에서 그를 가장 괴롭힌 이는 식량 공급을 조정하는 역할을 맡은 아프리카 여성이었다. 뉴턴은 그녀를 '자기 나

라에서는 꽤 중요한 인물'이라고 설명하고 나서 놀라울 정도로 상황 파악에 실패했음을 보여 주는 불평을 한다.

"이 여자는 (이유는 모르겠지만) 처음부터 나에게 이상한 편견을 가졌다."

몇 년 후에 뉴턴은 바다에서 거의 죽을 뻔하고, 종교를 얻고, 성공회 신부가 되어 《놀라운 주의 은총Amazing Grace》을 쓰고(당신이 우울할 때 무슨 책을 읽어야 할지에 대한 매우 다른 처방), 마침내 노예무역을 포기한 뒤에 대영제국에서 노예제도를 폐지하려는 운동의 주요 인물이 된다. 그러나 오래전 플랜테인섬에서 아이작 배로Isaac Barrow판 유클리드라는 책 한 권밖에 없었던 그는 책이 주는 추상적 위안 속에서 암울한 시간을 견뎌 냈다.

"그렇게 나는 종종 슬픔을 달랬으며 감정을 거의 잊어버리게 되었다."[5]

기하학이라는 주제에 대한 워즈워스의 애착은 뉴턴의 모래 위 기하학 이야기를 전용하는 데서 그치지 않았다. 동시대인이었던 토머스 드 퀸시Thomas De Quincy는 자신의 책 《문학의 추억Literary Reminiscences》에서 말했다.

「워즈워스는 숭고한 수학, 최소한 고등 기하학을 찬미한 사람이었다. 찬미의 비밀은 실체가 없는 추상의 세계와 열정의 세계 사이의 적대감이었다.」[6]

워즈워스는 학창 시절에 수학을 잘하지 못했지만, 윌리엄 로언 해밀턴William Rowan Hamilton이라는 젊은 아일랜드 수학자와 상호 존중하는 우정을 맺었다.[7] 워즈워스에게 영감을 준 뉴턴(존이 아니고 아이작Isaac)에 대한 유명한 묘사, 즉 '생각의 낯선 바다를 홀로 항해하는 영원한 정신'을 〈서곡〉에 추가하도록 한 사람이 해밀턴이라고 믿는 사람도 있다.[8]

해밀턴은 아주 어린 시절부터, 수학, 고대 언어, 시 등 모든 유형의 학문적 지식에 매료되었으며, 제라 콜번Zerah Colburn이라는 '미국의 계산 소년American Calculating Boy'과의 만남으로 인하여 수학에 대한 자신의 특별한 관심을 깨닫게 되었다.[9] 버몬트 농장의 평범한 가정 출신 여섯 살 소년인 콜번의 재능, 그러니까 바닥에 앉아서 한 번도 배운 적 없는 구구단을 암송하는 모습을 발견한 사람은 그의 아버지 아비아Abia였다. 소년에게는 과거 뉴잉글랜드에 알려진 그 어떤 사례와도 다른, 엄청난 암산 능력이 있다는 것이 입증되었다. (그는 또한 가족의 모든 남자들처럼 양손과 발의 손가락과 발가락이 여섯 개씩이었다.) 제라의 아버지는 제라를 데리고 엘브리지 게리Elbridge Gerry 매사추세츠 주지사(나중에 매우 다른 맥락에서 다시 만나게 될 것이다)를 비롯한 지역의 여러 유력 인사를 만났는데, 그들은 아비아에게 오직 유럽에만 소년의 특이한 재능을 이해하고 육성할 수 있는 사람들이 있다고 조언했다. 부자는 1812년에 대서양을 건넜고, 제라는 교육을 받는 한편으로 돈을 벌기 위한 행사에 나서게 되었다. 더블린에서는 거인, 알비노albino, 그리고 발가락으로 재주를 부리는 미국 여성 허니웰Honeywell 양과 함께 무대에 섰다. 1818년에 14세가 된 콜번은 10대의 수학 상대역인 아일랜드 소년 해밀턴과 계산 시합을 벌이게 된다. 해밀턴은 '대체로 상대편이 승리했지만, 크게 창피당하지 않고' 시합을 끝냈다.[10] 그렇지만 콜번은 수학을 계속하지 않았다. 순전히 암산에만 관심이 있었기 때문이다. 콜번은 유클리드를 공부할 때, '어렵지는 않지만 무미건조하고 재미가 없'다고 생각했다. 2년 뒤에 콜번을 다시 만나 계산법에 관하여 질문한 해밀턴은 ("여섯 번째 손가락이 있었던 흔적이 모두 사라졌다." 라고 해밀턴은 회상했다. 런던의 외과의에게 손가락을 잘라 내는 수술을 받았던 것이다)[11] 콜번에게 자신의 계산법이 효과가 있는 이유에 대한 통찰이 거의 없음을 알게 되었다.[12] 콜번은 추가적인 교육을 포기한 뒤에 영국의 무대에 서 보려 했으나 성공을 거두지 못하고 버몬트로 돌아갔으며 여생 동안 설교자의 삶을 이어 갔다.

1827년에 워즈워스를 만났을 때 22세에 불과했던 해밀턴은 이미 더블린대 교수이자 아일랜드의 왕립천문학자로 임명된 청년이었다. 워즈워스의 나이는 57세였다. 해밀턴은 누이에게 두 사람의 만남을 설명하는 편지를 썼다. 젊은 수학자와 노시인은 '별과 우리 자신의 불타오르는 생각과 말 외에는 아무 동반자도 없이 아주 오랫동안 한밤의 산책'을 했다.[13] 편지의 스타일이 암시하듯이, 해밀턴은 시에 관한 야망을 완전히 포기하지 않았다. 그는 즉시 자신이 쓴 시를 워즈워스에게 보내기 시작했고, 노시인은 따뜻하면서도 비판적으로 응답했다. 그 후 얼마 지나지 않아서 해밀턴은 시를 포기했다. 실제로 그는 워즈워스에게 보낸 〈시에게To Poetry〉라는 시에서 뮤즈Muse(그리스 신화의 예술과 학문의 여신_옮긴이)를 직접 호출하면서 포기를 선언했다. 그리고 1831년에 다시 마음을 바꾼 해밀턴은 〈시에게〉라는 제목으로 또 한 편의 시를 씀으로써 자신의 결정을 알렸다. 해밀턴은 이 시도 워즈워스에게 보냈는데, 워즈워스의 응답은 역대급에 속할 정도로 고전적이고 온화한 실망감의 표현이었다.

「자네는 소나기처럼 시를 써 보내고, —우리 모두 그렇듯이— 나 또한 큰 즐거움으로 받아들이고 있지만, 이런 일이 자네의 운명처럼 보이는 과학의 길, 즉 자신에게는 그토록 큰 명예를 안겨 주고 타인에게는 이익을 주게 될 길에서 벗어나도록 유혹하지 않을까 염려된다네.」

워즈워스의 서클circle에 속한 사람 모두가, 그와 해밀턴만큼 차갑고 이상하고 외로운 이성과 열정 사이의 상호작용을 높이 평가한 것은 아니었다. 1817년 말에 화가 벤자민 로버트 헤이든Benjamin Robert Haydon의 집에서 열린 만찬 파티에서 술에 취한 워즈워스의 친구 찰스 램Charles Lamb은, 과학자 뉴턴을 가리켜 '삼각형의 세 변처럼 명백하지 않은 한 아무것도 믿지 않는 친구'라고 비난하면서 워즈워스를 놀리기 시작했다.[14] 존 키츠John Keats도, 프리즘으로 동일한 광학적 효과를 얻을 수 있다는 것을 보임으로써 무지개의 낭만을 박탈했다며 뉴턴을 향한 비난에 합세했다. 워즈워스는 그저 웃어넘겼지만, 사람들은 그가 말다툼을 피하려고 입을 굳게 다물었다고 생각했다.

드 퀸시가 묘사한 워즈워스의 초상화는, 당시에 아직 출간되지 않았던 〈서곡〉에 나오는 또 다른 수학 장면을 펼쳐 보인다. 당시에는 시에도 예고편이 있었다! 드 퀸시가 "내 생각으로는 숭고함의 극치에 도달한다."라고 자신 있게 약속하는 장면에서 워즈워스는 《돈키호테Don Quixote》를 읽다 잠이 들어, 낙타를 타고 텅 빈 사막을 가로지르는 베두인Bedouin(아랍 지역의 유목민 부족_옮긴이)을 만나는 꿈을 꾼다. 아랍인의 손에는 책이 두 권 있는데, 한 권은 단지 책일 뿐만 아니라 무거운 돌이기도 하고, 다른 책 또한 빛나는 조개껍데기이기도 하다. (몇 페이지 뒤에서 베두인이 돈키호테임이 밝혀진다.) 조개껍데기 책을 귀에 대면 종말론적 예언을 들려준다. 그리고 돌 책은? 다름 아닌 유클리드의《원론》인데, 꿈에서는 자습을 위한 소박한 도구가 아니라 무심하고 변하지 않는 우주와의 연결 수단으로 나타난다.

"그 책은 공간과 시간의 방해를 받지 않는 이성의 가장 순수한 유대로 영혼과 영혼을 결합한다."

드 퀸시가 이렇게 사이키델릭psychedelic한 상상에 빠져든 것은 이해가 간다. 그는 일찍이 신동으로 알려졌으며 마약에 중독된 후에 자신의 어지러운 환상을 저술한《어느 영국인 아편 복용자의 고백Confessions of an English Opium-Eater》이 19세기 초의 선풍적 베스트셀러가 되었다.

워즈워스의 견해는 멀리서 바라보는 기하학의 전형이다. 찬미이기는 하지만, 일반인에게는 불가능해 보이는 뒤집기와 비틀기 동작을 하는 올림픽 체조선수를 보고 감탄하는 방식의 찬미다. 기하학에 관한 시로 가장 유명한 에드나 세인트 빈센트 밀레이Edna St. Vincent Millay의 소네트sonnet, 〈유클리드 홀로 벌거벗은 아름다움을 보았네〉도 마찬가지다.* 밀레이의 유클리드는 '거룩하고도 끔찍한' 날

---

* 1922년에 밀레이가 이 소네트를 썼을 때, 유클리드는 실제로 더는 혼자가 아니었다. 3장에서 살펴볼 것처럼, 그 나름의 방식으로 유클리드 기하학만큼이나 아름다운, 비유클리드 기하학이 발견되었을 뿐만 아니라 아인슈타인 덕분으로 우주의 근본을 이루는 진정한 기하학으로 이해되고 있었다. 밀레이가 이런 사실을 알고 의도적으로 시대착오적인 인물을 채택했는지가 궁금했는데, 시를 연구하는 내 친구들은 그녀가 수리물리학의 최신 지식에 접했을 것 같지는 않다고 말한다.

에 한 줄기 통찰에 따라 깨달음을 얻은 특이하고 비현실적인 인물이다. 밀레이의 말대로, 혹시 운이 좋다면, 멀리 복도를 따라 서둘러 사라지는 아름다움의 발소리를 들을 수도 있는 우리와는 다른.

이 책에서 다루려는 기하학은 그런 기하학이 아니다. 내 말을 오해하지 말라. 수학자로서 나는 기하학의 위명에서 많은 혜택을 누린다. 자신이 하는 일이 신비롭고, 영원하며, 일상보다 높은 차원에 있다고 여겨지는 것은 기분 좋은 일이다.

"오늘 하루 어땠어요?"

"오, 늘 그렇듯이, 거룩하고도 끔찍했지요."

하지만 그런 관점을 더 강하게 밀어붙일수록, 사람들은 점점 더 기하학 공부를 의무로 여기게 된다. 단지 유익하다는 이유로 찬양되는 것에 대한 거부감이 생긴다. 오페라처럼. 그리고 그런 찬탄으로는 충분치 않다. 새로운 오페라가 많이 있지만, 그 제목을 기억할 수 있는가? 아닐 것이다. '오페라'라는 말을 들을 때는, 아마도 흑백 화면에서 모피를 두른 메조소프라노가 푸치니를 열창하는 모습이 연상될 것이다.

새로운 기하학이 많이 있지만, 새로운 오페라와 마찬가지로 우리가 생각하는 만큼 잘 알려지지 않는다. 그러나 기하학은 유클리드가 아니며 그런 지도 오래되었다. 기하학은 교실의 냄새가 남아 있는 문화적 유물이 아니다. 과거의 그 어느 때보다 빠르게 발전하는, 살아 있는 주제다. 이어지는 장chapter에서 우리는 팬데믹pandemic의 확산, 지저분한 미국의 정치 상황, 전문가 수준의 체커checkers, 인공지능, 영어라는 언어, 금융, 물리학, 심지어 시와 관련된 새로운 기하학을 만날 것이다. (많은 기하학자가 남몰래, 윌리엄 로언 해밀턴처럼 시인이 되기를 꿈꿨다.)

우리는 전 세계적으로 다양한 기하학의 신흥도시에서 살고 있다. 기하학은 공간과 시간 너머에 있지 않고 일상적 삶의 추론과 뒤섞여 바로 여기 우리와 함께 있다. 기하학은 아름다울까? 그렇다. 하지만 맨몸은 아니다. 기하학자들은 작업복을 입은 미인을 본다.

▼

차례

▲

1

장

나도 유클리드에게 투표한다

S · H · A · P · E

1864년에 코네티컷주 노리치Norwich의 J. P. 걸리버Gulliver 목사는 설득력으로 유명했던 수사술rhetorical skill을 어떻게 습득했는지에 대하여 에이브러햄 링컨 대통령과 나눈 대화를 회상했다. 링컨이 말한 수사술의 원천은 기하학이었다.[1]

> 법률을 공부하면서 끊임없이 '입증하다demonstrate'라는 단어를 접했다. 처음에는 그 의미를 이해한다고 생각했지만, 얼마 지나지 않아 그렇지 않다는 생각이 들었다…. 웹스터 사전을 찾아보았다. 사전에는 '확실한 증명', '의심의 여지가 없는 증명' 같은 설명이 있었지만, 그런 것이 어떤 종류의 증명인지 전혀 이해할 수 없었다. 수많은 것들이, 내가 '입증'이라고 이해했던 특별한 추론 과정에 의지하지 않고도 의심의 여지 없이 증명되었다고 생각했다. 찾을 수 있는 사전과 참고서적을 모두 찾아봤으나 더 나은 결과는 없었다. 차라리 시각장애인에게 파란색을 정의하는 편이 나을 것 같았다. 마침내 나는 스스로에게 말했다.
> "링컨, 입증하다가 무슨 뜻인지 이해하지 못한다면 절대로 변호사가 될 수 없을 거야."
> 그리고 스프링필드Springfield를 떠나 아버지의 집으로 가서, 거기 있는 유클리드의 책 여섯 권에 담긴 어떤 명제든 설명할 수 있을 때까지 머물렀다. 그렇게 '입증하다'가 무슨 뜻인지 알아냈고 나는 다시 법률 공부로 돌아갔다.

걸리버는 링컨의 말에 전적으로 동의하면서 대답했다.

"누구든지 무엇보다 먼저 자신이 무슨 말을 하고 있는지 스스로 정의할 수 없다면 말을 잘할 수 없어. 유클리드를 연구하면, 현혹하고 저주하는 허튼소리의 절반을 추방함으로써, 재앙의 절반에서 세계를 구해 낼 수 있을 테지. 나는 종종 유클리드가 트랙트협회Tract Society(기독교 자료의 출판과 전파를 위하여 설립된 비영리/비종교단체_옮긴이)의 목록에 올릴 최고의 책 중 하나라고 생각해. 사람들이 그 책을 읽도록 할 수만 있다면, 은총을 얻는 방법이 될 거야."

걸리버는 링컨이 웃으면서 동의했다고 전한다.

"나도 유클리드에게 투표하겠네."

링컨은 난파당한 존 뉴턴처럼 삶의 힘든 시기에 유클리드를 위안의 원천으로 삼았다. 1850년대에 하원의원 단임 임기를 마친 후 정치적 생명이 다한 것처럼 보였던 그는 평범한 순회변호사로서 생계를 꾸리려 애쓰고 있었다. 이전에 측량사로 일하면서 기하학의 기초를 배웠던 링컨은 간극을 메우고 싶어 했다. 순회재판에 참석하기 위하여 작은 시골 여관에 체류하는 동안에 종종 링컨과 한 침대를 썼던 법률 파트너 윌리엄 헌든William Herndon은, 자신이 잠든 동안에 촛불을 켜 놓고 유클리드에 빠져든 링컨이 긴 다리를 침대 모서리 너머로 걸친 채 밤이 깊도록 깨어 있곤 했다고 링컨의 공부 방법을 회상한다.

어느 날 아침, 헌든은 사무실에서 정신적 혼란 상태에 빠진 링컨과 마주쳤다.

그는 탁자에 앉아 있었고 그 앞에는 수북한 백지, 크고 무거운 시트, 컴퍼스, 자, 여러 가지 연필, 다양한 색깔의 잉크병, 기타 잡다한 문구와 필기구가 널려 있었다. 상당히 복잡한 계산을 하고 있었음이 분명했다. 특이한 숫자로 덮인 종이가 여기저기 흩어져 있었다. 그는 연구에 너무 열중한 나머지 사무실로 들어선 나를 쳐다보지도 않았다.

한참 뒤에야 링컨은 탁자에서 일어나 자신이 원을 네모로 만들려 했다고 말했다. 즉, 그는 주어진 원과 넓이가 같은 정사각형을 작도하려 애쓰고 있었다. 적절한 유클리드 스타일로 무언가를 구성한다는 것은 직선 자와 컴퍼스의 두 가지 도구만을 사용하여 도형을 종이 위에 그리는 일이다. 헌든은 링컨이 꼬박 이틀 동안 '거의 녹초가 될 정도로' 이 문제에 매달렸던 것을 기억한다.

나중에 이른바 원을 네모로 만들기가 현실적으로 불가능하다는 말을 듣게 되었지만, 당시에는 그런 사실을 알지 못했으며 링컨이 알았을지도 의심스럽다.[2] 명제를 확립하려는 그의 시도는 실패로 끝났고, 우리 사무실에서는 링컨이 다소 민감한 상태일 것으로 예상하여 그 일이 언급되지 않도록 조심했다.

원을 네모로 만드는 것은 아주 오래된 문제인데, 나는 링컨이 그 무시무시한 평판을 실제로 알았을지도 모른다고 생각한다. '원을 네모로 만들기'는 오래전부터 어렵거나 불가능한 일을 비유하는 말이었다. 단테는 《신곡: 천국편Paradiso》에서 이 비유를 사용했다.

「원을 네모로 만들고자 모든 것을 바치지만, 여전히 필요한 아이디어를 찾아내지 못하는 기하학자 같은, 그것이 내 모습이었다.」[3]

모든 것이 시작된 그리스에서는 일을 필요 이상으로 어렵게 만드는 사람이 있을 때 화를 내며 하는 말이었다.

"원을 네모로 만들라고 한 것이 아니잖아!"

원을 네모로 만드는 일이 필요할 이유는 없다. 문제의 어려움과 명성이 자체적 동기를 부여할 뿐이다. 정복을 추구하는 정신을 가진 사람들은 고대로부터 원으로 네모 만들기를 시도했고, 1882년에 페르디난트 폰 린데만Ferdinand von Lindemann은 그것이 불가능함을 증명했다(그런데도 소수의 옹고집은 시도를 포기하지 않았다, 심지어 지금도). '과over'라는 접두사를 붙인 표현으로는 충분치 않을 정도로 정신력에 대한 자신감이 강했던, 17세기 정치철학자 토머스 홉스Thomas Hobbs는 자신이 그 문제를 해결했다고 생각했다. 그의 전기를 쓴 존 오브리John Aubrey에 따르면, 홉스는 중년의 나이에 정말로 우연히 기하학을 발견했다.

신사의 도서관Gentleman's Library에 유클리드의 《원론》이 펼쳐져 있었다.[4] 그는 책이 펼쳐진 부분에 있는 명제를 읽어 보았다. 신께 맹세하건대, (그는 때때로 강조를 위한 맹세를 했다) 이건 불가능해! 그래서 그는 명제의 증명을 읽었다. 이는 또 다른 명제를 언급했다. 그 명제도 읽었다. 이런 식으로 계속한 끝에 마침내 그 명제의 진실을 논증적으로 확신하게 되었다. 그는 이렇게 기하학과 사랑에 빠졌다.

홉스는 끊임없이 새로운 시도를 발표하면서 당시 영국의 주요 수학자들과 사소한 다툼을 벌였다. 그가 동일하다고 주장한 점 P와 Q가 실제로는 세 번째 점 R로부터의 거리가 아주 약간 (41과 41.102) 다르므로, 제시된 구성 중 하나가 아주 정확하지는 않다는 점을 지적하는 편지를 보낸 사람도 있었다. 홉스는 자신의 점들이 그런 사소한 차이를 덮을 만큼 충분히 크다고 반박했다.[5] 그는 무덤으로 갈 때까지도 자신이 원을 사각형으로 만들었다고 주장했다.*

1833년에 익명의 한 해설자는 기하학 교과서들을 검토하면서 2세기 전의 홉스와 21세기에도 여전히 우리 주변에 배회하는 지적 병리학intellectual pathologies을 매우 정확하게 묘사하는 방식으로, 원을 네모로 만들려는 사람들을 설명했다.

> 그들이 기하학에 관하여 아는 것이라고는 기하학을 가장 많이 연구한 사람들이 오래전부터 불가능하다고 고백한 문제들이 있다는 것뿐이다.[6] 그들은, 지식의 권위가 인간의 정신에 너무 큰 영향을 미친다는 말을 들으면 무지ignorance의 권위로 상쇄할 것을 제안한다. 만약 누구라도 이 주제를 아는 사람이, 숨겨진 진실을 드러냈다는 그들의 주장에 수긍한다면, 그는 편협하고 진실의 빛을 가리는 사람이다.

우리는 링컨에게서 더 매력적인 인물을 발견한다. 시도해 볼 만

---

* 홉스가 참을성 있는 수학 비평가들과 벌인 전쟁에 관한 길고, 솔직히 말해서, 웃기는 이야기는 아미르 알렉산더(Amir Alexander)의 《무한소(Infinitesimal)》 7장에 나온다.

큼 충분한 야망과 실패를 받아들일 수 있는 겸손함을 갖춘.

링컨이 유클리드에게서 얻은 것은, 충분히 주의를 기울인다면 아무도 의심할 수 없는 공리, 또는 다른 표현으로는 자명하다고 간주할 수 있는 진실에 기초하여, 이야기에서 이야기로 이어지는 엄밀한 연역적 단계를 통하여 믿음과 합의의 높고 견고한 건물을 세울 수 있다는 사실이었다. 누구든지 이러한 진실이 자명하다고 인정하지 않는 사람은 토론에서 배제된다. 나는 링컨의 가장 유명한 연설인 게티즈버그 연설 중에 미국을 '모든 사람이 평등하게 태어났다는 명제에 헌신하는' 국가로 규정하는 대목에서 유클리드의 메아리를 듣는다. '명제proposition'는 유클리드가 자명한 공리에 따르는 논리적 결과인 사실, 합리적으로는 도저히 부정할 수 없는 사실을 지칭하는 용어다.[7]

유클리드의 용어에서 민주정치의 기초를 찾은 최초의 미국인은 링컨이 아니라 수학을 사랑했던 토머스 제퍼슨Thomas Jefferson이었다. 링컨은 1859년에 보스턴에서 열린 제퍼슨 기념식에 참석할 수 없어서 대독하도록 한 서한에서 말했다.

> 우리는 분별 있는 아이라면 누구든지 유클리드의 단순한 명제가 진실임을 깨닫게 할 수 있다는 강한 확신으로 시작한다.[8] 그렇지만 정의definition와 공리axiom를 부정하는 아이라면 완전히 실패할 것이다. 제퍼슨의 원칙은 자유사회의 정의와 공리다.

제퍼슨은 젊은 시절에 윌리엄 앤드 메리William and Mary 대학에서 유클리드를 공부한 이후로 언제나 기하학을 높이 평가했다.* 부통령 시절에 제퍼슨은 버지니아의 대학생이 자신의 학문 연구 계획에 관하여 보낸 편지에 답장을 썼다.

"이런 수준의 삼각법은 모든 사람에게 가장 가치 있는 것이다. 우리가 일상생활의 목적 중 일부를 위하여 삼각법에 의존하지 않을 날은 거의 없다."

(그러면서도 그는 고등수학의 많은 부분이, '정말로 흥미롭지만 사치에 불과하며, 생계를 위한 직업에 충실해야 할 사람이 지나치게 탐닉할 것은 아니라'고 설명했다.)[9]

1812년에 정계에서 은퇴한 제퍼슨은 전임 대통령 존 애덤스John Adams에게 편지를 보냈다.

> 나는 타키투스Tacitus와 투키디데스Thucydides, 뉴턴과 유클리드를 읽으려고 신문 읽기를 포기했는데, 훨씬 더 큰 행복을 느낍니다.[10]

여기서 우리는 두 기하학자 대통령의 진정한 차이를 본다. 제퍼슨에게 기하학이란 그리스/로마의 역사가 및 계몽시대 과학자들의 저서와 함께 교양 있는 귀족에게 요구되는 고전 교육의 일부였다. 반면 독학한 시골뜨기였던 링컨은 그렇지 않았다. 걸리버 목사의

---

* 그렇지만 미국 독립선언서의 "우리는 이들 진리를 자명하다고 생각한다."라는 구절은 제퍼슨이 쓴 것이 아니다. 그의 초고에는 "우리는 이들 진리를 신성하고 부인할 수 없다고 생각한다."로 되어 있다. 이 구절을 지우고 대신에 '자명하다고'를 넣음으로써 독립선언서를 약간 덜 성서적이고 약간 더 유클리드적으로 만든 사람은 벤저민 프랭클린(Benjamin Franklin)이었다.

기억 속에서, 링컨은 자신의 어린 시절을 다음과 같이 회상했다.

> 저녁 시간에 아버지와 이웃 사람들이 나누는 대화를 듣고 나서 작은 침실로 간 나는 그들의 대화 중에 이해되지 않는 부분이 정확히 무슨 뜻이었는지 알아내려 애쓰면서 적지 않은 시간을 서성대던 것을 기억한다. 그런 생각을 뒤좇기 시작하면, 아무리 노력해도 그것을 잡을 때까지 잠들 수 없었다. 잡았다고 여겼을 때도 여러 번 반복해서 생각해 볼 때까지, 내가 아는 어떤 아이라도 이해시킬 수 있을 정도로 쉽게 표현했다고 자신할 때까지 만족하지 않았다. 스스로 사로잡힌 열정이었다. 그래서 지금의 나에게는 어떤 생각을 다루는 일이, 동서남북으로 그 생각의 경계를 만들기 전에는 전혀 쉽지 않다. 아마도 그것이 내 연설에서 당신이 관찰하는 특징을 설명해 줄 것이다.

이것은 기하학이 아니라 기하학자의 정신적 습관이다. 기하학자는 무언가를 절반쯤만 이해한 채로 남겨 두는 것에 만족하지 못한다. 홉스가 유클리드를 놀란 눈으로 지켜봤던 것처럼 생각을 압축하고 추론의 단계를 역추적한다. 링컨은 이런 방식의 체계적인 자기인식self-perception만이 혼란과 어두움에서 벗어나는 유일한 방법이라고 믿었다.

제퍼슨과 달리, 링컨에게 유클리드 스타일은 신사나 정규 교육을 받은 사람의 전유물이 아니었다.[11] 링컨이 그 어느 쪽도 아니었기 때문이다. 그것은 손으로 다듬은 마음의 통나무집이며, 제대로 세워진다면 그 어떤 도전도 견딜 수 있는 통나무집이었다. 그리고 링컨이 생각한 나라에서는 누구라도 그런 통나무집을 소유할 수 있다.

얼어붙은 형식주의

미국의 일반 대중을 위한 기하학에 관한 링컨의 비전vision은, 그의 수없이 훌륭한 생각과 마찬가지로, 불완전하게만 실현되었다. 19세기 중반에 대학에서 공립 고등학교로 옮겨 간 기하학의 전형적인 교육과정은, 증명을 암기/암송하고 어느 정도는 감상하는 방식으로, 유클리드를 박물관의 유물처럼 취급했다. 누가 어떻게 그런 증명을 생각해 냈는지는 언급되지 않았고, 증명한 사람은 사라진 것이나 마찬가지였다. 당시의 한 작가는 말했다.

"수많은 청소년이 《원론》 여섯 권을 다 읽은 뒤에야 유클리드가 학문의 이름이 아니고 학문에 관하여 저술한 사람의 이름이라는 사실을 알게 된다."[12]

가장 찬양하는 것을 상자에 집어넣고 따분하게 만드는 교육의 역설이다.

공정하게 말해서, 역사적 유클리드에 관해서는 할 말이 많지 않다. 유클리드라는 역사적 인물에 대하여 알려진 사실이 많지 않기 때문이다. 그는 기원전 300년경에 북아프리카의 위대한 도시 알렉산드리아Alexandria에서 살고 일했다. 우리가 아는 전부다. 그의 《원론》은 당시의 그리스 수학이 보유했던 지식을 집대성하고 후식으로 정수론number theory의 기초를 마련한다. 많은 부분이 유클리드 이전 시대 수학자들에게 알려졌던 내용이었지만, 근본적으로 새롭고 혁명과도 같았던 점은 거대한 양의 지식을 구성한 방식이었다. 의심하기가 거의 불가능한 몇몇 공리로부터,* 삼각형, 직선, 각도, 원에 관한 모든 정리theorem가 단계적으로 도출되었다. 유클리드 이전에는 ―기하학적 정신을 갖춘 알렉산드리아인의 그림자 집단이 그런 이름으로 책을 쓴 것이 아니고 실제로 유클리드라는 인물이 있었다면― 그런 구조를 상상할 수 없었다. 이후에는 지식과 사상에 관하여 찬양할 만한 모든 것의 모델이 되었다.

물론 기하학을 가르치는 다른 방법도 있다. 창의성을 강조하면서 학생 스스로 정의를 내리고 결과가 어떻게 나오는지를 살펴보는 힘을 부여하여 유클리드의 조종석에 앉히려고 노력하는 방법이다. 그런 교과서의 하나인 《창의적 기하학Inventional Geometry》은 "유일한 참교육은 자기교육self-education이다."라는 전제로 시작한다. 이 책은 '최소한 자신의 독자적인 구성을 발견하기 전까지는' 다른 사람의 구성을 쳐다보지 말 것과 자신을 다른 학생과 비교하고 불안해하지 말 것을 권고한다. 모두가 자기 페이스대로 배우기 마련이며, 스스로 즐긴다면 달인이 될 가능성이 크기 때문이다. 책 자체는 총 446개에 이르는 일련의 퍼즐puzzle과 문제에 지나지 않는다. 그중에

* 하나만 제외하고. '평행선 공준(parallel postulate)'이라는 성가신 문제와 거기에서 촉발된 비유클리드 기하학의 2,000년에 걸친 여정은 다른 책에 잘 설명되어 있으므로 이 책에서는 간략하게만 살펴볼 것이다.

는 아주 쉬운 문제도 있다.

「두 직선으로 각도 세 개를 만들 수 있는가? 두 직선으로 각도 네 개를 만들 수 있는가? 두 직선으로 각도 네 개 이상을 만들 수 있는가?」

저자는 일부 문제가 실제로 해결될 수 없다고 경고한다. 학생이 진정한 과학자의 처지를 경험할 수 있도록. 그리고 일부는 다음의 문제처럼 명확한 '정답'이 존재하지 않는다.

「한 면이 평평하게 되도록 정육면체를 탁자에 올려놓고 다른 면이 당신 쪽을 향하게 한 후에, 당신이 생각하는 정육면체의 두께, 폭, 길이의 수치를 말하라.」[13]

대체로 전통주의자들이 오늘날 교육의 문제점이라고 조롱하는 바로 그런 유형의 '아동 중심적'이고 탐구적인 접근법이었다. 이 책은 1860년에 출간되었다.

몇 년 전에 위스콘신대 수학도서관은 엄청난 양의 오래된 수학 교과서를 소장하게 되었다. 지난 100여 년 동안* 위스콘신에서 학생들이 실제로 사용했고, 새로운 모델의 교과서를 채택하기 위하여 폐기된 책들이었다. 이 낡은 책들을 살펴보면 교육에 관한 모든 논쟁이 과거에도 여러 차례 벌어졌으며, 우리가 새롭고 특이하다고 생각하는 모든 것 —학생이 스스로 증명을 찾아내도록 요구하는 《창의적 기하학》 같은 수학책, 문제를 일상생활과 연결하여 '관

---

* 나는 1930년경에 마지막으로 사용된 기초산술책에서 여백에 연필로 쓴 작은 글귀를 발견했다. "170페이지로 가라." 170페이지에는 다시 "36페이지로 가라."라는 지시가 있었다. 이런 식으로 계속되어 마침내 도착한 마지막 페이지에는 다음 글귀가 있었다. "당신은 바보야!" 무덤 너머에서 나를 놀리고 있는 열 살배기의 모습이 보인다.

련시킨relevant' 수학책, 진보적이든 아니든 사회적 대의cause의 발전을 위하여 고안된 수학책— 역시 오래되었고 당시에는 이상하게 여겨졌으며, 의심의 여지 없이 미래에도 다시 새롭고 이상하게 여겨지리라는 것을 알 수 있다.

여기서 한 가지 언급하고 지나가자. 《창의적 기하학》의 서문은 기하학에 '여성을 배제하지 않는, 모두의 교육을 위한' 자리가 있다고 말한다. 저자인 윌리엄 조지 스펜서William George Spencer는 일찍부터 남녀공학을 옹호한 사람이었다. 스펜서의 교과서와 같은 해에 출간된 조지 엘리엇George Eliot*의 《플로스 강변의 물레방아The Mill on the Floss》는 여성과 기하학에 대한 19세기의 일반적 시각을 (지지하는 것은 아니지만) 전달한다.

"여자애들은 유클리드를 공부할 수 없어요, 안 그래요, 선생님?"

한 등장인물의 질문에 스텔링Stelling 교장이 대답한다.

"소녀들은 피상적인 문제에 관해서 굉장히 똑똑하지만, 무엇이든 멀리 가지는 못하지."

스텔링은 풍자적으로 과장된 형태로 스펜서가 맞서는 영국의 전통적 교육방식, 즉 이해를 구축하는 느리고 혼란스러운 과정을 단지 무시할 뿐만 아니라 적극적으로 억제하면서, 대가들masters을 암기하는 행진을 벌이는 방식을 대변한다.

"미스터 스텔링은 단순화와 설명을 통하여 학생들의 마음을 나약하고 무력하게 만들 사람이 아니었다."

---

* 이런 맥락에서 '조지 엘리엇'이 메리 앤 에번스(Mary Ann Evans)의 필명임은 의미가 있다.

남자다움의 강장제 같은 유클리드는 강한 음료나 얼음처럼 차가운 샤워 같은 고통을 감내해야 하는 것이었다.

수학계 최상층에서도 스텔링주의에 대한 불만이 쌓이기 시작했다. 나중에 기하학과 대수학(그리고 어리석고 생기 없는 영국 학계에 대한 혐오감)의 업적을 살펴보게 될 영국의 수학자 제임스 조셉 실베스터James Joshph Sylvester는, 유클리드를 '학생들의 손이 닿지 않도록 멀리' 숨겨 놓아야 하고, 물리과학과의 관계를 통하여 기하학을 가르치면서 유클리드의 정적인static 형태를 보완하는 운동의 기하학에 중점을 두어야 한다고 생각했다.

"우리의 전통적·중세기적 교육방식에 너무도 부족한 것은 주제에 대한 살아 있는 관심이다. 프랑스, 독일, 이탈리아 등 내가 가 본 대륙의 모든 곳에서, 우리 학계의 얼어붙은 형식주의에는 알려지지 않은 방식으로, 마음이 다른 마음에 직접 작용한다."[14]

보라!

우리는 더는 학생들이 유클리드를 외우고 암송하도록 하지 않는다. 19세기 후반의 교과서에는 학생이 스스로 기하학 명제에 대한 증명을 구성하도록 요구하는 연습문제가 포함되기 시작했다. 1893년에 찰스 엘리엇Charles Eliot 하버드대 총장이 소집하여 미국의 고등학교 교육을 합리화·표준화하는 임무를 부여한 10인위원회Committee of Ten는 이러한 변화를 성문화했다. 그들은 고등학교 기하학 교육의 요점이 엄격한 연역적 추론의 습관을 갖추도록 학생들의 마음을 단련하는 것이라고 말했다. 그 아이디어는 고착되었다. 1950년에 수행된 설문조사는 미국의 고등학교 교사 500명에게 기하학을 가르치는 목표를 물었다.[15] 지금까지 가장 다수를 차지한 대답은 '명확한 사고와 정확한 표현 습관을 계발하는 것'이었는데, '기하학의 사실과 원리에 관한 지식을 전달하기 위하여'보다 거의 두 배에 달하는 표를 얻었다. 달리 말해서, 삼각형에 관하여 알려진 모든 사실을 학생들에게 주입하려는 것이 아니고, 그런 사실을 첫 번째 원리로부터 구축할 수 있는 정신적 소양을 계발하려는 것이다. 어린 링컨들을 위한 학교다.

그렇다면 그러한 정신적 소양은 무엇을 위함인가? 언젠가는 학생이 다각형 외각의 합이 360도라는 것을 최종적이고 논쟁의 여지없이 입증하도록 요구받을 것이기 때문일까?

나는 그런 일이 일어나기를 계속 기다렸지만 그런 일은 한 번도 없었다.

아이들에게 증명을 가르치는 궁극적 이유는 세상이 증명으로 가득하기 때문이 아니다. 세상은 비증명으로 가득하고, 어른이라면 그 차이를 알아야 하기 때문이다. 일단 진짜에 익숙해지고 나면 가짜에 만족하기는 어렵다.

링컨은 그런 차이를 알았다. 다음은 그의 친구이며 동료 변호사였던 헨리 클레이 휘트니Henry Clay Whitney의 회상이다.

"나는 그가 오류의 가면을 찢어 벗기고, 오류와 그 오류를 만든 자 모두를 부끄럽게 만드는 것을 여러 번 보았다."[16]

자나 깨나 마주치게 되는 증명의 옷을 걸친 비증명은, 특별한 주의를 기울이지 않는 한, 우리의 방어선을 통과한다. 주의해야 할 말이 있다. 수학에서 저자가 '명백히'라는 말로 문장을 시작할 때, 실제로 뜻하는 것은 "나에게는 명백해 보이고, 아마도 확인이 필요했겠지만 약간 혼란스러워서, 그저 명백하다고 단언하는 것에 만족하기로 했다."이다. 신문에 나오는 전문가의 비슷한 말은, "분명히 우리 모두 동의할 수 있다."로 시작하는 문장이다. 이런 문장을 볼 때마다 이어지는 내용에 모두가 동의한다고 확신하지 말아야 한다. 당신은 무언가를 공리처럼 취급하도록 요청받고 있으며, 우리가 기하학의 역사에서 한 가지 배운 것이 있다면, 새로운 공리가 가치를 증명하기 전에는 받아들이지 말아야 한다는 것이다.

누군가가 '그냥 논리적일 뿐'이라고 말할 때는 언제나 회의적인 태도를 유지하라. 그들이 삼각형의 합동이 아니라, 경제정책이나 개탄스러운 행동을 보이는 문화계 인사 또는 당신과의 관계에서 바라는 양보에 관한 이야기를 할 때는 '그냥 논리적일 뿐'이 아니다. 논리적 추론 —애당초 적용될 수 있다면— 이 다른 모든 요소와의 얽힘에서 벗어날 수 없는 맥락의 이야기이기 때문이다. 그들은 단호하게 표현된 일련의 의견이 정리theorem의 증명으로 착각되기를 원한다. 그러나 당신이 진정한 증명의 날카로운 클릭click을 경험하고 나면, 다시는 이런 말에 넘어가지 않을 것이다. '논리적인' 상대에게 원을 네모로 만들어 보라고 말하라.

휘트니는 링컨의 독특했던 점이 초능력 수준의 지능이 아니었다고 말한다. 다수의 공직자가 대단히 똑똑하지만, 유감스럽게도 그중에는 좋은 사람도 있고 나쁜 사람도 있다. 그러나 링컨이 특별했던 점은 '부정직한 주장을 펴는 일이 도덕적으로 불가능'했다는 것이었다.[17]

"그는 도둑질할 수 없는 것처럼 부정직한 주장을 할 수 없었다. 그에게는 도둑질과 비논리적이거나 파렴치한 추론으로 다른 사람의 소유물을 탈취하는 행동이 본질적으로 차이가 없었다."

링컨이 유클리드에게 배운 (또는 이미 그에게 있었고, 유클리드에게서 찾아낸 것과 조화를 이룬) 것은 정직성, 즉 무언가를 말할 권리가 있음을 공명정대하게 정당화하기 전에는 말하지 말아야 한다는 것이었다. 기하학은 정직성의 한 가지 형태다. 사람들이 그를 정직한 에이브 대신에 기하학적 에이브로 불렀어도 좋았을 것이다.

내가 유일하게 링컨과 의견을 달리하는 점은 오류의 저자를 부끄럽게 만든 일이다. 정직하게 대하기 가장 어려운 사람은 바로 우리 자신이며, 가면을 벗기기 위하여 가장 많은 시간과 노력을 쏟아야 할 대상도 스스로 만들어 낸 오류이기 때문이다. 우리는 항상 자신의 믿음을 '흔들리는 치아'처럼 건드려 보아야 한다. 흔들리는지 아닌지 확실치 않은 치아면 더욱 좋다. 그리고 무언가가 확실치 않다면, 부끄러워할 필요 없이, 그저 확신하는 위치로 침착하게 후퇴하여 그곳으로부터 어디에 도달할 수 있는지를 재평가하면 된다.

이상적인 기하학이라면 그런 것을 가르쳐야 한다. 그러나 실베스터가 불평한 '얼어붙은' 형식주의가 사라지려면 아직 멀었다. 실제로 우리가 아이들의 기하학 수업에서 종종 가르치는 것은, 수학 작가이자 만화가이며 이야기꾼인 벤 올린Ben Orlin의 말대로

증명이란 이미 알고 있는 사실에 관한 이해할 수 없는 입증이 다.[18]

올린이 그런 증명의 예로 드는 것은 '직각합동정리right angle congruence theorem', 즉 모든 두 직각이 서로 합동이라는 주장이다. 이런 주장이 제시된 9학년생에게 무엇을 요구할 수 있을까? 가장 전형적인 방식은 한 세기가 넘도록 기하학 교육의 주축을 이룬 2열 증명two-column proof인데, 이 경우에는 다음과 같을 것이다.[19]

각도 1과 각도 2는 모두 직각이다	**주어짐**
각도 1의 크기는 90도다	**직각의 정의**
각도 2의 크기는 90도다	**직각의 정의**
각도 1의 크기는 각도 2의 크기와 같다	**동등함의 이행성**
각도 1은 각도 2에 합동이다	**합동의 정의**

'동등함의 이행성transitivity of equality'은 유클리드의 '공통 개념common notions', 즉 그가 《원론》의 도입부에서 말하고 기하학 공리보다 앞서는 것으로 취급하는 산술 원리다. 같은 대상과 동등한 두 사물은 서로 동등하다는 원리다.*

모든 것을 그렇게 작고 정확한 단계로 환원하는 일이 어느 정도 만족감을 준다는 사실을 부정하고 싶지는 않다. 그들은 마치 레고

* 스티븐 스필버그(Steven Spielberg)의 영화 『링컨』을 만들기 위해 사용된 토니 쿠슈너(Tony Kushner)의 대본에는 극적인 순간에 링컨이 이 말을 인용하는 장면이 있다.

블록처럼 만족스럽게 들어맞는다! 교사라면 정말로 전달하고 싶은 느낌이다.

그렇긴 해도 그저 종이 위의 다른 위치에 있고 다른 방향을 가리킬 뿐인 두 직각이 동일하다는 사실은 명백하지 않을까? 실제로 유클리드는 모든 두 직각의 동등성을 네 번째 공리, 즉 증명 없이 참으로 간주하며, 다른 모든 것이 그로부터 유도된다는 기본 규칙으로 삼았다. 그렇다면, 유클리드조차 "여보게, 그건 명백하지 않은가?"라고 말했음에도 오늘의 고등학교에서 학생들에게 이 사실의 증명을 생각해 내기를 요구하는 이유는 무엇일까? 평면기하학을 유도하기 위한 출발점으로 삼을 수 있는 공리의 집합이 많이 있고, 유클리드와 정확히 같은 방식으로 진행하는 것이 더는 가장 엄밀하고 교육적으로 유익한 선택으로 여겨지지 않기 때문이다. 다비트 힐베르트David Hilbert는 1899년에 기하학의 기초를 처음부터 다시 썼고, 오늘날 미국의 학교에서 가르치는 기하학은 대체로 1932년에 조지 버코프George Birkhoff가 제시한 공리에 더 많이 의존하고 있다.

공리이든 아니든 두 직각이 동등하다는 것은 학생이 그냥 아는 사실이다. "당신은 안다고 생각하지만, 2열 증명의 단계를 따라가기 전에는 정말로 아는 것이 아니다."라는 말을 듣고 좌절감을 느낀다 해서 그를 탓할 수는 없다. 그런 말은 약간 모욕적이다!

기하학 수업은 명백한 사실을 증명하는 데 너무 많은 시간을 소비한다. 나도 대학 1학년 때의 위상기하학 과목을 잘 기억하고 있다. 매우 저명한 원로 연구원이었던 담당교수는 다음 사실을 증명하는 데 2주를 보냈다. 평면에 그린 닫힌 곡선은, 아무리 구불구불하고 이상한 형태라도 평면을 두 부분으로 나눈다. 곡선의 외부와 곡선의 내부.

한편으로는, 조르당 곡선정리Jordan Curve Theorem로 알려진 이 사실의 공식적 증명을 작성하는 일이 상당히 어렵다는 것을 알 수 있었다.* 다른 한편으로, 나는 그 2주를 억제하기 힘들 정도로 짜증이 난 상태로 보냈다. 이것이 수학의 참 모습인가? 명백한 일을 힘들게 만드는 것? 나는 집중력을 잃었다. 급우들도 마찬가지였는데, 그중에는 미래의 수학자와 과학자도 많았다. 내 바로 앞자리에 훗날 상위 다섯 손가락 안에 꼽히는 대학에서 수학 박사학위를 받게 되는, 매우 진지한 두 학생이 앉아 있었다. 그들은 저명한 원로 연구원이 다각형의 섭동perturbation 같은 또 다른 미묘한 논점을 칠판에 적어 놓을 때마다 열성적으로 증명을 시작하곤 했다. 정말로 열심이었다는 말이다. 10대의 열정이라는 힘이 그들을 증명이 아직 이루어지지 않은 다른 세계로 보낼 수 있었다는 듯이.

지금의 나처럼 고도로 훈련된 수학자라면 자세를 바로잡으면서 이렇게 말할 수도 있을 것이다.

"음, 젊은이들, 여러분은 그저 어느 진술이 정말로 명백하고 어느 진술이 미묘함을 숨기고 있는지를 알 만큼 세련되지 않았을 뿐이라네."

어쩌면, 3차원 공간에서는 비슷한 문제가 우리의 생각만큼 단순하지 않다는 것을 보여 주는, 무시무시한 알렉산더의 뿔 달린 구

---

* 농구 선수가 아니고 다른 조던(카미유 조르당과 마이클 조던의 이름이 동일한 스펠링인 Jordan임을 이용한 말장난_옮긴이)

Alexander Horned Sphere(수학에서 괴상한 것으로 유명한 형태 중 하나_옮긴이)를 꺼낼지도 모른다.

하지만 그런 것은 교육적 관점에서 매우 나쁜 해답이라고 생각된다. 명백하게 보이는 것을 증명하려고 수업 시간을 보내고 명백한 진술이 명백하지 않다고 주장한다면, 학생들은 바로 내가 그랬던 것처럼 반감을 갖거나 교사가 다른 곳을 보는 동안에 무언가 더 흥미로운 일을 찾을 것이다.

나는 탁월한 교사 벤 블럼스미스Ben Blum-Smith가 이 문제를 설명하는 방식을 좋아한다. 학생이 진정한 수학의 불꽃을 느끼려면 자신감의 경사로gradient of confidence, 즉 명백한 것에서 명백하지 않은 것으로 이동하는 느낌, 형식논리의 모터에 의해서 오르막으로 밀어 올려지는 느낌을 경험해야 한다.[20] 그러나 우리는 이렇게 말한다.

"여기 명백하게 정확해 보이는 공리의 목록이 있다. 명백히 정확하게 보이는 다른 진술을 찾을 때까지 이들 공리를 조립하라."

이는 작은 조각 두 개를 결합하여 큰 조각을 만드는 방법을 보여줌으로써 레고Lego를 가르치는 것과 같다. 그렇게 할 수 있고 때로는 그럴 필요도 있지만, 그것이 레고의 요점이 아님은 확실하다.

아마도 말로만 듣기보다 직접 경험해 보는 쪽이 나을 것이다. 자신감의 경사로를 느끼고 싶다면 잠시 직각삼각형에 대하여 생각해 보라.

우선 직관으로 시작하자. 수직과 수평 방향의 변이 정해지면 대각선 변도 결정된다. 북쪽으로 3km, 동쪽으로 4km를 걸어가면 당신과 출발점 사이에 특정한 거리가 생긴다. 여기에는 아무런 모호성이 없다.

하지만 그 거리는 얼마일까? 그것이 바로 기하학에서 최초로 증명된 정리인 피타고라스 정리다. 피타고라스 정리는 a와 b가 직각삼각형의 수직과 수평 변이고, c가 빗변이라 불리는 대각선 변이라면 다음 관계가 성립함을 말해 준다.

$$a^2 + b^2 = c^2$$

이 관계식은 a가 3이고 b가 4일 때 c^2이 3^2+4^2, 또는 9+16, 즉 25임을 말해 준다. 그리고 우리는 제곱하면 25가 되는 수가 5임을 안다. 그것이 빗변의 길이다.

이런 공식이 사실인 이유는 무엇일까? 우리는 말 그대로 직각을 이루는 두 변의 길이가 3과 4인 삼각형을 그리고 빗변의 길이를 측정함으로써 자신감의 경사로를 오르기 시작할 수 있다. 측정된 빗변의 길이는 정말로 5에 가까울 것이다. 이번에는 두 변의 길이가 1과 3인 삼각형을 그린 뒤에 빗변의 길이를 측정해 보자. 자를 사용하는 데 충분한 주의를 기울였다면, 제곱하면 1+9=10이 되는 3.16…에 매우 가까운 길이가 측정될 것이다. 예제를 통하여 높아진 자신감은 증명이 아니다. 그러나 다음 그림은 증명이다.

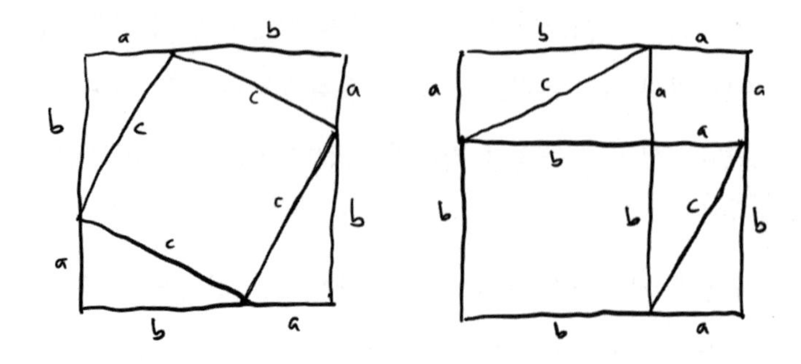

두 그림에서 동일한 큰 사각형은 두 가지 다른 방식으로 분할된다. 첫 번째 그림에는 우리의 직각삼각형 네 개와 변의 길이가 c인 정사각형이 있다. 두 번째 그림에도 우리의 삼각형이 네 개 있지만, 이번에는 다른 방식으로 배열된다. 큰 정사각형에서 남은 부분은 작은 정사각형 두 개인데, 하나는 변의 길이가 a고 다른 하나는 b다. 큰 정사각형에서 네 개의 삼각형을 들어내고 남는 면적은 두 그림에서 모두 같아야 한다. 이는 c^2(첫 번째 그림에서 남은 면적)이 a^2+b^2(두 번째 그림에서 남은 면적)과 같아야 함을 의미한다.

까다롭게 굴자면, 첫 번째 그림이 실제로 정사각형임을 정확하게 증명하지 못했다고 (변의 길이가 모두 같다는 것만으로는 충분치 않다. 정사각형의 마주 보는 모서리를 엄지와 집게손가락 사이에서 누르면 마름모라 불리는 다이아몬드 형태를 얻게 되는데, 네 변의 길이가 여전히 같더라도 마름모가 정사각형이 아님은 분명하다) 불만을 제기할 수도 있다. 하지만 그러지 말기 바란다. 그림을 보기 전의 당신은 피타고라스 정리가 진실이라고 믿을 이유가 없었다. 그림을 본 후의 당신은 왜 그것이 진실인지를 안다. 이렇게 기하학적 형상을 분할하고 재배열하는 방식의 증명은 분할증명dissection proof이라 불리며 명확성과 독창성이 높이 평가되는 증명이다. 12세기의 수학자이자 천문학자였던 바스카라Bhâskara*는 이런 형태의 피타고라스 정리 증명을 제시하면서, 자신의 그림이 구두 설명이 필요 없을 정도로 설득력이 있다고 생각하여, 단지 "보라Behold!"라는 말만을 써 넣었다.** 1830년에 헨리 페리걸Henry Perigal이라는 아마추어 수학자는 링컨처럼 원을 네모로 만들려고 애쓰던 중에 피타고라스 정리의 독자적인 분할증명을 찾아냈는데, 자신의 그림을 높이 평가한 나머지, 약 60년 후에 자신의 묘비에 새겨 넣도록 했다.[21]

당나귀의 다리를 건너서

우리는 순수하게 형식적인 연역deduction을 통해서 기하학을 할 줄 알아야 한다. 그러나 기하학은 단순히 순수하게 형식적인 연역의 연속이 아니다. 만약 그렇다면, 체계적 추론 기술을 가르치기 위한 다른 1,000가지 방법보다 나을 것이 없다. 기하학 대신에 체스 문제나 스도쿠Sudoku(가로 세로가 9칸인 표에 숫자를 채워 넣는 퍼즐_옮긴이)를 가르칠 수도 있을 것이다. 아니면 알려진 어떤 인간사와도 전혀 무관한 공리 체계를 구성하고 학생에게 그 결과를 도출하도록 강요할 수도 있다. 그러나 우리는 그 대신 기하학을 가르친다. 기하학은 단지

---

* 수학사에서는 종종, 그보다 앞선 동명의 수학자와 구별하기 위하여, 바스카라 II로 불린다.

** 바스카라의 피타고라스 정리 증명이 주비산경(周髀算經)이라는 중국 문헌에서 나왔다고 주장하는 자료도 있으나 논란의 여지가 있다. 말이 나온 김에 말하자면, 오늘날 우리가 말하는 증명이 피타고라스학파와 아무런 관련이 없다는 주장도 있다.

형식에 그치는 것만이 아닌 형식적 시스템이기 때문이다. 기하학은 공간, 위치, 그리고 운동에 대한 우리의 사고방식에 내장되어 있다. 우리는 기하학적이지 않을 수 없다. 다시 말해서 우리에게는 직관intuition이 있다.

기하학자 앙리 푸앵카레Henri Poincaré는 1905년에 쓴 에세이에서 수학적 사고의 필수불가결한 두 기둥으로 직관과 논리를 지목했다. 그는 모든 수학자가 둘 중 한 방향으로 기울어지는데, 그중에서도 '기하학자'라고 불리는 사람은 직관 쪽으로 기울어진 수학자라고 말했다. 우리에게는 양쪽 기둥이 모두 필요하다. 논리가 없다면, 그 어떤 의미 있는 방식으로도 상상할 수 없는 물체인 1,000면 다각형에 관하여 아무 말도 할 수 없을 것이다. 그러나 직관이 없다면 기하학의 주제가 모든 풍미를 잃게 된다. 푸앵카레는 '유클리드는 죽은 해면sponge'이라고 설명한다.

> 당신은 틀림없이 해면의 골격을 형성하는 섬세한 규소 바늘의 집합체를 본 적이 있을 것이다. 유기물질이 사라지면 연약하고 우아한 레이스lace 구조만이 남는다. 즉, 실리카silica 외에는 아무것도 남지 않지만, 흥미로운 것은 실리카가 취하는 형태다. 구조에 정확한 형태를 부여한 살아 있는 해면을 모른다면, 그 형태를 이해할 수 없다. 따라서 우리 선조의 오래된 직관적 관념은, 버려졌을 때조차도, 여전히 자신의 형태를 대체된 논리적 구조에 각인시킨다.[22]

우리는 어떻게든 살아 있는 해면 조직인 직관적 능력의 존재를 부정하지 않고 추론할 수 있도록 학생들을 훈련해야 한다. 그러나 직관 혼자 버스를 모는 것도 원치 않는다. 여기서 평행선 공준의 이야기가 도움이 된다. 유클리드는 다섯 가지 공리 중 하나를 이렇게 제시했다.

"주어진 임의의 직선 L과 그 위에 있지 않은 임의의 점 P에 대하여, P를 통과하고 L에 평행한 오직 하나의 직선이 존재한다."*

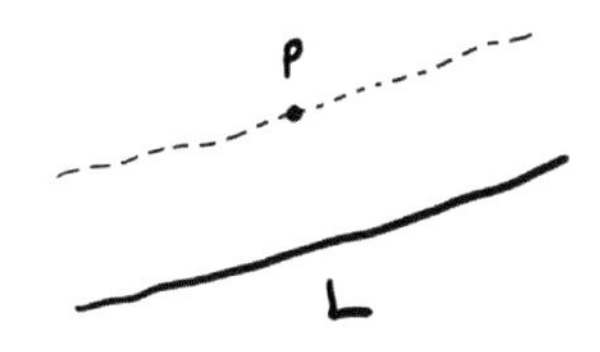

"임의의 두 점은 직선으로 연결된다."처럼 더 매끄러운 다른 공리와 비교하면 길고 복잡한 공리다. 사람들은 다섯 번째 공리가 ―왠지 더욱 원초적으로 느껴지는― 다른 네 공리로 증명되면 더 좋을 것이라고 생각했다.

하지만, 왜? 어쨌든 우리의 직관은 다섯 번째 공리가 진실이라고 큰소리로 외친다. 과연 그것을 증명하려고 애쓰는 것보다 더 쓸데없는 일이 있을까? 2+2=4를 증명할 수 있는지 묻는 것이나 마찬가지다. 우리는 그것을 안다!

그렇지만 수학자들은 계속해서 다섯 번째 공리가 다른 네 공리

---

* 정확하게 유클리드가 표현한 방식은 아니지만, 다섯 번째 공리와 동등하다. 유클리드의 표현은 더 길고 복잡하다.

에서 유도된다는 것을 보이려는 시도와 실패를 되풀이했다. 그리고 마침내 처음부터 실패할 운명이었음을 보여 주었다. 왜냐하면 '직선', '점', '평면'이 유클리드(그리고 아마 당신도)가 생각한 것과는 다른 의미임에도 불구하고, 처음 네 가지 공리를 만족하면서 다섯 번째 공리는 만족하지 않는 기하학이 있었기 때문이다. 그중에는 P를 통과하면서 L에 평행한 직선이 무수히 많은 기하학이 있고 전혀 없는 기하학도 있었다.

그건 반칙이 아닐까? 우리는 왜곡해서 '직선'이라 부르는 다른 괴상한 세계의 기하학적 객체에 관하여 묻지 않았다. 유클리드의 다섯 번째 공리가 사실임이 분명한 실제 직선을 이야기하고 있었다.

물론 원한다면 얼마든지 그런 입장을 선택할 수 있다. 하지만 그렇게 함으로써 우리는 단지 자신에게 익숙한 기하학이 아니라는 이유로 기하학의 세계 전체에 대한 접근을 고집스럽게 차단하게 될 것이다. 비유클리드 기하학은, 우리가 실제로 거주하는 물리적 공간을 포함하여, 수학의 광범위한 영역에서 기본적인 기하학임이 밝혀졌다. (몇 페이지 뒤에서 다시 살펴볼 것이다.) 완고한 유클리드 순수주의적 이유로 그런 기하학의 발견을 거부할 수도 있다. 하지만, 그러면 우리의 손해일 것이다.

형식 논리와 직관의 신중한 균형이 요구되는 또 하나의 예가 있다. 다음 삼각형이 이등변삼각형이라고,

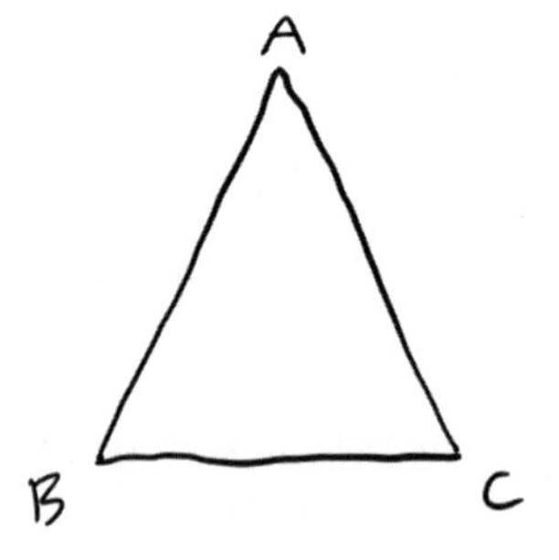

즉 변 AB*와 변 AC의 길이가 같다고 가정하자. 그러면 B와 C의 각도 역시 같다는 정리가 있다.

이 문장은 '당나귀의 다리bridge of asses'라는 의미의 라틴어 폰스 아시노룸pons asinorum이라 불린다. 우리 모두가 주의 깊게 건너야 하는 것이기 때문이다. 유클리드의 증명은 앞에서 나온 직각에 관한 증명보다 다소 복잡하다. 여기서 우리는 약간 앞서 나가고 있다. 실제 기하학 수업에서는 몇 주의 준비를 거친 뒤에야 당나귀의 다리에 도착하기 때문이다. 그러므로 유클리드 1권에 나오는 명제 4, 즉 삼각형에서 두 변의 길이를 알고 그 두 변 사이의 각도를 알면 나머지 변의 길이와 나머지 두 각도를 알 수 있다는 명제를 당연하다고 인정하자. 그림으로 그리면 다음과 같다.

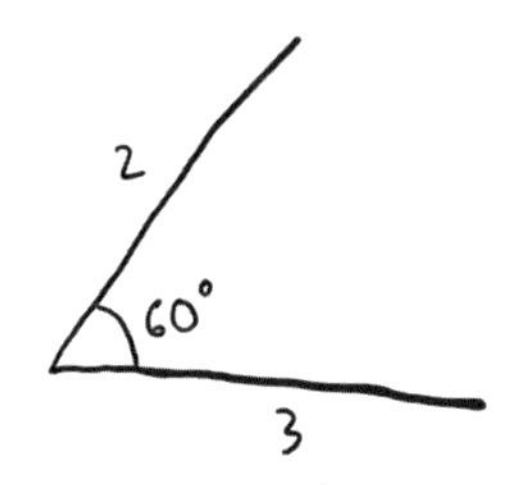

삼각형의 나머지 부분을 '채워 넣는' 방법은 한 가지밖에 없다. 같은 말을 다른 방식으로 할 수도 있다. 두 삼각형에서 두 변의 길이와 그 사잇각이 공통common이라면, 두 삼각형의 모든 변의 길이와 모든 각도가 공통이다. 기하학자의 용어로 두 삼각형은 "합동이

* 기하학에서는 점 A와 B를 연결하는 선분을 볼티모어-워싱턴 고속도로에서 고속도로를 빼고 부르는 것처럼 단순히 AB라 부르기를 선호한다.

다congruent."

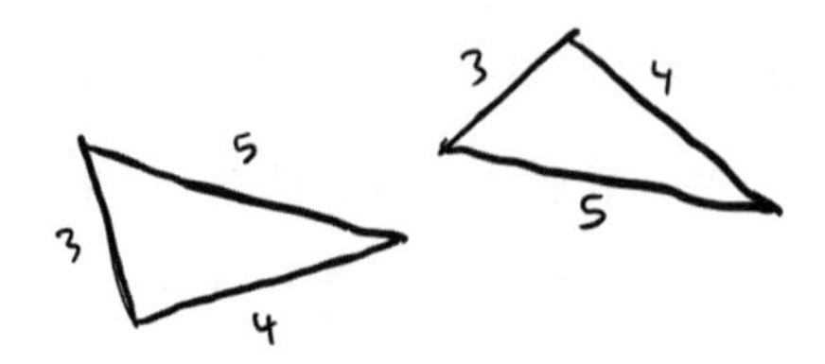

두 변 사이의 각도가 직각일 경우에 대하여 이미 언급된 바와 같이, 이 사실은 각도가 얼마든 간에 명백하게 느껴질 것으로 생각된다.

(두 삼각형의 세 변의 길이가 일치하면 두 삼각형이 합동이어야 한다는 것 또한 사실이다. 예를 들어 변의 길이가 3, 4, 5라면 앞에서 그린 직각삼각형이 되어야 한다. 그러나 유클리드는 덜 명백한 이 사실을 잠시 뒤에 명제 I.8로 증명한다. 이 사실이 명백하다고 생각된다면 다음을 고려해 보라. 변이 네 개인 도형은 어떨까? 앞서 만났던 마름모를 떠올려라. 네 변의 길이가 정사각형과 같지만 정사각형이 아님은 분명하다.)

이제 당나귀의 다리로 돌아가자. 2열 증명은 다음과 같다.

A를 통과하며 각 BAC를	
절반으로 나누는 직선을 L이라 하자	**오케이, 그렇게 하시오**
L이 BC와 만나는 점을 D라 하자	**아직 이의 없음**

증명이 진행 중임은 알지만, 새로운 점과 새로운 선분 AD가 언급되었으므로 그림을 다시 그리는 것이 좋겠다! 그리고 우리의 삼

각형이 이등변삼각형이라는 가정, 따라서 AB와 AC의 길이가 같다는 것을 기억하라. 곧 그 사실을 이용할 것이다.

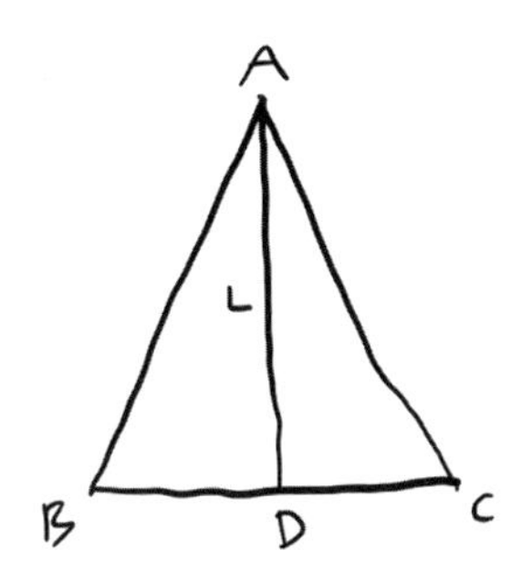

AD와 AD는 길이가 같다	**선분은 자기 자신과 같다**
AB와 AC는 길이가 같다	**주어진 조건**
각 BAD와 CAD는 합동이다	**AD가 각 BAC를 반으로 나누도록 선택되었다**
삼각형 ABD와 ACD는 합동이다	**유클리드 1.4, 필요할 것이라고 말했다**
각 B와 C는 같다	**합동인 삼각형의 대응되는 각은 같다**

증명 끝QED.*

실제로 무언가를 만들어야 하므로, 이 증명은 앞에서 본 증명보다 길다. 우리는 새로운 직선 L을 만들고, L이 BC와 만나는 점에 D라는 이름을 붙인다. 그렇게 하여 새로 생긴 삼각형 ABD와 ACD의 변들로 B와 C를 동일시하여 서로 합동임을 보일 수 있었다.

* '증명하려던 것'을 의미하는 라틴어 'Quad Erat Demonstrandum'는 우리가 증명의 끝에서 즐겨 사용하는 배트 플립(bat flip, 야구선수가 홈런을 친 뒤에 방망이를 던져 버리는 동작_옮긴이)이다. 고등학교 시절의 우리 수학팀원들은 종종 "그리고 너는 끝났어(And You're Done)."를 의미하는 'AYD'를 사용했다.

그러나 유클리드보다 약 600년 뒤에 북아프리카의 또 다른 기하학자인 알렉산드리아의 파포스Pappos가 자신의 개요서인 《시나고그 συναγωγή》에 제시한 더 매끄러운 방법이 있다. (고대 세계에서는 시나고그가 유대인들이 모여서 기도하는 회당뿐만 아니라 기하학적 명제의 모음을 뜻할 수도 있었다.)

AB와 AC는 길이가 같다	**주어진 조건**
각 A와 각 A는 같다	**각은 자기 자신과 같다**
AC와 AB는 길이가 같다	**그 말은 이미 했음. 뭐 하자는 거요, 파포스?**
삼각형 BAC와 CAB는 합동이다	**다시 유클리드 I.4**
각 B와 각 C는 같다	**합동인 삼각형의 대응되는 각은 같다**

잠깐, 무슨 일이 있었을까? 아무것도 안 하는 듯했는데 갑자기 원하는 결론이 모자도 없이 튀어나온 토끼처럼, 아무것도 없는 데서 나타났다. 이런 증명은 다소 불편하게 느껴진다. 유클리드가 좋아한 유형은 아니다. 그러나 어쨌든 내 생각에는 이거야말로 진정한 증명이다.

파포스의 통찰의 핵심은 끝에서 두 번째, 즉 '삼각형 BAC와 CAB는 합동이다'라는 문장이다. 이 문장은 마치 삼각형은 그 자신과 같다고만 말하는 것 같고 대수롭지 않게 보인다. 그러나 좀 더 주의 깊게 살펴보라.

두 삼각형 PQR과 DEF가 합동이라는 말의 참된 의미는 무엇일까?

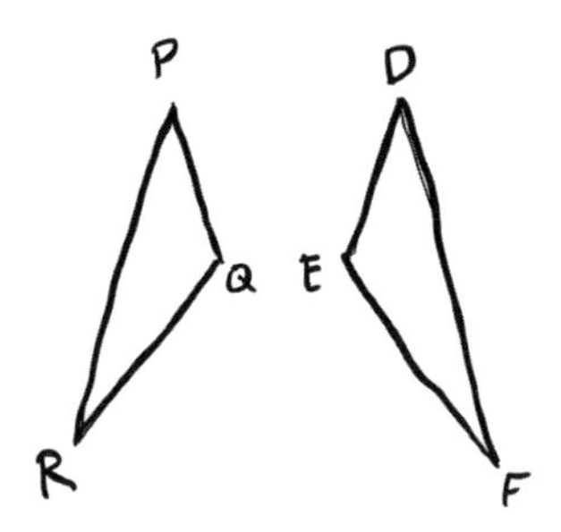

우리는 여섯 가지를 한꺼번에 말하고 있다. PQ의 길이가 DE와 같고, PR이 DF와 같고, QR이 EF와 같고, 각 P가 D와 같고, Q가 E와 같고, R이 F와 같다는 것.

PQR은 DEF에 합동일까? 물론 이 그림에서는 아니다. PQ의 길이가 대응하는 변인 DF의 길이와 같지 않기 때문이다.

합동의 정의를 진지하게 다룬다면(기하학자라면 정의를 진지하게 다루는 것이 당연하다), DEF와 DFE는, 동일한 삼각형임에도 불구하고, 서로 합동이 아니다. DE와 DF의 길이가 다르기 때문이다.

그러나 우리는 당나귀의 다리 증명에서 이등변삼각형을 삼각형 BAC로 생각할 때와 삼각형 CAB로 생각할 때가 동일하다고 말한다. 공허한 말이 아니다. 'ANNA'라는 이름이 앞으로나 뒤로나 똑같다고 말할 때는 실제로 그 이름에 관한 무언가, 즉 그 이름이 회문palindrome이라는 사실을 말하는 것이다. "물론 같지. 어떤 순서로 쓰든 A가 두 개이고 N이 두 개니까."라고 하면서 회문의 개념 자체를 반박하는 것은 순전한 심술일 것이다.

실제로 '회문'은 꼭짓점을 반대 순서로 쓰면 얻게 되는 삼각형 CAB에 합동인, BAC 같은 삼각형을 위한 적절한 이름이 될 것이다.

파포스는 이런 방식으로 생각하여 직선이나 점을 추가할 필요 없이, 다리를 건너는 더 빠른 경로를 제시할 수 있었다.

그렇지만 파포스의 증명조차도 이등변삼각형의 두 각이 같은 이유를 분명히 포착하지 못한다. 더 가까이 가기는 하지만. 이등변삼각형이 회문이라는, 즉 거꾸로 써도 동일하다는 개념은 우리의 직관 역시 말해 줄 것으로 믿어지는 무언가를 알려 준다. 그 삼각형을 집어 들어 뒤집은 다음에 다시 원래 자리에 내려놓아도 변화가 없으리라는 것을. 회문인 단어처럼 이등변삼각형에는 대칭성 symmetry이 있다. 각도가 같아야 한다고 느껴지는 것은 그 때문이다.

기하학 수업에서는 보통 모양을 집어 들어 뒤집는 것에 관한 논의가 허용되지 않는다.* 하지만 그런 논의는 허용되어야 한다. 추상화하려고 노력할 수는 있지만, 수학은 우리의 몸으로 하는 것이다. 다른 무엇보다도 기하학이 그렇다. 때로는 말 그대로, 수학자라면 누구든지 손동작으로 보이지 않는 그림을 그리는 자신의 모습을 발견한 적이 있으며, 몸으로 기하학적 질문을 표현하도록 요구된 아이들이 올바른 결론에 도달할 가능성이 더 크다는 것을 알아낸 연구도 있었다.[23] 푸앵카레 역시 기하학적 추론을 할 때 자신의 운동감각에 의존했다고 한다. 그는 시각화에 능한 사람이 아니었으며, 얼굴과 몸매에 관한 기억력도 좋지 않았다. 푸앵카레는 기억으로 그림을 그려야 할 때 대상이 어떻게 생겼는지가 아니라 자신의 눈

---

* 한때는 미국의 K-12 수학 교육을 위한 보편적 발판을 제공할 것으로 기대되었으나 지금은 결정적으로 후퇴한 공통핵심표준(Common Core standards)은 기하학 수업에서 대칭의 관점을 다룰 것을 요구했다. 우리는 공통핵심이 후퇴하더라도 대칭의 관점 일부가 빙하의 빙퇴석처럼 남기를 바란다.

이 어떻게 움직였는지를 기억했다.[24]

동일한 팔

'이등변'이라는 단어의 실제 의미는 무엇일까? 그저 삼각형의 두 변이 같다는 뜻이다. 그리스어로는 말 그대로 두 '다리'를 의미한다. 중국어의 등요等腰는 '같은 허리'를 뜻한다. 이등변삼각형은 히브리어로 '종아리가 같은', 러시아어로는 '팔이 같은' 삼각형이다. 이등변이라는 말이 두 변이 같음을 의미한다는 데는 모두 동의하는 것 같다. 하지만 왜? 두 각이 같은 삼각형을 이등변삼각형으로 정의하면 안 될까? 독자는 아마도 두 변이 같다는 것이 두 각이 같음을 의미하며, 그 역도 성립한다는 것(당나귀 다리 증명의 핵심이기도 한!)을 알 수 있을 것이다. 다시 말해서, 두 정의는 동등하다. 모두 같은 삼각형을 가리킨다. 그러나 나는 두 가지가 동일한 정의라고 말하지 않을 것이다.

두 가지 정의가 유일한 선택지도 아니다. 이등변삼각형을 회문 삼각형, 즉 집어 올려서 뒤집고 다시 내려놓아도 변하지 않는 삼각형으로 정의하면 더 현대적인 느낌이 날 것이다. 그런 삼각형의 두 변과 두 각이 같다는 것은 거의 자동적인 결과다. 이러한 기하학의 세계에서 파포스의 증명은 두 변이 같은 삼각형이 이등변임을, 즉 삼각형 BAC와 CAB가 동일함을 보여 주는 수단이 될 것이다.

좋은 정의는 원래 의도를 넘어서는 상황에 빛을 비추는 정의다.

'이등변'이 '뒤집어도 변하지 않음'을 의미한다는 생각은 이등변사다리꼴이나 이등변오각형이 무슨 뜻인지에 대한 훌륭한 아이디어를 제공한다. 두 변이 같은 오각형이 이등변오각형이라고 말할 수도 있다. 그러면 다음과 같이 한쪽으로 치우친 오각형도 이등변오각형이 될 것이다.

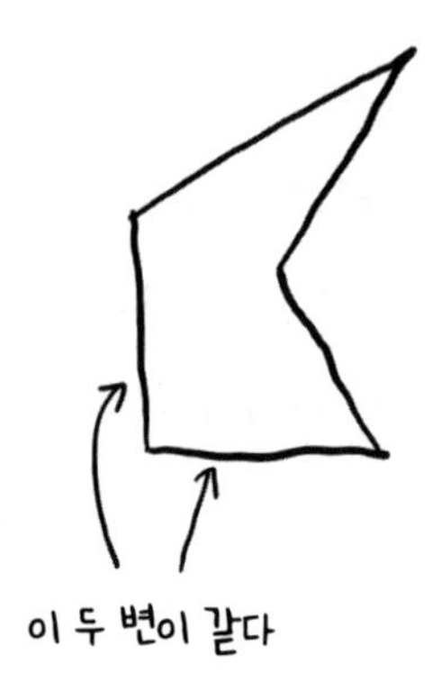

하지만 그러고 싶은가? 다음과 같이 잘생긴 오각형이

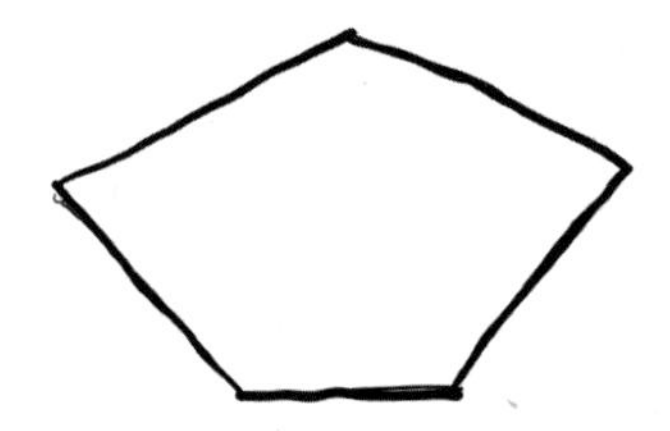

우리가 생각하는 이등변에 가까운 것은 분명하다. 실제로 학교 교과서에 나오는 '이등변사다리꼴'은 두 변이나 두 각이 같은 사다리꼴이 아니라 뒤집어도 변하지 않는 사다리꼴이다. 여기서 대칭에 관한 유클리드 이후의 개념이 개입되는 것은 우리의 마음이 그것을 찾도록 만들어졌기 때문이다. 점점 더 많은 기하학 수업이 대칭의 아이디어를 중심에 두고, 거기에서 출발하는 증명의 구조를 구축하고 있다. 유클리드는 아니지만, 그것이 기하학의 현주소다.

2

장

빨대에는 구멍이 몇 개나 있을까?

S · H · A · P · E

수학을 직업으로 삼은 우리에게 인터넷에서 하루나 이틀 동안 수학 문제에 관하여 열띤 토론이 벌어지는 일은 항상 즐겁다. 사람들이 우리가 평생 즐거움을 느꼈던 사고방식을 발견하고 즐기는 모습을 보게 된다. 정말로 좋은 집이 있으면 뜻하지 않게 사람이 찾아오는 일이 반가워진다.

이런 식으로 제기되는 문제는 대개 처음에는 시시해 보일 수도 있지만, 좋은 문제다. 사람들의 관심을 끌고 유지하는 요인은 실제 수학 문제와 마주쳤다는 느낌이다.

예를 들어, 빨대에는 구멍이 몇 개나 있을까?

이 질문을 받은 사람 대부분은 답이 뻔하다고 생각한다. 그리고 뻔한 답이 자신의 생각과 다른 사람들이 있다는 사실을 알고는 크게 놀라고 때로 슬퍼하기까지 한다. '새로운 생각이 온다' 대 '새로운 것이 온다'의 수학 버전이다.*

내가 알기로, 빨대의 구멍 문제는 1970년에 〈오스트랄라시아 철학저널Australasian Journal of Philosophy〉에 실린 스테파니Stephanie와 데이비드 루이스David Lewis 부부팀의 논문에 처음으로 소개되었으며, 당시의 관tube 모양 물체는 빨대가 아니고 두루마리 휴지였다.[1] 이 문제는 2014년에 보디빌딩 포럼bodybuilding forum의 여론조사로 다시 등장했다.[2] 보디빌딩 포럼에서 제시된 논점은 〈오스트랄라시아 철학저널〉의 논문과 어조가 달랐지만, 논쟁의 개요는 거의 변하지 않았다. 답은 '구멍 없음', '구멍 하나', 그리고 '구멍 둘'이었으며 모두 상

---

* 물론 '생각'이다. 달리 생각하다면, 당신은… 음, 알다시피.

당수의 지지자가 있었다.

그다음에는 구멍 둘과 구멍 하나를 주장하면서 점점 더 화를 내는 두 대학생 친구의 스냅챗Snapchat 동영상이 퍼져 나가서 결국 150만 이상의 조회 수를 기록했다.[3] 빨대 문제는 레딧Reddit과 트위터 그리고 〈뉴욕타임스〉에까지 진출했다. 구멍 문제에 관하여 극도의 혼란스러움을 느낀 젊고 매력적인 버즈피드Buzzfeed 직원들이 찍은 비디오 역시 수십만의 조회 수를 기록했다.[4]

아마 독자는 이미 마음속으로 자신의 답에 대한 주요 논점을 만들기 시작했을 것이다. 그런 논점을 다시 한번 살펴보자.

구멍 없음: 빨대는 직사각형의 플라스틱을 말아 붙인 것이다. 직사각형에는 아무런 구멍이 없다. 플라스틱을 말면서 구멍을 내지도 않았다. 따라서 빨대에는 구멍이 없다.

구멍 하나: 구멍은 빨대의 중심에 있는 빈 공간이다. 한쪽 끝에서 다른 쪽 끝까지 연결된다.

구멍 둘: 그저 보기만 하라! 빨대의 양쪽 끝에 구멍이 하나씩 있다!

나의 첫 번째 목표는 독자가 —설사 그렇지 않다고 생각할지라도— 구멍에 관하여 혼란스러워하고 있음을 설득하는 것이다. 앞의 각 견해에는 심각한 문제가 있다.

우선 구멍 없음부터 생각해 보자. 물질이 제거되지 않아도 구멍이 있을 수 있다. 우리는 먼저 비알리bialy(다진 양파 등을 얹은 납작한 롤빵_옮긴이)를 구운 뒤에 가운데 구멍을 내는 식으로 베이글bagle을 만들지 않는다. 길게 민 반죽의 끝을 연결하여 베이글의 형태를 만든다.[5] 베이글에 구멍이 있다는 것을 부정한다면, 뉴욕, 몬트리올, 그리고 세계 어디든 음식에 대한 자부심을 가진 모든 도시에서 웃음거리가 될 것이다. 이 정도면 최종적인 설명이라고 생각한다.

두 구멍 이론은 어떨까? 생각해 봐야 할 질문은 다음과 같다. 빨대의 구멍이 두 개라면, 하나가 멈추고 다른 하나가 시작되는 곳은 어디일까? 이 질문이 까다롭게 느껴지지 않는다면 스위스 치즈 한 조각을 생각해 보라. 누군가가 구멍의 수를 세라고 요청한다. 당신은 치즈 조각의 윗면과 바닥에 있는 구멍을 따로따로 셀 것인가?

아니면 다음을 생각해 보라. 빨대의 밑을 채워서 구멍이 두 개라는 주장이 말하는 바닥 구멍을 제거한다. 이제 빨대는 기본적으로 길고 가는 컵이 된다. 컵에 구멍이 있을까? 당신은 그렇다고 말한다. 위쪽의 열린 부분이 구멍이다. 좋다, 하지만 컵이 점점 뭉툭해져서 재떨이처럼 보이면 어떻게 될까? 재떨이 위쪽 테두리가 '구멍'으로 불리지 않을 것은 확실하다. 컵이 재떨이로 바뀌는 동안에 구멍이 사라졌다면, 정확히 언제 사라졌을까?

재떨이에 여전히 구멍이 있다고 말할 수도 있다. 있을 수 있었던 물질이 실제로는 없는, 움푹 들어간 음negative의 공간이 있기 때문이다. 당신은 구멍이 '끝까지 갈' 필요는 없다고 주장한다. 지면에 있는 구멍을 말하는 것이 무슨 뜻인지 생각해 보라! 정당한 반론이긴 하지만, 무엇을 구멍으로 간주할지에 대하여 모든 오목한 형태나 디보트divot(골프채에 뜯긴 잔디_옮긴이)까지 포함하도록 범위를 넓힌다면, 구멍의 개념을 쓸모없을 정도로 확장하게 될 것이다. 양동이에 구멍이 있다는 말은 움푹한 곳이 있다는 뜻이 아니라 물을 담을 수 없다는 뜻이다. 비알리를 한 입 베어 물었다고 베이글이 되지는 않는다.

이제 '구멍 하나'만 남았다. 세 가지 선택 중에 가장 인기 있는 답이다. 그 답을 망쳐 보겠다. 내 친구 켈리Kellie에게 빨대에 관한 질문을 했을 때, 그녀는 아주 간단하게 구멍 하나 이론을 일축했다.

"그렇다면 입과 항문이 같은 구멍이라는 뜻이야?"

켈리는 요가 교사이며 사물을 해부학적으로 보는 경향이 있다. 정당한 질문이다.

그러나 당신이 '입=항문' 등식을 수용할 정도로 대담하다고 해 보자. 여전히 문제가 있다. 다음은 대학생 친구들의 스냅챗 장면이다. (직접 찾아보기를 강력히 추천한다. 나는 그들의 말과 분위기에서 절묘하게 상승하는 좌절감을 완벽하게 포착할 수 없다.) 여기서 친구 1은 한 구멍 옹호자이고 친구 2는 두 구멍을 지지한다.

친구 2: (꽃병을 들고) "이 꽃병에 구멍이 몇 개 있어? 하나 맞지?"

(친구 1이 말없이 동의한다.)

친구 2: (두루마리 휴지를 들고) "그러면 여기에는 구멍이 몇 개야?"

친구 1: "하나."

친구 2: "어떻게?" (다시 꽃병을 들고) "이것들이 똑같아 보여?"

친구 1: "왜냐하면 바로 여기에 구멍을 내도" (꽃병의 바닥을 가리킨다) "구멍은 여전히 하나일 테니까."

친구 2: (화가 나서) "너 방금, 바로 여기에 구멍을 내도라고 했어."

(답답하고 안타깝다는 듯한 탄식)

친구 1: "만약 여기에 구멍을 하나 더 낸다면 그것은—"

친구 2: "그래, 이 구멍을 포함한 또 하나의 구멍! 구멍 두 개! 끝!"

이 장면에서 구멍 두 개를 주장하는 친구는, 새로 구멍을 만들면 구멍의 수가 증가한다는, 매우 그럴듯한 원리를 말하고 있다.

문제를 더 어렵게 만들어 보자. 바지에는 구멍이 몇 개 있을까? 대부분 사람은 세 개라고 말할 것이다. 허리와 두 다리가 들어가는 구멍. 그러나 허리 쪽을 꿰매 버린다면, 남는 것은 아주 크고 중간이 구부러진 데님denim 빨대다. 처음에 구멍 세 개로 시작해서 하나를 막았다면, 하나가 아니라 두 개의 구멍이 남아야 하지 않을까?

당신이 빨대의 구멍 하나를 지지하다면, 아마 바지에 구멍이 두 개뿐이라고 말할 것이다. 그래서 허리 쪽을 막으면 구멍 하나만 남는다고. 내가 많이 듣는 대답이다. 그러나 이 대답에는 두 구멍 빨대 이론과 같은 문제가 있다. 바지에 구멍이 두 개라면, 그들은 어디에 있고, 하나가 멈추고 다른 하나가 시작되는 곳은 어디일까?

아니면 바지에 구멍이 하나밖에 없다고 생각될지도 모른다. 당신이 말하는 구멍의 의미는 바지 안쪽의 음의 공간으로 이루어진 영역이기 때문이다. 그렇다면 청바지의 무릎을 찢어 새로운 구멍을 만들면 어떻게 될까? 그것은 구멍으로 간주할 수 없을까? 당신은 그렇다고, 구멍은 여전히 하나라고 주장한다. 솜씨 좋게 청바지를 찢어서 구멍의 새로운 출입구를 만들었을 뿐이다. 그리고 바지의 밑단을 꿰매거나 빨대의 한쪽 끝을 막으면 구멍을 없애는 것이 아니고 단지 구멍의 출입구를 막는 것이다.

그러나 이런 생각은 재떨이에 구멍이 있다고 말해야 하는 문제로 돌아가게 된다. 심지어 더 나쁠 수도 있다. 부풀린 풍선을 가정해 보자. 당신의 주장에 따르면 풍선에는 구멍이 있다. 풍선 속의 가압된 공기가 구멍이다. 이제 바늘로 풍선에 구멍을 내서 터트린다. 남은 것은 아마도 묶은 매듭이 있는 고무 원반일 것이다. 둥근 고무 조각에 구멍이 없다는 것은 분명하다. 구멍이 있었던 무언가에 구멍을 뚫자 구멍이 없어졌다.

혼란스러운가? 그렇기를 바란다!

수학은 이 질문에 정확하게는 답하지 않는다. 수학은 우리가 말하는 '구멍'이 무슨 뜻이어야 하는지를 말해 줄 수 없다. 그것은 각자의 생각에 따른 언어의 문제다. 그러나 수학은 구멍이 의미할 수 있는 무언가를 말해 줄 수 있으며, 최소한 우리가 자신의 가정에 걸려서 넘어지지 않도록 해 준다.

이제 짜증 날 정도로 철학적인 슬로건slogan으로 시작해 보자. 빨대에는 구멍이 두 개지만, 그들은 동일한 구멍이다.

서투른 그림을 이용한 훌륭한 추론

우리가 여기서 채택하는 기하학 스타일은 위상기하학topology이라 불린다. 위상기하학은 사물이 얼마나 큰지, 얼마나 멀리 떨어져 있는지, 또는 어떻게 구부러지고 변형될 수 있는지에 별로 신경 쓰지 않는다는 특징이 있다. 그래서 첫째, 이 책의 주제에서 엉뚱하게 벗어나는 것처럼 보일 수도 있고, 둘째로 아무것도 신경 쓰지 않는다는 기하학적 허무주의를 제안하는 것이 아닌가 하는 의구심을 불러일으킬지도 모른다.

그렇지 않다. 수학에서는 일시적이든 영원히든, 신경 쓰지 않고 벗어날 수 있는 것을 알아내는 일이 중요하다. 이런 유형의 선택적 관심은 수학적 추론의 기반이다. 길을 건너는데 자동차 한 대가 적신호를 무시하고 정면으로 달려온다고 해 보자. 우리는 다음 움직임을 계획하면서 온갖 것을 고려할 수 있다. 앞유리창을 통해서 운전 능력을 잃은 것인지 알 수 있을 정도로, 운전자가 잘 보이나? 차종은 무얼까? 오늘 혹시라도 거리에서 뻗을 것에 대비하여 깨끗한 내의를 입었나? 이 모두는 우리가 묻지 않는 질문이다. 우리는 스스로 그런 것들을 신경 쓰지 않도록 허용하고, 자동차의 경로를 측정하면서 가능한 한 빠르게 멀리 뛰어, 그 경로에서 벗어나는 데 모든 의식을 집중한다.

수학의 문제는 대개 이보다 덜 극적이지만, 주어진 문제와 직접적 관련이 없는 것들을 의도적으로 무시하는, 동일한 추상화 과정을 요구한다. 뉴턴은 천체가 스스로의 특이한 변덕이 아니라 우주에 있는 모든 물질 덩어리에 적용되는 보편적 법칙에 따라 움직인다는 것을 이해함으로써 천체역학 문제를 해결할 수 있었다. 그러기 위하여 그는 물체가 무엇으로 이루어졌는지와 어떤 모양인지에 신경 쓰지 않도록 자신을 단련했다. 중요한 것은 물체의 질량과 다른 물체에 대한 상대적 위치뿐이었다. 아니면 더 과거로 돌아가 수학의 출발점으로 가 보자. 계산을 위해서라면 숫자라는 개념은 소

일곱 마리나 바위 일곱 개, 아니면 사람 일곱 명을 셈과 조합의 동일한 규칙으로 다룰 수 있다는 ―거기서부터 일곱 국가 또는 일곱 아이디어로 확장되는 것은 짧은 단계에 불과하다― 생각이다. (그런 목적으로는) 대상이 무엇인지가 중요하지 않고 수가 얼마인지만이 중요하다.

위상기하학도 마찬가지지만 숫자가 아니라 모양을 다룬다. 우리가 알고 있는 현대적 형태의 위상기하학은 프랑스의 수학자 앙리 푸앵카레에게서 비롯되었다. 또 그 사람이다! 우리는 그 이름을 자주 듣게 될 것이다. 놀라울 정도로 광범위한 영역의 기하학 발전에 기여한 수학자이기 때문이다. 특수 상대론과 카오스 이론으로부터 카드 섞기의 이론까지. (그렇다. 카드 섞기의 이론이 있고 그 역시 기하학이다. 나중에 살펴볼 것이다.) 푸앵카레는 1854년에 낭시Nancy의 부유하고 학문적인 가정에서 의학 교수의 아들로 태어났다. 다섯 살 때 디프테리아를 심하게 앓아서 여러 달 동안 한 마디도 말을 하지 못했던 그는 나중에 완전히 회복되기는 하지만, 어린 시절 내내 몸이 약했다. 성인이 되어서도 별로 다르지 않았던 그를 한 학생은 이렇게 묘사했다.

"무엇보다도 그의 특이한 눈을 기억한다. 근시였지만, 빛나고 꿰뚫어 보는 듯한 눈이었다. 그밖에는 키가 작고, 구부정하고, 팔다리와 관절이 불편했던 남자로 기억한다."[6]

푸앵카레의 10대 시절에 독일이 알자스Alsace와 로렌Lorraine 지역을 점령했지만 낭시는 프랑스의 지배를 받았다. 예상치 못했던 프로이센-프랑스Franco-Prussian 전쟁의 철저한 패배는 국가적 트라우마trauma였다. 프랑스는 잃어버린 영토를 되찾으려는 결의를 다졌을 뿐만 아니라, 독일의 강점이라 믿었던 관료적 효율성과 숙련된 기술을 본받으려 했다. 스푸트니크Sputnik 우주선의 기습적 발사가 1950년대 후반의 미국에서 과학 교육에 예산을 투입하는 거대한 물결을 일으켰던 것처럼, 알자스와 로렌(또는 엘자스-로트링겐Elsass-Lothringen으로 불리게 된)의 상실은 독일의 앞서가는 과학계를 따라잡도록 프랑스를 자극했다.[7] 점령 기간에 독일어 읽기를 배운 푸앵카레는, 근대적 방식으로 훈련받고 그를 중심으로 파리를 세계적 수학 중심지의 하나로 만들었으며 곧 수학자들의 선봉이 되었다. 푸앵카레는 뛰어난 학생이었으나 신동은 아니었다. 그의 첫 번째 중요한 업적은 20대 중반에 나타나기 시작했고, 국제적으로 유명한 인물이 된 것은 1880년대 후반이 되어서였다. 그는 1889년에 스웨덴의 오스카Oscar 왕으로부터, 서로 간의 중력만 작용하는 세 천체를 다루는, '삼체문제three-body problem'에 관한 최고 논문상을 받았다.[8] 삼체문제는 21세기에도 불완전하게 이해된 채로 남아 있지만, 현대 수학자들이 삼체문제를 비롯하여 수많은 비슷한 문제를 연구하는 데 사용하는 수단인 동역학 시스템 이론은 푸앵카레가 상을 받은 논문에서 시작되었다.

푸앵카레는 습관을 정확하게 지키는 사람이었으며, 아침 10시부터 정오까지와 오후 5시부터 7시까지, 정확하게 하루에 네 시간씩 수학을 연구했다.[9] 그는 직관과 무의식적 작업의 결정적 중요성을 믿었지만, 어떤 의미에서 매우 정통적인 경력을 쌓았고, 불타오르는 통찰의 순간보다는 어두움의 영역에 맞서서 이해의 영역을 체계적으로 꾸준하게 확장한 수학자였다. 휴일은 빼고 주중에만 하루에 네 시간씩. 한편으로 푸앵카레의 필체는 형편없는 것으로도 유명했다. 파리의 학계에서 잘 알려진 농담은 양손잡이였던 그가 어느 손으로든 똑같이 잘 —즉, 형편없이— 쓸 수 있다는 것이었다.[10]

푸앵카레는 당시 세계 최고의 수학자였을 뿐만 아니라 일반인을 위한 과학과 철학의 인기작가이기도 했다.[11] 비유클리드 기하학, 라듐radium과 관련한 현상, 무한에 대한 새로운 이론 같은 최신 토픽을 대중화한 그의 책은 수만 권이 팔려 나갔고, 영어, 독일어, 스페인어, 헝가리어, 일본어로 번역되었다. 푸앵카레는 재능 있는 작가였으며, 특히 정교하게 표현된 경구epigram로 수학적 아이디어를 포착하는 능력이 뛰어났다. 다음은 우리의 문제와 관련성이 큰 경구다.

기하학은 서툴게 그린 그림에서 훌륭한 추론을 해내는 기술이다.[12]

즉, 우리가 원에 관해서 이야기하려 한다면, 무언가 바라볼 것이 필요하므로 종이를 꺼내서 원을 하나 그릴 것이다.

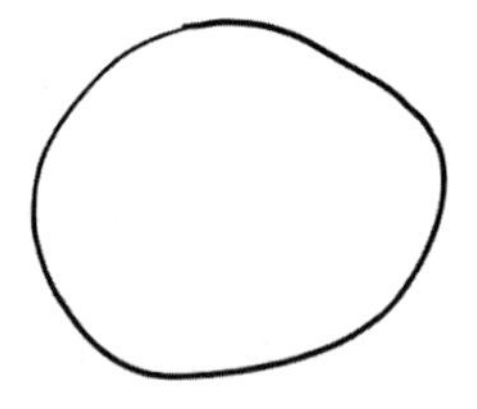

현학적인 사람이라면 이 그림이 원이 아니라고 불평할 수도 있다. 어쩌면 자를 들고 내가 주장하는 중심에서 내가 주장하는 원의 모든 점까지의 거리가 정확히 같지 않다는 것을 확인하려 할지도 모른다. 좋다, 하지만 우리가 원에 있는 구멍이 몇 개인지를 이야기하려 한다면 그런 것은 중요하지 않다. 이 점에서 나는, 자신의 경구와 형편없는 글씨체에 걸맞게 그림 솜씨도 형편없었던 푸앵카레의 예를 따르려 한다. 그의 학생이었던 토비아스 댄치그Tobias Dantzig는 기억한다.

"그가 칠판에 그린 원은 순전히 형식적이었으며. 오직 볼록한 닫힌곡선이라는 점에서만 정상적인 원과 비슷했다."*13

푸앵카레에게, 그리고 우리에게도, 다음 그림은 모두 원이다.

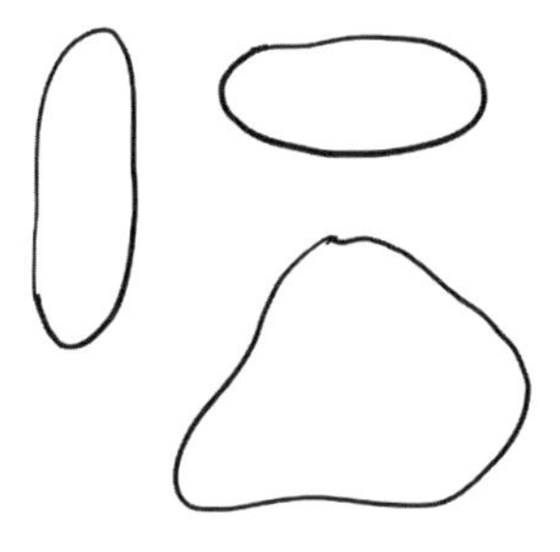

심지어 정사각형도 원이다!**

* 여기서 '볼록한(convex)'은 대략 '바깥쪽으로만 구부러지고 안쪽으로는 절대 구부러지지 않는'다는 뜻이다. 14장에서 더 지독한 모양의 국회의원 선거구를 만날 때 다시 살펴볼 것이다.

** 구멍이 몇 개인지 또는 몇 부분의 조각으로 나누어지는지 같은 곡선에 관한 위상기하학적 질문에 관심이 있다면 정사각형은 원이다. "곡선의 한 점에서 몇 개의 접선이 있을 수 있는가?" 같은 질문을 한다면 정사각형과 원은 확연히 다르다.

다음의 괴상한 모양도 마찬가지다.

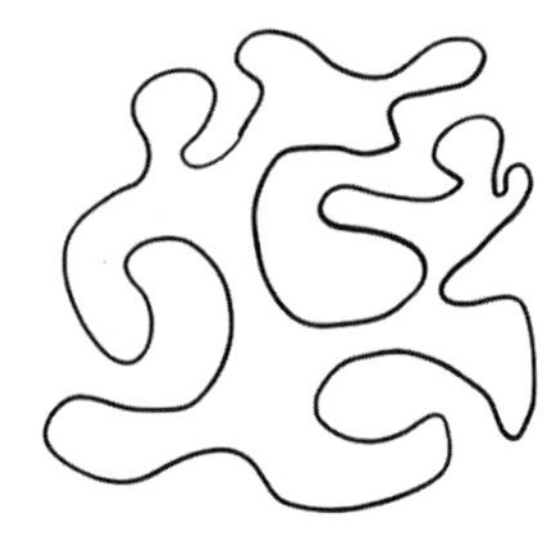

그러나 이것은 원이 아니다.

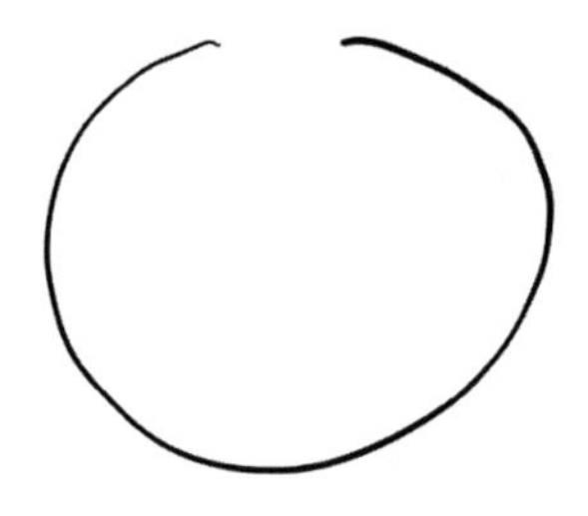

끊어져 있기 때문이다. 나는 이 곡선을 끊음으로써, 으깨거나 구부리거나 심지어 모서리를 비트는 것보다 더 폭력적인 일을 했다. 즉 곡선의 모양을 서투르게 그린 원 대신에 서투르게 그린 선분으로 정말로 바꿔 놓았다. 그리고 속에 구멍이 있었던 모양에서 구멍이 없는 모양으로 바뀌었다.

빨대의 구멍에 관한 질문은 위상기하학적 질문으로 느껴진다. 그 문제와 마주친 우리의 두 수학 친구는 빨대의 정확한 치수, 또는 빨대가 정확하게 직선인지, 아니면 빨대의 단면이 유클리드가 인정할 정도로 정확한 원인지 알고 싶어 할까? 그렇지 않다. 그들은 당면한 목적을 위해서 그런 것을 제쳐 두어도 괜찮다는 것을 어느 정도 이해한다.

일단 그런 것을 제쳐 두고 나면 무엇이 남을까? 푸앵카레는 빨대를 줄이고, 줄이고, 계속 줄여 보라고 조언한다. 그래도 앙리 푸앵카레가 보기에는 동일한 빨대다. 머지않아 빨대는 폭이 좁은 플라스틱 밴드band가 된다.

계속해서 밴드의 벽을 바깥쪽으로 구부리면 이 책의 페이지에 올려놓을 수 있는 평평한 모양을 만들 수 있다.

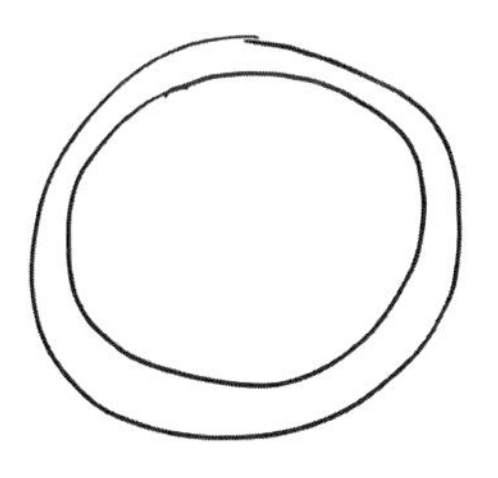

이제 밴드가 두 개의 원으로 경계를 지은 모양이 되었는데, 정식 기하학적 이름은 환형annulus이지만, 7인치 싱글 레코드판이나

에어로비Aerobie, 또는 16세기 인도에서 벌어진 전투에서 바깥쪽 모서리가 면도날처럼 날카로운 물체가 날아오는 광경을 상상할 수 있다면, 차크람chakram(인도의 원반형 투척 무기_옮긴이)이라고 생각할 수도 있다.

뭐라고 부르든 간에, 여전히 서툴게 그려진 빨대이며 구멍이 하나밖에 없다.

위상기하학에 따라 빨대에는 구멍이 하나뿐이라고 말해야 한다면, 바지에 대해서는 무슨 말을 할 수 있을까? 빨대를 줄였던 것처럼 바지도 짧게 만들 수 있다. 처음에는 반바지가 되고, 이어서 아주 짧은 반바지, 결국에는 끈팬티가 된다. 끈팬티를 독자가 읽고 있는 페이지에 대고 누르면 이중 환형double annulus이 되어 두 개의 구멍을 볼 수 있다.

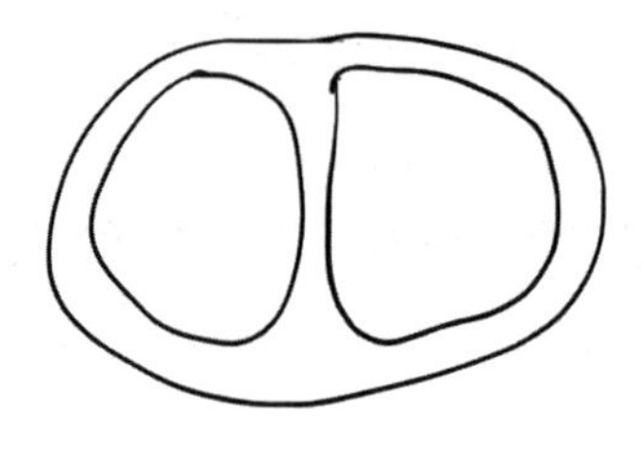

우선은 그렇게 정리하자. 빨대는 구멍이 하나고 바지는 두 개다.

뇌터의 바지

그러나 우리의 문제는 아직 끝나지 않았다. 바지의 구멍이 두 개라면, 어느 구멍 두 개일까? 앞에서 설명한 바지를 줄이는 방식에서는 다리 쪽에 구멍이 두 개 있고 허리 쪽이 테두리가 되는 것으로 보인다. 그러나 세탁물을 접어 보았다면 알겠지만, 다른 방식으로 끈팬티를 평평하게 만들어도 문제가 없다. 바깥쪽의 다리 구멍과 남은 다리와 허리가 합쳐진 구멍의 두 '구멍'이 있는.

푸앵카레의 수학을 정식으로 배운 적이 없는 내 딸은 바지의 구멍이 두 개라고 하면서, 바지 한 벌이 사실상 두 개의 빨대에 불과하다고 주장한다. 허리 쪽의 구멍은 두 개의 다리 구멍이 결합한 것이라고 한다. 그 말이 맞다! 이 점을 이해하는 가장 좋은 방법은 바지와 빨대의 유사성을 진지하게 받아들이는 것이다. 바지처럼 생긴 빨대로 맥아 밀크셰이크malted milkshake를 마시려고 애쓰는 모습을 상상해 봐도 좋을 것이다. 당신은 한쪽 다리를 셰이크에 집어넣고 한 모금 빨아들인다. 그러면 동일한 양의 밀크셰이크가 다리를 통과하여 허리 쪽으로 나와 당신의 입으로 들어간다. 아니면 다른 쪽 다리나 두 다리를 모두 집어넣고 같은 시도를 해 볼 수도 있다. 그러나 어떻게 하든, 밀크셰이크 보존법칙에 따라, 허리로 나오는 밀크셰이크의 양은 각 다리로 들어온 양의 합이다. 1초당 왼쪽 다리로 3mm 오른쪽 다리로 5mm의 밀크셰이크가 들어온다면, 위쪽으로 8mm의 밀크셰이크가 흘러나간다.* 허리의 구멍은 사실상 전혀 새로운 구멍이 아니고 다리의 구멍 두 개가 결합한 것이라는 딸의 말

---

* 아니, 나는 빨대의 한쪽으로 다른 쪽의 5/3배가 되는 밀크셰이크를 마시는 방법을 모른다. 그러나 이미 바지 모양의 빨대를 허용했으므로 그냥 사고실험(thought experiment)을 계속해도 좋을 것이다.

이 옳은 이유다.

그렇다면 다리의 구멍 두 개가 '진짜' 구멍이라는 뜻일까? 서두르지 말라. 우리가 조금 전에 막 세탁한 끈팬티를 접었을 때는 허리와 다리 사이에 진정한 차이가 없는 것처럼 보였다. 그러나 지금은 허리가 다시 특별한 역할을 하는 것 같다. 3+5=8이지만 5+8=3이나 8+3=5는 아니다.

이는 양수와 음수에 주의를 기울여야 하는 문제다. 유출은 유입의 반대이므로 음의 부호를 붙여서 기록해야 한다. 밀크셰이크 8mm가 빨대의 허리로 흘러나간다고 말하는 대신에 밀크셰이크 -8mm가 흘러들어 온다고 말할 수 있다! 아름다운 대칭적 설명이다. 세 구멍 모두를 통하여 흐르는 밀크셰이크의 합은 0이다. 바지를 통한 밀크셰이크의 흐름에 관한 완전한 정보를 제공하려면 세 숫자 중 두 개만 말하면 된다. 어떤 두 숫자인지는 상관없다. 어느 순서쌍이라도 무방하다.

이제 앞서 말한 거짓말을 바로잡을 준비가 되었다. 빨대(말하자면 원통형 관처럼 생긴 빨대) 위쪽의 구멍이 바닥의 구멍과 같다는 말은 옳지 않다. 그러나 완전히 새로운 구멍도 아니다. 위의 구멍은 아래 구멍의 네거티브negative다. 한 구멍으로 흘러들어온 밀크셰이크가 다른 구멍으로 흘러 나간다.

푸앵카레 이전의, 특히 토스카나Tuscan의 기하학자이자 정치인이었던 엔리코 베티Enrico Betti 같은 수학자들도 모양에 구멍의 개수를 할당하는 문제와 씨름을 벌였지만, 다른 구멍의 결합일 수 있는 구멍이 있다는 사실을 처음으로 파악한 사람은 푸앵카레였다. 그리고 푸앵카레조차도 구멍에 관하여 오늘날의 수학자들이 생각하는 방식으로 생각하지는 않았다. 그것은 20세기 중반의 독일 수학자 에미 뇌터Emmy Noether의 작업을 기다려야 했다. 뇌터가 위상기하학에 호몰로지군homology group의 개념을 도입한 이후로 우리는 오늘날까지 '구멍'에 대한 그녀의 개념을 사용해 왔다.

뇌터는 바지와 밀크셰이크가 아니라 '사슬 복합체chain complexes'와 '준동형homomorphisms' 같은 용어로 자신의 아이디어를 표현했지만, 불필요한 문체의 변화를 피하기 위하여 지금까지 사용한 용어를 고수하려 한다. 뇌터의 혁신적인 생각은 구멍을 별개의 물체로 보는 것이 옳지 않고 오히려 공간의 방향과 비슷하게 봐야 한다는 것이었다.[14]

지도 위에서 움직일 수 있는 방향은 몇 가지나 될까? 어떤 의미로는 무수히 많은 서로 다른 방향으로 움직일 수 있다. 북쪽, 남쪽, 동쪽 또는 서쪽으로 갈 수 있고, 남서쪽이나 동북동쪽으로 갈 수도 있다. 아니면 정남 방향에서 정확하게 43.28도 동쪽으로 갈 수도 있다. 요점은 이렇게 무한한 선택 중에 움직일 수 있는 차원dimension이 두 개뿐이라는 것이다. 북쪽과 동쪽 같은 단지 두 가지 방향을 결합함으로써 (서쪽으로 10마일의 여행을 동쪽으로 -10마일의 여행이라고 말하는 것을 수용하는 한) 원하는 어느 곳이든 갈 수 있다.

그러므로 다른 모든 방향이 도출될 수 있는 기본 방향을 묻는 것은 의미가 없다. 어떤 쌍이든 좋다. 북쪽과 동쪽, 남쪽과 서쪽, 또는 북서쪽과 북북동쪽을 선택할 수도 있다. 유일하게 할 수 없는 일은 동일하거나 서로 반대인 두 방향을 선택하는 것이다. 한번 시도해 보라. 지도상의 직선 하나에 갇히게 된다.

빨대의 위와 아래도 마찬가지다. 북쪽과 남쪽처럼 정반대다. 빨대에는 차원이 하나밖에 없다. 그에 반해서 바지의 허리와 두 다리는 다음 그림처럼 2차원을 채운다.

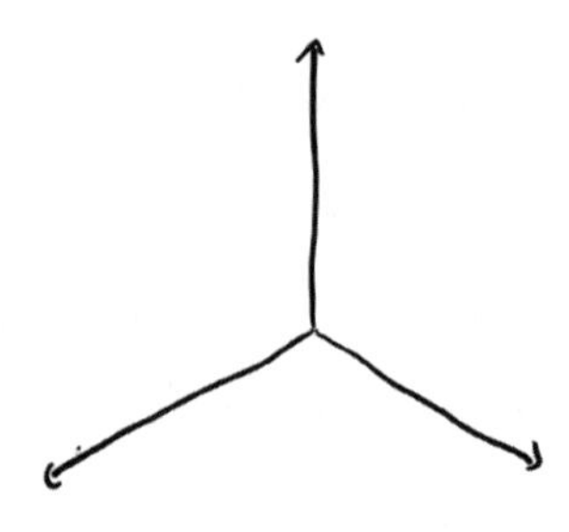

세 방향 중 한 방향으로 1마일을 간 후에, 두 번째 방향으로 1마일을 가고, 세 번째 방향으로 1마일을 가면 출발점으로 돌아오게 된다.

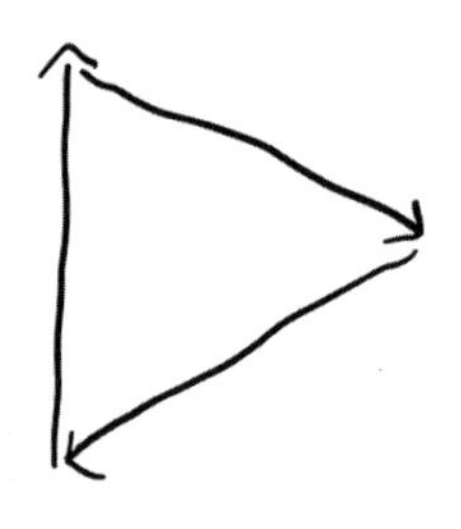

세 방향이 서로 상쇄하고 결합한 결과가 0이 된다.

「오늘날에는 이런 경향tendency이 자명한 것으로 여겨진다.」

파벨 알렉산드로프Pavel Alexandrov와 하인츠 호프Heinz Hopf는 1935년에 출간한 기초 위상기하학 교과서에서 말했다.

「그러나 8년 전에는 그렇지 않았다. 위상기하학자들의 일반적 지식이 되는 데는 에미 뇌터의 에너지와 개성이 필요했다. 그녀 덕분에 오늘날 위상기하학의 문제와 방법에서 역할을 하게 되었다.」[15]

"오늘날 N차원 기하학이 실제적 객체라는 사실을 의심하는 사람은 없다"

푸앵카레는 현대 위상기하학을 창조했지만 '위상기하학'이라 부르지는 않았다. 더 번거로운 '위치의 분석'이라는 용어를 사용했다. 그런 이름으로 굳어지지 않은 것은 다행한 일이다! '위상기하학'은 실제로 60년 앞선 용어인데, 1m의 100만 분의 1을 뜻하는 '미크론micron'이라는 단어를 만들고, 시력 생리학에 크게 기여했으며, 지질학에도 손을 대고, 당뇨병 환자 소변의 당 함량을 연구하기도 했던, 과학의 만물박사 요한 베네딕트 리스팅Johann Benedict Listing이 만들어낸 용어다. 그는 박사학위 지도교수였던 카를 프리드리히 가우스Carl Friedrich Gauss가 발명한 자력계magnetometer로 지구 자기장을 측정하면서 세계를 여행했다. 리스팅은 유쾌하고 호감이 가는 인물이었는데, 어쩌면 약간 지나치게 유쾌했을지도 모른다. 항상 빚에 쫓기고 있었기 때문이다. 물리학자 에른스트 브라이텐베르거Ernst Breitenberger는 그가 '19세기 과학의 역사에 다양한 색채를 부여한 여러 보편주의자 중 한 사람'이라고 말했다.[16]

1834년 여름에 부유한 친구 볼프강 자토리우스 폰 발터스하우젠Wolfgang Satorius von Waltershausen과 함께 시칠리아의 에트나Etna 화산으로 답사 여행을 갔던 리스팅은 화산이 쉬고 있는 한가한 시간에 모양과 그 성질에 관하여 생각하고 위상기하학에 이름을 붙였다. 그의 접근방식은 푸앵카레나 뇌터처럼 체계적이지는 않았다. 리스팅은 다른 과학과 삶에서 그랬듯이, 위상기하학에서도 잡학가magpie라 할 수 있었으며 관심이 있는 주제에 집중했다. 그는 수많은 매듭 그림을 그렸고, 아우구스트 페르디난트 뫼비우스August Ferdinand Möbius보다 앞서서 뫼비우스의 띠를 그렸다 (그러나 리스팅이 뫼비우스처럼 면이 하나뿐인 표면이라는 뫼비우스 띠의 기묘한 속성을 이해했다는 증거는 없다). 그는 말년에 자신이 생각할 수 있는 모든 모양에 관한 책 형태의 동물원, 《공간 응집체의 인구조사Census of Spatial Aggregates》를 집필했다. 리스팅은 풍부한 자연의 다양성을 목록화한, 기하학의 오듀본Audubon(미국의 조류학자_옮긴이)이라 할 만한 인물이었다.

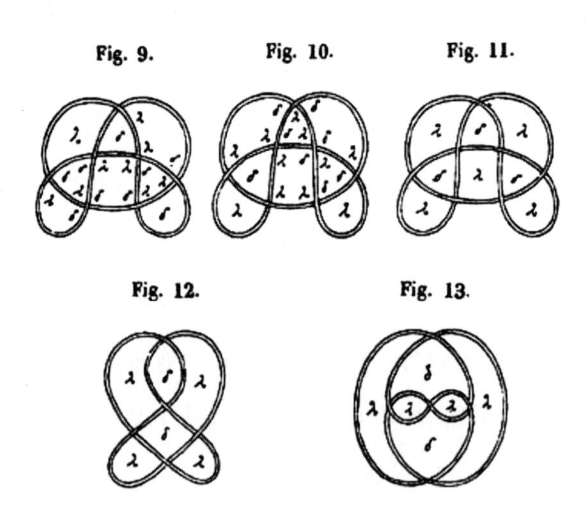

리스팅의 리스팅listing(목록)을 넘어설 이유가 있을까? 빨대의 구멍을 논의하는 일은 흥미롭지만, 그것이 바늘 끝에 모일 수 있는 천사의 수에 관한 논의(중세의 대표적 철학자인 토마스 아퀴나스의 《신학대전》에 나오는 명제_옮긴이)보다 중요한 이유는 무엇일까? 그 답은 다음과 같이 엄숙하게 시작하는 푸앵카레의 《위치의 해석Analysis Situs》 맨 첫 문장에서 찾을 수 있다.

> 오늘날 N차원 기하학이 실제적 객체라는 것을 의심하는 사람은 없다.[17]

빨대와 바지는 시각화하기 쉽고 그들을 구별하기 위한 수학적 형식주의formalism가 필요치 않다. 그러나 더 높은 차원의 모양은 다른 이야기다. 우리 내면의 눈으로 힐끗 보는 것조차 쉽지 않다. 그리고 우리는 힐끗 보는 것 이상, 즉 응시하기를 원한다. 나중에 살펴보겠지만, 기계학습machine learning의 기하학은 시각화할 수 없는 풍경 속에서 가장 높은 봉우리를 찾으려 애쓰면서 수백 또는 수천 차원의 공간을 탐색한다. 심지어 19세기에 삼체문제를 연구하던 푸앵카레도 하늘에 있는 물질 덩어리의 위치와 움직임 모두를 추적해야 했다. 이는 각 천체에 대하여 위치 좌표 세 개와 속도 좌표 세 개*, 즉 6차원의 데이터를 기록해야 함을 의미했다. 움직이는 물체를 모

---

* 물리학자에게 속도(velocity)는 단지 속력(Speed, 수(number)만 표시되는)만을 뜻하는 것이 아니라 운동의 방향까지 포함하기 때문이다. 시간에 따라 위쪽, 북쪽, 그리고 동쪽으로 움직이는 비율(rate)을 추적해야 한다.

두 동시에 추적하기를 원했다면, 하나에 6차원씩 총 18차원이 필요했다. 종이에 그린 그림은 18차원의 빨대와 바지를 구별하는 것은 고사하고, 18차원 빨대에 구멍이 몇 개 있는지를 이해하는 데도 도움이 되지 않을 것이다. 새롭고 더 형식적formal인, 어떤 것을 구멍으로 간주할지에 대하여 우리의 타고난 관념과 어쩔 수 없이 분리되어야 하는 언어가 필요하다. 기하학은 항상 이런 방식으로 작동한다. 우리는 물리적 세계의 모양에 대한 직관에서 출발하여 (다른 어느 곳에서 출발할 수 있겠는가?) 그들이 보이고 움직이는 방식에 대한 감각을, 필요하다면 직관에 의존하지 않고 이야기할 수 있을 정도로 면밀하게 분석한다. 익숙하게 거주하던 3차원 공간의 얕은 물에서 솟아오를 때 필요할 것이기 때문이다.

우리는 이미 이런 과정이 시작되는 것을 볼 수 있다. 이제야 돌아갈 준비가 된, 논의를 시작할 때부터 골치 아팠던 문제가 있다. 풍선을 기억하는가? 풍선에는 구멍이 없다. 풍선을 찔러 구멍을 내면 큰 소리가 난 후에 고무 원반이 된다. 원반에는 구멍이 없다. 그러나 방금 구멍을 하나 만들지 않았던가?

이 명백한 역설을 푸는 방법이 하나 있다. 구멍을 하나 만들었는데 그 결과로 이제는 구멍이 없다면, 처음에 -1개의 구멍이 있었어야 한다.

우리는 결정을 내려야 하는 지점에 섰다. 물체에 구멍을 내면 구멍의 수가 하나 늘어난다는 매우 설득력 있는 아이디어를 폐기하거나, 아니면 음수의 구멍을 거론하는 것이 미친 짓이라는 대단히 호소력 있는 아이디어를 폐기해야 한다. 수학의 역사는 이처럼 고통스러운 결정의 이야기다. 직관적으로는 모두 편안하게 느껴지는 두 가지 아이디어가 신중한 고려를 통하여 논리적으로 양립할 수 없음이 밝혀진다. 하나는 포기해야 한다.*

풍선이나 빨대, 또는 내 바지에 구멍이 몇 개나 되는지에 대한 추상적이고 영원한 진리는 없다. 수학이 제시하는 갈림길에 섰을 때는 정의definition를 선택해야 한다. 한쪽 길이 맞고 다른 쪽은 틀리다고 생각하면 안 된다. 한쪽 길이 더 낫고 다른 쪽은 그보다 못하다고 생각해야 한다. 좋은 길은 보다 광범위한 사례를 설명하고 깨달음을 주는 길이다. 여러 세기에 걸쳐 이런 상황에 대처하면서 수학자들은, 물체에 구멍을 내면 구멍의 수가 하나 늘어나야 한다는 것처럼 보편적인 원리를 깨뜨리는 것보다는 음수의 구멍처럼 '이상하게' 느껴지는 개념을 받아들이는 편이 일반적으로 더 낫다는 것을 알게 되었다. 따라서 나는 깃발을 세우려 한다. 터지기 전의 풍선에 -1개의 구멍이 있었다고 말하는 것이 최선이다. 실제로 오일러 지표Euler characteristic라는 공간을 측정하는 방법이 있는데, 이는 어떤 유형의 연속적 변형smooshing을 통해서도 변하지 않는 위상기하학의 불변량invariant이다. 오일러 지표는 1에서 구멍의 수를 뺀 숫자로 생각할 수 있다.

바　　지: 오일러 지표 -1, 구멍 2

---

* 자유와 평등사상의 가장 강력한 주창자 중 한 사람이었으며, 동시에 흑인이 '유클리드를 따라가고 이해할 수 있을지' 의심했던, 그리고 말로는 노예제도에 반대하면서도 평생 노예를 부렸던 제퍼슨을 생각해 보라. 그는 유클리드를 좋아했으나 이러한 모순을 결코 직시하지 못했다.

빨　　대: 오일러 지표 0, 구멍 1

터진　풍선: 오일러 지표 1, 구멍 0

안 터진 풍선: 오일러 지표 2, 구멍 -1

오일러 지표를 덜 기묘하게 보이도록 설명하는 방법은 두 숫자의 차이, 즉 짝수 차원 구멍과 홀수 차원 구멍의 차이로 설명하는 것이다. 터지지 않은 풍선, 즉 구체sphere에는 스위스 치즈 덩어리에 있는 구멍과 같은 의미의 구멍이 있다. 풍선의 내부가 바로 구멍이다. 그러나 빨대의 구멍과는 다른 종류의 구멍이라고 느껴진다. 맞다! 그것은 우리가 2차원 구멍이라 부를 구멍이다. 풍선에는 2차원 구멍이 하나 있고 1차원 구멍은 없다. 그렇다면 오일러 지표가 1 빼기 1, 즉 0이 되어야 할 것처럼 보일 수도 있는데 우리의 표와는 일치하지 않는다. 누락된 것은 풍선에 0차원 구멍도 하나 있다는 사실이다.

그게 대체 무슨 뜻일까?

여기서 푸앵카레와 뇌터의 이론이 등장한다. 이름이 암시하듯이, 처음에 오일러 지표를 체계적으로 조사한 사람은 스위스의 전능한 수학자 레온하르트 오일러Leonard Euler였지만, 그의 연구는 2차원에 국한되었었다. 요한 리스팅을 포함하여 많은 사람이 오일러의 아이디어를 3차원으로 확장하려 했으나 우리의 3차원 공간 너머의 차원으로 오일러를 데려오는 방법을 이해할 수 있도록 한 사람은 푸앵카레였다. 대수적 위상기하학의 입문 과정을 한 페이지로 압축하기보다는 그저 결론만 말하려 한다. 푸앵카레와 뇌터는 모든 차원의 구멍에 관한 일반적 이론을 제시했으며, 그 이론에서 공간에 있는 0차원 구멍의 수는 바로 그 공간이 나누어지는 조각의 수다. 풍선은 빨대와 마찬가지로 단일하게 연결된 물체다. 따라서 0차원 구멍이 하나밖에 없다. 그러나 두 개의 풍선에는 0차원 구멍이 두 개 있다.

이러한 정의는 이상하게 보일 수도 있지만 모든 것이 들어맞도록 해 준다. 풍선에 있는 구멍은

(0차원 구멍 1 + 2차원 구멍 1) - (1차원 구멍 0)

이며 오일러 지표(an* Euler characteristic)가 2다.

대문자 B에는 0차원 구멍이 하나, 1차원 구멍이 두 개 있으므로 오일러 지표가 -1이다.** B의 아래쪽 고리를 자르면 R이 되고 오일러 지표가 0이 된다. 구멍(1차원)이 하나 적어지기 때문에 오일러 지표가 늘어난다. R의 고리를 자르면 K가 되고 오일러 지표는 1이 된다. 또는 R의 다리 하나를 잘라서 P와 I를 남길 수도 있다. 이렇게 분리된 두 조각에는 0차원 구멍이 두 개, P에 있는 외로운 1차원 구멍이 하나이며, 오일러 지표가 다시 한번 2-1=1이 된다. 자를 때마

---

* 여기서 'a'가 아니고 'an'을 쓴 이유가 궁금하다면, Euler가 '율러'가 아니고 '오일러'로 발음되기 때문이다(영미권에서 오일러를 종종 율러라고 부르는 것에 관한 농담. 영어에서는 a 뒤에 나오는 단어의 발음이 모음일 경우에 an으로 변화한다_옮긴이).

** 당신의 키보드에 있는 모든 글자 중, 오일러 지표가 -3인 두 줄 그은 달러 부호나 -4인 애플의 '명령(command)' 부호가 있는 경우를 제외하면, 가장 낮은 오일러 지표다. 가장 높은 오일러 지표는, 0차원 구멍 두 개 외에 다른 구멍이 없는, ! 같은 부호의 2다.

다 오일러 지표가 1씩 증가하고, 더 이상 1차원 고리를 잘라서 여는 것이 아닐 때까지도 계속된다. I의 오일러 지표는 1이고, 그것을 잘라서 두 개의 I가 생기면 오일러 지표가 2가 되고, 한 번 더 자르면 3이 되는 식으로 계속된다.

바지의 다리 구멍 두 개를 꿰매서 발목과 발목을 연결하면 어떻게 될까? 자세히 설명하기는 어렵지만, 푸앵카레의 시스템에서는 꿰매진 바지에 0차원 구멍 하나와 1차원 구멍 두 개가 있고 오일러 지표가 -1이다. 다시 말해서, 망가진 바지에는 원래와 같은 수의 구멍이 있다. 두 발목을 꿰매서 연결할 때 구멍 하나가 제거되지만, 결합한 두 다리로 둘러싸인 새로운 구멍이 하나 생긴다. 그럴듯한가? 내가 스냅챗Snapchat에서 보고 싶은 주장이다.

3

장

다른 것에 같은 이름 붙이기

S · H · A · P · E

대칭은 수학자들이 생각하는 기하학의 기초를 이룬다. 더 나아가 무엇을 대칭으로 간주할지에 관한 결정이 기하학의 유형을 결정한다.

유클리드 기하학에서 대칭은 강체운동rigid motion, 즉 물체를 이리저리 밀고(평행이동) 집어 올려 뒤집고(반사) 회전시키는 운동의 조합이다. 대칭의 언어는 합동을 이야기하는, 보다 현대적인 수단을 제공한다. 모든 변과 각이 일치한다면 두 삼각형이 합동이라고 말하기보다, 강체운동을 통해서 한 삼각형을 다른 삼각형에 합칠 수 있다면 두 삼각형이 합동이라고 말할 수 있다. 더 자연스럽지 않은가? 실제로 우리는 유클리드를 읽으면서 이런 식의 표현을 피하려는(항상 성공적이지는 않지만) 그의 압박감을 느낄 수 있다.

강체운동을 기본적 대칭으로 삼는 이유는 무엇일까? 한 가지 장점은 (증명하기는 그렇게 쉽지 않지만), 강체운동에서 평면상의 모든 선분이 같은 길이로 유지된다는 것, 즉 그리스어로 '척도measure'라는 의미인 대칭symmetry이 있다는 것이다. 더 나은 그리스식은 '동일한 척도' 또는 등거리변환isometry이라는 표현일 것이며, 이는 실제로 현대 수학에서 강체운동을 지칭하는 용어다.

다음의 두 삼각형은 합동이다.

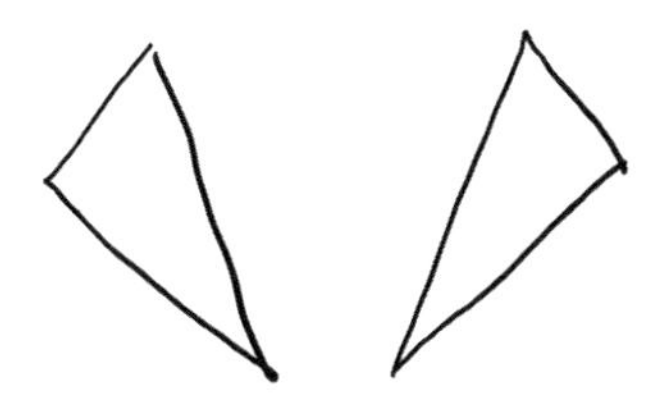

그래서 우리는 유클리드처럼, 실제로는 같지 않고 3인치쯤 떨어져 있는 서로 다른 삼각형임에도 불구하고, 두 삼각형이 같다고 말한다.

여기서 언제든지 인용할 수 있는 푸앵카레의 슬로건이 또 하나 등장한다.

"수학은 다른 것에 같은 이름을 붙이는 기술이다."

이와 같은 정의의 붕괴는 우리의 일상적인 생각과 말하기의 일부다. 누군가가 당신이 시카고에서 왔느냐고 물었을 때, "아니요, 나는 25년 전의 시카고에서 왔습니다."라고 답한다고 상상해 보라. 그런 대답은 터무니없이 현학적일 것이다. 우리가 도시에 관하여 이야기할 때는 암묵적으로 시간의 흐름에 대한 대칭을 전제하기 때문이다. 푸앵카레식으로 말해서, 그때의 시카고와 지금의 시카고를 같은 이름으로 부른다.

물론 우리는 무엇을 대칭으로 간주할지에 대하여 유클리드보다 더 엄격할 수 있다. 예를 들어 반사와 회전을 금지하고 자전spinning이 없이 평면에서 미끄러지는 운동만을 허용할 수도 있다. 그러면 앞의 두 삼각형은 서로 다른 방향을 가리키고 있으므로 더 이상 같지 않을 것이다.

회전은 허용하나 반사는 허용하지 않는다면 어떻게 될까? 이 경우는 우리가 삼각형이 있는 평면에 갇혔을 때 허용되는 유형의 변환으로 생각할 수 있다. 물체를 밀거나 회전시킬 수는 있지만 집어 올려서 뒤집는 것은, 탐색이 금지된 3차원 공간의 이용을 포함하므로 절대로 허용되지 않는다. 이런 규칙을 적용하면 여전히 두 삼각형을 같은 이름으로 부를 수 없다. 왼쪽 삼각형에서 가장 짧은 변으로부터 가장 긴 변까지 길이 순서로 따라가는 경로는 반시계방향이다. 그림을 어떻게 밀고 돌리든 이 사실은 변하지 않는다. 절대로 왼쪽 삼각형이 오른쪽 삼각형과 일치하도록 할 수 없다는 뜻이다. 오른쪽 삼각형은 최단-중간-최장의 경로가 시계방향이기 때문이다. 반사는 시계방향과 반시계방향을 전환하고 회전과 평행이동은 그렇지 않다. 반사가 없다면, 최단-중간-최장의 경로는 그 어떤 대칭으로도 바꿀 수 없는 삼각형의 특성이 된다. 이른바 불변량 invariant이다.

모든 유형의 대칭에는 고유한 불변량이 있다. 강체운동은 삼각형 또는 다른 어떤 도형이든 절대로 면적을 변화시킬 수 없다. 물리적 용어로 강체운동에는 '면적 보존법칙'이 있다고 말할 수 있다. '길이 보존법칙'도 있다. 강체운동은 선분의 길이를 변화시킬 수 없다.*

평면상의 회전은 이해하기 쉽지만 3차원 공간으로 올라가면 문제가 상당히 어려워진다. 3차원 공간의 어떤 회전이든 고정된 직선 또는 축을 중심한 회전으로 생각할 수 있다는 사실은 일찍이 18세기부터 (또 레온하르트 오일러!) 알려져 있었다. 거기까지는 좋다. 그러나 답하지 않은 많은 문제가 남아 있다. 내가 수직선을 중심으로 20도 회전하고 나서 북쪽을 향한 수평선을 중심으로 30도 회전한다고 가정해 보자. 결과적으로 나는 어떤 축을 중심으로 어떤 각도만

---

* 이 말을 덧붙이지 않을 수 없다. 실제로 길이의 보존은 면적의 보존을 시사한다. 변의 길이가 모두 같은 삼각형은 합동이 되어 면적도 같기 때문이다. 또는 변의 길이로 면적을 구하는 알렉산드리아의 수학자 헤론(Heron)의 오래되고 아름다운 공식을 이용할 수도 있다.

큼 회전한 것이어야 한다. 그렇다면 어떤 축이 중심이고, 회전한 각도는 얼마인가? 그 답은 위쪽으로 북북서 방향의 어딘가를 가리키는 축을 중심한 약 36도의 회전이다. 하지만 그런 사실을 알기는 쉽지 않다! 이와 같은 회전을 이해하는 데 훨씬 더 편리한 쿼터니온quaternion이라 불리는 유형의 숫자로 생각하는 방법을 개발한 사람은 워즈워스의 젊은 친구였던 윌리엄 로언 해밀턴이다. 유명하게 전해지는 이야기에 따르면, 1843년 10월 16일 해밀턴과 그의 아내는 더블린의 왕립운하Royal Canal를 따라 산책 중이었다. 여기서부터는 해밀턴의 이야기를 들어 보자.

> 가끔 아내와 대화를 나누던 중에도 내 마음속에서 흐르던 생각의 저류undercurrent가 마침내 결과를 내놓았다. 내가 즉시 그 중요성을 느꼈다 해도 과언이 아니다. 전기회로가 닫히고 불꽃이 번쩍이는 것 같았다. 또한, 비철학적 행동일 수 있지만, 우리가 지나치던 브로엄 다리Brougham bridge의 돌 위에 기본 공식을 칼로 새기고 싶은 충동을 억제할 수 없었다.

해밀턴은 여생의 오랜 기간을 자신의 발견에 따르는 결과를 연구하면서 보냈다. 말할 필요도 없이 그에 관한 시도 썼다. ('고귀한 수학의 여신, 그녀의 충만한 매력으로/ 직선과 숫자가 우리의 주제이며, 우리는/ 그녀의 태어나지 않은 자손을 보기를 원했노라…' 짐작이 갈 것이다.)

스크런치 기하학 SCRONCHOMETRY

우리는 손잡이를 느슨한 방향으로 돌려서 더 넓은 범위의 변환을 고려할 수 있다. 다음 두 그림이 같아지도록 확대와 축소를 허용할 수도 있다.

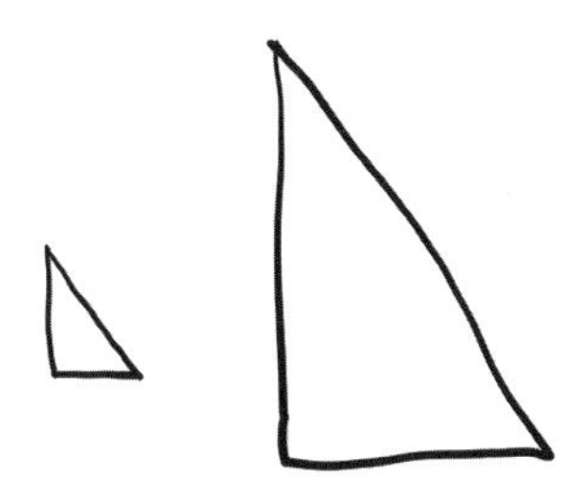

이렇게 더 관대한 동일성의 개념에서는 면적처럼 이전에 불변량이었던 삼각형의 특성이 더는 불변이 아니다. 각도 같은 다른 특성은 불변으로 남는다. 고등학교 기하학 수업에서는 이렇게 느슨한 의미에서 동일한 모양을 닮았다similar고 했다.

혹은 교실에서는 볼 수 없는 전적으로 새로운 개념을 창안할 수도 있을 것이다. 예를 들어, 수직 방향으로 일정한 비율로 늘이는 대신에 수평 방향으로는 같은 비율로 줄이는, 스크런치scronch라 부를 변환을 허용할 수 있다.*

* 이런 종류의 변환은 애니메이션 작가들에게 잘 알려져 있다. 그들은 거의 한 세기 동안, 물체가 화면에서 충분히 '만화처럼' 보이도록, '찌부러뜨림과 늘림(squash and stretch)'이라 불리는 기법을 사용해 왔다.

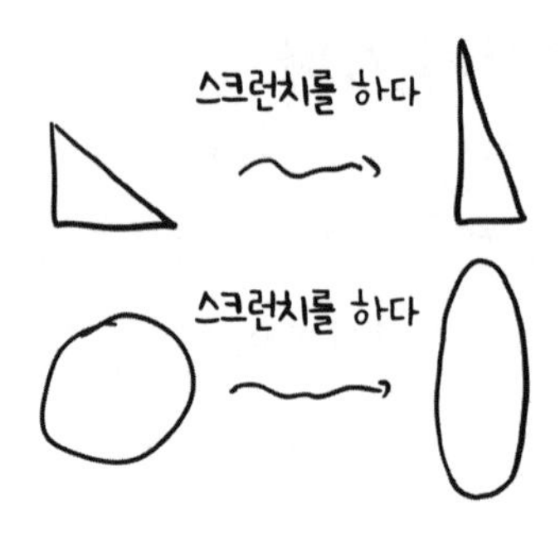

도형을 스크런치할 때 면적은 변하지 않는다. 수직 및 수평 방향 변이 있는 직사각형에 대해서 간단히 알 수 있는 사실이다. 직사각형의 면적은 폭 곱하기 높이이고, 스크런치 과정에서는 높이에 어떤 숫자를 곱하고 폭을 같은 숫자로 나누므로 그 곱인 면적이 변하지 않는다. 같은 사실을 삼각형에 대하여 증명할 수 있는지 생각해 보라. 약간 더 어렵다!

스크런치 기하학에서는, 평행이동과 스크런치를 통하여 한 도형에서 다른 도형을 얻을 수 있다면, 두 도형이 동일하다고 말한다. 동일하게 스크런치한 두 삼각형의 면적은 같지만, 면적이 같은 두 삼각형이 스크런치가 동일할 필요는 없다. 예컨대, 모든 수평 방향 선분은 스크런치 후에도 여전히 수평 방향이므로, 수평 방향의 변이 있는 삼각형은 그렇지 않은 삼각형과 스크런치가 동일할 수 없다.

가능한 대칭의 유형은, 평면으로만 국한하더라도, 여기서 철저히 살펴볼 엄두도 내지 못할 정도로 너무 많다. 이 동물원menagerie에 대한 소박한 아이디어를 제공하기 위하여 H. S. M. 콕서터Coxeter와 사무엘 그레이처Samuel Greitzer의 권위 있는 교과서 《다시 만난 기하학 Geometry Revisited》에 있는 그림을 소개한다.

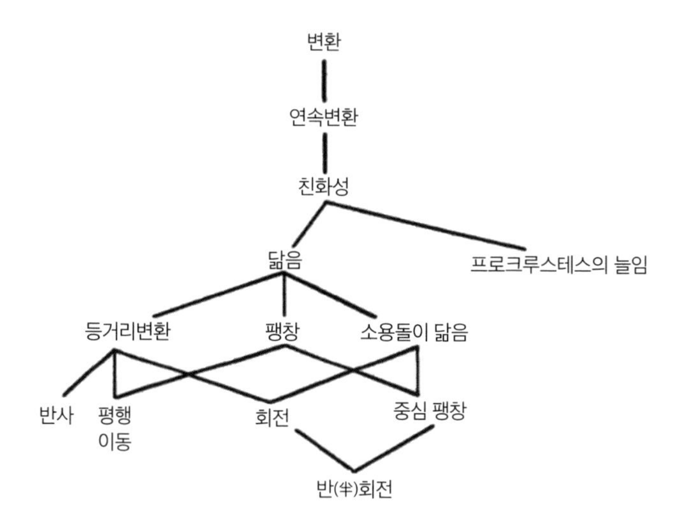

이것은 가계도와 매우 비슷한 나무이며, 각각의 '아이'는 '부모'의 특별한 경우다. 따라서 우리가 '강체운동'이라 부른 등거리 변환은 닮음의 특별한 유형이고, 반사와 회전은 등거리 변환의 특별한 유형이다. '프로크루스테스의 늘임'(그리스 신화에 나오는 강도가 사람을 쇠침대에 눕히고 키가 큰 사람은 다리를 자르고 작은 사람은 잡아 늘였다는 이야기_옮긴이)은 콕서터와 그레이처가 스크런치를 설명하는 생생한 용어다. 스크런치와 닮음이 허용되면 '친화성affinity'을 얻게 된다. 대칭의 언어는 평면기하학의 수많은 정의를 체계화하는 자연스러운 수단을 제공한다.

연습문제: 원에 친화성이 있는 모든 도형이 타원임을 보이라.

더 어려운 문제: 정사각형에 친화성이 있는 모든 도형이 평행사변형임을 보이라.

어떤 두 도형이 '정말로' 같은가라는 질문에는 정답이 없다. 그

답은 무엇에 관심을 두는가에 달려 있다. 면적에 관심이 있다면 닮음으로는 충분치 않다. 면적이 닮음에 대하여 불변이 아니기 때문이다. 그러나 오직 각도에만 관심이 있다면 합동을 고집할 이유가 없다. 아마도 합동은 지나친 요구이고 닮음으로 충분할 것이다. 각각의 대칭 개념에서 자체적인 기하학과, 어떤 정도로 다를 때 같은 이름을 부여하지 않는 편이 좋을지를 결정하는 고유한 방법이 유도된다.

유클리드는 대칭에 대한 직접적 언급을 많이 하지 않았지만, 그의 제자들은 평면도형과 매우 다른 맥락에서도 대칭을 생각하지 않을 수 없었다. 대칭에 의하여 중요한 양이 보존되어야 한다는 생각은 자연스럽게 느껴진다. 예를 들어, 링컨은 1854년에 작성한 개인 메모에서 매우 기하학적인 스타일로 말했다.

> 만약 A가 B를 노예로 삼을 권리가 있음을 증명할 수 있다면, 같은 논거로, B가 A를 노예로 삼을 권리가 있음을 증명할 수 없는 이유가 있을까?[1]

링컨은 도덕적 허용성이 유클리드 삼각형의 면적처럼 불변이어야 한다고 제안한다. 단지 반대 방향을 가리키도록 도형이 반사되었다는 이유로 바뀌면 안 된다.

우리는 원한다면, 고등학교 교실을 완전히 뒤로하고 더 나아갈 수 있다. 연필도, 책도, 유클리드의 지겨운 얼굴도 더는 필요 없다! 도형을 자르지 않는 한도 안에서 완전히 임의적인 늘임과 줄임을 허용하여 삼각형이 원으로 부풀거나 심지어 정사각형으로 바뀌도록 할 수도 있다.

그러나 삼각형이 선분으로 바뀔 수는 없다. 그러려면 어딘가에서 삼각형을 잘라 개방해야 하기 때문이다.* 들어 본 이야기인가? 이렇게 터무니없을 정도로 관대한 기하학, 즉 삼각형과 정사각형과 원이 모두 동일한 기하학은 바로 빨대의 구멍을 세기 위하여 푸앵카레가 창시한 위상기하학이다. (물론, 그에게는 다른 이유가 있었을 것이다.) 우리가 거론한 유형의 대칭을 모두 포함하는 대칭은 콕서터

---

* 다소 부정확하게 스케치된 아이디어의 정확한 정의를 보고 싶다면, '위상동형사상(homeomorphism)'이라는 용어를 찾아보라. 그렇지만 경고하는데, 그런 형식적 정의에는 약간의 표기적 어려움이 있다.

와 그레이처의 그림에서 맨 꼭대기의 바로 아래에 있는 '연속 변환continuous transformation'이다. 이 헐렁한 기하학에서는 각도와 면적 같은 개념이 보존되지 않는다. 유클리드가 신경 썼던 사소한 것들이 모두 사라지고 모양의 순수한 개념만 남는다.

앙리, 내가 시공간을 스크런치했어

1904년에 세인트루이스시는 미국의 영토를 확장한 대규모 토지 매입 101주년을 기념하는 루이지애나 구매박람회Louisiana Purchase Exposition를 개최했다.[2] (그렇게 큰 행사를 제때에 개최하려 해 보라!) 2천만이 넘는 사람이 그해 여름에 올림픽과 민주당 전당대회가 함께 열렸던 도시의 박람회를 방문했다. 박람회의 목적은 미국, 특히 중부지역이 세계 무대에 등장할 준비가 되었음을 과시하는 것이었다. 행사를 기념하는 〈세인트루이스에서 만나요Meet Me in St. Louis〉라는 노래도 있었다 ('루이스, 세인트루이스에서 만나요/ 박람회에서 만나요/ 그곳 말고 다른 곳에/ 불빛이 반짝인다고 말하지 말아요'). 필라델피아에서는 자유의 종Liberty Bell이 운반되어 왔고, 제임스 맥닐 휘슬러James McNeill Whistler와 존 싱어 사전트John Singer Sargent의 그림이 전시되었다. 건설 막사에서 태어난 아기에게는 "루이지애나 구매박람회의 오리어리Louisiana Purchase O'Leary"라는 이름이 붙여졌다. 앨라배마주 버밍햄은 강철 산업을 홍보하기 위하여 주철로 제작한 17m 높이의 불카누스Vulcan(로마 신화의 대장장이 신_옮긴이) 조각상을 선보였다. 자신의 사진에 사인을 해 주고 있는 제로니모Geronimo(아파치 인디언 부족의 지도자_옮긴이)가 있었고, 헬렌 켈러Hellen Keller도 넘쳐 나는 군중 앞에 모습을 보였다. 군중 중에는 아이스크림 콘이 박람회 현장에서 발명되었다고 말하는 사람들도 있었다. 그리고 9월에는 국제 과학예술학회International Congress of Arts and Science가 개최되어, 각계각층의 저명한 외국 교수들이 미국인 토론 상대와 함께 나중에 워싱턴 대학교 캠퍼스가 될 장소로 모여들었다. 그중에 말라리아가 전파되는 방법을 발견한 공로로 얼마 전에 노벨 의학상을 받은 의사 로널드 로스 경Sir Ronald Ross이 있었다. 물질의 근본적 성질에 관하여 격렬한 논쟁을 벌이던 라이벌 과학자, 루드비히 볼츠만Ludwig Boltzmann과 빌헬름 오스트발트Wilhelm Ostwald도 참석했다. 물질은 볼츠만의 생각처럼 분리된 원자로 이루어졌을까, 아니면 연속적인 에너지 장field이 우주의 기본 재료라는 오스트발트의 주장이 옳을까? 그리고 당시 50세가 되었으며, 세계에서 가장 유명한 기하학자였던 푸앵카레도 있었다. 학회의 마지막 날 있었던 그의 강연 주제는 '수리물리학의 원리'였다. 푸앵카레의 어조는 매우 조심스러웠다. 당시에 그 원리들이 엄청난 압력을 받고 있었기 때문이다.

"심각한 위기의 징후가 있다고 합시다."

푸앵카레는 말했다.[3]

"그 징후는 머지않은 미래에 변화를 예상할 수 있음을 가리키는 징후입니다. 그러나 크게 우려할 만한 이유는 없습니다. 우리는 환자가 죽지 않을 것을 확신하며, 이 위기가 우리에게 정말로 유익하기를 바라기 때문입니다."

물리학이 직면했던 위기는 대칭의 문제였다. 우리는 물리법칙이 한 발짝 옆으로 움직이거나 시선을 다른 방향으로 돌리더라도 변하지 않기를 바란다. 다시 말해서, 물리법칙이 3차원 공간의 강체 운동에 대하여 불변이기를 바란다. 더 나아가, 푸앵카레가 말하는 법칙은 달리는 버스에 올라타더라도 변하지 말아야 한다. 이는 공간과 시간 좌표를 모두 포함하는 조금 더 복잡한 유형의 대칭이다.

움직이는 관찰자의 관점에서 물리학에 관한 아무것도 변하지 말아야 한다는 사실이 처음에는 명확하지 않을 수도 있다. 정지한 상태와 움직이는 상태는 느낌이 다르다. 그렇지 않은가? 그렇지 않다. 설사 버스에 오르지 않더라도 우리는 태양을 중심으로 엄청난 속도로 달리고 있는 지구 위에 서 있으며 태양 또한 은하계의 중심에 대한 일종의 미친 궤도를 따라 운동하고 있다 등등. 움직이지 않는다고 말할 수 있는 관찰자의 관점 같은 것이 존재하지 않는다면, 오직 그런 관찰자의 관점에서만 사실인 물리 법칙을 채택하지 않는 것이 좋다. 물리 법칙은 관찰자의 운동과 관계없이 성립해야 한다.

이제 위기가 찾아왔다. 물리학이 실제로는 그런 방식으로 작동하지 않는 것처럼 보였다. 전기와 자기, 빛의 이론을 훌륭하게 통합한 맥스웰방정식Maxwell's equations은 대칭에 대해서 불변이어야 했지만, 그렇지 않았다. 이 불편한 상황을 해결하는 가장 인기 있는 방법은, 우주에 있는 모든 당구공이 그 위에서 구르고 부딪히는 펠트pelt천 같은 에테르ether라 불리는 움직이지도 보이지도 않는 배경의 절대적 정지상태 관점이 존재한다고 가정하는 것이었다. 진정한 물리 법칙은 행성에 올라탄 인간이 아니고 에테르의 관점에서 물리학이 작동하는 방식일 것이었다. 그러나 에테르를 탐지하거나 에테르를 통과하는 지구의 속도를 측정하려고 교묘하게 고안된 실험들은 모두 실패했다. 실패를 설명하려는 시도는 헨드릭 로렌츠Hendrik Lorentz의 '수축contracition', 즉 모든 움직이는 물체의 길이가 운동 방향으로 단축된다는 아이디어 같은 불편한 임시변통적 가정의 형태로 이어졌다. 기초 물리학의 토대가 흔들리는 상황이었다. 푸앵카레는 위기를 극복할 방법을 그리면서 강연을 마쳤다.

> 아마도 우리는 그저 어렴풋하게 볼 수밖에 없는, 속도에 따라 관성inertia이 증가하고 빛의 속도가 넘어설 수 없는 한계가 될, 전적으로 새로운 역학을 구성해야 할지도 모른다. 기존의 평범하고 단순한 역학은, 너무 빠르지 않은 속도에서 여전히 유효할 것이므로, 1차 근사가 되어 새로운 역학에 포함될 것이다. 우리가 오래된 원리를 믿었던 것을 후회할 이유는 없다. 실제로 옛 공식이 적용되기에 너무 빠른 속도는 항상 예외적일 것이며, 현실적으로 가장 안전한 길은 계속해서 그런 원리를 믿는 것처럼 행동하는 일이다. 너무 유용하기 때문에 그들을 위한 장소를 남겨 놓아야 한다. 그런 원리를 모두 추방하려는 것은 스스로 소중한 무기를 없애는 일이 될 것이다. 강연을 마치면서 서둘러 말하려 한다. 우리는 아직 그 단계에 이르지 못했으며, 그 원리가 싸움에서 승리를 거두고 온전하게 나오지 않을 것이라고 입증된 바는 아무것도 없다.[4]

푸앵카레가 예측한 대로 환자는 죽지 않았다. 오히려 기이하게 변형된 형태로 탁자에서 튀어 오르려 했다. 세인트루이스 학회가 끝난 지 1년도 지나지 않은 1905년에 푸앵카레는 맥스웰방정식이 결국 대칭이라는 것을 보여 준다. 그러나 이른바 로렌츠변환Lorentz transformation이라 불린 그 대칭은, "나는 두 시간 동안 이 버스에 타고 있으니까 출발한 곳에서 40km 북쪽에 있다."라는 말보다 훨씬 더 미묘한 방식으로 공간과 시간이 뒤섞이는, 새로운 유형의 대칭이었다. (버스가 빛의 속도의 90%로 달릴 때 그 차이가 특히 두드러진다.) 새로운 관점에서는 로렌츠 수축이 수상하고 우아하지 못한 해결책이 아니고 자연스러운 대칭성이었다. 로렌츠변환을 통하여 동일한 물체의 길이가 변할 수 있다는 사실은, 더는 스크런치를 통하여 동일한 삼각형의 모양이 변할 수 있다는 사실보다 이상할 것이 없다. 일단 대칭을 알고 나면, '동일하다'는 두 물체가 얼마나 다를 수 있는지에 관한 이야기 전체를 알게 된다. 푸앵카레는 이러한 도약을 위한 준비가 되어 있었다. 그는 이미 유클리드와 구별되는 평면기하학, 특히 다른 대칭 그룹을 갖는 평면기하학을 개발하고 있었던 순수 수학의 혁신가 중 한 사람이었기 때문이다. 푸앵카레가 1887년에 공식화한 '네 번째 기하학'은 다름 아닌 스크런치 평면이었다.

스크런치 기하학에는 '수평과 수직' 보존법칙이 있다. 두 점이 수평 또는 수직 선분으로 연결되면 각자의 스크런치 또한 그렇게 된다. 로렌츠 시공간spacetime은 이와 매우 비슷하다. 시공간의 한 점은 위치와 아울러 특정한 시간을 나타낸다. 로렌츠 대칭에서 보존되는 특별한 선분은, 빛이 각자의 순간 사이의 시간 동안 달리는 거리만큼 떨어진 위치에 있는, 두 위치-순간location-moment을 연결하는 선분이다.

스크런치 평면은 로렌츠 시공간의 아기 버전과 비슷하다. 우리는 스크런치 평면을, 공간의 3차원 대신에 하나뿐인 차원이 시간 차원과 결합한, 2차원 시공간에서의 상대론적 물리학의 모습으로 생각할 수 있다.

그러나 푸앵카레는 상대성이론을 만들어 내지 못했다. 세인트루이스 강연의 마지막 문장이 그 이유를 보여 준다. 푸앵카레는 물리학을 근본적으로 바꾸기를 원하지 않았다. 수학을 연구함으로써 맥스웰방정식이 지향하는 기묘한 기하학을 발견했으나 그 손가락이 가리키는 지평선 끝까지 따라갈 정도로 대담하지는 못했다. 그는 물리학이 자신과 뉴턴이 생각했던 물리학이 아닐 수 있음을 기꺼이 인정했지만, 우주의 기하학 자체가 자신과 유클리드가 생각했던 기하학이 아닐 수도 있다는 생각은 받아들일 수 없었다.

푸앵카레가 맥스웰방정식에서 본 것을 1905년에 알베르트 아인슈타인도 보았다. 젊은 과학자는 더 대담했다. 세계 최고의 기하학자를 기하학으로 능가한 사람은 대칭이 가리키는 대로 물리학을 다시 만든 아인슈타인이었다.

수학자들은 새로운 발전의 중요성을 재빨리 이해했다. 아인슈타인의 시공간 이론을 처음으로 기하학적 기초까지 풀어낸 사람은 헤르만 민코프스키Hermann Minkowski였다 (따라서 우리가 말하는 '스크런치 평면'은 실제로 민코프스키 평면이라 불린다). 1915년에는 에미 뇌터가 대칭과 보존법칙 사이의 근본적인 관계를 확립했다. 뇌터의 삶은 추상화를 위한 삶이었다. 중견 수학자가 된 그녀는, 세 변수를 갖는 4차 다항식의 331가지 불변 특성의 결정과 관련된 계산의 역작이라 할 수 있는, 자신의 1907년도 박사학위 논문을 '쓰레기Mist(독일어로 오물, 쓰레기를 뜻함_감수자)'이고 '공식의 덤불Formelngestrupp'이라고 말하곤 했다.[5] 너무 지저분하고 구체적이다! 푸앵카레의 구멍 이론을 단지 구멍의 수를 세는 대신에, 구멍의 공간과 연결하여 현대화함으로써 보존법칙의 혼란상을 정리하는 일이 훨씬 더 그녀의 취향에 맞았다. 관심의 대상인 대칭을 통해서 보존되는 양quantities을 찾는 일은 거의 언제나 물리학의 중요한 문제다. 뇌터는 모든 유형의 대칭에 수반하는 보존법칙이 있다는 사실을 입증하여 지저분했던 계산 꾸러미를 깔끔하게 완성된 수학 이론으로 묶음으로써 아인슈타인조차 당황하게 했던 수수께끼를 풀었다.

뇌터는 1933년에, 다른 모든 유대인 연구원과 함께 괴팅겐 대학교 수학과에서 쫓겨났다. 미국으로 가서 브린마 칼리지Bryn Mawr College 교수진에 합류한 그녀는 얼마 지나지 않아서 종양을 제거하는 —성공적으로 보였던— 수술에서 이어진 감염 때문에 사망했다.

아인슈타인은 〈뉴욕타임스〉에 편지를 보내서, 이 위대한 추상주의자가 틀림없이 고마워했을 말로 그녀의 업적을 기렸다.

> 그녀는 오늘날의 젊은 세대 수학자들의 발전에 엄청난 중요성이 입증된 방법을 발견했다. 순수 수학은 그 자체로 논리적 아이디어의 시poem다. 우리는 형식적 관계에 관하여 가능한 가장 큰 서클을 단순하고, 논리적이고, 통일된 형대로 모을 수 있는 아이디어를 추구한다. 논리적 아름다움을 지향하는 노력을 통하여 자연의 법칙을 더 깊이 파고드는 데 필요한 영적spiritual 공식이 발견된다.[6]

4

장

스핑크스의 파편

S · H · A · P · E

세인트루이스 박람회로 돌아가 보자. 박람회에 참석한 과학계의 거물 가운데 1897년에 학질모기가 말라리아를 옮긴다는 것을 발견한 로널드 로스 경이 있었음을 기억하라. 1904년 당시에 세계적 유명 인사였던 그를 대중 강연을 위하여 미주리로 데려온 것은 대단한 일이었다. 〈세인트루이스 포스트 디스패치St. Louis Post-Dispatch〉는 「모기의 남자가 오다Mosquito Man Coming」라는 헤드라인을 달았다.[1]

로스의 강연 제목은 '모기를 줄이는 보건 정책의 근거'였는데, 흥미를 끌 만한 제목이 아님은 인정한다. 하지만 그의 강연은 머지않아 물리학, 금융, 심지어 시적 스타일의 연구로까지 폭발적으로 퍼져 나갈 새로운 기하학, 즉 랜덤워크random walk 이론의 최초로 깜빡인 빛이었다.

로스의 강연이 있었던 9월 21일 오후에[2] 박람회장의 다른 곳에서는 리처드 예이츠Richard Yates 일리노이 주지사가 품평회에서 상을 받은 가축들의 행진을 사열하고 있었다.[3] 로스는 모기가 알을 낳는 웅덩이의 물을 퍼냄으로써 원형 지역 안에서 모기의 번식을 막는다고 가정하자는 말로 강연을 시작했다. 그래도 그 지역에서 말라리아를 옮기는 모기를 모두 없앨 수는 없다. 원형 지역 밖에서 태어난 모기가 날아 들어올 수 있기 때문이다. 그러나 모기의 삶은 짧고, 모기에게는 집중적인 야망이 부족하다. 모기는 중심을 향한 직선 경로를 설정하고 그 경로를 고수하지 않을 것이다. 따라서 모기가 날아야 하는 짧은 시간 동안에 이리저리 날면서 원형 지역 안으로 깊숙이 들어올 가능성은 낮아 보인다. 그러므로 원이 충분히 크면, 중심 주변의 일부 지역에는 말라리아가 없으리라 기대할 수 있다.

얼마나 크면 충분히 큰 것일까? 그것은 모기가 얼마나 멀리 돌아다닐 가능성이 있는지에 따라 달라진다. 로스는 말했다.

> 모기 한 마리가 주어진 지점에서 태어나고, 살아 있는 동안에 앞이나 뒤로, 왼쪽이나 오른쪽으로, 제멋대로 돌아다닌다고 가정하자… 얼마 후에 모기는 죽을 것이다. 태어난 곳에서 주어진 거리만큼 떨어진 장소에서 모기의 시체가 발견될 확률은 얼마일까?

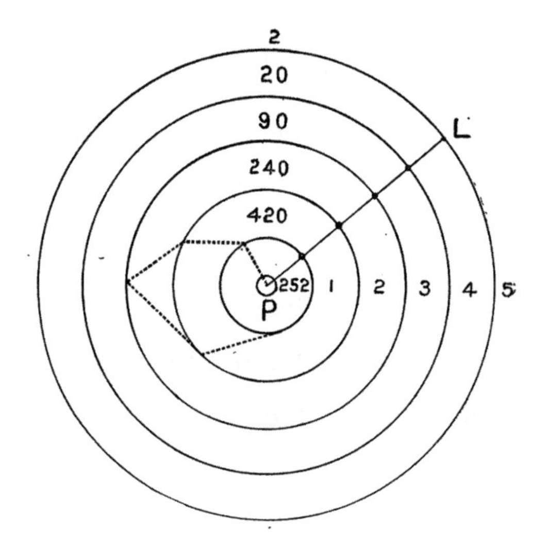

로스가 제시한 그림이다. 점선은 실제로 돌아다니는 모기의 경로이고, 직선은 더 목표지향적인 모기가 죽기 전까지 훨씬 더 멀리 이동하게 되는 경로다. 로스는 말했다.

"이 문제를 결정하는 완전한 수학적 분석은 다소 복잡하며, 이 자리에서 전체를 다룰 수는 없다."[4]

21세기의 우리는 로스의 경로를 따라 움직이는 모기에 대하여 쉽게 모의실험할 수 있고, 다섯 차례 비행 대신에 1만 번 비행하고 나면 무슨 일이 생기는지를 볼 수 있도록 로스의 그림을 개선할 수 있다.

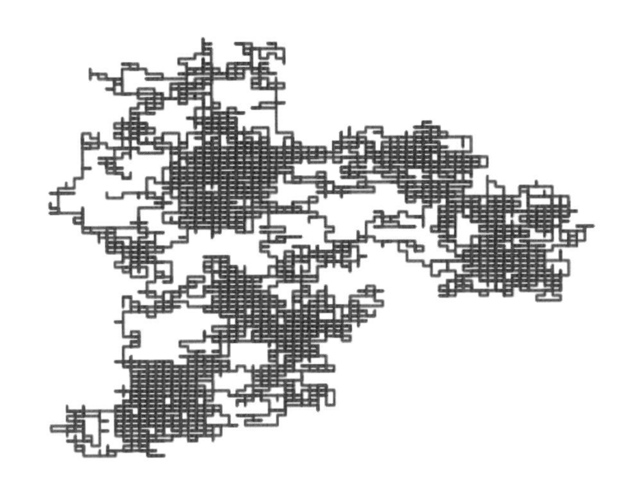

그림은 전형적인 모의실험 결과다. 때로는 모기가 한 지역 주변에 한참 동안 머물고 경로가 너무 많이 교차하여 공간을 거의 채우는 것처럼 보인다. 잠시 목적의식을 되찾고 어느 정도 거리를 진행하는 것처럼 보일 때도 있다. 이 과정의 애니메이션animation은 정말로 형언할 수 없을 정도로 매혹적이다.

로스는 모기가 북동쪽 아니면 남서쪽만을 선택할 수 있는 직선에 고정된, 훨씬 더 간단한 경우만 다룰 수 있었다. 우리도 그렇게 할 수 있다! 모기가 10일 동안 살면서 날마다 북동쪽 아니면 남서쪽으로 1km씩 이동하기를 선택한다고 가정하자. 모기가 매일같이 두 방향 중 하나를 선택하므로 살아 있는 동안에 이동할 수 있는 경로의 수는 2×2×2×2×2×2×2×2×2×2=1,024이고, 편견이 없는 모기를 가정하면, 이들 경로의 가능성은 동일하다. 모기가 태어난 곳으로부터 북동쪽으로 10km 떨어진 곳에서 생을 마감하려면 북동쪽으로 날아가는 선택을 10회 연속으로 해야 하며, 이는 1,024마리의 모기 중 한 마리에게만 일어나는 일이다. 남서쪽으로 10km를 가는 비율도 마찬가지로 낮다. 따라서 출발점에서 10km 떨어진 곳까지 가는 모기는 1,024마리 중 두 마리다.

8km까지 가는 모기는 얼마나 될까? 그러려면 아래와 같은 선택을 해야 한다.

북동, 북동, 북동, 남서, 북동, 북동, 북동, 북동, 북동, 북동

즉 한 방향을 아홉 번 선택하고 다른 방향은 한 번만 선택해야 한다. 외로운 '남서'는 열 번의 선택 중 언제라도 무방하므로 1,024개 경로 중, 북동쪽으로 10개 남서쪽으로 10개, 총 20개 경로가 8km 떨어진 곳에서 끝나게 된다. 로스의 그림에서 바깥쪽 원 두 개에 표시된 '2'와 '20'을 볼 수 있다. 원한다면 우리는 출발점에서 북동쪽으로 6km 떨어진 곳에서 끝나는 경로의 수 45, 또는 2km까지 가는 경로의 수 210, 아니면 모기가 태어난 악취 나는 연못으로 돌아가게 되는 경로의 수 252를 써넣을 수 있다. 모기의 무덤은 출발점이 될 가능성이 가장 크다. 이 무작위적 모기 문제는 앞면을 북동으로 뒷면을 남서로 간주하여 동전 10개를 던지는 문제와 같다. 8km 떨어진 곳에서 끝나려면 앞면이 아홉 번, 뒷면이 한 번 나와야 한다. 고향에서 끝나려면 앞면과 뒷면 모두 다섯 번씩 나와야 하는데, 실제로 동

전 10개를 던질 때 가장 가능성이 큰 결과다. 끝나는 지점에 대한 막대그래프bar chart를 그리면, 모기가 고향 근처에서 머무는 경향을 잘 보여 주는 유명한 종 곡선bell curve을 얻게 될 것이다.

그러나 우리는 더 나아갈 수 있다. 약간의 작업을 통하여 평균적인 모기가 10일 동안에 2.46km 이동할 것을 계산할 수 있다. 수컷 모기의 수명이 대략 그 정도다. 암컷 모기는 50일 가깝게 살고, 그동안 평균적으로 5.61km 이동한다. 수명이 200일인 므두셀라모기Methuselasquito(성서의 인물 중 가장 장수한 므두셀라의 이름을 붙여 만든 말_옮긴이)라면, 이론적으로 200km를 갈 수 있지만, 평균적으로는 고향에서 11.27km 떨어진 곳에서 멈추게 된다. 수명이 네 배가 되면 이동거리가 두 배가 된다. 우리는 여기서 18세기에 아브라함 드 무아브르Abraham de Moivre가, 모기가 아니고 동전 던지기의 맥락에서 처음으로 관찰한 원리와 만난다. 동전을 n번 던질 때 앞면이 50% 나오는 결과에서 벗어나는 편차는 일반적으로 n의 제곱근square root에 가깝다. 보통 모기보다 수명이 100배인 모기는 수명이 짧은 사촌보다 10배 정도만 더 멀리 돌아다닐 가능성이 크다. 모기는 우리가 예상하는 것보다 더 멀리 날 수 있지만, 아마도 그렇게 하지 않을 것이다. 모기가 태어난 지 200일 되는 날 고향에서 적어도 40km 떨어진 곳에 있을 확률은 3/1000에 약간 못 미친다.*

---

* 직접 확인해 보기를 원한다면, 정확한 질문과 필요한 계산은 "p=2이고 n=200일 때, 이항확률 변수(binomial random variable)가 적어도 120의 값을 취할 확률은 얼마인가?"이다.

컷!

그러나 2.46은 10의 제곱근이 아니고 11.27은 200의 제곱근이 아니다! 좋다, 독자가 연필을 쥐고 이 책을 읽는다는 것이 반갑다. 더 나은 근사치는 모기가 지구 여행 첫 n일 동안에 평균적으로 약 $\sqrt{2N/\pi}$ km 이동한다는 것이다. 확인해 보라. 10일 동안 비행한 모기의 경우는 다음과 같다.

$$\sqrt{2 \times 10/\pi} = 2.52$$

상당히 가깝다! 그리고 200일일 때는

$$\sqrt{2 \times 200/\pi} = 11.28...$$

앞에서 본 것과 잘 일치하는 값이다.

이 식에 π가 있다는 사실이 독자의 기하학 안테나에 신호를 보낼지도 모른다. 모기가 원형 지역을 횡단하기 때문에 π가 나오는 것일까? 안타깝지만 아니다. 어쨌든, 로스의 단순한 모델에서 모기는 실제로 단일 직선 위에서 앞뒤로 움직인다. 우리가 원의 기하학에 나오는 비율로 처음 만난 것은 사실이지만, 대부분의 수학 상수와 마찬가지로, π는 모든 곳에서 나타난다. 내가 가장 좋아하는 예가 하나 있다. 두 정수를 임의로 선택하고 그들이 1 외의 공통인수를 갖지 않을 가능성을 물어보라. 그 확률은 아무 원도 보이지 않음에도 불구하고 $6/\pi^2$이다.

모기의 π는 미적분학calculus, 특히 π를 포함하는 특별한 이유가 있는 적분integral 값에서 온 것이다. 18세기와 19세기 프랑스 분석가들에게 어려운 문제였던 그 적분의 계산은 이제 미적분학의 세 번째 학기에서 가르칠 수 있는 문제가 되었다. 비록 요령을 배우지 않고도 그 적분을 계산할 수 있다면 매우 특출한 학생이겠지만. 적분을 계산하는 전 과정은 2017년에 나온 영화 〈어메이징 메리Gifted〉에서 볼 수 있다. 영화에서 아홉 살 먹은 매케나 그레이스Mckenna Grace가 연기한 일곱 살배기 수학 신동 메리 애들러Mary Adelr에게 그 적분이 퍼즐로 제시된다.

나는 비행기에서 영화를 봤기 때문이 아니라(보기도 했지만— 한동안 거의 언제나 비행기에서 이 영화를 볼 수 있었다), 화면에 나오는 모든 것이 수학적 정확성을 기하도록 자문하기 위하여 그 장면을 찍을 때 촬영장에 있었기 때문에 이 사실을 안다. 독자가 수학과 관련된 내용의 영화를 봤다면, 세부사항이 정확하도록 얼마나 노력을 기울이는지 궁금할지도 모른다. 실제로 큰 노력이 기울여진다. 영화에 나오는 MIT(실제로는 에모리 대학) 강의실 장면에서, 범죄영화의 슬라브계 악당으로 더 자주 나오는 중견 남자배우가 연기한 교수가 수학신동의 재능을 테스트하는 동안, 하루의 대부분을 뒷자리에 앉아서 보낸 수학자에게 보수를 지불할 정도로. 그러다 보니 내가 할 일이 생겼다. 할머니(무슨 까닭인지 영국인으로 나오며, 세상을 떠난 메리의 어머니가 나비에-스토크스Navier-Stokes 추측을 증명하는 논문을 썼는지를 두고 메리의 후견인인 독신 외삼촌과 사이가 틀어진… 말하다 보니 설명할 것이 너무 많은데 그냥 넘어가자)에게 메리가 말하는 대사 중에, 메리는 '음수negative'라고 말하는데 칠판에 적힌 내용으로 보면 '양수positive'가 맞는 장면이 있었다. 휴식 시간에 내가 이야기할 수 있는 유일한 사람이라고 확신한 그레이스의 어머니에게 다가갔다. 누군가에게 말해야 할지 그녀에게 물었다.

"중요한 일인가요?"

중요한 일이었다. 그녀는 주저 없이 나를 마크 웹Marc Webb 감독에게 데려가서 방금 자신에게 한 이야기를 되풀이하도록 했다. 그러자 즉시 모든 것이 멈춰 섰다. 그들은 대사를 바꿨다. 그레이스가 한쪽에서 새 대사를 익히는 동안에, 다른 모든 사람은 탁자에 둘러서서 간식을 먹었다. 메이저 영화사의 장편영화를 만드는 데 필요한 고도의 전문가 수십 명이 동시에 마카다미아macadamia 땅콩을 먹고 있을 때 초당 들어가는 비용은 얼마나 될까? 그 액수는 영화사가 수학적 세부사항에 얼마나 신경을 쓸지의 하한선이다. 나는 감독에게 물었다.

"실제로 누가 신경 쓸까요? 알아차리기라도 할 사람이 있을까요?"

감독이 피곤한 한편으로 감탄하는 듯한 목소리로 대답했다.

"인터넷에 있는 사람들이 눈치챌 겁니다."

나는 영화를 만드는 일에 수학 논문을 쓰는 일과 공통점이 있음을 알게 되었다. 근본적 아이디어를 제시하는 것은 그리 어렵지 않지만, 대부분 사람이 그냥 보고 지나칠 소소한 세부를 다듬는 데 엄청난 시간이 소비된다.

웹 감독은 이미 촬영 세트에 들어선 나에게 카메라 앞에서 그레이스에게 6초 동안 정수론에 관한 이야기를 하는 '교수'의 역할을 연기할 기회를 제공했다. 나는 화면에 나오는 6초를 준비하려고 옷장에서 한 시간을 보냈다. 그러다 보니 모든 세부사항을 정확하게 하려는 〈어메이징 메리Gifted〉 제작진의 강박적 집념에도 예외가 있었다. 그들은 수학 교수가 강의실에서 신는 어떤 신발보다 훨씬 더 좋고 비싼 신발을 나에게 신겼다. 그리고 영화계에 관해서 배운 슬픈 사실 한 가지. 그들은 당신에게 그 신발을 주지 않는다.

한 모금의 수프도 맛이 같다

사람들이 내게 자주 묻는 질문이 있다. 도대체 어떻게 200명을 대상으로 한 여론조사가 수백만 유권자의 선호도에 관하여 믿을 만한 정보를 제공할 수 있을까? 그런 식으로 말하면 정말로 믿을 수 없을 것처럼 들린다. 한 숟가락의 맛을 보고 그릇에 있는 수프가 무슨 수프인지 알아내려는 것과 비슷하다.

그러나 실제로 그렇게 하는 데 전혀 문제가 없다! 숟가락에 담긴 것이 수프의 무작위 샘플이라고 생각하지 않을 이유가 없기 때문이다. 조개 수프에 담갔던 숟가락에서 미네스트로네minestrone(야채와 파스타를 넣은 이탈리아식 수프_옮긴이)를 맛보는 일은 절대로 없을 것이다.

여론조사가 그토록 효율적인 것은 수프 원리 덕분이다. 그러나 여론조사는 조사 결과가 대상 도시, 주, 또는 국가를 얼마나 정확하게 반영할 것으로 기대할 수 있는지는 말해 주지 않는다. 그 답은 태어난 연못으로부터 느리고 무질서하게 움직이는 모기의 이동에 있다. 내가 살고 있는 위스콘신주를 생각해 보자. 위스콘신 주민은 공화당과 민주당 지지자가 거의 정확하게 절반씩으로 나누어진다. 이제 움직임이 다음과 같이 결정되는 모기를 상상해 보자. 위스콘신 주민에게 무작위로 전화하여 그들의 정치적 성향을 묻고, 응답자가 민주당을 지지한다면 북동쪽으로, 공화당에 투표한다면 남서쪽으로 날도록 모기에게 지시한다. 다름 아닌 로스의 모델이다. 모기는 무작위하게, 한 방향 또는 반대 방향으로, 200번 움직인다. 어쩌다가 민주당 지지자 200명에게만 전화를 걸게 되어, 위스콘신의 투표 성향에 관하여 완전히 왜곡된 결과를 얻는 일이 일어나지 않으리라는 것을 어떻게 알까? 물론 그런 일이 일어날 수도 있다. 태어나서 죽을 때까지 변함없이 북동쪽으로 날아가는 모기가 있을 수도 있다. 그러나 아마도 그런 일은 일어나지 않을 것이다. 우리는 이미 모기가 태어난 지 200일 후에 고향에서 멀어진 거리(여론조사에서 민주당 지지자와 공화당 지지자의 차이와 km 단위로 정확하게 일치하는 숫자)가 평균적으로 약 11km라는 것을 안다. 따라서 우리의 여론조사에서 공화당 지지자 106명과 민주당 지지자 94명을 만나는 것은 전혀 이상한 일이 아닐 것이다. 120-80처럼 정치 현실과는 거리가 먼 결과는 다른 이야기다. 그것은 위스콘신 그릇에 숟가락을 담갔는데 미주리 한 숟갈을 뜨게 되는 것과 같다. 민주당 지지자보다 40명 더 많은 공화당 지지자를 만나게 되는 것은 모기가 고향에서 40km

떨어진 곳까지 가는 경우에 해당하며, 우리는 이미 그런 가능성이 3/1000에 불과함을 계산했다.

다시 말해서, 여론조사 응답자 200명의 성향이 위스콘신 주민 전체와 크게 다를 가능성은 매우 낮다. 우리의 샘플에서 공화당 지지자의 비율이 43%에서 57% 사이에 있을 확률은 약 95%다. 이와 같은 여론조사가 ±7%의 오차범위를 갖는다고 보고되는 것은 그 때문이다.

하지만, 그것은 조사 대상의 선택에 아무런 편향이 없다고 가정할 때다. 로스는 편향이 자신의 모기 모델을 혼란스럽게 할 수 있다는 사실을 매우 잘 이해했다. 그는 계산을 하고 원을 그리기 전에, '먹이 공급과 관련하여 모든 곳이 모기에게 똑같이 매력적이고, 예컨대 일정한 바람이나 지역적 천적같이 모기를 특정 지역으로 몰아넣는 요인이 전혀 없는' 동질적인 풍경을 규정했다.

로스가 이런 가정을 고집하는 데는 정말로 합당한 이유가 있다. 그런 가정이 없이는 모든 것이 엉망이 된다. 바람이 많이 분다고 가정해 보자. 가벼운 바람이라도 작은 모기의 진로를 흔들 수 있다. 바람이 북쪽으로 분다면 모기가 북동쪽으로 날아갈 확률이 50% 대신에 53%가 될 수도 있다. 이는 우리의 여론조사에서, 간과된 편향 때문에 무작위로 전화를 받은 유권자가 공화당 지지자일 확률이 53%가 되는 것과 같다. 공화당 지지자가 설문에 응답할 가능성, 애초에 전화를 받을 가능성, 또는 전화를 소유하고 있을 가능성 자체가 민주당 지지자보다 크기 때문일 수도 있다. 그러면 우리의 여론조사는 유권자에 관한 진실에서 벗어날 가능성이 훨씬 더 커진다.

편향이 없는 여론조사에서 공화당 지지자 120명과 민주당 지지자 80명이 응답할 가능성은 3/1000에 불과하다. 그러나 공화당에 편향된 바람이 있다면, 그런 가능성이 거의 10배인 2.7%로 뛰어오른다.

현실적으로는 여론조사가 완벽하게 편향되지 않았다는 것을 결코 알 수 없다. 따라서 우리는 여론조사가 말하는 오차범위에 대하여 다소 회의적이어야 할 것이다. 가벼운 바람이나 편향에 의하여 여론조사가 일상적으로 한 방향 또는 다른 방향으로 밀리게 된다면, 실제 선거 결과가 보고된 오차범위를 벗어나는 사례를 여론조사 기관의 주장보다 훨씬 더 자주 보게 될 것이다. 실제로는 어떨까? 정말 그렇다. 2018년에 발표된 논문에 따르면 실제 선거 결과가 일반적으로 제시된 오차 범위의 두 배까지 여론조사 결과에서 벗어났다.[5] 선거에는 바람이 많이 분다.

알려지지 않은 바람의 존재를 고려하는 또 다른 방법이 있다. 미지의 바람이 있다는 것은 모기의 하루 동안 움직임과 다음 날의 움직임이 완전히 독립적이 아니고 서로 상관관계가 있음을 의미한다. 첫날에 모기가 북동쪽으로 움직인다면, 바람이 북동쪽으로 불고 있을 가능성이 조금 더 커지고, 따라서 다음 날 모기가 북동쪽으로 움직일 가능성도 커진다. 앞에서 본 것처럼, 작은 효과지만 누적되는 효과다.

이른바 평균의 법칙이라는 유명한 오류가 있다. 동전 던지기에서 몇 차례 연속으로 앞면이 나온 후에는 '평균으로 가기' 위하여, 다음번에 뒷면이 나올 가능성이 더 크다는 주장이다. 현명한 사람은 그렇지 않다고 말한다. 각각의 동전 던지기가 서로 독립적이므로, 이전에 무슨 일이 있었든 다음번에 앞면이 나올 가능성이 정확히 1/2이라는 것이다.

하지만 그걸로 끝이 아니다! 동전이 공정하다고 절대적으로 확신하지 않는 한, 반평균anti-averages의 법칙이라는 것도 있다. 앞면이 연속으로 100번 나온다면, 그저 이례적으로 연속된 행운에 놀라거나 아니면 앞면만 두 개인 동전을 던지고 있는 것이 아닌가라는 상당히 합리적인 의심을 시작할 수 있다. 연속으로 앞면이 더 많이 나올수록, 미래에도 앞면이 더 많이 나올 것으로 예상해야 한다.*

여기서 도널드 트럼프가 등장한다. 2016년 미국 대통령선거가 임박했을 때 모두가 힐러리 클린턴이 앞섰다는 사실에 동의했다. 트럼프의 당선 가능성이 얼마나 되는지는 큰 논란거리였다. 11월 3일에 뉴스매거진 복스Vox에 실린 기사는 다음과 같았다.

> 바로 지난주, 여론조사에만 기초한 네이트 실버Nate Silver의 예측은 힐러리 클린턴에게 85%라는 압도적 승리 가능성을 부여했다. 그러나 목요일 아침에는 그녀의 당선 가능성이 66.9%로 떨어졌다. 이는 도널드 트럼프가 여전히 약자이지만, 1/3이라는 당선 가능성이 있음을 시사한다.[6]
>
> 진보 진영에서는 538FiveThirtyEight(미국의 여론조사/분석 웹사이트_옮긴이)이 여섯 개 주요 여론조사 기관 중 아웃라이어outlier라는 것으로 위안을 삼으려 했다. 다른 다섯 개 여론조사에서는 트럼프의

---

* 그래도 조심하라. "나는 음주운전을 많이 했어도 아직 사람을 친 적은 없다. 음주운전이 그렇게 위험하지 않음이 분명하다." 이같이 비슷하게 보이는 추론은 심각한 결과로 이어질 수 있다.

당선 가능성이 1% 미만부터 16% 사이의 결과가 나왔다.

프린스턴의 샘 왕Sam Wang은 트럼프의 당선 가능성을 7%로 예측하고, 클린턴의 승리를 확신한 나머지 그녀가 패배한다면 벌레를 먹겠다고 약속했다. 선거 일주일 뒤에 그는 CNN의 생방송에서 귀뚜라미 한 마리를 힘겹게 삼켰다. 수학자들도* 때때로 실수를 하지만, 우리는 약속을 지키는 사람들이다.

왕은 어떻게 그토록 틀린 예측을 했을까? 그는 로스처럼 바람이 존재하지 않는다고 가정했다. 모든 예측가들은 선거 결과가 플로리다, 펜실베이니아, 미시간, 노스캐롤라이나, 그리고 당연히 위스콘신을 포함하는 소수의 경합주에 달려 있다는 데 동의했다. 트럼프가 이기려면 그들 주 대부분을 차지해야 할 것 같았지만, 클린턴이 다소간이라도 우위를 고수하고 있는 것으로 보였다. 선거 날 아침에 실버가 예측한 트럼프의 승리 가능성은 다음과 같았다.

플로리다 45%

노스캐롤라이나 45%

펜실베이니아 23%

미시간 21%

위스콘신 17%

* 왕은 수학자가 아니고 신경과학자이지만, 나에게 수학자란 누구든지 문제의 순간에 수학을 하는 사람이다.

트럼프가 이들 주 모두에서 승리할 수도 있겠지만, 그런 가능성은 모기가 연속으로 다섯 번 같은 방향으로 이동하는 것만큼이나 매우 낮아 보였다. 당신 또는 귀뚜라미를 먹게 될 샘 왕은 그 가능성을 다음과 같이 계산할 수 있다.

0.45×0.45×0.23×0.21×0.17

계산 결과는 약 1/600이다. 트럼프가 이들 중 셋이나 네 주에서 이길 가능성조차 상당히 작았다.

네이트 실버는 상황을 다르게 보았다. 그의 모델에는, 여론조사 기관이 자신도 모르게 특정한 후보에게 편향된 여론조사를 설계할 수 있다는 부인할 수 없는 사실에 기초한, 다른 주 간의 적절한 상관관계가 포함되었다. 물론 최선의 추정은 트럼프가 플로리다, 노스캐롤라이나, 기타 경합주에서 뒤처졌다는 것이었다. 그러나 트럼프가 그중 한 주에서 승리한다면, 그 승리는 여론조사에 포함된 편향이 클린턴의 입지를 실제보다 낮게 보이도록 했다는 증거가 되어, 다른 한 주에서도 트럼프가 승리할 가능성이 커진다. 이는 반평균의 법칙이 작용하는 것이며, 트럼프가 경합주 모두를 휩쓰는 결과가 개별적 숫자에 따른 예상보다 가능성이 크다는 것을 의미한다. 네이트가 트럼프의 승리 가능성을 만만치 않게 제시한 것은 그 때문이었다. 힐러리 클린턴이 두 자릿수 차이로 압승할 가능성이 1/4보다 크다고 평가한 것도 같은 이유에서였다. 왕도 가능성이 매우 낮다고 생각했다.*

2016년의 놀라운 결과에 기겁한 언론은 배신감을 토로하는 눈물겨운 헤드라인을 달았다.

「2016년 이후로 다시 여론조사를 믿을 수 있을까?」[7]

그렇다. 믿을 수 있다. 여론조사는 여전히 전문가의 추상적인 대통령 자격 평가나 논객의 논쟁보다, 여론을 측정하는 훨씬 더 좋은 방법이다. 실버의 평가는 선거전이 매우 박빙이며 어느 후보든 승리할 수 있다는 것이었다. 그가 옳았다! 그런 말이 책임 회피라고 생각한다면 이렇게 자문해 보라. 당신뿐만 아니라 그 누구도 실제로 알지 못하는데, 누가 승리할지를 거의 확실하게 아는 척하는 것이 더 낫고 건전한 수학적 분석일까?

자연에게 보내는 편지

로널드 로스는 북동-남서 경로에 고정된 모기의 행동을 완벽하게 알아냈다. 그러나 모기가 어떤 방향으로든 비행할 수 있는 더욱 현실적인 상황은 자신이 아는 수학을 넘어서는 것이었다. 따라서 그

---

* 설명을 약간 지나치게 단순화했다. 왕은 상관관계가 전혀 없다고 가정한 것이 아니고 단지 너무 낮게 잡았다. 선거가 끝난 뒤에 그는 말했다. "총선에서도 실패가 있었는데, 그때조차도 여론조사는 선거전이 얼마나 박빙인지를 명백하게 말해 주었다. 나의 실수는 7월에 모델을 설정할 때, 결승선 구간 상관관계 오차(체계적 불확실성이라고도 알려진)의 추정이 너무 낮았던 것이었다. 당시에는 지엽적인 파라미터처럼 보였다. 그러나 마지막 주에는 그 파라미터가 중요해졌다."

는 같은 해인 1904년 여름에 칼 피어슨Karl Pearson에게 편지를 썼다.

피어슨은 학문의 분류 상자에 깔끔하게 들어맞지 않는, 정말로 새로운 아이디어가 있을 때 자연스럽게 자문을 구할 수 있는 인물이었다. 그는 런던의 유니버시티칼리지University College에서 응용수학을 가르치는 저명한 교수였는데, 처음에는 법률을 공부하다가 포기하고 하이델베르크에서 독일 민속학을 연구했으며, 케임브리지대에서 해당 과목의 교수직을 제안받고 그 역시 포기한 후, 20대 후반에 얻은 교수직이었다. 피어슨은 영국에 비하여 사회적 통념과 특히 종교에 구애받지 않는 불타오르는 지성적 삶의 천국처럼 보였던 독일을 사랑했다. 괴테의 팬fan이었던 피어슨은 '로키Loki'라는 필명으로 《신 베르테르The New Werther》라는 낭만적 소설을 쓰기도 했다. 하이델베르크 대학은 그의 서류에서 'Carl'이라는 이름을 'Karl'로 잘못 표기했는데, 피어슨은 원래 이름보다 새로운 철자가 더 마음에 들었다. 독일어에 '형제 또는 자매'를 뜻하는 Geschwister라는 성 중립적 단어가 있다는 사실에 감명받은 그는 '형제자매sibling'라는 단어를 만들어 냈다.

영국으로 돌아온 피어슨은 비종교적 합리주의와 여성 해방을 옹호했고, '사회주의와 성Socialism and Sex' 같은 물의를 빚은 강연을 하기도 했다. 〈글래스고 헤럴드Glasgow Herald〉는 그의 강연에 대하여 다음과 같이 말했다.

「피어슨 씨는 토지와 자본의 국유화를 주장한다. 이제 그는 홀로 서서 여성도 국유화할 것을 제안한다.」[8]

그의 카리스마는 이런 종류의 소박한 분노를 피할 수 있게 해 주었다.[9] 피어슨의 학생 중 하나는, 그가 곱슬머리의 잘생긴 얼굴과 훌륭한 체격을 갖춘, 전형적인 그리스 운동선수 같았다고 기억했다. 1880년대 초반에 찍은 사진 속에는 우뚝 솟은 이마와 강렬한 시선, 곧 무언가에 대하여 당신을 바로잡아 주려는 태세임을 시사하는 듯한 턱을 가진 남자가 담겨 있다.

성인이 된 그는 대학 시절에 탁월한 능력을 보였던 수학으로 돌아갔다. 피어슨은 자신이 "말보다는 기호를 가지고 일하기를 갈망했다."라고 말했다. 그가 두 곳의 수학 교수직에 지원했으나 거절당하고 마침내 런던에서 교수직을 얻었을 때, 친구인 로버트 파커Robert Parker는 피어슨의 모친에게 편지를 썼다.

> 칼의 사람됨을 알기에, 일시적 실패가 친구들에게 아무리 실망스러웠더라도 저는 항상 그가 언젠가는 자신의 가치를 드러내고 정말로 자신에게 적합한 자리를 얻을 것을 확신했습니다. 이제 우리는 그가 3, 4년 동안 자유롭게 수학이 아닌 다른 공부에 몰두했던 것이 얼마나 유익한 일이었는지도 깨닫게 됩니다. 지금의 성공에 조금이라도 기여했다는 말은 아니지만, 그를 더 행복하고 유용한 사람으로 만들어 주고, 오직 한 가지 관심사의 추구에만 전념한 사람들에게서 흔히 볼 수 있고 크나큰 두려움의 대상인, 편협함의 오명에서 벗어나게 해 줄 것은 의심의 여지가 없습니다. 그밖에도, 위대한 아이디어는 종종 특별한 주제의 영역 밖에서 제시됩니다. 칼은 그러한 연구의 대상이고 언젠가는 그를 클

리포드Clifford*나 다른 선임자처럼 유명하게 해 줄 풍부한 아이디어를 가지고 과학으로 돌아왔습니다.[10]

피어슨 스스로는 자신을 그렇게 확신하지 못했다. 그는 첫 학기의 11월에 파커에게 편지를 썼다.

「나에게 탁월한 독창성이나 천재성이 있었다면, 결코 교사의 삶에 안주하지 않고 나를 존속시킬 수 있는 무언가를 만들어 내려는 희망을 품고 방랑하는 삶을 살았을 것이다.」[11]

그러나 파커의 생각이 옳았다. 피어슨은 수리통계학mathematical statistics이라는 새로운 분야의 창시자 중 한 사람이 되었는데, 자신의 체격만큼 훌륭한 정리를 증명했기 때문이 아니라 더 넓은 세계를 수학의 언어와 접촉시키는 방법을 이해했기 때문이었다.

1891년에 피어슨이 그레샴 칼리지Gresham College의 기하학 교수직을 맡은 것은 그런 목적을 염두에 두고서였다. 1597년에 설립된 이래로 그레샴 칼리지 교수직의 유일한 임무는 일반 대중을 위하여 수학에 관한 일련의 저녁 강연을 하는 것이었다. 피어슨은 강연의 주제가 기하학으로 예정되었지만, 저 나름의 전형적인 방식으로, 유클리드의 원과 직선에 관한 딱딱한 수학 이야기보다는 관례를 깨뜨리는 무언가를 염두에 두고 있었다. 그는 실생활과 관련된 생생한 시연을 교실에 도입하여 인기 있는 교사가 되었다. 한번은 1페니 동전 1만 개를 바닥에 뿌려 놓고 학생들에게 앞면과 뒷면의 수를

* 모두에게 유명하지는 않겠지만, 기하학자 W. K. 클리포드는 수학과 물리학계의 거물이다. 자신의 이름을 딴 대수학이 있다는 것은 무언가를 해냈다는 확실한 지표다. 로스의 모기처럼!

세도록 하여, 앞면의 비율이 50%에 접근하도록 가차 없이 끌어당기는 큰 수의 법칙law of large numbers을 단지 책에서 배우는 것만이 아니고 직접 목격하도록 한 적도 있었다.[12] 피어슨은 교수직 지원서에 이렇게 적었다.

「기하학이 토머스 그레샴 경의 시대에 지식의 7개 분야 중 하나로 일컬어졌던 것처럼, 기하학이라는 단어의 폭넓은 의미를 적절하게 해석함으로써 정밀 과학의 요소, 운동의 기하학, 도식 통계학, 확률론과 보험론을 강의할 수 있으며, 또한 순수한 기하학 강의 외에도 낮 동안 시티City(증권거래소와 금융기관이 모여 있는 런던의 역사적 금융지구_옮긴이)에서 일하는 사무원 같은 사람들에게 필요한 지식을 제공하는 강연을 할 수 있다고 믿는다.」[13]

그의 강연 제목은, 오늘날 우리가 데이터 시각화data visualization라고 부르게 된 통계의 기하학Geometry of Statistics이었다. 피어슨은 표준편차와 막대그래프의 개념을 처음으로 소개했다. 머지않아 개발하게 되는 상관관계의 일반 이론은 아마도 피어슨의 모든 연구 중에 가장 기하학적인 연구일 것이다. 차원이 매우 높은 공간의 각도에 대한 코사인cosine을 사용하는 것이 관찰된 두 변수가 연결되는 방식을 이해하는 효과적인 방법임을 보여 주기 때문이다!*

로스가 모기를 생각할 무렵에 피어슨은 생물학에 수학을 적용하는 분야의 세계적 리더가 되었다. 그는 내 어린 시절에 우리 집 책장을 가득 채운 잡지였던 〈바이오메트리카Biometrika〉를 공동 창간

---

* 그리고 기하학에 관한 책에서 설명하기에 완벽한 아이디어가 되겠지만, 나는 이미 다른 책에서 이것을 다루었다. 혹시 《틀리지 않는 법》을 가지고 있다면 그 책을 읽어 보기를 바란다.

했다.* (내가 학술도서관에서 자라난 것은 아니다. 그저 부모님 두 분 모두 생물통계학자였을 뿐이다.)

피어슨은 이미 그 문제를 연구하고 있는 생물학자들이 완전한 확신을 갖지 못함을 알았다.

"유감스럽게도 나는 그런 생물학자들의 모임에서 어울리지 못한다는 느낌을 받았고, 의견을 표현할 능력이 거의 없었다. 내 의견은 그들의 감정만 상하게 할 뿐이고 아무런 실질적 유익함이 없었을 것이다. 나는 항상 다른 사람들이 내 견해를 이해하지 못하고 적대감을 갖도록 하는 데 성공한다. 표현의 부적절함을 탓해야 할 것 같다."[14]

나는 그 생물학자들에게 약간의 동정심을 느낀다. 수학자는 제국주의적 성향에 빠지기 쉽다. 우리는 종종 다른 사람들의 문제를, 수학적 핵심을 둘러싼 특정 분야의 지식이 짜증 날 정도로 많아서 집중을 방해하는 것으로 보고 가능한 한 빨리 '알맹이'에 접근하기 위하여 조급하게 껍질을 찢어 없앤다. 생물학자 라파엘 웰던Raphael Weldon은 프랜시스 골턴Francis Galton에게 보낸 편지에서 말했다.

「항상 그렇듯이 그가 수학적 기호의 구름 속에서 나타날 때, 내가 보기에 피어슨은 느슨하게 추론하고, 데이터를 이해하는 데 전혀 신경 쓰지 않는 것 같다.」[15]

그리고 다른 편지에서는 말한다.

---

* 이 무렵에 대규모 사회적 계획에 대한 피어슨의 관심은 영국 국민의 우생학적 '개선'과 정신적 특성의 유전으로 눈을 돌렸다. 초창기의 〈바이오메트리카〉에서 피어슨의 철저한 형제자매 비교연구를 찾아볼 수 있다. 그는 수천 명의 학생을 대상으로 각자의 활달성, 자기주장, 내면의 성찰, 인기도, 성실성, 기질, 그리고 손글씨까지 평가했다.

「나는 실험 훈련을 받지 않은 순수 수학자들이 끔찍하게 두렵다. 피어슨을 생각해 보라.」[16]

웰던은 단순한 생물학자가 아니라 피어슨과 가장 가까운 동료 중 하나였고, 골턴은 그들이 존경하는 선배였다. 이 세 사람은 나중에 〈바이오메트리카〉를 창간하게 된다. 이런 편지들은 세 친구 중 두 사람이 세 번째 친구의 뒷담화를 하는 느낌을 준다.

'우리는 그를 좋아해, 물론이지, 하지만 가끔씩 너무 짜증 나…'

피어슨은 당시의 가장 유명한 의과학자로부터 기하학에 관한 질의를 받고 기뻐했을 것이 분명하다. 그는 로스에게 답장을 썼다.

> 귀하의 모기 문제의 가장 간단한 경우에 대한 수학적 진술은 어렵지 않지만, 답을 구하는 것은 또 다른 문제입니다. 나는 하루 이상을 소비하여 겨우 두 차례 비행 후의 분포를 구하는 데 성공했습니다… 이 문제는 나의 분석 능력을 넘어서므로 뛰어난 수학 분석가가 필요할 것 같습니다. 그러나 귀하가 이 문제를 모기 문제로 제시하면 그런 사람들이 쳐다보지도 않을 것입니다. 수학자들이 이 문제를 연구하도록 하려면 체스판 문제나 그 비슷한 것으로 다시 표현해야 합니다![17]

낯선 문제에 대한 관심을 불러일으키려는 오늘날의 수학자라면 소셜미디어나 매스오버플로우MathOverflow 같은 질의/응답 공개 사이트에 질문을 올릴 수 있다. 피어슨은 1905년 당시에 그와 비슷한 역할을 했던 〈네이처Nature〉의 편지 란에, 약속한 대로 모기에 관한 언급을 모두 제거하고 (로스에게는 유감스럽게도, 로스에 관한 모든 언급도 제거하고), 이 문제를 올렸다. 7월 27일자 〈네이처〉의 같은 페이지에서는 막스 플랑크Max Planck의 최신 양자이론을 물리치려는 헛된 시도를 한 물리학자 제임스 진스James Jeans의 편지도 볼 수 있다. 진스와 피어슨의 편지 사이에는, 최근에 발견된 원소인 라듐radium에 노출된 쇠고기 육수에서 미생물이 저절로 생겨나는 현상을 관찰했다고 믿었던 존 버틀러 버크John Butler Burke라는 사람의 편지가 있다. 아마도 오늘날까지 번창하는 수학 분야의 출발점을 발견할 것으로 기대할 만한 장소는 아닐 것이다.

로스의 질문은 매우 신속하게 답변이 이루어졌다. 실제로는 약 25년 전에 답변이 이미 나왔었다. 바로 다음 호 〈네이처〉에 실린 전년도 노벨상 수상자 레일리 경Lord Rayleigh의 편지는 자신이 1880년에 음파의 수학 이론을 조사하는 과정에서 그 랜덤워크 문제를 풀었음을 알렸다. 피어슨은 내 생각에 다소 방어적으로 응답했다.

「레일리 경의 해답은 … 가장 가치가 있고, 아마도 내가 직면한 목적을 위하여 충분할 가능성이 매우 크다. 그런 사실을 알았어야 했지만, 최근 수년 동안 나의 관심사는 다른 방향으로 흘러갔으며, 생물학 문제의 첫 단계를 소리에 관한 메모에서 찾기를 기대하지는 않았다.」[18] (문제의 기원이 생물학임을 피어슨이 인정했음에도 불구하고, 여전히 로널드 로스가 완전히 배제되었음을 알 수 있다.)

레일리가 보여 준 것은 어떤 방향으로든 날아갈 수 있는 모기가 로스의 단순한 1차원 모델과 크게 다르지 않다는 사실이었다. 모기가 출발점으로부터 아주 느리게 떠돌아다니는 경향이 있다는 건 사실이며, 모기가 일반적으로 집에서 멀어지는 거리가 날아다닌 날수의 제곱근에 비례한다는 것도 여전히 사실이다. 모기가 있을 가능성이 가장 큰 위치가 출발한 장소라는 것도 마찬가지다. 이에 따라 피어슨은 말했다.

"레일리 경의 해답이 주는 교훈은 개활지에서 걸음을 옮길 능력이 있는 술 취한 사람을 찾을 가능성이 가장 큰 곳이 그가 출발한 장소라는 것이다!"*

랜덤워크를 질병을 옮기는 곤충 대신에 술 취한 사람의 경로에 비유하는 관행은 이러한 피어슨의 즉석 논평에서 비롯된 것이다. 한때는 종종 '주정꾼의 산책'이라 불리기도 했지만, 오늘날에는 사람들 대부분이 삶을 망치는 중독을 수학적 개념을 걸기 위한 재미있는 못peg으로 생각하지 않는다.

거래소로 향하는 랜덤워크

새로운 세기가 시작되면서 랜덤워크에 대하여 생각한 사람은 로스와 피어슨만이 아니었다. 파리에는 프랑스의 금융센터인 거대한 증

* 그러나 우리는 방금 고향에서 멀어지는 전형적인 거리가 여행한 날수의 제곱근(0이 아닌)에 비례한다고 말하지 않았나? 그렇다. 미묘한 문제다. 모기가 한동안 돌아다녔다면, 고향에서 멀어진 가장 가능성이 큰 거리가 10마일일 수도 있다. 그러나 집에서 10마일 떨어진 위치들은 아주 큰 원을 형성하는 반면에, 고향에서 0마일 떨어진 위치들이 형성하는 원은 너무 작아서 한 점에 불과하다. 큰 원 근처에 있을 가능성은 고향 근처에 있을 가능성보다 크지만, 큰 원주상의 특정한 점 근처에 있을 가능성은 출발점으로 돌아올 가능성보다 낮다.

권거래소에서 일했던 노르망디Normandy 출신의 젊은이 루이 바슐리에Louis Bachelier가 있었다. 1890년대에 소르본대에서 수학 공부를 시작한 그는 앙리 푸앵카레가 가르쳤던 확률 과목에 큰 관심을 가졌다. 바슐리에는 평범한 학생이 아니었다. 고아였던 그는 생계를 위해서 일해야 했으며, 대학에 입학하기 전에 동료들 대부분을 프랑스 수학의 스타일과 관습의 틀로 찍어내 버린 교육을 받지 못했다. 바슐리에는 시험을 통과하기 위하여 고군분투했고 하한선에 근접한 점수로 겨우 통과하곤 했다.[19] 그의 관심사는 평범하고도 기묘했다. 당시에 높이 평가된 수학은, 푸앵카레가 오스카 왕의 상을 받으려고 씨름했던 삼체문제 같은 천체역학과 물리학이었다. 그러나 바슐리에는 자신이 거래소에서 관찰한 주식 가격의 변동을 연구하고 싶었다. 그는 교수들이 천체의 운동을 다루는 것처럼 주식 가격의 운동을 수학적으로 다룰 것을 제안했다.

푸앵카레는 인간의 행동에 적용하는 수학적 분석에 대하여 매우 회의적이었다. 그런 태도는 —적어도 독일을 위한 간첩행위로 기소된 유대인 장교를 둘러싸고 벌어진 격렬한 논쟁이었던— 드레퓌스Dreyfus 사건까지 거슬러 올라간다. 정치적 다툼에 관심이 없었던 푸앵카레는 프랑스 사회가 극심한 갈등에 휩싸였을 때도 대체로 중립을 지킬 수 있었다. 그러나 열렬한 드레퓌스 지지자였던 (또한 비행기를 탄 두 번째 프랑스인이며, 먼 훗날 푸앵카레의 사촌 레이몽 대통령 밑에서 잠시 프랑스의 총리를 지내게 되는) 동료 폴 팽르베Paul Painlevé가 논쟁에 참여하도록 푸앵카레를 설득했다. '과학 수사'의 창시자인 알퐁스 베르티용Alphonse Bertillon 경찰국장은 확률의 법칙이 드레퓌스의 무죄를 배제한다고 하면서 유죄를 주장했다. 팽르베는 사건이 숫자의 문제가 된 마당에 프랑스의 가장 유명한 수학자가 침묵할 수는 없다고 말했다. 팽르베에게 설득당한 푸앵카레는 1899년에 렌Rennes에서 열린 드레퓌스 사건의 재심에서 배심원에게 읽어 줄, 베르티용의 계산을 평가하는 편지를 썼다. 팽르베가 바랐던 대로, 경찰국장의 분석을 읽은 푸앵카레는 수학에 반하는 범죄를 발견했다. 베르티용은 반박의 여지 없이 드레퓌스가 유죄임을 가리킨다고 믿은 수많은 '우연'을 찾아냈다. 푸앵카레는 베르티용의 방법이 우연을 찾아낼 수 있는 너무나 많은 기회를 제공하기 때문에 몇몇 우연을 찾아내지 못했다면 오히려 이상했을 것이라고 하면서, 베르티용의 주장에 "과학적 가치가 전혀 없다."라고 결론지었다. 그리고 더 나아가, '확률의 미적분학을 도덕적 과학(오늘날 우리가 사회과학이라 부르는)에 적용하는 것은 수학의 수치'라고 선언했다.

"도덕적 요소를 제거하고 숫자로 대체하려는 것은 무의미한 만큼이나 위험한 일이다. 간단히 말해서 확률의 미적분학은, 사람들이 믿는 것처럼 그것에 숙달된 사람이 상식에서 면제될 정도로 신기한 과학이 아니다."

어쨌든 드레퓌스는 유죄 판결을 받았다.[20]

푸앵카레의 학생 바슐리에는 1년 후에 옵션option이라는 금융상품의 적정한 가격을 결정하기 위한 논문에 착수했다. 옵션은 미래의 특정 시점에 특정한 가격으로 채권을 살 수 있는 권리를 말한다. 물론 옵션은 채권의 시장가격이 처음에 설정된 가격을 초과할 때만 가치가 있다. 따라서 옵션의 가치를 이해하려면 채권 가격이 그 중요한 기준선을 넘어서거나 못 미칠 가능성이 얼마나 되는지를 파악할 필요가 있다. 이 문제를 분석하기 위한 바슐리에의 아이디어는 채권의 가격을 이전의 가격 변동과 전혀 무관하게 날마다 오르내리는 무작위 과정으로 다루는 것이었다. 들어 본 이야기인가? 로스의 모기가 이번에는 돈이 되었다. 바슐리에는 로스가 5년 후에 (그리고 레일리는 25년 전에) 도달할 것과 같은 결론에 이르렀다. 특정한 시간 동안 가격이 변동하는 폭은 일반적으로 경과된 시간의 제곱근에 비례한다.

푸앵카레는 회의적인 생각을 접어 두고, 제자의 목표가 소박함을 강조하면서 바슐리에의 논문에 대한 따뜻한 평가서를 썼다.

「흔히 볼 수 있는 것처럼 저자가 확률 이론의 적용성을 과장하지 않았을지 우려할 수도 있다. 다행히도 이 논문은 그렇지 않다… 저자는 이런 유형의 계산을 적절하게 적용할 수 있는 한계를 설정하기 위하여 노력을 기울인다.」[21]

그러나 바슐리에의 논문은 프랑스 학계로 진출하는 데 필요한 '매우 명예로운very honorable'이 아니고 통과하기에 충분한 '명예로운honorable' 등급을 받았다. 그의 연구는 주류에서 너무 멀리 떨어져 있었다. 또는 랜덤워크 혁명이 시작되기 전에는 그렇게 보였다. 바슐리에는 결국 브장송Besançon에서 교수직을 얻었고, 1946년까지 살면서 다른 수학자들이 자신의 독창적인 업적을 인정하는 것을 볼 수 있었지만, 랜덤워크가 금융 분야의 수학에서 표준적 도구가 되는 것은 보지 못했다.[22] 소문은 일반 대중에까지 퍼져 나갔다. 버턴 말킬Burton Malkiel의 《월가에서 배우는 랜덤워크 투자전략A Random Walk

Down Wall Street》은 100만 부가 넘게 팔려 나갔다. 말킬의 메시지는 냉정하다. 주식 시세의 끊임없는 등락은 사건들이 주도하는 것처럼 보이지만 아마도 모기가 끝없이 날아다니는 것만큼이나 무작위할 것이다. 말킬은 시장의 오르내림을 예측하려 애쓰면서 시간을 낭비하지 말라고 말한다. 대신에 돈을 인덱스 펀드index fund에 묻어 두고 잊어버려라. 아무리 생각을 많이 하더라도 모기의 다음 움직임을 예측하고 유리한 위치를 차지할 수는 없다. 또는 1900년에 바슐리에가 '근본적 원리'라고 단언한 대로 "수학적으로, 투기꾼의 기대 이득은 0이다."

전혀 예상치 못한 생명력의 실상

로스가 〈네이처〉에 질문을 올린 바로 그 달인 1905년 7월에 알베르트 아인슈타인은 '열의 분자운동론이 요구하는, 정지 상태 액체에 떠 있는 작은 입자들의 운동에 관하여On the Motion of Small Particles Suspended in a Stationary Liquid, as Required by the Molecular Kinetic Theory of Heat'라는 논문을 〈물리학 연보Annalen der Phusik〉에 발표했다. '브라운 운동Brownian motion'이라는, 액체 속에 떠 있는 작은 입자들의 신비로운 동요에 관한 논문이었다. 로버트 브라운Robert Brown은 현미경으로 꽃가루 입자를 연구하던 중에 처음으로 이런 운동을 발견했고, 이것이 '생명력처럼 보인다는 뜻밖의 사실'이 꽃가루가 식물에서 분리된 뒤에도 남아 있는 생명의 원리를 나타내는 것인지 궁금해했다. 그러나 후속 실험에서 창문의 유리 부스러기, 망간, 비스무트, 비소의 분말과 석면 섬유 같은, 생명과 관계없는 입자에서도 똑같은 현상을 관찰한 뒤에는 박물학자의 집에 있는 '스핑크스의 파편'이 이상하지 않은 것처럼, 대수롭지 않은 현상으로 생각했다.[23]

브라운 운동의 설명을 두고 격렬한 논쟁이 벌어졌다. 한 가지 인기 있는 이론은 꽃가루 또는 스핑크스 조각에 셀 수 없이 많은 더 작은 입자, 즉 19세기의 현미경으로는 볼 수 없을 정도로 작은 액체 분자들이 부딪힌다는 것이었다. 분자들은 끊임없이 꽃가루를 무작위하게 두들겨서 마치 생명이 있는 것처럼 브라운 댄스를 추게 한다. 그러나 물질이 미세한 입자로 이루어졌다고 모두가 믿었던 것은 아님을 기억하라! 이 문제는 큰 논쟁거리였는데, 루드비히 볼츠만은 '미세 입자'를 지지하는 쪽이었고 빌헬름 오스트발트는 그 반대였다. 오스트발트를 지지하는 측에서 보기에 탐지할 수 없는 분자의 작용을 가정하여 물리적 현상을 '설명하는' 것은 보이지 않는 악마가 꽃가루를 밀어 댄다는 말보다 나을 것이 없었다. 칼 피어슨도 1892년에 출간한 《과학의 문법The Grammer of Science》에서 말했다.

「이제까지 개별적 원자를 보거나 느낀 물리학자는 아무도 없다.」

그러나 피어슨은 저 나름의 방식으로 원자론을 지지했다. 피어슨은 원자가 언젠가 측정기기로 탐지될 수 있을지의 여부와 관계없이, 원자가 존재한다는 가설이 물리학에 명확성과 통일성을 부여하고 검증 가능한 실험을 만들어 낼 수 있다고 말했다. 1902년에 아인슈타인은 베른에 있는 자신의 아파트에서 가끔씩 학술토론회 겸 디너 클럽dinner club인 '올림피아 아카데미The Olympia Academy'를 주최했다.

간소한 저녁 식사는 '볼로냐소시지 한 개, 그뤼에르 치즈 한 조각, 과일 한 가지, 벌꿀이 담긴 작은 그릇, 그리고 차 한두 잔'으로 이루어진 것이 보통이었다. (아직 스위스 특허국의 일자리를 얻지 못했던 아인슈타인은 한 시간에 3프랑씩 받고 물리학을 가르치면서 생계를 이어 갔고, 먹고 살기 위한 부업으로 거리의 바이올리니스트가 되는 것을 고려하고 있었다.) 아카데미 회원들은 스피노자Spinoas, 흄Hume, 그리고 데데킨트Dedekind의 《수란 무엇이고 어떤 것이어야 하는가?Was Sind Und Was Sollen Die Zahlen?》와 푸앵카레의 《과학과 가설Science and Hypothesis》을 읽었다.[24] 하지만 그들이 공부한 첫 번째 책은 피어슨의 《과학의 문법The Grammer of Science》이었다. 그리고 3년 뒤에 아인슈타인이 만들어 낸 돌파구는 피어슨의 정신에 크게 힘입은 것이었다.

보이지 않는 악마는 예측할 수 없다. 그 악당이 다음번에 무슨 짓을 할지에 대한 수학 모델은 존재하지 않는다. 반면에 분자는 확률의 법칙을 따른다. 입자가 무작위한 방향으로 움직이는 작은 물 분자들과 부딪히면, 충격에 의해서 같은 방향으로 아주 짧은 거리를 이동한다. 그런 충돌이 매초 1조 번씩 일어나면 꽃가루가 1/1,000,000,000,000초마다 무작위로 선택되는 방향으로 조금씩 움직이게 된다. 꽃가루의 장기적인 거동은 어떨까? 설사 개별적 충돌을 관찰할 수 없더라도, 그런 거동은 예측할 수 있다.

이것이 바로 로스가 했던 질문이다. 로스에게는 꽃가루 대신에 모기, 초당 1조 번의 운동 대신에 하루에 한 번씩의 비행이 있었지만 수학적 아이디어는 동일하다. 레일리와 마찬가지로 아인슈타인은 무작위한 방향의 운동을 계속하는 입자들이 어떻게 거동할지를 수학적으로 알아냈다. 이로써 분자 이론은 실험으로 검증할 수 있는 이론이 되었고, 이후에 장 페랭Jean Perrin의 실험을 통해서 완벽한 성공을 거두었다. 격렬한 전투에서 볼츠만의 손을 들어 준 결정적 일격이었다. 분자는 보이지 않지만, 무작위로 밀고 당기는 분자 1조 개의 누적된 효과는 볼 수 있다.

랜덤워크의 수학으로 브라운 운동, 주식 시장, 모기를 모두 분석하는 것은 푸앵카레의 슬로건을 따라서 다른 것에 같은 이름을 붙이는 일이다. 푸앵카레는 1908년에 로마에서 열린 국제수학자회의 연설에서 자신의 유명한 조언을 공식화했다. 그는 복잡한 계산을 하는 일이 '맹목적 더듬기'처럼 느껴지다가, 어느 순간 그 이상의 무언가, 즉 서로 다른 문제가 공유하면서 서로 간에 빛을 비추는 공통의 수학적 하부구조와 마주치게 되는 방식을 감동적으로 설명했다.

"한마디로, 그것은 내가 일반화의 가능성을 인식하도록 해 주었다. 그렇다면, 그것은 단지 내가 얻은 새로운 결과만이 아니라 새로운 힘일 것이다."

자유의지 대 분노하는 안드레이

한편 러시아에서는 확률, 자유의지, 그리고 신의 관계에 대하여 두 수학 파벌이 맹렬하게 다투고 있었다. 모스크바 그룹은, 수학자가 되기 전에 정교회 신학자가 되기 위한 훈련을 받았던 파벨 알렉세이비치 네크라소프Pavel Alekseevich Nekrasov가 이끌었다. 네크라소프는 골수 보수주의자이자 신비주의에 이를 정도로 헌신적인 기독교인이었으며, 초국가주의 운동인 검은 100인단Black Hundred의 일원이었다는 이야기도 있다. 그는 모든 면에서 차르czar(제정 러시아의 황제_옮긴이) 체제의 인물이었다. 한 기록은 "네크라소프는 대중이 참여하는 정치적 변화를 강력하게 반대한다."라고 전한다.[25]

"그는 사유재산을 가장 중요한 원칙이며 차르 체제가 보호해야 할 영역으로 여긴다."

학생들의 급진주의를 통제하려는 반혁명적 정치인들의 입맛에 맞는 보수적 자질을 갖춘 네크라소프는 행정적 직위에서 꾸준한 승진을 거듭하여 모스크바 대학교 총장이 되고 이어서 모스크바 교육구의 교육감이 되었다.[26]

네크라소프의 적수는 무신론자이자 정교회의 철천지원수인 동시에 동년배이며 상트페테르부르크St. Petersburg 그룹을 이끄는 안드레이 안드레예비치 마르코프Andrei Andreyevich Markov였다.* 그는 사회 문제에 관하여 분노하는 수많은 편지를 신문사에 보내어 '분노하는 안드레이'로 널리 알려진 인물이었다. 마르코프는 1912년에 레오 톨스토이의 파문에 항의하여 러시아 정교회의 신성통치종무원Most Holy Synod에게 자신도 파문할 것을 요구했다.[27] (그리고 바란 대로 되었다. 교회가 가장 가혹한 징벌인 저주를 내리기 직전에 멈추기는 했지만).

우리가 상상할 수 있듯이 네크라소프는 혁명 이후에 인기를 잃

* 마르코프의 아버지, 안드레이 그리고리예비치 마르코프(Andrei Grigorievich Markov)는 네크라소프와 마찬가지로 신학교를 졸업했고 정부의 공무원이었다. 정신분석을 좋아하는 독자는 입맛대로 분석해 보라.

었다. 숙청당하지는 않았지만, 수학적 권력의 중개자 역할이 끝난 '과거의 기묘한 그림자'처럼 보였다고 한다. 그가 1924년에 사망했을 때 〈이즈베스티아Izvestia〉 신문은 네프라소프의 '마르크스주의 체제를 이해하려는 결연한 노력'을 찬양하는 듯한 사망 기사를 실었는데, 이는 고인에 대한 마지막 모욕이었다.[28]

놀라운 일일지도 모르지만, 마르코프의 형편도 별로 나을 것이 없었다. 네크라소프는 차르 시절에 마르코프가 마르크스주의에 동조했다고 비난했지만, 마르코프에게 공산주의 이데올로기는 신성 통치종무원만큼이나 쓸모가 없었다. 그의 분노하는 정신은 항상 새로운 표적을 찾아내곤 했다. 사망하기 한 해 전인 1921년에, 마르코프는 신발이 없어서 더는 회의에 참석할 수 없다고 상트페테르부르크 과학아카데미에 통보했다. 공산당이 신발 한 켤레를 보내 주기는 했지만, 마르코프가 생각하기에, 마지막으로 분노에 찬 공개성명을 발표해야 할 정도로 형편없게 만든 신발이었다.

> 마침내 나는 신발을 받았다. 그러나 형편없는 바느질에다 기본적으로 내 발 치수와도 맞지 않는 신발이었다. 따라서 나는 전처럼 아카데미 회의에 참석할 수 없다. 이 신발을 오늘의 물질문화를 보여 주는 예로 민속박물관에 전시할 것을 제안한다. 그걸 위해서라면 기꺼이 희생할 준비가 되어 있다.[29]

마르코프와 네크라소프의 극명한 차이가 종교와 정치 문제로부터 더욱 심각한 주제인 수학으로 번져 나가지 않았다면, 원만한 상태로 남았을지도 모른다. 마르코프와 네크라소프 모두 확률에 관심이 있었다. 특히 칼 피어슨이 1만 개의 동전을 강의실 바닥에 뿌려서 예시한 바 있는, 이른바 큰 수의 법칙에 관심이 있었다. 마르코프의 시대보다 200년 전쯤에 야코프 베르누이Jacob Bernoulli가 증명한 이 정리의 원래 버전은 대략 다음과 같다. 충분히 여러 번 동전을 던진다면, 앞면이 나오는 비율이 점점 더 50%에 접근한다. 물론 이를 강제하는 물리 법칙은 없다. 원하는 만큼 몇 번이든 동전의 앞면이 나올 수도 있다. 하지만 그럴 가능성은 매우 낮으며, 앞면이 60%든, 51%든, 또는 50.00001%든 고정된 불균형 비율은 던지기 횟수가 증가함에 따라 이상할 정도로 불가능해진다. 인간사도 동전 던지기와 마찬가지다. 다양한 범죄의 발생 빈도나 초혼 연령 같은 인간의 행동에 관한 통계도, 집단을 이룬 사람들이 아무런 생각이 없는 동전 무더기인 것처럼, 고정된 평균으로 정착되는 경향이 있다.[30]

베르누이 이후 2세기 동안 마르코프의 멘토인 파프누티 체비셰프Pafnuty Chebyshev를 비롯한 여러 수학자가 더욱 일반적인 사례를 다루기 위하여 큰 수의 법칙을 다듬었다. 하지만 그들의 결과는 모두 독립성independence 가설을 필요로 했다. 동전을 던진 결과는 다른 동전을 던진 결과와 독립적이어야 했다.

앞에서 살펴본 2016년의 선거 결과가 이 가설이 왜 중요한지를 말해 준다. 각 주에서 최선의 여론 추정치와 최종 투표의 차이는 오차error라 불리는 확률변수random variable로 생각할 수 있다. 오차들이 서로 독립적이라면, 모든 오차가 한 후보에게 유리할 가능성이 매우 낮다. 일부는 한 방향으로 일부는 다른 방향으로 가서 평균이 0

에 근접하고, 선거에 대한 우리의 전반적 평가가 거의 옳을 가능성이 훨씬 더 크다. 그러나 현실에서 흔히 볼 수 있듯이 오차 사이에 상관관계가 있다면 그런 가정이 틀릴 수 있다. 우리의 여론조사 전반에, 위스콘신과 애리조나와 노스캐롤라이나 모두에서 한 후보를 과소평가하는 체계적 편향이 포함될 가능성이 훨씬 더 커진다.

네크라소프는 관찰된 인간 행동의 규칙성을 이해하는 데 어려움을 겪었다. 인간이 기본적으로 예측 가능하다는, 즉 우주에서 자신의 진로를 선택함에 있어 혜성이나 소행성보다 나을 것이 없다는 아이디어는 교회의 교리와 맞지 않았으므로 받아들일 수 없는 생각이었다. 네크라소프는 베르누이의 정리에서 탈출구를 보았다. 큰 수의 법칙은, 개별 변수들이 서로 독립적이라도 평균은 예측 가능하게 행동한다고 말한다. 그래, 바로 이거야! 자연에서 볼 수 있는 규칙성은 우리 모두가 자연이 미리 깔아 놓은 트랙을 따라 달리는 결정론적 입자에 불과한 것이 아니라, 서로 독립적이며 스스로 선택할 능력이 있는 존재임을 의미한다. 달리 말해서, 이 정리는 자유의지의 수학적 증명에 해당한다. 네크라소프는 자신의 이론을 조언자이며 동료 민족주의자인 니콜라이 바실리예비치 부가예프Nikolai Vasilievich Bugaev가 편집하는 잡지에 게재된 수백 페이지에 달하는 일련의 장황한 논문에서 설명했으며 1902년에는 두꺼운 책으로 집대성했다.

마르코프에게 네크라소프의 이론은 신비주의적 헛소리였다. 더 나쁜 것은 수학의 옷을 걸친 신비주의적 헛소리였다. 마르코프는 동료에게 네크라소프의 작품이 '수학의 남용'이라고 맹렬하게 비난했다. 그에게는 네크라소프의 형이상학적으로 생각되는 오류를 바로잡을 수단이 없었다. 그러나 수학에는 도끼를 댈 수 있었다. 그래서 도끼질을 시작했다.

나는 진정한 종교 신자와 무신론자 운동가 사이의 말싸움보다 더 지적으로 무익한 것을 거의 생각해 낼 수 없다. 그렇지만 이번 한 번만은 그런 다툼이 오늘날까지 메아리가 되어 울리는, 중요한 수학적 진보로 이어졌다. 마르코프는 네프라소프의 실수가 정리를 거꾸로 읽은 데서 비롯되었음을 즉시 알아차렸다. 베르누이와 체비셰프가 말한 것은 문제의 변수들이 독립적일 때는 언제나 평균이 정착한다는 것이었다. 그런데 네크라소프는 —그 정리로부터— 평균이 정착할 때는 언제나 변수들이 독립적이라는 결론을 내렸던 것이다. 그런 결론은 당연히 성립하지 않는다! 내가 굴라시goulash(고기에 파프리카를 넣은 헝가리 스튜 요리_옮긴이)를 먹을 때마다 속이 쓰리다 해서, 속이 쓰릴 때마다 굴라시를 먹었다는 의미는 아니다.

확실하게 경쟁 상대를 쓰러뜨리기 위해서 반례counteexample, 즉 평균을 완벽하게 예측할 수 있으나 서로 독립적이 아닌 변수의 집단을 생각해 낼 필요가 있었던 마르코프는 오늘의 우리가 마르코프 연쇄Markov chain라 부르는 개념을 창안했다. 한번 추측해 보라. 바로 로스가 모기를 모델화하는 데 사용하고 바슐리에가 증권시장에 적용했으며 아인슈타인이 브라운 운동을 설명하는 데 사용한 것과 같은 아이디어였다. 마르코프는 50세가 되고 그 전해에 학계에서 은퇴했던 해인 1906년에, 마르코프 연쇄에 관한 첫 번째 논문을 발표했다. 특별한 지적 문제를 파고들기에는 완벽한 기회였다.

마르코프는 모기가 매우 제한된 삶을 산다고 생각했다. 모기가 날아갈 수 있는 장소는 두 군데뿐인데, 각각 습지Bog 0과 습지 1이라 부르기로 하자. 모기는 어디에 있든 충분히 피를 빨 수 있는 곳이라면 머무는 쪽을 선호한다. 어느 날인가 모기가 습지 0에 있을 때 그곳에 그냥 머물 가능성이 90%이고, 울타리 다른 쪽의 피가 더 붉은지를 확인해 보려고, 습지 1로 날아갈 가능성이 10%라고 해 보자. 아마도 약간 덜 유망한 사냥터인 습지 1에서는 모기가 머물 가능성이 80%이고 습지 0으로 날아갈 가능성이 20%다. 이러한 상황을 그림으로 표현할 수 있다.

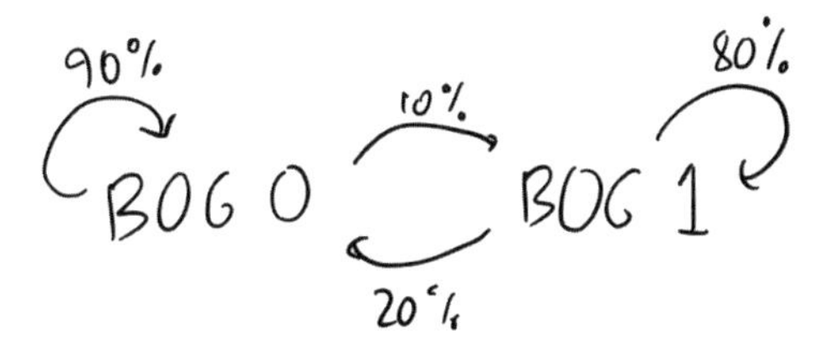

우리는 모기가 어디에서 하루를 보내는지를 기록하면서, 모기의 진행 상황을 주의 깊게 추적한다. 습지 0이나 습지 1이 연속되는 긴 문자열을 보게 될 가능성은 매우 높다. 다른 습지로 날아가는 것이 확률이 낮은 사건이기 때문이다. 문자열은 다음과 비슷할 것이다.

0, 0, 0, 0, 1, 1, 1, 1, 1, 1, 1, 1. 1. 0, 0, 0, 0, 0, 0, 0, 0, 0, 0, 1, 1, 0, 0, 0, 0, 0, 0, 0…

마르코프가 보여 준 것은 다음과 같다. 모기를 오랫동안 관찰하고 기록한 모든 숫자의 평균을 내면 ―모기가 습지 1에서 삶을 보내는 비율의 계산에 해당한다― 일련의 동전 던지기에서 앞면이 나오는 비율처럼 고정된 확률로 정착한다. 무작위로 날아다니는 모기가 양쪽 습지에 머물 가능성이 같다고 생각될지도 모른다. 하지만 그렇지 않다! 우리가 문제에 포함시킨 비대칭성이 계속된다. 이 경우에는 모든 숫자의 평균이 1/3로 정착할 것이다. 모기는 일생의 2/3를 습지 0에서, 1/3을 습지 1에서 보낸다.

이런 결과가 명백하다고 생각되지는 않을 것이다. 그러나 적어도 합리적이라는 것을 설명하려 한다. 어느 날이든 습지 0에 있는 모기가 떠날 가능성은 1/10이다. 따라서 우리는 모기가 습지 0에 머무는 기간이 대체로 10일 정도일 것이라고 예상할 수 있다. 같은 논리로, 습지 1에 머무는 기간은 5일 정도 되어야 한다. 이는 전체적으로 볼 때 모기가 습지 1에서 보내는 것보다 두 배의 시간을 습지 0에서 보내야 함을 시사하며, 그러한 예측은 정확한 결과로 판명된다.

그러나 ―이것이 바로 파벨 알렉세이비치를 쓰러뜨릴 치명적 타격이다― 이 수열의 숫자들은 서로 독립적이 아니다. 전혀 아니다! 오늘 모기가 있는 곳과 내일 있을 곳 사이에는 강한 상관관계가 있다. 실제로 두 곳이 같을 가능성이 압도적으로 크다. 그렇지만 큰 수의 법칙이 여전히 적용된다. 독립성은 필요 없었다. 자유의지에 관한 수학적 증명은 그 정도로 끝내자.

우리는 이러한 변수의 목록을 마르코프 연쇄라 부른다. 변수가 나타나는 순서가 매우 중요하기 때문이다. 각 변수는 이전의 변수에 의존하지만, 어떤 의미에서는 오직 그 변수 하나에만 의존한다. 모기가 내일 어디에 있을 가능성이 큰지를 알려면, 어제나 그제 어디에 있었는지는 상관없고, 오늘 어디에 있는지만이 중요하다.* 각 변수는 사슬의 고리처럼 다음 변수로 연결된다. 설사 습지를 연결하는 경로의 네트워크network가 그보다 복잡하더라도 (유한한 네트워크로 남아 있는 한) 모기가 각 습지에서 머무는 시간의 비율은, 연속적인 동전 던지기나 주사위 굴리기처럼, 고정된 비율로 정착하는 경향이 있다. 한때는 큰 수의 법칙만 있던 곳에 '긴 산책의 법칙Law of Long Walks'도 있게 되었다.

20세기의 첫 10년 동안에는 오늘의 우리가 누리고 있는 세계적 과학 공동체가 존재하지 않았다. 수학의 연구 결과가 국가와 언어의 경계를 넘는 것은 쉽지도 흔하지도 않은 일이었다. 아인슈타인은 랜덤워크에 관한 바슐리에의 연구를 알지 못했다. 마르코프는 아인슈타인의 연구를 알지 못했다. 그들 중 로널드 로스를 안 사람은 아무도 없었다. 그럼에도 그들은 모두 동일한 통찰에 도달했다. 20세기가 시작되는 시기에, 그들은 무언가가 공중에 떠 있는 것 같은 느낌을 지울 수 없었다. 사물의 밑바닥에서 부글거리는 필연적인 무작위성에 대한 고통스러운 인식이었다. (이는 양자역학의 발전에 관한 이야기조차 아니다. 양자역학은 전적으로 다른 방식으로 확률과 물리학을 결합하게 된다.) 공간의 기하학을 이야기하는 것은, 액체가 담긴 병이든 시장의 상황을 나타내는 공간이든 아니면 모기가 들끓는 습지이든,

* 기술적 용어로 표현하는 방법은 각 변수가, 가장 최근값에 대한 조건부로(conditionally), 이전의 모든 변수와 독립적이라고 말하는 것이다.

그 속에서 움직임이 어떻게 일어나는지를 말하는 것이다. 전체 기하학의 세계에서 랜덤워크가 설명에 도움이 되는 도구로 판명되지 않은 공간은 없는 것 같다. 나중에 주state의 국회의원 선거구를 나누는 데 마르코프 연쇄가 중요한 역할을 한다는 것을 보게 될 것이며, 지금은 영어라는 언어의 순수하게 추상적인 공간에 마르코프 연쇄가 어떻게 적용되는지를 살펴볼 것이다.

PONDENOME OF DEMONSTURES OF THE REPTAGIN

원래 마르코프의 연구는 순수하게 추상적인 확률 이론이었다. 응용 분야가 있었을까?

"나는 순수한 분석의 문제에만 관심이 있다."

마르코프는 편지에서 말했다.

"확률 이론의 응용에 관한 문제에는 관심이 없다."

마르코프에 따르면, 저명한 통계학자이며 생체통계학자이기도 한 칼 피어슨은 '주목할 만한 가치가 있는 일을 아무것도 하지 않았'다. 몇 년 뒤에 랜덤워크와 증권시장에 관한 바슐리에의 연구를 알게 된 마르코프의 반응은 다음과 같았다.

"나는 물론 바슐리에의 연구결과를 보았지만, 그것을 아주 싫어한다. 통계학으로서의 중요성을 평가하려는 것은 아니지만, 수학의 관점에서는 별로 중요하지 않다고 생각한다."[31]

그러나 무신론자와 정교회 신자인 러시아인을 하나로 묶은 알렉산드르 푸시킨Alexander Pushkin의 시에 감동하여 마침내 굴복한 마르코프는 자신의 이론을 적용하게 된다. 푸시킨 시의 의미와 예술성을 확률의 역학으로 포착할 수 없다는 것은 분명했다. 그래서 마르코프는 푸시킨의 운문소설 《예브게니 오네긴Eugene Onegin》의 첫 2,000글자를 자음과 모음의 연속으로 생각하는 것으로 만족했다. 정확히 말해서, 모음이 43.2%, 자음이 56.8%였다. 우리는 순진하게 글자들이 서로 독립적이기를 바랄 수도 있다. 이는 자음에 이어지는 글자가 자음일 가능성이, 문장에 있는 다른 어떤 글자와도 마찬가지로 56.8%가 될 것임을 의미한다.

마르코프는 그렇지 않다는 사실을 발견했다. 그는 연속하는 글자 쌍 모두를 자음-자음, 자음-모음, 모음-자음, 또는 모음-모음으로 끈기 있게 분류하여 그림과 같은 결과를 얻었다.

이것은 바로 습지 두 곳의 모기의 거동과 동일한 마르코프 연쇄다. 달라진 것은 확률뿐이다. 현재의 글자가 자음이면 다음 글자는 자음보다 모음으로 바뀔 가능성이 더 크다. 다음 글자가 모음일 가능성이 66.3%이고 자음일 가능성은 33.7%에 불과하다. 이중모음은 더 드물다. 모음 뒤에 모음이 올 가능성은 단 12.8%다. 이들 숫자는 텍스트 전체에서 통계적으로 안정된 값을 나타낸다. 푸시킨이 쓴 글의 통계적 서명이라고 생각할 수 있다. 실제로 마르코프는 나중에 세르게이 악사코프Sergey Aksakov의 소설《손자 바그로프의 어린 시절The Childhood Years of Bagrov, Grandson》에서 10만 글자를 분석하면서, 다시 이 문제로 돌아갔다. 악사코프의 텍스트는 44.9%의 모음으로 구성되어 모음의 비율이 푸시킨과 크게 다르지 않았다. 그러나 마르코프 연쇄는 전혀 다른 모습을 보였다.

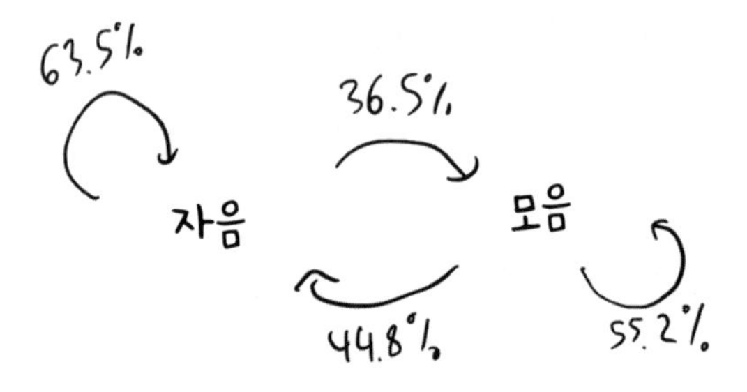

무슨 이유로든 처음 보는 러시아어 텍스트를 악사코프가 쓴 것인지 푸시킨이 쓴 것인지를 결정할 필요가 있다면, 한 가지 좋은 방법은 —특히 러시아어를 읽지 못할 때— 악사코프가 선호했으나 푸시킨은 피한 것으로 보이는 연속된 모음쌍의 수를 세는 방법이다.

우리는 마르코프가 문학 텍스트를 자음과 모음의 이진binary 문자열로 줄였다고 비난할 수 없다. 그는 모든 일을 종이 위에서 해야 했다. 컴퓨터가 등장하면서 훨씬 더 많은 것이 가능해졌다. 단지 자음과 모음의 두 가지 분류 대신에, 영어 알파벳 26자모 모두에 대하여 분류할 수 있게 되었다. 충분히 큰 텍스트로 작업하면 각 글자에 대한 마르코프 연쇄를 정의하는 데 필요한 모든 확률을 추산할 수 있다. 구글의 연구책임자 피터 노빅Peter Norvic은 글자 수가 약 3조 5천억에 이르는 말뭉치corpus를 사용하여 그런 확률을 알아냈다.[32] 전체의 12.5%에 해당하는 약 4,450억 개가 영어에서 가장 흔히 사용되는 글자 E였다. 그러나 4,450억 개의 E 뒤에 또 하나의 E가 이어지는 경우는 2%를 조금 넘는 106억 번 정도에 불과했다. E 다음에 R이 나오는 경우가 훨씬 더 흔해서 578억 번이었다. 따라서 R은 E에 이어지는 글자 중 13%에 가까운 비율을 차지했는데, 이는 전체 글자 중에 R이 사용되는 빈도의 두 배가 넘는 것이었다. 실제로 ER이라는 두 글자 연속, 또는 '바이그램bigram'은 영어의 모든 바이그램 중 네 번째로 자주 사용된다. (상위 세 가지는 각주에 있다. 보기 전에 추측해 보라.)*

나는 글자를 지도상의 장소로 생각하고 확률을 매력도와 통과의 용이성에서 차이가 나는 통로로 생각하기를 좋아한다. E에서 R까지는 잘 포장된 넓은 도로가 있다. E에서 B로 가는 길은 훨씬 더 좁고 가시덤불이 많다. 아, 그리고 길은 대부분 일방통행이다. T에서 H로 가는 것이 돌아오는 것보다 20배 더 쉽다. (영어 사용자들은 'the', 'there', 'this', 'that'은 자주 말하지만, 'light'와 'ashtray'는 그렇게 많이 사용하지 않는다.) 마르코프 연쇄는 영어 텍스트라는 지도에서 선택될 가능성

---

* TH가 1등이고 HE와 IN이 뒤를 따른다. 그러나 이것이 자연법칙은 아님에 유의하라. 2008년에 노르빅이 수집한 다른 말뭉치에서는 IN이 TH를 제치고 1위를 차지했으며, ER, RE, HE까지가 상위 5위를 형성했다. 바이그램의 빈도는 말뭉치마다 조금씩 다르다.

이 높은 경로가 어떤 종류인지를 알려 준다.

여기까지 왔으니 더 깊이 들어가 보면 어떨까? 텍스트를 글자의 연속 대신에 바이그램의 연속으로 생각할 수도 있다. 예컨대 이 문단의 첫 문장(Once you're here)은 다음과 같이 시작한다.

ON, NC, CE, EY, YO, OU

이제 경로에는 몇 가지 제한이 있다. ON에서 그저 임의의 바이그램으로 갈 수는 없다. ON 다음에는 N으로 시작하는 바이그램이 이어져야 한다. (노르빅의 표에 따르면, 가장 흔한 후속 바이그램은 14.7%의 빈도를 보이는 NS이고, 11.3%의 NT가 뒤를 따른다.) 이런 분석은 영어 텍스트의 구조에 관한 더욱 세련된 그림을 제공한다.

마르코프 연쇄가 텍스트의 분석뿐만 아니라 텍스트를 만들어 내는 데도 사용될 수 있다는 사실을 처음으로 깨달은 사람은 엔지니어이자 수학자인 클로드 섀넌Claude Shanon이었다.[33] 문어체 영어와 동일한 통계적 특성을 갖는 텍스트를 만들고 싶고 그것이 ON으로 시작한다고 가정해 보자. 우리는 난수발생기random number generator를 이용하여 다음 글자를 선택할 수 있다. S가 선택될 가능성은 14.7%이어야 하고, T가 선택될 가능성은 11.3%, 등등. 다음 글자를 선택하면 T라 하자 두 번째 바이그램NT이 생기고, 같은 방식으로 얼마든지 계속할 수 있다. 섀넌의 (정보이론이라는 새로운 분야의 출발점이 된) 논문 '통신의 수학적 이론A Mathematical Theory of Communication'은 1948년에 쓰였기 때문에 오늘날의 자기 저장시스템에 있는 3조 5천억 글자의 영어 텍스트를 이용할 수 없었다. 그래서 그는 다른 방식으로 마르코프 연쇄를 추정했다. 첫 번째 바이그램이 ON이면 책장에서 책을 꺼내어 O와 N이 연속으로 나올 때까지 살펴본다. 다음 글자가 D면 다음번 바이그램이 ND가 된다. 그러면 다시 새로운 책을 펼치고 N과 D의 연속을 찾는 식으로 계속한다. (O와 N 다음에 나오는 것이 공백이면 그 역시 추적할 수 있으며 단어 사이의 공백을 제공하게 된다.) 그렇게 생성된 일련의 문자를 써 놓으면 다음과 같은 유명한 구절을 얻는다.

IN NO IST LAT WHEY CRATICT FROURE BIRS GROCID PONDENOME OF DEMONSTURES OF THE REPTAGIN IS REGOACTIONA OF CRE.

이렇게 단순한 마르코프 과정이 영어는 아니지만 꽤 영어처럼 보이는 무언가를 만들어 낸다. 마르코프 연쇄의 으스스한 힘이다. 물론 마르코프 연쇄는 확률을 알아내기 위하여 사용된 텍스트의 원문, 즉 기계학습에서 말하는 '학습 데이터'에 의존한다. 노르빅은 구글이 수많은 웹사이트와 이메일에서 수집한 엄청난 양의 텍스트를 사용했다. 섀넌은 자기 책장에 있는 책을 이용했고 마르코프는 푸시킨을 사용했다. 1971년에 미국에서 태어난 아기들에게 붙여진 이름의 목록으로 학습한 마르코프 연쇄를 사용하여 내가 만들어 낸 텍스트는 다음과 같다.[34]

Teandola, Amberylon, Madrihadria, Kaseniane, Quille,

Abenellett…

여기서 사용된 것은 바이그램에 대한 마르코프 연쇄다. 우리는 더 나아가, 세 글자의 연속(트라이그램, trigram)에 대하여, 각 글자가 바로 다음에 나오는 빈도가 얼마나 되는지를 물을 수 있다. 그렇게 하려면, 바이그램보다 트라이그램이 훨씬 더 많기 때문에 더 많은 데이터를 추적해야 한다. 그렇지만 더 이름처럼 보이는 결과를 얻을 수 있다.

Kfendi, Jeane, Abby, Fleureemaira, Jean, Starlo, Caming, Bettilia…

문자열의 글자 수를 다섯 개로 늘리면, 종종 데이터베이스에 있는 모든 이름을 재현하고도 새로운 이름이 남을 만큼, 충성도가 좋아진다.

Adam, Dalila, Melicia, Kelsey, Bevan, Chrisann, Contrina, Susan…

2017년에 태어난 아기들의 이름에 트라이그램 연쇄를 사용한 결과는,

Anaki, Emalee, Chan, Jalee, Elif, Branshi, Naaviel, Corby,

Luxton,

Naftalene, Rayerson, Alahna…

확실히 현대적인 느낌이 난다. (실제로 이 중 절반 정도는 지금 돌아다니고 있는 꼬마 친구들의 진짜 이름이다.) 1917년에 태어난 아기들에 대해서는,

Vensie, Adelle, Allwood, Walter, Wandeliottlie, Kathryn, Fran, Earnet, Carlus, Hazellia, Oberta…

마르코프 연쇄는 단순함에도 불구하고 서로 다른 시대의 작명 스타일을 어떻게든 포착한다. 거의 창조적이라고 느껴지는 경우도 있다. 이들 이름 중 몇 개는 나쁘지 않다! 우리는 '제일리Jalee', 또는 복고풍으로, '벤시Vensie'라는 이름을 가진 초등학생을 상상할 수 있다. 아마도 '나프탈렌Naftalene'은 아니겠지만.

여기서 잠시 멈춰 언어와 비슷한 무언가를 만들어 내는 마르코프 연쇄의 능력을 생각해 보게 된다. 언어란 단지 마르코프 연쇄에 불과한 것일까? 우리가 말을 할 때, 그때까지 들었던 모든 말에 기초하여 배웠던 어떤 확률분포에 근거하여, 그저 마지막으로 말한 몇 단어를 바탕으로 새로운 단어를 만들어 내는 것은 아닐까?

단지 그런 것만은 아니다. 어쨌든 우리는 주변의 세계를 언급하기 위하여 단어를 선택한다. 이미 한 말에 단지 덧붙이기만 하는 것은 아니다.

그렇지만 오늘날의 마르코프 연쇄는 인간의 언어와 놀라울 정도로 비슷한 무언가를 만들어 낼 수 있다. 인공지능 기업 오픈 에이아이Open AI의 GPT-3 알고리듬은 섀넌의 텍스트 머신text machine의 영적 후손이라 할 수 있고, 훨씬 더 크다. 알고리듬의 입력은 세 글자 대신에 수백 단어로 이루어진 텍스트 덩어리이나 원리는 동일하다. 가장 최근에 생성된 텍스트 구절이 주어질 때, 다음에 나올 단어가 '그the', 또는 '기하학geometry', 아니면 '싸락눈graupel'이 될 확률은 얼마일까?

이것은 쉬운 일일 것이라고 생각될 수도 있다. 당신은 책에 있는 다섯 문장을 선택하고 GPT-3를 실행하여, 그들 문장에 있는 단어의 모든 조합에 대한 확률의 목록을 얻게 된다.

잠깐, 쉬운 일일 것이라고 생각할 이유는 무엇인가? 실제로 당신은 그렇게 생각하지 않았을 것이다. 위의 문단은 GPT-3이 앞선 세 문단에 텍스트를 이어 가려 시도한 결과다. 10개 정도의 출력 중 가장 그럴듯한 것을 골랐다. 그러나 모든 출력은 어떻게든 독자가 읽고 있는 책에서 온 것처럼 들린다. 설사 그 문장들이 다음의 GTP-3 출력처럼 실질적 의미가 전혀 없을지라도, 이는 나처럼 책을 쓰는 인간을 꽤 불안하게 만든다고 하지 않을 수 없는 일이다.

당신이 베이즈 정리Bayes' theorem의 개념에 익숙하다면 이것이 쉬울 것이다. 다음 단어가 '그'일 가능성이 50%이고 '기하학'일 가능성이 50%라면, 다음 단어가 '그 기하학the geometry'이나 '싸락눈'이 될 가능성은 (50/50)2=0이다.

이 문제와 섀넌의 텍스트 머신 사이에는 정말로 큰 차이가 있다. 이런 방법을 사용하여 방금 독자가 읽은 500단어로 시작하는 영어 문장을 만들려는, 훨씬 더 큰 서재가 있는 클로드 섀넌을 상상해 보라. 그는 500단어가 정확한 순서대로 나오는 책을 찾아서 다음번 단어가 무엇인지 기록할 수 있을 때까지 자신이 소유한 책을 살펴본다. 물론 그런 책은 찾지 못한다! 아무도 (바라건대!) 내가 방금 쓴 500단어를 쓴 적은 없다. 따라서 섀넌의 방법은 첫 단계에서 실패로 돌아간다. 마치 앞의 두 글자가 XZ일 때 다음 글자를 추측하려는 것과 같다. 실제로 그의 서가에 그 두 글자가 연속으로 나타나는 책이 없을 수도 있다. 그래서 그저 어깨를 으쓱하고 포기할까? 상상 속의 클로드가 그보다 약간 더 끈기 있는 사람이라고 해 보자! 포기하는 대신에 다음과 같이 말할 수 있다. 이제까지 XZ와 마주친 적이 없는 상황에서, 어떤 면에서는 XZ와 비슷하고 마주친 적이 있는 바이그램은 무엇이고, 그 바이그램에 이어지는 글자는 무엇일까? 이런 식으로 생각하기 시작하면 어떤 문자열이 다른 문자열에 '가까운지'를 판단하게 된다. 그러나 염두에 두어야 할 '근접도 closeness'의 개념이 무엇인지는 명확하지 않고, 500단어로 이루어진 구절을 이야기할 때 문제는 더욱 어려워진다. 한 구절이 다른 구절과 가깝다는 것은 무슨 뜻일까? 언어의 기하학이 존재할까? 스타일의 기하학은? 컴퓨터는 그런 기하학을 어떻게 알아낼까? 우리는 이 주제로 다시 돌아올 것이다. 그러나 우선, 세계에서 가장 위대한 체커checkers 선수를 만나 보자.

5

장

그의 스타일은 천하무적이었다

S · H · A · P · E

인류 역사상 승부를 다투는 게임의 가장 위대한 챔피언 —자신의 게임에서 테니스의 세리나 윌리엄스Serena Williams보다, 홈런을 치는 베이브 루스Babe Ruth보다, 베스트셀러를 써 내는 애거사 크리스티Agatha Christie보다, 화려한 무대를 선보이는 비욘세Beyoncé보다 뛰어났던— 은 가끔씩 설교도 하면서 플로리다주 탤러해시Tallahassee에서 노모와 함께 살았던 온화한 성격의 수학 교수였다. 체커 선수이기도 했던 그의 이름은 마리온 프랭클린 틴슬리Marion Franklin Tinsley다. 그의 체커는 이전에 아무도 하지 못했고, 이후에 그 누구도 다시 하지 못할 방식의 체커였다.

틴슬리는 오하이오주 콜럼버스Columbus에서 자라났고 자기 집 하숙인이었던 커쇼Kershaw 부인이라는, 소년을 제압하는 일을 낙으로 삼았던, 여성에게 체커 게임을 배웠다. 틴슬리는 회상했다.[1]

"부인이 내 말을 뛰어넘고 나서 얼마나 깔깔대던지."

당시 세계챔피언이었던 아사 롱Asa Long이 가까운 톨레도Toledo에 살았다는 것은 틴슬리의 행운이었다. 10대 소년 틴슬리는 1944년부터 주말에 롱과 함께 체커를 연구했고, 19세가 된 2년 뒤에는 전국 선수권대회에서 2위를 차지할 정도로 실력이 늘었다.[2] 비록 몇 해 전에 이사 가 버린 커쇼 부인에게는 한 번도 이겨 보지 못했지만. 그는 오하이오 주립대의 박사과정 학생이었던 1954년에 미국선수권을 획득한다. 다음 해에는 세계챔피언이 되었으며, 이후 40년 동안 계속해서 챔피언 타이틀을 보유하게 된다. 챔피언이 아니었을 때는 그가 게임을 중단했던 시기였다. 틴슬리는 1958년에 영국의 데릭 올드버리Derek Oldbury를 상대로 아홉 게임을 이기고, 스물네 게임을 비기고, 단지 한 게임만 짐으로써 챔피언 타이틀을 방어했다. 1985년에는 옛 멘토인 아사 롱을 상대로, 여섯 게임을 이기고 한 게임을 지고 스물여덟 게임을 비김으로써 다시 한번 세계선수권 시합에서 승리를 거두었다. 1975년에는 플로리다 오픈Florida Open에서 우승하는 과정에서 에버렛 풀러Everett Fuller에게 한 게임을 졌다.[3]

틴슬리가 1951년부터 1990년까지 세계 최고의 체커 선수들을 상대로 벌인 1,000번이 넘는 시합 중에 패배한 것은 그 세 번이 전부였다.

틴슬리는 체커 게임에서 위협적인 태도를 취하지 않았다. 상대방을 괴롭히거나 놀리거나 군림하려 하지 않았다. 그저 이기고, 이기고, 또 이겼다. 미국체커연맹 사무총장 버크 그랜전Burke Grandjeon은 말했다.

"그의 스타일은 천하무적이었다."[4]

1992년에 런던에서 열린 챔피언 결정전을 앞둔 인터뷰에서 틴슬리는 말했다.

"나는 그저 질 수 없다고 느끼기 때문에, 모든 스트레스와 긴장에서 자유로운 것뿐이다."[5]

하지만 그는 졌다. 독자는 이 이야기가 어디로 가는지 짐작했을 것이다, 그렇지 않은가? 틴슬리는 1992년의 챔피언 결정전에서는 승리했지만, 결국 역사상의 모든 위대한 선수보다 더 위대한 선수인 런던의 적수에게 챔피언 자리를 내어 주게 된다. 그 선수는 캐나다 앨버타 대학교의 컴퓨터 과학자 조너선 셰퍼Jonathan Schaeffer가 개발했으며, 독자가 이 책을 읽는 시점의 세계 챔피언인, 치누크

Chinook라 불리는 컴퓨터 프로그램이었다. 물론 나는 독자가 언제 이 책을 읽게 될지 모른다. 그러나 내 말에는 문제가 없다. 치누크는 앞으로도 계속해서 체커 세계챔피언으로 남아 있을 것이기 때문이다. 마리온 틴슬리는 자신이 질 수 없다고 느꼈다. 치누크에게는 단순한 느낌이 아니다. 치누크는 질 수 없다. 수학적으로 증명된 사실이다. 게임 끝.

틴슬리와 치누크는 전에도 대결한 적이 있었다. 틴슬리는 1990년에 에드먼턴Edmonton에서 치누크를 상대로 열네 차례의 시범시합을 벌였다. 그중 열세 번은 무승부로 끝났다. 그러나 나머지 한 게임에서는 치누크가 열 번째 수에서 결정적인 실수를 저질렀다.

"후회하게 될 텐데."

치누크의 실수를 본 틴슬리가 말했다. 하지만 치누크는 23수를 더 둔 후에야 자신이 패배했음을 이해했다.[6]

1992년에는 균형이 바뀌기 시작했다. 런던에서 열린 최초의 인간 대 기계 세계챔피언 시합의 첫 게임에서 틴슬리가 치누크에게 패배했을 때였다.

"아무도 기뻐하지 않았다."

셰퍼는 회상했다.[7]

"나는 뛰어올라 파티를 열 것으로 예상했었다."

대신에 우울함이 있었다. 틴슬리가 패배한다면, 체커에서 인간이 우월했던 시대가 영원히 끝나게 될 것이었다.

그러나 아직은 아니었다. 치누크는 틴슬리에게 한 게임을 더 이겼다. 틴슬리가 패배를 인정하면서 자리에서 일어나 셰퍼에게 악수를 청했을 때, 관람자들은 그들이 무승부에 동의했다고 생각했다. 틴슬리와 치누크를 제외하고는 시합장에 있는 그 누구도 치누크가 게임에서 승리했음을 알 수 없었다. 그러고 나서 틴슬리가 반격했다. 세 게임을 연달아 이기고 챔피언시합을 승리로 이끌었다. 틴슬리는 세계챔피언으로 남게 되었지만, 치누크는 트루먼 행정부 이래로 틴슬리에게 두 게임을 빼앗은 최초의 체커 선수가 되었다.

이 말이 보잘것없는 인간인 우리에게 위안이 된다면, 틴슬리는 치누크에게 진 적이 없다. 정확하게는. 1994년 8월에 67세가 된 틴슬리는 다시 한번 치누크와의 대결에 동의했다. 그 시점에 치누크는 최고의 체커 선수들과의 시합에서 한 번도 지지 않고 94연승을 거두고 있었다. 치누크는, 지금은 저렴한 안드로이드Android 스마트폰의 1/4에 지나지 않지만 당시로서는 인상적인 무장이었던 기가바이트gigabyte 램RAM으로 업그레이드된 장비에서 실행되고 있었다. 틴슬리와 치누크는 항구가 내려다보이는 부두에 있는 보스턴 컴퓨터박물관에서 만났다. 틴슬리는 녹색 양복을 입었고, 넥타이핀에는 예수JESUS라는 단어가 새겨져 있었다. 그들은 대부분 체커 고수인 소수의 관람객 앞에서 게임을 했다. 시합이 진행된 사흘 동안, 두 선수는 긴장감이나 위기가 거의 보이지 않았던 여섯 번의 무승부를 기록하였다. 그리고 네 번째 날에 틴슬리는 시합의 연기를 요청했다. 배탈이 나서 밤에 잠을 자지 못했기 때문이었다. 셰퍼는 검진을 위하여 그를 병원으로 데려갔다. 문제가 있음이 분명해 보였던 틴슬리는 가까운 인척이 필요할 경우에 대비하여, 여동생의 연락처를 셰퍼에게 알려 주었다. 그는 자신이 지상에서 보낸 시간과 그 이후에 대하여 이야기하면서 셰퍼에게 말했다.

"나는 준비 다 됐습니다."

틴슬리는 의사를 만나고 엑스레이를 찍고 나서 오후를 느긋하게 보냈지만, 다음 날 아침에는 다시 한번 잠을 잘 수 없었다고 말했다.

"나는 시합에서 기권하고 타이틀을 치누크에게 넘기겠습니다."

그는 모여든 관계자들에게 말했다. 체커에서 인간의 우위는 그렇게 끝났다. 그날 오후에 엑스레이 결과가 나왔다. 틴슬리의 췌장에 혹이 있었다. 그는 8개월 뒤에 사망했다.

아크바르, 제프, 그리고 님의 나무

게임에서 질 수 없다는 것을 어떻게 완벽하게 증명할 수 있을까? 1980년대의 스키 영화에서 뜻밖의 약자가, 회원 전용 스키복을 입고 뽐내는 슬로프slope의 제왕을 물리치는 것처럼 아무리 실력이 뛰어나더라도 간과한 전략의 좁은 틈새가 있을 수 있다.

하지만 그렇지 않다. 우리는 기하학에 관한 사실을 증명할 수 있는 것처럼 게임에 관한 사실을 증명할 수 있다. 게임이 기하학이기 때문이다. 독자를 위하여 체커의 기하학을 그리고 싶지만 실제로 그렇게 할 수는 없다. 그런 그림은 수백만 페이지에 달할 것이며, 인간의 미약한 감각으로 이해할 수 없을 것이기 때문이다. 따라서 우리는 보다 단순한 게임인 님Nim으로 시작할 것이다.

님 게임을 하는 방법은 다음과 같다. 두 선수가 몇 개의 돌무더기 앞에 앉는다. (무더기가 몇 개이고, 무더기에 있는 돌이 몇 개인지는 달라질 수 있다. 어떤 선택을 하더라도 여전히 님 게임이다.) 두 선수는 번갈아 돌을 들어낸다. 원하는 만큼 돌을 얼마든지 들어낼 수 있지만, 한 번에 오직 한 무더기에서만 들어내야 한다. (님 게임의 유일무이한 규칙이다.) 자기 순서를 그냥 보내는 것은 허용되지 않는다. 적어도 한 개 이상의 돌을 들어내야 한다. 누구든지 마지막으로 돌을 들어내는 사람이 이긴다.

아크바르Akbar와 제프Jeff가 님 게임 대결을 벌인다고 해 보자.[8] 그리고 문제를 단순화하기 위하여, 각각 돌이 두 개씩 있는 무더기 두 개로 시작하자. 아크바르가 먼저다. 그는 어떻게 해야 할까?

아크바르는 두 개의 돌을 들어내어 무더기 하나를 치워 버릴 수도 있다. 그러나 좋은 생각은 아니다. 제프가 나머지 돌무더기를 치우고 승리할 것이기 때문이다. 그래서 아크바르는 어느 무더기에서든 돌 한 개만 들어내야 한다. 그래도 나을 것은 없다. 제프에게 결정적인 수가 있기 때문이다. 그는 아크바르가 건드리지 않은 무더기에서 돌 하나를 집어서, 돌이 한 개씩 남은 무더기 두 개를 남긴다. 아크바르는 피할 수 없는 결과가 다가오는 것을 보면서 시무룩하게 돌 한 개를 집어 든다. 어느 무더기에서? 아크바르는 어느 무더기든 상관없음을 안다. 제프가 마지막으로 남은 돌을 치우고 게임을 이긴다.

아크바르가 첫 수를 어떻게 선택하더라도 이러한 결과를 피할 수 없다. 실수하지 않는 한 제프가 이긴다.

돌이 두 개씩 있는 무더기가 세 개라면 어떻게 될까? 아니면 각 무더기에 돌이 10개, 또는 100개씩 있다면? 갑자기 게임의 결과를 머릿속으로 생각하기가 훨씬 더 어려워진다.

그렇다면 종이와 연필을 꺼내서 돌이 두 개씩인 무더기 두 개로 시작하는 게임의 진행 경로를 그림으로 그려 보자. 처음 아크바르에게는 두 가지 선택이 있다. 돌 하나를 치우거나 두 개를 치울 수 있다. 다음 그림은 그의 선택지와 각각의 결과를 보여 주는 간단한 스케치다. 맨 밑에 있는 그림은 게임을 시작할 때의 모습이고, 게임이 진행됨에 따라 각 선수가 현재 위치에서 위로 올라가는 가지 중 하나를 선택하면서 위쪽으로 올라가게 된다.

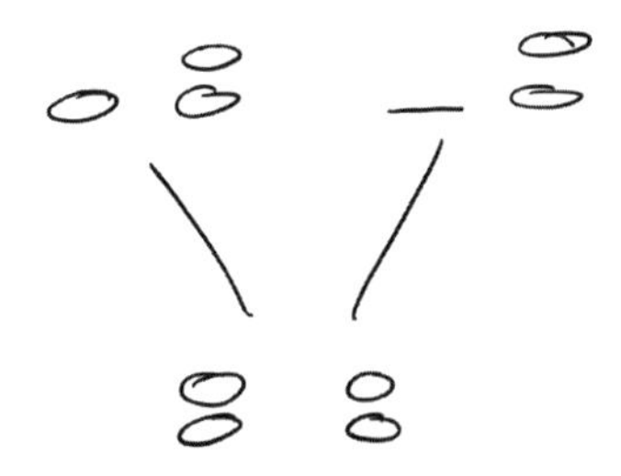

오케이, 무슨 말인지 안다. 엄밀히 말해서 아크바르에게는 네 가지 선택이 있다. 첫 번째 무더기에서 돌을 하나 치울 수 있고, 두 번째 무더기에서 돌을 하나 치울 수도 있다. 또 첫 번째 무더기의 돌을 모두 치울 수 있고, 두 번째 무더기의 돌을 모두 치울 수도 있기 때문이다. 우리는 여기서, 약간 푸앵카레 방식으로, "다른 것을 같은 이름으로 부르고 있다." 님 게임에는 완벽한 대칭성이 있다. 적어도 시작할 때는. 처음에 아크바르가 어느 무더기를 선택하든, 그것을 왼쪽 무더기라 부르자. 이어지는 모든 논의는 —그 무더기를 오른쪽 무더기라 부르더라도— '왼쪽'과 '오른쪽'이 나타나는 곳마다 교환하기만 하면 똑같이 진행된다.

"이제 한 가지 가정을 할 것인데, 그 가정이 마음에 들지 않는다면 반대의 가정을 하라. 그러면 '왼쪽'과 '오른쪽'이 바뀌는 것을 제외하고 모든 것이 정확히 동일할 것이다."

이것은 '일반성을 잃지 않고without loss of generality'라는 뜻으로, 수학자에게만 멋진 표현일 뿐인 대목이다. 정말 짜증이 난다면 책의 위아래를 돌려서 보도록 하라.

이제 제프의 차례다. 제프의 선택은 아크바르가 무엇을 했는가에 달려 있다. 아크바르가 돌 하나를 집었다면, 왼쪽의 돌 하나와 오른쪽의 돌 두 개가 남아 있다. 따라서 제프가 할 수 있는 일은 세 가지다. 왼쪽 무더기를 치우거나, 오른쪽 무더기를 치우거나, 아니면 오른쪽 무더기에서 돌 한 개를 들어내는 것이다. 아크바르가 돌 두 개를 집었다면, 무더기가 하나만 남게 되고 제프에게 가능한 선택이 두 가지뿐이다. 돌 한 개를 치우거나 두 개 모두 치우거나.

위의 문단을 읽기가 조금 어려웠는가? 나도 쓰면서 약간 따분하다고 느꼈다. 그림이 더 낫다!

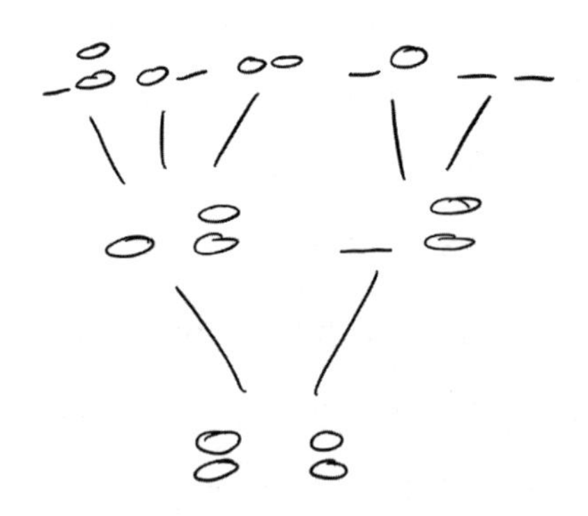

우리는 게임의 모든 가능한 경로를 탐색할 때까지 그림을 확장해 나갈 수 있다. 오래 걸리지 않는다. 어쨌든 각 선수는 자기 차례에 적어도 한 개의 돌을 치워야 한다. 또 돌 네 개로 게임을 시작했으므로, 네 번의 착수 또는 그보다 적은 착수 안에서 게임이 끝나야 한다. 다음 그림은 돌이 두 개씩인 무더기 두 개로 시작하는 님 게임에 대한 장황한 설명을 기하학적 형태로 표현한 것이다.

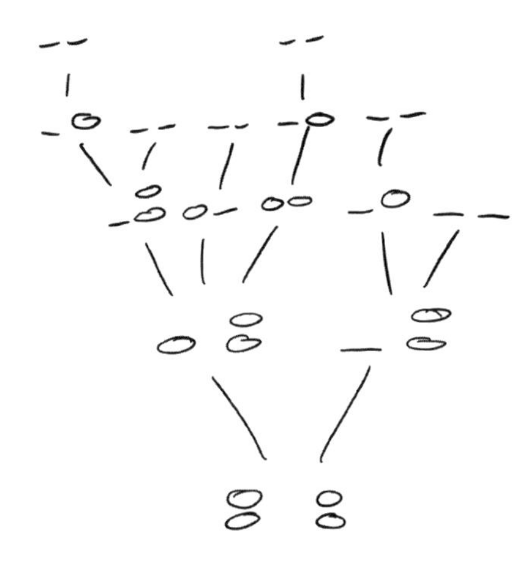

수학자들은 이런 그림을 나무라 부른다. 식물의 은유가 효과를 보려면 눈을 조금 가늘게 떠야 할지도 모른다. 맨 밑에 있는 게임의 시작점은 다른 모든 것이 자라나는 기반이 되는 뿌리다. 위쪽으로 향하는 경로는 가지다. 가지가 끝나고 더 이상의 가지가 없는 지점을 잎사귀라 부르기 좋아하는 사람도 있다.*

* 수학자들은 다들 이렇다. 우리 수학자들은 한번 적절한 비유를 얻으면 그 비유의 마지막 피 한 방울까지 짜낸다. 그러나 삼림학적 관점에서 바라보면 수학의 나무에는 실제 나무의 특징인 껍질이나 매듭, 물관부(xylem) 또는 체관부(phloem)가 없다. 그럼에도 수학의 나무 집단은 수학자들에게 실제로 숲이라 불린다.

나무는 게임의 그림, 즉 모든 가능한 상황과 그들 사이의 경로를 보여 주는 완전한 그림이다. 그림은 이야기를 들려준다. 당신의 선택은 여러 가지 중에 하나를 따라 당신을 위쪽으로 올려 보낸다. 일단 선택을 하면 그 선택에 해당하는 가지와 거기서 갈라지는 가지 위에 영원히 머물게 된다. 돌아갈 수는 없다. 당신이 할 일은 추가적인 선택을 하고 더 가는 가지를 통과하여 선택지가 다 떨어졌을 때 맞게 될 피할 수 없는 결과를 향하여 다가가는 것뿐이다.

내 말은 당신의 삶도 기본적으로 나무라는 것이다.

나무의 열정

우리의 삶에서 상당한 빈도로 마주치는 실제 사물과 공명하는 한, 기하학적 물체는 폭 넓은 관심의 대상이다. 우주에 있는 삼각형 물체가 작은 금속 타악기뿐이라면, 우리가 삼각형에 대해서 지금처럼 신경 쓰지는 않을 것이다.

나무는 게임의 그림이지만, 단지 그것만은 아니다. 동일한 기하학이 모든 곳에서 나타난다. 말 그대로 껍질이 있고 탄소를 흡수하는 나무에서 나타나는 것은 말할 것도 없다. 게임의 선택에 의하여 가지가 갈라지는 대신에 자식의 가지가 갈라지는 가계도family tree에도 나타난다. 가계도의 뿌리는 가계를 창시한 부부다. 잎사귀는 자식이 없거나 아직 자식을 낳지 않은 구성원이다. 가계도는 보통 뿌리가 위에 있는 형태로 그려진다. 우리는 조상의, 위쪽으로 뻗어 올라가는 잔가지가 아니고, 후손descendants(내려가는 사람이라는 뜻도 있음_옮긴이)이라 불린다.

우리 몸에 있는 동맥 역시 나무를 형성한다. 나무의 뿌리는 산소를 머금은 피를 심장에서 뿜어내는 굵은 혈관인 대동맥이다. 혈관은 대동맥으로부터 좌·우 관상동맥, 완두동맥brachiocephallic trunk, 좌측 경동맥, 쇄골하동맥subclavian artery, 기관지동맥, 식도동맥…으로 분기하고 이들은 다시 더 가는 동맥으로 갈라진다. 완두동맥은 우측 경동맥과 우측 쇄골하동맥으로 나뉘고, 우측 경동맥은 턱과 목이 만나는 곳에 있는 외부 및 내부 경동맥으로 갈라지는 식으로 계속되어, 산소를 내려놓은 혈액이 다시 산소를 흡수하려고 허파로 돌아가는 여행을 시작하기 전에 마지막으로 멈추는 곳인, 직경이 머리카락 하나 또는 두 가닥의 폭 정도로 가는 세동맥arterioles의 네트워크까지 이어진다.

우리 몸에 있는 혈관 나무가 모두 동일하지는 않다! 이 그림은 외계인에 대한 다지선다형 문제처럼 보이지만, 사실은 우리의 간에 혈액을 공급하는 동맥의 분기가 다르게 보일 수 있는 방식을 보여 준다.[9]

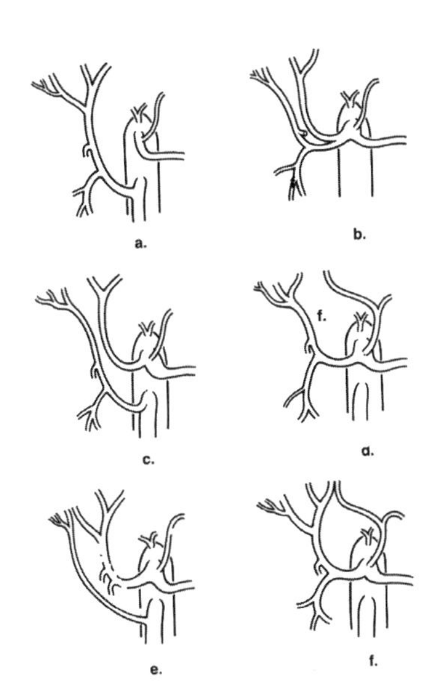

강river도 나무다. 물의 흐름과 반대로 가는 것만 기억한다면. 강물이 흘러들어가는 만이나 바다

가 뿌리다. 거기서부터 상류로 올라가면, 지류로 갈라지고 다시 더 작은 지류로 갈라져서 결국 흐름이 시작되는 수원지에 도달한다.

계Kingdom가 문Phylum으로, 문이 강class으로, 강이 목order으로, 목이 과family로, 과가 속genus으로, 속이 종species으로 갈라지는 린네Linne의 생물 분류 같은 모든 유형의 계층적 분류도 마찬가지다. 따라서 나무의 나무도 있다.

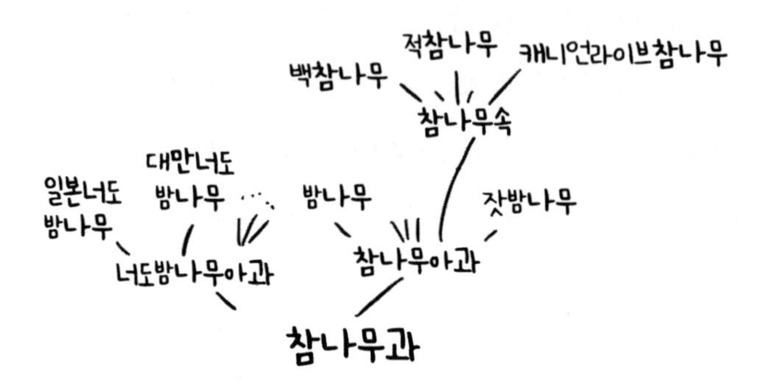

선good과 악evil도 나무다! 《스페쿨룸 비르기눔Speculum Virginum》('처녀의 거울')은 중세기 수녀를 위한 일종의 자기계발서인데, 전통적으로 베네딕트회 수도사인 히르사우의 콘라드Conrad of Hirsau가 12세기 초반에 검은 숲이라 불리는 슈바르츠발트 산맥 깊숙한 곳에서 편찬한 것으로 여겨졌다. 비록 문학의 역사에서 이렇게 오랜 과거에 대한 출처의 문제는 상당히 어렵지만. 어쨌든 우리에게는 이 책이 있고 그 속에는 덕성의 나무와 죄악의 나무가 있다. 선보다 악이 더 흥미로우므로 죄악의 나무를 소개한다.[10]

모든 죄악의 근원인 나무의 뿌리는 화려한 옷을 입은 신사의 머리에서 돋아나는, 교만을 뜻하는 라틴어 수페르비아superbia다. 교만

의 자손에는 분노를 뜻하는 이라ira, 탐욕을 의미하는 아바리티아avaritia, 그리고 맨 위에서 히죽대는 남자의 골반에 교훈적으로 새겨진 룩스리아luxuria, 즉 욕정이 있다. 이들 죄에는 각자의 자식이 있다. 교만의 일곱 자식에는 신성모독과 오만불손이 포함되고, 욕정은 무절제한 욕망을 뜻하는 리비도libido, 간음을 뜻하는 포르니카리오fornicario, 그리고 추함을 의미하는 투르피투도turpitudo를 낳는다. (나는 이들의 미세한 차이를 이해한다고 말할 수 없다. 내가 훌륭한 중세기 수녀가 될 수 없는 이유 중 하나일 것이다.)

시간이 지남에 따라 사람들의 관심사가 덜 도덕적이고 더 기업적이 되면서, 나무는 비즈니스 내부의 지휘 체계를 보여 주는 도표인 조직도의 형태로 돌아온다. 조직도는 누가 누구에게 보고하고 누가 명령을 내리는지를 보여 준다. 다음 (페이지의) 그림은 아마도 최초로 작성된 조직도일 것이다. 1855년에 뉴욕과 이리Erie 철도를 위하여 도표를 만든 스코틀랜드계 미국인 엔지니어 대니얼 맥컬럼Daniel McCallum은 나중에 남북전쟁에서 북군 철도의 감독관으로 복무하게 된다.*

---

* 독자가 '19세기 스코틀랜드인'과 '남북전쟁의 장교'라는 말을 들으면 아마도 "그 남자는 정말로 멋들어진 턱수염을 길렀을 것이 분명하다."라고 생각할 텐데, 그런 생각은 틀리지 않는다.

정보는 잎사귀에서 뿌리, 즉 철도의 회장 쪽으로 흐르는 반면, 권위는 반대 방향으로 흐른다. 그러니까, 회장으로부터 '노동자', '기관사', '목수', '와이퍼WIPERS'* 등의 표지가 (이 페이지에서 읽기에는 너무 작은 글씨로) 붙어 있는 작은 잎사귀와 봉오리에까지, 부하 직원의 연결을 통하여 흘러나간다. 이 도표는 정확하게 말해서 순수한 나무가 아니다. 조직의 구조와 조직이 관할하는 철도 노선의 시각적 묘사를 결합한 도표다. 중앙부는 죄악의 나무와 흡사하게 보이지만, 외곽은 20세기 미국의 교외에 있는 막다른 골목을 하늘에서 내려다본 모습을 닮았다. 님 게임의 기하학 또는 우리 삶을 구성하는 갈림길이 있는 정원의 기하학을 나타내는 것과 같은 이유로, 이 나무는 계층 구조의 기학을 나타낸다. 이 나무에는 순환cycle이나 무한 후퇴infinite regress가 없다. 내가 당신을 책임진다면, 당신은 나를 책임질 수 없다. 비즈니스에서 지휘와 통제의 원칙이다. 님 게임에서 이전의 위치에 이어진 위치로 오게 되면 무슨 수를 쓰더라도 이전의 위치로 돌아갈 수 없다. 그래서 게임이 영원히 계속되는 것을 막게 된다.**

---

* 이 말도 찾아보아야 했다. '와이퍼'는 엔진의 부품을 청소하고 윤활유를 치는 초급 수준의 철도 노동자다.

** 사실은, 유향 비순환 그래프(directed acyclic graph, DAG)라 불리는 이 개념을 나무보다 조금 더 정확하게 포착하는 일반적인 개념이 있다. DAG는 가지의 일부가 합쳐지는 것이 허용되는 나무와 비슷하지만, 여전히 순환이 없다. 한 방향으로만 가지를 통과할 수 있기 때문이다. 당신의 부모가 한 명 또는 두 명의 증조부모를 공유할 수 있는 특별히 귀족적인 가계도를 생각해 보라. DAG의 분석은 나무를 분석하기보다 약간 더 까다로울 수 있으나 이 장에서 논의하는 내용 대부분에 여전히 적용된다.

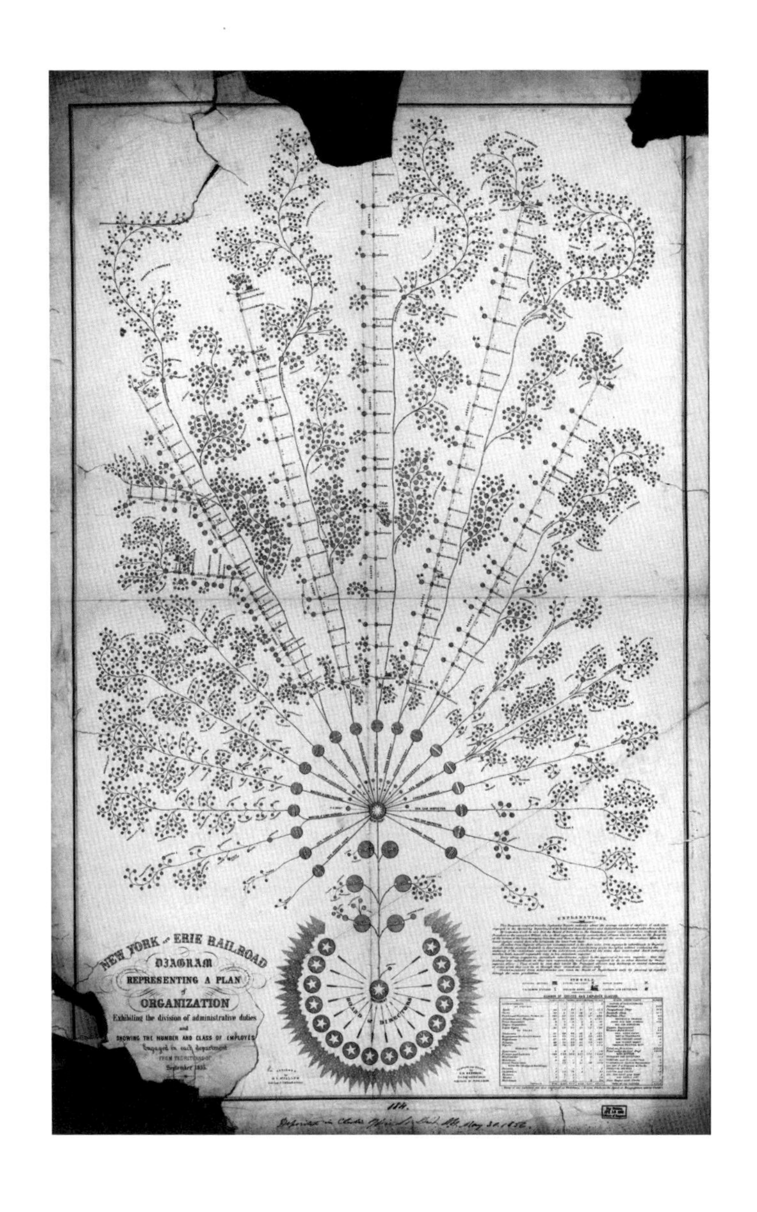

그러나 내가 가장 좋아하는 나무(동맥, 강, 죄악의 나무보다 더 좋아하는)는 수의 나무다. 수의 나무를 만드는 방법은 이렇다. 수 하나, 예컨대 1,001로 시작하여 그 수를 도끼로 쪼개기 시작한다. 그 말은 곱하면 1,001이 되는 더 작은 수를 찾는다는 뜻이다. 예를 들어, 1,001=13×77. 그러면 13은? 글쎄, 우리는 13에서 막힌다. 더 작은 수 두 개의 곱으로 13을 나타낼 방법이 없다. 아무리 세게 도끼로 내려쳐도 13은 부서지지 않는다. 7과 11도 마찬가지다. 우리는 방금 한 일을 나무에 기록할 수 있다.

여기서 각 분기는 한 번의 도끼질을 나타낸다. 잎사귀, 즉 쪼갤 수 없는 수는 이른바 소수prime number로서 모든 수를 만들어 낼 수 있는 기본적인 레고 블록이다. 모든 수? 내가 그걸 어떻게 알까? 나무 덕분에 안다. 우리가 도끼를 휘두르는 각 단계에서, 도끼질을 당하는 수는 더 작은 두 개의 인수factor로 쪼개질 때도 있고 아닐 때도 있다. 쪼개지지 않는 수가 소수다. 우리는 더 이상 쪼갤 수 없을 때까지 도끼질을 계속한다. 그 시점에서 남아 있는 수는 모두 소수다. 예컨대 1,024로 시작한다면, 이 과정은 오래 걸릴 수 있다.

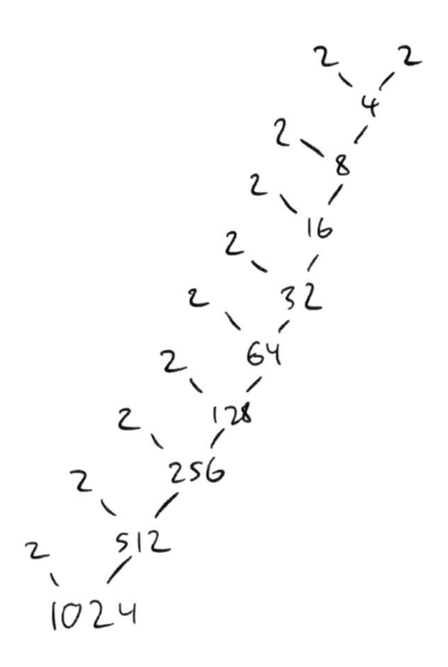

또는 1,009 같은 소수로 시작하여 금방 끝날 수도 있다.

1009

그렇지만 빠르든 늦든 끝나야 한다.

과정이 영원히 계속될 수는 없다. 왜냐하면 도끼질을 할 때마다 나무의 숫자가 작아지고, 단계마다 작아지는 양의 정수의 수열은 결국 바닥을 치고 멈춰야 하기 때문이다.*

도끼 축제axefest가 끝나면, 모든 잎사귀가 인수분해될 수 없는 수(즉, 소수)인 나무가 남고 그 소수를 모두 곱하면 처음에 시작한 수가

* 마지막 문장은 당연하게 들리고 실제로도 그렇다. 그러나 내가 '양의 정수'라고 말하지 않았다면 사실이 아닐 수도 있다는 점을 잠시 생각해 볼 가치가 있다. 2, 1, 0, -1, -2, -3…은 어떻게 될까? 또는 1, 0.1, 0.01, 0.001…은?

된다.

모든 정수(아무리 크고 복잡한 수라도)를 소수의 곱으로 나타낼 수 있다는 사실이 최초로 증명된 것은 아마도 13세기 말 페르시아의 수학자 (그리고 광학의 선구자— 당시에는 학문 분야의 전문화가 지금보다 덜했다) 카말 알 딘 알 파리시Kamâl al-Din al-Fârisî의 논문Tadhkirat al-ahbab fi bayan al-tahabb에서였다.(번역하자면, '친구들을 위하여 친화성의 증명을 설명하는 메모Memo for Friends Explaining the Proof of Amicability'란 뜻이다.)*11

우리가 방금 한 문단으로 그것을 증명했다는 것을 생각하면 이상하게 생각될 수도 있다. 피타고라스학파가 소수를 정의한 최초의 기록 이후로 알 파리시의 정리에 이르기까지 거의 2,000년이 걸린 이유는 무엇일까? 이는 다시 기하학 이야기로 돌아간다. 현대의 정수론 학자들은 모든 양의 정수가 소인수분해 될 수 있다는 사실을 유클리드도 알았을 것이라 확신한다. 예를 들면 1024는 같은 소수를 여러 번 사용하고, 1009는 원래 하나의 소수이며, 1001은 몇 개의 소수의 곱으로 소인수 분해할 수 있다. 그러나 유클리드는 소수의 긴 목록의 곱에 관한 이야기를 하지 않았는데, 우리에게 가능한 최선의 추측은 할 수 없었기 때문이라는 것이다. 유클리드에게는 모든 것이 기하학이었으며 숫자는 선분의 길이를 나타내는 수단이었다. 어떤 숫자를 5로 나눌 수 있다는 말은, 선분이 '5의 단위로 측정된다', 즉 길이가 5인 선분 몇 개를 놓아서 문제의 선분을 정확하

---

* 여기서 '친화성'은 '우정'이 아니고, 한 숫자의 진약수(proper divisor)를 모두 더하면 다른 숫자가 되는 순서쌍의 특성을 말한다. 이에 관한 이야기도 흥미롭지만 기하학과 관련이 없다고 생각되므로 다음 기회를 기약하자.

게 나타낼 수 있다는 말이었다. 유클리드는 두 숫자를 곱한 결과를 곱해진 두 숫자(내가 좋아하는 수학 용어로 '피승수multiplicands')가 길이와 폭에 해당하는 직사각형의 넓이로 생각했다. 세 정수를 곱한 결과는 '고체solid'라 불렀다. 길이, 폭, 높이가 피승수로 주어지는 직육면체 벽돌의 부피로 생각했기 때문이다.

수학은 근본적으로 상상력의 학문이고 우리의 모든 인지적·창의적 능력에 의존한다. 기하학에서 우리는 공간에 있는 물체의 크기와 모양에 관하여 몸과 마음이 알고 있는 지식을 사용한다. 유클리드는, 기하학 연구의 기분전환을 위한 돌파구로서가 아니라, 기하학 연구 때문에 정수론number theory으로 발을 내디뎠다. 그는 수를 선분의 길이로 생각함으로써 선구자들보다 수를 더 잘 이해할 수 있었다. 그러나 정수론에 기하학적 직관이라는 멍에를 씌운 것이 유클리드의 한계이기도 했다. 두 수의 곱은 직사각형이고, 세 수의 곱은 벽돌이다. 네 수의 곱은 무엇일까? 그것은 우리의 3차원 공간에서 구현될 수 있는 양quantity이 아니다. 따라서 유클리드가 조용히 지나쳐야 했던 양이었다. 중세기 페르시아 수학자들이 선호했던 대수적 접근 방식은 우리의 물리적 경험에 덜 얽매였기 때문에 더 쉽게 순수한 정신적 추상의 세계로 뛰어들 수 있었다. 하지만 그것이 기하학이 아니었다는 말은 아니다. 우리가 이미 살펴본 기하학은 실제로 3차원에 국한되지 않는다. 원하는 만큼, 얼마든지 많은 차원이 존재할 수 있다. 그저 상상하기가 조금 더 힘들 뿐이다. 앞으로 살펴볼 것이다.

님의 나무

우리는 님Nim 게임이 철도의 조직이나 죄악의 구덩이에 빠지는 피할 수 없는 인간적 추락처럼, 유한한 범위의 나무로 묘사될 수 있음을 보았다. 선수들이 어떤 가지를 통과하는 경로를 선택하더라도 결국에는 종점, 즉 한 사람이 승리하고 다른 사람이 패배하는 잎사귀에 도달하게 된다.

그렇지만 누가?

알고 보면 이 역시 나무가 말해 줄 수 있다.

요령은 게임의 끝에서 출발하는 것이다. 누가 이겼는지 판단하기 가장 쉬운 지점이다! 남은 돌이 없다면, 누구든 방금 플레이한 사람이 게임의 승자다. 따라서 내 차례가 왔는데 남은 돌이 없으면, 내가 진 것이다. 나는 그런 상황을 추적하기 위하여, 남아 있는 돌이 없는 모든 위치에 'L'을 써 넣어 (차례가 되었을 때 이들 중 하나와 마주친다면 내가 진다는 것을 상기하기 위하여), 앞에서 그렸던 님의 나무를 장식할 것이다.

돌이 하나만 남아 있으면 어떻게 될까? 그러면 나에게는 한 가지 선택밖에 없다. 남은 돌 한 개를 치우고 게임에서 이긴다. 따라서 그 위치에 'W'를 써넣는다.

돌이 두 개 있는 무더기 하나가 남았을 때는 어떨까? 이제는 선택지가 있으므로 상황이 더 복잡해진다. 내가 돌 두 개를 모두 치우면 승리한다. 그러나 돌을 한 개만 집을 정도로 어리석거나, 주의를 기울이지 않거나, 비뚤어졌거나 또는 관대하다면, 상대에게 방금 'W' 표시를 한 승리 위치를 내어 주고 패배하게 된다. 내가 어떻게 행동하는지에 따라 승자가 결정되는 이런 위치는 어떻게 표시할까? 승부를 다투는 게임의 선수가 어리석지도 부주의하지도 관대하지도 비뚤어지지도 않았다는 원칙을 따르면 된다. 그들은 이기기를 원하고 가능한 어떤 선택이든 마다하지 않는다. 따라서 그런 위치는 'W'로 표시된다. 분명히 말하지만, 무엇을 하든 이긴다는 의미는 아니다. 대부분의 게임에서 그런 일은 결코 일어나지 않는다. 위치가 아무리 좋더라도 항상 게임에서 질 수 있는 악수를 찾아낼 수 있다. 'W' 표지는 단지 지금 선택할 수 있는 수 가운데 상대를 패배 위치로 몰아넣는 수가 있다는 의미일 뿐이다. '승리로 가는 길'이라 읽어도 무방하다.

돌이 한 개씩 있는 무더기 두 개가 남았다면 이야기가 달라진다. 내가 무엇을 하든 상대에게 승리 위치 'W'를 내어 주게 된다. 따라서 그런 위치는 'L'로 표시된다.

아래 그림은 이제까지 논의한 나무의 모습이다.

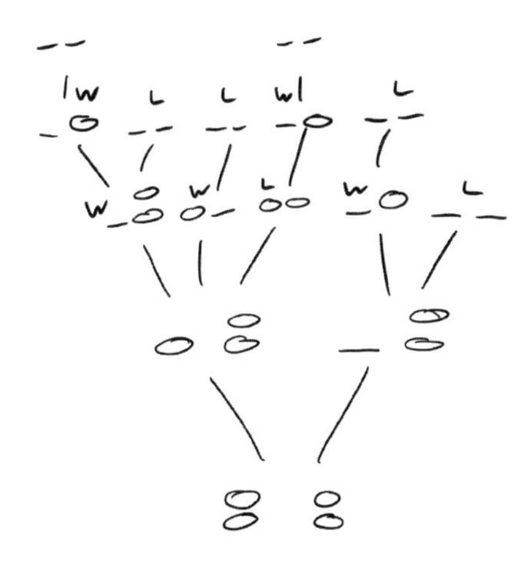

이제 우리는 시간을 거슬러 한 단계씩 진행할 수 있다. 돌 두 개가 있는 무더기와 돌이 하나뿐인 무더기가 남았다면? 세 가지 선택이 있다. 작은 무더기를 치우거나, 큰 무더기를 치우거나, 아니면 큰 무더기에서 돌 하나를 치우는 것이다. 그러한 선택에 따르는 결과는 이미 W, W, L로 표시되어 있다. 그중에 상대를 패배 위치로 보내는 선택지가 바로 내가 선택해야 할 수이며 그 위치는 'W'로 표시된다. 자기 차례에 돌 한 개의 무더기와 두 개의 무더기가 남은 선수는, 올바른 선택을 하는 한 승리한다.

상대에게 패배 말고 다른 선택이 없을 때 당신이 승리한다. 이 말은 크로스핏CrossFit 헬스장의 동기 부여를 위한 포스터처럼 들리지만 사실은 수학이다. 나무의 언어로는, "어떤 위치에서 시작하는 가지가 L로 끝난다면, 그 위치를 W로 표시하라."이다. 같은 맥락에서, 그렇게 할 수 없는 위치라면 L로 표시하라. 어떤 선택을 하든 상대에게 W를 내어 주게 되기 때문이다. 무엇을 하든 상대가 이길 수 있을 때는 당신이 진다.

결론은 다음과 같다.

… 두 가지 법칙 …

제1법칙: 선택하는 모든 수가 W로 이어진다면, 나의 현 위치는 L이다.
제2법칙: 선택할 수 있는 수의 일부가 L로 이어진다면, 나의 현 위치는 W다.

이 두 가지 법칙은 게임이 시작된 뿌리로 돌아가면서 나무의 모든 위치에 체계적으로 W나 L을 표시할 수 있게 해 준다. 순환cycle에 빠지는 일은 절대로 없다. 나무에는 순환이 없기 때문이다.

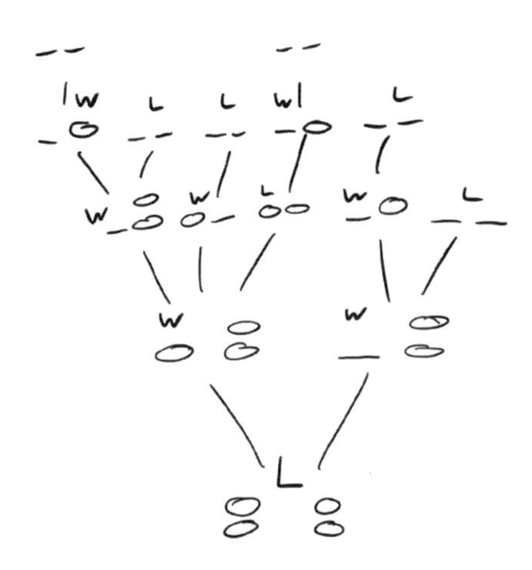

그리고 뿌리는 L이다. 제프가 하지 말아야 할 선택을 하지 않는 한, 첫 번째로 플레이하는 아크바르가 패하게 되는 이유다.

이런 과정을 말로 설명하는 것도 좋지만, 솔직히 말하자면 게임을 확실히 이해하는 유일한 방법은 직접 해 보는 것이다. 상대가 있는 게임이므로 친구에게 돌이 두 개씩인 무더기 두 개로 시작하는 님 게임을 하자고 청하라. 아마도 당신이 그렇게 좋은 친구는 아닐 테니까, 친구가 먼저 플레이하도록 하라. 그리고 앞의 나무를 이용하여 다음 수를 선택하라. 이기고 이기고 또 이겨라. 이제 당신은 게임이 어떻게 작동하는지를 느낄 수 있다.

나무를 이용하는 방법은 돌이 더 많은 게임, 무더기가 더 많은 게임 등 모든 종류의 님 게임에서 효과가 있다. 돌이 20개씩인 무더기가 두 개인 게임에서 누가 승리할지 알고 싶은가? 큰 나무를 그려

놓고 차근차근 따져 보면 알아낼 수 있다. (제프가 이긴다.) 두 무더기에 각각 돌이 100개씩 있다면? (여전히 제프가 이긴다.) 한 무더기에는 돌이 100개, 다른 무더기에는 1,000개라면? (이 경우에는 아크바르가 이긴다.)* 게다가 표지를 붙인 나무는 단지 누가 이기는지뿐만 아니라 어떻게 이기는지도 말해 준다. 만약 당신이 W 위치에 있다면, L로 이어지는 선택이 적어도 하나 있다는 것을 알 수 있다. 그것을 선택하라. 당신의 위치가 L이라면, 철학적으로 어깨를 으쓱하고는, 아무거나 마음 내키는 선택을 한 후에 상대가 게임을 망치기를 바라는 수밖에 없다.

돌무더기가 둘뿐인 님 게임에 대해서는 나무 전체에 표지를 붙이는 지루함을 피할 수 있다는 말을 해야겠다. 왼쪽과 오른쪽의 대칭성을 이용하여 누가 이길지 알아내는 더 쉬운 (그리고 솔직히 더 멋진) 방법이 있다. 파포스의 대칭을 이용한 당나귀의 다리 증명이 유클리드의 원래 증명보다 매우 간단했던 것을 기억하는가? 님 게임도 마찬가지다. 제프와 아크바르가 돌 100개씩인 무더기 두 개로 게임을 시작한다고 가정하자. 나무를 그리고 싶은가? 나 역시 그리고 싶지 않다. 더 나은 방법은 다음과 같다. 형이나 언니가 하는 말을 동생이 그대로 따라 하는, 형제자매 사이의 믿을 수 없을 정도로 짜증 나는 장난을 아는가? "내 말을 따라 하지 마.", "내 말을 따라 하지 마.", "너 정말 짜증 나.", "너 정말 짜증 나." 등등. 이제 제프가 그런 식으로 게임을 한다고 상상해 보자. 아크바르가 어떤 플레

* 독자를 위한 연습문제: 이 말이 앞의 주장에 이어지는 이유를 알겠는가?

이를 하든, 제프는 다른 무더기에 대하여 똑같이 플레이하는 방식으로 대응한다. 아크바르가 왼쪽 무더기의 돌 15개를 치워서 85개를 남긴다면? 제프는 오른쪽 무더기의 돌 15개를 치워서 두 무더기 모두 돌이 85개씩 남도록 한다. 이번에는 아크바르가 오른쪽 무더기에서 돌 17개를 들어내어 68개를 남긴다면? 제프는 왼쪽 무더기에서 똑같이 한다. 제프는 항상 아크바르를 흉내 내어 두 무더기의 돌 수를 같게 만든다. 특히 제프는 절대로 무더기 하나를 먼저 치울 수 없다. 아크바르가 방금 한 것을 따라하는 플레이가 아니면 절대로 하지 않기 때문이다. 돌무더기 하나를 먼저 치우는 사람은 아크바르일 수밖에 없으며, 제프는 그를 흉내 내어 다른 무더기를 치우고 승리한다. 따라서 돌 수가 같은 무더기 두 개의 님 게임은 제프의 승리로 끝난다. 그의 전략은 약이 오르는 만큼이나 격파할 수 없는 전략이다.

두 무더기의 돌 수가 같지 않다면 어떻게 될까? 먼저 플레이하는 아크바르는 두 무더기의 돌 수가 같아질 만큼만 더 큰 무더기에서 돌을 들어낼 것이다. 이번에는 제프가 짜증 내는 형이 된다. 지금부터 아크바르가 자신의 모든 플레이를 흉내 내어 결국 승리할 것이기 때문이다. 두 가지 법칙의 언어로 말해서 아크바르는 자신의 플레이를 이용하여, 앞의 문단에 따르면 L에 해당하는 두 무더기의 돌 수가 동일한 위치에 도착한다. L로 갈 수 있는 위치는, 제2법칙에 따라 W가 된다.

무더기가 둘보다 많을 때는 이처럼 단순한 대칭적 논거가 적용되지 않는다. 그러나 여전히 나무 전체를 그리지 않고 누가 이길지 알아내는 방법이 있다. 모든 무더기의 크기에 대한 이진법 전개base-2 expansion를 포함하며 여기서 설명하기에는 약간 복잡한 방법이지만, 얼윈 벌리캄프Elwyn Berlekamp, 존 콘웨이John Conway, 리차드 가이Richard Guy의 놀라울 정도로 다채롭고 심오하며 아이디어가 풍부한 책《수학적 플레이로 이기는 방법Winning Ways for Your Mathematical Plays》에서 그에 관한 모든 것과 아울러 하켄부시Hackenbush, 스노트Snort, 스프라우츠Sprouts 같은 게임을 배울 수 있다. 아울러 모든 게임이 결국은 일종의 숫자인 이유도 배울 수 있다.

'감산 게임subtraction game'이라 불리는 님 게임의 변형은 단 하나의 돌무더기로 시작되며, 각 선수는 자기 차례에 돌 하나, 둘, 또는 세 개만을 들어낼 수 있고 마지막으로 남은 돌을 집는 사람이 이긴다. 이 버전의 님 게임은 태국에서 열렸던 리얼리티쇼『서바이버Survior』 시즌 5에서 경쟁자들의 도전 과제로 등장하면서 유명해졌다. (게임의 유래가 태국과는 아무런 관련이 없음에도 불구하고, 님이나 감산 게임이 아니라 '타이Thai 21'이라 명명되었다. 아마도 아시아에 기원을 둔 활동을 복잡하고 불가해한 것으로 생각하는 경향이 있는 미국 시청자를 겨냥한 것으로 생각된다. 님을 '고대 중국의 게임'이라고 설명하는 뿌리 깊은 전통도 마찬가지로 완전히 조작된 주장으로 생각된다. 님이 최초로 증명된 것은 16세기에 레오나르도 다 빈치의 친구였으며, '복식부기의 아버지'로 일컬어지는 프란치스코회 수도사 프라 루카 바르톨로메오 데 파치올리Fra Luca Bartolomeo de Pacioli가 쓴 수학 퍼즐과 마술 기법에 관한 책에서였다.[12] 적어도 고대 중국만큼이나 오래되고 흥미로운 이야기가 아닐까?)

『서바이버』에 대하여 하고 싶은 말은, 가장 멍청한 TV 프로그램 중 하나라는 통념에도 불구하고, 사실은 가장 똑똑한 프로그램 중 하나라는 것이다. 실제로 출연자들이 실시간으로 생각하는 모습을 볼 수 있는 쇼가 얼마나 있을까? 실시간으로 수학을 하는 것은 고사하고. 『서바이버』 시즌 5의 6회에서 그런 모습을 볼 수 있다. 댈러스 카우보이Dallas Cowboys(미국의 프로 미식축구팀_옮긴이)에서 잠시 선수로 뛰었던 덩치 크고 튼튼한 남자 테드 로저스 주니어Ted Rogers Jr.가 팀 동료들을 이끌면서 말한다.

"마지막에 깃발 네 개가 남도록 해야 해."(서바이버 버전의 감산 게임은 돌 대신에 깃발을 사용했다.)

"다섯이야, 넷이야?"

로저와 팀을 이룬 텍사스 출신 여성 참가자 잰 젠트리Jan Gentry가 말한다.

"넷."

덩치 큰 남자는 고집한다.

로저는 우리가 님의 나무에서 했던 계산을 머릿속에서 하고 있다. 바로 수학자가 시도하는 방식, 즉 게임의 끝에서부터 시작하는 방식으로 문제에 접근한다. 놀라운 일은 아니다. 명함에 수학자라고 적혀 있든 아니든, 우리 모두 뇌의 깊은 곳에 있는 전략적 부위에서는 수학자다.

남은 깃발이 하나라면 W 위치다. 깃발을 잡고 승리할 수 있다. 깃발이 두 개나 세 개 남더라도 마찬가지다. 여전히 남은 깃발을 모두 잡을 수 있기 때문이다. 남은 깃발이 네 개라면 어떨까?

플레이할 차례가 된 팀이 무슨 수를 쓰더라도 상대팀에 W를 남겨 주게 된다. 따라서 제2법칙에 따라 깃발 네 개는 L이다. 덩치 큰

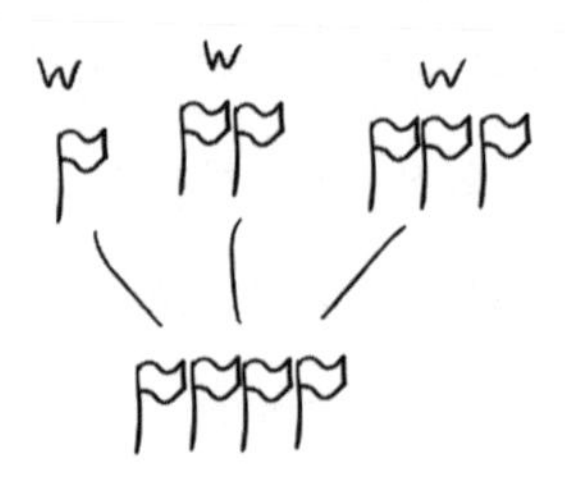

테드의 말이 옳았다. 상대 팀에 깃발 네 개를 남겨 주면 우리 팀의 승리를 보장할 수 있다. 상대 팀도 처음 아홉 개의 깃발 중에 세 개를 치우고 나서 같은 깨달음을 얻었으나 너무 늦었다. 당황한 그들이 서로 바라보던 중에 한 사람이 말한다.

"저들이 깃발 두 개를 잡는다면 우리가 진다."

저들은 깃발 두 개를 잡고 그들은 패배한다.*

그들을 구하기에는 너무 늦은 통찰이었지만 우리에게는 아직 쓸모가 있다. 깃발 네 개와 마주하는 것이 왜 그렇게 나쁜 상황일까? 가능한 모든 선택이 상대편에게 자연스러운 대응 수단을 제공하기 때문이다. 당신이 깃발 세 개를 취하면 그들은 하나를 취한다. 당신이 둘을 취하면, 그들도 둘을 취한다. 당신이 하나를 취하면, 그들은 셋을 취한다. 어떻게 하든 깃발 네 개가 모두 사라지고 게임이 끝나는데, 승자는 당신이 아니다.

따라서 깃발 네 개가 상대편에게 남도록 하는 것이 좋다. 다섯, 여섯, 또는 일곱 개의 깃발과 마주치게 된다면, 치명적인 네 개의 깃발만 남도록 나머지 깃발을 치우면 된다. 그렇지만 깃발 여덟 개

---

* 연습문제 2: 그들은 깃발 아홉 개 중에 몇 개를 치웠어야 했을까? 곧 이 질문에 답할 것이다.

와 마주한다면, 당신의 샤도네이chardonnay(백포도주의 일종_옮긴이)에 새카만 파리가 빠져 있는 것이나 마찬가지다. 당신이 깃발 세 개를 취하면, 그들은 한 개를 취한다. 당신이 두 개를 취하면, 그들도 둘을 취한다. 당신이 하나를 취하면, 그들은 셋을 취한다. 그래서 남은 네 개의 깃발을 마주하게 되는 것은 당신이다.

들어 본 이야기가 아닌가? 전략에 관한 한, 여덟 개의 깃발로 시작하는 것이 네 개의 깃발로 시작하는 것과 동일하기 때문이다. 당신이 어떤 선택을 하든, 상대편은 깃발의 수를 네 개로 줄이는 방식으로 대응하게 되고, 그 결과는 당신의 패배를 의미한다. 그리고 깃발 12개로 시작하는 것은 여덟 개로 시작하는 것과 같고, 16개로 시작하는 것은 12개로 시작하는 것과 같다 등등.

4의 배수의 깃발로 시작한다면 당신이 패배하고, 그렇지 않다면, 치명적인 수의 깃발을 상대편에게 넘겨주지 않는 한 당신이 승리한다.

우리는 방금 정리theorem를 증명했다!

여기서 수행된 추론은 우리가 수학 수업, 특히 기하학 수업에서 가르치고자 하는 증명의 추론이다. 우리는 (아마도 순수한 생각을 통하여, 또는 반복적인 플레이를 통하여) 깃발 네 개와 여덟 개가 패배 위치라는 것을 관찰하고, 그런 위치가 패배로 이어지는 이유를 분석한다. 그리하여 패배를 의미하는 상황이 단지 깃발 네 개, 여덟 개만이 아니고 4의 배수가 되는 모든 수라는 것을 이해하기 시작하여, 깃발의 수가 4의 배수이기만 하면 언제나 패배하게 된다는 것을 보이면서, 원한다면 보다 공식적인 추론의 사슬을 구성할 수 있는 정신적 위치에 도달하게 된다.

증명은 생각의 결정체다. 증명에는 '깨달음'과 그것을 천천히 숙고할 수 있도록 종이에 옮기는 찬란한 부양의 순간buoyant moment이 필요하다. 더욱 중요한 것은, 증명을 다른 사람과 공유할 수 있고, 그들의 마음속에서 그 증명이 다시 살아난다는 것이다. 증명은 운석을 타고 외계를 여행하면서 살아남고, 행성에 충돌한 후에 새로운 식민지를 건설할 수 있을 정도로 튼튼한 미생물 포자와 같다.[13] 증명은 휴대가 가능한 통찰이다. 수학자들은 자신이 거인들의 어깨 위에 서 있다고 설명하는 것으로 알려져 왔지만, 나는 우리가 보통 사람들의 얼어붙은 생각으로 이루어진 계단을 올라간다고 말하는 쪽을 선호한다. 꼭대기에 도달한 우리는 자신의 생각을 얼음 위에 뿌리고, 그것이 얼어붙은 덩어리는 계단을 훨씬 더 높게 만든다. 거인의 어깨만큼 간결하지는 않지만 진실에 더 가까운 비유다.

등등…

앞에서 우리가 정리를 증명했다고 말했다. 써 보면 어떨까? 그렇게 해 보자.

생존자 정리: 깃발의 수가 4, 8, 12, 또는 어떤 4의 배수이든 먼저 플레이하는 쪽이 패배한다. 그렇지 않으면, 상대편에게 남는 깃발의 수가 4의 배수가 되도록 선택함으로써 먼저 플레이하는 쪽

이 승리할 수 있다.

이제 증명이다. 독자는 이미 내 추론에 설득력이 있다고 생각했을지도 모른다. 그랬기를 바란다! 하지만 그 추론에는 약점이 있는데, 바로 '등등…And so on…'이라는 말이다. 점 세 개는, 그리스어로 '부족함falling short'을 의미하는, 줄임표ellipsis 구두점이다. 줄임표는 무언가 말하지 않고 남겨 둔 것이 있음을 의미한다. 증명에서는 별로 좋은 생각이 아닌 것으로 보인다.

하지 않았던 말을 하려고 하면 어떻게 될까? 우리는 깃발 4, 8, 12, 16개를 언급했지만 20개는 하지 않았다. 따라서 깃발 20개로 시작할 때 패배하게 되는 이유에 관한 논의를 추가할 수 있다. 그러면 추가해야 할 깃발 24개가 남는다. 그리고 등등… 정말 문제다! 무한히 긴 증명은 아무런 쓸모가 없다. 누가 그런 증명을 읽겠는가? 그렇지만, 손을 내저으면서 "그냥 이렇게 계속할 수도 있지만 하지 않겠다."라고 말하는 것은 어쩐지 직무유기처럼 느껴진다.

다른 방법을 시도해 보자. 우리는 생존자 정리를 두 단계로 나눌 수 있다.

ST1: 깃발의 수가 4, 8, 12, 또는 다른 4의 배수라면, 먼저 플레이하는 쪽이 진다.

ST2: 깃발의 수가 4의 배수가 아니라면, 먼저 플레이하는 쪽이 이긴다.

우리는 왜 ST1이 사실이라고 생각할까? 하나든 둘이든 셋이든, 몇 개의 깃발을 치우더라도 상대편에게 4의 배수가 아닌 깃발을 남겨 주게 되기 때문이다. 그리고 ST2에 따르면, 그런 위치는 W로 표시해야 한다. 두 번째 법칙은 나의 현 위치가 L이라고 말해 준다. 따라서 ST1이 참true인 이유는 ST2가 참이기 때문이다. 논리학 용어로, ST2가 ST1을 함축imply한다고 말할 수 있다.

진전이 있는 것 같다! 처음에는 두 가지를 증명해야 했지만, 이제 한 가지만 증명하면 된다. 그렇다면 왜 ST2가 참일까? 깃발의 수가 4의 배수가 아니라고 가정하자. 그러면 하나, 둘, 또는 세 개의 깃발을 치움으로써 4의 배수인 깃발을 남길 수 있다.* 이제 당신은 ST1에 따라 상대편에게 L 위치를 부여했고, 첫 번째 법칙은 L 위치로 갈 수 있는 당신의 현 위치가 W임을 말해 준다.

요약하자면 ST2가 참이기 때문에 ST1이 참이고, ST1이 참이기 때문에 ST2가 참이다.

아하!

이런 말은 순환 추론circular reasoning, 즉 주장 자체를 정당성의 근거로 삼는 비극적 시도처럼 느껴진다. 우리 대부분은 직설적으로 그런 주장을 하기에는 너무 똑똑하다. 따라서 각 문장이 다음 문장을 시사하는 작은 순환cycle을 만들어 낸다.

"나는 〈주간 분노하는 전문가Angry Pundit Weekly〉의 기사는 아무것도 믿지 않는다. 그들은 신뢰할 수 없다. 신뢰할 수 없음을 어떻게

---

* 정수론적 방식으로 멋지게 설명하는 방법은 치워야 하는 깃발의 수가 남아 있는 깃발의 수를 4로 나눈 나머지라는 것이다.

아느냐고? 항상 거짓된 이야기를 싣기 때문이다. 그들의 이야기가 거짓인지 어떻게 아느냐? 신뢰할 수 없는 〈주간 분노하는 전문가〉에서 읽었기 때문이다."

수학은 이런 유형의 함정을 피하도록 도울 수 있다. 그러나 지금 우리의 발목은 함정의 턱에 걸려 있다.

고맙게도 빠져나갈 길이 있다. 성가신 줄임표 외에는 상당한 설득력이 있었고, 당연히 설득력이 있어야 하는, 우리의 원래 주장을 다시 생각해 보라. 그 주장에는 하향성downwardness이 있었다. 12에 관한 사실을 이용하여 16에 관한 사실을 증명하고, 다시 8에 관한 사실을 이용하여 12에 관한 사실을 증명하고, 이어서 4에 관한 사실을 이용하여 8에 관한 사실을 증명했다. 이런 과정은 영원히 계속될 수 없고 어디선가 멈춰야 한다. 이 역시 기하학이다! 연속적인 경로라면, 제한이 없는 수의 점점 더 작고 앙증맞은 발걸음을 떼면서 경로의 종점에 다가가기를 계속할 수 있다. 그러나 정수의 기하학은 연속이 아니고 이산적discrete이다. 사이사이를 뛰어넘는 일련의 바위와 같다. 경로에 있는 바위의 수가 유한하며 결국에는 다 뛰어넘게 된다. 그 말이 익숙하게 들리는 것은 몇 페이지 앞에서 숫자의 인수분해가 궁극적으로 더 이상 쪼갤 수 없는 소수의 무더기로 끝나야 하는 이유와 관련하여 언급되었기 때문이다. 여기서 사용되는 수학적 귀납법mathematical induction이라 불리는 방법은 어떤 의미에서 7세기 전에 알 파리시가 기록을 남긴 소인수분해prime factorization에 관한 사실에까지 거슬러 올라간다.

그 논증은 오늘날 대부분 수학자에게 거의 반사적 습관이 된, 모순에 의한 증명이다. 무엇을 증명하기를 원하든 그 반대를 가정한다. 비뚤어지고 잘못된 것처럼 들리지만 크게 도움이 되는 가정이다. 우선 세계의 상태에 대한 당신의 추정이 틀렸다고 가정하고, 그런 추정이 시사하는 결과를 따라가면서 검토를 계속한다. (기대한 대로!) 당신의 설득력 없는 가정이 맞을 수 없었다는 결론에 도달할 때까지. 딱딱한 사탕을 입에 물고 중심에 있는 시큼한 모순에 이를 때까지 녹이는 것과 같다.

따라서 우리의 생존자 정리가 틀렸다고 가정해 보자. 그러면 생존자 정리는 우리가 진다고 말하는데 실제로는 이기고, 이긴다고 말하는데 실제로는 지게 되는, 잘못된 깃발의 수를 제시하는 가정의 반례counterexample가 나오게 된다. 어쩌면 그렇게 잘못된 숫자가 많을지도 모른다. 그렇지만 잘못된 숫자가 하나이든 아니든 가장 작은 숫자가 있게 마련이다.

여기서 대수algebra가 등장한다. 사람들은 때로 'x'나 'y'가 튀어나오면 겁을 집어먹고 움츠린다. 그런 기호는 대명사로 생각하면 도움이 된다. 어떤 사람을 언급하고 싶은데 그 사람의 이름을 모를 때가 있다. 그 사람이 누구인지조차 정확하게 알지 못할 수도 있다. 미국의 차기 대통령에 관하여 이야기한다고 해 보자. 당신은 그들을 '그', '그녀', 또는 내가 방금 말한 것처럼, '그들' 같은 대명사로 언급한다. 이름이 없어서가 아니라 이름을 모르기 때문이다. 따라서 가장 작은 잘못된 숫자에 'N'이라는 대명사를 사용하자. 여기서 '잘못된bad'이란 말은 N이 4의 배수가 아니면서 승리 위치이거나, 4의 배수이면서 패배 위치로 제시된다는 뜻임을 기억하라. N이 4의 배수라면 어떻게 될까? 그러면 무슨 선택을 하더라도, 즉 깃발을 하나, 둘, 또는 셋을 치우더라도 4의 배수가 되는 결과를 만들 수 없다. 게다가 남는 깃발의 수는 N보다 작다. 따라서 잘못된 숫자가 될 수 없다. (이 증명에서 중요한 순간이므로 잠시 멈춰서 감탄해 보라. N은 단지 잘못된 숫자가 아니라, 가장 작은 잘못된 숫자다. 따라서 얌전하게 생존자 정리가 하는 말을 따라야 한다. 이제 우리의 문장으로 돌아가자.) 이는 N이 생존자 정리를 따라 W가 됨을 의미한다.

모순의 묘미를 느낄 수 있는가? N이 승리 위치가 되어야 하지만, N에서 가능한 모든 선택은 상대편에게 W를 남기게 된다. 따라서 이런 결과는 올바를 수 없다.

그러면 N이 4의 배수가 아니면서 L인 가능성이 남는다. 그러나 N이 무엇이든, 깃발을 하나, 둘, 또는 셋을 치움으로써 상대편에게 4의 배수를 남길 수 있다. 그 결과는, 새롭게 줄어든 깃발의 수가 잘못된 수일 수 없기 때문에 L이 되어야 한다. 상대편에게 패배 위치를 남겨 줄 수 있다면, 나의 위치는 W였어야 한다. 이 역시 모순이다. 빠져나갈 길은 없다. 즉, 애당초 나쁜 숫자가 존재하리라고 상상한 것이 틀렸음을 인정하지 않고는 출구가 없다. 그 숫자들은 모두 올바른 숫자다. 그래서 생존자 정리가 증명되었다.

독자가 이 증명에 반응할 수 있는 두 가지 방식이 있다. 하나는, 필연적인 결론으로 가는 구불구불한 길을 따라 조심스럽게 우리를 인도하는 체계적 사고의 행진에 감탄하는 것이다. 그리고 솔직히 말해서 똑같이 타당하면서 다른 방식의 반응은 다음과 같이 말하는 것이다.

"왜 우리는 그걸 하는 데 두 페이지를 소비했을까? 나는 이미 절대적으로 확신했었다! 당신이 말한 '등등…'이 무슨 뜻인지 알았고 추가적 설명의 필요성을 느끼지 않았다. 당신들 수학자는 정말로, 보통 사람이라면 의심의 여지없이 확실하다고 여길 것을 증명하기 위하여, 정교한 주장을 엮어 내면서 온종일을 보내는가?"

음… 그런 날도 있다. 대부분은 아니다. 이와 같은 몇 가지 증명을 보고 나면, 더 이상 세세하게 증명을 써내려 갈 필요가 없다. '등등…'을 증명으로 간주할 수 있다. 정확하게 증명이어서가 아니라, 줄임표를 대체할 주의 깊은 증명이 구성될 수 있음을 알 정도의 경험을 쌓았기 때문이다.

님 게임은 일종의 수학이다. 또는 이런 종류의 수학이 일종의 게임이라고 할 수도 있다. 전 세계 사람들이 즐기는 게임이다. 그렇다면 질문이 있다. 이런 게임을 학교에서 가르치면 어떨까? 당신이 리얼리티 쇼의 참가자가 아니라고 가정하면, 님 게임 실력이 자신의 직업과 직접적인 관련이 없을 수도 있다. 그러나 수학적으로 생각하는 법을 배우면 다른 모든 것을 더 잘 이해하는 데 도움이 된다는 것을 인정한다면,* 이러한 분석을 하는 일도 교육적이라고 생각해야 한다. 우리는 항상 학교 시스템이 학생들의 자연스러운 놀이 감각을 짓누르고 있다는 꾸짖음을 들어 왔다. 수학 수업에서 게임을 더 많이 하면 학생들이 수학을 더 많이 배울 수 있을까?

그렇기도 하고 아니기도 하다. 20년 넘게 수학을 가르쳐 온 나는

---

* 나와 함께 여기까지 왔으니, 우리가 그것을 인정한다고 가정해도 무방하지 않을까?

교직을 시작할 때 다음과 같은 질문에 사로잡혔다. 수학적 개념을 가르치는 올바른 방법은 무엇일까? 먼저 예를 들고 나서 설명하는 방법? 설명하고 나서 예를 드는 방법? 내가 제시한 예를 학생이 검토하여 스스로 원리를 찾아내도록 하는 방법, 아니면 칠판에 원리를 적어 놓고 학생이 예를 찾아내도록 하는 방법? 잠깐, 칠판에 쓰는 방법이 좋은 방법이기는 할까?

나는 단 하나의 올바른 방법은 없다고 생각하게 되었다. (그렇지만 잘못된 방법이 있는 것은 분명하다.) 학생은 저마다 다르고 모두의 침샘을 자극할 수 있는 유일한 참 교습 방법은 존재하지 않는다. 나 자신은 게임을 좋아하지 않는다는 것을 인정해야겠다. 나는 지기를 싫어하고, 게임을 하면 스트레스를 받는다. 친구의 어머니가 하트Hearts 게임에서 나를 묵사발로 만들었을 때 말다툼을 벌인 적도 있었다. 님 게임을 중심으로 한 나의 교습 계획은 완전한 실패로 끝날 가능성이 크다. 그렇지만 내 옆에 앉은 꼬마를 매혹시킬 수는 있을 것이다! 내 생각에 수학 교사는 가능한 모든 교습 전략을 채택하고 곧바로 신속하게 실행해야 한다. 학생 각자가 가끔씩은 '선생님이 그렇게 오래 지루하게 떠드시더니, 이제야 알아들을 수 있게 말씀하시기 시작했네.'라고 느낄 수 있는 가능성을 최대화하는 방법이다.

미스터 니마트론의 세계

나의 권고를 따라서 실제로 2×2 님 게임을 해 보았는가? 대단한 게

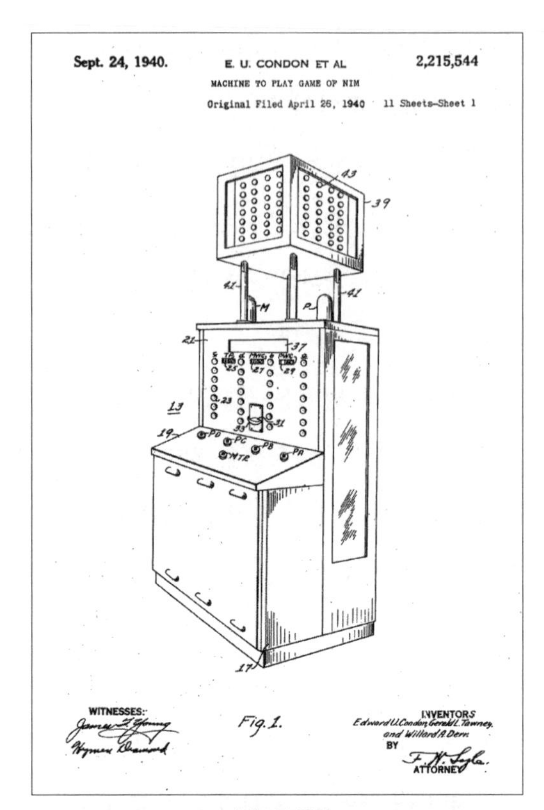

니마트론 특허

멋지게 완성된 니마트론

임처럼 느껴지지는 않았을 것이다, 안 그런가? 일단 전략을 알고 나면 아무 생각 없이 순수하게 수학적인 과정을 수행하는 고역에 가깝다. 그렇다. 말 그대로 기계적으로 만들 수 있을 정도로 기계적인 게임이다. 다음 그림은 1940년에 미국 특허 2,215,544호를 받은 니마트론Nimatron이다.

이 기계는 님 게임을 완벽하게 플레이하는 로봇이다. 당시의 전기적electrical 시대정신에 따라 돌 대신 불이 켜지는 전구가 사용되었다. 공동 발명자인 웨스팅하우스Westinghouse의 물리학자 에드워드 콘돈edward Condon은 몇 해 뒤에 맨해튼 계획Manhattan Project(미국의 원자폭탄 개발 프로젝트_옮긴이)의 부책임자가 된다(그러나 작업의 절대적인 기밀성이 '병적으로 우울'하다고 불평하면서 불과 6주 후에 사임했다).[14] 그는 미국이 아직 세계대전에 참전하지 않았던 1940년에 뉴욕시 플러싱 메도스Flushing Meadows에서 열린 세계박람회(주제: '내일의 세계')에서 니마트론을 선보였다. 니마트론은 그 여름의 퀸스Queens에서 수십만 번의 님 게임을 했다. 〈뉴욕타임스〉의 기사는 다음과 같았다.

> 웨스팅하우스사는 키가 8피트, 폭이 3피트이고 1톤의 무게가 나가는 새로운 전기 로봇 '미스터 니마트론Mr. Nimatron'을 소개한다고 선언했다. 박람회에 전시된 '미스터 니마트론'은 전기 두뇌를 인간의 두뇌와 겨루면서, 옛 중국* 게임의 변형인 '님'이라는 게임을

---

* 사실은 앞에서 본 것처럼 중국이 아니다!

하게 될 것이다. 이 게임은 마지막 전구가 꺼질 때까지 네 줄로 배치된 전구를 꺼 나가는 게임이다. 웨스팅하우스 관계자는, 대개 '니마트론'이 이기기 마련이지만, 혹시 진다면 상대에게 '님 챔프 Nim Champ'라는 스탬프가 찍힌 기념품을 선물할 것이라고 약속했다.[15]

니마트론이 완벽하다면 어떻게 인간이 한 번이라도 이길 수 있을까? 미스터 니마트론은 게임을 시작하는 조건으로 아홉 가지 선택을 제시했는데, 그중에 인간 선수에게 'W'가 되는 조건도 있었기 때문이다. 즉, 완벽하게 플레이하는 한, 사람이 이길 수도 있었다. 그러나 대개는 사람이 졌다. 콘돈은 말했다.

"로봇이 패배한 게임의 대부분은, 여러 차례의 시도 끝에 기계를 이길 수 없다고 확신하게 된 관람객들에게 그렇지 않다는 것을 보여 주기 위한, 전시 도우미를 상대로 한 게임이었다."[16]

1951년에 님로드Nimrod라는 님 게임 로봇을 만든 영국의 전기회사 페란티Ferranti의 월드 투어world tour에는 엄청난 인파가 몰려들었다. 런던에서는 일단의 심령술사들이 집중적인 텔레파시telepathy 진동으로 님로드의 완벽한 플레이를 극복하려 했지만 성공하지 못했다. 베를린에서는 나중에 독일 총리가 되는 루트비히 에르하르트Ludwig Erhard를 상대한 게임에서 님로드가 세 번 연속으로 승리를 거두었다. 페란티사의 마크 IMark One 컴퓨터를 연구했던 앨런 튜링Alan Turing은 님로드가 복도 건너편의 무료 바bar를 텅 비게 할 정도로 독일 관객을 매혹시켰다고 말했다.[17]

컴퓨터가 님 게임을 사람처럼 잘할 수 있다는 것은 공짜 맥주를 그냥 지나치는 독일인만큼이나 놀라운 일로 보였다. 그러나 정말로 놀라운 일일까? 튜링 자신도 다소 회의적으로 생각했다.

"혹자는 우리가 이렇게 복잡하고 값비싼 기계를 굳이 게임 같은 하찮은 일에 쓰려는 이유를 물을 수도 있다."[18]

님 게임에 관하여 알게 된 지식에 따라, 우리는 이제 님로드가 완벽한 플레이어가 되는 데 인간 수준의 그 어떤 통찰력도 필요하지 않다는 것을 알 수 있다. 오직 잎사귀에서 뿌리까지 단계적으로 나무에 표지를 붙이는 끈기만 있으면 된다. 독자가 3목tic-tac-toe 게임을 해 봤다면, 아마 동일한 현상을 관찰했을 것이다. 3목 게임에도 나무의 기하학이 있기 때문이다. 처음 몇 단계는 다음 그림과 같다.*

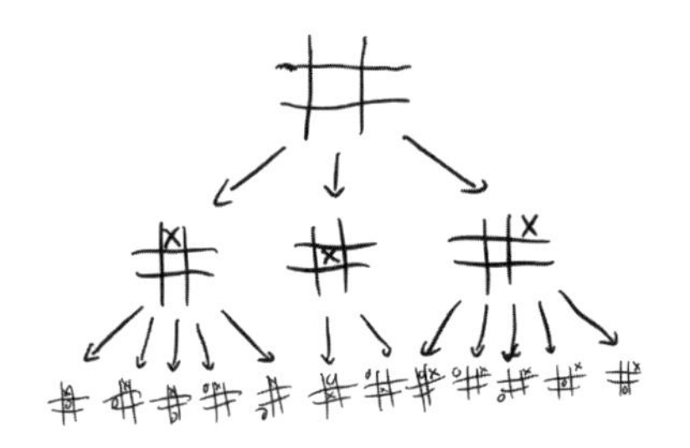

그렇지만 차이점이 있다. 3목 게임은 님 게임과 달리 —이유는 알 수 없으나 고양이의 게임cat's game이라 불리는— 무승부로 끝날

* 이 그림에도 같은 이름으로 불리는 다른 것들이 있다. 3목 게임의 대칭성은 모서리에서 시작하는 모든 첫수와, 가운데 줄 끝에서 시작하는 모든 첫수를 동일하게 취급할 수 있음을 의미한다. 따라서 첫수에 따르는 분기를 아홉 개가 아니라 세 개만 그리면 된다.

수 있다. 실제로 두 선수 모두 일곱 살 이상일 때는 대부분 게임이 무승부로 끝난다.

그래도 문제는 없다. 그저 '무승부draw'를 뜻하는 새로운 글자 'D'와, 두 가지 대신 세 가지 법칙이 필요할 뿐이다.

… 세 가지 법칙 …

제1법칙: 선택하는 모든 수가 W로 이어진다면, 나의 현 위치는 L이다.
제2법칙: 선택할 수 있는 수의 일부가 L로 이어진다면, 나의 현 위치는 W다.
제3법칙: 선택할 수 있는 수 중에 L로 이어지는 수는 없지만, 선택하는 모든 수가 W로 이어지지는 않는다면, 나의 현 위치는 D다.

제3법칙은 더 길고 무승부 위치에 있다는 것이 무슨 의미인지를 포착한다. 법칙의 전반부는 내가 이기지 못했다고 말한다. 후반부는 내가 지지 않았다고 말한다. 선택할 수 있는 수 중에 상대에게 승리로 가는 길을 제공하지 않는 수가 있기 때문이다. 내가 이길 수 없고 상대가 나를 패배시킬 수도 없다면 게임은 무승부다.

3목 게임에서는 어떤 선택지가 주어지든 항상 세 가지 법칙 중 하나가 적용되는 상황을 맞게 된다는 사실에 주목하기 바란다. 따라서 우리는 님 게임과 마찬가지로 빈 게임판에 해당하는 뿌리에 D를 표시하는 것으로 시작하여 나무를 오를 수 있다. 놀랄 것도 없이 3목 게임에는 발견되지 않은 비밀의 전략이 존재하지 않는다. 두 선수 모두 완벽하게 플레이하면 매번 고양이의 게임으로 끝난다.

수학에서 자주 일어나는 일이 있다. 어떤 문제를 해결한 당신은, 다음 날 또는 다음 달 아니면 다음 해에 훨씬 더 많은 문제를 동시에 해결했다는 사실을 깨닫게 된다. 정말로 새로운 종류의 망치를 발명할 것을 요구하는 못이 있을 때는 모든 것이 그 망치로 칠 만한 못처럼 보이고 많은 것이 실제로 그렇다.

3목 게임에는 나무의 기하학이 있고 세 가지 법칙은 첫 번째 선수가 이기거나, 두 번째 선수가 이기거나, 아니면 무승부가 될 것을 보장한다. 더욱이 순수한 기계적 계산을 통하여 현재의 상황이 세 가지 선택지 중 어느 것에 해당하는지와 완벽한 전략이 어떤 것인지를 알 수 있다.

동일한 논리로 이는 나무의 기하학이 있는 모든 게임에 적용된다. 이 말은 어떤 게임이든, 두 선수가 차례로 플레이하고, 선택의 결과가 결정론적이며 (동전 던지기, 원반 돌리기, 카드 뽑기 등 우연성에 의존하지 않는), 유한한 단계를 거쳐 끝나는 게임을 의미한다. 그런 게임에서는

첫 번째 선수에게 항상 승리를 보장하는 전략이 있거나;
두 번째 선수에게 항상 승리를 보장하는 전략이 있거나;
아니면 완벽하게 플레이된 모든 게임이 무승부로 끝난다.

그리고 잎사귀에서 뿌리까지 세 가지 법칙에 따른 W, L, D 표지를 붙임으로써 그들 전략을 파악할 수 있다. 시간이 오래 걸릴 수

있으나 항상 효과가 있는 방법이다.

수많은 게임이 나무다. 체커도 나무다. 4목Connect Four 게임도 마찬가지다. 심지어 체스chess까지! 우리는 체스를 작은 나무판 위에서 전투의 본질을 구현하는 낭만적 예술처럼 생각한다. 체스는 무언가를 의미한다. 체스에 관한 영화와 소설, 그리고 아바ABBA(스웨덴의 세계적인 팝 그룹_옮긴이)의 멤버가 작곡한 뮤지컬도 있다.

그러나 체스도 나무다. 두 선수가 차례로 착수하고, 우연성이 개입되지 않으며, 5,898수 이상 진행할 수 없는 게임이다. 5,898수는 합법적인 게임에서 이론적으로 가능한 최댓값이며, 선수들이 승리하려고 노력하는 실제 게임에서는 절대로 나오지 않을 숫자다. 기록에 남아 있는 최장시간 시합은 불과 269수만에 끝났고 20시간이 조금 넘게 걸렸다.[19]

체스를 모른다면 게임에 한계가 있는 이유가 궁금할 수도 있다. 체스는 님 게임과 다르다. 체스에서는 착수할 때마다 말piece을 잃지는 않는다. 그렇다면 왜 말horsie과 성castle이 그저 서로를 쫓으면서 체스판 위에서 끝없이 돌아다닐 수 없을까? 체스의 명인들이 바로 그런 플레이를 금지하는 규칙을 만들었기 때문이다. 예를 들어, 50수가 진행될 때까지 누구든 말을 잡거나 졸pawn을 움직이지 않는다면, 게임이 끝나고 무승부가 선언된다. 이런 '교착상태stalemate' 규칙은 소수의 목록에서 1이 제외된 것과 같은 동기에서 나왔다. 1이 소수라고 선언한다면, 소인수분해 과정이 끝없이 계속될 수 있다. 15=3×5×1×1×1…. 정확히 말해서 틀린 것은 아니지만 별 의미가 없다. 교착상태 규칙은 체스가 이렇게 지루하고 끝이 없는 길로 빠지는 것을 방지한다.*

따라서 체스는, 모든 전설과 신비에도 불구하고, 님이나 3목과 같은 유형의 게임이다. 동등할 정도의 완벽한 실력을 가진 두 선수가 대결한다면 백white이 항상 이기거나, 백이 항상 지거나, 게임이 항상 무승부로 끝나는 결과가 나온다. 어떤 결과가 나올지를 계산하는 일은, 원리적으로는 단지 나무의 뿌리까지 한 단계씩 내려가는 문제일 뿐이다. 체스가 어려운 문제임은 분명하다. 그러나 세기 중반의 원자시대 정치와 도시 재생의 교차점, 어린 시절에 대한 향수, 남북전쟁의 끝없는 잔향, 그리고 인간의 정신을 기계화된 인공물로 대체하는 것에 관한 시를 쓰는 것처럼 어려운 문제는 아니다.[20] 정말로 큰 수 두 개를 곱하는 것 같은 어려운 문제다. 시간이 오래 걸릴 수는 있지만, 원리적으로는 단계적으로 끝내는 방법이 알려져 있다.

"원리적으로In principle."

이 말은 바닥이 없는 어려움의 심연 위에 조심스럽게 설치된 지푸라기 매트mat다!

돌이 두 개씩인 무더기 둘로 시작하는 님은 지는 게임이다. 4목은 이기는 게임이다.[21] (알고 보니 아쉽겠네!) 그러나 우리는 체스가 이기는 게임인지, 지는 게임인지, 아니면 무승부로 끝나는 게임인지 알지 못한다. 결코 알 수 없을지도 모른다. 체스의 나무에는 엄청나게

* 현학적인 논의를 원한다면, 체커는 엄밀하게 말해서 유한한 나무가 아니다. 체커에는 교착상태 규칙이 없기 때문이다. 자신의 말이 끝없이 돌아다니도록 하고 싶다면 기술적으로는 얼마든지 그렇게 할 수 있다. 실제로는 아무도 상대에게 패배를 강요할 수 없다는 것이 인정될 때 무승부에 합의한다.

많은 잎사귀가 있다. 정확히 얼마나 되는지 알 수 없지만, 키가 8피트인 로봇이 생각할 수 있는 것보다 많다는 것은 확실하다. 앞에서 마르코프 연쇄를 이용하여 모조 영어 텍스트를 만들어 내는 모습을 보았던 클로드 섀넌은 체스를 두는 기계를 진지하게 다룬 최초의 논문을 쓰기도 했다.[22] 그는 잎사귀의 수가 1 뒤에 0이 120개 붙는 수, 즉 1억조 구골googol(한 미국인 수학자의 아홉 살 난 조카가 만들어 낸 10^{100}을 뜻하는 말_옮긴이) 정도의 크기라고 생각했다. 이 수는… 보다 큰, 좋다, 실제로 우주에 있는 어떤 것의 수보다도 크고, 하나씩 살펴보면서 작은 글씨로 W, D, 또는 L 표시를 적어 넣을 수 있는 수가 아닌 것은 분명하다. 원리적으로 가능하지만 현실적으로는 그렇지 않다.

계산과 관련된 이런 현상, 즉 계산하는 방법은 정확하게 알지만 실제로 계산할 시간이 없다는 것은 컴퓨터 시대 수학의 역사 전체를 통하여 울려 퍼지는 침울한 단조의 악상motif이다. 잠시 소인수분해로 돌아가 보자. 우리는 이미 소인수분해를 하는 데 별로 생각할 필요가 없음을 안다. 1,001 같은 숫자로 시작할 때 할 일은 그저 나누어떨어지는 수를 찾아내는 것뿐이고 찾지 못한다면 1,001은 소수다. 2로 나누어떨어지는가? 아니다. 1,001은 절반으로 나눌 수 없다. 3은? 아니다. 4는? 아니다. 5는? 아니다. 6은? 아니다. 7은? 그렇다. 1,001은 7×143이다. (천일야화는 143주 동안의 이야기다.) 한 번 도끼를 휘두른 우리는 143에 다시 도끼질을 할 수 있다. 143=11×13임을 찾아낼 때까지 나눗셈을 해 보면서.

그러나 200자릿수의 숫자를 소인수분해하려 한다면 어떨까? 이제 문제는 체스의 수준에 훨씬 더 가깝다. 가능한 모든 나눗수를 확인해 보려면 우주의 나이로도 충분치 않다. 단지 산술일 뿐임은 분명하지만, 우리가 아는 한, 전적으로 불가능한 일이다.

이것은 좋은 일이다. 현실 세계에서 우리가 소중히 여기는 무언가의 보안security이 그 어려운 문제에 의존하기 때문이다. 숫자를 소인수분해하는 것과 보안이 무슨 관계가 있을까? 이 질문에 답하기 위해서는, 남북전쟁 때 남군이 사용한 암호 기법과 1914년에 출간된 거트루드 스타인Gertrude Stein의 실험적 산문시집 《부드러운 단추Tender Buttons》로 돌아가야 한다.

부드러운 단추의 필요성 제거하기, 거트루드 스타인 지음

게임을 끝낸 아크바르와 제프가 비밀리에 통신하기를 원한다고 가정해 보자. 그들에게 공통의 암호체계가 있으면 비밀 통신이 가능하다. 여기서 '공통'이란 말이 중요하다. 그들은 동일한 암호를 사용해야 하며, 그러려면 일반적으로 키key라 불리는 특정한 정보를 공유해야 한다. 키는 거트루드 스타인이 지은 《부드러운 단추》의 텍스트일 수도 있다. 아크바르가 제프에게 "님 게임이 따분해졌어."라는 메시지를 비공개로 전송하려면 다음과 같이 하면 된다. 우선 거트루드 스타인의 《부드러운 단추》에 있는 첫 번째 시의 도입부("A CARAFE, THAT IS A BLIND GLASS. A kind in glass and a cousin, a spectacle and nothing strange a single hurt color and an arrangement in a system to pointing")

위에 한 글자씩 위아래로 대응되도록 자신의 메시지를 쓴다.

NIM HAS GROWN DREARY

ACA RAF ETHAT ISABLI

그리고 각 글자 쌍을 더한다. 글자는 숫자가 아니지만, 알파벳에서의 위치가 있고, 더해지는 것은 그 위치의 숫자다. 0으로 시작하는 것이 관행이므로, A의 문자 번호는 0, B의 문자 번호는 1과 같이 계속된다. N은 알파벳의 13번째 글자이고 A는 0번째이므로 두 글자를 더하여 얻는 값 13은 13번째 글자인 N이 된다. I+C는 8+2=10이므로 K가 된다. 이런 식으로 한 글자씩 계속하면 NKM YAX K…로 시작하는 암호 텍스트를 얻는다.

그다음에 작은 문제가 생긴다. R(17)+T(19)=36은 알파벳의 문자가 아니다. 그러나 이 문제는 쉽게 해결된다. 그저 Z 뒤에서 다시 처음으로 이어지도록 하여, 26번째 글자가 A이고 27번째 글자가 B가 되는 식으로, 문자 번호 36에 해당하는 글자가 문자 번호 10과 같은 K임을 알아낼 때까지 계속하면 된다. 메시지는 다음과 같이 완성된다.

NIM HAS GROWN DREARY

\+ ACA RAF ETHAT ISABLI

NKM YAX KKVWG LJEBCQ

이제 암호화된 메시지와 함께 거트루드 스타인의《부드러운 단추》도 당연히 가지고 있는 제프는 거꾸로 시의 글자를 더하는 대신에 뺌으로써 메시지를 해독할 수 있다. N 빼기 A는 13-0=13이므로 N이 되는 식이다. 세 번째 K에서는 K(10)에서 T(19)를 빼야 한다. 뺄셈의 결과는 -9가 되지만 아무런 문제가 없다! -9번째 글자는 A(0)보다 아홉 글자 앞에 있는 글자로, Z가 A의 바로 앞 글자로 간주된다는 것을 기억하면, Z보다 여덟 글자 앞선 R이 된다.

이 모든 덧셈과 뺄셈이 마음에 들지 않는다면, 간편하게 다음과 같은 표를 이용할 수도 있다.[23]

	A	B	C	D	E	F	G	H	I	J	K	L	M	N	O	P	Q	R	S	T	U	V	W	X	Y	Z
A	a	b	c	d	e	f	g	h	i	j	k	l	m	n	o	p	q	r	s	t	u	v	w	x	y	z
B	b	c	d	e	f	g	h	i	j	k	l	m	n	o	p	q	r	s	t	u	v	w	x	y	z	a
C	c	d	e	f	g	h	i	j	k	l	m	n	o	p	q	r	s	t	u	v	w	x	y	z	a	b
D	d	e	f	g	h	i	j	k	l	m	n	o	p	q	r	s	t	u	v	w	x	y	z	a	b	c
E	e	f	g	h	i	j	k	l	m	n	o	p	q	r	s	t	u	v	w	x	y	z	a	b	c	d
F	f	g	h	i	j	k	l	m	n	o	p	q	r	s	t	u	v	w	x	y	z	a	b	c	d	e
G	g	h	i	j	k	l	m	n	o	p	q	r	s	t	u	v	w	x	y	z	a	b	c	d	e	f
H	h	i	j	k	l	m	n	o	p	q	r	s	t	u	v	w	x	y	z	a	b	c	d	e	f	g
I	i	j	k	l	m	n	o	p	q	r	s	t	u	v	w	x	y	z	a	b	c	d	e	f	g	h
J	j	k	l	m	n	o	p	q	r	s	t	u	v	w	x	y	z	a	b	c	d	e	f	g	h	i
K	k	l	m	n	o	p	q	r	s	t	u	v	w	x	y	z	a	b	c	d	e	f	g	h	i	j
L	l	m	n	o	p	q	r	s	t	u	v	w	x	y	z	a	b	c	d	e	f	g	h	i	j	k
M	m	n	o	p	q	r	s	t	u	v	w	x	y	z	a	b	c	d	e	f	g	h	i	j	k	l
N	n	o	p	q	r	s	t	u	v	w	x	y	z	a	b	c	d	e	f	g	h	i	j	k	l	m
O	o	p	q	r	s	t	u	v	w	x	y	z	a	b	c	d	e	f	g	h	i	j	k	l	m	n
P	p	q	r	s	t	u	v	w	x	y	z	a	b	c	d	e	f	g	h	i	j	k	l	m	n	o
Q	q	r	s	t	u	v	w	x	y	z	a	b	c	d	e	f	g	h	i	j	k	l	m	n	o	p
R	r	s	t	u	v	w	x	y	z	a	b	c	d	e	f	g	h	i	j	k	l	m	n	o	p	q
S	s	t	u	v	w	x	y	z	a	b	c	d	e	f	g	h	i	j	k	l	m	n	o	p	q	r
T	t	u	v	w	x	y	z	a	b	c	d	e	f	g	h	i	j	k	l	m	n	o	p	q	r	s
U	u	v	w	x	y	z	a	b	c	d	e	f	g	h	i	j	k	l	m	n	o	p	q	r	s	t
V	v	w	x	y	z	a	b	c	d	e	f	g	h	i	j	k	l	m	n	o	p	q	r	s	t	u
W	w	x	y	z	a	b	c	d	e	f	g	h	i	j	k	l	m	n	o	p	q	r	s	t	u	v
X	x	y	z	a	b	c	d	e	f	g	h	i	j	k	l	m	n	o	p	q	r	s	t	u	v	w
Y	y	z	a	b	c	d	e	f	g	h	i	j	k	l	m	n	o	p	q	r	s	t	u	v	w	x
Z	z	a	b	c	d	e	f	g	h	i	j	k	l	m	n	o	p	q	r	s	t	u	v	w	x	y

숫자가 문자로 바뀐 것을 제외하면 이 표는 초등학교에서 배운 덧셈표와 똑같다! R+T를 계산하려면 그저 R행과 T열(또는 T행과 R열)

을 살펴서 K를 찾으면 된다.

아니면, 더 나은 방법으로 이 암호가 알파벳에 부과하는 기하학을 이용할 수도 있다. 우리는 Z에서 한 글자 더 지나칠 때 영어라는 언어의 가장자리에서 떨어지는 것이 아니고 A로 돌아온다는 규칙을 채택했다. 그런 규칙은 알파벳을 아래와 같은 직선이 아니라

ABCDEFGHIJKLMNOPQRSTUVWXYZ

원으로 생각한다는 것을 의미한다.

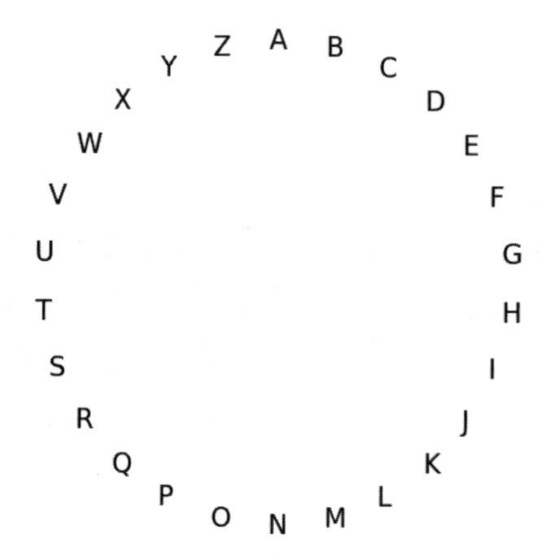

거트루드 스타인의 《부드러운 단추》에 있는 모든 A는 0이다. 이는 키의 글자가 A이면 메시지의 해당하는 글자를 그대로 둔다는 뜻이다. 모든 C는 2이며, 원을 반시계 방향으로 두 칸 회전시키는 것을 의미한다. 키를 가지고 있는 한, 이러한 기하학적 관점에서는 암호를 해독하기 쉬운 이유가 명백하다. 같은 양만큼 원을 이번에는

시계방향으로, 회전시키면 된다.

이런 종류의 암호는 블레즈 드 비즈네르Blaise de Vigenère의 이름을 따서 비즈네르 암호라 불린다. 그러나 16세기 프랑스의 지식인이었던 비즈네르는 비즈네르 암호를 발명하지 않았다. 이러한 착오는 수학과 과학에서 흔히 볼 수 있다. 너무도 흔해서 통계학자이자 역사가인 스티븐 스티글러Stephen Stigler가 다음과 같은 법칙을 공식화했다.

"그 어떤 과학적 발견도 최초 발견자의 이름으로 명명되지 않는다." (스티글러의 법칙. 스티글러는 이 법칙이 사실은 사회학자 로버트 머튼Robert Merton에 의하여 처음으로 공식화되었다고 말했다.)[24]

비즈네르는 귀족 가문 출신의 인맥이 좋은 사람이었으며, 여러 권의 책을 썼고, 대사와 왕의 비서로 일하기도 했다.[25] 그래서 그는 특히 로마에 있는 동안에, 가장 복잡한 최신의 암호 메시지 기법을 접할 수 있었다. 16세기 로마의 암호학계는 치열한 경쟁 속에 철저하게 보호되는 비밀의 세계였다. 비즈네르는 경쟁자 중 한 사람인 교황의 개인 암호해독가 파울로 판카투초Paulo Pancatuccio에게 유치할 정도로 쉬운 암호 메시지를 보내서 장난을 친 사건으로 유명해졌다. 손쉽게 암호를 해독한 판카투초는 결국 자신을 겨냥한 모욕적인 메시지를 발견하게 된다.

"오 가엾은 노예여, 너의 모든 기름과 고통을 암호 해독에 낭비하고 있구나… 자, 앞으로는 여가와 노력을 더 가치 있는 일에 사용하고, 세상의 모든 보물로도 단 1분을 되살 수 없는, 시간의 낭비를 멈춰라. 이제 문제로 들어가서, 여기에 이어지는 짧은 편지의 의미를 파악할 수 있는지 알아보라.”

거기서부터 메시지는 비즈네르가 창안한 고급 암호로 바뀐다. 비즈네르는 그 암호의 해독이 판카투초의 능력을 넘어서는 일임을 잘 알았다. 이 모든 것은 비즈네르의 책 《암호와 비밀 글쓰기에 관한 논문Treatise on codes and secret writing》을 통하여 알려졌다. 순수 문학적인 그의 다른 작품이 모두 잊힌 반면에 암호학의 표준적 참고문헌이 된 이 책은 비즈네르가 창안한 다수의 복잡한 암호와 아울러 여기서 설명된 단순한 비즈네르 암호의 핵심적 아이디어도 포함한다. 실제로 비즈네르 암호는, 카메리노Camerino에서 두란테 두란티Durante Duranti 추기경의 비서 겸 암호학자로 일했던 조반 바티스타 벨라소Giovan Battista Bellaso가 1553년에 고안한 암호였다.[26] (당시에 암호학자를 고용하지 못할 정도의 지위라면 교회의 사다리를 얼마나 내려가야 했을까?)

벨라소는 자신의 암호를 높이 평가했다. ‘온 세상이 사용할 수 있을 정도로 놀랍도록 탁월함에도 불구하고, 자신이 설명하는 사용법과 함께 책자에서 제공하는 간략한 키를 소유한 사람 외에는 아무도 다른 사람이 쓴 메시지를 이해할 수 없을 것’이라고 선전했다.[27] 세상은 대체로 그의 평가에 동의했다. 이른바 비즈네르 암호는 해독할 수 없는 암호로 널리 알려지게 되었다. 스티글러가 예측했을지도 모르지만, 실제로 프리드리히 카시스키Friedrich Kasiski보다 20년 앞서서 찰스 배비지Charles Babbage가 창안한 ‘카시스키 검사’가 개발되기 전에는 비즈네르 암호를 푸는 믿을 만한 방법이 없었다.[28] 그러나 거트루드 스타인의 《부드러운 단추》만큼이나 긴 키를 사용하면 이 방법조차도 별로 효과가 없다.

완벽한 승리

물론 암호는 암호를 사용하는 사람의 직업윤리만큼만 효과적이다. 예를 들어, 독자는 아마도 남부연합Confederacy이 집단적 노예제도라는 부끄러운 시스템을 보존하려는 필사적 노력으로, 미합중국에 대항하여 전쟁을 벌인 반체제적 분열국가였다는 사실을 알고 있을 것이다. 하지만 그들의 암호 기술이 정말로 형편없었다는 사실도 알았는가? 남부연합은 메시지 안에서 반복되는 짧은 키와 함께 비즈네르 암호를 사용했고, 메시지 내용 중에 전략적으로 중요하다고 생각하는 단어만을 암호화했다. 따라서 1864년 9월 30일에 에드먼드 커비 스미스Edmund Kirby Smith 장군이 제퍼슨 데이비스Jefferson Davis 대통령에게 보낸 통신문의 일부는 다음과 같았다.

> 이것으로 ZMGRIK-GGIUL-CW-EWBNDLXL이 순찰하는 HJ-OPG-KWMCT 지역 위쪽의 O-TPQGEXYK에 영향을 줄 수 있습니다.[29]

남부연합의 암호병은 메시지 대부분을 평문으로 남겨 두었을 뿐만 아니라 암호화된 단어 사이의 공백도 그대로 남겨 두었다. 메시지를 가로챈 북군 병사들이 '지역 위쪽의'의 앞에 있는 문구가 'OF THE RIVER(강의)'라고 추측하는 것은 매우 자연스러운 일이었다. 일단 해독된 구절을 확보하면 거꾸로 작업하여 키를 알아낼 수 있다. 앞에 나왔던 알파벳의 정사각형 표를 다시 살펴보라. O를 H로 보내는 데 필요한 키는 T다. F를 J로 보내려면 E가 필요하다. 앞에서 사용했던 산술 언어로 말하자면 뺄셈이다. H-O=T이고 J-F=E다. 이런 식으로 계속하면 다음의 결과를 얻는다.

OF THE RIVER

- HJ OPG KWMCT

TE VIC TORYC

이 짧은 구절에서 북군의 암호 해독가는 이미 남부연합이 사용한 키의 절반 이상을 밝혀냈다. 곧 남부연합에게 일어날 일, 즉 '완벽한 승리Complete Victory'를 생각하면 약간 아이러니하다. 일단 키를 알면 나머지 메시지를 해독하는 일은 고작 몇 분이면 충분한 작업에 불과하다.

긴 키를 사용하는 비즈네르 암호는 거의 해독할 수 없는 암호의 지위를 유지한다. 그러나 한 가지 큰 문제가 있다. 아크바르와 제프 말고도 거트루드 스타인의 《부드러운 단추》를 가진 사람이 있을 수 있다. 그런 사람이면 누구라도 그들의 메시지를 쉽게 해독할 수 있다. 아크바르와 제프가 신뢰할 수 있는 통신 그룹에 시바Sheba를 포함하기를 원한다면, 그녀에게 거트루드 스타인의 《부드러운 단추》 사본을 전달할 필요가 있다. 누군가에게 키를 보내려 할 때 그 키를 암호화할 수는 없다. 키를 받는 사람에게 해독에 필요한 키가 없기 때문이다. 그러나 암호화하지 않은 키를 보내고 그 메시지를 가로

채여서 도청자가 당신의 키를 갖게 된다면, 애당초 암호를 쓰지 않는 편이 나을 것이다.

이는 암호학의 기본적·구조적 문제, 해결할 수 없고 그냥 감수해야 하는 문제로 여겨졌다. 시바와 적의 도청자는 어쨌든 같은 처지다. 두 사람 모두 키를 모른다. 메시지를 보내지 않고는 시바에게 키를 전달할 수 없고, 키가 없이는 메시지를 적의 눈으로부터 보호할 수 없다. 어떻게 하면 시바는 읽을 수 있으나 도청자는 읽을 수 없는 메시지를 보낼 수 있을까? 바로 그때, 호기심을 불러일으키는 낯선 사람이 배달시킨 꽃처럼, 전혀 예기치 못했던 소인수분해가 문 앞에 도착한다.

큰 수의 곱셈은 수학자들이 말하는 트랩도어 함수trapdoor function에 해당한다. 트랩도어는 한 방향으로 통과하기는 쉬우나 반대 방향으로 통과하기는 대단히 어려운 문이다. 당신의 스마트폰은 천 자릿수의 숫자 두 개를 곱하는 일을 눈을 깜빡하기도 전에 해낼 수 있다. 그 곱을 다시 원래의 피승수로 나누는 일은, 그 어떤 알고리듬이든, 우리 생애의 100만의 100만 배에 해당하는 시간을 쓰더라도 해결할 수 없는 문제다. 이런 비대칭성을 이용하여 시바에게 적이 엿듣지 못하게 키를 전달할 수 있다. 바로 그런 일을 하는 놀라운 알고리듬, 즉 1977년에 알고리듬을 창안한 론 리베스트Ron Rivest, 아디 샤미르Adi Shamir, 레너드 애들먼Leonard Aldleman의 이름을 따서 RSA라 불리는 알고리듬이 있다. 적어도 그들은 알고리듬을 만들고 나서 모든 사람에게 그 사실을 알렸다. 실제 이야기는 조금 더 흥미롭다. 스티글러의 법칙대로, RSA에 이름을 올린 사람들이 실제로 RSA 알고리듬을 처음으로 창조한 것은 아니었다. 이 시스템은 1970년대 초반에 클리포드 콕스Clifford Cocks와 제임스 엘리스James Ellis에 의하여 창안되었다. 그러나 최소한 이 경우에는 착오가 생긴 충분한 이유가 있었다. 콕스와 엘리스는 영국의 일급기밀 정보기관인 GCHQ에서 일했고, 1990년대까지는 비밀로 분류된 서클 외부의 그 누구에게도 RSA가 R, S, A보다 먼저 나왔다는 사실이 알려지지 않았다.[30]

RSA 알고리듬의 세부내용에는 정수론number theory이 조금 더 많이 포함되는데, 여기서 모두 설명하기는 어려우나 핵심적 특징은 다음과 같다. 시바는 두 개의 매우 큰 소수 p와 q를 염두에 두고 있다. 시바 말고는 아무도 그 수를 알지 못한다. 아크바르도, 제프도, 그 누구도. 두 숫자가 키다. 이 두 큰 소수를 아는 사람은 누구라도 RSA 알고리듬을 이용하여 메시지를 해독할 수 있다.

그러나 처음에 메시지를 암호화하는 데는 p와 q를 알 필요는 없다. 오직 두 수의 곱, 즉 우리가 N이라 부를 훨씬 더 큰 수만 알면 된다.* 따라서 암호의 해독이 동일한 키를 사용하여 암호화의 역방향으로 진행되는 비즈네르 암호와는 다르다. RSA에서 암호화와 해독은 전적으로 다른 과정이며 트랩도어 덕분에 전자가 후자보다 훨씬 쉽다.

큰 숫자 N은 공개키public key라 불린다. 시바가 누구에게든 공개

* 나의 부지런한 편집자가 물었다: 왜 p와 q는 소문자인데 N은 대문자인가? 이는 작다고 생각되는 숫자에 소문자를 쓰고, 크다고 생각되는 숫자에는 대문자를 쓰는 수학적 습관을 반영한다. 여기서 p와 q는 300자릿수에 달할 수 있는 수로서 작다고 생각되지 않지만, 그들의 곱인 N에 비하면 새 발의 피라 할 수 있다.

할 수 있기 때문이다. 원한다면 자기 집 현관문 밖에 붙여 놓을 수도 있다. 아크바르가 시바에게 메시지를 보낼 때 알아야 할 것은 두 소수의 곱인 N밖에 없다. 그는 N을 사용하여 메시지를 암호화할 수 있고, 비밀의 키 p와 q를 가진 시바는 읽을 수 있는 텍스트를 복원 가능하다. 누구라도 N을 이용하여 시바에게 메시지를 보낼 수 있다. 심지어 공개적으로 메시지를 게시할 수도 있다. 누구든지 메시지를 볼 수는 있지만, 개인키private key가 있는 시바를 제외하고는 메시지를 읽을 수 없다.

공개키 암호기법의 출현으로 모든 것이 더 쉽고 간단해졌다. 당신은 (또는 당신의 컴퓨터, 휴대전화, 냉장고) 특권적 정보를 공유할 방법을 찾아야 할 필요 없이, 한꺼번에 수많은 사람에게 매우 안전하게 메시지를 보낼 수 있다. 하지만 그 모든 것은 트랩도어가 실제로 트랩도어라는 사실에 의존한다. 누군가가 그 밑에 사다리를 설치하여 양방향 통행이 쉽도록 하면 암호체계 전체가 무너진다. 즉, 누군가가 큰 수 N을 구성요소인 두 소수 p와 q로 분리하는 방법을 고안해낸다면, N으로 암호화된 이전의 모든 비밀 메시지에 접근할 수 있을 것이다.

컴퓨터 프로그램에게 소인수분해가 체스 게임에서 이기는 문제처럼 우리의 생각보다 쉬운 문제로 판명된다면, 정보를 전달하는 일이 갑자기 훨씬 더 위험해진다. 스릴러 소설의 뒤표지에서 (내가 공항에서 본 실화다) 다음과 같은 광고 문구를 보게 되는 이유다.

10대 소년 버니 웨버Bernie Weber는 수학 천재다. 워싱턴, CIA, 그리고 예일Yale이 그를 납치하려고 밀워키에 침입한다. 그들은 소수를 인수분해할 수 있는 버니의 비밀을 알아야 한다.[31]

(만약 마지막 문장에서 웃지 않았다면, 잠시 멈춰서 버니가 지니고 있는 비밀에 대하여 신중하게 생각해 보라.)

나의 프로그래머는 하느님이었다

치누크는 살아 있거나 죽었거나 아니면 둘 다 아닌 그 누구보다도 체커를 잘했다. 하지만 그것이 치누크가 원리적으로 질 수 없다는 의미는 아니었다. 어쩌면 체커 나무 깊숙이, 아직 사람이나 기계가 꿈도 꾸지 못한, 탁월한 전략이 숨어 있어서 챔피언을 쓰러뜨리게 될지도 모를 일이었다. 그런 가능성을 완전히 배제하는 유일한 방법은 맨 밑바닥까지 체커를 분석하여 뿌리에 무슨 표지를 붙일지를 확실히 하는 것이다. 체커는 다음 세 가지 유형의 게임 중 어디에 해당할까? 첫 번째로 플레이하는 선수가 이기는 게임, 두 번째로 플레이하는 선수가 이기는 게임, 아니면 무승부로 끝나는 게임?

인위적 긴장감을 조성하지는 않겠다. 체커는 무승부로 끝나는 게임이다. 수학적으로는 대규모 2색 버전의 3목 게임과 비슷하다. 절대로 실수하지 않는 두 선수는 결코 이기거나 질 수 없다. 항상 무승부로 끝난다. 기억하겠지만 거의 실수를 저지르지 않았던 마리온 틴슬리의 추종자들에게는 그리 놀라운 일이 아닐 수도 있다. 틴슬리의 상대들도 별로 실수를 범하지 않았다. 그렇게 완벽에 가까운 두 선수가 대결했을 때는 대부분의 게임이 무승부로 끝났다. 1863년에 '목동Herd Laddie'으로* 알려진 스코틀랜드 챔피언 제임스 와일리James Wyllie는 글래스고에서 열린 세계챔피언 결정전에서 콘월Cornwall 출신의 로버트 마틴스Robert Martins와 대결했다. 그들은 50게임의 시합을 벌였는데 모두 무승부로 끝났다. 그중 28게임은 처음부터 끝까지 똑같이 진행되었다.[32] 지루한 게임이었다! 글래스고의 대실패는 '제한restricion' 시스템이 체커에 채택되는 결과로 이어졌는데, 허용되는 오프닝opening의 데크deck에서 처음 두 수가 무작위로 선택되었다. 선수들이 나무의 닳고 닳은 경로를 터벅터벅 걸어 내려가, 똑같은 오래된 잎사귀에 도달하는 것을 막으려는 아이디어였다. 그러나 1928년에 뉴욕 롱아일랜드의 가든시티 호텔Garden City Hotel에서 새뮤얼 고노츠키Samuel Gonotsky와 마이크 리버Mike Lieber가** 1,000달러가 든 지갑을 놓고 겨룬 시합에서 40게임 연속으로 무승부가 나온 후에는 오늘날의 '3수 제한three-move restriction', 즉 '무서운 에든버러Dreaded Edinburgh', '헨더슨The Hendreson', '황야The Wilderness', '프레이저의 지옥Fraser's Inferno', '워털루Waterloo', '올리버의 회오리바람Oliver's Twister'*** 같은 이름이 붙은 156가지 오프닝 옵션 중에서 게임의 첫 세 수가 선택되는 시스템으로 바뀌었다. 3수 제한에도 불구하고 현대의 체커 챔피언십 게임에서는 승리나 패배보다 무승부가 훨씬 더 많이 나온다.

---

* 소 떼를 몰고 에든버러로 온 그가, 자신이 지는 게임의 열 배를 이기겠다고 내기를 걸면서 도회지 깍쟁이들에게 도전했기 때문이다. 그는 정말로 그렇게 했다.

** 리버는 체스 시합의 수도와 같았던 톨레도에서 아사 롱과 같은 고등학교의 동급생이었다.

*** "체커 오프닝 또는 적당히 어려운 스키 슬로프?"는 재미있는 응접실 게임이 될 것이다.

하지만, 그런 사례는 단지 많은 증거일 뿐이다. 여러 세대에 걸친 체커 명인들이 놓치고 말았던 승리 전략이 존재하지 않음을 실제로 증명하는 것은 다른 문제일 것이다.

1994년에 마리온 틴슬리로부터 체커의 왕관을 넘겨받았을 때 치누크의 나이는 다섯 살에 불과했다. 조너선 셰퍼와 치누크 팀의 동료들이 틴슬리가 도저히 치누크를 이길 수 없었으리라는 것을 증명하는 데는 13년이 더 필요했다. 그 누구도 치누크를 이길 수 없다. 당신이 이길 수 없다는 것은 확실하다.

그렇지만, 시도는 해 볼 수 있다! 치누크는 앨버타주 에드먼턴Edmonton에 있는 서버server에서 밤낮으로 돌아가면서 모든 고객을 상대한다. 당신이 플레이하는 동안에 치누크는 침착하게 자신의 상황을 평가한다. 처음에는 "치누크가 약간 유리하다."라고 보고한다. 그다음에는 "치누크가 매우 유리하다." 그리고 내가 이 문단을 쓰면서 일곱 수를 둔 뒤에는 "당신이 진다." 이는 치누크의 포괄적인 관점으로 볼 때, 상대가 자신에게 W를 넘겨주는 위치에 도달했다는 뜻이다. 게임을 멈춰야 한다는 의미는 아니다! 달리 갈 곳도 없는 치누크는 참을성이 있다. 따라서 당신은 다음 수를 둘 수 있다. 치누크는 자기 말을 움직인 후에 다시 말한다. "당신이 진다." 견딜 수 있는 한 오래 버텨 보라.

치누크를 상대로 게임을 하는 것은 불안한 한편으로는 위로가 된다. 자신을 패배시키려 애쓰는 대단히 숙련된 인간과의 게임처럼 불안하기만 할 뿐 전혀 위로가 되지 않는 경험과는 다르다.

한번은 사촌인 자카리Zachary와 바둑을 둔 적이 있었다. 당시 열 다섯 살이었던 그는 '사악한 겨자Sinister Mustard'라는 스래시 메탈thrash metal(매우 빠르고 불협화음을 많이 사용하는 헤비메탈 음악의 일종_옮긴이) 밴드의 드러머drummer이자 애리조나주 최고의 주니어junior 체스선수 중 한 명이었다. 자카리는 바둑을 두어 본 적이 없었기 때문에, 처음에는 내가 상당히 유리한 상황을 확보할 수 있었다. 그러나 우리의 게임이 1/4쯤 진행되었을 때 그가 무언가를 깨달았다. 자카리는 오래전에 체스에서 그랬던 것처럼, 바둑의 논리를 파악하고 정말로 신나게 바둑판 위에서 나를 몰아붙였다. 틴슬리를 상대로 한 게임도 거의 비슷했다고 한다. 변함없이 예의바르고 친절한 수학 교수가 '끔찍한 틴슬리'로 불린 이유는, 체커판을 사이에 두고 그와 마주 앉는 것이 거의 불도저에 깔리는 듯한 경험을 보장했기 때문이었다. 틴슬리는 1994년의 치누크처럼 체커에서 정말로 완벽했다. 그러나 치누크와 달리 이기더라도 상대를 배려했다.

"나는 기본적으로 불안정한 인간일 뿐이다."[33]

그는 인터뷰에서 말했다.

"나는 지기를 매우 싫어한다."

자신과 치누크가 같은 일을 함에도 불구하고, 틴슬리가 생각하기에 둘은 근본적으로 다른 유형의 존재였다.

"나에게는 치누크보다 나은 프로그래머가 있다."[34]

틴슬리는 1992년의 시합에서 치누크를 만나기 전에 신문기자에게 말했다.

"그의 프로그래머는 조너선이지만 나의 프로그래머는 하느님이다."

아프리카의 글래스고

셰퍼에 따르면, 체커에는 500,995,484,682,338,672,639가지의 가능한 상황이 있다. 비록 그중 다수는 정상적 게임에서 결코 도달할 수 없는 상황이지만. 체커는 나무이기 때문에,* 게임의 끝으로부터 거꾸로 내려가면서 각각의 위치에 W, L 또는 D를 할당할 수 있다.

그러나 이들 상황의 집합조차도, 체스나 바둑에 비하면 아주 작음에도 불구하고, 모두 표지를 붙이는 일은 우리의 능력 밖이다. 다행히도 우리는 세 가지 법칙 덕분에 훨씬 더 적은 수고로 그럭저럭 버틸 수 있다.

체커에서 가능한 일곱 가지 첫수 중에 가장 인기 있는 수는 '11-15'로 표기되지만, 전문 선수들의 열렬한 사랑을 받은 나머지, 보통은 '올드 페이스풀Old Faithful'(미국 옐로스톤 국립공원에 있는 유명한 간헐천의 이름_옮긴이)이라 불린다. 흑이 올드 페이스풀로 시작하고 백이 '22-18'이라 불리는 수로 대응한다고 해 보자. 이러한 초반 게임의 시작은 '26-17 이중 모서리26-17 Double Corner'라 불린다. 이제 다시 흑이 둘 차례다. 셰퍼는 이 지점에서 흑이 L이나 D를 확보할 수는 있지만, 승리를 강제할 수는 없음이 확실하다는 것을 증명했다. 그래서 우리는 이 위치를, 계산이 아직 끝나지 않았음을 보여 주기 위하여 LD로 표시한다.

---

* 현학적 각주의 귀환: 동일한 상황이 세 차례 반복되면 게임이 종료된다는 체스와 같은 규칙을 적용하는 한 유한한 나무다. 셰퍼도 그렇게 했다.

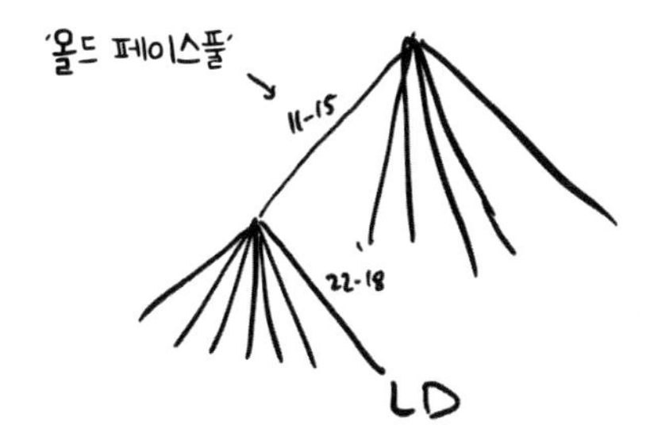

그러나 이 그림은 이미 올드 페이스풀에 관한 무언가를 말해 준다! 세 가지 법칙에 따라, 어떤 위치는 오직 거기에서 내려가게 되는 나무 위의 모든 위치가 W일 때만 L이 된다. 이는 올드 페이스풀에 해당되지 않는다. 백에게 L이나 D로 이어지는 22-18이라는 선택지가 있기 때문이다. 따라서 올드 페이스풀이 D 아니면 W임을 알 수 있다. 그리고 이런 사실은 올드 페이스풀에 대하여 백에게 가능한 수많은 대응 중 어떤 것도 굳이 연구하지 않고도, 또는 22-18에 할당해야 하는 정확한 표지를 붙이지 않고도 알 수 있다. 컴퓨터 과학과 수목가의 용어로 말하자면, 고려하지 않아도 무방한 가지를 "가지치기했다pruned." 이는 엄청나게 중요한 기법이다. 사람들은 종종, 컴퓨터를 훨씬 더 빠르게 만들어 더 큰 것, 더 많은 데이터를 계산할 수 있을 때 발전이 이루어진다고 생각한다. 사실은 당면한 문제와 관련이 없는 데이터의 큰 부분을 제거하는 일도 그에 못지않게 중요하다! 가장 빠른 계산은 하지 않는 계산이다.

실제로 일곱 가지 첫수 모두 동일하게 효율적인 방식으로 D나 W로 이어진다는 것을 보일 수 있다. 셰퍼는 그중 단 하나, 9-13만을 더 깊이 파고들어 D로 이어짐을 보일 필요가 있었다.

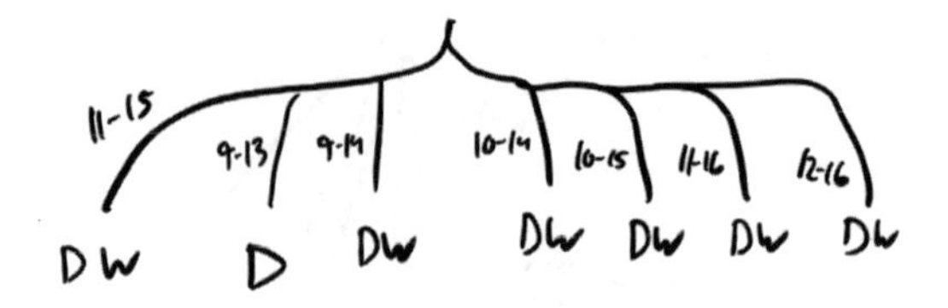

체커를 푸는 데는 그것으로 충분하다! 우리는 게임을 시작한 흑에게 백의 승리 위치를 제공하지 않는 선택지, 즉 9-13이 있음을 안다. 따라서 초기 위치가 L이 될 수 없다. 그러나 또한 흑의 선택지 중에 백에게 L을 제공하는 것도 없음을 안다. 따라서 초기 위치가 W도 아니다. 그러면 D만이 남고, 체커는 무승부 게임이 된다.

우리는 아직 체스에 대해서 이런 분석을 할 수 없다. 앞으로도 하지 못할지도 모른다. 체커가 관목이라면 삼나무나 마찬가지인 체스의 뿌리에 W, L 또는 D 중 무엇으로 표시해야 할지를 알지 못한다.

그러나 만약 안다면 어떻게 될까? 완벽한 게임은 언제나 무승부로 끝나고, 장엄한 승리가 없이 실수에 따른 패배만 있다는 것을 알아도 사람들이 여전히 체스에 목숨을 바칠까? 아니면 공허하게 느낄까? 살아 있는 최고의 바둑 선수 중 한 사람인 이세돌은 인공지능 기업 딥마인드Deep-Mind가 개발한 알고리듬 알파고AlphaGo와의 시합에서 패배한 후에 바둑을 그만두었다.

"설사 내가 1등이 되더라도, 이길 수 없는 존재가 있다."[35]

더욱이 바둑은 아직 풀리지도 않았다! 체스의 삼나무에 비하면 바둑은, 글쎄, 구골 그루의 삼나무보다 좀 더 큰 나무가 있다면 바둑의 나무일 것이다. 체스와 바둑 포럼forum을 읽어 보면 많은 사람이 이세돌의 말과 같은 불안감과 씨름하고 있음을 알 수 있다. 게임이 단지 글자가 적힌 나무에 불과해도 여전히 게임일 수 있을까? 치누크가 무한한 인내심을 가지고 침착하게 우리가 졌다고 말할 때 게임을 그만두어야 할까?

국제 체커 명예의 전당International Checkers Hall of Fame은 해티즈버그Hattisburg의 대학촌 바로 외곽의 인구가 1만 명 정도인 작은 도시, 미시시피주 페탈Petal에서 가장 유명한 관광명소였다. 명예의 전당은 32,000평방피트 면적의 맨션mansion으로 마리온 틴슬리의 흉상, 세계에서 제일 큰 체커판, 그리고 두 번째로 큰 체커판이 있었다. 설립자가 자금 세탁 혐의로 5년형을 받고 연방교도소에 수감된 2006년에 문을 닫은 명예의 전당은, 체커가 무승부 게임이라는 것을 셰퍼가 입증한, 같은 해인 2007년에 화재로 전소되었다.[36]

그렇지만 사람들은 여전히 전 세계에서 인간 챔피언이 되려고 경쟁하면서, 체커 게임을 한다. (이 글을 쓰는 시점의 챔피언 타이틀은 이탈리아의 그랜드 마스터 세르지오 스카페타Sergio Scarpetta가 보유하고 있다.) 예전만큼 인기가 없는 것은 확실하지만, 그런 하락세는 셰퍼가 증명하기 전부터 시작된 것이며, 새로운 선수들이 지속적으로 합류하고 있다. 세계 최고의 선수 중 한 사람인 투르크메니스탄의 아망굴 베르디바Amangul Berdieva는 치누크가 틴슬리의 왕관을 차지했을 때 일곱 살 난 소녀였다. '마음대로go-as-you-please' 체커(선수가 자신의 오프닝을 선택하는)의 현 세계챔피언인 남아프리카공화국의 루바발로 콘들로Lubabalo Kondlo의 나이는 49세다. 콘들로는 1863년에 스코틀랜드에서 와일리와 마틴스가 40게임 연속으로 무승부를 기록한 바로 그 오프닝의 변형을 개발했다. 오늘날 콘들로의 버전은, 그 시합을 기려서, 아프리카의 글래스고African Glasgow라 불린다.

체커의 목적이 최고의 승자가 되는 것이라면, 체커 게임에는 더 이상 의미가 없다. 그러나 체커의 목적은 최고의 승자가 되는 것이 아니다. 틴슬리는 이기는 데 있어서 그 어떤 인간보다도 뛰어났지만 승리가 중요한 것이 아님을 알았다. 틴슬리는 1985년의 인터뷰에서 말했다.[37]

"분명히 나는 지는 것을 극도로 싫어하지만, 우리가 아름다운 게임을 많이 한다면 그것이 보상이 될 것이다. 체커는 너무도 아름다운 게임이므로 지는 것도 상관없다."

체스도 다르지 않다. 현 세계챔피언인 망누스 칼센Magnus Carlsen은 인터뷰에서 말했다.

"나는 컴퓨터를 적으로 생각하지 않는다. 나에게는 인간을 이기는 일이 훨씬 더 흥미롭다."[38]

오랫동안 세계챔피언을 지낸 가리 카스파로프Garry Kasparov는 인간의 체스 게임이 한물갔다는 의견을 일축했다. 그에게 기계가 하는 계산과 인간이 두는 체스는 근본적으로 다른 게임이기 때문이다.

"인간의 체스는 일종의 심리전이다."[39]

체스는 나무가 아니라 나무에서 벌어지는 전투다. 20년 전에 베셀린 토팔로프Veselin Topalov를 상대했던 게임을 회상하면서 카스파로프는 말했다.

"나는 이 기하학의 아름다움에 놀랐다."[40]

나무의 기하학은 이기는 방법을 말해 준다. 그러나 어떻게 하면 아름다운 게임이 되는지는 말해 주지 않는다. 그것은 더 미묘한 기하학이며, 아직까지는 기계가 짧은 규칙 목록에 따라 단계적으로 계산할 수 없는 기하학이다.

완벽함은 아름다움이 아니다. 우리에게는 완벽한 선수들이 결코 이기지도 지지도 않는다는 절대적 증명이 있다. 우리가 게임에 흥미를 갖게 되는 이유는 인간이 완벽하지 않기 때문이다. 아마도 나쁜 일은 아닐 것이다. 그 말의 평범한 의미를 생각하지 않더라도 완벽한 플레이란 애당초 존재하지 않기 때문이다. 게임에 각자의 개성이 존재하는 것은 우리의 불완전함 덕분이다. 우리는 자신의 불완전함이 다른 사람의 불완전함과 맞닥뜨릴 때 무언가를 느낀다.

6

장

시행착오의 신비한 힘

S · H · A · P · E

우리는 체스 나무 전체에 W, L, D 표지를 붙이는 방법을 알지 못한다. 그리고 내가 결코 알지 못할 수도 있다고 말한 것은 우리가 별로 똑똑하지 않다는 뜻이 아니다. 나무에 표지를 붙일 위치가 너무도 많은 것뿐이다. 즉 우주가 끝나기 전에 그 어떤 물리적 프로세스로 가능한 것보다도 많다는 뜻이다. 엄밀하게 말하자면, 가지(너무도 많은 잎사귀가 있는)에서 시작하여 뿌리로 가면서 표지를 붙이는 복잡하고 반복적인 과정을 우회하는 방법이 있을 수 있다. 『서바이버』 참가자들의 '감산 게임'에서 바로 그런 일이 일어났다. 게임이 1억 개의 깃발로 시작할 때, 당신은 게임의 끝에서부터 거꾸로 끈기 있게 작업하여 모든 W와 L을 채워 넣을 수 있고, 아니면 앞에서 증명된 생존자 정리를 사용할 수도 있다. 생존자 정리는, 1억이 4로 나누어떨어지므로, 두 번째로 플레이하는 선수가 항상 이길 수 있다고 말해 준다. 우리는 이기는 방법까지 안다. 첫 번째 선수가 깃발 하나를 치우면 당신은 셋을 치운다. 그들이 둘을 치우면 당신도 둘을 치운다. 그들이 셋을 치우면 당신은 하나를 치운다. 그렇게 24,999,999번 반복하고 승리를 즐길 수 있다.

나는 이런 단순한 승리 전략이 체스에는 존재하지 않는다는 것을 증명할 수 없다. 그러나 가능성은 낮아 보인다.

그렇지만 컴퓨터는 실제로 체스를 둔다. 정말 잘 둔다. 나보다, 당신보다, 가리 카스파로프보다, 내 사촌 자카리보다, 그 누구보다 잘 둔다. 컴퓨터가 게임의 모든 상태에 관한 표지를 도저히 계산할 수 없다면 어떻게 그럴 수 있을까?

인공지능의 새로운 물결을 이루는 기계들은 완벽해지려는 시도조차 않기 때문에 그럴 수 있다. 그들은 완전히 다른 것을 추구한다. 그게 뭔지를 설명하려면 다시 소수로 돌아가야 한다.

공개키 암호화 기법은 개인키로 쓸 큰 소수 두 개를 찾아낼 수 있는지에 절대적으로 의존한다는 사실을 기억하라. 여기서 '큰large'은 300자릿수 정도를 의미한다. 그런 소수를 어디서 찾을 것인가? 쇼핑몰에는 소수 매장이 없다. 설사 있더라도 남부연합의 암호기법을 재현하려는 것이 아니라면 가게에서 구입한 소수를 쓰고 싶지는 않을 것이다. 비밀 키의 요점은 공개적으로 구할 수 없다는 것이기 때문이다.

따라서 독자적으로 큰 소수를 만들어야 한다. 처음에는 어려워 보인다. 소수가 아닌 300자릿수의 숫자를 원한다면 문제는 간단하다. 300자릿수가 될 때까지 작은 수를 곱해 나가기만 하면 된다. 그러나 소수는 바로 작은 구성요소의 곱이 아닌 수다. 어떻게 해야 시작이라도 할 수 있을까?

이것은 내가 수학 교사로서 가장 많이 듣는 질문 중 하나다.

"어떻게 하면 시작이라도 할 수 있을까?"

질문하는 학생이 아무리 곤경에 빠진 것처럼 보여도, 나는 언제나 이런 질문을 받는 것이 즐겁다. 무언가를 가르칠 기회이기 때문이다. 답은 어떻게 시작하느냐보다 시작 자체가 훨씬 더 중요하다는 것이다. 무엇이든 시도해 보라. 잘 안 될 수도 있다. 그러면 다른 것을 시도해 보라. 학생들은 종종 고정된 알고리듬을 실행하여 수학 문제를 푸는 세계에서 자라난다. 세 자리 숫자 두 개를 곱하라는 요구를 받았을 때, 우선적으로 할 일은 첫 번째 숫자에 두 번째 숫자의 마지막 자릿수를 곱하고 결과를 기록하는 것이 전부다.

실제 수학은 (실제 삶과 마찬가지로) 그런 것이 아니다. 실제 수학에는 수많은 시행착오trial and error와 오류error가 있다. 시행착오 방법은 지나치게 경시되는 경향이 있다. 아마 '착오error'라는 단어를 포함하기 때문일 것이다. 수학에서는 오류를 두려워하지 않는다. 오류는 좋은 것이다! 단지 다른 시도를 해 볼 기회일 뿐이다.

그래서 당신은 300자릿수의 소수가 필요하다.

"어떻게 하면 시작이라도 할 수 있을까?"

진심으로 하는 말이지만 어떻게 시작해도 상관없다. 무작위로 300자릿수의 숫자 하나를 선택하는 것으로 시작한다.

"좋아, 1 다음에 0이 300개 붙는 수는 어떨까?"

괜찮긴 하지만, 아마도 그 수는 소수가 아닐 것이다. 2와 다른 수의 곱으로 분해할 수 있기 때문이다. 첫 시도는 오류이므로 다음 시도를 해 보자. 이번에는 홀수로 300자릿수의 숫자를 골라 보자.

이 시점에서 당신은 본인 생각에 소수인 숫자를 찾아낸다. 최소한 그 숫자가 소수가 아니라는 분명한 이유를 볼 수 없다. 그러나 어떻게 소수라고 확신할 수 있을까? 당신의 숫자에 인수분해의 도끼질을 시도하고 어떤 일이 생기는지 볼 수도 있다. 그 수가 2로 나눠지는가? 아니다. 3으로 나눠지는가? 아니다. 5로 나눠지는가? 아니다. 진전은 있지만 우주의 나이보다 긴 시간을 더 계속해 나가야 한다. 나뭇가지에 하나하나 표지를 붙이는 방법으로 체스를 풀 수 없는 것처럼, 이런 식으로는 현실적으로 그 숫자가 소수인지를 확인할 수 없다.

다른 기하학을 이용해야 하는 더 좋은 방법이 있다.

오팔과 진주

다음 그림은 오팔opal과 진주가 섞여 배열된 팔찌bracelet다.

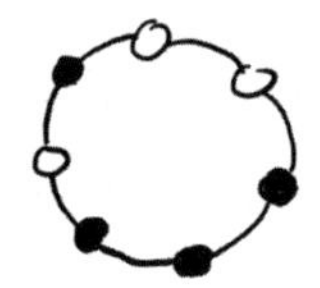

팔찌가 몇 개 더 있다.

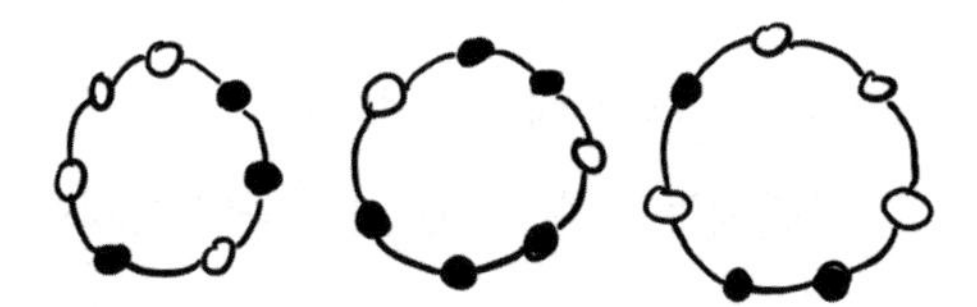

네 개의 보석으로 이루어진 팔찌를 모두 나타낸 그림이다.

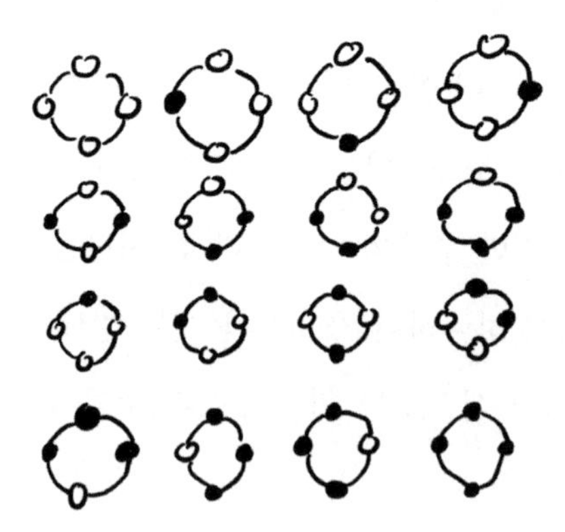

모두 16개다. 그저 그림에 있는 팔찌의 수를 세어 보고 내가 빠뜨린 것이 없음에 만족할 수도 있겠지만 더 멋진 방법이 있다. 꼭대기에서 시작하여 시계방향으로 돌아갈 때 첫 번째 보석은 오팔 아니면 진주다. 이들 각각에 대하여 다음 보석에 대한 두 가지 선택이 있다. 따라서 첫 두 보석의 배열은 네 가지다. 이들에 세 번째 보석의 두 가지 선택이 더해지면 모두 여덟 가지가 된다. 이들 각각에 대하여 마지막 보석이 오팔인 팔찌와 진주인 팔찌가 있으므로 최종 결과는 8의 두 배, 또는 2×2×2×2, 즉 16이다.

아니면 그냥 세어 볼 수도 있었다! 그러나 멋진 방법의 이점은 이러한 추론을 앞에 나온 보석 일곱 개짜리 팔찌 같은 더 큰 팔찌에 적용할 수 있다는 것이다. 보석이 일곱 개인 팔찌를 만드는 방법은 2×2×2×2×2×2×2, 또는 128가지다. 내 연필심은 여기에 128개 모두를 그리기에는 너무 굵다.

그러나 당신의 말을 들어 보니 어쩌면, 필요한 것보다 많은 팔찌를 그리고 있는지도 모르겠다. 앞에 나온 그림의 팔찌 세 개를 살펴보라. 첫 번째 팔찌를 오른쪽으로 두 칸 회전시키면 세 번째 팔찌를 얻을 수 있다. 그것은 정말로 다른 팔찌일까, 아니면 같은 팔찌를 다른 각도에서 본 것일까?

당분간은 페이지에서 다르게 보인다면 다른 팔찌로 취급하는 관행을 고수하자. 그러나 회전에 관한 아이디어를 잊지 말자. 첫 번째 팔찌를 회전시켜서 두 번째 팔찌가 되도록 할 수 있다면 (두 번째 팔찌를 회전시키면 첫 번째 팔찌가 될 수 있다는 뜻이기도 하다),* 두 팔찌가 합동congruent이라고 말할 수 있다.

어쩌면 합동이 팔찌를 정리하는 훌륭한 보석 서랍이 될지도 모른다. 팔찌를 회전시키는 방법은 일곱 가지다. 따라서 우리는 128개의 팔찌를 일곱 개씩의 무더기로 모은다. 몇 개의 무더기로? 그저 128을 7로 나누면 되고 결과는 18.2857142⋯.

저런, 또 다른 오류다! 128이 7의 배수가 아니므로 뭔가가 잘못되었다.

문제는 내가 그리지 않았던 몇몇 팔찌에 있다. 보석이 모두 오팔인 팔찌처럼.

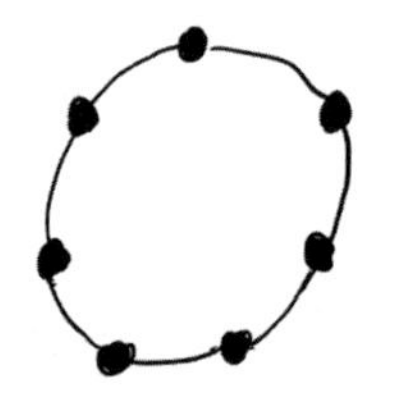

이 팔찌의 일곱 가지 회전은 모두 같은 팔찌다! 따라서 이 그룹에는 일곱 개가 아니고 하나의 팔찌가 있다. 진주로만 이루어진 팔찌도 자체적 그룹을 형성한다.

다른 작은 그룹에 대해서도 걱정해야 할까? 물론이다. 다음의 두 팔찌도 독자적인 그룹이다.

---

* 1장에서 만났던 합동의 개념과 완벽하게 일치한다. 평면에서 한 도형을 회전시키거나 다른 강체운동을 통하여 다른 도형에 일치시킬 수 있을 때 두 도형이 합동이라 불린다.

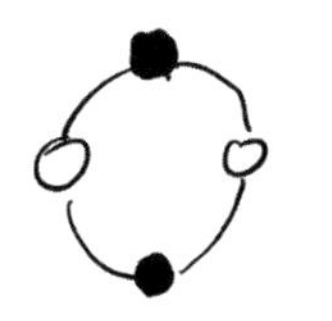
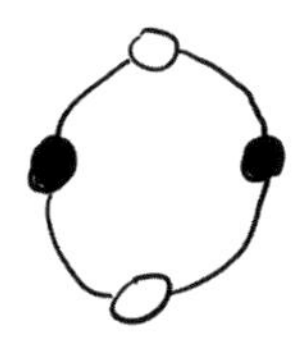

교대로 나오는 오팔-진주 패턴이 두 칸마다 반복되기 때문이다. 따라서 원래 모양으로 돌아가기 위하여 네 칸을 회전시킬 필요가 없다. 두 칸이면 충분하다.

그러나 팔찌의 보석이 일곱 개일 때는 이런 일이 일어나지 않는다. 상상력을 발휘해 보자. 예컨대 세 칸을 회전시키면 시작했던 모양으로 돌아갈 수 있는 팔찌가 있다고 해 보자. 그러면 팔찌 세 개로 이루어진 그룹을 얻게 된다. 원래의 팔찌, 한 번 회전시킨 팔찌, 그리고 두 번 회전시킨 팔찌. 잠깐, 이들 중에 같은 것이 있다면 어떻게 될까? 그런 불쾌한 가능성을 제거하기 위하여, 세 칸이 팔찌를 처음 형태로 되돌리는 최소 회전수라고* 가정하자.

세 칸의 회전을 통하여 같은 팔찌로 돌아간다면, 여섯 칸의 회전도 마찬가지다. 그렇다면 아홉 칸의 회전도 마찬가지인데 여기서 문제가 생긴다. 팔찌를 일곱 칸 회전시키면 시작했던 모양으로 되돌리는 것이 분명하기 때문에, 아홉 칸의 회전은 두 칸의 회전과 같다. 그러나 두 칸의 회전은 팔찌를 시작했던 모양으로 되돌릴 수 없다. 세 칸보다 작은 회전으로는 그런 일을 할 수 없다고 방금 결정했기 때문이다.

---

* 현학적으로 말하자면, 0보다 큰 최소.

여기서 모순의 묘미가 다시 한번 우리의 후각을 자극한다.

어쩌면 3으로 시작한 것이 좋지 않은 생각이었을지도 모른다. 다섯 그룹이 있어서 팔찌를 되돌리는 최소 회전수가 5라면 어떨까? 그러면 10칸의 회전도 팔찌를 되돌리게 되고, 이는 세 칸의 회전과 동일하므로 다시 모순이 생긴다. 두 칸의 회전은 어떨까? 보석이 네 개인 팔찌에서 효과가 있었던 회전수다. 두 칸을 회전시켜서 동일한 팔찌를 얻는다면, 네 칸, 여섯 칸, 그리고 여덟 칸도 마찬가지다. 이런, 여덟 칸은 한 칸과 같다.

보석이 네 개밖에 없는 팔찌에서는 이와 같은 문제가 생기지 않았다. 두 칸 회전시키면 동일한 팔찌를 얻는다. 네 칸을 회전시켜도 같은 팔찌를 얻는다. 그러나 이 경우에는, 네 칸을 회전시키면 원래의 팔찌로 돌아간다는 사실을 이미 알고 있기 때문에, 모순이 생기지 않는다. 4가 2의 배수이기 때문이다. 보석이 일곱 개인 팔찌에서 모든 문제가 초래된 원인은 7이 3, 5, 또는 2의 배수가 아니라는 사실이었다. 7은 소수이므로 어떤 수의 곱도 아니다.

우리가 원래 소수에 관한 이야기를 하고 있었던 것을 기억하는가?

여담이지만, 이와 동일한 원리는 매미에 관해서도 많은 것을 알려 준다. 내 고향 메릴랜드주는 17년마다 그레이트 이스턴 브루드Great Eastern Brood라 불리는 매미 떼의 방문을 받는다. 땅속에서 나타난 수천억 마리의 곤충이 울어 대는 양탄자처럼 중부 대서양 연안 지역 전체를 뒤덮는다. 한동안은 걷다가 매미를 발로 밟아 으스러뜨리는 것을 피하려 애쓰다가 그냥 포기하고 만다. 매미가 너무 많다.

그러나 왜 17년일까? 다수의 매미 전문가 —솔직히 말해서, 매미 전문가들도 이 점에 관해서 심각한 논쟁을 벌인다. 아마도 당신이 생각하기보다 많을 매미 전문가 사이의 매미 주기성 가설에 대한 신랄한 비판은 놀라울 정도로 흥미롭다— 는 매미가 땅속에서 17년을 세면서 기다린다고 믿는다. 17이 소수이기 때문이다. 주기가 16년이었다면, 비슷하게 주기적으로 8년, 4년, 또는 2년마다 나타나는 포식자에게 잡아먹힐 매미가 무더기로 쌓여 있을 것이다. 하지만 그 어떤 굶주린 도마뱀이나 새들도, 17년의 주기를 갖도록 진화하지 않는 한, 그레이트 이스턴 브루드와 동기화할 수 없다.

7이(5, 17, 또는 2와 마찬가지로) 어떤 수의 배수도 아니라는 말에는 과장이 있다. 물론 7은 1의 배수이자 7의 배수다. 따라서 두 종류의 팔찌 그룹이 있다. 1그룹과 7그룹. 그리고 1그룹에 속한 팔찌는 보석이 모두 같아야 한다. 어떻게 회전시키더라도 변화가 없기 때문이다. 따라서 보석이 모두 오팔이거나 진주인 팔찌는 외로운 1그룹이 되고, 나머지 팔찌 126개가 7그룹을 형성한다. 이제 나눗셈에 문제가 없다. 7그룹은 126/7=18개다.

보석의 수를 11개로 늘리면 어떻게 될까? 팔찌의 총 수는 2를 열한 번 곱한 수, 2^{11}로 표기되는 2,048개다. 이번에도 단색의 팔찌가 두 개이고, 나머지 2,046개는 11그룹에 속하게 된다. 11그룹의 수는 정확히 186이다. 이런 식으로 얼마든지 계속할 수 있다.

$$2^{13} = 8,192 = 2+630\times13$$

$$2^{17} = 131,072 = 2+7710\times17$$

$$2^{19} = 524,288 = 2+27594\times19$$

15를 건너뛴 것을 알았는가? 15가 3 곱하기 5로서 소수가 아니기 때문이지만, 또한 다른 경우처럼 되지 않는다는 이유도 있었다! 2^{15}-2인 32,766은 15로 나누어떨어지지 않는다. (독자 중에 팔찌의 회전 마니아가 있다면, 시간이 날 때 팔찌 32,766개가 1그룹 두 개, 3그룹 두 개, 5그룹 여섯 개, 그리고 15그룹 2,182개로 나누어짐을 입증해 보라.)

팔찌를 돌리면서 놀고 있다고 생각했지만, 사실상 우리는 표면상으로는 전혀 기하학이라고 생각되지 않는, 소수에 관한 사실을 증명하기 위하여 원과 회전의 기하학을 이용하고 있었다. 기하학은 도처에서 사물의 깊은 곳에 숨어 있다.

소수에 대한 우리의 관찰은 단순한 사실이 아니고 이름이 있는 사실이다. 최초 제시자인 피에르 드 페르마Pierre de Fermat의 이름을 따서 페르마의 소정리Fermat's Little Theorem라 불리는 사실이다.* 임의의 소수 n에 대하여, n이 아무리 큰 수라도, 2를 n번 제곱한 수는 n의 배수보다 2만큼 크다.

페르마는 전문 수학자가 아니라 (17세기 프랑스에는 전문 수학자가 거의 없었다) 지방의 변호사였으며, 툴루즈Toulouse의 부르주아 계층에 속한 안락한 삶을 살았다. 모든 것의 중심인 파리에서 멀리 떨어져 있었던 그는 주로 동시대 수학자들과 편지를 주고받음으로써 당시의 과학계에 참여했다. 페르마는 완전수perfect number에 관하여 활

---

* 이는 페르마 정리의 한 가지 경우일 뿐이다. 실제로, 2뿐만 아니라, m이 어떤 숫자이든 m^n은 n의 배수보다 m만큼 크다.

발한 토론을 벌였던 베르나르 프레니클 드 베시Bernard Frénicle de Bessy에게 1640년에 보낸 편지에서 소정리를 처음으로 언급했다.*[1] 그는 정리의 내용을 말했으나 증명을 제시하지는 않았다. 그러나 자신이 정리를 증명했으며, '편지가 너무 길어질 것을 염려하지 않았다면' 포함했을 것이라고 했다.[2] 전형적인 페르마의 말이다. 독자가 페르마의 이름을 들어 본 적이 있다면, 페르마의 소정리가 아니라, 그의 정리도 아니고 마지막으로 한 일도 아닌 페르마의 마지막 정리Fermat's Last Theorem, FLT 때문일 것이다. FLT는 페르마가 1930년대의 언젠가 디오판토스Diophantos의 《산술Arithmatic》이라는 책의 여백에 적어 놓은 수에 관한 추측이다.[3] 페르마는 자신이 정말로 멋진 증명을 찾아냈지만, 책의 여백이 너무 좁아서 쓰지 못한다고 했다. 페르마의 마지막 정리는 결국, 여러 세기 후인 1990년대에 앤드루 와일스Andrew Wiles와 리차드 테일러Richard Taylor가 증명을 끝냄으로써 정리로 판명되었다.

페르마의 말을 해석하는 한 가지 방법은 그에게 일종의 예지력이 있었으며, 체커의 명인이 승리로 이어지는 일련의 수를 끝까지 생각하지 않더라도 한 수의 훌륭함을 느낄 수 있는 것처럼 증명하지 않더라도 수학적 명제의 정확성을 신뢰성 있게 추론할 수 있었다는 것이다. 더 나은 추정은 그가 항상 조심스럽지는 않았던, 평범한 인물이었다는 것이다! 페르마가 자신의 이른바 마지막 정리를

---

* 완전수는 28=1+2+4+7+14같이 자신보다 작은 인수의 합과 같은 수다. 오늘날의 수학자들에게는 완전수의 매력이 다소 모호하지만, 초기의 정수론자들은 유클리드가 사랑했기 때문에 완전수에 관심을 가졌다. 유클리드를 능가하는 것은 기분 좋은 일이니까.

증명하지 못했음을 재빨리 깨달은 것은 확실하다. 나중에는 정리 전체에 대한 증명을 안다는 주장을 다시 하지 않고, 정리의 특별한 경우에 대하여 언급했기 때문이다. 정수론 학자 앙드레 베유André Weil*는 페르마의 성급한 주장에 대하여 다음과 같이 말했다.

"그런 주장이 페르마의 오해에서 비롯되었음은 의심할 여지가 거의 없다. 비록 기이한 운명의 반전으로 무지한 대중의 눈에 비친 그의 명성이 주로 그런 오해에 의존하게 되었음에도 불구하고."[4]

프레니클에게 보낸 편지의 말미에서 페르마는 모든 $2^{2^n}+1$ 형태의 수가 소수라는 자신의 믿음을 말했다. 페르마답게 증명을 제시하지는 않았지만, n이 0, 1, 2, 3, 4, 그리고 5일 때 자신의 추측이 성립함을 확인한 후에, '거의 확신한'다고 했다. 그러나 페르마는 틀렸다. 그의 진술이 모든 숫자에 대하여 사실은 아니었다. 심지어 5에 대해서도 아니었다! 그는 소수라고 생각했던 4,294,967,297이 사실은 641×6,700,417이라는 사실을 간과했다. 프레니클은 페르마의 실수를 알아차리지 못했고(편지의 어조가 자신보다 유명한 상대를 넘어서기를 정말로 원했음을 말해 주기 때문에 더욱 아쉽다), 페르마 역시 마찬가지였다.[5] 페르마는 남은 평생 동안 이 추측을 고수했으며, 초기의 탐구에서 수행했던 계산을 굳이 확인해 보려는 생각조차 하지 않았던 것으로 보인다. 때로는 무언가가 그저 옳다고 느껴질 때가 있다. 그러나 페르마 정도의 위상을 지닌 수학자라 하더라도, 옳다고 느껴지는 것이 모두 옳지는 않다.

---

* 시몬(Simone) 베유의 오빠. 수학계에서는 그녀가 앙드레의 여동생이지만.

중국 가설

팔찌의 정리는 소수로 추정되는 수의 자격을 확인할 수 있게 해준다. 토니 클럽tony club 문 앞에 있는 문지기처럼. 반짝이는 정장을 차려입은 1,020,304,050,607이라는 숫자가 문 앞에 서서 클럽에 입장하려 한다면, 1,020,304,050,607을 나누어떨어지는 숫자가 있는지 하나씩 확인하는 데 상당한 시간이 걸릴 것이다. 2를 1,020,304,050,607번 제곱하고 그 결과가 1,020,304,050,607의 배수보다 2만큼 큰지를 확인하는 편이 훨씬 더 쉽다.* 결과는 그렇지 않고(1,020,304,050,607이 소수가 아님이 분명하다는 뜻이다), 문지기는 그 숫자를 근육질의 팔 하나로 쫓아 버릴 수 있다.

여기 이상한 점이 있다. 우리는 의심의 여지 없이 1,020,304,050,607이 더 작은 숫자로 분해된다는 것을 증명했다. 그러나 이 증명은 작은 숫자가 무엇인지에 대하여 아무런 단서도 주지 않는다! (이것은 좋은 일이다. 공개키 암호의 핵심이 인수를 찾아내기 어려움에 의존한다는 것…을 기억하라.) 이런 유형의 '비구성적 증명non-constructive proof'은 익숙해지는 데 시간이 걸리지만 수학에서 아주 흔하게 볼 수 있다. 비가 올 때마다 내부가 축축해지는 자동차와 비슷한 증명이라고 생각할 수 있다.** 물기와 냄새로 미루어 어딘가 새는 곳이 있음

---

* 왜 쉬울까? 2를 1조 번 정도 제곱하는 데는 시간이 오래 걸릴 것 같다. 이 작업을 매우 빠르게 수행하는 이진지수(binary exponentiation)라는 영리한 기법이 있는데, 설명하기에는 여백이 너무 좁다.

** 예컨대, 나는 1998년부터 2002년까지 쉐보레 캐벌리어(Chevy Cavalier) 중고차를 몰았다. 뉴저지 고속도로의 델라웨어 기념다리 요금소에서 완전히 주저앉을 때까지. 지금도 바닥 매트의 냄새를 기억한다. 어디서 새는지는 끝까지 찾아내지 못했다.

을 알 수 있다. 그러나 증명은 단지 새는 곳이 있다는 사실만 알려 주고, 짜증스럽게도 어디서 새는지는 알려 주지 않는다.

이 증명에는 우리가 주목해야 할 또 다른 특징이 있다. 비가 올 때 바닥 매트가 젖는다면 새는 곳이 있는 것이다. 그러나 이는 바닥 매트가 건조하다면 새는 곳이 없다는 뜻은 아니다! 어딘가 다른 곳에 새는 곳이 있거나, 매트가 매우 빨리 마를 수도 있다. 당신이 할 수 있는 주장은 두 가지가 있다.

바닥 매트가 젖었다면, 새는 곳이 있다.

바닥 매트가 말랐다면, 새는 곳이 없다.

두 번째 주장은, 논리학 용어로, 첫 번째 주장의 이inverse라 불린다. 추가적인 변형도 있다.

역Converse: 당신의 차에 새는 곳이 있다면, 바닥 매트가 젖을 것이다.

대우Contrapositive: 당신의 차에 새는 곳이 없다면, 바닥 매트가 건조할 것이다.

원래의 진술은 그 진술의 대우와 동등하다. 그들은 단지, '1/2'과 '3/6'이나 '내 생애 최고의 유격수'와 '칼 립켄 주니어Cal Ripken Jr.(2,632게임 연속출장 기록을 세워 '철인'이라는 별명을 얻은 미국의 야구선수_옮긴이)'처럼 같은 아이디어를 나타내는 두 가지 다른 단어의 집합이다. 어느 쪽이든 동의해야 하는 것은 아니지만, 한쪽에 동의하면 나머지도 동의해야 한다. 그러나 진술과 그 역은 그저 서로 다른 두 가지 명제다. 둘 다 참일 수 있고, 하나만 참일 수 있고, 모두 거짓일 수도 있다.

페르마는 n이 소수일 때 2^n이 n의 배수보다 2만큼 크다는 것을 보여 주었다. 그 역은 2^n이 n의 배수보다 2만큼 크면 n이 소수라는 말이 될 것이다. 페르마의 검정test에 완벽한 신뢰성을 부여할 수 있는 역은 때로 '중국 가설The Chinese Hypothesis'이라 불린다. 그것은 참일까? 아니다. 중국에서 유래했을까? 역시 아니다. 그런 이름은 이 정리가 실제로 공자 시대의 중국 수학자들에게 알려졌다는, 끈질기지만 잘못된 생각에서 비롯되었다.[6] 서구의 수학자들은 이상하게도 님 게임처럼 명확한 기원이 알려지지 않은 수학 개념을 오래되고 중국에서 유래한 개념으로 추정해야 한다는 생각에 끌리는 경향이 있었다. 영국의 천체물리학자 제임스 진스James Jeans*가 대학생 시절에 작성한 짧은 노트에서 유래한 것으로 보이는, 고대 중국의 수학자가 페르마 소정리의 잘못된 역을 주장했다는 주장은 그저 잘못된 관행에 모욕을 더할 뿐이다.[7]

그렇다고 페르마의 검정이 쓸모없다는 말은 아니다. 단지 불완전할 뿐이다. 일반 대중은 종종 수학을 결함이 없거나 확실한 과학으로 생각하지만, 우리는 불완전한 것도 좋아한다. 특히 얼마나 불완전한지에 대하여 어느 정도 한계가 있을 때. 소수일 가능성이 매우 높은 큰 수를 시행착오를 통해서 찾아내는 방법은 다음과 같다.

* 7년 뒤에 〈네이처〉 편지란의 랜덤워크에 관한 칼 피어슨의 질문 옆에서 양자물리학을 놓고 싸운 사람과 동일인.

300자릿수의 숫자 하나를 쓴다. 페르마 검정(또는 개선된 현대판 밀러 라빈Miller-Ravin 검정이면 더욱 좋다)을 적용한다. 검정이 실패하면 다른 숫자를 선택하여 다시 시도한다. 검정을 통과하는 숫자를 찾을 때까지 계속한다.

취하고 또 취한 바둑

다시 컴퓨터 바둑으로 돌아가자. 바둑은 체커나 체스보다 훨씬 오래되었다. 기분전환을 위해서 말하자면, 바둑은 실제로 고대 중국에서 유래했다. 반면에 바둑을 두는 기계는 다른 게임을 하는 기계보다 늦게 나왔다. 1912년에 스페인의 수학자 레오나르도 토레스 이 케베도Leonardo Torres y Quevedo는, 체스의 엔드게임endgame을 하는 엘 아헤드레시스타El Ajedrecista라는 기계를 제작했고, 앨런 튜링은 1950년대에 실용적인 체스 컴퓨터를 개발하려는 계획을 세웠다. 체스를 두는 로봇에 대한 아이디어는 훨씬 더 오래됐다. 18세기와 19세기에 체스를 두는 자동장치로 큰 인기를 얻었던, 볼프강 폰 켐펠렌Wolfgang von Kempelen의 '체스 투르크Chess Turk'까지 거슬러 올라간다. 체스 투르크는 찰스 배비지Charles Babbage에게 영감을 주고, 에드거 앨런 포Edgar Allen Poe를 당황하게 했으며, 나폴레옹을 이겼지만, 사실은 내부에 숨어 있는 작은 인간 조작자가 통제하는 장치였다.[8]

바둑을 두는 최초의 컴퓨터 프로그램은 1960년대 말에 앨버트 조브리스트Albert Zobrist가 위스콘신대에서 컴퓨터과학 박사학위 논문의 일부로 작성한 프로그램이었다. 치누크가 틴슬리와 막상막하의 대결을 펼치던 1994년에도 바둑 기계는 인간 프로기사 앞에서 무력했다. 그러나 이세돌이 알게 된 것처럼, 상황은 빠르게 변했다.

알파고처럼 말을 움직이기 위하여 내부에 웅크린 사람도 없는 바둑 기계는 실제로 무엇을 할까? 바둑 나무의 각 마디node에 W나 L 표시를 하지는 않는다. (표준적인 바둑 게임에는 무승부가 없으므로 D가 필요 없다). 바둑의 나무는 깊고 울창하다. 아무도 그놈의 나무를 풀어낼 수 없다. 그러나 페르마 검정과 마찬가지로, 우리는 바둑판의 각 위치에 쉽게 계산할 수 있는 점수를 할당하는 함수의 근사적 방식으로 만족할 수 있다. 착수하려는 사람에게 좋은 위치라면 할당되는 점수가 높아야 하고 상대에게 유리하다면 낮아야 한다. 점수는 전략을 시사한다. 가능한 모든 수 중에 가장 점수가 낮은 상황을 만들어 내는 수를 선택하라. 상대방이 가장 불리한 위치에 놓이기를 원하기 때문이다. 그런 알고리듬의 내면으로 들어가는 자신을 상상해 보는 일은 유용하다. 일상생활에서 당신은 결정을 내려야 할 때마다 (초콜릿 크루아상이 좋을까, 아몬드 크루아상이 좋을까, 아니면 베이글이 나을까?) 가능한 모든 선택을 재빨리 검토한다. 각각의 선택에는, 잘 구워진 빵 맛과 포만감의 이익에서 가공된 탄수화물 섭취의 비용을 뺀, 순이익에 대한 최선의 추정치를 제시하는 수치 점수가 거의 순간적으로 번쩍인다. 꽤 멋지게 들리는 한편으로 공상과학적 두려움이 느껴지는 이야기다.

인공지능이 하는 모든 일에 기본이 되는 일종의 절충점이 있다. 점수함수scoring function는 정확할수록 계산 시간이 오래 걸리는 것이 보통이다. 반면에 단순할수록 측정하려는 대상을 덜 정확하게 포착한다. 가장 정확한 방법은 모든 승리 위치에 1을, 모든 패배 위치에 0을 할당하는 것이다. 그러면 절대적으로 완벽한 플레이가 가능하겠지만, 실제로 그런 함수를 계산할 방법은 없다. 반대쪽 극단으로는 그저 모든 위치에 같은 값을 할당할 수 있다. ("모르겠어. 빵이 모두 괜찮게 보여.") 그런 함수는 계산하기가 매우 간단하겠지만, 게임을 하는 데 도움이 되는 조언을 전혀 제공하지 못할 것이다.

적절한 절충점은 그 사이 어딘가에 있다. 우리는 행동의 가치를, 모든 결과를 힘들여 계산하지 않고도 대략적으로 판단하는 방법을 원한다. 그 방법은 "삶은 한 번뿐이니까, 그 순간에 느낌이 좋은 대로 행동하라." 또는 "기쁨을 촉발하지 않는 한 대학 시절의 《황폐한 집 Bleak House》(영국 작가 찰스 디킨스의 소설_옮긴이)은 치워 버려라." 아니면 "지역 성직자의 지시에 순종하라."가 될 수도 있다. 이들 중에 완벽한 전략은 없지만, 아마도 전혀 생각이 없이 행동하는 것보다는 나을 것이다. (지역 성직자의 성추문과 관련된 특별히 예외적인 경우를 제외하고.)

이런 전략이 바둑 같은 게임에 어떻게 적용되는지 알기는 쉽지 않다. 당신이 바둑 전문가가 아니거나 컴퓨터라면, 바둑판에 놓인 돌들의 그 어떤 위치도 기쁨이나 고통을 유발하지 않는다. 말piece이 더 많은 선수가 어떤 의미에서 '앞서는' 것이 보통인 체커나 체스와는 달리, 바둑에는 물질적 우위에 대한 명백한 개념이 없다. 특정한 상황이 승리를 가리키는지 아니면 별 볼 일 없는지는 미묘한 위치 선정의 문제다.

중요한 수학적 전술이 있다. 무엇을 시도해야 할지 모를 때는 아주 멍청하게 보이는 것을 시도하라. 이렇게 하면 된다. 주어진 위치에서 시작하여 아크바르와 제프가 술을 퍼마시기 시작한다고 상상한다. 술을 너무 많이 마신 그들은 모든 전략적 감각과 이기려는 욕구를 상실했지만, 의식의 어두운 구석에서 게임의 규칙을 기억하고 있다. 달리 말해서 그들은, 칼 피어슨이 상상했던 황야의 술 취한 방랑자와 비슷하다. 각 선수는 자기 차례에 규칙에 맞는 수를 무작위로 선택하면서 끝날 때까지 게임을 계속한다. 그러고는 기진맥진하여 탁자 아래로 고꾸라진다. 이들은 바둑의 나무에서 랜덤워크를 하고 있는 셈이다.

음주 바둑은 신중한 판단이 요구되지 않으므로 컴퓨터 모의실험simulation을 하기 쉽다. 그저 규칙을 알고, 착수할 순서마다 가용한 수 중의 하나를 선택하기 위하여 편한 마음으로 무작위 뺑뺑이를 돌리면 된다. 모의실험을 수행하고 실험이 끝나면 다시 모의실험을 수행한다. 매번 동일한 상황에서 시작하여 한 번, 두 번, 100만 번. 때로는 아크바르가 이기고 때로는 제프가 이긴다. 그리고 게임에 할당되는 점수, 즉 게임이 얼마나 아크바르에게 유리하다고 생각되는지를 측정하는 점수는 모의실험이 아크바르의 승리로 끝나는 비율이다.

거칠기는 하지만, 이러한 측정이 전혀 쓸모없는 것은 아니다. 다음의 비유를 생각해 보라. 아크바르가 앞쪽과 뒤쪽에 출구가 있는 긴 복도에 홀로 서 있다. 여전히 만취 상태다. 그는 출구를 찾을 때까지 앞뒤로 정처 없이 방황한다. 아크바르가 출발한 지점이 앞쪽 출구에 가까울수록, 출구 또는 어떤 특정한 장소로 가려고 시도하지 않음에도 불구하고 앞문으로 나올 가능성이 가장 크다는 추측은 합리적이다. 이 추론은 역으로도 사용될 수 있다. 아크바르가 앞문으로 나온다면 출발한 곳이 앞문에 더 가까웠다는 증거(물론, 증명은 아니지만)가 될 수 있다.

칼 피어슨이 랜덤워크에 이름을 붙이기 몇 세기 전부터 이런 유형의 추론은 랜덤워크 이론의 일부였다. 논란의 여지가 있지만, 수백 종의 동물 쌍과 함께 방주에 갇힌 것에 지친 노아Noah가, '이리 저리' 날아다니면서 물이 빠져 드러난 육지를 찾으라며 까마귀를 날려 보내는 창세기까지 거슬러 올라간다. 까마귀는 아무것도 찾지 못했다. 다음으로 날려 보낸 비둘기 역시 육지의 흔적을 발견하지 못하고 헤매다가 돌아왔다. 그러나 다음번에 날아간 비둘기는 올리브 가지를 물고 돌아왔다. 그래서 노아는 방주가 물가에 가까워졌음을 추론할 수 있었다.*

랜덤워크는 수 세기 동안 게임, 특히 나무를 통과하는 경로가 적어도 부분적으로는 항상 무작위한, 우연에 좌우되는 게임의 연구에 등장했다. 피에르 드 페르마는 소수에 관한 편지를 쓰지 않을 때, 수학자이며 신비주의자인 블레즈 파스칼Blaise Pascal과 노름꾼의 파산 문제에 관한 편지를 주고받았다. 이 게임에서 아크바르와 제프는 각자 동전 12개의 판돈을 가지고, 주사위 세 개를 굴리는 도박으

* 완벽을 기하기 위하여, 까마귀에 관한 텍스트가 다소 불명확하고 이야기에 살을 붙여야 했던 해석가들이 있었음을 인정해야겠다. 강도에서 랍비(rabbi, 유대교의 지도자 교사_옮긴이)가 되었던 3세기의 레이시 라키시(Reish Kakish)에 따르면, 까마귀는 애당초 마른 땅을 찾아 나서지 않았다고 한다. 그의 '왔다 갔다' 움직임은 노아를 감시하기 위하여 방주를 둘러싼 원으로 제한되었다. 의심 많은 까마귀는 노아가 까마귀 부인과 바람을 피우기 위한 구실로 자신을 방주 밖으로 내보냈다고 확신했다. 항상 해설을 읽어 보라. 기상천외한 이야기가 있다.

로 대결을 펼친다. 아크바르는 자신이 굴린 주사위의 합계가 11이 나올 때마다 제프의 동전 한 개를 받는다. 제프는 주사위의 합계가 14가 될 때마다 아크바르의 동전 한 개를 받는다. 한 사람의 동전이 떨어져서 '파산하면' 게임이 끝난다. 아크바르가 게임에서 이길 가능성은 얼마나 될까?

이는 바로 두 선수가 같은 액수의 자금으로 시작하고 한 선수의 숫자가 상대보다 열두 번 더 나오면 끝나는 랜덤워크에 관한 질문이다. 주사위 세 개를 굴려서 11이 나올 가능성은 14가 나올 가능성의 약 두 배다. 이유는 단순하다. 주사위 세 개의 합이 14가 되는 방법은 15가지뿐이지만, 11이 되는 방법은 27가지이기 때문이다. 따라서 이 게임에서 제프가 불리하다는 것은 합리적인 추측이다. 그러나 어느 정도로 불리할까? 파스칼이 페르마에게 던진 질문이었다. 페르마가 즉시 답장을 보내자 발끈한 파스칼이 자신도 이미 문제를 풀었다고 밝힌 대로, 제프가 파산할 가능성은 아크바르의 1,000배 정도로 판명된다![9] 노름꾼의 파산 게임에서는 랜덤워크의 대단치 않은 편향이 엄청난 결과로 확대된다. 제프의 운이 좋아서 아크바르가 11을 굴리기 전에 한두 번쯤 14를 굴려서 앞설 수도 있지만, 그의 리드가 열두 번에 이르는 것은 고사하고 오래 지속될 가능성조차 매우 낮다.

이 문제의 실체를 확인하는 가장 쉬운 방법은, 수학자들이 '아기 예baby example'라고 부르기 좋아하는 훨씬 더 단순한 문제로 바꿔 보는 방법이다. 아크바르와 제프가, 아크바르가 점수를 올릴 가능성이 60%이고 2점을 먼저 얻는 선수가 이기는 게임을 한다고 가정하자. 아크바르가 첫 2점을 따서 게임에서 이길 가능성은 0.6×0.6=0.36이다. 제프가 연속으로 2점을 따서 아크바르를 꺾을 가능성은 0.16에 불과하다. 두 가지 옵션을 제외하고 남는 것은 첫 2점이 1-1로 나뉘고 게임이 계속되는 48%의 가능성이다. 이중 60%, 또는 모든 게임의 28.8%에서 다음 점수를 딴 아크바르가 이기게 되고, 1-1 시나리오의 나머지 40%, 또는 모든 게임의 19.2%에서는 다음 점수를 딴 제프가 2-1 승리로 게임을 끝내게 된다. 따라서 아크바르에게는 전체적으로 36%+28.8%=64.8%의 승리 가능성이 있다. 개별 점수를 딸 가능성보다 약간 나은 가능성이다. 같은 방법으로, 2점 대신에 3점을 얻을 때까지 게임이 계속된다면 아크바르가 이길 가능성이 68.3%로 상승하는 것을 확인할 수 있다. 게임이 길어질수록 약간 나은 선수가 승리할 가능성이 높아진다.*

노름꾼의 파산 원리는 스포츠 시합 설계의 기초가 된다. 왜 야구의 세계챔피언이나 테니스 시합의 승자가 단일 게임의 결과로 결정되지 않을까? 불확실성이 너무 크기 때문이다. 어떤 게임이든 더 나은 선수가 질 수도 있는데, 시합의 요점은 누가 진정한 최고인지를 가리는 것이다.

테니스의 한 세트set는 두 선수 중 하나가 여섯 게임을 이김과 아울러 두 게임을 앞설 때까지 계속된다. 말로 분석하기가 어려워서 그림으로 나타냈다.

---

* 원래의 노름꾼의 파산 게임과 약간 다른 게임이라는 것을 알아차렸을 것이다. 파스칼과 페르마가 연구한 게임에서 이기려면, 단지 12점에 먼저 도달하는 것만이 아니라 12점을 앞서야 한다. 아기 예는 종이 위에서 분석하기가 더 쉽다.

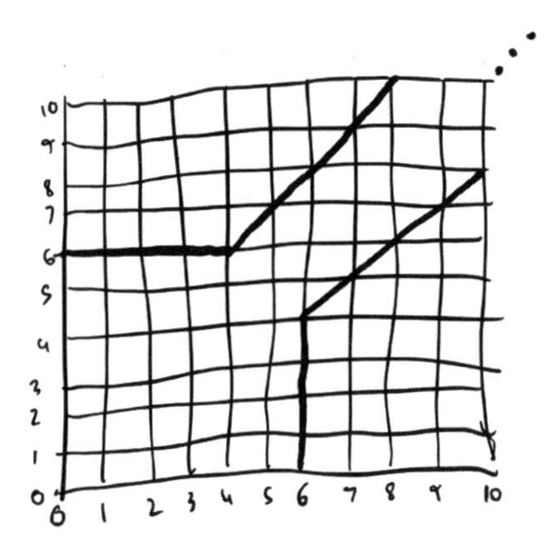

테니스의 한 세트는 이 그림 위의 랜덤워크로 생각할 수 있다. 게임을 할 때마다 위쪽이나 오른쪽으로 이동하고, 두 선수 중 하나를 '파멸'시키는 두 경계선 중 하나에 부딪히면 멈춘다. A선수가 B선수보다 약간이라도 낫다면 즉 위쪽으로의 이동이 오른쪽보다 가능성이 크다면, 위쪽 경계선에서 게임이 끝날 가능성이 아래쪽 경계선을 만날 가능성보다 훨씬 크다.* 그림의 긴 대각선 통로는 무한하기 때문에 테니스의 한 세트가 얼마나 오래갈 수 있는지에는 명확한 한계가 없다. 두 선수의 실력이 정말로 우열을 가리기 힘들 정도가 아닌 한, 두 경계선 중 하나를 만나지 않고 대각선 통로를 따라 멀리까지 갈 가능성은 매우 낮다. 하지만 그런 일이 일어날 수 있다. 2010년 6월 23일, 윔블던Wimbledon에서 만난 존 이스너John Isner와 니콜라 마위Nicholas Mahut에게 바로 그런 일이 일어났다. 두 선수는 계속해서 교대로 게임을 따 나갔다. 여러 시간이 흘렀다. 코트의 점

* 테니스 팬들은 교대되는 서브가 랜덤워크를 조금 더 복잡하게 만든다고 생각할 것이다. 사실이지만, 관련된 수학의 본질에는 실질적 영향을 미치지 않는다.

수판은 미리 설정된 최대치에 도달하고 저절로 꺼졌다. 9시쯤 되었을 때의 세트 스코어는 59-59 동점이었고 시합을 계속하기에는 날이 너무 어두웠다. 이스너와 마위는 다음 날 오후에 속개된 시합에서도 교대로 게임을 이겨 나갔다. 마침내 이스너는 마위가 막아 내지 못한 백핸드 샷을 쳐서 세트의 138번째 게임을 이기고 70-68로 세트를 따냈다.[10]

"다시는 이런 일이 일어나지 않을 것이다."

이스너는 말했다.[11]

"영원히."

하지만 그럴 수 있다! 이런 방식으로 스포츠를 설계하는 것이 이상하게 들릴지도 모르지만, 나에게는 테니스의 매력의 일부다. 시계도, 버저buzzer도, 게임 수의 제한도 없다. 유일한 출구는 누군가가 이기는 것뿐이다.

대부분 스포츠의 챔피언 결정전은 다른 방식으로 진행된다.[12] 두 야구팀이 월드시리즈World Series에서 대결할 때는, 네 게임을 먼저 이긴 팀이 챔피언이 된다. 일곱 경기를 넘길 수는 없으며, 두 팀 모두 3승씩 거두었다면 다음 게임이 우승팀을 결정한다. 시리즈가 이스너와 마위의 138게임 울트라 마라톤ultramarathon 세트처럼 연장될 가능성은 전혀 없다.* 월드시리즈에 대한 경계선의 기하학은 테니스와 다르다.

---

* 그렇지만 개별 야구 경기는, 매 이닝이 끝났을 때의 점수가 동점이면, 원칙적으로 무한히 연장될 수 있다. 그런 가능성에 흥미를 느끼는 독자에게는 W. P. 킨셀라(Kinsella)의 소설 《아이오와 야구연합(The Iowa Baseball Confederacy)》을 적극 추천한다.

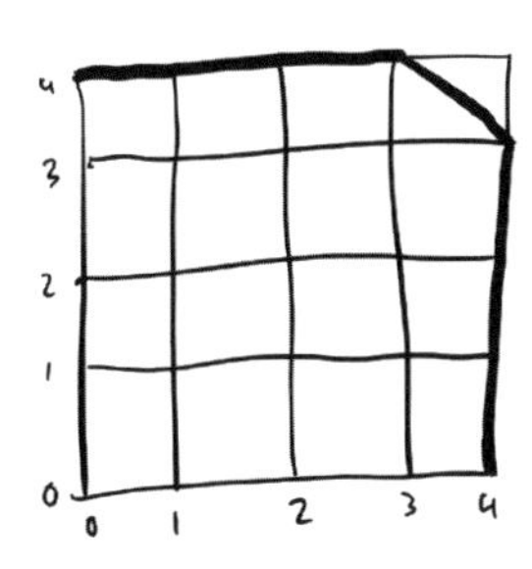

우리는 다시 정확성과 속도의 절충점에 도달했다. 월드시리즈가 야구를 더 잘하는 팀을 알아내는 알고리듬인 것처럼, 테니스의 한 세트는 어느 선수가 테니스를 더 잘하는지 알아내는 목적의 알고리듬으로 생각할 수 있다. (스포츠 행사는 단순한 알고리듬이 아니라 오락을 제공하고, 세수를 창출하고, 열광하는 대중을 마취시키는 등등의 의도가 있을 수 있지만, 알고리듬도 그 일부다.) 테니스의 세트는 결과를 얻기 위하여 더 많은 계산이 필요하고, 선수 간의 미세한 차이를 더 정확하게 식별한다. 월드시리즈는 거칠지만 더 빠른 결과를 제공한다. 차이점은 경계선의 기하학에서 비롯된다. 경계선이 월드시리즈처럼 각지고 뭉툭한가, 아니면 테니스의 세트처럼 길고 뾰족한가? 두 가지 선택만 있는 것은 아니다. 모양을 선택함으로써 정확성-속도 절충선을

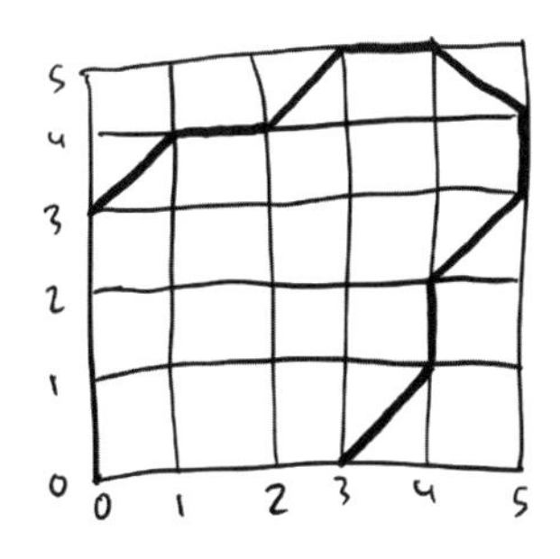

따라 어디든 원하는 곳에 위치할 수 있다. 나는 항상 다음의 시스템을 좋아했다.

이 시스템에는 '자비의 규칙mercy rule'이 있다. 한 팀이 3-0까지 밀릴 경우에는 그 팀이 패배한다. 반면에 두 팀 모두 3승을 거두면, 우열을 가리기 어렵다는 의미에서 챔피언이 되려면 다섯 번째 승리를 따내야 한다. 물론, 2004년의 아메리칸리그 챔피언십 시리즈에서 보스턴 레드삭스가 3-0으로 뒤지던 시리즈를 뒤집은 것 같은, 드물지만 스릴 넘치는 순간을 잃게 될 것이다. 하지만 그런 일은 거의 일어나지 않는다. 그 정도의 상실이 접전을 벌이는 팀 사이의 모든 8차전과 승자독식의 9차전을 보기 위한 대가로 너무 비싸다고 할 수 있을까?

전략의 공간

바둑으로 돌아가자. 우리는 랜덤워크의 결과가 시작 위치에 대한 단서를 제공할 수 있음을 보았다. 아크바르가 우연히 이길 가능성이 있는 위치는 또한 그가 실제로 이기려고 노력할 때도 유리한 위치라고 추측하는 것이 합리적이다. 우리는 이 전략을 사용하여, 각 단계에서 음주바둑Drunk Go 점수가 가장 높은 위치로 이동하는 방식으로 바둑을 두어 봄으로써 추측을 테스트할 수 있다. 이런 규칙을 채택한다면, 조금이라도 바둑을 둘 줄 아는 상대를 이기지는 못하겠지만, 완전한 초보자보다는 잘 둘 수 있을 것이다.

더 좋은 것은 술에 취한 비틀거림과 님 게임에서 사용했던 유형의 나무 분석을 혼합하는 전략이다. 다음 그림과 같은 방식이다.

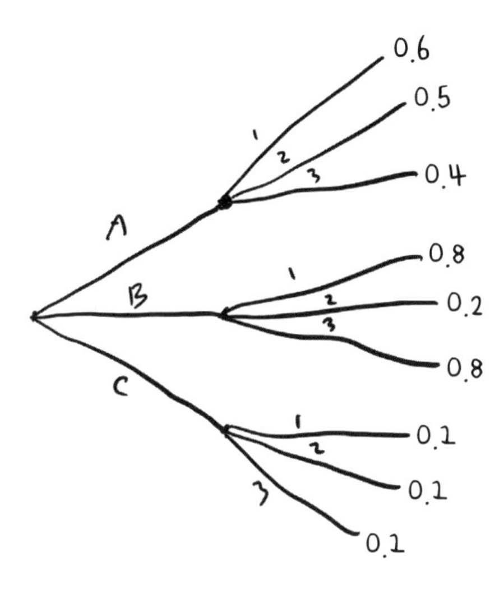

자신에 대한 진실을 밝힐 때가 왔다. 나는 바둑을 둘 줄 모른다. 내 사촌 자카리에게 대패한 게임이 마지막 게임이었다. 심지어 규칙조차 기억나지 않는다. 그래도 상관없다. 어쨌든 나는 바둑에 관한 섹션section을 쓸 수 있다. 규칙을 알든 모르든, 나무가 무엇을 할지를 말해 주기 때문이다. 나무는 바둑나무 또는 체커나무 아니면 님나무일 수도 있다. 분석하는 방법은 똑같다. 선택하는 전략과 관련된 모든 것이 나무의 가지가 이루는 패턴과 잎사귀에 적힌 숫자에 포함되어 있다. 중요한 것은 나무의 기하학뿐이다.

잎사귀의 숫자는 해당하는 일련의 수에 대한 음주바둑 점수를 나타낸다. 아크바르가 A수를 두고 제프가 1수를 둔 다음에 두 선수가 무작위로 게임을 계속한다면, 게임이 아크바르의 승리로 끝날 가능성이 40%다. 따라서 A1의 음주바둑 점수는 0.4이다.

그러나 A수 자체의 음주바둑 점수는 그다지 좋지 않다. 술 취한 제프가 거기서부터 무작위로 플레이한다고 가정하면, 게임이 A1, A2, 그리고 A3로 갈 가능성이 각각 1/3이다. 음주바둑을 300판 둔다면, 100판*은 A1에서 끝날 것이고, 그중 40판에서 아크바르가 이길 것이다. 아크바르는 또한 A2 게임 중에 50판, A3 게임 중에 60판에서 승리한다. 총 150판으로 300판의 정확히 절반이다. 따라서 A의 음주바둑 점수는 0.5다. 비슷한 방법으로 B의 점수가 0.4, C의 점수가 0.9임을 알 수 있다. (제프가 둘 차례인 위치의 음주바둑 점수는 술 취한 제프가 술 취한 아크바르를 꺾을 가능성이지 그 반대가 아님을 기억하라.)

아크바르가 게임을 하는 방법은 음주가 시작된 시점에 따라 달라진다. 나무에서 한 단계의 가지만을 보고 거기서부터는 무작위로 진행될 것이라 생각한다면, 음주바둑 점수가 가장 낮은 B수를 선택할 것이다. 그러나 아크바르가 나무의 추가적인 단계를 고려한다면, 다음과 같이 추론할 수 있다. B수를 선택하면 실제로 무슨 일이 일어날까? 교황처럼 정신이 말짱한 제프가 B2를 선택하여 아크바르에게 20%의 승리 가능성만 남겨 줄 것이다. 그래도, 제프가 무엇을 하든 아크바르의 가능성이 10%에 불과할 정도로 형편없는 수인 C보다는 낫다. 그러나 실제로 제프의 선택지가 더 적은 수는 A다. 제프가 선택할 수 있는 최선은, 아크바르에게 40%의 가능성을 남

* 더 정확하게 말해서, "실험을 여러 번 수행한다면, 게임이 A1으로 가는 평균 횟수가 100에 근접할 가능성이 매우 크다." 하지만 나는 모든 숫자 앞에 이런 구절을 붙이지는 않을 것이다.

겨 주는 A1으로 가는 것이다. 따라서 음주분석으로 넘어가기 전의 한 단계가 아니라 두 단계를 검토한 아크바르는 B가 아니라 A가 더 좋은 수임을 알 수 있다.

물론 더욱 심층적인 분석이 더 나을 수도 있다. B2는 무작위한 플레이가 이어질 때 아크바르에게 매우 좋지 않은 결과로 끝나게 되는 위치다. 그러한 결과는 단지 객관적으로 아크바르에게 불리한 시나리오 때문일지도 모른다. 아니면 그 위치에서 아크바르에게 엄청나게 좋은 수 하나와 수많은 형편없는 수가 있을 수도 있다. 무작위로 수를 선택해야 하는 아크바르에게는 나쁜 위치다. 한 가지 좋은 수를 선택할 가능성이 매우 낮기 때문이다. 다음 수를 예견할 수 있는 아크바르라면 좋은 위치가 되겠지만.

이렇게 혼합된 전략은 여전히 말도 안 되는 것에 가까운 음주바둑 방법에 크게 의존한다. 따라서 불과 몇 년 전만 하더라도, 이런 방법을 핵심으로 삼은 컴퓨터 바둑 프로그램이 아마추어 고수와 대결하는 수준에 올랐다는 것은 놀라운 일일 수도 있었다.[13]

그러나 이세돌을 조기 은퇴하도록 몰아붙인 신세대 기계에게 힘을 실어 준 것은 이런 전략이 아니다. 그들은 여전히 특정한 위치가 '아크바르에게 유리함' 또는 '아크바르에게 불리함'을 수치 척도로 평가하는 점수함수를 사용하며 착수의 결정에 그 점수를 이용한다. 그러나 알파고 같은 프로그램이 사용하는 점수 메커니즘mechanism은 랜덤워크에서 얻을 수 있는 그 어떤 메커니즘보다 훨씬 더 좋다. 그런 메커니즘을 어떻게 구축할까? 짐작하겠지만, 답은 기하학이다. 다만 더 높은 수준의 기하학이다.

3목, 체커, 체스, 또는 바둑 등 어떤 게임과 씨름을 벌이든 우리는 게임판의 기하학에서 시작한다. 거기서부터 그리고 게임의 규칙으로부터 한 단계 올라가서, 원리적으로는, 완벽한 게임의 전략에 관한 모든 것을 포함하는 나무의 기하학을 개발한다. 그러나 완벽한 전략을 찾기 위한 계산이 너무 어려울 때는 고급의 게임 플레이를 제공하기 위하여 완벽에 충분히 근접한 전략을 찾아내는 것에 만족할 것이다.

알려지지 않았고 현실적으로 알 수도 없는 완벽한 전략에 근접한 전략을 찾아내려면 새로운 기하학, 즉 나무보다 그리기가 훨씬 어려운 지형인 전략의 공간에 관한 기하학을 탐색해야 한다. 우리는 그 무한 차원의 추상적 건초더미 속에서 마리온 틴슬리나 이세돌의 경험으로 갈고 닦은 직관이 고안해 낼 수 있는 그 어떤 의사결정 프로토콜decision-making protocol보다도 나은 것을 찾아내려 한다.

어려운 일처럼 들린다. 어떻게 진행해야 할까? 결국 모든 것은 거칠면서도 가장 강력한 방법인 시행착오로 귀결된다. 이제 시행착오가 어떻게 작동하는지를 살펴보자.

7
장

인공지능의 등산

S · H · A · P · E

뉴욕대 교수이며 기계학습과 그것의 사회적 영향력에 관한 전문가인 내 친구 메레디스 브로사드Meredith Broussard는 얼마 전 TV에 출연하여, 2분 정도 되는 시간 동안 인공지능이 무엇이고 어떻게 작동하는지를 미국의 시청자에게 설명했다.[1]

그녀는 인공지능이란 게 킬러로봇killer robot이나, 정신력에서는 우리보다 우월하나 열정이 없는 안드로이드androids가 아니라고 설명했다. 그녀는 자신을 인터뷰하는 앵커에게 말했다.

"기억해야 할 정말로 중요한 사실은, 인공지능이 단지 수학일 뿐이며 무서워할 필요가 없다는 것입니다!"

앵커의 실망한 듯한 표정은 그들이 킬러로봇 쪽을 선호한다는 것을 암시했다.

그러나 메레디스의 대답은 훌륭한 것이었다. 그리고 내가 이야기할 수 있는 시간은 2분보다 길다. 따라서 그녀의 배턴baton을 이어받아 기계학습이 어떤 유형의 수학인지를 설명하려 한다. 큰 아이디어는 독자의 생각보다 쉽기 때문이다.

우선, 기계 대신에 당신이 등산가라고 가정해 보자. 정상에 오르려 애쓰고 있으나 지도가 없는 등산가다. 주위는 나무와 덤불이 둘러싸고 더 넓은 풍경을 조망할 수 있는 유리한 지점이 없다. 어떻게 정상으로 오를 것인가?

한 가지 전략은 이렇다. 당신의 발 주변의 경사도를 평가한다. 아마 북쪽으로 가면 약간 오르막이고 남쪽은 약간 내리막일 것이다. 북동쪽으로 발을 돌리면 더 가파른 경사를 알아챌 수 있다. 작은 원을 그리면서 가능한 모든 방향을 조사한다. 그중 한 방향이 경사가 가장 가파른 오르막이다. 그런 방향이 하나가 아니라면 어떨까? 그저 어느 오르막이든 마음대로 선택하면 된다.

그쪽으로 몇 걸음 걸어가라. 그런 다음에 새로운 원을 만들고, 가능한 모든 방향 중에서 가장 가파른 오르막을 선택하는 방식으로 계속한다.

이제 독자는 기계학습이 어떻게 작동하는지를 안다!

좋다, 아마 조금 더 설명이 필요할 것이다. 그러나 이 경사하강법gradient descent이라 불리는 아이디어가 모든 것의 핵심이다. 경사하강법은 사실상 일종의 시행착오다. 다수의 가능한 동작을 시도해 보고 그중에 가장 도움이 되는 동작을 선택하는 방법이다. 특정한 방향과 연관된 '경사gradient'는 '그 방향으로 작은 발걸음을 뗄 때 고도가 얼마나 변하는가'에 대한 수학이다. 달리 말해서, 그 방향으로 걸을 때 느껴지는 지면의 기울기다. 독자가 미적분에 관심이 있다면 '도함수derivative'에 해당하지만, 여기의 어떤 설명도 미적분을 요구하지는 않을 것이다. 경사하강법은 알고리듬, 즉 '당신이 직면할 수 있는 어떤 상황에서든 어떻게 할지를 말해 주는 명시적 규칙'에 관한 수학이다. 규칙은 간단하다.

가능한 모든 움직임을 고려하여 어느 것이 가장 큰 경사를 제공하는지 알아내고 그렇게 움직이라. 같은 일을 반복하라.

정상으로 가는 경로는 다음 그림과 비슷하게 지형도에 표시될 것이다.

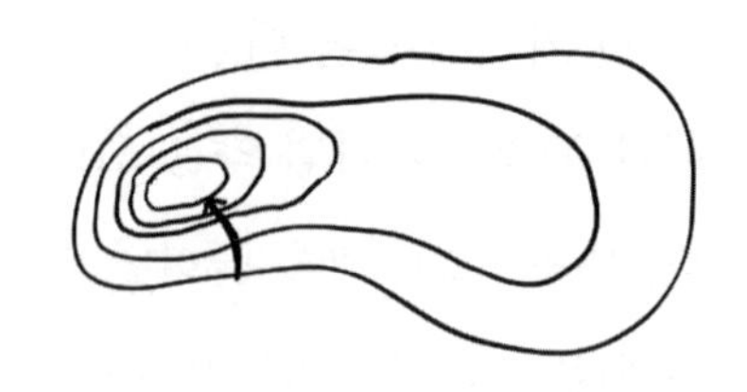

(또 하나의 멋진 기하학: 경사하강법

으로 길을 찾아 나갈 때. 지형도상의 경로는 항상 등고선과 직각으로 교차한다. 설명은 미주에 있다.)2

경사하강법이 등산에 유용한 아이디어임은 (항상 그렇지는 않지만 — 이에 관해서는 나중에 다시 논의할 것이다) 알겠지만, 기계학습과는 무슨 관계가 있을까?

내가 등산가가 아니고 무언가를 배우려는 컴퓨터라고 해 보자. 인간 고수보다 바둑을 잘 두는 방법을 배우는 알파고나 당혹스러울 정도로 그럴듯한 영어 텍스트의 긴 문자열을 만들어 내는 GPT-3 같은, 이미 우리가 마주쳤던 기계일 수도 있다. 그러나 우선은 기본에 충실하여, 고양이가 무엇인지를 배우려 애쓰는 컴퓨터라고 가정하자.

그러면 어떻게 해야 할까? 아기가 배우는 것과 비슷한 방법이다. 아기는 가끔씩 어떤 덩치 큰 사람이 시야에 있는 무언가를 가리키면서 "고양이!"라고 말하는 세계에서 살고 있다. 컴퓨터도 같은 방식으로 훈련할 수 있다. 다양한 위치, 조명, 분위기의 고양이 이미지 1,000개를 컴퓨터에게 제공하고, '이 모두가 고양이'라고 말해 준다. 정말로 도움을 주기를 원한다면, 같은 수의 고양이가 아닌 이미지도 제시하고, 어느 것이 고양이이고 어느 것이 아닌지를 말해 준다.

기계의 과제는 스스로 고양이와 고양이 아님을 구별할 수 있는 전략을 개발하는 것이다. 컴퓨터는 모든 가능한 전략의 풍경을 돌아다니면서 최선의 전략, 즉 고양이를 식별하는 정확성의 정점을 찾아내려고 노력한다. 그는 등산가 지망생이다. 따라서 경사하강법을 따라 진행해야 한다! 그래서 몇 가지 전략을 선택하고 풍경 속으로 들어간 후에 경사하강법이 요구하는 규칙에 따라 진행한다.

현재의 전략에 적용할 수 있는 작은 변화를 모두 고려하고, 어느 것이 가장 큰 경사를 제공하는지 알아내어, 그 변화를 채택한다. 같은 방식으로 반복한다.

탐욕은 꽤 좋다

그럴듯하게 들린다. 무슨 뜻인지 전혀 모르겠다는 것을 깨닫기 전까지는. 예컨대, 전략이란 무엇인가? 전략은 컴퓨터가 수행할 수 있어야 한다. 수학적 용어로 표현되어야 한다는 뜻이다. 컴퓨터에게 그림은 수의 긴 목록이다. (사실 컴퓨터에게는 모든 것이 수의 긴 목록이다. 수의 짧은 목록인 것만 제외하고.) 그림이 600×600픽셀pixel의 격자라면, 각 픽셀에는 0(순흑색)과 1(순백색) 사이의 수로 주어지는 명암이 있고, 그림이 무엇인지를 알려면 그 600×600=360,000개의 수를 알아야 한다. (또는 최소한 흑백으로 보아서 무엇인지를 알려면.)

전략은 단지 360,000개의 수 목록을 '고양이' 또는 '고양이 아님', 컴퓨터 용어로 말하자면 '1' 또는 '0'으로 바꾸는 방법일 뿐이다. 수학 용어로 말해서 함수다. 심리적으로 더 실감이 나도록 전략의 결과를 0과 1 사이의 수로 나타낼 수도 있다.

이는 스라소니나 동물 모양 베개 같은 모호한 이미지가 제시되었을 때 기계가 합리적으로 표현하기를 원할 수 있는 불확실성을 나타낸다. 0.8이라는 결과는 "이것이 고양이라고 꽤 확신하지만 의심이 남아 있다."라고 해석되어야 한다.

예를 들어, 전략은 '입력된 숫자 360,000개 모두의 평균을 출력하는' 함수일 수 있다. 그러면 이미지가 순백색일 때는 0, 순흑색일 때는 1이 출력되고, 일반적으로 화면에 있는 이미지 전체의 평균적 밝기를 측정하게 된다. 이미지가 고양이인지 아닌지와는 무슨 관계가 있을까? 아무것도 없다. 그 전략이 좋은 전략이라고는 말하지 않았다.

전략의 성공 여부를 어떻게 측정할까? 가장 간단한 방법은 키티트론Kittytron(고양이 컴퓨터라는 뜻_옮긴이)이 이미 살펴본 2,000개 이미지에 대하여 어떤 결과를 내놓는지를 보는 것이다. 우리는 각 이미지에 대하여 전략의 '틀림 점수wrongness score'*를 매길 수 있다. 이미지가 고양이이고 전략이 1을 말한다면, 틀림 점수가 0이다. 올바른 답을 얻은 것이다. 이미지가 고양이인데 전략이 0을 말한다면, 틀림 점수가 1이고, 가능한 최악의 결과다. 이미지가 고양이이고 전략이 0.8을 말한다면, 틀림 점수가 0.2고, 올바른 답을 얻었지만 망설이는 것과 같다.**

훈련에 사용된 2,000개 이미지에 대한 점수를 합산하여 얻는 틀림의 총합이 전략의 성공 척도가 된다. 우리의 목표는 틀림의 총합이 가능한 한 작은 전략을 찾는 것이다. 전략이 틀리지 않도록 하려

* 컴퓨터과학자들은 보통 오류(error)나 손실(loss)이라 부른다.

** 틀림의 정도를 측정하는 방법은 여러 가지다. 가장 많이 사용되지는 않지만, 이 방법은 설명하기가 간단하다. 우리의 수준에서는 세부사항에 집착하지 않을 것이다.

면 어떻게 해야 할까? 경사하강법이 필요하다. 이제 우리는 전략을 수정함에 따라 더 좋아지거나 나빠진다는 것이 무슨 의미인지 알기 때문이다. 경사는 전략을 조금 바꿀 때 틀림이 얼마나 변하는지를 측정한다. 우리는 틀림을 변화시킬 수 있는 모든 작은 방식 중에 틀림을 가장 많이 줄이는 방식을 선택한다. (덧붙여 말하자면, 상승이 아니고 경사하강이라 불리는 이유다! 기계학습의 목표는 종종, 평지 위의 고도 같은 멋진 것의 최대화가 아니라, 틀림 같은 나쁜 것의 최소화다.)

경사하강법은 고양이에만 적용되지 않는다. 기계가 경험으로부터 전략을 배우기를 원할 때는 언제든 적용할 수 있다. 어쩌면 우리는 영화 100편에 대한 사람들의 평가를 학습하고 나서 그들이 보지 않은 영화에 대한 평가를 예측하는 전략을 원할지도 모른다. 또는 체커나 바둑의 상황을 입력받고, 상대를 패배의 상황으로 몰아넣는 수를 돌려주는 전략일 수도 있다. 아니면 자동차에 장착된 카메라의 영상 입력을 받고 차가 쓰레기통에 부딪히지 않도록 조향 핸들의 움직임을 돌려주는 전략일 수도 있다. 무엇이 되었든! 이들 각 경우에, 우리는 제안된 전략에서 출발하여 이미 살펴본 예 가운데서 어떤 작은 변화가 틀림을 가장 많이 줄이는지를 평가하고, 그 변화를 채택하는 식으로 반복할 수 있다.

계산의 문제를 과소평가하지는 않겠다. 키티트론은 1,000개가 아니라 수백만 개의 이미지로 훈련받을 가능성이 크다. 따라서 틀림의 총합을 계산하려면 수백만의 개별적 틀림 점수를 합산해야 할지도 모른다. 설령 아주 멋진 프로세서가 있더라도 시간이 걸린다! 따라서 실제로는 종종 확률적 경사하강법stochastic gradient descent이라는 변형이 사용된다. 여기서 이 방법의 다양한 특성을 설명하기는 어렵지만 기본적 아이디어는 다음과 같다. 모든 틀림 점수를 합산하는 대신, 훈련 세트 중에서 이미지 하나를 무작위로 선택한다. 앙고라Angora 새끼 고양이든 어항이든 하나를 선택한 뒤에, 어떤 단계든지 그 이미지에 대한 틀림을 가장 많이 줄이는 단계를 채택한다. 다음 단계에서 다시 새로운 이미지 하나를 선택하고 같은 방식으로 계속한다. 시간이 지나면서 —이 과정은 수많은 단계를 거치게 될 것이므로— 결국 모든 서로 다른 이미지를 고려하게 될 가능성이 크다.

내가 확률적 경사하강법을 좋아하는 것은 미친 소리처럼 들리기 때문이다. 예를 들어, 미국의 대통령이 어떤 유형의 글로벌 전략도 없이 결정을 내린다고 상상해 보라. 국가의 최고 경영자가 전략 대신에, 자신의 특정한 이익에 맞는 방식으로 정책을 수정하라고 소리치는 부하들의 무리에 둘러싸여 있다고. 대통령은 날마다 그중 한 사람을 무작위로 선택하여 의견을 듣고 그에 따라 진로를 바꾼다.* 중요한 세계 정부를 운영하는 사람에게는 터무니없겠지만, 기계학습에는 꽤 효과가 있는 방법이다!

이제까지의 설명에는 중요한 것이 누락되었다. 언제 멈춰야 할지는 어떻게 알까? 글쎄, 그 문제는 어렵지 않다. 선택할 수 있는 작은 변화가 아무런 개선도 만들어 내지 못할 때 멈추면 된다. 그러나

* 확률적 경사하강법에 대한 조금 더 정확한 비유는, 조언자를 무작위한 순서로 배치하고 날마다 한 사람씩 돌아가면서 의견을 듣도록 하는 것이다. 그러면 최소한 모두에게 공평하게 의견을 말할 시간이 보장될 것이다.

한 가지 큰 문제가 있다. 도달한 곳이 실제로는 정상이 아닐 수도 있다!

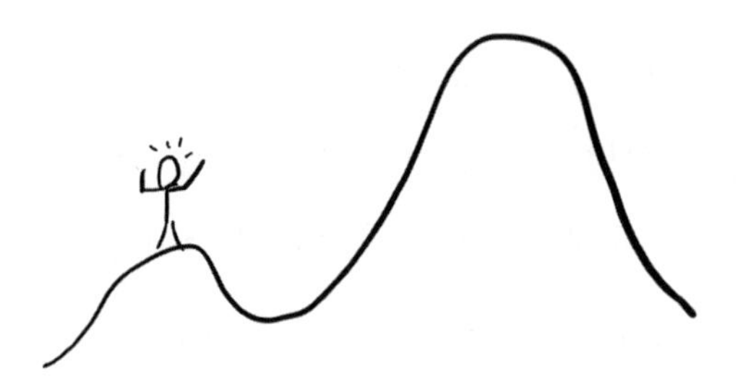

당신이 그림에 있는 행복한 등산가라면, 왼쪽 또는 오른쪽으로 한 발짝 내디뎌서 두 방향 모두 오르막이 아님을 알 수 있다. 행복한 것은 그 때문이다. 여기가 정상이다!

그러나 아니다. 진짜 정상은 멀리 떨어져 있고, 경사하강법은 당신을 거기로 데려갈 수 없다. 당신이 서 있는 곳은, 수학자들이 국소 최적local optimum이라* 부르는, 어떤 작은 변화도 개선을 만들어 낼 수 없지만 실제로 가능한 최선의 장소와는 멀리 떨어진 지점이다. 나는 국소 최적을 '할 일을 미루는 버릇'의 수학적 모델로 생각하기를 좋아한다. 당신이 혐오하는 일, 예를 들어 엄청나게 쌓여 있는 파일 무더기를 정리하는 일에 직면한다고 가정해 보자. 파일의 대부분은 여러 해 동안 달성하려던 목표와 관련이 있으며, 그런 파일을 폐기하는 일은 목표를 이룰 수 없음을 인정하는 것이다. 어느 날이 되었든, 경사하강법은 어떤 작은 발걸음이든 그날의 행복을 최

* 종종 국소 최대치(local maximum) 또는 국소 최소치(local minimum)라고도 불린다. 당신이 생각하는 목표가 꼭대기에 오르는 것인지 바닥을 치는 것인지에 따라.

대화하는 발걸음을 선택하라고 조언할 것이다. 파일의 정리를 시작하면 그렇게 될까? 아니, 오히려 그 반대다. 파일 무더기를 정리하는 일은 끔찍하게 느껴질 것이다. 경사하강법은 그 일을 다른 날로 미룰 것을 요구한다. 그리고 알고리듬은 내일도, 모레도, 글피도 같은 이야기를 한다. 당신은 진짜 정상보다 낮은 국소 최적에 갇혀 있다. 더 높은 정상으로 가려면 상당히 길지도 모르는, 계곡을 따라 걷는 일을 견뎌 내야 한다. 꼭대기까지 올라가려면 우선 내려가야 한다. 경사하강법은 '탐욕스러운 알고리듬'이라 불린다. 매순간 단기적 이익을 극대화하는 발걸음을 채택하기 때문이다. 탐욕은 죄악의 나무에 열리는 중요한 열매 중 하나지만, 대중적 자본주의 정신에 따르면 좋은 것이기도 하다. 기계학습에서는 "탐욕은 꽤 좋다."라고 말하는 것이 더 정확할 것이다. 경사하강법은 국소 최적에 갇힐 위험이 있지만, 실제로는 그런 일이 이론적으로 가능한 만큼 자주 일어나지 않는 것 같다.

그리고 국소 최적을 우회하는 방법이 있다. 그저 잠시 탐욕을 유예하면 된다. 모든 훌륭한 규칙에는 예외가 있다! 예를 들면, 정상에 도달하여 멈추는 대신에 다른 위치를 무작위로 선택하여 경사하강법을 처음부터 다시 시작한다. 계속해서 같은 곳에서 끝나게 된다면, 그곳이 정말로 최선의 장소라는 것을 더욱 확신하게 된다. 그러나 앞의 그림에서, 임의의 장소에서 시작한 경사하강법은 낮은 봉우리에 갇히기보다는 높은 정상에서 끝날 가능성이 더 크다.

완전히 무작위로 자신을 재설정하는 일은 현실적으로 상당히 어렵다! 현 위치에서 탐욕스럽게 작은 발걸음을 떼는 대신에 무작위하고 큰 발걸음을 내딛는 것이 더 현실적이며, 종종 가장 높은 정상에 도달할 수 있는 위치로 이동하기에 충분하다. 우리는 익숙한 서클 밖의 낯선 사람에게 삶의 조언을 구하거나, 비스듬한 전략 Oblique Strategies(1970년대에 개발된 창의력 증진을 위한 카드 기반의 전략_옮긴이)에서 카드를 뽑을 때 이런 일을 한다. 비스듬한 전략의 격언("받아들일 수 없는 색을 선택하라.", "가장 중요한 것은 가장 쉽게 잊히는 것이다.", "극미의 단계적 변화infinitesimal gradations."*, "공리를 폐기하라"**)의 목표는, 어떤 국소 최적이든 갇힌 곳에서 벗어나, 즉시 효과를 보지는 못하는 선택을 할 수 있도록 충격을 주려는 것이다. 전략의 이름 자체가 평소에 우리가 행동하는 방식에 대하여 기울어진 궤적임을 암시한다.

내가 맞을까? 틀릴까?

큰 문제가 하나 더 있다. 우리는 기쁜 마음으로, 가능한 작은 변화를 모두 고려하여 어느 것이 최상의 경사를 제공하는지 알아내기로 했다. 풍경 속의 등산가에게는 명확하게 정의된 문제다. 2차원 공간에서 발걸음의 선택은 단지 방향을 나타내는 나침반의 원에서 한 점을 선택하는 일일 뿐이다. 우리의 목표는 원에서 최상의 경사를 제공하는 점을 찾는 것이다.

그러나 이미지에 고양이 점수를 할당하기 위한 모든 가능한 전

* 이는 거의 경사하강법의 서술이다!
** 그리고 이것은 거의 비유클리드 기하학의 서술이다!

략의 공간이라면? 이 공간은 훨씬 더 크다. 사실상 무한 차원의 공간이다. 모든 선택지를 고려할 의미 있는 방법이 없다. 기계의 용어가 아닌 인간의 용어로 생각하면 분명한 일이다. 내가 자기계발서를 쓰면서, "삶의 선택을 개선하는 방법은 매우 간단하다. 그저 당신의 삶을 바꿀 수 있는 모든 가능한 방법을 생각하고, 이전의 선택을 가장 크게 개선했을 방법을 선택하라."라고 말했다고 가정해 보자. 독자는 마비되고 말았을 것이다! 모든 가능한 행동 변화의 공간은 검색하기에 너무 크다.

그러나 당신이 어떤 초인적 자기성찰의 위업을 통하여 그것을 검색할 수 있다면 어떨까? 그러면 또 다른 문제에 부딪히게 된다. 당신의 삶을 위한, 과거의 모든 경험의 틀림wrongness을 완벽하게 최소화하는 다음과 같은 전략이 있기 때문이다.

> **전략**: 당신이 내려야 하는 결정이 이전의 결정과 정확히 일치하면 지금 고려하는 결정이 (돌이켜 볼 때) 올바른 것으로 간주하라. 아니면 동전을 던진다.

키티트론의 시나리오에서는 이 규칙이 다음과 비슷할 것이다.

> **전략**: 고양이로 식별된 모든 이미지에 대하여 '고양이'라고 말하라. 고양이가 아닌 것으로 식별된 모든 이미지에 대하여 '고양이 아님'이라고 말하라. 모든 다른 이미지에 대해서는 동전을 던진다.

이 전략에는 잘못된 점이 전혀 없다! 컴퓨터의 훈련에 사용하는 모든 이미지에 대하여 올바른 답을 얻게 된다. 그러나 수상쩍은 전략이다. 컴퓨터에게 이전에 본 적이 없는 고양이 그림을 제시하면 컴퓨터는 동전을 던진다. 이미 고양이라고 말해 주었지만 100도 회전시킨 그림을 제시해도 동전을 던진다. 냉장고의 그림을 제시해도 마찬가지다. 컴퓨터가 할 수 있는 일은 내가 고양이라고 또는 고양이가 아니라고 말해 준 유한한 목록을 정확하게 재현하는 것이 전부다. 그것은 학습이 아니고 기억에 불과하다.

우리는 전략이 비효율적일 수 있는, 어떤 의미로 정반대의 두 가지 경우를 살펴보았다.

- 이미 경험한 상황에서 전략의 오류가 심하다.
- 전략이 이미 경험한 상황에 너무 정확하게 맞춰져서 새로운 상황에는 쓸모가 없다.

전자의 문제는 언더피팅underfitting이라 불린다. 전략을 개발할 때 경험을 충분히 반영하지 않는 것이다. 경험에 지나치게 의존하는 후자는 오버피팅overfitting이다. 이 두 가지 무용성의 극단 사이에서 어떻게 적절한 중용을 찾을 수 있을까? 문제를 등산과 더 비슷하게 만들어서 그렇게 할 수 있다. 등산가는 매우 제한된 선택지의 공간을 탐색한다. 우리도 선택지를 사전에 제한하기로 한다면 그렇게 할 수 있다. 나의 경사하강법 자기계발서로 돌아가자. 시도할 수 있는 모든 개입을 검토하는 대신에 하나의 차원만을 생각하라고 독자들에게 말하면 어떨까? 예컨대, 일하는 부모에게 아이들의 필요를 우선하는 비중에 비하여, 직업상의 필요를 우선시하는 비중이 얼마나 더 큰지만을 생각해 보라고 한다면? 그것은 1차원의 선택이며, 자신의 삶에서 스스로 돌릴 수 있는 손잡이다. 그리고 스스로 이렇게 자문해 볼 수 있다. 이제까지의 상황을 돌이켜 볼 때, 그 손잡이를 더 직업 쪽으로 또는 아이들 쪽으로 돌렸어야 하지 않았을까?

우리는 본능적으로 이것을 안다. 삶의 전략을 평가할 때 우리가 사용하는 비유는 일반적으로, 무한 차원 공간을 헤매는 것이 아니라 지구 표면에서 방향을 선택하는 것이다. 로버트 프로스트Robert Frost는 '두 갈래로 갈라진 길'로 표현했다. 프로스트의 〈가지 않은 길The Road Not Taken〉의 속편이라 할 수 있는 토킹 헤즈Talking Heads의 노래 〈일생에 단 한 번Once in a Lifetime〉은,* 자세히 보면 거의 경사하강법의 서술이다.

> 당신 자신에게 물어볼 수 있다
> 저 고속도로는 어디로 갈까?
> 그리고 또 자문할 수 있다
> 내가 맞을까? 틀릴까?
> 그리고 자신에게 말할 수 있다
> "맙소사! 내가 무슨 짓을 한 거야?"

통제력을 손잡이 하나로만 제한할 필요는 없다. 전형적인 자기

---

* 비스듬한 전략 카드의 공동창안자이기도 한 브라이언 이노(Brian Eno)가 공동 작사 및 제작했다!

계발서는 다음과 같이 평가를 위한 다수의 설문을 제공할 수 있다. 직업이 아니라 아이들 쪽으로 손잡이를 돌리기를 원하는가, 아니면 그 반대인가? 아이들 또는 배우자? 야망 아니면 안락한 삶? 그러나, 아무리 권위 있는 책이라도, 무한히 많은 설문을 담은 자기계발서는 없다. 책은 어떻게든, 삶에서 돌릴 수 있는 손잡이의 무한한 목록 중에서, 독자가 발걸음을 내딛기로 고려할 수 있는 방향의 유한한 집합을 선택한다.

훌륭한 자기계발서인지 아닌지는 좋은 손잡이의 선택에 달려 있다. 제인 오스틴Jane Austen을 더 많이 읽고 앤서니 트롤럽Anthony Trollop을 더 적게 읽어야 하는지 또는 하키를 더 많이 보고 배구를 더 적게 보아야 하는지에 관한 설문이라면 아마도 대부분 사람에게 우선순위가 가장 높은 문제에는 도움이 되지 않을 것이다.

손잡이를 선택하는 가장 일반적인 방법 중 하나는 선형회귀linear regression라 불린다. 선형회귀는 값이 주어진 변수에 대하여 다른 변수의 값을 예측하는 전략을 찾을 때마다 통계학자들이 가장 먼저 활용하는 도구다. 예컨대, 야구팀의 구두쇠 구단주는 팀의 승률이 티켓 판매에 얼마나 영향을 미치는지 알기를 원한다. 좌석을 차지하는 엉덩이로 연결되지 않는다면 야구장에 뛰어난 선수를 너무 많이 투입하고 싶지는 않을 것이다! 우리는 다음과 같은 도표를 만들 수 있다.

• 2019년도 메이저리그 팀의 승률과 관중 수 •

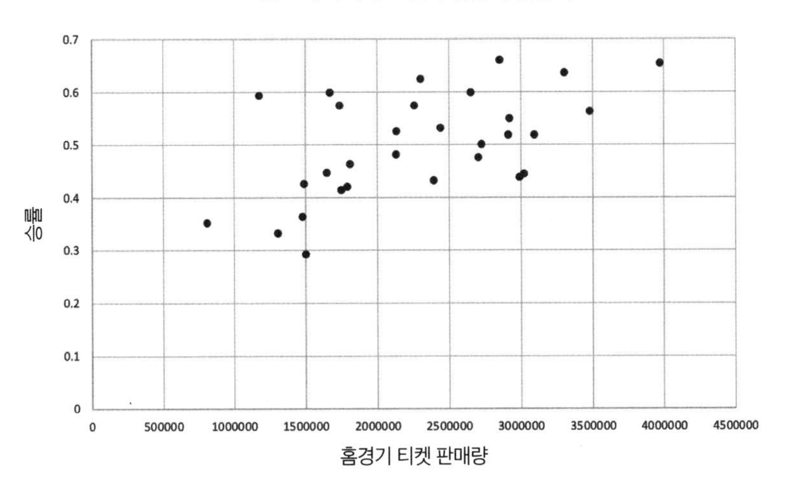

도표의 각 점은 야구팀을 나타내고 수직 위치는 각 팀이 2019년에 승리한 게임의 비율로, 수평 위치는 연간 전체 관중 수로 결정된다. 목표는 승률 측면에서 관중 수를 예측하는 전략을 수립하는 것이며, 고려할 수 있는 예측 전략의 작은 공간은 선형linear 전략들로 구성된다.

관중 수 = 미지의 숫자 1 × 승률 + 미지의 숫자 2

이러한 모든 전략은 도표 위에 그린 직선에 해당하며, 목표는 그 직선이 데이터 점들과 가능한 한 잘 일치하도록 하는 것이다. 미지의 숫자 두 개는 손잡이 두 개를 나타낸다. 우리는 손잡이를 위아래로 돌려 숫자를 조정하면서, 전략의 총체적 오류가 어떤 미세한 비틀기로도 개선될 수 없을 때까지, 경사하강법을 실행한다.*

우리가 얻게 되는 직선은 다음과 같다.

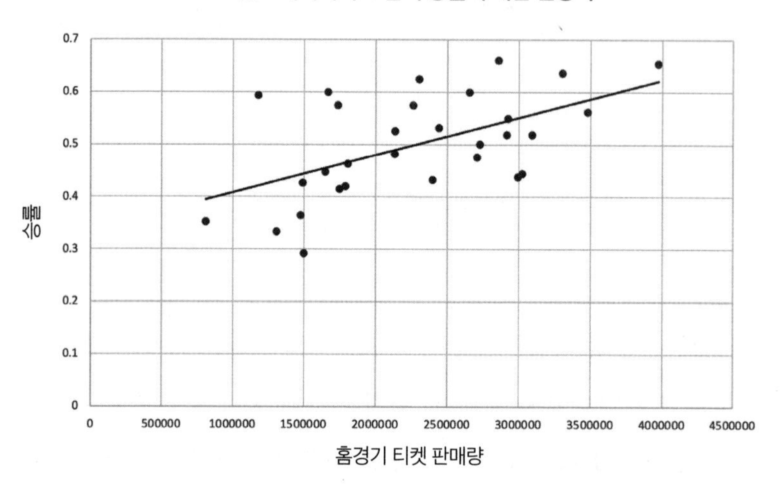

최소 오류의 직선이 여전히 꽤 틀림을 볼 수 있다! 현실 세계의 관계 대부분은 엄밀히 말해 선형이 아니다. 우리는 더 많은 변수를 입력으로 사용하여 (예를 들면, 팀이 사용하는 야구장의 규모와 관련이 있을지를 고려해야 한다) 문제의 해결을 시도할 수 있지만, 선형 전략으로 가능한 일은 결국 그런 정도다. 예컨대, 선형 전략의 공간은 어떤 이미지가 고양이인지 아닌지를 알려 줄 만큼 충분히 크지 않다. 그러기

---

* 여기서 가장 효과적인 오류의 개념은 —나중에 살펴봐야 할 이유로— 선형 전략의 예측과 진실의 차이를 제곱하여 모든 야구팀에 대하여 합산한 것이다. 따라서 이 방법은 종종 최소 제곱(least squares)이라 불린다. 유서 깊은 최소 제곱법이 완성된 지금은 경사하강법보다 훨씬 빠르게 최적의 직선을 찾아내는 방법이 있다. 그러나 경사하강법은 여전히 효과가 있을 것이다.

위해서는 비선형nonlinear이라는 야생의 세계로 모험을 떠나야 한다.

DX21

오늘의 기계학습에서 가장 중요한 화두는 심층학습deep learning이라 불리는 기술이다. 심층학습은 이세돌을 물리친 컴퓨터 알파고, 자율주행을 시도하는 테슬라Tesla 자동차, 구글 번역기를 구동한다. 심층학습은 때로, 일종의 신탁처럼 제시되어, 초인간적 수준의 통찰을 자동으로 제공한다. 심층학습 기술의 다른 이름인 신경망neural networks은 마치 인간 두뇌 자체의 기능을 어떻게든 포착하는 것처럼 들린다.

하지만 그렇지 않다. 브로사드가 말했듯이, 심층학습은 단지 수학일 뿐이다. 심지어 새로운 수학도 아니다. 심층학습의 기본 아이디어는 1950년대 후반부터 알려졌다. 내가 1985년에 받은 바르 미츠바bar mitzvah(유대교에서 남자는 13세, 여자는 12세에 치르는 성인식_옮긴이) 선물에서 이미 신경망 비슷한 것을 볼 수 있다. 나는 수표와 키뒤시 컵kiddush cup(유대교의 안식일이나 축제 때 포도주를 따르는 잔_옮긴이), 그리고 두 다스가 넘는 크로스Cross 펜과 함께, 가장 간절히 원했던 야마하Yamaha DX21 신디사이저synthesizer를 부모님께 선물로 받았다. 그 신디사이저는 지금도 내 집의 사무실에 있다. 1985년에는 키보드keyboard가 아닌 신디사이저를 가지고 있다는 것이 매우 자랑스러웠다. 그 말은 DX21이 단지 공장에서 미리 설치된 가짜 피아노, 가짜 트럼펫, 가짜 바이올린 연주만을 하는 장치가 아니라는 뜻이다. DX21은 독자적으로 소리를 프로그램할 수 있는 장치였다. 다음과 같은 그림이 많은, 다소 불가해한 70쪽의 설명서를 독파할 수만 있다면.

• 알고리듬 #5 •

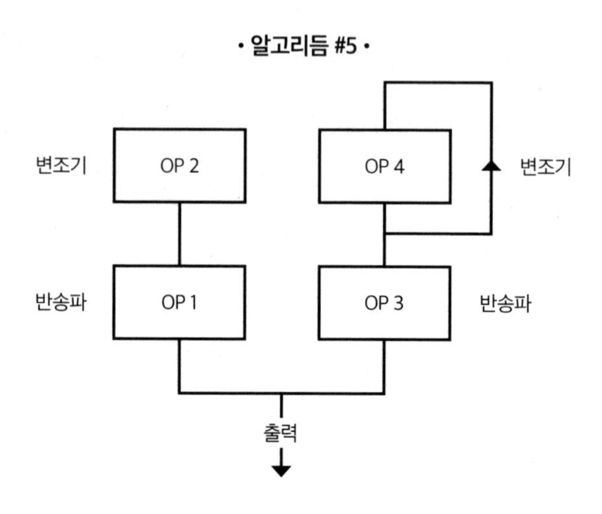

각 'Op' 상자는 음파wave를 나타내고, 소리를 더 크게, 더 부드럽게, 점점 작아지게 또는 점점 커지게, 어떤 식으로든 바꾸고 싶을 때 돌릴 수 있는 손잡이들이 있다. 모두가 표준적 사양이다. DX21의 특장점은 그림에 표현된 연산자operator 사이의 연결이다. 거기에는 일종의 루브 골드버그Rube Goldberg 과정(미국의 만화가 루브 골드버그가 고안한 것으로 단순한 일을 매우 복잡하게 수행하는, 연쇄반응에 기초한 기계장치를 말함_옮긴이)이 있다. 즉, OP1에서 나오는 음파는, 단지 그 상자의 손잡이를 돌리는 것뿐만 아니라, 입력으로 받아들이는 OP2의 출력에도 의존한다. 심지어 음파가 자신을 변형시킬 수도 있다. 그것이

OP4에 붙어 있는 '되먹임feedback' 화살이다.

이런 식으로 각 상자에 있는 몇 개의 손잡이를 돌림으로써 놀라울 정도로 광범위한 출력을 얻을 수 있다. 덕분에 나는 '전기적 죽음ELECTRIC DEATH'이나 '우주 방귀SPACE FART' 같은 새로운 수제 사운드를 창조하는 무한한 기회를 얻었다.*

신경망은 나의 신디사이저와 매우 비슷하다. 즉, 다음과 같은 작은 상자의 네트워크다.

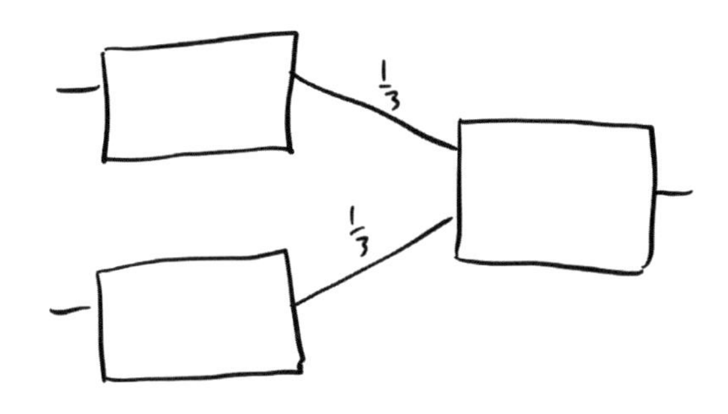

각각의 상자는 모두 같은 일을 한다. 숫자 하나를 받고, 입력된 숫자가 0.5 이상이면 1을, 그보다 작으면 0을 출력한다. 이런 종류의 상자를 학습하는 기계의 기본요소로 사용하는 아이디어는 심리학자 프랭크 로젠블랫Frank Rosenblatt이 1957년이나 1958년에 고안한 것으로, 신경세포neuron가 작동하는 방식의 간단한 모델이다.[3] 상자는 받아들이는 자극의 크기가 특정한 임계치에 도달할 때까지 조용히 기다리다가 임계치를 넘어서면 신호를 발신한다. 로젠블랫은 자

* 모르는 독자를 위하여 말하자면, 바르 미츠바 선물은 당신이 열세 살이 되었을 때 받는 선물이다.

신의 기계를 퍼셉트론perceptron이라 불렀다. 그런 역사를 기리기 위하여, 우리는 지금도 이러한 가짜 신경세포의 네트워크를 (이제는 대부분 사람이 더 이상 인간의 두뇌 하드웨어를 모방하는 네트워크로 생각하지 않지만) '신경망'이라 부른다.

상자가 출력을 내보내면 상자에서 나오는 모든 화살표를 따라 출력에 해당하는 숫자가 전달된다. 각 화살표에는 가중치weight라 불리는 숫자가 적혀 있어서 화살표를 통과하는 숫자에 그 숫자가 곱해진다. 각 상자는 왼쪽에서 들어오는 모든 숫자의 합을 입력으로 받아들인다.

각 열은 레이어layer라 불린다. 따라서 앞의 네트워크에는 상자가 두 개 있는 첫 번째 레이어와 상자 하나가 있는 두 번째 레이어가 있다. 두 상자에 각각 하나씩 두 개의 입력으로 시작할 때 일어날 수 있는 일은 다음과 같다.

- **두 입력 모두 0.5 이상일 때**: 1열의 두 상자가 1을 발신하고, 각각의 1은 화살표를 따라가면서 1/3으로 바뀐다. 따라서 2열의 상자는 2/3의 입력을 받고 1을 출력한다.
- **한 입력은 0.5 이상이고 다른 입력은 그보다 작을 때**: 두 출력은 1과 0이며, 2열의 상자는 1/3의 입력을 받고 0을 출력한다.
- **두 입력 모두 0.5 미만일 때**: 1열의 상자가 모두 0을 출력하고, 마지막 상자도 마찬가지다.

다시 말해서, 이 신경망은 두 숫자를 받아들여서 그들이 모두

0.5보다 큰지 그렇지 않은지를 말해 주는 기계다.

여기 조금 더 복잡한 신경망이 있다.

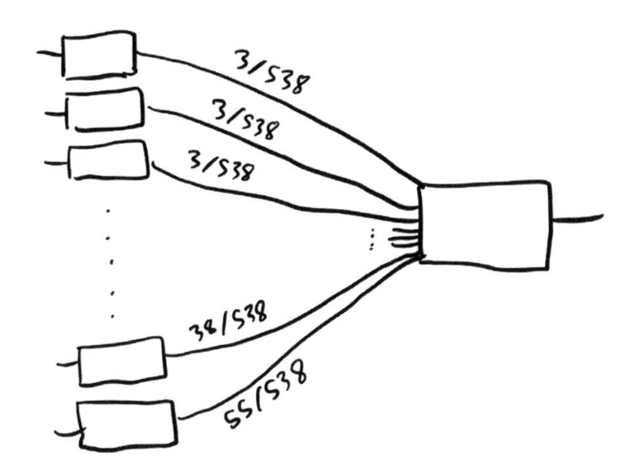

이제 1열에는 다양한 가중치가 부여된 신호를 2열에 있는 상자로 보내는 51개의 상자가 있다. 가중치 중에는 3/538처럼 작은 것도 있다. 가장 큰 가중치는 55/538이다. 무슨 일을 하는 기계일까? 이 신경망은 51개의 서로 다른 숫자를 입력으로 받아들이고, 그 입력값이 50% 이상인 상자를 활성화한다. 그러고는 각 상자에 부착된 가중치를 합산한 뒤에 총합이 1/2보다 큰지 확인하여 그렇다면 1을, 아니라면 0을 출력한다.

우리는 이 신경망을 2-레이어 로젠블랫 퍼셉트론perceptron이라 부를 수도 있다. 그러나 더 일반적으로는 선거인단Electoral College이라 부른다. 51개의 상자는 50개 주와 워싱턴 D. C.를 나타낸다. 한 주의 상자는 공화당 후보가 그 주에서 승리할 때 활성화된다. 그런 모든 주의 선거인 수를 합산하고, 538로 나눈 값이 1/2보다 크면 공화당 후보가 대통령으로 당선된다.*

다음은 더 현대적인 신경망이다. 말로 설명하기는 선거인단처럼 쉽지 않지만, 오늘날 기계학습의 진보를 이끄는 신경망에 조금 더 가깝다.

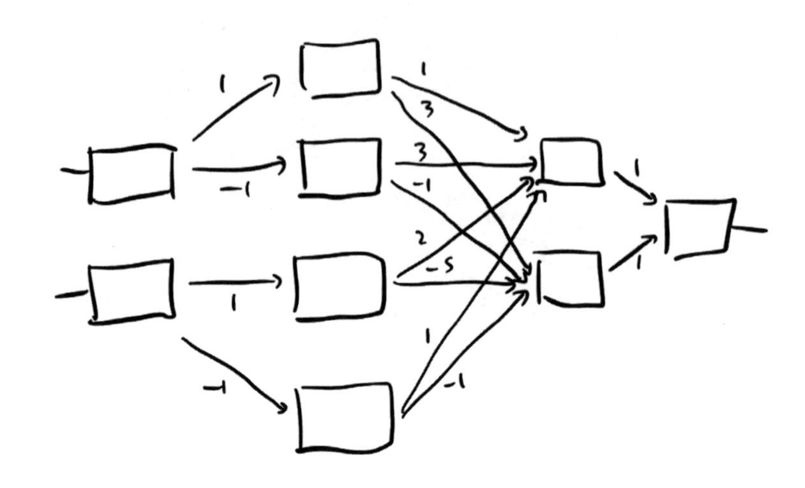

이 그림의 상자들은 로젠블랫의 상자보다 약간 더 정교하다. 숫자를 입력으로 받고 그 숫자 또는 0 중에 더 큰 수를 출력하는 상자다. 다시 말해서, 상자에 양수가 입력되면 무엇이든 그냥 통과시키지만, 음수가 입력되면 0을 출력한다.

장치를 시험해 보자. 맨 왼쪽에서 1과 1의 입력으로 시작한다고 가정하자. 이 수는 양수이므로 1열의 상자 모두 1을 출력할 것이다. 이제 2열의 꼭대기에 있는 상자는 1×1=1을 받아들이고, 두 번째 상

* 선거인단이 로젠블랫의 정의와 약간 다른 점이 하나 있다. 마지막 상자는 입력이 0.5보다 크면 1을, 0.5보다 작으면 0을 출력하지만, 입력이 정확하게 0.5일 때는 당선자를 결정하는 책임을 하원으로 넘긴다.

자는 -1×1=-1을 받아들인다. 마찬가지로, 2열의 나머지 두 상자에도 1과 -1이 입력된다. 1이 양수이므로 꼭대기의 상자는 1을 출력한다. 그러나 그 밑에 있는 상자는 음수 입력을 받고 활성화에 실패하여 0을 출력한다. 마찬가지로, 세 번째 상자는 1, 네 번째 상자는 0을 출력한다.

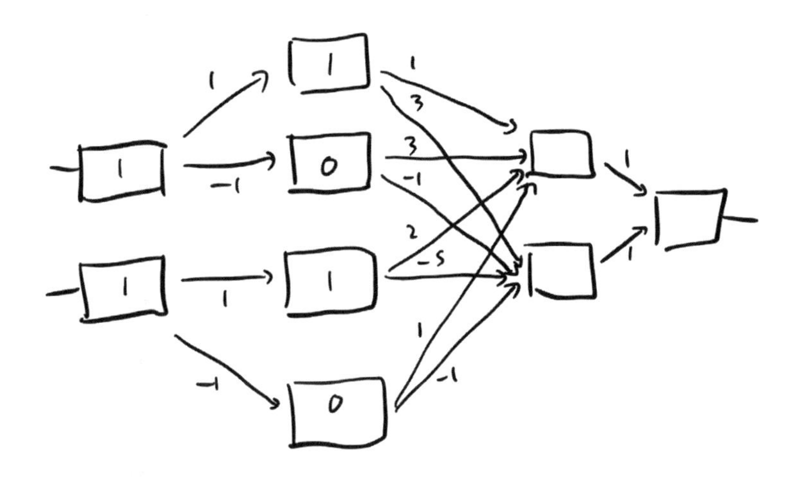

이제 3열 차례다. 위쪽 상자는

1×1+3×0+2×1+1×0=3

아래쪽 상자는

3×1-1×0-5×1-1×0=-2

를 받아들인다.

따라서 위 상자는 3을 출력하고, 아래 상자는 활성화되지 못하여 0을 출력한다. 마지막으로 4열의 외로운 상자는 두 입력의 합인 3을 받아들인다.

지금까지의 설명을 세세하게 따라오지 못했더라도 상관없다. 요점은 이 신경망이 두 수를 입력으로 받고 하나를 출력하는 전략이라는 것이다. 화살표들의 가중치를 바꾸면 —즉 14개의 손잡이를 돌리면— 전략을 바꾸게 된다. 이 그림은 어떤 것이든 이미 확보한 데이터에 가장 잘 맞는 전략을 찾아서 탐색할 수 있는 14차원 풍경을 제공한다. 14차원 풍경이 어떤 모습인지 상상하기 어렵다면 현대적 신경망 이론의 창시자 중 한 사람인 제프리 힌턴Geoffrey Hinton의 조언을 따를 것을 권한다.

"3차원 공간을 떠올리면서 큰 소리로 '14'라고 말하라. 모두가 그렇게 한다."[4]

힌턴은 고차원 애호가들의 혈통을 이어받았다. 그의 증조부 찰스Charles는 4차원 정육면체를 시각화하는 방법에 관하여 책을 한 권 썼고, 그것을 기술하는 '테서랙트tesseract'라는 단어를 창안했다.*[5] 독자가 달리Dali의 초입방체의 십자가 처형Crucifixion, Corpus Hypercubus이라는 그림을 본 적이 있다면, 그것이 바로 힌턴의 시각화 중 하나다.

이 네트워크는 주어진 가중치를 사용하여 평면상의 한 점 (x, y)에, 그 점이 다음 모양 안에 있을 때는 언제나 3이라는 값을 할당

* 증조부 힌턴은 또한 당시에 '과학적 로맨스'라 불렸던 공상과학소설을 여러 권 썼고, 중혼죄로 유죄 판결을 받고 영국을 떠나 일본으로 가야 했으며, 결국 프린스턴에서 수학을 가르치게 된다. 프린스턴에서 야구팀을 위하여 개발한, 화약으로 구동하는 피칭머신(pitching machine)은 그에게 큰 명성을 안겨 주었으나 여러 선수에게 부상을 입힌 뒤에 퇴역했다.

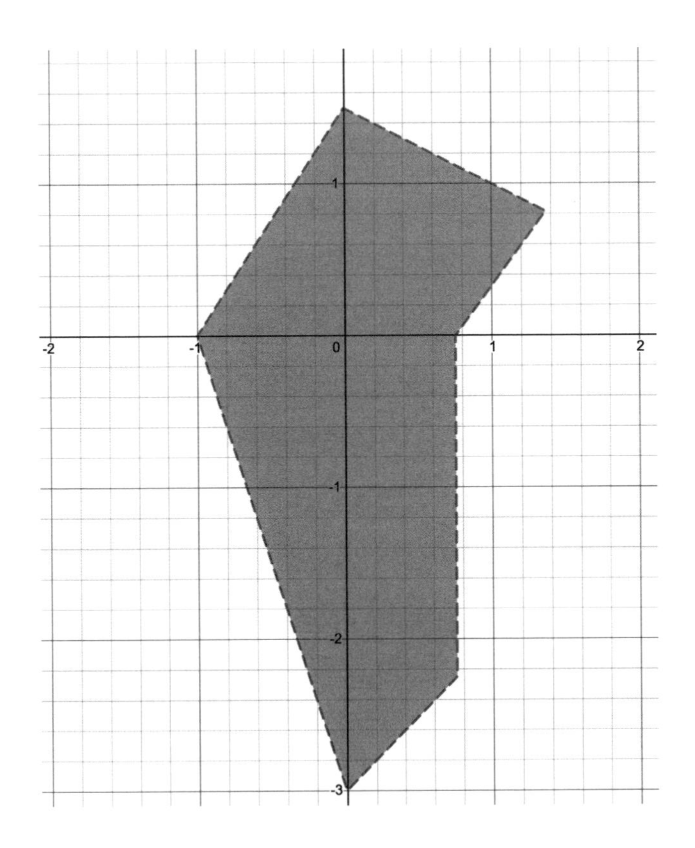

한다.

(우리의 전략에서 정확히 3을 돌려보내는 점 (1, 1)이 모양의 경계선에 있다는 것을 확인하라.) 어떤 모양이든 가능한 것은 아니지만, 가중치가 바뀌면 모양도 바뀐다. 퍼셉트론의 특성은 모양이 항상 다각형polygon, 즉 선분으로 경계가 이루어지는 모양이 된다는 것이다.*

---

* 비선형을 설명하겠다고 말하지 않았나? 그렇다. 그러나 퍼셉트론은 구간적 선형(piecewise linear)이다. 공간의 서로 다른 영역에서 서로 다른 방식으로 선형이라는 뜻이다. 더 일반적인 신경망은 곡선의 결과를 낳을 수 있다.

다음과 같은 그림을 가정해 보자.

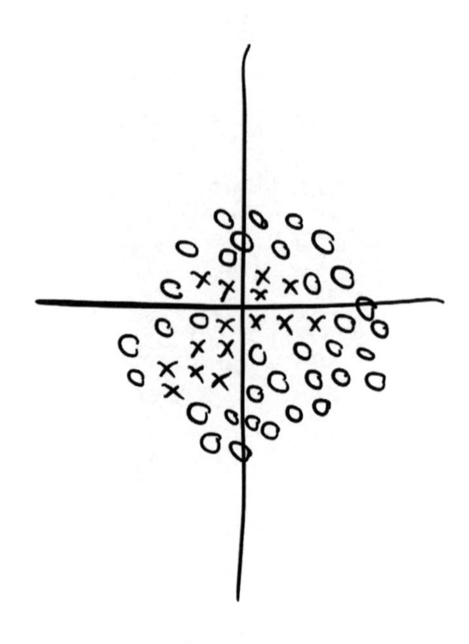

이 평면에는 X 또는 O로 표시된 점들이 있다. 우리가 기계에게 바라는 목표는, 오직 표시된 점들만을 기초로 하여 평면상의 표시되지 않은 점들에 X나 O를 할당하는 전략을 배우는 것이다. 어쩌면 —바라건대— 손잡이 14개를 꼭 맞게 조정함으로써, X로 표시된 모든 점에는 큰 값을, O로 표시된 모든 점에는 작은 값을 할당하여 아직 표시되지 않은 점에 대한 합리적 추측을 허용하는 전략이 있을지도 모른다. 그런 전략이 존재한다면, 손잡이를 조금씩 돌리면서 이미 주어진 보기에 대한 전략의 오류가 얼마나 줄어드는지를 살피는 경사하강법을 통하여 그 전략을 배울 수 있기를 원한다. 즉 가능한 작은 변화 중 최선을 찾고, 그 변화를 채택하는 일을 반복하는 것이다.

심층학습에서 '심층'은 단지 네트워크에 수많은 열column이 있다는 뜻일 뿐이다. 각 열에 있는 상자의 수는 폭width이라 불리며, 그 또한 실제로 매우 클 수 있지만, '광폭학습wide learning'이라는 말은 용어의 매력이 심층학습보다 덜하다.

오늘날의 심층 네트워크가 이 그림보다 복잡하다는 것은 확실하다. 그런 네트워크의 상자는 우리가 논의한 단순한 기능의 상자보다 더 복잡할 수 있다. 이른바 순환신경망recurrent neural network에는, DX21의 'Op 4'처럼, 자신의 출력을 입력으로 받는 되먹임 상자가 있을 수 있다. 그리고 그들은 단지 훨씬 더 빠를 뿐이다. 앞에서 살펴본 것처럼 신경망의 아이디어는 오래전부터 있었다. 나는 얼마 전만 해도 이런 아이디어가 막다른 골목처럼 보였던 때를 기억한다. 그러나 개념을 따라잡는 하드웨어만 있으면 되는 훌륭한 아이디어였다. 정말로 빠르게 게임의 그래픽을 구현하도록 설계된 GPU라는 칩이 정말로 큰 신경망을 정말로 빠르게 훈련시키는 이상적인 도구로 밝혀졌다. 그래서 실험가들이 네트워크의 깊이와 폭을 늘릴 수 있었다. 최신 프로세서를 사용하면 14개의 손잡이로 만족할 필요가 없다. 수천, 수만, 또는 그 이상의 손잡이가 가능하다. 그럴듯한 영어 텍스트를 만들어 내는 신경망 GPT-3에는 1,750억 개의 손잡이가 있다.

1,750억 차원의 공간이 크게 느껴지는 것은 분명하다. 그러나 무한에 비하여 1,750억은 미미한 숫자다. 우리는 여전히 모든 가능한 전략이 있는 공간의 극히 일부만 탐색하고 있다. 그렇지만, 실제로 사람이 쓴 것처럼 보이는 텍스트를 얻기에 충분해 보인다. DX21

의 작은 네트워크가 트럼펫, 첼로, 그리고 우주 방귀를 그럴듯하게 흉내 내기에 충분했던 것처럼.

그것만으로도 충분히 놀랍지만 수수께끼는 더 있다. 경사하강법의 아이디어가, 훈련받은 데이터 점들에 대하여 가능한 최선의 판단을 내릴 때까지, 손잡이를 돌리는 것임을 기억하라. 오늘날 훈련받는 네트워크는 손잡이가 너무 많아서 종종 1,000개의 고양이 이미지 모두를 고양이로 판독하고, 고양이가 아닌 1,000개의 이미지 모두를 고양이가 아닌 것으로 판독하는 완벽한 성능을 얻을 수 있다. 실제로 조작할 수 있는 손잡이가 그렇게 많기 때문에, 훈련 데이터를 100% 정확하게 판정할 수 있는 전략들이 있는 거대한 공간이 있다. 이들 전략 대부분은 네트워크가 보지 못한 이미지를 제시할 때 형편없는 성능을 보이는 것으로 판명된다. 그러나 경사하강법의 멍청하고 탐욕스러운 과정은 일부 전략을 다른 전략보다 훨씬 더 자주 찾아내며, 경사하강법이 선호하는 전략들은 실제로 새로운 사례에 대하여 일반화하는 능력이 훨씬 더 뛰어난 것으로 보인다.

왜? 이 특정한 형태의 네트워크에 있는 무슨 특성이 그토록 다양한 학습 문제에서 능력을 발휘하도록 할까? 우리가 탐색하는 이 작은 영역이 훌륭한 전략들을 포함하게 된 이유는 무엇일까?

나로서는 수수께끼다. 그렇지만, 솔직히 말해서 그것이 수수께끼인지는 논란이 많다. 나는 수많은 인공지능 연구자, 유명하고 중요한 사람들에게 질문을 했고 그들 모두 질문보다 긴 대답을 들려주었다. 이 모든 것이 작동하는 이유를 매우 자신 있게 설명한 사람도 있었다. 하지만 동일한 설명은 없었다.

그러나 적어도, 그 신경망의 풍경이 우리가 탐색하기로 선택한 풍경인 이유는 말해 줄 수 있다.

도처에 있는 자동차 열쇠

유명한 옛이야기. 밤늦게 집으로 걸어가는 남자가 가로등 밑에서 두 손과 무릎을 땅바닥에 댄 채 엎드려 낙담한 친구를 발견한다.

"무슨 일이야?"

"자동차 열쇠를 잃어버렸어."

"저런, 도와줄게."

남자도 무릎을 꿇는다. 두 사람은 잔디밭에서 열쇠를 찾아 헤맨다. 얼마 후에 남자가 친구에게 묻는다.

"모르겠군, 여기서 잃어버린 게 확실해? 우리가 한참을 찾았잖아."

"아니, 모르겠어. 확실히 가지고 있었던 때 이후로 온 동네를 돌아다녔거든."

"그렇다면 왜 우리가 20분 동안이나 이 가로등 밑을 뒤지고 있는 거지?"

"여기 말고 다른 데는 너무 어두우니까."

그 친구는 오늘의 기계학습 연구자와 매우 비슷하다. 우리가 탐색 가능한 광대한 전략의 바다에서 특히 신경망을 찾는 이유는 무엇일까? 신경망이 실제로 알려진 유일한 탐색 방법인 경사하강법에 대단히 잘 적응했기 때문이다. 손잡이 하나를 돌리는 효과는 쉽게 분리할 수 있고, 이해할 수 있는 방식으로 해당 상자의 출력에 영향을 미친다. 거기서부터 화살표를 따라가면서 출력의 변화가 그것을 입력으로 받는 상자에 어떤 영향을 미치는지, 이들 상자가 이어지는 상자들에 어떤 영향을 미치는지 등등을 추적할 수 있다.* 좋은 전략을 찾기 위해서 공간의 특정한 부분을 선택하는 이유는 어디로 가고 있는지를 알기가 가장 쉬운 곳이기 때문이다. 다른 곳은 너무 어둡다!

자동차 열쇠 이야기는 남자의 친구가 바보로 여겨지는 이야기다. 그러나 약간 다른 우주에서는 그 친구가 그렇게 어리석지 않을 수도 있다. 자동차 열쇠가 도처에 널려 있다고 —거리에, 숲속에, 특히 가로등 불빛이 비치는 원 안의 어딘가에— 가정해 보자. 실제로 가로등 및 잔디밭에는 아마도 여러 개의 열쇠가 숨어 있을 것이다. 어쩌면 그 친구가 전에 그곳을 탐색하여 예상했던 것보다 훨씬 좋은 차의 열쇠를 찾았을지도 모른다! 도시 전체에서 가장 멋진 차의 열쇠가 다른 곳에 있을 수 있다는 것은 사실이다. 그러나 가로등 밑을 탐색하는 데 충분한 시간이 주어진다면, 근처에 있는 더 고급스러운 차의 열쇠가 보일 때마다 찾아 놓은 열쇠를 버리면서, 꽤 잘 해 나갈 수 있다.

---

* 미적분 애호가를 위하여. 이 방법이 쉬운 진짜 이유는 신경망이 계산하는 함수가 함수를 더하고 합성하는(composing) 방법으로 구축되기 때문이다. 연쇄법칙(chain rule) 덕분에 두 작업 모두 미분의 계산을 통하여 쉽게 할 수 있다.

8
장

당신은 자신의 마이너스 촌수이다, 그리고 다른 지도들

S · H · A · P · E

원이란 무엇인가? 공식적 정의는 다음과 같다.

원은 평면에서 중심이라 불리는 점으로부터 주어진 거리만큼 떨어진 점들의 집합이다.

좋다, 거리란 무엇인가?

이미 우리는 미묘한 문제에 직면한다. 두 점 사이의 거리는 두 점을 연결하는 직선의 길이일 수도 있다. 그러나 실제로 누군가가 당신의 집이 얼마나 멀리 있는지 묻는다면, "아, 15분 거리밖에 안 됩니다."라고 대답할지도 모른다. 그 역시 거리의 개념이다! 거리가 '가는 데 걸리는 시간'으로 이해된다면 원이 다음과 같이 보일 수도 있다.

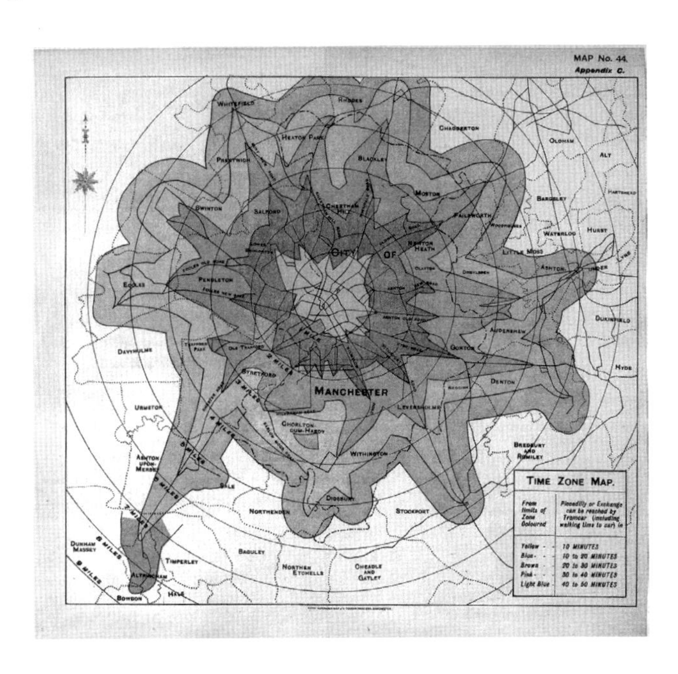

뾰족뾰족한 불가사리처럼 보이는 것들은, 공통 중심인 영국 맨체스터 도심의 피카딜리 가든Piccadilly Gardens에서 트램으로 정확히 10분, 20분, 30분, 40분, 그리고 50분 걸리는 지점을 나타낸 동심원들이다. 이와 같은 종류의 지도는 동시선isochrone이라 불린다.

서로 다른 도심의 기하학은 서로 다른 형태의 원을 낳는다. 사람들이 걸어 다니는 것이 보통인 맨해튼(모토: 여기서 나는 걷는다!)에서는 집이 얼마나 멀리 있는지 물으면 구획의 수로 대답한다. 주어진 중심에서 네 구획 떨어진 점들로 이루어진 원은 다음의 사각형처럼 보일 것이다.

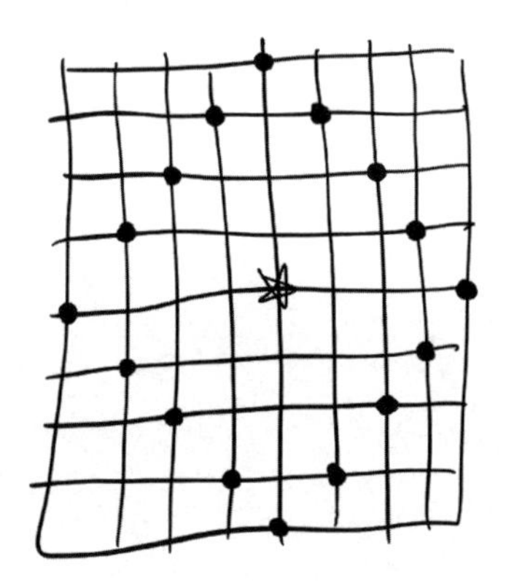

(보라, 우리는 결국 원을 네모로 만들었다!) 그리고 동시선 지도는 중심을 둘러싼 (이러한 맥락에서는 원이라 할 수 있는) 동심사각형을 표시할 것이다.

거리의 개념이 있는 모든 곳에는 기하학의 개념이 있고 거기에 수반하는 원의 아이디어가 있다. 우리에게 익숙한 '먼 친척'이라는 아이디어는 바로 가계도의 기하학에서 끌어낼 수 있는 개념이다.

당신과 당신의 형제자매는 서로 2의 촌수에 있다. 당신으로부터 형제자매에게로 가려면 가계도에서 부모로 가는 가지 하나를 오르고 형제자매에게로 가는 가지 하나를 내려가야 하기 때문이다.

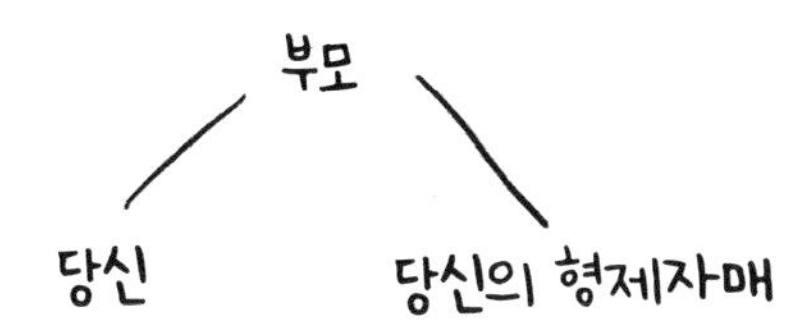

당신의 삼촌까지의 촌수는 3이다 (부모에 이르는 한 단계, 그들의 형제자매에 이르는 두 단계). 사촌까지의 촌수는 4다. 즉, 당신의 할머니까지 2, 다시 사촌까지 2다. 이런 관계는 어떤 촌수에 있는 종형제자매cousin에게도 적용할 수 있고, 그로부터 멋진 대수 공식을 얻을 수 있다.

n번째 종형제자매로부터의 촌수 = (n+1)×2

n번째 종형제자매는 당신과 n+1단계 위의 조상을 공유하는 사람들이기 때문이다.

당신은 자신의 -1단계 종형제이다. 당신과 당신이 공유하는 친척이 0단계 떨어진 당신 자신이기 때문이다! (공식은 여전히 유효하다. 자신으로부터 당신의 거리는 -1+1의 두 배, 즉 0이다.) 당신의 부모는 알려진 조상을 공유하지 않지만 (당신이 진정한 귀족 가문 출신이 아닌 한), 나무의 한 단계 아래 (-1단계 위와 같은 의미)에 공유하는 친척, 즉 당신이 있다. 따라서 당신의 부모는 서로의 -6촌이다. 예컨대 사위의 어머니처럼, 당신의 -8촌은 손주를 당신과 공유하는 사람이다. 그러한, 때로 난처할 수도 있는 관계는 힌디어로 삼디samdhi, 스페인어로 콘수에그로consuegro, 키캄바Kikamba어로 아토니athoni, 그리고 히브리 및 이디시Yiddish어로 마차투님machatunim이라 불리는데, 친척과 관련된 어휘가 다소 빈곤한 영어에는 특별한 명칭이 없다.

당신의 가족과 같은 세대의 사람들을 '평면'으로 생각하면, 내 주위의 반경이 2인 원반은 나와 내 형제자매로 구성된다. 반경이 4인 원반에는 나, 나의 형제자매, 나의 사촌들이 있다. 반경이 6인 원반에는 육촌도 포함된다. 여기서 우리는 종형제자매 기하학의 이상하고도 매력적인 특성을 볼 수 있다. 내 사촌 다프네Daphne 주위의 반경이 4인 원반은 어떻게 생겼을까? 그 원반은 다프네, 그녀의 형제자매, 그녀의 사촌들, 다시 말해서 다프네와 내가 공유하는 조부모의 모든 손주로 이루어진다. 하지만 그것은 내 주위의 반경이 4인 원반과 같은 원반이다! 그렇다면 누가 중심일까? 나, 아니면 다프네? 결정할 방법은 없다. 우리 두 사람 모두 중심이다. 이 기하학에서는 원반 안에 있는 모든 점이 원반의 중심이다.

종형제자매 평면의 삼각형 역시 우리가 익숙한 삼각형과 약간 다르다. 내 누이와 나는 서로 2의 거리에 있고, 다프네와는 각자 4만큼 떨어져 있다. 따라서 세 사람이 형성하는 삼각형은 이등변삼각형이다. 추측해 보라. 종형제자매 평면의 모든 삼각형은 이등변삼각형이다. 이 말이 사실임을 확인하는 것은 독자에게 맡기겠다. 이와 같은 비아르키메데스non-Archimedean 기하학이라 불리는 이상한 기하학은 기형적인 과학적 호기심처럼 보일 수도 있지만 그렇지 않다. 이런 기하학은 수학 전반에 걸쳐 나타난다. 예를 들면, 두 숫자 사이의 거리가 두 수의 차이를 나눌 수 있는 가장 큰 2의 거듭제곱수의 역수인, 정수의 '2-진(2-adic)' 기하학이 있다. 정말 훌륭한 아이디어로 판명된 기하학이다.

거리의 개념과 그에 따른 기하학을 창안하지 못할 정도로 추상적인 맥락은 거의 없다. 프린스턴의 음악이론가 드미트리 티모츠코 Dmitri Tymoczko는 화음의 기하학과 작곡가들이 본능적으로 음악적 위치 사이를 이동하는 짧은 경로를 찾으려는 방식에 대하여 책을 한 권 썼다.[1] 심지어 우리가 말하는 언어에도 기하학이 있다고 할 수 있다. 그런 기하학을 도표로 만들면 모든 단어의 지도가 된다.

모든 단어의 지도

누군가가 당신에게 도시의 목록을 주고 모든 도시 간의 거리를 알려 주면서 위스콘신주가 어떻게 생겼는지를 설명하려 한다고 상상해 보자. 원리적으로는 그런 방법으로 위스콘신주가 어떤 모양이고 그 안의 모든 도시가 어디에 있는지 말해 줄 수 있다. 그러나 현실적으로는 나처럼 수를 사랑하는 사람조차도, 그런 이름과 수의 긴 목록으로는 아무것도 할 수 없을 것이다. 우리의 눈과 뇌는 지도의 형태로 기하학을 받아들인다.

그런데 거리가 지도의 모양을 알려 준다는 것도 완전히 명백하지는 않다! 위스콘신에 있는 도시가 세 곳뿐이라면, 각 도시 사이의 거리를 앎으로써 그들이 형성하는 삼각형의 변 길이를 모두 알 수 있다. 1장에서 살펴본 대로, 세 변의 길이를 알면 삼각형의 모양을 알 수 있다는 것은 유클리드의 명제다. 그러나 점 사이의 거리를 알면 어떤 점의 집합이든 그들이 형성하는 모양을 재구성할 수 있다는 사실에는 추가적 증명이 필요하다. 동일한 데이터를 받은 당신과 내가 만든 지도가 다를 수도 있지만, 두 지도 사이에는 모양을 바꾸지 않은 채로 움직이거나 회전시키는 강체운동의 관계가 있을 것이다.*

이미 위스콘신의 지도가 있는데 이해하기 어려운 표의 형태로 위스콘신의 모양을 제시할 이유가 있을까? 당신이라면 그렇게 하지 않을 것이다. 그러나 우리는 다른 비지리적 유형의 대상에 대해서도 거리의 개념을 정의하고 그것을 이용하여 새로운 종류의 지도를 만들 수 있다. 예컨대, 성격 특성의 지도를 만들 수도 있다. 두 특성 사이의 거리란 무엇을 의미할 수 있을까? 한 가지 간단한 방법은 사람들에게 물어보는 것이다. 1968년에 심리학자 시무어 로젠버그Seymour Rosenberg, 카르노 넬슨Carnot Nelson, P. S. 비베카난산Vivekananthan은 대학생들에게 카드마다 한 가지 성격 특성이 표시된 64장의 카드 묶음을 나눠주고, 동일인에게 공통적일 가능성이 높다고 생각되는 특성들을 묶어서 그룹으로 분류할 것을 요청했다.[2] 두 특성 사이의 거리는 학생들이 특성 카드를 같은 그룹으로 분류한 빈도에 따

* 점이 네 개일 때는, 네 변의 길이와 두 대각선의 길이를 알면 사각형의 모양이 결정된다는 의미에 해당한다. 곰곰이 생각하여 스스로 이 사실을 확인하는 것도 흥미로울 것이다. 대각선 하나면 충분하지 않을까?

라 결정되었다. '신뢰할 수 있는reliable'과 '정직한honest'은 함께 발견되는 경우가 많았으므로 거리가 가까워야 했고, '마음씨 착한good-natured'과 '짜증을 잘 내는irritable'은 그렇지 않았으므로 멀리 떨어져 있어야 했다.*

일단 거리를 나타내는 숫자를 확보하면, 성격 특성을 지도 위에 표시하여 특성 사이의 거리와 실험에서 찾아낸 거리를 일치시키려는 시도가 가능하다.

하지만 그렇게 하지 못할 수도 있다! 예컨대, '신뢰할 수 있는', '까다로운', '감상적인sentimental', 그리고 '짜증을 잘 내는' 중에 모든 쌍의 거리가 같다는 것을 알게 된다면 어떨까? 당신은 점 사이의 거리가 모두 같게 되는 방식으로 네 점을 그리려고 얼마든지 애써 볼 수 있지만 실패할 것이다. (왜 불가능한지에 대한 기하학적 직관을 얻기 위하여 실제로 시도해 볼 것을 적극 추천한다.) 평면에 그릴 수 있는 거리의 집합이 있고 그렇지 않은 집합도 있다. 그렇지만 다차원 척도법multidimensional scaling이라 불리는 방법을 사용하면 여전히 —지도상의 거리와 찾고 있는 거리가 단지 근사적으로만 일치하도록 허용하는 한— 지도를 만들 수 있다. (그리고 맥줏값을 벌기 위해 심리학 실험에 참여하는 대학생들이 전자현미경 수준의 정밀한 결과를 제공하지는 않을 것임을 인정해야 한다.) 당신이 얻는 그림은 다음과 같다.

---

* 실제로 이 방법은 그다지 좋지 않은 것으로 밝혀졌다. 너무 많은 특성의 쌍이 기본적으로 그룹화되지 못했기 때문이다. 더 세련된 그림을 얻으려면, '신뢰할 수 있는'과 '정직한'이 단지 종종 한 그룹으로 묶이기 때문이 아니라, '까다로운(finicky)' 같은 세 번째 단어와도 거의 같은 빈도로 같은 그룹에 속하기 때문에 가깝다고 평가해야 한다.

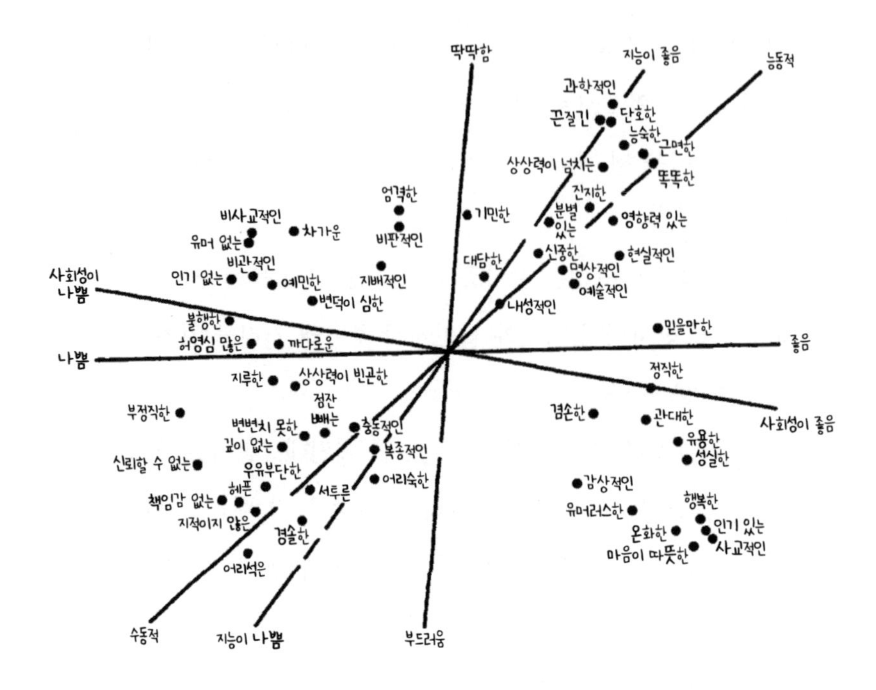

이 그림이 성격의 기하학에 관한 무언가를 포착한다는 데는 독자도 동의하리라고 생각한다. (그림의 '축axes'은 연구자들이 그려 넣은 것으로 지도에서 방향이 실제로 무엇을 의미하는지에 대한 그들의 해석을 나타낸다.)

그런데, 3차원에서는 네 점 사이의 거리를 모두 같게 만들기가 어렵지 않다. 네 점을 정사면체regular tetrahedron라 불리는 모양의 모서리에 놓으면 된다.

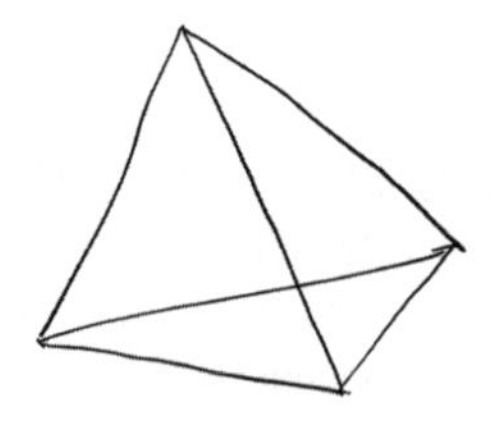

더 많은 차원이 허용될수록 지도상의 점 사이의 거리를 측정된 거리와 더 잘 맞출 수 있다. 이는 데이터가 스스로 어떤 방향에 있기를 '원하는지' 말해 줄 수 있다는 뜻이다. 정치학자들은 투표 성향을 통해서 국회의원의 유사성을 측정한다. 미국 상원의 표결 데이터와 꽤 잘 맞추려면 몇 개의 차원이 필요할까? 단 하나다. 상원의원은 극좌(매사추세츠의 엘리자베스 워런Elizabeth Warren)에서 극우(유타의 마이크 리Mike Lee)까지 한 줄로 순서를 매겨서 관찰된 투표 성향 대부분을 성공적으로 포착할 수 있다.[3] 이는 수십 년 동안 사실이었다. 그렇지 않았을 때는, 민주당 내부에서 시민권을 지지하는 진영과 공격적 분리주의자로 남은 대부분 남부 출신의 파벌 사이에 진정한 이념적 분열이 있었기 때문이다. 미국이 좌익 대 우익이라는 전통적 분류로는 정치 상황 전반을 이해할 수 없는, 또 다른 재편성을 향하고 있다고 생각하는 사람도 있다. 예를 들면, 순수하게 선형적인 모델에서는 서로 가장 멀리 떨어져야 할 정치의 극좌와 극우 영역이 실제로는 상당히 비슷해지고 있다는, '말발굽horseshoe'이라 불리는 대중적 이론이 있다. 기하학적으로, 말발굽은 정치 모델에 직선이 아니라 평면이 필요하다고 단언한다.

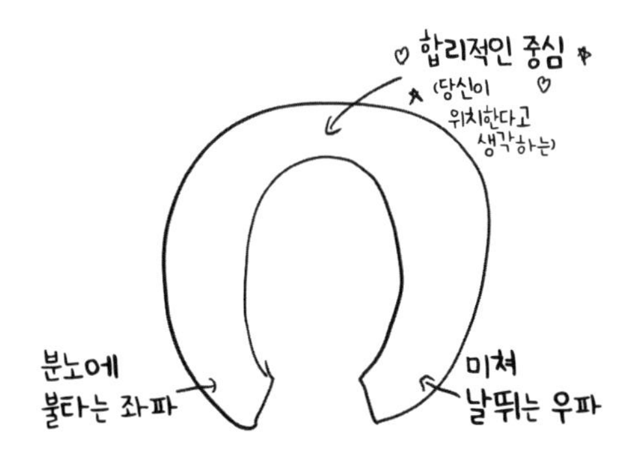

그것이 사실이라면, 그리고 말발굽의 반대쪽 끝에 국회의원으로 선출되기에 충분한 지지층이 있다면, 선거 결과 데이터에서 확인할 수 있을 것이며 1차원 모델이 점점 더 부정확해질 것이다. 아직 그런 일은 일어나지 않았다.

데이터의 집합이 더 커지면 2차원으로도 충분치 않은 경우가 대부분일 것이다. 토마스 미콜로프Tomas Mikolov가 이끄는 구글의 연구팀은 Word2vec이라는, 모든 단어의 지도map of all words라 할 만한 기발한 수학적 장치를 개발했다. 우리는 더 이상 어떤 단어들이 어울려 다니는지에 대한 수치 정보를 모으기 위하여 대학생이나 색인카드에 의존할 필요가 없다. 600억 단어에 달하는 구글 뉴스의 텍스트로 훈련받은 Word2vec은 각각의 영어 단어에 300차원 공간의 점을 할당한다. 300차원 공간의 점을 상상하기는 쉽지 않지만, 2차원 공간에서 점을 경도와 위도의 순서쌍으로 나타낼 수 있는 것처럼, 300차원 공간의 점이란 단지 300개의 숫자 목록에 불과하다는 것을 기억하라. 압운사전rhyming dictionary에서 찾아낼 수 있는 경도, 위도, 평범도platitude, 진폭도amplitude, 태도attitude, 비열도turpitude, 등등. 300차원 공간에도 2차원 공간과 크게 다르지 않은 거리의 개념이 있다.* Word2vec의 목표는 비슷한 단어를 서로 너무 멀리 떨어지지 않은 위치에 배치하는 것이다.

---

* 두 점 사이의 거리는 다음과 같이 계산한다. 두 경도 사이, 두 위도 사이, 두 평범도 사이, 등등의 거리를 계산하라. 이제 300개의 숫자가 있다. 그 숫자를 모두 제곱하여 합산한 후에 제곱근을 취하라. 그것이 두 점 사이의 거리다. 피타고라스 정리의 300차원 버전이다. 비록 피타고라스 자신은 이렇게 물리적 기하학과 너무 멀리 떨어진 방식으로 무언가를 묘사하기를 거부했을지도 모르지만.

두 단어를 '비슷하게' 만드는 요소는 무엇일까? 각각의 단어에는 구글 뉴스 텍스트 말뭉치에서 자주 가깝게 나타나는 단어들로 이루어진 '이웃 구름neighbor cloud'이 있다고 생각할 수 있다. Word2vec은 1차 근사로, 각자의 이웃 구름이 많이 겹치는 두 단어를 비슷하다고 평가한다. '글래머glamour'나 '런웨이runway' 또는 '보석jewel'이 포함된 텍스트 덩어리에서는 '멋진stunning'이나 '숨 막히는breathtaking' 같은 단어를 찾기를 기대할 수 있지만 '삼각법trigonometry'이 예상되지는 않을 것이다. 따라서 '글래머', '런웨이', '보석'과 구름을 공유하는 '멋진'과 '숨 막히는'은 비슷하다고 평가되어, 동의어에 가까운 두 단어가 종종 같은 맥락에서 나타난다는 사실을 반영할 것이다. Word2vec은 두 단어를 0.675 거리에 배치한다. 실제로 '숨 막히는'은 Word2vec이 부호화하는 방법을 아는 100만 개 단어 중 '멋진'에 가장 가까운 단어다. 반면에 '멋진'에서 '삼각법'까지의 거리는 1.403이다.

거리의 아이디어가 생기면 원과 원반을 이야기할 수 있다. (2차원이 아니고 300차원에서는 더 높은 차원의 유사체인 구sphere와 공ball을 이야기하는 편이 나을지도 모르지만.) '멋진' 주위의 반경이 1인 원반에는, '장관인spectacular', '놀라운astonishing', '입이 딱 벌어지는jaw-dropping', '절묘한exquisite'을 포함한 43개 단어가 있다. 기계는 분명히 아름다움이나 놀라움을 가리키는 데 사용될 수 있음을 포함하여, '멋진'이라는 단어의 특성을 포착하고 있다. 그러나 나는 기계가 단어의 의미를 수치적으로 추출하지 않는다는 것을 지적하고 싶다. 그렇게 한다면 대단한 위업일 것이다. 하지만 그것은 전략이 만들어진 목적이 아니다. '흉측한hideous'은 '멋진'에서, 거의 정반대를 의미함에도 불구하고, 불과 1.12 떨어져 있다. 우리는 이 두 단어가, "그 스웨터는 정말 ___."처럼, 같은 이웃과 함께 자주 나타날 것을 상상할 수 있다. 'teh'로부터의 거리가 0.9 이하인 원반은 'ther', 'hte', 'fo', 'tha', 'te', 'ot', 그리고 'thats'로 구성된다. 동의어는 고사하고 단어조차 아니지만, Word2vec은 이들이 오타가 많은 문맥에서 나타날 수 있음을 정확하게 인식한다.

이제 벡터vector에 관한 이야기를 할 필요가 있다. 형식적 정의가 매우 어렵게 보이는 전문 용어인 벡터의 기본적 의미는 다음과 같다. 점은 명사noun다. 위치, 이름, 단어 같은 하나의 대상을 나타내다. 벡터는 동사verb다. 벡터는 점에 대하여 무엇을 할지를 말해 준다. 위스콘신주 밀워키Milwaukee는 '점'이다. "서쪽으로 30마일, 북쪽으로 2마일 이동하라."는 '벡터'다. 그 벡터를 밀워키에 적용하면 오코노왁Oconomowoc에 이르게 된다.

밀워키에서 오코노왁으로 가는 벡터를 어떻게 설명할까? 우리는 그 벡터를 '정서 방향 외륜 교외 벡터due-west outer-ring surburb vector'라 부를 수 있다. 이 벡터를 뉴욕시*에 적용하면 뉴저지주 모리스타운Morristown, 더 정확하게 말해서, 모리스타운 바로 서쪽에 있는 주립공원 디즈멀 하머니 내추럴 에어리어Dismal Harmony Natural Area에 이르게 된다.

---

* 뉴욕시의 공식적인 경계는 상당히 넓다. 따라서 여기서 말하는 '뉴욕'의 정확한 지리적 위치는 이스트빌리지(East Village)에 있는 스트랜드 서점(Strand Book Store)임을 명시하자.

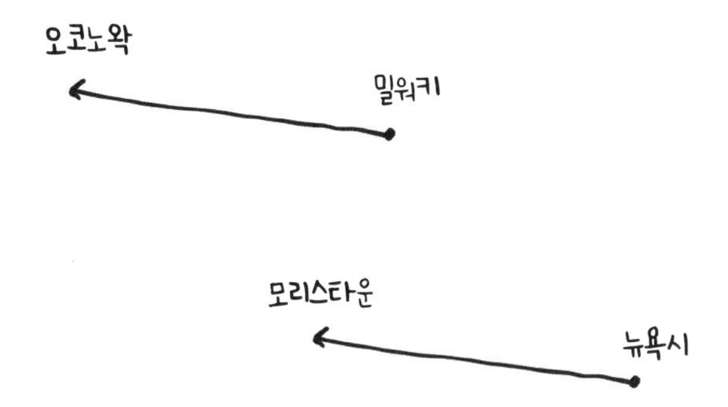

이를 비유로 표현할 수도 있다. 뉴욕에 대하여 모리스타운은 밀워키에 대한 오코노왁과 같다. 그리고 파리에 대한 부앵빌 앙 망투아Boinville en Mantois, 멕시코시티에 대한 산 헤로니모 익스타판통고San Jerónimo Ixtapantongo, 샌프란시스코에 대한, 이전에 핵폐기물 처리장이었으며 지금은 설치류의 서식 밀도가 세계에서 가장 높은 곳으로 알려진 무인도인 파랄론 군도Farallon archipelago와 같다.

이제 '멋진'으로 돌아가자. Word2vec의 개발자들은 '그he'라는 단어에서 '그녀she'라는 단어로 가는 방법을 알려 주는 흥미로운 벡터에 주목했다. '여성화' 벡터라고 생각할 수도 있다. '그'에 이 벡터를 적용하면 '그녀'를 얻는다. '왕'에 적용하면 어떨까? 디즈멀 하머니 내추럴 에어리어처럼 정확하게 맞는 단어가 없는 곳에 있는 점을 얻는다. 그러나 가장 가까운 단어 —이 시나리오에서는 뉴저지주 모리스타운— 는 '여왕queen'이다. '왕'에 대한 '여왕'은 '그'에 대한 '그녀'와 같다. 이는 다른 단어에도 잘 적용된다. '배우actor'의 여성화는 '여배우actress'고, '웨이터waiter'의 여성화는 '웨이트리스waitress'다.

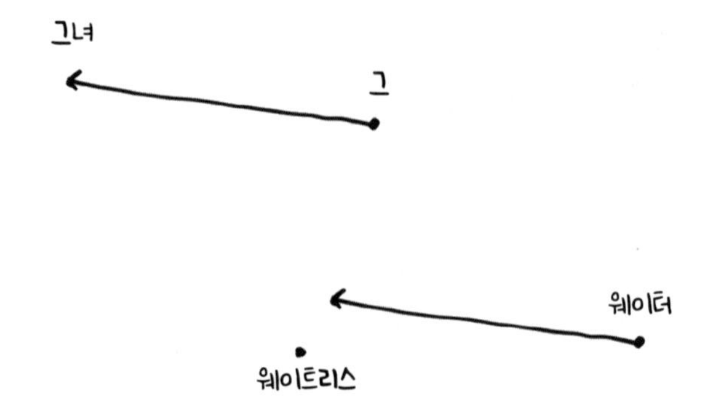

그렇다면 '멋진Stunning'은 어떨까? 추측해 보라. '화려한gorgeous'을 얻게 된다. '그녀she'에 대한 '화려한'은 '그he'에 대한 '멋진'과 같다. 벡터를 반대 방향으로 적용하여 Word2vec에게 '멋진'을 어떻게 '남성화masculinize'할지 물으면 '장관인spectacular'이라는 답을 얻는다. 이러한 유추는 정확한 것이 아니고 대략적인 수치적 동일성만을 나타내기 때문에 항상 대칭적은 아니다. '장관인'의 여성은 실제로 '멋진'이지만, '화려한'의 남성은 '장엄한magnificent'이다.

이는 무슨 의미일까? 수학적·보편적 그리고 완전히 객관적인 의미에서 화려함이 멋짐의 여성화 버전이라는 뜻일까? 물론 그렇지 않다. Word2vec는 단어의 의미를 알지 못하고 알 방법도 없다. Word2vec이 아는 것은 자신이 훈련받은 수십 년 동안 기록된 신문과 잡지를 씹어서 수치의 펄프pulp가 된, 영어 텍스트의 방대한 말뭉치가 전부다. 영어 사용자들은 멋진 여성에 관하여 이야기하고 싶을 때, 통계적으로 탐지할 수 있는 '화려한'이라는 말을 사용하는 습관이 있다. 남성에 대해서 말할 때는 그러지 않는다. Word2vec이 알아낸 기하학은 처음에는 의미의 기하학처럼 보이지만, 실제로는 우리가 말하는 방식의 기하학이다. 우리는 이 기하학에서, 언어에 관하여 배울 수 있는 만큼이나 우리 자신과 성별에 관한 우리의 편견을 배울 수 있다.

Word2vec을 가지고 노는 일은 영어 사용자들의 세계에서 수집한 글을 정신분석가의 소파에 올려놓고 그 저급한 무의식을 엿보는 것과 같다. '으스대다swagger'의 여성화 버전은 '건방짐sassiness'이다. '아주 불쾌한obnoxious'의 여성화 버전은 '고약한bitchy'이다. '훌륭한brilliant'의 여성화는 '굉장한fabulous'이다. '현명한wise'의 여성화는 '어머니 같은motherly'이다. '멍청이goofball'의 여성화는 '천치ditz'이며, 거짓말이 아니라 '맛이 간 금발peaky blonde'이 두 번째 선택이다.* 그리고 '천재genius'의 여성화는 '말괄량이minx'다. 다시 한번 비대칭적으로, '말괄량이'의 남성화는 '말썽쟁이scallywag'다. '교사teacher'의 남성화는 '교장headmaster'이다. '캐런Karen'의 남성화는 '스티브Steve'다.[4]

레이디 베이글lady bagel은 '머핀muffin'이다. 그리고 힌두 베이글 — 즉, '베이글'을 나타내는 점에 '유대인'에서 '힌두'로 가는 벡터를 적용할 때 얻게 되는— 은, 뭄바이에서 인기 있는 길거리 음식인, '바다 파브vada pav'다. 가톨릭 베이글은 '샌드위치'고 '미트볼 서브meatball sub'가 두 번째다.

Word2vec은 도시의 이름도 안다. 단순한 경도와 위도 대신에 Word2vec의 개념적 벡터 분석을 사용하면 뉴욕의 오코노왁은 모리스타운이 아니고 새러토가 스프링스Saratoga Springs다. 왜 그런지는

---

* 실제로 Word2vec은, 대개는 단어지만 때로 이름이나 짧은 문구인, '어휘적 토큰(lexical token)'으로 작업한다.

모르겠다.

Word2vec을 가지고 노는 일은 재미있고 어떤 면에서는 깨달음도 준다. 그러나 내가 기계학습에 관한 글쓰기의 고질병에 빠졌음을 인정하는 것이 좋겠다. 나는 열심히 체리피킹cherry-picking(유리하거나 좋은 것만을 고르는 태도_옮긴이)을 했다. 가장 강렬하고 인상적인 예를 공유하는 일은 흥미롭다! 그러나 독자를 오도할 수 있다. Word2vec은 마법의 의미 기계가 아니다. 제안되는 '유사어'는 종종 동의어('지루한boring'의 여성은 '재미없는uninteresting', '수학mathematics'의 여성은 '수학math', '놀라운amazing'의 여성은 '믿기 힘든incredible')나 아니면 그저 맞지 않는 단어다. '공작 부인duchess'의 남성은 '왕자prince', '돼지pig'의 여성은 '새끼 돼지piglet', '암소cow'의 여성은 '암소들cows', '백작earl'의 여성은 '조지아나 스펜서Georgiana Spencer'다. (정답은 '백작 부인countess'인데, 공정하게 말해서, 스펜서가 백작 부인이기는 하다.) 인공지능의 최신 발전에 대하여 읽을 때 무시하지는 말라. 진보는 정말로 빠르고 흥미진진하다. 그러나 우리가 보도 자료에서 보는 것은 수많은 시도 중에 가장 빛나는 결과일 가능성이 크다. 따라서 회의적인 태도도 견지해야 한다.

9
장

3년 동안의 일요일

S · H · A · P · E

수학에 관하여 정말로 중요하고 어떤 면에서 잘 알려지지 않은 사실은 수학이 대단히 어렵다는 것이다. 우리는 때로, 학생에게 도움이 된다는 생각에서 이런 사실을 숨긴다. 실제로는 정반대다. 내가 견습 강사로서 탁월한 교사 로빈 고틀립Robin Gottlieb에게 배운 분명한 사실은 다음과 같다. 우리가 진행하는 수업이 '쉽다'거나 '단순하다'고 말하는데 실제로는 그렇지 않을 때, 우리는 학생들에게 수학이 아니라 그들에게 어려움이 있다고 말하는 것과 같다. 그리고 그들은 우리를 믿을 것이다. 학생은 좋든 나쁘든 교사를 신뢰한다. 그들은 말할 것이다.

"이것조차 이해하지 못하는데 그게 쉬운 거라면, 뭐 하러 어려운 것을 이해하려 애써야 할까?"

우리의 학생들은 수업시간에 질문하기를 두려워한다. '바보처럼 보일 것'을 염려하기 때문이다.[1] 고등학교 기하학 수업에 나오는 수학조차도 얼마나 어렵고 심오한지를 정직하게 말한다면 이런 문제가 확실히 줄어들 것이다. 질문을 하는 것이 '멍청해 보이는 것'이 아니라 '뭔가를 배우려고 여기에 온 사람처럼 보이는 것'을 의미하는 교실로 이동할 수 있다. 이는 단지 어려움을 겪는 학생에게만 적용되는 것이 아니다. 대수적 조작이나 기하학적 구성의 기본 규칙을 이해하는 데 어려움이 없는 학생이 있는 것은 사실이다. 그런 학생도 여전히, 교사와 자신을 위하여 질문을 해야 한다. 예를 들면, 내가 선생님이 요구하는 것을 해냈지만, 선생님이 요구하지 않은 다른 것을 시도했다면 어땠을까? 그리고 말이 나온 김에, 왜 선생님은 한 가지를 요구하고 다른 것은 요구하지 않았을까? 무지의 영역을 쉽게 조망할 수 없는 곳에는 지적 우위intellectual vantage가 없지만, 무언가를 배우려 한다면 시선을 그쪽으로 향해야 한다. 수학 수업이 쉽다면 수학을 잘못하고 있는 것이다.

그런데 어려움이란 대체 무엇일까? 우리가 잘 안다고 느끼는 말이지만, 의미의 한계를 정하려 할 때, 관련성은 있으나 별개인 개념으로 갈라지는 말이다. 나는 정수론 학자 앤드루 그랜빌Andrew Granville이 대수학자 프랭크 넬슨 콜Frank Nelson Cole에 관하여 들려주는 다음 이야기를 좋아한다.

> 미국수학회Americal Mathematical Society의 1903년도 학회에서 F. N. 콜Cole이 칠판으로 가더니 아무런 말없이 다음 수식을 적었다.[2]
>
> $2^{67}-1 = 147573952589676412927 = 193707721 \times 761838257287$
>
> 그리고 수식 우변의 긴 곱셈을 계산하여 자신이 정말로 옳았음을 증명했다. 나중에 그는 이것을 알아내는 데 '3년 동안의 일요일'이 필요했다고 말했다. 이 이야기의 교훈은 비록 콜이 이들 인수를 찾아내는 데는 엄청난 노력과 끈기가 필요했지만, 수학자로 가득 찬 방에서 그 결과를 정당화하는 데는 (그리고 실제로 그가 옳다는 것을 증명하는 데는) 오랜 시간이 걸리지 않았다는 사실이다. 따라서 우리는 증명을 찾아내는 일이 오래 걸리더라도 증명을 제시하는 일은 짧을 수 있음을 알 수 있다.

진술을 사실로 인정하는 어려움이 있고, 같은 것은 아니지만, 사실로 인정받을 진술을 찾아내는 어려움이 있다. 콜의 청중이 박수

갈채를 보낸 것은 그러한 성취였다. 우리는 이미 큰 수의 소인수를 찾는 일이 어렵게 여겨지는 문제임을 보았다. 그러나 오늘날의 컴퓨터 기준으로 147573952589676412927은 큰 수가 아니다. 방금 내 노트북 컴퓨터에서 이 수를 인수분해하는 데 일요일 하루도 아니고 감지할 수 없을 정도로 짧은 시간밖에 걸리지 않았다.[3] 그렇다면 이 문제는 어려울까 쉬울까?

아니면 한때는 수학 연구로 여겨졌으나 이제는 단순한 계산에 불과한, π를 수백 자릿수까지 계산하는 문제를 생각해 보라. 이 문제는 또 다른 유형의 어려움, 즉 동기부여의 어려움을 제시한다. 나의 기술적 계산 능력이 π를 7~8자릿수까지 손으로 계산하기에 충분하다는 것은 의심하지 않는다. 그러나 실제로 내가 그렇게 하도록 하기는 어려울 것이다. 지루하고, 컴퓨터가 대신 할 수 있을 것이며, 아마도 무엇보다 π를 여러 자릿수까지 알아야 할 이유가 없을 것이기 때문이다. 실생활에서 π를 7~8자릿수까지 알고 싶어 할 상황이 있는 것은 분명하다. 하지만 100자릿수? 그것이 무엇에 필요할지는 상상하기 어렵다. 40자릿수면 이미 은하수 크기의 원의 둘레를 양성자 크기 이내의 오차로 계산하는 데 충분하다.

π를 100자릿수까지 안다고 해서 원에 대하여 다른 사람보다 더 많이 아는 것은 아니다. π는 값이 무엇인지보다 값이 존재한다는 사실이 중요하다. 의미 있는 사실은 둘레와 지름의 비율이 원에 따라 달라지지 않는다는 것이다. 평면의 대칭성에 관한 진실이다. 모든 원은, 병진, 회전, 그리고 축척의 변경으로 이루어지는, 이른바 닮음similarities을 통하여 다른 원으로 만들 수 있다. 닮음은 거리를 수정

할 수 있지만, 고정된 상수를 곱하는 방식으로만 수정한다. 모든 거리를 두 배로 늘리거나 1/10로 줄일 수 있지만, 거리 사이의 비율—예컨대 원의 둘레와 직경의 비율— 은 변하지 않는다. 그러한 대칭을 통하여 한 도형이 다른 도형으로 변환될 수 있는 두 도형을 —다른 것에 같은 이름을 붙이는 푸앵카레 방식으로— 같다고 간주하면 실제로 존재하는 원은 오직 하나밖에 없다. π가 오직 하나인 것은 그 때문이다. 마찬가지로 정사각형도 오직 하나뿐이므로 "정사각형의 둘레와 대각선의 비율은 얼마인가?"*라는 질문의 답도 하나뿐이다. 정사각형의 π라 할 수 있는 그 비율은 2의 제곱근의 두 배로 약 2.828…이다. 역시 하나뿐인 정육각형의 π는 3이다.

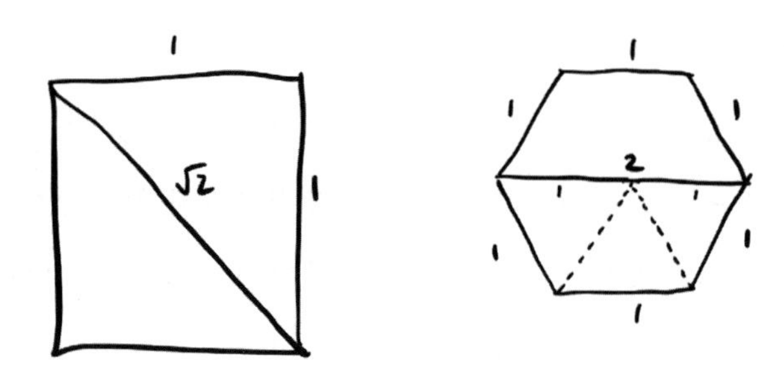

그러나 직사각형에는 π가 없다. 단지 하나의 직사각형만 존재하는 것이 아니고 긴 변과 짧은 변의 비로 구별되는 수많은 직사각형이 있기 때문이다.

완벽한 체커 게임을 하는 것은 어려운 일일까? 사람에게는 그렇

* 왜 대각선일까? 나는 대각선이 '지름'과 매우 비슷하다고 생각한다. 도형을 이루는 두 점 사이의 가장 큰 거리이기 때문이다.

다. 그러나 컴퓨터 프로그램인 치누크는 할 수 있다. (체커를 하면서 치누크가 직면하는 어려움에 관한 질문이 올바른 질문일까, 아니면 치누크를 개발한 과학자들이 겪은 어려움에 관한 질문이 올바를까?) 우리가 살펴본 대로, 완벽한 체커, 또는 완벽한 체스, 아니면 완벽한 바둑을 플레이하는 문제는 원리적으로 아주 큰 수 두 개를 곱하는 문제와 다르지 않다. 따라서 어떤 의미로는 개념적으로 쉽다고 말할 수 없을까? 우리는 게임의 나무를 분석하려면 어떤 단계를 밟아야 하는지 정확하게 알고 있다. 우리의 우주에서 실제로 그렇게 할 시간이 충분하지는 않지만.

한 가지 쉬운 대답은, 컴퓨터가 우리보다 낫고 똑똑하기 때문에 숫자를 인수분해하거나 바둑을 두는 문제가 컴퓨터에게는 쉽고 우리에게는 어렵다는 대답일 것이다. 이런 대답은 암묵적으로 어려움을 어떤 문제든 우리와 대등하게 또는 더 낫게 처리할 수 있는 컴퓨터와 인간이 함께 위치한 직선 위의 점으로 모델링한다.

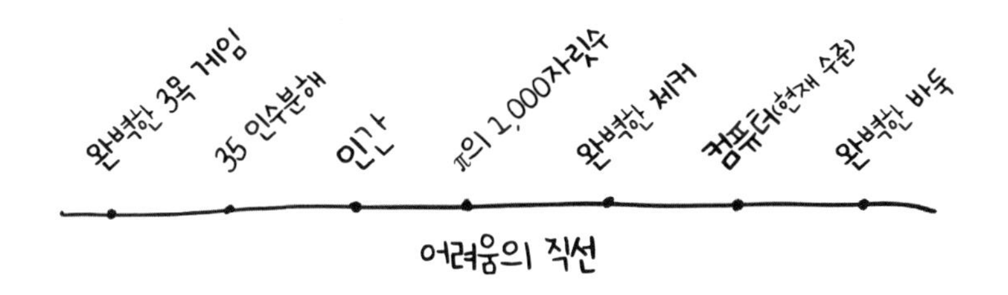

그러나 잘못된 대답이다. 큰 수를 인수분해하거나 완벽하게 체커를 두거나 수십억 단어로 이루어진 텍스트를 완벽한 충실도로 저장하는 일처럼, 컴퓨터가 우리보다 훨씬 나은 문제들이 있는 것은

사실이다. (우선 컴퓨터는 동기부여의 어려움을 겪지 않는다. 어쨌든, 아직까지는 우리가 지시한 일을 수행한다.) 그러나 우리에게는 쉽고 컴퓨터에게는 어려운 문제도 있다. 패리티parity 문제가 유명한 예다. 표준적 신경망 구조는 X와 O로 이루어진 문자열에 X가 짝수 개 있는지, 홀수 개 있는지를 배우는 데 형편없는 능력을 보인다. 외삽extrapolation 역시 어렵다. 다음과 같은 보기를 제시하고,

입력: 2.2	출력: 2.2
입력: 3.4	출력: 3.4
입력: 1.0	출력: 1.0
입력: 4.1	출력: 4.1
입력: 5.0	출력: 5.0

입력이 3.2일 때 출력이 무엇일지 묻는다면, 사람은 3.2라고 말할 것이고, 이 데이터로 학습한 신경망 역시 그렇게 답할 것이다. 입력이 10.0이라면 어떨까? 사람은 10.0의 출력을 말할 것이다. 그러나 신경망은 어떤 숫자든 말할 수 있다. 1과 5 사이에서는 '출력=입력'과 일치하지만 그 범위 밖에서는 완전히 다르게 보이는 온갖 종류의 황당한 규칙이 있다. 인간은 '출력=입력'이 더 넓은 범위의 가능한 입력에 대하여 규칙을 확장하는, 가장 단순하고 자연스러운 방법임을 알지만 기계학습 알고리듬은 알지 못할 수도 있다.[4] 알고리듬에는 데이터를 처리하는 능력은 있으나 취향taste은 없다.

물론 나는 기계가 결국에는 (심지어 금방이라도!) 모든 면에서 인간의 인지능력을 능가할 가능성을 배제할 수 없다. 인공지능 연구자와

지지자들이 항상 인식했던 가능성이다. 인공지능의 선구자인 올리버 셀프리지Oliver Selfridge는 1960년대 초반에 TV 인터뷰에서 말했다.

“우리의 생애가 끝나기 전에 기계가 생각할 수 있고 생각하게 되리라고 확신한다.”[5]

비록 “내 딸이 컴퓨터와 결혼하는 일이 일어나리라고는 생각지 않는다.”라는 단서를 달기는 했지만. (사람들이 성적인 불안을 느낄 수 없을 정도로 추상적인 기술의 진보는 없다.) 어려움의 다차원 기하학은 우리에게 기계가 어떤 능력을 획득하기 직전인지를 아는 것이 대단히 어렵다는 사실을 상기시켜야 한다. 자율주행 차량은 95%의 확률로 올바른 선택을 할 수 있지만, 그것이 항상 올바른 선택을 하는 방식의 95%를 뜻하는 것은 아니다. 나머지 5%의 예외적인 경우는 우리의 엉성한 두뇌가 현재 또는 가까운 미래의 어떤 기계보다 잘 해결할 수 있는 문제일 수도 있다.

그리고 ‘기계학습이 수학을 대체할 수 있는가’라는, 내가 자연스럽게 관심을 갖게 되는 질문이 있다. 추정으로 예측하지는 않으려 한다. 그러나 나의 희망은 수학자와 기계가 지금과 같이 계속해서 동반자가 되는 것이다. 수학자가 해결하려면 여러 해의 일요일이 필요했을 수많은 계산을 이제는 기계 동료에게 위임할 수 있고, 우리는 전문적으로 우리가 특별히 잘하는 일을 하게 되었다.

몇 년 전에, 텍사스대의 박사과정 학생이었던 리사 피치릴로Lisa Picirillo가 콘웨이 매듭Conway knot이라 불리는 모양에 관한 오래된 기하학 문제를 해결했다.[6] 그녀는 콘웨이 매듭이 ‘비슬라이스non-slice’임을 증명했다. 이는 4차원적 존재의 관점에서 콘웨이 매듭이 어떻게 보일지에 관한 문제인데, 정확한 의미가 무엇인지는 우리의 이야기에서 중요하지 않다. 콘웨이 매듭은 어렵기로 유명한 문제였다. 그러나 여기서도 단어의 의미가 복잡해진다. 다수의 수학자가 연구했지만 실패했기 때문에 어려운 문제일까, 아니면 피치릴로가 아홉 페이지(그중 두 페이지는 그림)에 불과한 산뜻한 해답을 찾았기 때문에 쉬운 문제일까? 가장 많이 인용되는 내 자신의 정리도 그와 비슷하게, 나를 비롯하여 수많은 사람이 20년 동안 붙잡고 씨름했던 문제가 여섯 페이지의 논문으로 해결되었다.[7] 어쩌면 '쉽다'나 '어렵다'라는 의미를 전달하는 것이 아니라, '쉽다는 것을 깨닫기가 어렵다'는 의미의 새로운 단어가 필요할지도 모른다.

피치릴로가 돌파구를 열기 몇 년 전에 브리검영Brigham Young대의 마크 휴즈Mark Hughes라는 위상기하학자는 어떤 매듭이 슬라이스인지를 잘 예측하는 신경망을 만들려 했다.[8] 그는 고양이 그림과 고양이가 아닌 그림의 긴 목록이 이미지를 처리하는 신경망에 제공되는 것처럼, 결과가 알려져 있는 매듭의 긴 목록을 자신의 신경망에 제공했다. 휴즈의 신경망은 모든 매듭에 숫자를 할당하는 방법을 배웠다. 매듭이 정말로 슬라이스면 할당되는 숫자가 0이어야 했고, 비슬라이스이면 0보다 큰 정수를 반환해야 했다. 실제로 신경망은, 휴즈가 시험한 모든 매듭 중 하나만 제외하고, 1에 매우 가까운 값 — 즉, 매듭이 비슬라이스라는 것— 을 예측했다. 제외된 매듭이 콘웨이 매듭이었다. 휴즈의 신경망은, 답이 0인지 1인지 확신하지 못함을 표현하는 저 나름의 방식으로 1/2에 매우 가까운 숫자를 출력했다. 정말 신기하다! 그 신경망은 정말로 어렵고 수학적으로 풍부한 문제를 제기하는 매듭을 정확하게 식별했다. (이 경우에는 위상기하학자가 이미 도달한 직관을 재현했다). 어떤 사람들은 컴퓨터가 우리에게 모든 해답을 제공하는 세상을 상상한다. 나는 더 큰 꿈을 꾼다. 나는 그들이 좋은 질문을 하기를 바란다.

10
장

오늘 일어난 일은 내일도 일어난다

S · H · A · P · E

나는 팬데믹pandemic의 와중에서 이번 장을 쓰고 있다. 코로나19가 몇 달 동안 세계를 황폐화했고, 질병이 어떻게 확산해 나갈지 아무도 장담할 수 없다. 이것은 수학 문제는 아니지만 수학이 포함된 문제다. 얼마나 많은 사람이 감염될 것인가, 그리고 언제 어디서? 전 세계가 질병의 수학에 관한 단기 특강을 받고 있다. 특강의 주제는 현대적인 형태로 다시 모기의 남자 로널드 로스에게로 돌아간다. 1904년 세인트루이스 박람회에서 모기의 랜덤워크에 관한 그의 강연은 질병을 정량화의 영역으로 가져오는 더 큰 프로젝트의 일부였다. 역사적으로 역병은 예상할 수 없는 두려운 모습으로 나타났다가 다시 사라지는 혜성과 비슷했다. 뉴턴과 핼리는 운동 법칙을 통하여 그들을 고정된 타원궤도에 묶어 둠으로써 혜성의 이론을 확립했다. 전염병도 그렇게 보편적 법칙을 따르면 안 되는 이유가 있을까?

로스의 강연은 성공을 거두지 못했다.

"나는 정말로 병리학에 관하여 전반적으로 논의하려 했었다."[1]

나중에 로스는 말했다.

"그러나 나 자신의 주제를 선택할 수도 있다고 생각하여 그 수학 논문을 읽었다… 내 말을 한 마디도 이해하지 못하고 실망한 수백 명의 의사 앞에서!"

이 말은 로널드 로스라는 인물을 잘 보여 준다. 로스는, 항상 동료 의사들의 찬사를 받지는 못했지만, 수학적 관점을 의학에 도입하는 일에 헌신했다. 〈영국의학저널British Medical Journal〉의 편집자는 말했다.

"일부 의료계 종사자들은, 놀라움과 어쩌면 후회가 뒤섞인 느낌으로, 실험적 방법을 주창하는 이 유명인이 전염병학과 병리학에 대한 정량적 프로세스의 적용을 열렬히 지지함을 알게 될 것이다."[2]

그는 또한 자만심이 약간 지나친 사람이었다. 〈왕립의학협회지Journal of the Royal Society of Medicine〉의 평가는 다음과 같다.

> 로널드 로스 경은 자만심이 강하고 화를 잘 내며 명예와 돈을 탐한다는 평판을 남겼다. 어느 정도까지는 그 모두라 할 수 있었지만, 그런 것들은 그의 유일한 특성도 지배적인 특성도 아니었다.[3]

예컨대, 그는 젊은 과학자에게 관대하고 도움을 주는 사람으로 알려졌다. 어떤 위계적 조직이든 자신과 동등하거나 높은 위치에 있는 사람에게는 호감을 사려 하고, 자신보다 낮은 위치에 있는 사람은 쓰레기처럼 취급하는 사람을 찾을 수 있다. 기존의 거물을 경쟁자나 적으로 생각하고 신참자에게는 친절을 베푸는 사람도 찾을 수 있다. 로스는 전반적으로 바람직하다 할 수 있는 후자의 유형이었다.

로스는 1900년 무렵의 몇 년 동안, 말라리아의 돌파구를 마련한 공로에 대하여, 이탈리아의 기생충학자 조반니 그라시Giovanni Grassi와 격렬한 학문적 논쟁을 벌였고, 노벨상을 받고 그라시가 탈락한 뒤에도 자신이 마땅히 받아야 할 수준의 인정을 전혀 받지 못했다고 생각하는 것으로 보였다. 그라시와의 논쟁은 그라시의 편을 들었던 이탈리아인들에 대한 일반적인 불만으로 발전했다. 그의 세인트루이스 강연도 거의 성사되지 못할 뻔했다.[4] 강연의 패널panel 중에 로마의 의사 안젤로 첼리Angelo Celli가 포함될 예정임을 알게 된 로스가 즉시 일정을 취소했기 때문이다. 그는 첼리가 불참하도록 설득되었다는 전보를 받은 뒤에야 강연을 취소한다는 의사를 철회했다.

로스는 기사의 작위를 받고 자신의 이름을 딴 연구소의 이사직을 맡았으며 빈티지vintage 인형을 모으듯이 과학적 명예를 수집했지만 구멍은 결코 채워지지 않았다. 그는 여러 해 동안, 재정적 압박을 받은 것은 아니었으나, 공중보건에 기여한 자신의 공로에 대하여 의회가 상금을 수여하도록 공개적 캠페인을 벌였다. 1807년에 에드워드 제너Edward Jenner가 천연두 백신을 개발한 공로로 상금을 받은 적이 있었는데, 로스는 자신도 그에 못지않게 자격이 있다고 생각했다.

평생에 걸친 그의 투정은 자신이 진정한 삶의 길을 따라가고 있지 않다는 잠재의식에서 비롯되었을지도 모른다. 그렇게 유명한 의사로서는 놀랍게도 로스는 진정으로 마음에 와닿는 두 가지 일을 제쳐 두고, '단지 순전한 의무감에서' 의료계에 입문했다고 말한다. 한 가지는 그가 의사로 일하면서도 쓰기를 멈추지 않았던 시였다. 말라리아 이론의 실험적 증거를 얻으면서 자부심에 겨워 창작한 시('눈물과 고통스러운 숨결로 / 나는 그대의 교활한 씨앗을 찾는다 / 오 100만 인을 죽이는 죽음이여')는 당시에 유명했던 그의 전설의 일부가 되었다. 20년이 지난 뒤에는 역시 그답게, 과소평가되었음을 불평하는 〈기념일The Anniversary〉이라는 후속시를 썼다. ('끝없는 경이로움으로 우리가 이긴 것 / 세상은 비웃었다…') 어떤 부분에서는 영어 운문에서 라틴어의 장점을 재현하는 데 가장 적합하다고 생각한 음성 알파벳을 채택하기도 했다.

Aa hwydhr dúst dhou flot swit sælent star
Yn yóndr flúdz ov ivenyngz dæyng læt ?

('아, 그대는 어디에 떠 있는가, 달콤한 침묵의 별이여 / 죽어 가는 저녁 빛의 홍수 너머인가?')

로스가 관심을 가진 또 한 가지는 수학이었다. 그는 자신의 초기 기하학 교육을 다음과 같이 회상한다.

"수학에 관해서 말하자면, 나는 1권의 명제 36에 이를 때까지 놀라울 정도로 유클리드를 이해할 수 없었다. 그때 갑자기 의미를 깨닫게 되었고 그 뒤로는 아무런 어려움도 없었다. 나는 기하학을 아주 잘하게 되었으며 스스로 문제를 푸는 것을 좋아했다. 심지어 이른 새벽에 잠을 자면서도 문제를 풀었던 것을 기억한다."[5]

마드라스Madras의 젊은 의사였던 그는 학창시절 이후로 펼쳐 보지 않았던 천체역학에 관한 책을 집어 들었고, 스스로 '대참사the great calamity'라 불렀던, 갑작스럽게 수학적 강박관념에 빠져드는 경험을 했다. 그는 지역의 서점에 있는 수학책을 모두 사들여 한 달 동안에 읽어 치웠다.

"변분법Calculus of Variations의 끝까지, 비록 학교에서는 2차방정식 이상의 수학을 배우지 않았지만."[6]

로스는 모든 것이 얼마나 쉽게 느껴지는지에 놀랐고, 아무도 자신에게 그렇게 하라고 지시하지 않았다는 사실 덕분으로 돌렸다.

"교육은 기본적으로, 학교에서든 그 이후든, 자기교육self-education 이어야 한다. 그렇지 않으면 결코 완성된 수준에 근접조차 못할 것이다."[7]

이 점에 관해서는 수학을 가르치는 그 누구라도 동의할 수밖에 없다. 나는 칠판에 적은 내 설명이 권위 있고 명확하며 수업을 진행하는 경로가 효율적·직접적이어서, 50분 동안의 수업을 함께한 학생들이 공부한 내용에 완전히 숙달한 상태로 교실에서 나가기를 바란다. 하지만 그렇게는 되지 않는다. 교육은 로스가 이해한 대로 자기교육이다. 교사로서 우리가 하는 일이 설명하는 것임은 사실이다. 그러나 우리의 일은 일종의 마케팅과 비슷하다. 진정한 내용을 배우기 위하여 수업시간 이외의 시간을 할애할 가치가 있는 아이디어를 학생들에게 팔아야 한다. 그러기 위한 최선의 방법은 수학에 대한 우리 자신의 뜨거운 느낌이 우리가 말하고 행동하는 방식에 스며들도록 하는 것이다.

과거를 돌아보는 중년의 로스는 전형적인 시적 방식으로 그런 뜨거운 느낌을 불러낸다.

> 지적일 뿐만 아니라 미학적인 열정이었다. 증명된 명제는 완벽하게 균형 잡힌 그림과 같았다. 무한급수는 길게 이어지는 소나타의 변주처럼 미래로 사라져 갔다. … 미적 감각의 주체는 실제로 완벽함을 성취했다는 지적 만족감이다. 그러나 나는 또한 미래의 완벽함이 순수한 이성의 강력한 무기로 성취되는 것을 보았다. 저녁과 새벽에 보이는 별들은 … 이제 두 배로 아름답다. 분석의

그물에 포획되었기 때문이다. 나는 얼마 후에 운동, 열, 전기, 기체의 원자 이론에 관한 수학의 응용을 읽기 시작했으며, 처음부터 전염성 질병이 존재하는 이유를 설명하는 것을 가능한 응용으로 고려했음을 기억한다… 그렇지만 나는 항상 수학책을 읽으면서 조바심을 느꼈고, 스스로 명제를 창안하고 싶다고 생각했다. 그리고 오래된 명제를 읽는 동안에 실제로 새로운 명제가 스스로 제시되었다.[8]

이렇게 그에게는 앞선 사람들에게 배우는 것에 대한 뿌리 깊은 거부감이 있었다. 화학이 취미였던 존경하는 삼촌에 관한 글(물론 실제로는 자신에 관한)을 쓰면서 로스는 말한다.

"과학의 거의 모든 아이디어는 나의 삼촌 로스 같은 아마추어가 제공한다. 다른 신사들은 교과서를 집필하고 교수직을 얻는다."[9]

수학자로서 그는 아마추어에 지나지 않았다. 그런 사실이 —제목은 거창하지만 ('공간의 대수학' 같은) 이미 문헌에 있는 아이디어를 다시 요약한 정도의— 순수 수학 논문을 발표하고 전문 수학자들이 자신의 연구에 더 관심을 갖지 않는다는 좌절감을 키우는 것을 막지는 못했지만.

신의 생각 중에 가장 중요한 것은 아닌

1910년대 중반에 로스는 마드라스에서 자신의 마음을 사로잡았던 문제 —뉴턴이 천체에 대하여 개발한 것과 같은— 전염병에 대한 수학적 이론의 창안에 본격적으로 달려들 준비가 되어 있었다. 사실 그것도 로스에게는 충분히 야심찬 목표가 아니었다. 그는 인구 집단에 대하여, 종교의 전환, 사회 전문직의 선출, 군대의 모병, 그리고 전염성 질병의 감염 같은 모든 조건 변화의 양적 확산을 지배하는 이론을 개발하려 했다. 로스는 그 이론을 '행위 이론The Theory of Happenings'이라 불렀고, 1911년에 제자 앤더슨 맥켄드릭Anderson McKendrick에게 보낸 편지에서 다음과 같이 말했다.

「우리의 일은 새로운 과학을 확립함으로써 끝날걸세. 그러나 먼저 자네와 내가 문을 열어야, 원하는 누구든지 들어갈 수 있다네.」[10]

자신의 능력과 아마추어 정신에 대한 사랑을 높이 평가했음에도 불구하고, 로스는 문을 열기 위하여 필요한 일을 했다. 즉, 자신을 도울 진짜 수학자를 고용했다. 그녀의 이름은 힐다 허드슨Hilda Hudson이었다. 허드슨은 수학적으로 매우 뛰어났다. 그녀의 첫 번째 출판물은, 정사각형을 더 작은 기하학 도형으로 교묘하게 절개하여 얻은 유클리드 명제의 짧고 새로운 증명이었다.[11] 그녀의 나이 열 살 때였다. (부모가 모두 수학자였다는 것도 도움이 되었다.)

허드슨은, 기하와 대수가 뒤섞인 대수기하학(우리가 항상 창의적인 이름을 떠올리는 것은 아니다)이라 불리는 분야의 전문가였다. 평면상의 점을 x좌표와 y좌표의 순서쌍으로 생각함으로써 원(주어진 중심에서 일정한 거리에 있는 점의 집합) 같은 기하학적 개체를 대수적 개체(예컨대, $x^2+(y-5)^2=25$를 만족하는 (x, y) 쌍의 집합)로 변환할 수 있다는 아이디어를 체계적으로 사용한 최초의 인물은 르네 데카르트René Descartes였다.

허드슨의 시대에는 이러한 대수와 기하의 융합이 단지 평면의 곡선뿐만 아니라 어떤 차원의 도형에든 적용되는 독자적인 주제가 되었다. 허드슨은 이른바 크레모나 변환Cremona transformation이라는 분야의 선두주자였으며, 1912년에는 세계수학자대회International Congress of Mathematicians에서 강연한 최초의 여성이 되었다.

내가 독자에게 크레모나 변환은 '투영 공간projected space의 쌍유리 자기동형사상birational automorphism'이라고 말하면 강아지 풀 뜯어 먹는 소리로 들릴 것 같아서 다른 방식으로 설명하려 한다. 0/0은 무엇일까? 아마도 당신은 '부정undefined'이라고 말해야 한다고 배운 적이 있을 것이며, 어떤 의미에서는 정확한 대답이다. 그러나 겁쟁이의 탈출구이기도 하다. 0/0은 실제로 어떤 0을 나누는지에 따라 달라진다! 크기가 0인 정사각형의 면적과 둘레의 비율은 얼마일까? 물론 부정이라고 말할 수도 있다. 그러나 대담하게 그 비율을 정의해 보면 어떨까? 정사각형의 변 길이가 1이면 면적과 둘레의 비율은 1/4 또는 0.25다. 변의 길이가 1/2로 줄어들면 비율은 0.01/0.4 또는 0.025가 된다. 크기가 작아짐에 따라 면적과 둘레의 비율도 작아진다. 이는 정사각형이 한 점으로 줄어들 때 무슨 일이 일어나는지에 대한 올바른 답이 하나뿐임을 의미한다. 이 경우에는 0/0=0이다. 반면에, 인치 단위로 측정한 선분의 길이와 센티미터 단위로 측정한 길이의 비율을 묻는다면 어떨까? 그 비율은 선분이 길든 짧든 2.54이며, 선분이 한 점으로 줄어들 경우의 0/0도 2.54가 되어야 한다.

기하학적으로는 데카르트의 방식을 따라 순서쌍을 평면의 점으로 생각할 수 있다. 점 (1, 2)는 중심에서 오른쪽으로 1, 위쪽으로 2 거리에 있는 점이다. 그리고 2/1의 비는 중심과 (1, 2)를 연결하는 선분의 기울기다. 점이 중심과 동일한 (0, 0)일 때는 연결하는 선분이 없으므로 기울기도 없다. 가장 단순한 유형의 크레모나 변환은 평면을 이와 비슷한 기하학으로 교체한다. (0, 0)이 사실상 무한 개인 다수의 점으로 대체되는 기하학이다! 각 점은 (0, 0)이라는 자신의 위치뿐만 아니라, 어디에 있었는지만이 아니고 그곳에 이르게 된 경로의 방향까지 기록된 것처럼 기울기도 기억한다.* 한 점이 무한히 많은 점으로 폭발하는 이런 유형의 변환은 부풀리기blow-up라 불린다. 허드슨이 연구한 고차원의 크레모나 변환은 확실히 더 복잡하다. 우리는 그런 변환을 —소심한 계산기라면 물러서고 말— '정의되지 않은' 비율에 값을 할당하는 일반적인 기하학 이론이라 부를 수 있다.

로스와 함께 작업을 시작한 1916년에 허드슨은 유클리드 스타일로 직선자와 컴퍼스만을 사용한 작도에 관한 책을 한 권 출간했다.[12] 에이브러햄 링컨이 원을 네모로 만들려고 헛되게 애썼던 것과 비슷한 내용이었다. 그녀는 기하학적 직관이 너무 강해서 때로 증명이 부족하다는 비판을 받았다. 우리처럼 마음의 눈으로 기하학적 표면을 따라갈 능력이 떨어지는 사람들에게는 글로 정당화되어야 할 것들이 그녀에게는 명백한 사실이었다. 기하학에 대한 애정에도 불구하고, 로스가 허드슨의 연구와 상호작용했거나 관심을 가졌다

* 푸앵카레가 삼체문제에서 사용했던 좌표와 비슷하게 들릴 수도 있다. 그는 각 행성의 위치뿐만 아니라 운동의 방향도 추적해야 했다. 같은 이야기다.

는 증거는 없다. 대수기하학 분야에 이탈리아인이 가득했으므로 아마 그것이 최선이었을 것이다.

로스가 허드슨과 함께 발표한 첫 번째 논문은 로스의 이전 논문에 대한 상당한 분량의 정오표 목록으로 시작한다. 로스는 그런 실수를 자신이 해외에 있을 때 확인을 위한 교정쇄가 도착했던 탓으로 돌린다. 나는 허드슨이 협업에 참여하자마자 자신이 오기 전에 로스가 했던 작업의 오류를 완곡하게 알려 주는 일부터 시작했을 것이라고 상상한다. 두 사람 사이의 상호작용에 대해서는 알려진 것이 거의 없지만 —로스는 자신의 회고록에서 허드슨을 정확히 한 번만 언급했다— 이들 매우 다른 과학자 사이의 관계를 상상해 보는 것은 흥미로운 일이다. 로스에게는 한없는 야망이 있었고 허드슨에게는 수학적 깊이와 노하우가 있었다. 교수가 모두 남성이었던 시대에 로스는 지위를 누리고 상을 받았지만, 허드슨은 강사에 불과했다. 혹시 종교적 정서가 있었더라도 로스는 그것을 별로 중요하게 여기지 않았다. 허드슨의 독실한 기독교 신앙은 그녀의 삶에서 중심을 이룬 진실이었다. 허드슨은 1927년에 크레모나 변환에 관한 논문을 발표한 후에 몇 해 동안 수학을 뒤로하고 학생 기독교 운동Student Christian Movement의 일원으로 일했다. 그녀가 1925년에 발표한 에세이 〈수학과 영원Mathematics and Eternity〉은 신앙과 과학이 서로에게 자신을 정당화할 필요를 느꼈던 지성계에서 주목할 만한 문건이었다.

“우리는, 로렌스 수사Brother Lawrence의 주방보다 대수학 수업에서, 산꼭대기보다 인기 없는 연구 작업의 철저한 외로움에서 신의 존재를 더 잘 파악할 수 있다."[13]

종교인이든 아니든, 모든 수학자는 다음의 유명해질 가치가 있는 그녀의 경구가 무슨 뜻인지를 이해할 것이다.

> 순수 수학의 아이디어는 근사치나 의심스러운 것이 아니라 진실이다. 신의 생각 중에 가장 흥미롭거나 중요한 것이 아닐 수도 있지만, 우리가 정확하게 알 수 있는 유일한 생각이다.[14]

지나치게 안심할 수는 없는

전염병의 성장에 관한 로스의 아이디어는, 사실상 모든 수학적 예측의 기반을 이루는 '오늘 일어난 일은 내일도 일어난다'는 원리에 지배된다. 모든 지저분한 세부사항은 그 원리가 실제로 무슨 의미인지를 알아내는 일이다.

가장 간단한 의미는 이렇다. 전염성 바이러스를 가진 사람이 감염력이 지속되는 기간(10일이라고 하자)에 평균적으로 두 사람을 감염시킨다고 가정하자. 감염자 1,000명으로 시작하면 10일 후에 약 2,000명의 새로운 감염자가 생긴다. 최초 감염자 1,000명은 회복되어 더 이상 감염을 시키지 않지만, 2,000명의 신규 감염자는 다음 주에 4,000명을 감염시키게 되고, 그다음 주에는 8,000명 정도의 새로운 감염자가 생길 것이다. 따라서 첫 40일 동안의 감염자는

0일: 1,000

10일: 2,000

20일: 4,000

30일: 8,000

이런 종류의 수열sequence은, 기하학과의 관련성이 약간 모호하지만, 등비수열geometric progression이라 불린다. 기하학과 관련되는 점은 다음과 같다. 이 수열의 각 항은 이전 항과 다음 항의 기하평균geometric mean이다. 그렇다면 '평균mean'은 무엇을 의미하고 평균이 기하학적이라는 말은 무슨 뜻일까?

평균은 일종의 중간average이다. 당신은 아마도 수직선number line상의 두 숫자 사이 중앙에 점을 찍음으로써 얻게 되는 중간에 익숙할 것이다. 1과 9의 중간은 5다. 5는 1로부터 그리고 9로부터 4만큼 떨어져 있기 때문이다. 이러한 중간은 산술평균arithmetic mean이라 불리고(덧셈과 뺄셈의 산술 계산에서 나오기 때문이라 생각된다), 각 항이 이전 항과 다음 항의 산술 평균인 수열이 등차수열arithmetic progression이다.

기하평균은 이와는 유형이 다른 중간이다. 1과 9의 기하평균을 얻으려면 변의 길이가 1과 9인 직사각형을 만들면 된다.

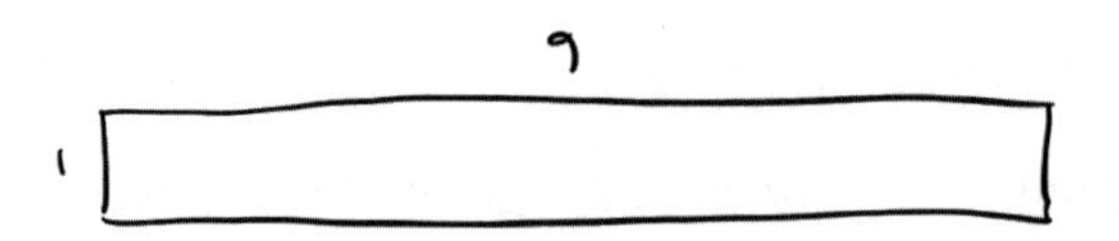

기하평균은 이 직사각형과 면적이 같은 정사각형의 변의 길이

다. (그리스인들은 면적을 정사각형으로 환산하는 아이디어를 매우 중요하게 여겼다. 원을 네모로 만들려는 시도와 실패를 거듭한 이유의 하나다.) 무슨 근거였는지 모르지만, 플라톤은 진정한 평균이라고 생각했던 기하평균을 좋아했다.[15] 그림에 있는 직사각형의 면적은 1×9=9다. 같은 면적의 정사각형이 있다면, 변의 길이는 제곱할 때 9가 되는 숫자다. '3'이라고 말하는 데 꽤 오래 걸렸다. 따라서 3은 1과 9의 기하평균이고,

1, 3, 9

는 등비수열이다.

오늘의 우리는 동등하지만 다른 방식으로 기하평균을 정의하는 경향이 있다. 숫자 x와 z의 기하평균은 다음 관계를 만족하는 숫자 y다.

$$y/x = z/y^*$$

이 깔끔한 공식과 플라톤이 기하평균을 옹호하면서 비틀어야 했던 언어의 매듭을 비교해 보라.

> 최고의 유대bond는 결속의 대상과 진정한 통합을 이루는 유대이며, 자연계에서는 이러한 유대가 비율을 통하여 가장 잘 확립된

---

* 독자가 대수를 좋아한다면, 이 식의 양변에 xy를 곱하여 $y^2 = xz$라는 식을 얻을 수 있다. x와 z는 직사각형의 두 변이고 다른 쪽에는 ―기하학이 요구하는 대로― y의 제곱이 있다.

다. 입체수solids든 제곱수squares든 세 숫자에서 처음 항과 가운데 항의 관계가 마지막 항과 가운데 항의 관계와 같고, 역으로 가운데 항과 마지막 항의 관계가 처음 항과 가운데 항의 관계와 같을 때, 가운데 항이 처음과 마지막 항으로 그리고 마지막과 처음 항이 가운데 항으로 판가름 나기 때문에, 그들은 서로 간에 같은 관계를 가져야 하므로 모두 통합될 것이다.[16]

대수적 표기의 장점이 실감 날 것이다!

바이러스는 직사각형의 면적을 제한하기를 좋아하거나 플라톤을 읽어 보았기 때문에 등비수열로 확산하는 것이 아니다. 바이러스 확산의 역학이 지난 주 감염자와 이번 주 감염자의 비율이 이번 주 감염자와 다음 주 감염자의 비율과 같을 것을 요구하기 때문에 등비수열로 확산한다. 오늘 일어난 일은 내일도 일어날 것이며, 앞에서 가정한 예에서는 10일마다 새로운 감염자가 두 배로 늘어난다. 우리는 일련의 수가 등비수열로 증가할 때 지수적으로 커진다고exponential growth 말한다. 사람들은 종종 '지수적 성장'을 '정말로 빠른 성장'과 동의어로 사용하지만, 전자에는 훨씬 더 구체적인 의미가 있다. 모든 수학 교사는 학생들이 지수적 성장의 거동을 실감하도록 할 수 있는 예를 원한다. 불행하게도 바로 지금, 가까운 예가 있다.

상식적 직관은 지수적 성장을 파악하는 데 적합하지 않다. 우리는 대략 일정한 속도로 움직이는 물리적 대상에 익숙하다. 시속 60마일로 차를 몰 때 시간당 진행하는 거리는 다음과 같다.

60마일, 120마일, 180마일, 240마일…

이는 등차수열이다. 각 항과 다음 항의 차이가 절대로 변하지 않고 숫자가 일정한 속도로 증가한다.

등비수열은 다른 이야기다. 우리의 마음은 등비수열을 느리지만 꾸준하고, 관리 가능한 성장에서 급격하고 무시무시한 급경사가 나타나는 모습으로 해석한다. 그렇지만, 기하학적 의미에서는, 증가 속도가 결코 변하지 않는다. 이번 주는 지난주와 비슷하지만 두 배로 악화했을 뿐이다. 우리는 웬일인지 완벽하게 예측 가능한 재난을 충분히 예상하지 못한다. 아마 미국의 중요한 시인 중에 이 문제를 다룬 유일한 시인인 존 애시베리John Ashbery가 1966년에 쓴 시, 〈가장 빠른 치유Soonest Mended〉를 보자.

등비수열의 친근한 시작처럼
지나치게 안심할 수는 없는…

코로나19의 발발 초기에 가장 피해가 컸던 국가 중 하나인 이탈리아에서는 이 질병으로 1,000명이 사망하는 데 거의 한 달이 걸렸다. 그다음 1,000명은 4일 만에 사망했다. 질병이 전 세계로 확산한 2020년 3월 9일에 미국정부 관계자는* 해마다 수천 명의 미국인이 독감으로 사망한다는 사실과 비교하면서 공격적으로 코로나19의

* 좋다, 그 관계자는 미국 대통령이었다. 그러나 지금은 그게 중요하지 않다.

위협을 깎아내렸다.

"현재 코로나 바이러스 확진자는 546명이고 그중 22명이 사망했다. 생각해 보라!"

한 주일 뒤에는 매일같이 22명의 미국인이 코로나19로 사망했다. 그다음 주에는 사망자가 거의 10배로 늘어났다.

등비수열의 특징은 좋은 진행과 나쁜 진행이 있다는 것이다. 바이러스를 보유한 사람이 평균적으로 두 명이 아니고 0.8명에게 바이러스를 옮긴다고 가정해 보자. 그러면 감염의 등비수열은 다음과 같을 것이다.

0일: 1,000

10일: 800

20일: 640

30일: 512

다음 네 숫자는 더욱 호전된다.

40일: 410

50일: 328

60일: 262

70일: 210

이는 전염병의 기세가 꺾였음을 가리키는 수학적 신호인 지수적 감쇠exponential decay다.

그 하나의 수 ―등비수열에서 각 항과 이전 항의 비율― 는 많은 것을 의미한다. 수가 1보다 클 때는 바이러스가 인구 집단의 상당한 부분으로 빠르게 퍼진다. 1보다 작으면 전염병의 기세가 수그러들고 결국 사라진다. 전염병학계에서 이 숫자는 R_0라 불린다.* 1918년 봄에 유행한 스페인 독감의 R_0는 1.5였을 것으로 추정된다.[17] 2015-2016년의 모기가 매개하는 지카Zika 바이러스의 R_0는 2 정도였다. 1960년대에 가나에서 유행한 홍역의 측정된 R_0는 14.5였다!

R_0 값이 작은 전염병은 다음과 같은 모습을 보인다.

대부분 사람이, 혹시 누군가를 감염시키더라도, 한 사람에 그치고 전염병이 대규모로 확산하기 전에 감염의 연쇄가 소멸한다. R_0가 1보다 약간 클 때는 분기branching out가 나타나기 시작한다.

---

* "당신은(You R) 다음번 팬데믹에 대하여 충분히 걱정하지 않는다(nought)."에서처럼 '아르 노트(R nought)'로 발음한다.

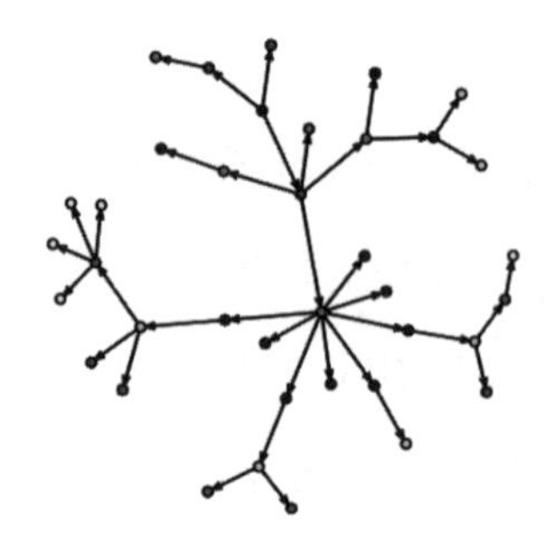

그리고 R_0가 1보다 상당히 클 때는 끊임없이 가지를 치면서 인구 집단 속으로 신속하면서 지속적으로 확산하는 전염병의 지수적 성장을 볼 수 있다.[18]

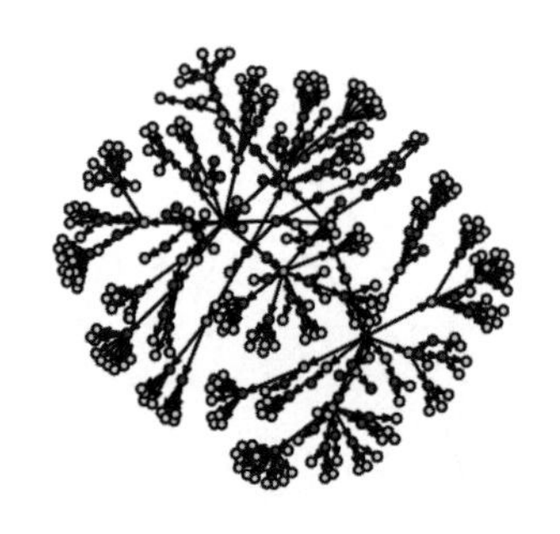

한번 질병에 걸린 사람에게는 면역력이 생긴다면, 가지가 다시 돌아와 이미 병에 걸렸던 사람에게 도달하는 일은 절대로 없다. 따라서 전염의 네트워크는 우리가 이미 알고 있는 유형의 기하학, 즉 나무에 해당한다.

R_0=1이라는 기본적 임계값의 존재는 전염병에 관한 로스의 아이디어의 중심이었다. 모기가 말라리아를 옮긴다는 로스의 발견은 엄청난 발전이었지만, 또한 어느 정도의 비관론을 낳기도 했다.

모기를 죽이기는 쉽지만 모든 모기를 죽이기는 어렵다. 따라서 말라리아의 확산을 막는 일은 가망이 없다고 생각될 수도 있다. 로스는 그렇지 않다고 주장했다. 주변에 학질모기가 있는 한 그중 일부가 말라리아에 감염된 사람의 피를 빨고 나서 근처를 날아다니다가 아직 말라리아에 걸리지 않은 사람을 물게 된다. 따라서 질병이 계속 퍼져 나간다. 그러나 모기의 밀도가 충분히 낮다면, 마법의 숫자 R_0가 1 아래로 떨어질 것이며, 이는 주마다 새로운 감염자가 계속해서 줄어들고 전염병이 지수적으로 감쇠하여 사라질 것을 의미한다. 모든 전파를 막을 필요는 없다. 충분한 정도의 전파만 막으면 된다.

이것이 바로 1904년 세인트루이스 박람회에서 로스가 제안한 아이디어였다. 랜덤워크에 관한 그의 주장은, 한 지역에서 모기가 감소한 후에 다시 R_0를 임계치 위로 밀어올리기에 충분할 정도의 모기가 모여드는 데는 상당한 시간이 걸린다는 것을 보여 주기 위함이었다.

이는 코로나19와의 전쟁에서도 핵심적인 아이디어다. 우리는 질병의 전파를 완벽하게 차단할 필요가 없다. 바람직하지만 불가능하기 때문이다. 전염병을 통제하는 문제는 완벽주의로 해결할 수 없다.

내년에는 77조 명의 사람이 천연두에 걸릴 것이다

2020년 봄 미국의 코로나19 팬데믹 초기에 전염병은 분명히 (보고 싶지 않은) 등비수열의 형태를 따라가고 있었다. 코로나19 감염자가 매일같이 약 7%씩 늘어났다. 이는 감염자가 매주, 1.07을 일곱 번 곱한 비율에 해당하는, 60%씩 늘어남을 의미했다. 그런 식으로 계속된다면, 3월 말에 하루에 20,000명이던 확진자 수가 4월 첫 주에는 32,000명이 되고, 5월 중순에는 420,000명으로 늘어나게 된다. 100일 뒤인 7월 초에는 매일같이 1,700만 명의 확진자가 새로 생길 것이었다.

여기에 문제가 보인다. 하루에 1,700만 명의 새로운 확진자가 발생하는 속도가 계속 유지될 수는 없다. 3주가 지나지 않아서 미국의 총인구보다 많은 미국인이 감염되는 결과가 될 것이기 때문이다. 2001년에 질병통제예방센터CDC의 마틴 멜처Martin Meltzer가 이끄는, 9/11 테러 직후에 용감무쌍해진, 일단의 모델러moeller가 미국에 의도적으로 천연두가 살포되면 1년 안에 77조 명이 감염될 수 있다고 예측한 것은 이러한 지나치게 무심한 추론의 결과였다.[19] (한 동료는 "멜처 박사는 때로 자기 컴퓨터를 제어하지 못한다."라고 말했다.)[20]

우리의 등비수열 이야기에는 뭔가 문제가 있다.

감염자 한 사람이 몇 사람을 새로 감염시키는지를 측정하는 마법의 숫자 R_0로 돌아가자. R_0는 자연의 상수가 아니다. 특정한 감염의 생물학적 특성(서로 다른 변종에 따라 달라질 수 있는)에 따라, 그리고 감염된 사람들이 전염력이 있는 기간에 얼마나 많은 사람을 만나고(적절한 처치라는 말로 줄일 수 있을까?), 그들의 만남에서 무슨 일이 일어나는지에 따라 달라진다. 사람들이 서로 가깝게 서 있었는가, 아니면 방역지침이 요구하는 대로 6피트의 거리를 유지했는가? 마스크를 썼는가, 안 썼는가? 야외였는가, 아니면 환기가 잘 안 되는 건물 내부였는가?

그러나 R_0는 질병이나 우리의 행동에 아무런 변화가 없더라도 시간이 가면서 변한다. 단순히 바이러스가 새로 감염시킬 대상이 줄어들기 시작하기 때문이다.* 인구의 10%가 이미 감염된 상황이라고 해 보자. 증상이 없이 평소처럼 태평스럽게 돌아다니는 환자는 여전히 전과 같은 수의 사람을 감염시킬 수 있다. 그러나 이제 그들 10명 중 한 명은 이미 질병에 걸렸거나 질병에서 회복된 사람이므로 재감염으로부터 면역성이 있다.** 따라서 그 환자는 전염 과정에서 평균적으로 두 명을 감염시키는 대신에, 2의 90%인 1.8명 정도만을 감염시키게 된다. 인구의 30%가 감염되었을 때의 R_0는 $(0.7)\times2=1.4$로 줄어든다. 인구의 60%가 감염되었을 때는 R_0가 $(0.4)\times2=0.8$이 되어 임계선critical line 밑으로 내려간다. R_0가 1보다 약간 큰 대신 1보다 약간 작아지고 나쁜 등비수열 대신 좋은 등비수열에

---

* 엄밀하게 말해서, R_0는 아직 아무도 감염되지 않은 인구 집단에 대하여 감염사례에 대한 평균적 신규 감염사례를 말하며, 우리가 말하는 시간에 따라 변하는 숫자는 'R' 또는 'R_t'로 표기해야 하지만, 많은 사람이 전염병의 진행에 따라 R_0가 변한다고 말한다. 독자가 이 책에서 배운 것만을 기초로 수학적인 전염병학 논문을 쓰기 시작할 것이 아니라면, 그런 구별을 하지 않아도 무방할 것이다. 그리고 이 책에서 배운 것만을 기초로 수학적인 전염병학 논문을 쓰지는 말기를 바란다.

** 또는 그렇게 기대된다. 실제로 우리는 아직 코로나19에 감염되었다가 회복될 때 장기적 면역력이 생기는지 알지 못한다. 이러한 가정이 없으면, 독자도 상상할 수 있는 것처럼 더 나쁜 장기적 시나리오를 얻게 된다.

올라타게 된다.

실제로, 감염된 사람의 비율이 40%에 이르지 못할 수도 있다. 감염자의 비율 —P라 부르자— 이 얼마이든 새로운 R_0는

$$(1-P)\times 2$$

이고, 이 숫자가 1에 도달할 때 전염병의 확산이 지수적 감쇠로 전환한다. 그런 일은 (1-P)가 1/2일 때 일어나며, 이는 P 또한 1/2임을 의미한다. 따라서 '자연적 R_0'가 2인 전염병은 인구의 절반이 감염될 때 기세가 꺾이기 시작한다. 이런 상황을 '집단 면역herd immunity'이라 부른다. 일단 충분한 수의 사람이 질병의 영향을 받지 않게 되면 전염병이 자체적으로 지속될 수 없다. 그러나 어느 정도면 '충분'한지는 원래 R_0에 따라 달라진다. 홍역처럼 R_0가 14라면, (1-P)=1/14이 되어야 하고, 이는 인구의 93%가 면역력을 얻어야 한다는 뜻이다. 홍역 예방주사를 맞지 않은 아이들이 소수일지라도 전체 인구가 홍역 발발에 취약해지는 것은 그 때문이다. 더 얌전하게 R_0가 1.5인 질병에 대해서는 33% 감염률에서 역전이 일어난다. 그리고 코로나19의 R_0가 2와 3 사이라는 우리의 생각이 옳다면, 지금의 팬데믹은 세계 인구의 1/2에서 2/3가 감염되면 스스로 소멸하기 시작할 것이다.*

---

* 임계값은 더 낮을 수도 있지만, '이질성(heterogeneity)'과 관련된 이유로, 대폭 낮아지지는 않을 것이다. 모든 감염자가 같은 수의 사람을 감염시키는 것은 아니다. 이에 관해서는 12장에서 더 자세하게 살펴볼 것이다.

하지만 그처럼 많은 감염자 수는 수많은 사람, 수많은 질병, 그리고 수많은 죽음을 의미한다. 그래서 세계의 전염병학자들은 여러 가지 실질적 세부사항에는 의견을 달리하지만, 만장일치로 NO라고 말한다. 우리는 이 전염병이 자연스러운 경로로 진행하도록 내버려 두면 안 된다, 절대로.

콘웨이의 게임

팬데믹이 실제로 그래프용지나 화면에 그려진 곡선이며 수는 시간에 따라 변하는 추상적인 양quantity에 불과하다고 생각하기는 어렵지 않다. 특히 수학적으로 생각한다면. 그러나 그 숫자는 개별적 인간, 질병에 걸렸거나 질병 때문에 사망하는 사람들을 나타낸다. 우리는 때때로 멈춰서 그런 사람들을 생각해 봐야 한다. 그들 중 한 사람은 2020년 4월 11일에 코로나19로 사망한 존 호턴 콘웨이John Horton Conway였다. 그는 한마디로 정의하기 어려운 인물이었지만 기하학자였고, 그가 연구한 거의 모든 수학에는 어떤 방식으로든 그림 그리기가 포함되었다.[21]

나는 프린스턴에서 박사후연구원으로 일할 때부터 콘웨이를 알았으며, 시시때때로 수학에 관한 질문을 하곤 했다. 그에게는 언제나 길고, 유익하고, 명쾌한 대답이 준비되어 있었다. 그러나 물었던 질문의 대답을 들은 적은 한 번도 없었다. 그래도 나는 많은 것을 배웠다! 콘웨이가 고의적으로 어렵게 군 것은 아니었다. 단지 그의 마음이 작동하는 방식이 연역적deductive이기보다 연상적associative이었을 뿐이다. 콘웨이는 받은 질문이 자신에게 상기시키는 것을 말했다. 참고문헌이나 정리의 진술 같은 특별한 정보가 필요했다면, 질문을 한 사람은 목적지를 알 수 없는 길고 우회하는 여행을 떠나게 된다. 그의 사무실은 재미있는 퍼즐, 게임, 장난감으로 넘쳐났는데, 그런 것들은 어떤 면에서는 오락 거리였지만 수학의 일부이기도 했다. 그는 수학에 관하여 생각하지 않을 때가 없는 사람처럼 보였다. 한번은 군 이론group theory에 관한 정리를 생각하면서 도로 한복판에 멈춰 섰다가 트럭에 치인 적도 있었다. 콘웨이는 그 이후로 그 정리를 '살인 무기'라 불렀다.[22]

모든 수학자는 일종의 놀이로서의 수학을 경험한다. 그러나 콘웨이는 놀이가 일종의 수학이 될 수 있다고 주장한 점에서 독특했다. 그는 강박적인 게임 발명가였으며, 콜Col, 콧방귀Snort, 오노ono, 미치광이loony, 불발탄dud, 세스키 업sesqui-up, 철학자 축구Philosopher's Football 같은, 재미있는 이름을 게임에 붙이기를 좋아했다.[23] 님과 같은 게임이 일종의 수라는 개념을 개발한 사람도 콘웨이였다. 도널드 커누스Donald Knuth는 1974년에 발간한 《초현실 수: 두 전직 학생은 어떻게 순수 수학에 관심을 갖고 완전한 행복을 찾았나Surreal Numbers: How Two Ex-Students Turned On to Pure Mathematics and Found Total Happiness》라는 지극히 1974년다운 제목의 책에서 콘웨이의 아이디어를 기술했다. 이 책은 콘웨이의 성스러운 텍스트를 접한 두 학생의 대화 형식으로 되어 있다.

「처음에는 모든 것이 공허했다. 그리고 J. H. W. H. 콘웨이가 수를 창조하기 시작…」[24]

가닥 사이의 교차점이 11개 이하로, 종이에 그릴 수 있는 모든 매듭의 목록을 1960년대 후반에 처음으로 작성한 사람 또한 콘웨이였다. 그는 '엉킴tangles'이라 불렀던, 두 가닥이 얽힌 작은 매듭에 대한 독자적 표기법을 창안함으로써 그 일을 해냈다. 다음은 그중 일부다.[25]

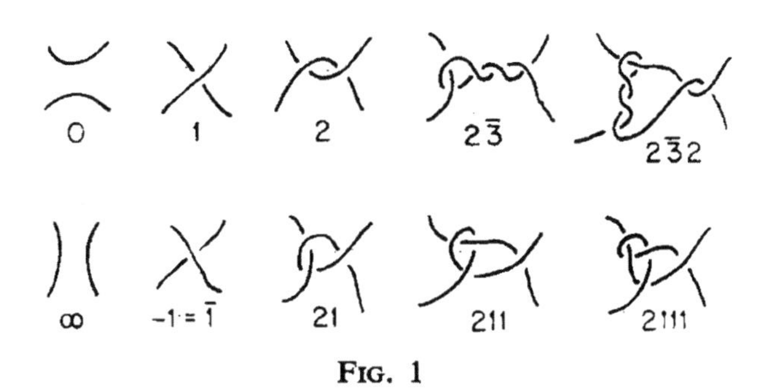

Fig. 1

콘웨이의 목록에 있는 매듭 중에는, 나중에 그의 이름이 붙고, 이해하기 어렵다고 신경망이 경고했으며, 그럼에도 리사 피치릴로가 그에 관한 정리를 증명한 매듭이 있었다.

순수 수학계 밖에서 콘웨이는 아마도 라이프 게임Game of Life이라는, 유기체와 흡사하게 (게임의 이름도 거기서 유래했다) 놀랍도록 복잡하고 끊임없이 변화하는 패턴을 만들어 내는 단순한 알고리듬으로 가장 유명할 것이다.* 하지만, 그는 자신의 다른 수학에 비하여 깊

* 이 게임의 팬 중에는 1978년에 샌프란시스코 과학박물관에서 게임의 시연을 보고 나서, 움직이고 흘러가는 패턴을 몇 시간씩 보고 있을 정도로 '완전히 중독된' 브라이언 이노가 있었다. 그는 2년 뒤에 <일생에 단 한 번>을 공동 작사하게 된다. 당신은 자문해 볼 수…

이가 훨씬 떨어진다고 (정확하게) 생각한 그 게임으로 알려지는 것을 매우 싫어했다. 따라서 여기서 이야기를 끝내는 대신에 콘웨이의 정리 중에 내가 좋아하는 것, 그러니까 그가 1983년에 캐머런 고든 Cameron Gordon과 함께 증명한, 정말로 기하학적인 정리를 소개하려 한다.[26] 여섯 개의 점을 세 개씩 두 그룹으로 나누는 데는 열 가지 다른 방법이 있다. (확인해 보라!) 이러한 각 분할에 대하여 세 개씩 점을 연결하여 삼각형 두 개를 만들 수 있다. 콘웨이와 고든이 증명한 것은 그중에 두 삼각형이 사슬의 고리처럼 연결되는 방법이 적어도 한 가지 있다는 사실이었다.

어쩌면 나에게 사실 자체보다 더 매력적인 것은 증명의 방법일지도 모른다. 콘웨이와 고든이 실제로 증명한 것은, 여섯 개의 점을 나누는 열 가지 방법 중에 연결된 삼각형을 만드는 방법의 수가 홀수라는 것이었다. 그런데 0은 짝수다! 따라서 연결된 삼각형이 나오는 분할이 적어도 한 가지는 있어야 한다. 무언가의 존재를 그것이 홀수 개 존재한다는 증명을 통해서 증명하는 것은 매우 이상하게 보이지만 실제로 꽤 흔하게 볼 수 있다. 당신이 전등 스위치가 있는 방에 들어갈 때, 전등의 상태가 마지막으로 나왔을 때와 다르다면, 누군가가 스위치를 조작했다는 것을 알 수 있다. 그러나 전등의 상태를 보고 그런 사실을 아는 진짜 이유는 스위치가 홀수 번 조작되었기 때문이다.

백인은 늙었다

모든 사람이 코로나19로 인하여 동일한 위험에 처하지는 않는다. 심각한 증상, 입원, 그리고 사망 사례는 노년층에서 훨씬 더 많고 청년이나 중년층에서는 훨씬 적다. 미국에서는 인종과 민족 간 차이도 있다. 2020년 7월 현재, 미국의 코로나19 확진 사례를 인종에 따라 분류하면 다음과 같다.[27]

34.6% 히스패닉

35.3% 비히스패닉계 백인

20.8% 흑인

코로나19로 인한 사망률의 분포는 다르다.

17.7% 히스패닉

49.5% 비히스패닉계 백인

22.9% 흑인

미국 사회의 건강 불평등, 즉 거의 모든 경우에 유색인종의 건강에 대하여 나쁜 결과가 나온다는 사실을 조금이라도 아는 사람이라면 이들 숫자가 매우 놀랍게 보일 것이다. 그러나 코로나19 확진자의 35%에 불과한 백인이 코로나19로 인한 전체 사망자의 49.5%를 차지한다. 따라서 코로나19 감염이 전체 인구 집단에 대해서보다 백인에게 더 치명적일 가능성이 높다. 왜?

그 답은, 내가 수학자이며 작가인 다나 맥켄지Dana Mackenzie에게 배운 것처럼, 나이다. 코로나19에 감염된 백인이 사망할 가능성이 더 높은 것은, 노인이 코로나19로 사망할 가능성이 더 높은데 전반적으로 백인이 더 늙었기 때문이다. 연령대별로 감염 사례를 분류하면 정말로 다른 결과가 나온다. '봄맞이 코로나 파티Spring Break COVID Party' 세트에 해당하는, 코로나19에 감염된 18세에서 29세 사이의 미국인 중에 30%가 백인이었지만 사망자 중에는 백인이 19%에 불과했다. 85세 이상의 고령층에서는 코로나19 감염자의 70%, 사망자의 68%가 백인이었다. 실제로 CDC가 성인에 대하여 기록한 모든 단일 연령대에서, 백인의 코로나19 감염은 같은 나이의 일반 미국인보다 덜 치명적이었다. 그렇지만 연령대를 통합하면 질병이 백인에게 더 심한 피해를 입히는 것으로 보인다. 이런 현상은 '심슨의 역설Simpson's paradox'이라 불리며, 연구 대상인 현상이 이질적인 인구 집단에 영향을 미칠 때마다 눈을 크게 뜨고 지켜봐야 한다. 사실 '역설'은 적절한 명칭이 아니다. 현상과 관련된 모순이 없기 때문이다. 단지 같은 데이터를 바라보는 두 가지 방식이 있을 뿐이고 어느 쪽도 틀린 것이 아니다. 예컨대, 파키스탄 국민이 더 젊어서 질병에 덜 취약하므로, 파키스탄이 미국보다 코로나19의 피해가 덜하다는 말이 부정확한 말일까? 아니면 노령의 파키스탄인이 코로나19로 사망할 가능성을 동년배의 미국인과 비교해야 올바른 비교일까? 심슨의 역설이 주는 실제적 교훈은 특정한 관점을 선택하라는 것이 아니고 부분과 전체를 모두 염두에 두어야 한다는 것이다.

어느 동전이 매독에 걸렸을까?[28]

사람들이 처음부터 동의한 한 가지 사실은, 검사 그것도 오랫동안 우리가 해 왔던 것보다 훨씬 더 많은 검사가 없이는 팬데믹의 가장 끔찍한 미래를 피할 길이 없다는 것이었다. 검사를 많이 할수록 팬데믹이 어떤 유형의 진행을 따라가는지, 우리가 어디에 서 있는지를 더 잘 알 수 있다.

여기 또 하나의 수학 문제가 있다. 당신에게 금화 16개가 있다고 하자. 그중 15개는 금 1온스ounce(28.35그램에 해당하는 무게 단위_옮긴이)의 정직한 동전이지만, 한 개는 무게가 0.99온스인 위조품이다. 당신에게는 매우 정확한 저울이 있는데 사용할 때마다 1달러의 비용이 든다. 어떻게 하면 가장 적은 비용으로 사기꾼을 찾아낼 수 있을까?

16달러를 들여서 모든 동전의 무게를 측정하는 것이 확실한 방법이지만 비용이 많이 든다. 실제로, 불필요하게 비싼 방법이다. 불운하게도 동전 15개의 무게를 달았는데 모두 합법적인 동전임을 알았다면, 1달러를 더 쓸 필요 없이 16번째 동전이 가짜임을 알게 될 것이다. 따라서 15달러 넘게 지출할 필요는 없다.

그렇지만 더 좋은 방법이 있다. 동전을 여덟 개씩 두 그룹으로 나누고 첫 번째 그룹만 무게를 잰다. 측정된 무게는 7.99온스 아니면 8온스일 것이며, 어느 쪽이든 가짜 동전이 있는 그룹을 알 수 있다. 따라서 범위가 동전 여덟 개로 좁혀진다. 다시 동전 네 개씩의 두 그룹으로 나누고 한 그룹의 무게를 재면, 단돈 2달러로 가짜 동전이 포함된 범위를 네 개까지 줄일 수 있다. 두 번 더 분할하여 총 4달러의 비용으로 가짜 동전을 확실하게 찾아낼 수 있다.

많은 단어 문제와 마찬가지로, 이 문제는 이야기를 그럴듯하게 만들기 위한 약간의 기교에 의존한다. 실생활에서 저울로 무게를 재는 것은 비싸지 않다!

그러나 생물학적 분석은 비싸다. 다시 전염병 문제로 돌아가자. 동전 16개 대신에 16명의 육군 신병이 있다고 가정하자. 그리고 그중 한 명이 나머지 15명보다 몸무게가 약간 가벼운 대신, 매독에 걸렸다고 가정해 보자. 2차 세계대전 당시에 매독은 심각한 문제였다. 1941년 〈뉴욕타임스〉의 기사는 '시카고에서 다코타에 이르는 도로변의 여관과 식당에 진을 치고 기계화 부대에서 활동하면서 수천 명의 병사에게 매독과 임질을 옮겨서, 대부분 치료도 받지 못하고 질병을 전염시켜 동료 시민에게 위협이 되도록 한 기갑 매춘부 panzer prostitute 떼거리'를 비난했다.[29]

바서만 검사Wassermann test로 병사들의 혈액을 하나하나 검사해 보면 매독의 위협을 찾아낼 수 있다. 이는 16명의 신병에 대해서는 괜찮은 방법이지만 신병이 16,000명일 때는 그렇지 못하다. 로버트 도프만Robert Dorfman이 말한 대로, “대규모 집단의 개별 구성원을 검사하는 일은 비용이 많이 들고 지루한 과정이다.” 도프만은 1950년대와 1960년대에 수학적 모델을 상업commerce 문제에 적용하는 새로운 분야를 개척한 저명한 하버드 경제학 교수였다. 하지만 그보다 앞선 1942년에 첫 번째로 선택했던 진로인 시poetry에 미래가 없다는 결론을 내린 후, 수학에 집중하기로 한 그는 대학 졸업 후 6년 동안 정부의 통계학자로 일했다.[30] 앞에서 인용한 말은 동전 퍼즐의 아이디어를 전염병학에 도입한 도프만의 고전적 논문, ‘대규모 집단의 결함이 있는 구성원의 탐지The Detection of Defective Members of Large Populations’의 첫 문장이다.[31] 따라서 동전에 대하여 효과를 본 것과 똑같은 전략을 사용할 수는 없다. 신병 16,000명의 절반은 여전히 매우 큰 숫자다. 그러나 도프만이 제안한 대로 신병들을 다섯 명씩의 그룹으로 나눈다고 가정해 보자. 그런 다음 각 그룹의 혈액을 섞어서 혈청 칵테일을 만들고 매독 항원검사를 실시한다. 항원이 없는 결과는 그룹의 다섯 구성원 모두가 깨끗하다고 말할 수 있음을 의미한다. 검사 결과가 양성으로 나오면 신명 다섯 명을 다시 불러 한 사람씩 검사하게 된다.

이것이 좋은 아이디어인지는 대상 집단에서 매독이 얼마나 흔한지에 달려 있다. 부대의 절반이 매독에 걸렸다면, 거의 모든 그룹의 샘플이 양성으로 나올 것이고, 모든 병사를 두 번씩 검사하게 될 것이다. 결함이 있는 구성원을 찾아내는 일이 전보다 더 비용이 많이 들고 지루해진다. 그러나 신병의 2%만이 매독에 걸렸다면 어떨까? 한 그룹의 샘플이 음성으로 나올 가능성은 검사를 받은 다섯 병사 모두가 매독에 걸리지 않았을 가능성이다.

98%×98%×98%×98%×98% = 0.90

16,000명의 신병이 3,200그룹으로 나뉘고, 그중 2,880그룹이 깨끗한 것으로 밝혀지면 1,600명으로 구성되는 나머지 320그룹에 대하여 다시 한 명씩 검사해야 한다. 따라서 총 3,200+1,600=4,800회의 검사를 하고, 16,000명 병사를 한 사람씩 검사하는 것보다 비용을 크게 절약하게 된다! 그리고 더 나은 방법도 있다. 도프만은 유병률이 2%일 때, 최적의 그룹 크기가 여덟 명이라는 것을 알아냈는데, 이는 총 4,400회의 검사에 해당한다.

코로나 바이러스와의 관련성은 명백하다. 우리의 검사 역량이 모든 사람을 하나씩 검사하기에 충분치 않다면, 7~8명의 콧구멍에서 채취한 면봉을 같은 용기에 넣고 한꺼번에 검사할 수 있을 것이다.

경고: 매독을 탐지하기 위한 도프만 프로토콜protocol은 실제로 실행된 적이 없다. 도프만은 군을 위해서 일하지도 않았다. 동료인 데이빗 로젠블랫David Rosenblatt과 함께 매독의 그룹 검사 아이디어를 냈을 때, 그는 가격통제부Office of Price Control에서 일하고 있었다. 다음 날 로젠블랫은 자신의 추론을 보고하고 바서만 검사를 실시했다. 하지만 그 아이디어는 실제로 효과가 없는 것으로 판명되었다. 샘플이 희석됨에 따라 남아 있는 항체의 흔적을 탐지하기가 너무 어려웠던 것이다.[32]

코로나 바이러스는 이야기가 다르다. 바이러스를 탐지하는 중

합효소polymerase 연쇄반응은 미량의 바이러스 RNA라도 엄청난 배율로 증폭시킨다. 따라서 집단검사가 가능하며, 유병률이 낮고 검사 인력과 장비가 부족한 상황에서 대단히 매력적이다. 하이파Haifa와 독일의 병원에서 집단검사를 수행했고,[33] 네브래스카 주립연구소에서는 일주일 동안 다섯 명으로 구성된 그룹 표본 1,300개를 검사함으로써 필요한 검사 건수를 절반으로 줄였다고 보고되었으며,[34] 팬데믹이 시작된 중국 중부의 도시 우한에서는 그룹 샘플을 사용하여 불과 며칠 만에 거의 1천만 명을 검사했다.[35]

집단검사를 정말로 잘 아는 사람은 대규모의 밀집된 가축 집단의 소규모 발병을 신속하고 정확하게 파악해야 하는 수의사다. 그들은 때로 수백 개의 샘플을 한 번의 검사로 평가한다. 내가 아는 수의과 미생물학자는 "수의사들의 프로토콜이, 일부 시행 방법은 수정되어야겠지만, 코로나 바이러스에 감염된 사람을 신속하게 탐지하는 데 사용되지 못할 이유가 없다."라고 말했다.

"1,000명의 사람을 움직이는 컨베이어 벨트에 올리고 각자의 직장에서 표본을 채취할 수는 없겠지만."

약간 유감스러운 듯하게 느껴지는 말투였다.

윙-윙

이제 우리는 팬데믹의 확산에 적용되는 로스와 허드슨의 행위 이론을 살펴볼 준비가 되었다. 그러려면 우선 몇 가지 수를 만들어야 한다. (진짜 전염병학자는 가능한 최선의 방법으로 더 정확한 수를 추정하기 위해 노력할 것이다. 그 과정은 팬데믹이 진행되고 질병의 역학에 대하여 더 많이 알게 됨에 따라, '몇 가지 수를 만드는 것'과는 점점 덜 비슷해진다.) 우리가 바이러스의 경로를 기록하려 시도한 첫날에, 우리 주의 인구 100만 명 중에 1만 명이 감염되고, 나머지 99%의 인구가 여전히 감염에 취약하다고 가정해 보자. 따라서

취약 (1일) = 990,000

감염 (1일) = 10,000

'취약susceptible'과 '감염infected'을 계속해서 되풀이 타자하면 단어가 헤엄을 치고 의미를 잃게 될 것이므로 줄여서 S와 I로 바꾸려 한다. S(1일)=990,000이고 I(1일)=10,000이다.

날마다 사람들이 새로 감염된다. 감염된 사람 각자가 5일에 한 명, 또는 하루에 0.2명과 접촉한다고 해 보자. 그리고 감염자와 접촉한 사람이 감염에 취약할 가능성이 인구에 대한 취약자의 비율인 S/1,000,000이라 하자. 따라서 예상되는 신규 감염자는 (0.2) 곱하기 I 곱하기 S/1,000,000이다.

모든 감염은 취약한 사람 수를 줄이고,

S(내일) = S(오늘) - (0.2)×I(오늘)×S(오늘)/1,000,000

감염된 사람 수를 늘린다.

$I(\text{내일}) = I(\text{오늘}) + (0.2) \times I(\text{오늘}) \times S(\text{오늘})/1,000,000$

하지만 그것으로 끝이 아니다. (다행스럽게도!) 병에 걸렸던 사람들이 회복되기 때문이다. 그래서 숫자 하나를 더 만들어야 한다. 감염 기간이 10일이고, 날마다 감염자 열 명 중 한 명이 회복된다고 가정하자. (감염자 각자가 10일의 감염 기간에 두 명 정도를 감염시킨다는 뜻이다. 따라서 R_0는 2다.) 그러면 내일의 감염자는 다음과 같을 것이다.

$I(\text{내일}) = I(\text{오늘}) + (0.2) \times I(\text{오늘}) \times S(\text{오늘})/1,000,000 - (0.1) \times I(\text{오늘})$

이런 유형의 규칙은 차분방정식difference equation이라 불린다. 내일의 상황과 오늘의 상황 간의 차이를 정확하게 말해 주기 때문이다. 날마다 그 차이를 계산할 수 있다면, 원하는 만큼 얼마든지 팬데믹을 미래로 투사할 수 있다. 이러한 대수 방정식을, 수많은 전등과 경고음을 갖춘 이상적인 기계로 생각할 수 있다. 오늘의 상황을 입력하면 기계가 윙윙거린 뒤에 내일의 상황이 출력된다. 그 출력을 다시 기계에 입력하여 모레의 상황을 얻고, 같은 방법으로 글피의 상황을 얻는 방식으로 계속된다.

2일의 신규 감염자 수는

$(0.2) \times I(1\text{일}) \times S(1\text{일})/1,000,000 = (0.2) \times (10,000) \times (990,000/1,000,000) = 1,980$

따라서

S(2일) = S(1일) - (0.2)×I(1일)×S(1일)/1,000,000 = 999,000-1,980 =
988,020

2일에는 1,980명의 신규 감염자가 생기지만, 동시에 현재 감염된 사람의 1/10, 즉 1,000명이 회복된다.

I(2일) = I(1일) + (0.2)×I(1일)×S(1일)/1,000,000 - (0.1)×I(1일)
= 10,000+1,980-1,000 = 10,980

이제 2일의 상황을 알았으므로 기계에 입력하여 3일의 상황을 예측하는 출력을 얻는다.

S(3일) = S(2일) - (0.2)×I(2일)×S(2일)/1,000,000 = 988,020 -
2,169.69192
= 985,850.30808
I(3일) = I(2일) + (0.2)×I(2일)×S(2일)/1,000,000 - (0.1)×I(2일)
= 10,980+2169.69162 - 1,098 = 12,051.69192

여기서 69.192%의 사람이란 단지 확률적 예측, 즉 최선의 추측을 하고 있을 뿐임을 상기시키는 지표다. 소수점 아랫자리까지 예측이 정확할 것을 기대할 수는 없다!

이런 식으로 기계를 가동하는 데 싫증이 나지 않는 한, 얼마든지 계속할 수 있다. 일별 감염자 수는 (그 많은 소수점 아랫자리를 쓸 시간이 없으므로 반올림하여)

10,000, 10,980, 12,052, 13,223, 14,501, …

이며, 날마다 약 10%씩 증가하는 등비수열과 매우 비슷함을 확인할 수 있다. 그러나 증가 속도가 아주 조금씩 느려진다는 점에서 정확한 등비수열은 아니다. 10,980은 10,000보다 9.8% 크지만 14,501은 13,223보다 9.7%밖에 크지 않다. 반올림의 오차가 아니다. 취약한 인구가 감소함으로써 바이러스가 증식할 기회가 줄어드는 효과다.

아마도 독자는, 내가 타자하고 싶지 않은 만큼이나 여러 페이지로 이어지는 S(이날)와 I(저날)를 보고 싶지 않을 것이다. 이와 같이 복잡하지만 순전히 반복적인 계산은 컴퓨터가 할 일이다. 우리는 단지 몇 줄의 프로그램으로 기계를 돌려서 원하는 대로 미래를 예측할 수 있다. 내가 그렇게 해서 얻은 그림이다.

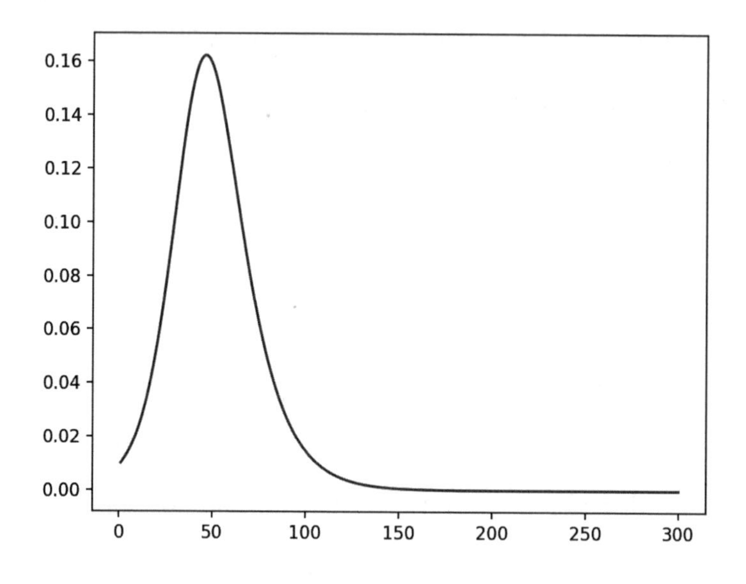

45일째 되는 날 최고조에 달하는 감염률은 인구의 16%를 조금 넘는다. 그 시점에서 인구의 약 34%가 이미 감염되었다가 회복되었고,* 절반 정도만 여전히 취약하다. 따라서 2로 시작한 R_0가 절반으로 줄어 1이 된다. 신규 감염이 감소하기 시작하는 정확한 임계값이다. 그림에서는 잘 볼 수 없지만, 이러한 모델에서는 일반적으로 감소 곡선의 기울기가 상승 곡선만큼 가파르지 않다. 1% 감염률에서 시작하여 정점에 도달하는 데는 45일이 걸렸지만, 다시 1%로 내려가는 데는 60일이 필요하다.

오늘날의 과학자들은 이러한 질병 모델을 개발한 업적을 로스

---

* 이 모델의 더 복잡한 버전은 감염된 사람 중에 회복되지 못하고 사망하는 사람도 있다는 암울한 현실을 인정할 것이다. 다행히도 코로나19의 사망률은, 우선은 고려하지 않고 모델을 실행해도 괜찮을 정도로 낮은 편이다.

와 허드슨이 아니라 커맥Kermack과 맥켄드릭McKendrick에게 돌리는 것이 보통이다. 새로운 전염병 과학의 문을 여는 일에 관한 로스의 편지를 받았던 앤더슨 맥켄드릭Anderson McKendrick은 로스처럼 수학에 관심이 있는 스코틀랜드인 의사였다. 그는 로스와 함께 시에라리온에서 봉사한 적도 있었다. 윌리엄 오길비 커맥William Ogilvy Kermack은 수학에 관심을 가진 또 한 명의 스코틀랜드인 의사였는데, 젊은 시절에 가성 알칼리caustic alkali로 인한 실험실 사고를 당하여 시력을 잃었지만, 허드슨처럼 엄청난 기하학적 직관을 가진 사람이었다. 그는 무거운 나무지팡이 없이는 아무 데도 가지 않았고, 그의 지팡이 두드리는 소리는 에든버러의 왕립 의과대학 연구소에서 익숙한 소리였다. 그렇지만 기분이 내킬 때는, "지팡이를 팔에 걸고 예기치 못하게 조용히, 때로는 정말로 불편하게, 조수 중 한 사람의 팔꿈치로 다가서는 버릇도 있었다."[36] 커맥과 맥켄드릭은 1927년에 발표한 논문에서 자신들보다 앞선 로스와 허드슨의 업적을 인정한다. 하지만 그들의 논문은, 중요한 아이디어를 새로 추가한 것 외에도, 더욱 단순하고 모호함이 덜한 표기법으로 작성되었고 전반적으로 유용성이 더 컸다. 그들의 모델은 SIR 모델이라 불린다. S와 I는 앞에서 논의한 숫자들이고 R은 '회복된recovered', 즉 면역력이 있는 인구의 비율을 나타낸다. 더 복잡한 모델에는 사람들을 분류해 넣을 구획이 더 많고 그에 따라 구획의 이름을 나타내는 글자가 더 있다.

로스가 바랐던 대로, 그가 질병의 확산을 연구하기 위하여 구축하는 데 힘을 보탰던 수학적 하부구조는 모든 유형의 인간 행위를 이해하는 데 유용했다. 오늘날에는 트윗tweet 같은 다른 유형의 전염성이 있는 행위에도 SIR 모델이 적용된다. 2011년 3월 일본에서 도호쿠Tōhoku 지진과 그에 따른 쓰나미로 후쿠시마 원자력발전소가 파괴되고 수천 명의 동북부 지역 주민이 익사했다. 공황 상태에 빠진 사람들은 트위터에서 정보를 공유했는데, 공유된 정보가 모두 건전한 것은 아니었다. 빗물에 접촉하면 위험하다는 소문이 있었다. 널리 공유된 트윗 중에는, "방사능의 부작용을 예방하려면 요오드가 포함된 구강청결제를 사용하고 가능한 한 해초를 많이 먹는 것이 좋다."라는 것도 있었다. 이들 소문은 팔로워follower가 거의 없는 사용자에서 시작되었더라도, 과학자들의 반박과 마찬가지로, 빠르게 퍼져 나갔다. 소문은 코로나 바이러스와 매우 비슷하다. 소문에 노출되지 않으면 소문을 공유할 수 없다. 그리고 어느 정도의 면역성도 있다. 일단 감염된 뒤에는, 감염원과의 추가적 만남이 새로운 공유 라운드를 유발할 가능성이 크지 않다. 따라서 도쿄의 연구원들이 지진에 관한 소문 트윗의 확산을 SIR 모델이 매우 적절하게 모델링한다는 사실을 알아낸 것은 이치에 맞는다.[37] 우리는 소문을 접한 사람이 평균적으로 소문을 공유하는 횟수를 'R_0'로 부를 수 있다. 적당히 흥미로운 소문은 독감처럼 R_0가 낮다. 정말로 흥미로운 소문은 홍역에 더 가깝다. 후자에 속하는 소문은 '바이러스성viral'이라 불리지만 사실은 모든 소문이 바이러스성이다! 단지 다른 바이러스보다 전염력이 강한 바이러스가 있을 뿐이다.

라구 라구 라구 라구

차분방정식은 단지 질병을 모델링하는 것만이 아니고 다양한 수학적 관심사를 모아 놓은 다채로운 동물원에 있는 수열의 기초를 이룬다. 등차수열을 좋아하는가? 항 사이의 차이를 고정된 숫자로 설정하면 등차수열을 얻을 수 있다.

S(내일) - S(오늘) = 5

1부터 시작하면,

1, 6, 11, 16, 21 …

등비수열을 원하면 차이가 현재 값에 비례하도록 하면 된다. 예컨대,

S(내일) - S(오늘) = 2×S(오늘)

이라면, 결과는

1, 3, 9, 27, 81 …

각 항이 이전 항의 3배인 수열이 된다. 어떤 차분방정식이든 원

하는 대로 만들 수 있다! 무슨 이유로든, 항 간의 차이가 현재 값의 제곱이 되기를 원할 수도 있다.

S(내일) - S(오늘) = S(오늘)2

결과는 정말로 빠르게 증가하는 수열이다.

1, 2, 6, 42, 1.806 …

이 수열은 플라톤이 알았던 그 어떤 유형에도 해당하지 않는다. 그러나 모든 수학자의 중요한 연구 도구이자 기막히게 성공적인 미루기 장치procrastination device인, 온라인 정수열 백과사전On-Lime Encyclopedia of Integer Sequences에는 그보다 훨씬 더 많은 수열이 알려져 있다. 조합론 수학자 닐 슬론Neal Sloane은* 대학원생이었던 1965년에 백과사전 프로젝트를 시작하여 처음에는 천공 카드로, 다음에는 종이책으로 지금은 온라인의 형태로 발전시켰다. 정수의 목록을 입력하면 컴퓨터가 그 목록에 관하여 수학이 알아낸 모든 것을 말해 준다. 예를 들어, 위의 수열은 OEIS에서 수열 A007018이다. 나는 이 수열에 관한 설명에서, 수열의 n번째 항이 '외부차수outdegree가 0, 1, 2인 마디nodes가 있고 모든 잎사귀의 수준이 n인 나무의 수'라는 것을 배웠다. (다시 한번 수학적 나무다)

* 매우 높은 차원의 오렌지를 매우 높은 차원의 상자에 최대한 빽빽하게 포장하는 기하학 문제를 존 콘웨이와 공동으로 연구한 수학자이기도 하다.

질병의 모델을 조금 더 치장하고 싶다면(현실주의 흉내라도 내려면 그렇게 해야 할 것이다), 오늘과 내일의 차이가 오늘 일어난 일뿐만 아니라 어제 일어난 일에도 의존하도록 할 수 있다. 다음과 같이.

S(내일) - S(오늘) = S(어제)

수열을 시작하려면 2일 동안의 데이터가 필요하다. 오늘과 어제가 모두 1이었다면, 내일은 1보다 1 큰 2가 될 것이다. 그다음 날에는, S(오늘)이 2고 S(어제)가 1이므로 S(내일)이 3이 된다. 이어지는 수열은

1, 1, 2, 3, 5, 8, 13. 21, …

각 항이 이전 두 항의 합인 수열이다. 이는 A000045라고도 알려진 피보나치Fibonacci수열로서 말 그대로 이것에만 전념하는 수학 저널이 있을 정도로 유명한 수열이다.

현실 세계에서 어떤 유형의 과정이 피보나치 수열의 차분방정식을 생성할지는 명확하지 않을 수 있다. 피보나치 자신은 1202년에 발간한 《계산책Liber Abaci》에서, 번식하는 토끼에 관한 별로 설득력 없는 생물학적 모델을 제시하면서 이 차분방정식을 만들었다. 그러나 더 오래되고 나은 방법도 있다! 나는 이 방법을 유명한 정수론 학자일 뿐만 아니라 인도의 고전 음악 및 문학에도 조예가 깊은, 만줄 바르가바Manjul Bhargava에게 배웠다. 그는 타블라tabla라는 인

도 악기를 연주할 수 있으며 산스크리트어 시도 안다. 영어와 마찬가지로 산스크리트어 시는 서로 다른 유형의 음절로 제어된다. 영시에서는 일반적으로, 음보feet라 불리는, 강세가 있는 음절과 없는 음절의 패턴을 추적한다. 음보는 약강격iamb과 비슷하다고 할 수 있으며, 강세가 없는 음절 뒤에 강세가 있는 음절이 따르거나(바-**덤**ba-DUM, 또는 원한다면, "사느냐, 죽느냐To BE, or NOT to BE"), 아니면 강약약격dactyl이라는, 강세가 있는 음절 뒤에 강세가 없는 음절 두 개가 따르는(JUGG-a-lo, 또는 "이것은 태고의 숲이다THIS is the FOR-rest pri-ME-val") 패턴이다. 산스크리트어 시에서는 라구laghu와 구루guru(라구는 가볍다를, 구루는 길다를 뜻함) 구분이 핵심이며 구루의 길이가 라구의 두 배다.[38] 보격mātrā-vrrta, meter은* 합해서 특정한 길이가 되는 라구와 구루의 연속이다. 예컨대, 합한 길이가 2라면 가능성이 두 가지밖에 없다. 라구의 쌍이나 구루 하나.

영어에서는 두 음절을 합치는 방법이 네 가지다. 약강격인 '바-**덤**ba-DUM', 강약격trochee인 '**범**-범BUM-bum', 강강격spondee인 '**던-던**DUN-DUN', 그리고 내가 방금 피러스pyrrhus라고** 배운, 강세가 전혀 없는 '던-던'.

---

* 산스크리트어가 영어 및 로망스어와 공통의 조상을 공유하는 인도-유럽어족에 속함을 상기시키는 좋은 지표다. 'mātrā'는 측정(measure)을 의미하며 영어 단어와 발음이 매우 비슷하다(미터는 말할 것도 없고). 'vrrta'는 돌기(turn)를 뜻하는 원시 인도-유럽어근 wert에서 유래했으며, 영어 단어 '운문(verse)'의 뿌리이기도 하다. 그리고 라구와 구루는 영어의 '가벼운(light)'과 '무덤(grave)'의 사촌이다.

** '약5보격(pyrrhic pentameter)'으로 쓰인 시를 들어 본 적은 없을 것이다. 아무도 그렇게 쓰지 않기 때문이다. 엄밀한 보격을 따르는 운문을 잘 알았던 에드거 앨런 포(Edgar Allen Poe)는 말했다. "약격(pyrrhic)이 무시되는 것은 정당한 일이다. 당연하다. 그렇게 당혹스러운 비존재(nonentity)를 짧은 음절 두 개의 음보(foot)라고 주장하는 것은 우리의 운율체계를 특징짓는 권위에 대한 총체적 불합리성과 굴종을 보여 주는 최선의 증거를 제공할 것이다."

음절 세 개가 이어진다면, 네 가지 가능성 모두 두 가지 가능성을 추가로 생성한다. 예를 들어, 강약격에 강세가 없는 음절이 이어지면 강약약격이 되고 강세가 있는 음절이 이어지면, 영어에서 사용되는 일이 드문 보격인 강약강격cretic이 된다. (아마도 현대 미국의 운문에서는 "어째서 왜냐고 물어? 버드 드라이를 마셔 봐Why ask why? Try Bud Dry"가 가장 유명한 예일 것이다.) 따라서 3음절 보격에는 8가지, 4음절 보격에는 16가지, 5음절 보격에는 32가지 가능성이 있는 식으로 계속된다.

산스크리트어는 더 복잡하다. 길이가 3인 보격이 세 가지고

라구 라구 라구

라구 구루

구루 라구

길이가 4인 보격은 다섯 가지다.

라구 라구 라구 라구

라구 구루 라구

구루 라구 라구

라구 라구 구루

구루 구루

음악 용어에도 같은 문제가 있다. 4/4박자의 소절measure 하나를 쉼표 없이 4분음표와 2분음표로 채우는 방법은 몇 가지일까?

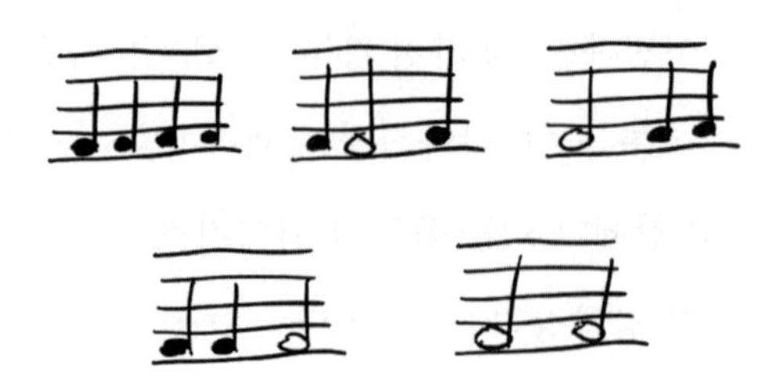

길이가 5인 산스크리트어 보격에는 몇 가지 변형이 있을까? 앞의 그림에서 가능성이 제시된 순서가 단서를 제공한다. 보격이 라구로 끝나면 길이가 4인 보격이 그 앞에 있다는 뜻이다. 그런 변형은 다섯 가지다. 또는 보격이 두 단위의 길이를 차지하는 구루로 끝날 수도 있다. 이는 그 앞에 길이가 3인 보격이 있다는 뜻이며 세 가지 가능성이 있다. 변형의 총 수는 5+3=8, 즉 두 경우의 가능성을 합한 수다. 이제 피보나치 수열, 또는 바르가바가 부르는 대로, 피보나치가 토끼의 번식 문제를 생각하기 5세기 전에 이들 숫자를 최초로 계산했던 위대한 문학 및 종교학자의 이름을 딴 비라한카Virahanka 수열로 돌아가자.

사건의 법칙

우리는 SIR 모델을 통하여 엄밀한 등비수열에서는 벗어났지만, 오늘 일어난 일은 내일도 일어난다는 철학에서는 벗어나지 못한다. 그저 그 철학을 조금 더 폭넓게 해석해야 한다. 등차수열에서는 매일같이 증가량이 동일하다. 등비수열에서는 증가량이 날마다 달라지지만, 오늘의 숫자에 대한 비율로 생각하면 역시 동일하다. 하루 동안의 증가량을 알아내는 규칙은 내일에 대해서도 오늘과 동일하다. 그리고 우리의 약간 더 치장된 모델에서는 윙윙거리는 기계가 오늘 일어나는 일을 기초로 무엇이든 만들어 내는 것이 내일 일어나는 일이다. 증가의 속도는 매일 다를 수 있지만 기계는 항상 같은 기계다.

이러한 관점을 취하면 아이작 뉴턴의 후계자가 된다. 그의 제1법칙은 움직이는 물체에 힘이 작용하지 않는 한 운동의 속도와 방향이 동일하게 유지된다고 단언한다. 내일의 운동은 오늘의 운동과 같다.

그러나 우리가 관심이 있는 움직이는 물체 대부분은 마찰이 없는 진공 속에서 영원한 직선운동을 하는 것이 아니다. 테니스공을 똑바로 공중으로 던져 올리면 한동안 올라가서 최고점에 달하고 감염 그래프와 비슷하게 다시 내려온다. 여기서 중력과 같은 힘이 작용할 때 물체가 어떻게 거동하는지를 말해 주는 제2법칙이 등장한다.

뉴턴 이전의 관점에서 보면 테니스공의 거동이 끊임없이 변화한다. 그러나 변화의 본질은 절대로 변하지 않는다! 지금 공이 상승하는 속도를 안다면, 1초 후의 상승 속도는 그보다 초속 16미터 줄어들 것이다. 하강 속도는 그와 반대다. 1초 후의 하강 속도는 지금보다 초속 16미터 빨라진다.

더 일관된 방식으로 말하고 싶다면, 초속 20미터의 하향 운동을 초속 마이너스 20미터의 상향 운동으로 생각할 수 있다. (그리고 그렇게 해야 한다). 1초 후에는 속도가 초속 16미터 줄어서 -36m/s가 된다. 음수를 처음 배우는 사람에게는 이런 현상이 정말로 혼란스럽다. 음수를 더 작게 만들 때 웬일인지 더 커지는 것처럼 느껴진다! 이 점을 확실히 하기 위하여 두 가지 다른 단어를 사용하려 한다. 숫자가 양수이고 더 클 때는 더 높고higher, 음수이고 더 클 때는 더 낮다lower. 0에서 더 멀리 떨어지면 더 크고bigger, 0에 더 가까우면 더 작다smaller. 양수는 낮아질수록 작아지지만, 음수를 낮추면 커진다.

현재의 속도와 1초 후의 속도의 차이는 항상 같은 초속 16미터다. 테니스공에 작용하는 힘인 지구의 중력이 항상 같기 때문이다. 이는 또 하나의 차분방정식이다! 공의 속도는 초마다 다르지만, 미래의 상황을 예측하는 차분방정식은 결코 변하지 않는다. 수식은 다르겠지만,* 금성에서 공을 던지더라도 여전히 차분방정식을 얻게 된다. 지금 일어나는 일은 1초 후에도 다시 일어난다.

즉, 공을 때리지 않는 한! 이와 같은 모델은 기본적으로 이미 설정된 조건에서 시스템이 어떻게 거동하는지를 예측한다. 시스템에 충격을 가하거나 살짝 건드리기만 해도 조건이 바뀌고 모델의 예측에서 벗어나게 된다. 실제 시스템은 온갖 종류의 충격을 받는다. 우리는 팬데믹이 발발하면 전염병이 인구 집단 속으로 타들어 가도록 내버려 두지 않는다. 조치를 취한다! 그렇다고 모델이 쓸모없는 것은 아니다. 공을 때린 뒤에 무슨 일이 일어나는지 알려면 중력만 작용하는 상태에서 공이 어떻게 움직이는지를 확실히 이해하는 것이

---

* 공차(common difference)는 초속 8.87미터일 것이다. 금성 표면의 중력은 지구보다 조금 약하다.

좋다. 질병 모델은 미래를 예측할 수 없다. 우리가 무슨 일을 할지 예측할 수 없기 때문이다. 그러나 우리가 무엇을 해야 할지, 언제 해야 할지를 결정하는 데 모델이 도움을 줄 수 있는 것은 확실하다.

모든 점이 전환점이다

코로나19에 관한 데이터는 시간이나 분 단위가 아니라 하루 단위로 알려진다. 그러나 던져진 공의 위치는 1초보다 훨씬 짧은 시간 척도로 측정할 수 있다. 우리는 0.5초마다, 또는 1/10초마다, 아니면 피코초picosecond(1조 분의 1초_옮긴이)마다 공의 속도가 어떻게 변하는지 물을 수 있다. 가장 야심차게는, 속도의 순간변화율instantaneous rate 같은 것, 즉 속력이 변화하는 속력을 표현할 수도 있다. 뉴턴이 그런 일을 했다. 오늘날 미분학differential calculus이라 불리는 그의 플럭스flux 이론의 핵심은 그러한 질문에 대한 해답을 제시하는 것이었다. 연속적 변화를 적절하게 묘사하기 위하여 시간 증분을 극소화한 차분방정식이었으며 오늘날에는 미분방정식differential equation이라는 새로운 이름으로 불린다는 것 말고는, 뉴턴의 플럭스 이론을 다루지 않을 것이다. 현재의 상태로부터 시간에 따른 진화를 기술할 수 있는 모든 물리적 시스템은 미분방정식의 지배를 받는다. 금성에 있는 테니스공, 수도관에서 흐르는 물, 금속 막대기를 통하여 확산되는 열, 태양 주위를 도는 행성의 주위를 도는 위성들. 이 모든 시스템에는 각자의 미분방정식이 있다. 답을 구체적인 항으로 나타내기 쉬운 방정식도 있고, 어려운 것도 있지만, 풀기가 불가능할 만큼 어려운 것이 대부분이다.

로스, 허드슨, 커맥, 맥켄드릭이 자신들의 모델에서 사용한 것은 미분방정식의 언어였다. 로스는 1904년 박람회 마지막 날 푸앵카레의 강연이 있기 전에 세인트루이스를 떠났다. 하지만 그가 강연을 들었다면 전염병에 관한 연구를 10년 앞당길 수 있었을지도 모른다. 푸앵카레는 그날 청중에게 이렇게 말했다.

> 고대인은 법칙을 어떻게 이해했을까요? 그들에게 법칙은 내적 조화internal harmony, 말하자면 정적이면서 불변하는 조화였을 겁니다. 또는 자연이 따라가려imitate 하는 모델로 여겼을 수 있습니다. 우리에게 법칙은 더 이상 그런 것이 아닙니다. 법칙은 오늘의 현상과 내일의 현상 사이의 변함없는 관계, 한 마디로 말해서 미분방정식입니다.[39]

로스와 허드슨이 팬데믹에 적용한 미분방정식에는 '전환점tipping point' 거동이 있었다. 집단면역이라는 면역 수준의 임계치가 매우 다른 두 가지 거동을 구분했다. 면역 수준이 임계치 아래인 인구 집단에 유입된 질병은 적어도 처음에는, 지수적으로 폭발하게 된다. 그러나 면역 수준이 전환점을 넘어서면 질병이 소멸하기 시작한다. 우주에 있는 두 천체의 역학 역시 단순한 이분법을 따른다. 두 천체는 서로 안정적인 타원 궤도를 돌거나 쌍곡선 궤도로 떨어져 날아간다. 그러나 물체가 두 개에서 세 개로 늘어나면 환상적인 범위의 새로운 동역학적 가능성이 생기는 것으로 밝혀졌다. 바로 푸앵카레가 명성을 얻은 삼체문제를 연구하면서 씨름했던 미분방정식이었다. 푸앵카레가 서술한 복잡한 행동은 혼돈역학chaotic dynamics이라는 새로운 분야의 시작이었다. 혼돈chaos이 존재할 때는 시스템의 현재 상태에 극미한 섭동perturbation이 주어지더라도 엄청나게 다른 미래를 유발할 수 있다. 모든 점이 전환점이다.

푸앵카레는 이미 로스가 배워야 할 것, 즉 미분방정식이 질병의 뉴턴 물리학이나 또는 로스식의 야심을 생각한다면, 모든 사건의 물리학을 만들어 내기 위한 자연스러운 언어라는 사실을 알고 있었다. 내일의 일은 오늘의 일에 달려 있다.

11

장

무시무시한 증가의 법칙

S · H · A · P · E

2020년 5월 5일 백악관 경제자문위원회는 2020년 5월 초까지 코로나19로 인한 미국인 사망자 현황과 함께 그때까지의 데이터와 대략 일치하는 여러 '곡선'을 보여 주는 도표를 제시했다.

• 미국의 일별 코로나19 사망자: 실제 데이터, IHME/UW 모델 예측, & 3차 맞춤 •

어제(5/4/20)까지의 데이터로 오늘(5/5/20) 업데이트됨

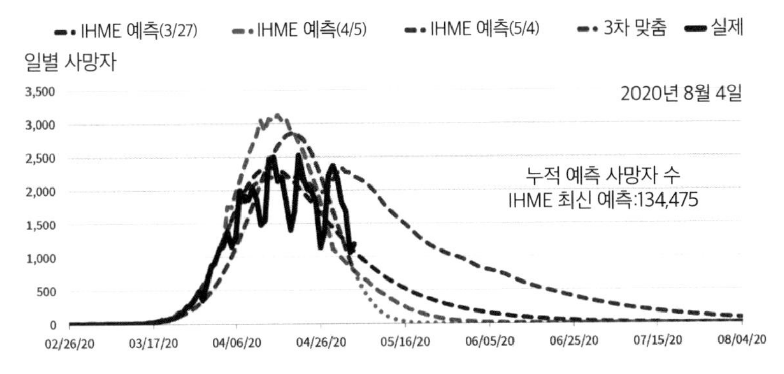

출처: 보건측정평가원(Institute for Health Metrics and Evaluation, IHME); 〈뉴욕타임스〉; CEA 계산

이들 곡선 중 '3차 맞춤cubic fit'으로 표시된 곡선은, 코로나19로 인한 사망자가 불과 2주 안에 거의 0으로 감소할 것임을 보여 주는, 극단적 낙관주의의 입장을 나타냈다. 이 곡선은 특히 '3차 맞춤'이 케빈 하셋Kevin Hassett 백악관 고문의 작품이라는 사실이 알려진 뒤, 크게 조롱받았다. 이전에 하셋에게 명성을 안겨 준 가장 큰 작품은 1999년 10월에 출간한 공저 《다우 36,000Dow 36,000》이었다. 이 책은 과거의 추세에 기초하여 주식시장에서 엄청난 단기적 가격 상승이 일어날 것을 예측했다. 물론 지금 우리는 평생 모은 돈으로 펫츠닷컴Pets.com에 투자하기 위해 달려든 사람들에게 무슨 일이 일어났는

지 안다. 상승 장세는 소강상태를 보이다가 하셋의 책이 나온 직후에 하락하기 시작했고, 다우 지수가 1999년의 고점을 회복하는 데만 5년이 걸렸다.

'3차 맞춤' 곡선도 비슷한 과잉 약속이었다. 미국의 코로나19 사망자가 5월과 6월에 걸쳐 감소했지만 소멸과는 거리가 멀었다.

이 이야기에서 수학적으로 흥미로운 점은 하셋이 틀렸다는 것이 아니라 그가 틀렸던 방식이다. 그 방식을 이해하는 것만이 "적용성이 제한적인 케빈 하셋을 믿지 말라."를 넘어서 미래에 이런 유형의 오류를 피하기 위한 전략을 배울 수 있는 유일한 방법이다. 3차 맞춤에서 무엇이 잘못되었는지 이해하려면 1865~66년에 영국에서 대유행한 우역Rinderpest의 발발로 돌아가야 한다.

우역은 소의 질병 또는, 50년에 걸친 프로그램의 결실로 마침내 2011년에 지구상에서 근절될 때까지는 소가 걸리는 질병이었다.* 물소와 기린도 이 병에 걸릴 수 있다. 아마 역사가 기록되기도 전부터 우역은 중앙아시아에서 시작되어 훈족Huns과 몽골족에 의하여 전 세계로 전파되었을 것이다. 구약성서 출애굽기에서 완고한 이집트인들이 겪었던 다섯 번째 역병이라고 주장하는 사람도 있다. 중세기 중엽의 어느 날, 우역의 변종이 소와 인간 사이에 있는 종의 장벽을 뛰어넘었다.[1] 그 파생작 바이러스는 오늘날 홍역이라 불린다. 우역은 홍역처럼 대단히 전염성이 강하다. 집단 속으로 매우 빠르게 침투할 수 있다는 뜻이다. 우역에 감염된 소떼를 실은 배가 영

* 멋진 일반상식 문제: "자연에서 근절된 바이러스는 천연두와 무엇일까?" 수의과 전염병학자가 참석하지 않았을 때만 효과가 있다.

국 요크셔 동부에 위치한 헐Hull 항구에 도착한 날은 1865년 5월 19일이었다.[2] 10월 말까지는 거의 2만 마리의 소가 우역에 걸렸다.[3] 자유당 하원의원이며 나중에 재무장관과 내무장관을 지낸 로버트 로우Robert Lowe는 1866년 2월 15일에, 2020년인 지금도 불편할 정도로 익숙하게 들리는 말로 영국 하원에 경고했다.

"4월 중순까지 질병을 진압하지 못한다면 상상을 초월하는 재난에 대비해야 한다. 우리는 전염병의 유년기를 보고 있다. 마냥 기다리기만 하면 평균 수천 명의 감염자가 수만 명으로 늘어나는 것을 보게 될 것이다. 무시무시한 증가의 법칙 때문에 여태껏 역병이 만연했는데 앞으로도 만연하지 않을 이유가 없기 때문이다." (로우는 수학 학사학위를 가지고 있었으며 등비수열을 잘 알았다.)

윌리엄 파William Farr는 동의하지 않았다. 파는 19세기 중반에 영국의 대표적인 의사였다. 그는 생정통계vital statistics를 담당하는 정부 기관을 설계했고, 전국의 혼잡한 도시의 보건 개혁을 주장했다. 독자가 그의 이름을 들어 보았다면 아마도 초기 전염병학의 위대한 성공 스토리, 즉 존 스노John Snow가 1854년에 런던에서 발발한 콜레라의 근원을 브로드 스트리트Broad Street의 물 펌프에서 발견한 이야기와 관련이 있을 것이다. 파는 전염병의 원인에 관한 의학계의 논쟁에서 잘못된 주장을 대표했고, 살아 있는 유기체가 아니라 템스강의 더러운 물에서 발산하는 발효된 독기miasma 때문에 콜레라가 퍼진다는 믿음을 고수했다.[4]

1866년에도 일반적 통념에 반하여 노를 저었던 사람은 파였다. 그는 런던의 〈데일리 뉴스Daily News〉에 편지를 써서 우역의 기세가

—전체 소 떼를 불태워 버릴 위협과는 거리가 멀게— 곧 저절로 꺾이기 시작할 것이라고 주장했다.

"로우 선생님만큼 명확히 명제를 발의한 사람은 없었다. 그러나 명제가 명확하다고 해서 그 명제가 참이라는 것은 아니다. … 여태껏 역병을 만연하게 한 법칙이 '평균 수천 명의 감염자가 수만 명으로 늘어날 것' 대신에 그 반대가 될 것임을 시사했고, 이는 수학적으로 증명할 수 있다. 따라서 전염병은 3월부터 감소세로 접어들 것이다."

이어서 파는 향후 5개월 동안 우역에 걸리게 될 소의 구체적인 마릿수까지 제시하며 예측했다. 그는 우역에 걸린 소가 4월에는 5,226마리로 줄어들고 6월에는 16마리에 불과할 것이라고 말했다.

의회는 파의 주장을 무시했고 의료계도 거부했다. 〈영국의학저널British Medical Journal〉은 짧고 냉담한 반응을 보였다.

"우리는 파 박사가 질병이 9~10개월 안에 자연스러운 곡선을 따라 조용히 소멸하게 될 거라는 자신의 주장을 뒷받침할 역사적 사실을 단 하나도 찾아내지 못하리라고 분명히 말할 것이다."[5]

그들은 완전히 오판했다! 이번에는 파의 주장이 옳았다. 그가 예측한 대로 봄여름이 지나면서 발병률이 감소했고 연말에 이르자 전염병의 확산이 종료되었다.

파는 〈데일리 뉴스〉를 읽는 독자들이 노골적인 수학 공식을 보는 것을 원치 않으리라는 올바른 추측에 따라 자신의 '수학적 입증'을 간결한 각주로 처리했다. 우리는 그렇게 신중할 필요는 없다. 그러나 파가 무슨 일을 했는지 알려면 훨씬 더 이전, 파의 경력 초기로 돌아가야 한다. 그는 1840년 여름에, 잉글랜드와 웨일즈에서

1838년에 발생한 것으로 알려진 사망 사례 342,529건의 원인과 분포를 요약한 보고서를 호적본서장관general register에게 제출했다. 파는 이 보고서가 '이전에 영국이나 다른 어느 나라에서 발표된 어떤 보고서보다도 광범위한 시리즈'라고 자신 있게 뽐냈다.[6] 그는 이 보고서에 암, 티푸스typhus, 알코올 중독, 출산, 아사, 노령, 자살, 뇌졸중, 통풍, 수종dropsy, 그리고 '머스그레이브 박사의 벌레열the worm-fever of Dr. Musgrave'이라는 무서운 이름의 질병에 의한 사망을 기록했다. 파는 특히 여성의 폐결핵(당시에는 소모증consumption이라 불렀던) 발병률이 남성보다 높은 데 주목하고 그 원인을 코르셋을 착용하는 관습 탓으로 돌린다. 그의 주장에는 개혁을 바라는 열정적인 탄원이 통계적인 설명 대신 자리 잡고 있었다.

"한 해 동안에 31,900명의 영국 여성이 이 불치의 질병으로 사망했다! 이런 놀라운 사실이 지위와 영향력이 있는 사람들에게 알려지게 할 수 없을까? 시골 여성의 옷차림 관습을 바로잡을 수 있도록 말이다. 숨도 못쉴 만큼 가슴을 조여대서 자신의 몸매를 보기 흉하게 만들고, 그 탓에 신경증이나 다른 장애를 일으키게 만드는, 구제할 수 없을 만큼 빡빡한 관행을 버리도록 유도할 수는 없을까? 소녀에게는 소년보다 더 많은 인공적인 뼈대와 몸을 압박할 붕대가 필요한 게 아니다." (파는 여기서, 어쨌든 직접적으로는, 자신의 아내가 3년 전에 폐결핵으로 사망했다는 사실을 밝히지 않는다.)

오늘날 널리 알려진 사실은 1838년의 천연두 유행에 관한 보고서의 마지막 부분이다. 여기서 파는 처음으로 전염병의 진행을 다룬다. 파는 다음과 같이 말했다.

"전염병은 지면에서 솟아오르는 안개처럼 갑자기 일어나서, 온 나라를 황폐하게 만들고, 올 때처럼 신속하게 또는 의식하지 못하는 사이에 사라진다."[7]

전염병의 궁극적 원인은 알 수 없을지라도, 이렇게 비합리적인 현상에 어느 정도 수치적 의미를 적용하는 것이 통계학자 파의 목표였다. (그는 각주에서 '대기를 매개로 개인에서 개인으로 전달되는 미세한 곤충'이 전염병을 유발한다는 이론을 언급하지만,[8] 당시의 최고 현미경 전문가들이 그러한 '미소 동물animacules'을 관찰하는 데 실패했다는 사실을 근거로 그런 가설을 물리친다.)

파는 암울한 시기가 지나가면서 전염병의 기세가 서서히 약화하는 동안의 천연두로 인한 사망자 수를 기록했다.

4365, 4087, 3767, 3416, 2743, 2019, 1632

그는 전염병의 감소가, 여러 자연적 과정과 마찬가지로, 이어지는 항 사이의 비율이 일정한 등비수열의 법칙을 따를 것으로 추측했다. 첫 번째 비율은 4365/4087=1.068이다. 그러나 두 번째 비율은 다르다. 4087/3767은 1.085다. 연속되는 비율은 다음과 같다.

1.068, 1.085, 1.103, 1.245, 1.359, 1.237

이들 비율은 분명히 매번 같지 않고 심지어 가깝지도 않다. 점점 커지는 것으로 보이는 (적어도 마지막 항 전까지는) 이들 숫자는 기하학적 법칙에 어긋난다. 그러나 파는 등비수열의 사냥을 포기할 의사가 없었다. 완고하게 일정하기를 거부하는 비율 자체가, 실제로는 일정한 비율로 증가한다면 어떨까? 이는 다소 형이상학적인 질문이다. 비율의 비율이 항상 동일한지 묻는 것이기 때문이다. 과연 그럴까? 1.085/1.068=1.016으로 시작한 수열은 다음과 같이 진행한다.

1.016, 1.017, 1.129, 1.092, 0.910

솔직히 말해서, 이 수열은 일정하게 보이지 않는다. 그러나 당시의 파에게는 수열이 명확하게 증가하거나 감소하지 않는다는 것으로 충분했다. 그는 수열을 약간 수정함으로써 다음 수열을 찾아낼 수 있었다.

4364, 4147, 3767, 3272, 2716, 2156, 1635

이 수열은 천연두로 인한 실제 사망자 수와 상당히 잘 일치했으며, 실제로 비율의 비율 모두가 1.046이라는 공통값을 공유했다. (수치를 조정했다는 말이 수상하게 들리는가? 사실은 그렇지 않다. 현실 세계의 데이터는 지저분하고, 소수점 아래 n자리까지 수학적 곡선을 따르는 일이 —사람에 관한 데이터라면 절대 아니라고 말하고 싶다— 드물다. 우리의 목표는 충분히 근접한 법칙을 찾아내는 것이다.) 파는 1.046의 법칙이 전염병의 법칙으로 부르기에 충분할 정도로 실제 데이터와 잘 맞는다고 주장했다.

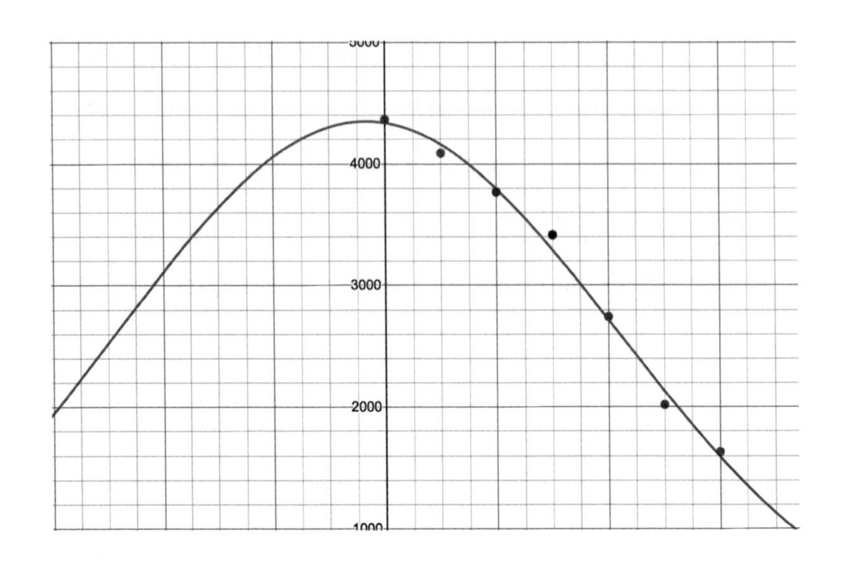

도표의 곡선은 천연두의 진행에 대한 파의 모델을 보여 준다. 점들은 각 달의 실제 사망자 수다. 그의 멋지고 부드러운 곡선은 실제 데이터와 상당히 가깝게 보인다.

이제 파가 우역의 데이터로 무슨 일을 했는지 짐작될 수도 있다. 그러나 아마도 당신의 추측은 틀릴 것이다! 파는 우역의 발발에 이어진 월별 발병 수를 알았고,

1985년 10월: 9,597

1985년 11월: 18,817

1985년 12월: 33,835

1986년 1월: 47,191

그들의 비율이 1.961, 1.798, 그리고 1.395임을 알아냈다. 등비수

열, 즉 로우가 하원에 경고한 '무시무시한 증가의 법칙'이었다면, 이들 숫자가 모두 같아야 한다. 실제로는 숫자가 줄어들고 있었으며, 파에게는 이미 모종의 감소가 일어나고 있다는 신호였다. 따라서 그는 비율의 비율을 취했다.

1.691/1.798=1.091

1.798/1.395=1.289

파는 여기서 멈추지 않았다. 이 비율의 비율은 일정하게 보이지 않는다. 두 번째 비율이 첫 번째보다 뚜렷하게 크다. 따라서 그는 비율의 비율의 비율을 계산했다!

1.289/1.091=1.181

숫자가 하나밖에 없는 덕분에, 이제 단일한 비율 1.181은 일정한 수열임이 분명하다. 언제나처럼 확신에 찼던 파는 이 숫자가 모든 것을 지배하는 법칙, 즉 우역의 전반적 진행을 이끄는 비율의 비율의 비율이라고 선언했다. 목록에 있는 마지막 비율의 비율이 1.289였으므로, 다음은 1.289×1.181로 약 1.522다. 이는 감소하는 비율의 수열 1.961, 1.798, 1.395에 이어지는 비율이 1.395/1.524 또는 0.915가 되어야 함을 뜻한다. 다시 말해서, 질병이 이미 감소하고 있었다! 파는 2월에 0.915×47,191 또는 약 43,000건의 신규 발병을 보게 될 것으로 추론했다.

파의 이런 주장이 약간 불만스럽게 느껴질 수도 있다. 왜 그는 비율의 비율의 비율이 미래에도 계속해서 1.181로 고정될 것이라고 가정하게 되었을까? 타당하다는 말은 아니지만, 이런 종류의 가정에는 역사가 있다. 우선 내가 어떻게 동네 장기자랑에서 우승했는지부터 설명하려 한다.

위대한 제곱비

매년 1월, 매서운 위스콘신의 한겨울 추위 속에, 우리 동네에서 장기자랑 대회가 열린다. 아이들은 바이올린을 연주하고 부모들은 서투른 스케치를 그린다. 나는 위대한 제곱비The Great Square Root(위대한 개츠비The Great Gatsby를 이용한 말장난_옮긴이) 라는 이름의 제곱근을 머릿속에서 계산했다. 그리고 이겼다! 제곱근의 암산은 대학 시절에 배운 파티 트릭이었다. 파티의 맥락에서 트릭의 사회적 유용성이 내가 예상한 만큼 크지는 않았다. 그러나 어쨌든 그 트릭을 독자에게 알려 주려 한다.

29의 제곱근을 계산하라는 요청을 받았다고 해 보자. 트릭이 효과를 보려면 제곱수를 꽤 잘 알아야 한다. 5의 제곱은 25이고 6의 제곱은 36이라고 말할 수 있어야 하기 때문이다. 이제 다음과 같은 일련의 수를 생각해 보자.

$$\sqrt{25}, \sqrt{26}, \sqrt{27}, \sqrt{28}, \sqrt{29}, \sqrt{30}, \sqrt{31}, \sqrt{32}, \sqrt{33}, \sqrt{34}, \sqrt{35}, \sqrt{36}$$

우리는 이 중에서 처음과 마지막 항만을 안다. 5와 6이다. 알아내려 하는 수는 다섯 번째 항이다.

이 수열이 등차수열이라고 가정하자. 그렇지 않지만, 그렇다고 해 보자. 위대한 제곱비가 허락한다. 그래서 이어지는 두 항의 차이가 모두 같다면, 첫 항인 5에서 마지막 항 6까지 가는 11단계에서 각각의 차이가 1/11이 되어야 한다. 따라서 5에서 네 단계 위인 29의 제곱근은 59/11가 될 것이다. 아, 머릿속으로 약간의 암산을 해야 한다는 말을 했던가? 당신은 1/11이 약 0.9임을 알거나, 아니면 그저 59/11가 5.4인 54/10보다 약간 작다고 생각할 수 있다. 어쨌든, "29의 제곱근은 5.3보다 크고, 아마 거의 5.4일 것이다."라고 말할 수 있다.[9] (정답은 약 5.385다.)

파의 주장과의 개념적 유사성을 볼 수 있기를 바란다. 비록 여기서는 비율 대신에 차이를 사용했지만, 우리는 파처럼 차이가 실제로 모두 같다는 근거 없는 결정을 내리고 그 빈약한 사실을 이용하여 공통적인 차이가 얼마인지 알아냈다. 정당하지 않은 방법으로 보인다. 그러나 꽤 효과적이다!

다음과 같은 질문은 정당하다. '프리 폴링Free Fallin''이라는 노래를 독학으로 연주하는 이웃 꼬마를 이겨야 한다는 내면의 욕구 외에, 내가 이런 일을 해야 하는 이유가 무엇일까? 그냥 계산기의 제곱근 단추를 누르면 되지 않을까? 물론 그럴 수 있다. 그러나 윌리엄 파는 그렇게 할 수 없었다. 7세기의 천문학자들도 그렇게 하지 못했다. 이 아이디어는 그만큼 오래전으로 거슬러 올라간다. 천체의 운동을 추적하려면 삼각함수 값이 필요하다. 그런 값은 엄청난 노력과 시간을 들여서 편찬한 방대한 표에 수록된다. 그런 표를 만들려면 나의 제곱근 파티 트릭보다 나은 정확도가 필요하다. 600년경에 인도 구르자라데사Gurjaradesa 왕국의 천문학자이자 수학자였던 브라마굽타Brahmagupta가, 그리고 중국에서 수나라의 천문학자이며 달력 제작자였던 유작劉焯이 새로운 아이디어를 제시했다.[10]

그들의 방법을 설명하기 위하여 제국의 달력까지 살펴볼 필요는 없으므로 제곱근의 예제를 고수하려 한다. 전체 논의에서 가장 까다로운 부분이 될 것이다. 대학의 파티에서 키스톤 라이트Keystone Light 맥주를 마시면서 머릿속으로 할 수는 없는 일이다.

브라마굽타-리우 접근법을 실행하려면 값을 아는 제곱근 두 개 대신 세 개를 고려해야 한다. 예컨대, $\sqrt{16} = 4$, $\sqrt{25} = 5$, $\sqrt{36} = 6$. $\sqrt{16}$에서 $\sqrt{36}$까지는 20단계를 통하여 4에서 6까지 가게 된다. 그러므로 위대한 제곱비의 조언을 따라, 제곱근이 등차수열을 이루고 각 항과 다음 항의 차이가 2/20라고 추정한다. 이것이 정확한 사실은 아니라고 말했는데 그 증명은 이렇다. 제곱근의 수열이 등차수열이라면, $\sqrt{16}$에서 9단계 떨어진 25의 제곱근이 4.9가 되어야 하지만 실제 제곱근 5와는 다르다.

해결책은 다음과 같다. 이미 알고 있는 값 세 개에 맞추려면 제곱근이 등차수열을 형성한다고 주장할 수 없음을 보았다. 다시 말해서, 20단계의 차이가 모두 같아지도록 할 수는 없다. 그렇다면 차이 자체가 등차수열을 형성하도록 하는 것이 최선이다. 즉 우리는 차이 사이의 차이가 모두 같아지기를 원한다! 바로 파가 생각했던 비율의 비율과 같은 아이디어다.

$\sqrt{16}$	$\sqrt{17}$	$\sqrt{18}$	$\sqrt{19}$	$\sqrt{20}$	$\sqrt{21}$	$\sqrt{22}$	$\sqrt{23}$	$\sqrt{24}$	$\sqrt{25}$	$\sqrt{26}$	$\sqrt{27}$	$\sqrt{28}$	$\sqrt{29}$	$\sqrt{30}$	$\sqrt{31}$	$\sqrt{32}$	$\sqrt{33}$	$\sqrt{34}$	$\sqrt{35}$	$\sqrt{36}$
?	?	?	?	?	?	?	?	?	?	?	?	?	?	?	?	?	?	?	?	

이 방법이 효과를 보려면 둘째 줄이, 합해서 2가 되는 숫자 20개의 등차수열이 되어야 한다. 그러나 동시에 $\sqrt{16}=4$에서 $\sqrt{25}=5$까지 숫자 아홉 개의 합은 1이 되어야 한다. 그런 조건을 충족하는 등차수열은 한 가지뿐이다. 그것을 알아내는 매끄러운 방법은 다음과 같다. 첫 아홉 항의 합이 1이므로 그들의 평균은 1/9다. 등차수열의 평균은 가운데 항이 되어야 하므로 이 경우에는 다섯 번째 항이 1/9다.

한편 마지막 11개 항의 합 역시 1이다. 따라서 그들의 평균은 1/11이며, 11개 항의 가운데, 즉 전체 수열에서 15번째 항이 1/11이

$\sqrt{16}$	$\sqrt{17}$	$\sqrt{18}$	$\sqrt{19}$	$\sqrt{20}$	$\sqrt{21}$	$\sqrt{22}$	$\sqrt{23}$	$\sqrt{24}$	$\sqrt{25}$	$\sqrt{26}$	$\sqrt{27}$	$\sqrt{28}$	$\sqrt{29}$	$\sqrt{30}$	$\sqrt{31}$	$\sqrt{32}$	$\sqrt{33}$	$\sqrt{34}$	$\sqrt{35}$	$\sqrt{36}$
?	?	?	?	$\frac{1}{9}$	?	?	?	?	?	?	?	?	?	$\frac{1}{11}$	?	?	?	?	?	

된다.

이제 이 수열의 모든 걸 밝혀내기에 충분하다! 5번째 항부터 15번째 항까지는 열 걸음이고, 횡단해야 하는 거리는 1/9에서 1/11로의 감소, 즉 2/99이므로, 각 걸음은 2/990가 되어야 한다. 이는 1/9에서 네 걸음 앞에 있는 첫 번째 차이가 1/9+8/990=118/990이고, 1/11보다 다섯 걸음 뒤에 있는 마지막 차이는 1/11-10/990=80/990

임을 의미한다.*

$$\begin{array}{ccccccccccccccccccccccccccccccccccccccccc}
\sqrt{16} && \sqrt{17} && \sqrt{18} && \sqrt{19} && \sqrt{20} && \sqrt{21} && \sqrt{22} && \sqrt{23} && \sqrt{24} && \sqrt{25} && \sqrt{26} && \sqrt{27} && \sqrt{28} && \sqrt{29} && \sqrt{30} && \sqrt{31} && \sqrt{32} && \sqrt{33} && \sqrt{34} && \sqrt{35} && \sqrt{36} \\
& \frac{118}{990} && \frac{116}{990} && \frac{114}{990} && \frac{112}{990} && \frac{110}{990} && \frac{108}{990} && \frac{106}{990} && \frac{104}{990} && \frac{102}{990} && \frac{100}{990} && \frac{98}{990} && \frac{96}{990} && \frac{94}{990} && \frac{92}{990} && \frac{90}{990} && \frac{88}{990} && \frac{86}{990} && \frac{84}{990} && \frac{82}{990} && \frac{80}{990} & \\
&&&&&&&&& \frac{1}{9} &&&&&&&&&&&&&&&&&&&& \frac{1}{11} &&&&&&&&&&&
\end{array}$$

그렇다면 7세기 최첨단 천문학에 따른 29의 제곱근은 얼마일까? $\sqrt{16}$에서 $\sqrt{29}$로 가려면 첫 13개의 차이를 더하고,

119/990+116/990+114/990+⋯+94/990

거기에 4를 더하면 된다. 결과는 4와 1,378/990으로 약 5.392다. 우리의 첫 번째 추정치인 59/11보다 대략 세 배 더 가까운 값이다.

연속차분successive differences은 인도에서 아랍권으로 전파된 뒤에 영국에서 여러 차례 재발견되었으며 그중에서 헨리 브릭스Henry Briggs의 발견이 가장 주목할 만하다. 브릭스는 1624년에 연속차분법으로 숫자 3만 개에 대하여 소수점 아래 열네 자리까지 계산한 로그 대수logarithms를 수록한, 《로그산술Arithmetica Logarithmica》을 편찬했다. (브릭스는 나중에 칼 피어슨이 일반 대중에게 통계의 기하학을 소개하면서 맡게 되는 그레샴 기하학 교수직의 초대 교수다.) 17세기 유럽 수학의 여러 분야와 마찬가지로 뉴턴에 의하여 공식화되고 개선된 연속차분법은

---

* 이 분수는 가장 작은 숫자로 표시되지 않았으므로, 독자의 10학년 시절의 교사라면 틀린 답으로 채점할 수도 있다. 그러나 틀린 것이 아니다! 80/990과 8/99이라는 표현은 같은 비율을 말하는 다른 이름이다. 분모가 990인 분수를 말할 때 전자의 이름을 사용하는 데는 아무런 문제가 없다.

오늘날 '뉴턴 보간법Newton interpolation'이라 불리는 것이 보통이다. 파의 글에서 그가 이런 역사를 조금이라도 알았다는 증거는 없다. 수학의 훌륭한 아이디어는 종종 세상의 문제가 필요로 할 때 자연스럽게 솟아오른다.

로그 대수의 필요성은 브릭스에서 끝나지 않았다, 대수표는 유한하고, 언제든지 《로그산술》에 수록된 숫자 사이에 있는 숫자의 로그 대수값이 필요할 수 있다. 차분법의 탁월한 점은 코사인이나 로그 대수같이 매우 복잡한 함수값을, 더하기, 빼기, 곱하기, 나누기의 기초적 산술만을 사용하여, 추정하도록 해 준다는 것이다. 따라서 우리는 필요에 따라 인쇄된 책에 수록된 숫자 사이의 빈칸을 채워 넣을 수 있다. 그러나 제곱근의 예제가 보여 주듯이 차이의 차이만을 고려할 때조차도 많은 양의 덧셈, 뺄셈, 곱셈, 나눗셈이 필요하다! 더 좋은 근사치를 얻기 위해서는 차이의 차이의 차이 또는 그런 3중 차이의 차이를 원할 수도 있다. 머리가 빙빙 돌 때까지.

이런 일을 손으로 하고 싶지는 않을 것이다. 더 나아가 당신을 대신하여 이들 차이를 계산하는 일종의 기계적 엔진을 원할 수도 있다. 여기서 찰스 배비지Charles Babbage가 등장한다. 배비지는 어린 시절에, '멀린Merlin이라* 자칭하는 남자'가 자신의 작업장에서 가장 독창적인 창조물을 보여 준 이래로 자동 기계에 매료되었다.

"꼬리를 흔들고 날개를 펄럭이며 부리를 벌린 새가 오른손 검지

* 롤러스케이트를 발명하기도 했던 이 다재다능한 벨기에인의 이름은 실제로 존 조셉 멀린(John Joseph Merlin)이었다. (멀린은 아서왕 이야기에 나오는 마법사의 이름임_옮긴이) 성인이 된 배비지는 수십 년 뒤에 지금은 사라진 박물관에서 경매로 그 자동 기계를 구입하여 자신의 응접실에 설치했다.

에 앉아 있는 멋진 발레리나. 이 여성은 가장 매혹적인 방식의 자세를 취하고 있었다. 그녀의 눈은 상상력으로 가득 찬 고혹적인 눈이었다."[11]

1813년에 21세가 된 배비지는 케임브리지에서 수학을 공부하는 학생이었다. 배비지와 그의 친구 존 허셜John Herschel(자신의 분야에서 배비지를 능가했고 나중에 청사진을 발명하는)은 성서의 적절한 해석을 두고 열띤 논쟁을 벌이는 여러 학생협회에 대한 일종의 풍자parody로 수학협회를 설립했다. 그들이 설립한 협회의 임무는 라이프니츠Leibniz 미적분학의 수학적 표기법을 고향의 영웅 뉴턴이 개발한 경쟁 시스템보다 높이 평가하는 것이었다. 그들의 해석협회Analytical Society는 곧 풍자적인 기원을 벗어나, 프랑스와 독일의 새로운 아이디어를 뉴턴 이후로 수학에서 약간 뒤처진 나라에 도입하는 것을 목표로 하는, 실제적인 지적 살롱itellectual salon이 되었다.

배비지는 자신의 회고록에서 회상한다.[12]

「어느 날 저녁, 케임브리지의 분석협회 회의실에서 꿈을 꾸는 듯한 기분으로 고개를 숙이고 앉아 있었다. 내 앞의 탁자에는 로그 대수표가 펼쳐져 있었다. 방에 들어온 회원이 반쯤 잠이 든 나에게 소리쳤다. "그래, 배비지, 무슨 꿈을 꾸고 있는 거야?" 나는 대답했다. "이 모든 표를 기계로 계산할 수 있을지도 모른다고 생각하고 있었지."」

자신에게 영감을 준 멀린처럼, 배비지가 꿈을 구리와 나무로 바꾸는 데는 오랜 시간이 걸리지 않았다. 오늘날 최초의 컴퓨터로 여겨지는 배비지의 기계는 차분법을 사용하여 로그 대수를 계산했다. 그가 자신의 기계를 '차분기관The Difference Engine'이라 불렀던 이유다.

위대한 제곱비와 파의 작업 사이에는 한 가지 큰 차이점이 있다. 제곱근을 추산할 때 우리는 내삽interpolation이라 불리는 과정을 통하여 이미 알고 있는 제곱근 사이의 값을 찾았다. 파는 병든 소의 수로부터 외삽extrapolation하려 했다. 즉 값이 알려진 범위 너머로 미래의 함수값을 추정하려 했다. 외삽은 어렵고 위험을 감수해야 하는 방법이다.* 입력으로 사용된 제곱근을 알고 있는 두 숫자보다 큰 수인 49의 제곱근을 추측하기 위하여 우리의 파티 트릭을 사용한다면 어떤 결과가 나올지 생각해 보라. 숫자가 1만큼 커질 때마다 제곱근이 1/11씩 증가한다는 것이 우리가 체험적으로 알아낸 사실이었음을 기억하라. 49는 25보다 24만큼 크므로, 제곱근은 5보다 24/11 더 큰 7.18이 되어야 한다. 참값은 7이다. 100의 제곱근은 어떨까? 100은 25보다 75크다. 따라서 100의 제곱근은 5+75/11=11.82가 되어야 한다. 실제 제곱근은 10이다. 이제 트릭에서 악취가 난다!

그런 것이 외삽의 위험이다. 외삽은 차분의 기초가 되는 알려진 데이터에서 멀어질수록 신뢰도가 감소하는 경향이 있다. 그리고 차분의 차분의 차분으로 더 깊이 들어갈수록 더 거칠고 이상하게 된다.

케빈 하셋에게 바로 그런 일이 일어났다. 비록 19세기 전염병학

* 우리는 이미 7장에서, 훈련받은 데이터 범위 너머로 외삽이 필요할 때는 매우 강력한 신경망이라도 완전히 실패할 수 있음을 보았다.

자의 제자는 아니었지만, 그가 사용한 '3차 맞춤'은 윌리엄 파가 우역 모델에 채택한 이유와 완전 동일하게 직관적 주장에 기초한 것이었다.[13] 그의 모델은 데이터 점 사이의 비율 사이의 비율이 전염병이 퍼지는 내내 일정할 것으로 추측했다. (오늘날에는 엑셀의 키 입력 몇 번만으로 이런 일을 할 수 있으므로 의학의 역사에 관한 케케묵은 논문을 읽을 필요는 없다.) 과거였으면 하셋의 곡선이 맞았을 수도 있다. 미국의 코로나19로 인한 사망자 수는, 적어도 단기적으로는 확실히 정점을 찍었다. 그러나 하셋이 채택한 외삽에는 전염병의 지구력에 관한 큰 오류가 있었다.

순진한 외삽은 낙관뿐만 아니라 비관적인 방향으로도 진실로부터 멀어질 수 있다. 하셋의 모델이 '순전한 미친 소리UTTER MADNESS' 라고 했던 미시간대의 경제학자 저스틴 울퍼스Justin Wolfers는 불과 1개월 전에 다음과 같이 말했다.

"미국의 곡선을 단 7일 앞으로 투사하면, 총사망자 수 1만 명에 이르게 된다. 그 일주일 후로 투사하면 사망자가 하루에 1만 명씩 나오게 된다."[14]

울퍼스는 심지어 하셋보다도 단순한 방식으로, 줄어들지 않는 등비수열을 따라 사망자 수를 예측하는 외삽을 했다. 그 결과는 외삽이 얼마나 빨리 엉망이 될 수 있는지를 보여 준다. 울퍼스의 예측 일주일 뒤에 미국의 사망자 총수는 정말로 1만 명이었다. 하지만 그로부터 일주일 뒤의 사망률은 봄철 최고치인 하루 2,000명에 달했는데, 울퍼스가 맹목적인 외삽으로 얻은 값의 1/5이었다.

그러나 일부는 유용하다

내가 10대인 아들에게 파의 추론을 설명했을 때 아들은 말했다.

"하지만, 아빠, 파는 왜 이미 절반이 지나간 2월의 끝까지 기다리지 않았을까요? 그랬다면, 비율의 비율의 비율을 단 하나가 아니라 두 개를 얻어서, 자신이 주장한 1.181이라는 숫자가 진짜 '증가의 법칙'이라는 더욱 확실한 근거가 되었을 텐데요."

좋은 질문이다, 아들! 내가 할 수 있는 최선의 추측은, 우리가 살펴본 대로 자만심이 강했던 파가 다음 달에 감염율의 정점이 보일 것으로 생각했고, 정점이 나타난 후가 아니라 나타나기 전에 정점을 예측하고 싶어 했다는 것이다.

파의 예측은 성급했던 것으로 밝혀졌다. 2월의 신규 발병은 57,000건을 약간 넘었는데, 여전히 전 달의 총 발병 47,191건보다 상당히 많았다. 그가 추가적인 데이터를 얻으려고 기다렸다면, 마지막 비율이 57,000/47,191=1.208이고, 마지막 비율의 비율이 1.395/1.208=1.155이며, 새로운 비율의 비율의 비율이 1.155/1.289=0.896임을 알았을 것이다. 파가 이러한 비일관성을 발견했다면, 비율의 비율의 비율 두 개의 비율까지 계산하려 했을까? 알 수 없는 일이다.

타이밍은 맞지 않았지만, 파가 큰 그림을 올바르게 파악했다는 것은 분명하다. 전염병은 정점에 접근하고 있었고 곧 기세가 꺾이기 시작할 것이었다. 3월에는 우역 발병이 28,000건에 불과했고 그 후로 파가 예측했던 만큼 빠르게는 아니지만, 지속적으로 감소했다. 다음 그림에 있는 파의 예측 곡선에 따르면 전염병이 6월말까지 거의 사라져야 했으나 실제로는 연말이 되어서야 끝났다.

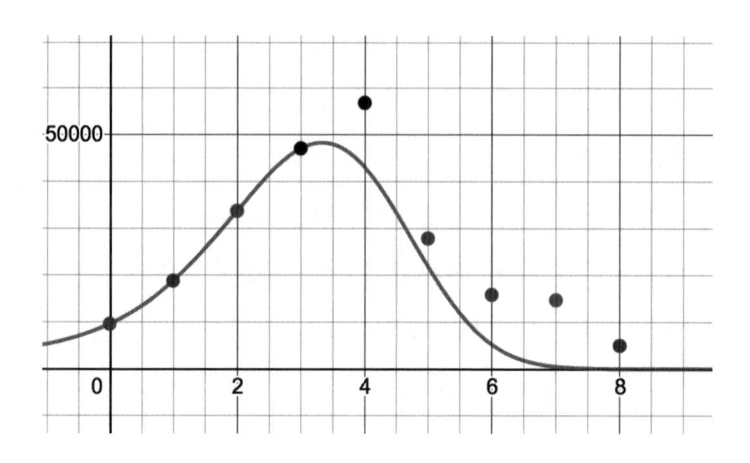

이 그림에서 외삽의 위험을 볼 수 있다. 파의 계산은 단기적 예측(전염병의 기세가 머지않아 꺾일까?)에는 잘 맞았지만, 장기적 예측(언제 전염병이 사라질까?)에는 정확도가 떨어졌다.

우역이 실제로 소멸한 이유는 무엇이었을까? 질병 발생에 관한 세균 이론을 정확히 알지 못했던 파는 어떤 독성 물질이 소에서 소로 전달되는 과정에서 각 동물을 통과할 때마다 유해성의 일부가 사라지기 때문이라고 했다. 이제 우리는 바이러스가 그런 방식으로 작동하지 않음을 안다. 〈영국의학저널British Medical Journal〉이 파의 편지를 비웃었을 때, 그들은 그 결과를 도출한 파의 결론이 아니라 그의 추론에 이의를 제기했다. 신랄한 익명의 평론가는 말했다.[15]

"그는 고려해야 할 것을 까맣게 잊고 있다. 현재 모든 사람이 질병의 치명적인 전염성을 인정하고 그에 따른 예방조치를 취하고 있다는 사실을."

파는 우역이 '저절로 가라앉을 것'으로 예측했다. 우리가 확실히 말할 수 있는 것은 실제로 우역이 가라앉았다는 것뿐이다.

파의 방법은 수십 년 동안 거의 잊혔다가 20세기 초에 존 브라운리John Brownlee에 의하여 다시 전염병학으로 복귀했다. 브라운리는 파가 알아차리지 못했던 것, 즉 파가 천연두를 분석한 것처럼 비율의 비율이 일정하게 유지되도록 전염병을 모델링하면, 상승과 똑같이 빠르게 하강하는 아름다운 대칭적 곡선을 얻는다는 사실을 깨달았다. 실제로 이 곡선은 다름 아닌, 확률 이론에서 중심적 역할을 하는 정규분포normal distribution 또는 종 곡선bell curve이다. 수학을 조금 아는 사람들은 종 곡선을 맹신적으로 숭배한다. 실제로 종 곡선은 놀라울 정도로 다양한 자연 현상을 기술하지만 전염병의 부침은 거기에 속하지 않는다. 파는 이런 사실을 알았다. 1866년에도 파는 2차 대신에 3차 비율을 주장했으며 우역의 파도가 비대칭적이고 증가보다 감소하는 속도가 더 빠를 것으로 예측했다. 브라운리 역시 현실 세계의 전염병이 정규 곡선을 엄밀하게 따르는 일은 드물다는 것을 인식했다. 하지만 어쨌든 '파의 법칙'은 전염병이 정점에 오르고 다시 내려갈 때까지 종 곡선을 따른다는, 너무 깔끔해서 파 자신도 채택하지 못했던 믿음을 의미하게 되었다. 나는 이것이 실제로 법칙이 아니라는 것을 강조하려고 파의 '법칙'이라고 부르곤 하지만, '파'의 '법칙'으로 부르는 편이 더 나을지도 모르겠다.

그러한 경직성은 잘못된 외삽이라는 위험을 낳는다. 1990년에

데니스 브레그먼Dennis Bregman과 알렉산더 랭뮤어Alexander Langmuir(순수한 실험실 연구보다 '신발 가죽이 닳는' 현장 연구를 중시한 전설적인 전염병학자)는 '에이즈 예측에 적용된 파의 법칙Farr's Law Applied to AIDS Projection'이라는 논문을 발표했다. 그들은 우역에 대한 파의 성공을 떠올리면서 미국의 에이즈 통계에 대하여 유사한 분석을 수행했지만, 전염병의 진행이 대칭적이어야 하고 에이즈가 인구 집단을 휩쓴 것만큼이나 빠르게 감소하리라는, 지나치게 편협한 견해를 채택했다. 그들의 결론은 에이즈가 이미 정점에 도달했으며 1995년에는 미국의 에이즈 발병이 약 900건에 불과하리라는 것이었다.

실제 발병 건수는 69,000건이었다.

다시 2020년의 코로나19로 돌아가자. 여러 예측은* 각 주의 코로나19로 인한 사망의 진행 상황을 완벽하게 대칭적인 종 곡선으로 모델링하는 방법을 선택했다. 그들이 종 곡선의 맹신적인 숭배자였기 때문이 아니라, 종 곡선이 코로나 발발 초기의 몇 주 동안 산발적으로 가용했던 데이터와 가장 잘 맞는다는 것을 발견했기 때문이었다. 다른 전염병에는 종 곡선이 잘 맞았을지도 모른다. 그러나 코로나19는 꾸준하게 비대칭적이었다. 모든 지역에서 빠르게 정점으로 치솟았다가, 질병의 고통과 두려움을 안기면서 고통스러울 정도로 천천히 감소했다. 이 전염병은 승강기를 타고 올라갔다가 계단으로 내려온다. 그렇지 않다는 예측을 주장한다면, 종 곡선을 따라

* 매우 널리 공유된, 가장 주목할 만한 예측은 시애틀의 워싱턴대 보건측정 및 평가연구소(IHME)의 모델이다. 전염병이 진행됨에 따라 IHME는 나중에 대칭성 가정을 현명하게 삭제했다. 공정하게 말해서, 우한에서 처음 코로나가 발발했을 때는 전염병의 부침이 대략 대칭적이었다. 이는 중국의 이례적으로 가혹한 억제 조치의 결과로 생각된다.

미래로 돌진하면서 계속해서 진실을 놓칠 것이고, 약속된 예측과 상충하는 새로운 데이터와 마주치면서 지속적으로 말을 바꾸게 될 것이다.

여기서 우리는 수학적으로 현재를 미래로 투사하려는 모든 시도에 공통적인 심오한 문제에 직면한다. 미래 예측은 우리가 추적하는 변수를 지배하는 법칙을 추측하는 것이다. 때로는 그 법칙이 테니스공의 운동처럼 단순하다. 멋진 대칭성이 있는 법칙이다. 던져 올린 공이 정점에 이르는 데 걸리는 시간은 우리의 손으로 다시 돌아오는 데 걸리는 시간과 같다. 매초 지면으로부터 공의 높이를 주의 깊게 측정하고 그 수치를 수열로 기록한다면, 파가 그랬던 것처럼 공의 포물선 궤적 전체에 대하여 차이의 차이가 항상 같다는 사실을 알게 될 것이다. 이는 바로 공의 궤적이 반원이나 세인트루이스의 게이트웨이 아치Gateway Arch 같은 현수선이 아니라, 포물선이 되게 하는 성질이다.[16] 운이 좋다면, 기본적 메커니즘을 이해하지 못하더라도 이러한 규칙성을 발견할 수 있다. 갈릴레오는 뉴턴이 운동 법칙을 알아내기 수십 년 전에 포물선 운동 법칙 발견했다.

그러나 때로는 법칙이 단순하지 않다! 우리가 기꺼이 고려하려는 법칙의 범위가 너무 좁다면 —예컨대, 팬데믹의 비율의 비율ratios of ratios이 정확히 상수인 대칭적 경로를 따른다고 주장한다면— 지나치게 경직된 법칙을 현실에 맞추려 할 때 불일치와 오류가 생길 것이다. 언더피팅underfitting이라 불리는 문제다. 손잡이가 충분하지 않거나 잘못된 손잡이가 있는 기계학습 알고리듬에서 일어나는 것과 같은 문제다.

여기서 1677년에 최초로 공룡의 뼈 그림을 출간한 로버트 플롯 Robert Plot이 생각난다. 플롯의 뼈의 기원에 관한 설명의 레퍼토리는, 자신이 오늘날 메갈로사우루스megalosaurus라 불리는 거대한 공룡의 대퇴골 일부를 보고 있었다는 진실을 포함할 정도로 범위가 넓지 못했다. 그는 고대 로마의 코끼리가 길을 잃고 콘월Cornwall에 와서 죽었을 가능성을 생각했지만, 실제 코끼리의 대퇴골과 비교한 결과는 그런 가능성을 배제했다. 그렇다면 사람의 뼈여야 한다고 플롯은 생각했다. 따라서 남은 질문은 어떤 종류의 사람인가였다. 플롯의 대답은 엄청나게 키가 큰 사람이었다.[17]

플롯에게 공정하게 말해서, 정말로 새로운 현상을 다루고 있었던 그가 자신이 본 것을 이해하지 못했다 해서 비난하기는 어렵다. 땅속에 사람의 뼈가 아닌 뼈들이 많았음에도 그저 사람의 뼈라는 모델을 채택하는 것처럼 언더피팅은 더욱 심각한 오류를 초래할 수 있었다. 언더피팅을 하는 고생물학자는 가터뱀garter snake의 뼈를 발굴하면서 소리쳤을 것이다. 세상에, 이 왜소인들은 얼마나 비정상적으로 구불구불했을까!

모델의 요점은, 코로나19로 인한 미국의 총사망자가 93,526명(가장 널리 알려진 IHME 모델이 4월 1일에 예측한 대로)인지 60,307명(4월 16일)인지 137,184명(5월 8일)인지 아니면 394,693명(10월 15일)인지를 말해 주거나, 병원에서 사용 중인 병상의 수가 최고치에 도달하는 시점의 정확한 날짜와 시간을 알려 주는 것이 아니다. 그런 일에는 수학자가 아니라 점쟁이가 필요하다. 하지만 그렇다고 모델이 쓸모없는 것은 아니다. 수학자도 모델러도 아니고 사회학자인 제이넵

투펙치Zeynep Tufekci는 '코로나 바이러스 모델은 맞히기 위한 모델이 아니다'[18]라는 전적으로 올바른 제목의 공유할 가치가 있는 기사에서 다음과 같이 말했다.

「모델의 더 나은 목표는 훨씬 더 광범위하고 정성적인 평가다. 지금의 팬데믹이 통제할 수 없는 소용돌이에 빠지고 있는가, 또는 증가는 하지만 평평해지고 있는가, 아니면 소멸하기 시작했는가? 케빈 하셋과 그의 3차 모델이 실패한 목표다.」

우리는 알파고와 매우 비슷하다. 알파고 프로그램은 바둑판의 각 위치에 점수를 할당하는 근사적인 법칙을 배운다. 그 점수는 어느 위치가 W인지 L인지 아니면 D인지를 정확히 말해 주지 않는다. 그런 일은 클러스터cluster에서 구현되든, 우리의 뇌에서 구현되든, 그 어떤 기계의 계산 능력도 넘어선다. 그러나 프로그램이 하는 일은 정확한 답을 얻는 것이 아니다. 수많은 경로 중에 궁극적으로 승리할 가능성이 가장 높은 경로가 어느 것인지에 대하여 훌륭한 조언을 제공하는 것이다.

팬데믹을 모델링하는 일은, 적어도 한 가지 측면에서는 알파고보다 어렵다. 바둑의 규칙은 게임의 처음부터 끝까지 동일하게 유지된다. 전염병에서는 누가 언제 누구에게 질병을 전파하는지에 대한 특정한 사실에 기초하여 모델을 만드는데, 그런 사실은 사람들의 집단적 행동이나 정부의 결정에 따라 갑자기 바뀔 수 있다. 우리는 테니스공의 비행을 모델링하기 위하여 물리학을 사용할 수 있고, 테니스 선수는 (괜찮은 선수라면) 특정한 샷이 공을 어디로 보낼지 알아내려고 그 물리학을 무의식적으로 빠르게 계산한다. 그러나 우리는 테니스 시합에서 누가 이길지를 예측하는 데 물리학을 사용할 수 없다. 누가 승리할지는 선수들이 그 물리학에 어떻게 반응하는지에 달려 있다. 실제 모델링은 항상 예측할 수 있는 역학과 예측할 수 없는 반응 사이에서 추는 춤이다.

뉴스에서 미네소타주 시위자들의 사진을 본 적이 있다. 그들은 바이러스 전파를 제한하기 위하여 주지사가 발령한, 집에 머물라는 명령에 화가 났고 코로나19가 심각한 위협이라는 것에도 회의적인 듯했다.[19] 한 사람은 '봉쇄를 멈춰라STOP THE SHUTDOWN'라는 큰 표지판을, 또 한 사람은 '모델은 모두 틀렸다'라는 표지판을 들고 있었다. 의도한 것은 아니라고 생각되지만, 그들은 현재의 코로나19 상황에도 매우 적절한, 통계학자 조지 박스George Box의 유명한 슬로건을 인용하고 있었다. 그 슬로건은 이렇다. 모든 모델은 틀렸다. 그러나 일부는 유용하다.

커브 피터와 리버스 엔지니어

미래를 예측하는 방법은 두 가지가 있다. 우리는 세상이 돌아가는 방식을 알아내려 노력하고, 그러한 이해로부터 다음에 무엇이 올지에 대하여 합리적으로 추측한다. 아니면… 그렇게 하지 못한다.

로널드 로스는 이러한 구별을 자신이 대체하려는 파 같은 전임자들과 자신을 구분하는 방법으로 대단히 명확하게 제시한다. 그는 '리버스 엔지니어링reverse engineering'이라 부를 수 있는 첫 번째 접근법의 깃발을 꽂았다. 로스의 프로젝트는 전염병의 확산에 대하여 알고 있는 사실에서 출발하여 전염병의 곡선이 반드시 만족해야 하는 미분방정식에 이르는 길을 추론하는 것이었다. 윌리엄 파는 그와 반대 진영에 속했다. 그는 리버스 엔지니어Reverse Engineer가 아니라 커브 피터Curve Fitter였다. '곡선 맞춤curve fitting' 방식의 예측은 과거의 규칙성을 찾아내고, 그러한 패턴이 미래에도 지속되리라고 (왜 그런지는 크게 구애받지 않고) 추측하는 것이다. 어제 일어난 일은 오늘도 일어난다. 곡선 맞춤 방식에서는 시스템 내부에서 무슨 일이 일어나는지에 관한 통찰을 얻거나 얻으려는 시도조차 않고도 예측이 가능하다. 그리고 그런 예측이 맞을 수도 있다!

대부분 과학자는 로스와 리버스 엔지니어들에게 자연스럽게 공감한다. 과학자는 사물을 이해하기를 좋아한다. 따라서 기계학습의 발전에 힘입어 커브 피터들이 부활을 즐기고 있는 것은 많은 사람에게 달갑지 않은 일이다.

여러분은 이제 구글이 문서를 한 언어에서 다른 언어로 꽤 잘 번역할 수 있다는 사실을 알고 있을 것이다. 사람이 하는 번역처럼 완벽하지는 않지만, 수십 년 전이었다면 공상과학소설에나 나왔을 정도의 명민함으로. 문장의 자동완성 기능도 점점 더 발전하고 있다. 기계는 우리가 타자하는 동안에 우리를 앞지른다. 그리고 우리가 타자할 것으로 예측하는 단어나 구절을 단 한 번의 키 입력만으로 삽입할 기회를 제공한다. 그런 예측은 꽤 자주 맞는다. (내가 하려던 말을 기계가 정확하게 예측했을 때 나는 자존심을 지키거나 심술을 부리느라 표현을 바꾼다. 모델의 정확성을 인정하는 수밖에 없을 때는 적어도 그 단어를 —신의 뜻대로— 한 글자씩 직접 타자한다.)

로널드 로스에게 자동완성 기능이 어떻게 작동하는지 물었다면 아마 이렇게 말했을 것이다. 우리는 영어 문장의 내부구조 —어느 정도 나이 든 사람은 도표로 그릴 수도 있다— 와 사전에 기록된 단어의 의미에 대하여 많이 알고 있다. 원어민이라면 이 모든 정보를 이용하여, 내가 '다음 주에 우리가 함께 모여서I was hoping we could get together next week and have'라고 타자할 때 다음 단어가 동사 'have'의 목적어가 되는 명사일 가능성이 크고 그중에서도 사람들이 모여서 함께하는 일, 즉 '점심'이나 '커피'일 수는 있지만 '소유물possessions'이나 '순무turnip' 또는 '코로나COVID'는 아닐 것이라고 추측할 정도로 문장의 메커니즘을 이해할 수 있어야 한다. (좋다, '코로나'일 수는 있겠다.)

그러나 구글의 언어 기계는 전혀 다른 방식으로 작동한다. 오히려 파에 더 가까운 방식이다. 구글은 단어들의 어떤 조합이 의미 있는 문장을 이룰 가능성이 크고, 어떤 조합이 그렇지 않은지에 대한 통계적 규칙성을 관찰하기에 충분한 수십억 개의 문장을 보았다. 그리고 의미가 있는 문장 중에서 어떤 문장이 나타날 가능성이 가장 높은지를 평가할 수 있다. 파는 과거의 전염병을 살펴보았고 구글은 과거의 이메일을 살펴본다. 영어 말하기의 광대한 역사를 통하여 수많은 사람이 '다음 주에 우리가 함께 모여서I was hoping we could get together next week and have'라고 말해 왔으며 대부분이 '점심'이나 '커피'로 이어졌다. 기계에게 명사나 동사가 무엇인지, 또는 순무나 점심이 무엇인지 말해 주는 사람은 아무도 없다. 어떤 의미 있는 방식으로도 기계는 그런 것들이 무엇인지 알지 못한다. 그렇지만 어쨌든 작동한다. 아직 인간 작가나 번역가만큼 잘하지는 못하고 아마 앞으로도 그럴 것이다. 그러나 꽤 잘한다!

기계는 심지어 당신이 —우리 모두 그렇게 생각하기를 좋아하는 대로— 완전히 독창적인 내용을 타자하더라도 작동한다. 2012년에, 언어학이라는 현대 학문의 창시자라 할 수 있는 노엄 촘스키Noam Chomsky와 그 학문 분야를 피하기 위한 대규모의 엔지니어링 작업을 이끌고 있었던 구글의 피터 노빅Peter Norvig 사이에서 지적 논쟁이 벌어졌다.[20] 촘스키는 1950년대에 규칙의 지배를 받는 인간 언어의 특성을 보여 주는 유명한 예를 소개했다.

"색깔 없는 녹색 아이디어가 맹렬히 잔잔다Colorless green ideas sleep furiously."

영어 사용자가 이전에 (또는 적어도 촘스키가 유명하게 만들기 전에) 본 적이 없으며, 물리적 세계에 관한 진술로서 의미 있는 해석을 붙일 방법이 없는 문장이다. 그렇지만 우리의 마음은 그것을 문법적인 문장으로 분명하게 인식하고 심지어 '이해'도 한다. 우리는 "색깔 없는 녹색 아이디어가 차분히 쉬고 있는가?" 같은 앞의 문장에 기초한 질문에 정확하게 답할 수 있고, '맹렬하게 잠자는 아이디어 녹색 색깔 없는'에 어떤 의미라도 있으려면 다시 배열되어야 한다는 것을 (명사와 동사와 형용사가 무엇인지 우리가 알기 때문에) 인식한다. 그러나 촘스키와는 대조적으로, 오늘날의 기계는 언어에 관한 구조적 규칙을 배우지 않고도 같은 결론에 도달할 수 있다. 언어 프로그램은 사람이 만든 다른 문장과의 유사성에 기초하여 단어열을 '문장' 또는 '비문장'으로 평가하는 방법을 개발한다. 고양이와 고양이 아닌 것을 구별하도록 훈련된 기계처럼, 언어 프로그램은 다른 단어열보다 더 문장답게 보이는 문장을 식별하는 전략으로 한 단계씩 다가가기 위하여 일종의 경사하강법을 사용한다. 그뿐만이 아니다. 언어 프로그램이 찾아내는 전략은 (실무자들에게조차 완전히 명확하지 않은 이유로) 훈련에 포함되지 않았던 단어열의 문장다움도 잘 평가하는 경향이 있다. '색깔 없는 녹색 아이디어가 맹렬히 잠잔다'에는 '맹렬하게 잠자는 아이디어 녹색 색깔 없는'보다 훨씬 높은 문장다움 점수가 부여된다. 문법의 형식적 모델도 없을 뿐더러, 촘스키 이전의 데이터가 훈련에 사용되었다면, 이런 문장과 마주칠 기회가 없었을 것임에도 불구하고. '색깔 없는 녹색' 같은 구성 요소조차도 거의 볼 수 없는 표현이다.

노빅은 실제 기계번역이나 자동완성에 관한 한, 이와 같은 통계적 방법이 인간의 언어 생성에 대한 기본적 메커니즘을 역설계하려는 모든 시도보다 우월하다고 말한다.* 촘스키는 그렇다 하더라도, 구글과 같은 방법은 언어가 실제로 무엇인지에 대한 통찰을 제공하지 못한다고 반박한다. 뉴턴이 등장하여 법칙을 제시하기 전에 탄체의 포물선 궤적을 관찰하고 있는 갈릴레오와 마찬가지라는 것이다.

언어 그리고 팬데믹에 대하여 둘 다 맞는 말이다. 어느 정도의 곡선 맞춤과 리버스 엔지니어링이 모두 필요하다. 2020년에 가장 성공적으로 팬데믹을 모델링한 사람 중 한 명으로 최근에 MIT를 졸

* 물론 두 방법 모두 10억 분의 1밖에 안 되는 훈련 입력으로도 인공지능보다 정확하게 언어를 배우는 인간을 능가할 수는 없다.

업한 유양 구Youyang Gu는 두 접근법을 솜씨 있게 결합했다. 그는 코로나19의 전파에 관하여 알려진 역학을 모방하도록 설계된 미분방정식을 사용하는 로스 방식의 모델을 채택했지만, 그때까지 관찰된 팬데믹 상황과 가능한 한 잘 일치하도록 모델의 알려지지 않은 파라미터를 조정하기 위해서는 기계학습 기법을 사용했다. 내일 무슨 일이 일어날지 예측하려면 어제 일어난 일에 대하여 가능한 한많은 자료를 모아야 한다. 그러나 우리가 과거에 발생한 수십억 번의 팬데믹을 돌이켜 볼 일은 결코 없을 것이다. 따라서 다음에 나타날 새로운 바이러스에 대비하려면 법칙을 찾는 것이 좋다.

12

장

나뭇잎의 연기

S · H · A · P · E

1977년에 베오그라드에서 열린 국제 수학올림피아드에서 네덜란드 수학팀이 다음과 같은 퍼즐을 제시했다. 아래 수열에서 다음에 나올 숫자는 무엇일까?

1, 11, 21, 1211, 111221, 312211 …

이어지는 몇 항을 알려 주면 답하기가 더 쉬울지도 모른다.

13112221, 1113213211, 31131211131221,
13211311123113112211 … ?

사람들 대부분은 이 수열을 이해하지 못한다. 나도 처음 보았을 때 전혀 이해하지 못했다. 그러나 답을 듣고 나면 우스꽝스러우면서도 매력적으로 느껴진다. 이것은 '읽고 말하기Look-and-Say' 수열이다. 첫 항은 1이다. '하나의 1' 따라서 다음 항은 11, 또는 '두 개의 1'이다. 그러면 다음 항은 21, 또는 '두 개의 1'이 되고, 그다음은 1211, 즉 '하나의 2, 하나의 1'이 이어지는 식으로 계속된다.

이 퍼즐은 그저 오락거리일 뿐이다. 적어도 네덜란드 수학팀은 그렇게 생각했다. 그러나 1983년 언젠가, 오락을 수학으로 (그리고 수학을 오락으로) 만드는 것이 삶의 방식이었던 존 콘웨이가 읽고 말하기 수열을 알게 되었다. 콘웨이는 읽고 말하기 수열이 3보다 큰 수를 절대로 포함하지 않는다는 것과 수열의 장기적 거동이, 그가 '원자'라 부르고 화학 원소의 이름을 붙인, 정확히 92개의 특별한 숫자열로 (1113213211은 '하프늄hafnium'에 '주석tin'이 따르는 숫자열이다) 제어된다는 것을 보여 주었다.[1] 게다가 수열을 이루는 항의 자릿수 자체도 예측할 수 있는 방식의 거동을 보인다. 이제까지 우리가 써 놓은 읽고 말하기 항의 길이는

1, 2, 2, 4, 6, 6, 8, 10, 14, 20…

이 수열이 등비수열이라면 매우 멋질 것이다. 그러나 아니다. 각 항과 이전 항의 비율은

2, 1, 2, 1.5, 1, 1.33, 1.25, 1.4, 1.42857…

그러나 더 진행하면 규칙성이 나타난다. 47번째, 48번째, 그리고 49번째 읽고 말하기 항의 자릿수는 각각

403,966, 526,646, 686,646

이다. 두 번째 숫자는 첫 번째 숫자의 1.3037배다. 세 번째는 두 번째의 1.3038배다. 비율이 안정되는 것으로 보인다. 읽고 말하기에 의하여 '청각성 붕괴audioactive decay'라 부른 과정이 진행되는 92개 원자를 독창적으로 조작함으로써, 콘웨이는 그 비율이 정말로 고정된 상수에 접근한다는 것을 증명하고 그 상수값을 정확하게 계산했

다.* 읽고 말하기 수열의 길이는 등비수열이 아니지만, 시간이 가면서 점점 더 등비수열을 형성한다.

등비수열은 우아하고 깔끔하다. 그러나 현실 세계에서는 드물다. 읽고 말하기 수열의 길이처럼 등비수열 비스름한 것이 더 흔하다. 여기서 우리는 고유값eigenvalue이라 불리는, 근본적으로 중요한 수학적 개념을 만나게 된다. 예를 들어, 질병 확산의 로스-허드슨 모델을 조금이라도 현실성 있게 만들려면, 고유값을 피할 수 없다.

다코타와 다코타

질병의 확산에 적용된 로스와 허드슨의 사건 이론은 현재 감염된 인구 비율의 추적에 의존한다. 여기서 이미 약간의 모호성이 생긴다. 그 인구는 무엇일까? 당신의 이웃? 당신이 사는 도시? 당신의 나라? 세계?

한 가지 간단한 덧셈 연습을 통해서 이 문제가 정말로 중요함을 알 수 있다. 새로운 질병인 월 드럭 독감Wall Drug Flu(월 드럭은 사우스다코타주 월에 있는 대형 쇼핑몰의 이름_옮긴이)이 중북부 지역을 휩쓸고 있다고 가정해 보자. 노스다코타의 발병 사례는 매주 세 배로 증가하지만, 이웃한 사우스다코타에서는 무슨 이유인지 두 배씩만 증가한다고 가정하자. 노스다코타의 감염자는 다음과 같이 늘어날

* 대수학 애호가를 위하여: 그 값은 차수가 71인 특정한 다항식의 가장 큰 근(root)이다.

것이다.

10, 30, 90, 270

그리고 사우스다코타에서는

30, 60, 120, 240

그러면 다코타를 통합된 주로 생각할 때 전체 감염자 수는

40, 90, 210, 510

이 수열은 등비수열이라 할 수 없다. 연속되는 항의 비율이 2.25, 2.33, 2.43이다. 이들 숫자를 보면 어떤 사악한 힘으로 인하여 시간이 갈수록 바이러스의 전염력이 강해진다고 생각될 수도 있다. 겁이 나기 시작할 것이다. 과연 증가율이 멈추기는 할까?

겁내지 말라. 감염자의 증가는 등비수열은 아니다. 그냥 그렇게 보일 뿐이다. 끝없이 이어지는 읽고 말하기 수열의 길이처럼 말이다. 우리가 살펴본 4주 동안의 총 발병 건수는 두 다코타주 사이에 대략 비슷하게 나뉘었다. 하지만 그런 상황이 지속되지는 않을 것이다. 다음 4주 동안 노스다코타의 발병 건수는

810, 2,430, 7,290, 21,870

그리고 사우스다코타는 불과

480, 960, 1,920, 3,840

8주 차에 두 다코타의 총 발병 건수는 25,710으로 전 주의 9,210건의 2.79배다. 이 비율은 3에 꽤 가깝고, 시간이 흐르면서 점점 더 가까워진다. 노스다코타의 빠른 증가 속도가 사우스다코타를 압도하게 된다. 전염병이 발발한 10주 후에는 노스다코타의 발병 건수가 거의 95%를 차지할 것이다. 따라서 어느 시점에서는 사우스다코타를 완전히 무시하는 게 나을지도 모른다. 질병이 노스다코타에서만 매주 3배로 증가하기 때문이다.

두 다코타의 예는 팬데믹을 올바르게 다루기 위하여 시간과 아울러 공간도 고려할 필요가 있음을 상기시킨다. 기본적인 SIR 상황에서는 모집단에 속한 어떤 두 사람이 서로 마주치고 호흡이 섞일 가능성이 똑같다. 우리는 실제로 그렇지 않다는 것을 안다. 사우스다코타 사람은 주로 사우스다코타 사람을, 노스다코타 사람은 주로 노스다코타 사람을 만난다. 바로 그 때문에 다른 주나 같은 주라도 서로 다른 지역에서 질병의 확산 속도가 다를 수 있다. 인구가 균일하게 혼합되면 질병의 역학도, 뜨거운 물과 찬물을 섞으면 뜨거우면서 차가운 소용돌이가 아니라 미지근한 물이 되는 것처럼 균일하게 될 것이다.

다음은 더 복잡한 다코타 시나리오다. 사우스다코타 주민이 사회적 거리두기 방역 지침을 믿기 힘들 정도로 잘 준수한다고 가정해 보자. 따라서 사우스다코타 주민 사이에서는 전혀 감염이 발생하지 않는다. 그러나 노스다코타 주민은 도처에서 서로 만나서 서로가 내쉰 공기를 들이쉬고 규칙을 어기는 것이 일상화되었다. 바이러스에 감염된 노스다코타 주민은 다른 주민 한 사람에게 바이러스를 전파한다. 게다가 노스다코타 사람은 주 경계 너머로 돌아다니면서 사람들을 만나는 것을 좋아하기 때문에, 노스다코타 감염자가 사우스다코타 주민 한 명을 감염시키고 사우스다코타 감염자도 노스다코타 주민 한 명을 감염시키게 된다.

전부 이해했는가? 이해하지 못했다면 (또는 이해했더라도) WDF에 감염된 노스다코타 주민 한 사람과 감염되지 않은 사우스다코타 주민 한 사람으로 시작하여 시나리오가 어떻게 전개되는지 살펴보자. 이어지는 한 주 동안에 노스다코타 감염자는 평화공원주Peace Garden State(노스다코타주의 별칭_옮긴이)의 동료 주민 한 명과 사우스다코타 주민 한 명을 감염시킨다. 한편 감염자가 없는 사우스다코타 주민에 의한 신규 감염은 없다. 시나리오를 더 단순하게 만들기 위해 전염력이 있는 독감 환자가 일주일이 지나면 회복된다고 가정하자. 따라서 일주일 후에는 새로 감염된 사람들만 감염자로 남는다. 그림을 통해 설명해 보겠다. 먼저 노스다코타 주민 한 명과 사우스다코타 주민 한 명이 있다.

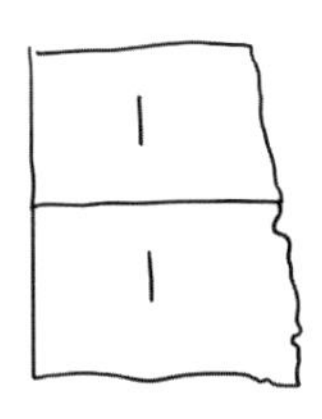

그다음 주에는 노스다코타 감염자가, 노스다코타와 사우스다코타에서 한 사람씩, 두 명을 감염시키고 사우스다코타 감염자는 너무 가까이 접근한 노스다코타 주민 한 명을 감염시킨다. 따라서

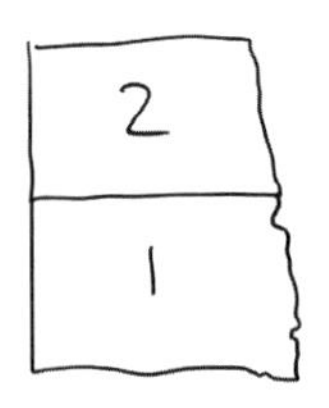

시간이 가면서 감염이 더 널리 확산한다. 이어지는 몇 주 동안의 감염자 수는

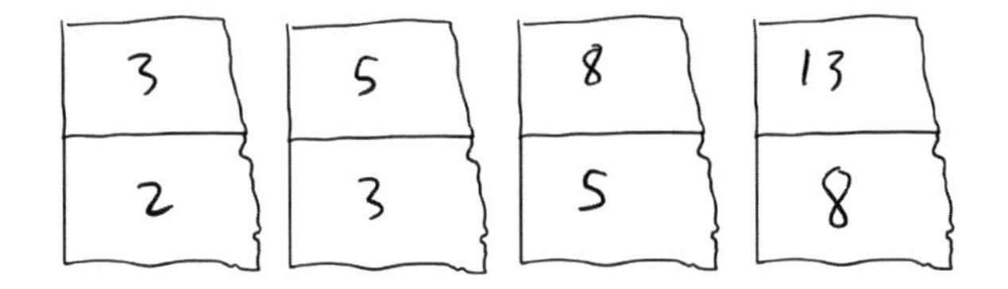

공중에서 산스크리트어 시가 들려오는가? 매주 윌 드럭 독감에 걸리는 노스다코타 주민의 수는 다음과 같이 진행한다.

1, 1, 2, 3, 5, 8, 13…

바로 비라한카-피보나치 수열이다. 사우스다코타의 감염자 역시 한 주 뒤처졌지만 동일한 수열이다. 이런 상황은 우리가 선택한 바이러스 전파의 규칙 때문이다. 사우스다코타의 월 드럭 독감 감염자 수는 그 전주에 독감에 걸린 노스다코타 주민의 수와 같고, 노스다코타의 감염자는 그 전주에 노스다코타와 사우스다코타에서 독감에 걸린 사람 수로서, 전주와 전전주에 독감에 걸린 노스다코타 주민 수를 합친 숫자와 같다.

피보나치 수열은 등비수열이 아니다. 연속되는 항 사이의 비율이 오르내린다.

1, 2, 1.5, 1.66…

그렇지만 등비수열과 매우 비슷하다! 특히 수열을 건드리지 않고 한동안 더 진행되게 만들면 말이다. 피보나치 수열의 열두 번째 숫자는 144이고, 열세 번째는 233, 열네 번째는 두 수의 합인 377이다. 233/144는 약 1.61806이다. 다음 비율 377/233은 약 1.61803이다. 두 비율이 상당히 가깝다. 매주 감염의 증가 추세를 추적하면 한 주와 다음 주의 비율이 거의 정확하게 약 1.618034라는 공통 비율로 안정된다는 것을 알게 된다. 여기서 우리는 다시 한번 등비수열처럼 증가하지만 등비수열은 아닌 현상과 마주친다.

피보나치 수열에 숨어 있는 신비한 숫자는 무엇일까? 그냥 평범한 숫자는 아니다. 황금비golden ratio, 황금분할golden section, 신의 비율divine proportion, 또는 φ라는* 멋진 이름이 있는 숫자다. (수가 유명할수록 이름이 여러 가지인 경향이 있다.) 정확한 설명을 원한다면, 5의 제곱근을 포함하는 표현이 있다. 황금비는 $(1+\sqrt{5})/2$ 이다.

사람들은 여러 세기 동안 이 황금비를 두고 법석을 떨었다. 유클리드는 이 비율을 '극단과 평균으로의 분할division into the extreme and mean'이라는, 보다 평범한 이름으로 불렀다. 그는 정오각형을 구성하기 위하여 이 비율이 필요했다. 황금비는 정오각형의 대각선과 변의 비율이기 때문이다. 요하네스 케플러Johannes Kepler는 피타고라스 정리와 유클리드의 비율을 고전 기하학의 두 가지 최고 업적으로 평가했다.

"전자는 금덩어리에 비유할 수 있고, 후자는 귀중한 보석이라 할 수 있다."[2]

언제부턴가 이 비율은 보석과 황금이기를 멈췄다. 1717년의 한 텍스트는 말한다.

「고대인은 이 분할을 황금분할이라 불렀다.」[3] (고대인이 정말로 그렇게 불렀다는 증거는 없지만, 당신이 만들어 낸 용어에 불특정한 전통의 비중을 할당하면 약간의 문화적인 풍미가 더해진다.)

황금 직사각형은 길이가 폭의 φ배인 직사각형이며, 한 조각이 정사각형이 되도록 두 조각으로 자르면 나머지 조각이 다시 원래보다 작은 황금 직사각형이 되는 멋진 특성이 있다. 그 황금 직사각형

---

* 정수론자는 '피(fee)'로, 남학생 사교클럽 회원은 '파이(fie)'로 발음하는 그리스 문자.

을 다시 잘라서 정사각형을 만드는 일을 계속하면 일종의 나선이 형성된다.

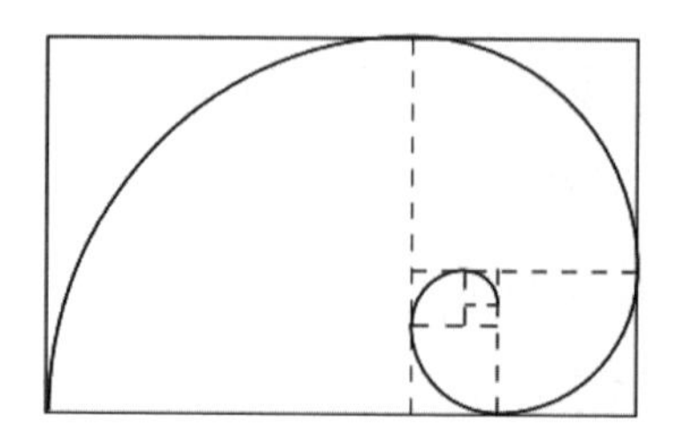

케플러는 황금비의 기하학적 특성과 산술적 특성을 모두 이해했다. 그는 독자적으로 비라한카-피보나치 수열을 발견했으며, 연속하는 항 사이의 비율이 점점 더 황금비에 접근한다는 것을 알아냈다. 길이와 폭이 피보나치 수열의 연속하는 두 수인 황금 직사각형에 가깝게 그리면 황금비의 기하학과 산술의 관계를 볼 수 있다. 다음 그림의 8×13 견본처럼.

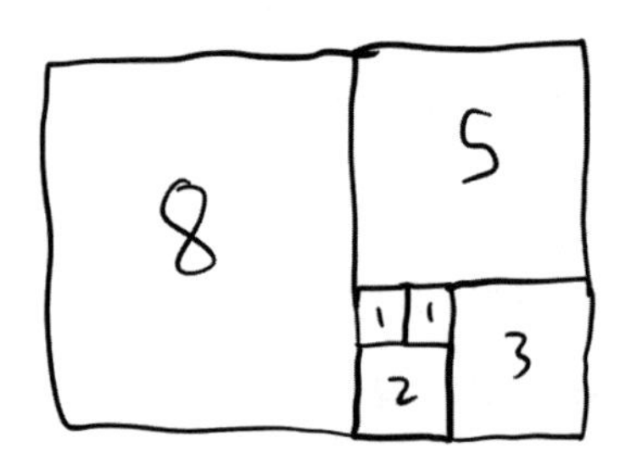

우리는 이 직사각형을 '황금이 아닐 때까지 황금golden until it's not'이라 부를 수 있다. 정사각형을 잘라 내면 5×8 직사각형을 얻는다. 다시 더 작은 정사각형을 잘라 내면 3×5 직사각형이 되고, 잘라 낼 때마다 피보나치 수열을 거꾸로 진행하게 된다. 결국에는 0에 이르게 되어 정사각형의 나선이 영원히 계속되지 않고 끝난다.

내가 가장 좋아하는 황금비의 특성은 상대적으로 덜 주목받는다. 따라서 지금이 그것을 알릴 기회다! 내가 계속해서 1.618…처럼 짜증나는 줄임표를 타자하는 것은 황금비가 무리수irrational number이기 때문이다. 무리수는 정수를 다른 정수로 나눈 형태로 표현할 수 없는 수다. 이는 또한 황금비를 유한한 자릿수의 숫자나 심지어 1/7=0.142857142857142857…같이 동일한 숫자열이 무한히 반복되는 숫자로도 나타낼 수 없다는 뜻이다.

그렇다고 황금비에 아주 가까운 유리수rational number가 없다는 뜻은 아니다. 물론 그런 유리수가 있다! 십진 전개decimal expansion라는 방법을 쓰면 된다. 이 방법은 하나의 수와 가까운 분수로 표현하는 것이다.

16/10=1.6 (꽤 가깝다)

161/100=1.61 (더 가깝다)

1,618/1,000=1.618 (더욱 가깝다)

십진 전개는 황금비와의 오차가 1/1,000 이하이며 분모가 1,000인 분수를 제공한다.* 분모를 10,000으로 한다면 오차가 1/10,000

---

* 실제로는, 마지막 자릿수를 그냥 잘라 버리는 대신에 반올림하여, 오차를 1/2,000 이내로 줄일 수 있다. 세부사항은 관심 있는 독자를 위하여 남겨 둔다! 어쨌든 우리는 오차가 두 배로 되는 것을 걱정할 정도로 신경 쓰지는 않을 것이다.

이하로 줄어들고 같은 방식으로 계속해 나갈 수 있다.

십진법보다 나은 방법도 있다! 피보나치 수의 비율도 점점 더 황금비에 가까워지는 분수이기도 하다는 것을 기억하라.

8/5=1.6

13/8=1.625

21/13= 약 1.615

더 멀리 수열을 따라가면 다음을 얻는다.

233/144=1.6180555555…

이 수는 황금비와 약 2/100,000밖에 차이가 나지 않는다. 1,618/1,000보다 상당히 좋은 근사치면서 분모는 1,000보다 훨씬 작다. 실제로 그 차이는 분수 1/144의 1/100보다 작다.

몇몇 유명한 무리수는 훨씬 더 가깝게 근사할 수 있다. 5세기에 난징의 천문학자 조충지祖沖之는 간단한 분수 355/113가, 오차가 1,000만분의 2에 불과한, 믿기 힘들 정도로 π에 가까운 수라고 말했다.[4] 그는 이 분수를 밀률密率(정밀한 비율)이라 불렀다. 수학적 기법에 관한 조충지의 책이 사라졌기 때문에 그가 어떻게 밀률을 찾아냈는지는 알려지지 않았다. 그러나 조충지의 발견은 단순한 발견이 아니었다. 이 근사가 인도에서 재발견되기까지 1,000년, 그 후에 유럽에 알려지는 데 100년이 걸렸고, π가 실제로 무리수임이 확실하게 증명된 것은 다시 한 세기가 지나서였다.

유리수를 사용하여 무리수에 얼마나 가깝게 접근할 것을 기대할 수 있을까? 산술 문제이지만 기하학적으로 생각하는 편이 더 좋다. 19세기 초에 페터 구스타프 르죈 디리클레Peter Gustav Lejeune Dirichlet가 창안한 놀라운 트릭trick이 있다. 우리는 φ로부터의 거리가 1/144의 100분의 1보다 작은 233/144이라는 분수를 찾았다. 그렇다면 황금비율과의 차이가 p/q의 1000분의 1보다 작은 분수 p/q를 찾을 수 있을까? 그렇다. 그리고 찾을 수 있다는 디리클레의 증명은 너무도 간단해서 독자에게 제시하지 않을 수 없다.* 0과 1 사이의 숫자를 포함하는 수직선의 선분을 그린 다음 1,000개의 동일한 조각으로 자른다. (1,000개의 조각을 그릴 수 없으므로 그저 그렇게 상상하자.)

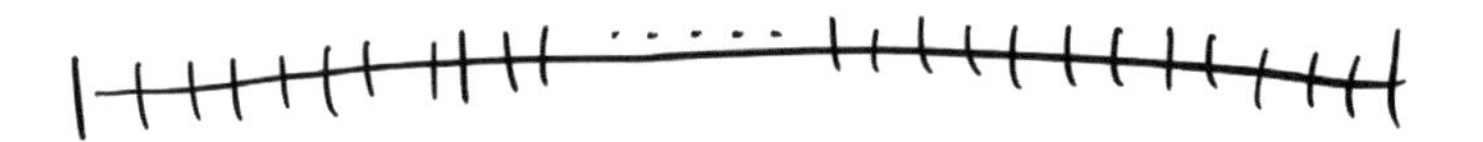

이제 φ의 배수를 쓰기 시작한다.

φ=1.168…, 2φ=3.236…, 3φ=4.854…, 4φ=6.472…

그리고 각 숫자의 소수 부분을 수직선 위에 그린다. φ의 배수 첫

* 이 섹션은 디오판토스 근사(Diophantine approximation)라는 주제의 도입부에 해당한다. 관심이 있는 독자는 디리클레의 근사 정리(우리가 여기서 증명한 것), 연분수(continued fraction), 그리고 리우빌의 정리(Liouville's Theorem)를 찾아보라.

300개의 소수 부분을, 조금 더 잘 보이도록 수직 막대기로 표시하여 그리면 '바코드' 비슷한 그림을 얻게 된다.

이들 막대기는 각자 1,000개의 상자 중 하나에 들어간다. 황금비율 자체는 619번째 상자에 들어 있다. (연도는 20으로 시작하지만 21세기인 것과 같은 이유로 618번째 상자가 아니다. 첫 번째 상자에는 .000과 .001 사이의 숫자가 있고, 두 번째 상자에는 .001과 .002 사이의 숫자가 있는 식이다.) 다음 배수 2φ는 상자 번호 237에, 3φ는 855번 상자에 있다. 이들 숫자를 상자에 넣는 일을 계속하라. φ의 배수 중 어떤 것이라도 첫 번째 상자로 들어가면 우리가 이기게 된다. 배수 qφ의 분수 부분이 0과 .001 사이에 있다는 말은 qφ와 어떤 정수 p의 차이가 기껏해야 .001이라는 말이며, 두 수를 q로 나눈 뒤에는, φ와 분수 p/q의 차이가 기껏해야 1/q의 1/1,000밖에 안 된다는 말이기 때문이다.

그러나 우리의 배수 중 어느 것이든 첫 번째 상자에 들어가야 하는 이유는 무엇일까? 어쩌면, 보드워크Boardwalk에 착지하기를 갈망하면서 모노폴리Monopoly 게임판을 도는 스코티Scottie 개처럼, 배수들도 0과 1사이의 영역을 끊임없이 돌아다니면서 결정적인 목적지에는 결코 도착하지 못할지도 모른다!

여기서 디리클레의 놀라운 통찰이 개입한다. 그가 서랍 원리Schubfachprinzip라 불렀지만 오늘날 영어권의 수학자들은 비둘기집 원리라 부르는 다음과 같은 원리다. 비둘기 떼를 모두 비둘기집의 구멍 속으로 집어넣는다고 해 보자. 구멍보다 비둘기가 많다면, 어떤 구멍 속에는 두 마리의 비둘기가 있어야 한다.

그런 말은 너무도 당연해서 무슨 쓸모가 있을 것으로 생각되지 않는다. 가장 심오한 수학도 그럴 때가 있다.

여기서 비둘기는 φ의 배수이고 1,000개의 상자는 구멍이다. 우리가 디리클레의 서랍을 생각하면서 배우는 것은 배수가 1,001개라면 그중에 적어도 두 개가 같은 구멍을 공유해야 한다는 사실이다. 238φ와 576φ가 구멍을 공유하는 비둘기라고 해 보자. 실제로는 그렇지 않지만, (두 배수는 각각 93번 상자와 988번 상자에 있다) 그렇다고 하자. 그러면 두 숫자의 차이는 우리가 p라고 부르는 정수에 1/1000보다 가까워야 한다. 그러나 그 차이 338φ는 첫 번째 상자, 또는 정확하게 말해서, 0.999…으로 끝나는 숫자들이 들어가는 맨 마지막 상자로 들어가야 한다. 어느 쪽이든 p/338가 우리가 찾는 충분히 가까운 근사치다.

φ의 배수 중 어떤 두 개가 같은 상자에 있는지는 중요하지 않다. 어떤 쌍이든 φ에 정말로 가까운 분수를 알려 준다. 실제로 첫 번째 비둘기 충돌은 φ와 611φ=988.6187… 사이에서 일어나 619번 상자를 공유하게 된다. 그들의 차이 610φ는 약 987.00007이다. 따라서 987/610은 정말로 훌륭한 φ의 근사치다. 독자는 610과 987이 계산을 중단한 지점 밖에 있는, 피보나치 수열의 연속되는 항이라는 사실을 알더라도 놀라지 않을 것이다.

1,000이라는 숫자에는 아무런 특별한 점이 없었다. φ와의 차이가 1/q의 100만분의 1보다 작은 유리수 p/q를 원한다면, q를 100만

정도로 크게 잡아야 할지도 모르지만, 그렇게 할 수 있다.

조충지의 '정밀한 비율' 355/113와 π의 차이는 1/113의 3만분의 1 정도에 불과하다. 페터 구스타프 르젠 디리클레의 방법으로 이렇게 훌륭한 근사치를 찾으려면 분모가 30,000이나 되는 분수를 찾아야 할지도 모른다. 그러나 우리는 그렇게 하지 않는다! 밀률은 단지 π의 훌륭한 근사가 아니라 충격적일 정도로 훌륭한 근사치다.

이런 논의가 수직선에서 어떻게 진행되는지 살펴보자. φ의 배수에 대하여 그랬던 것처럼, 1/7의 배수 첫 300개를 분수 부분을 막대기로 표시하여 그리면 막대기 일곱 개처럼 보이는 그림을 얻을 것이다. 1/7에 어떤 정수를 곱하더라도 분수 부분이 0, 1/7, 2/7, 3/7. 4/7. 5/7, 또는 6/7이 되는 1/7의 배수를 얻게 되기 때문이다.

어떤 유리수라도 마찬가지다. 점점 더 많은 배수를 생각할 수 있지만, 막대기는 0에서 1까지 간격이 균일하며 유한한 수로 제한될 것이다.

π는 어떨까? 첫 300개의 배수는 다음과 같다.

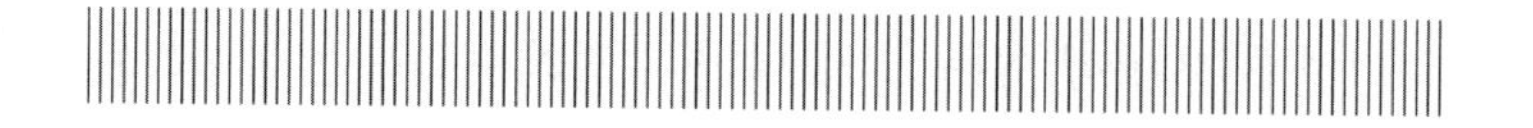

막대기가 상당히 많다. 그러나 300개는 아니다. 실제로 그림에 보이는 막대기를 세어 보면 정확히 113개임을 알게 될 것이다. 우리가 보는 것은 밀률의 서명이다. π가 355/113에 매우 가깝기 때문에, 첫 300개의 배수 또한 355/113의 배수와 매우 가깝다. 이는 막대기들이 0, 1/113, 2/113, (113가지 가능성을 모두 썼다 치고), 그리고 112/113이라는 숫자에 매우 가깝게 위치할 것임을 의미한다. π가 밀률과 정확히 같지는 않기 때문에, π의 배수들이 그들 분수 부분과 정확하게 일치하지는 않는다. 그림에서 약간 두꺼워 보이는 막대기들은 실제로 여러 개의 막대기가 아주 가깝게 모여서 하나로 보이는 것이다.

다시 황금비로 돌아가자. 앞에서 그렸던 φ의 배수 첫 300개는 π의 막대기들처럼 뭉치지 않고 잘 펴져 있다. 1,000개의 배수를 그리더라도 마찬가지다. 그저 막대기가 더 있을 뿐이다.

φ의 배수를 아무리 많이 취하더라도 ―1,000개, 10억 개 또는 그 이상이라도― 막대기들은 유리수의 바코드처럼 몇몇 균일한 간격의 위치 집합을 따라 정렬하거나, π의 바코드처럼 그런 위치들 가까이로 모여들지 않을 것이다. 황금 밀률은 없다.

여기서 증명하기는 조금 어렵지만 아름다운 사실이 하나 있다. φ에 대하여 피보나치 수열이 제공하는 것보다 더 나은 유리수 근사치는 찾을 수 없고, 그런 근사치가 디리클레 정리가 보장하는 것보다 훨씬 나은 경우는 결코 없을 것이다. 여기서는 아니지만 아주 정확하게 입증할 수 있는 방식으로, 실제로 φ는 모든 실수 중에 가장 잘 근사할 수 없는 수이며 무리수 중에서도 가장 무리한irrnational 수라고 할 수 있다. 나에게는 그것이 보석이다.

특정한 비율을 찾아서

90년대의 어느 날 나는 뉴욕의 갤럭시 다이너Galaxy Diner에서 친구의 친구와 저녁 식사를 했다. 그 친구의 친구는 수학에 관한 영화를 만들고 있다고 했으며, 수학적인 삶이 실제로 어떤 것인지에 대하여 수학자와 이야기하기를 원했다. 우리는 패티 멜트patty melts(녹인 치즈를 곁들인 쇠고기 패티 샌드위치_옮긴이)를 먹었고, 나는 그에게 몇 가지 이야기를 들려주었다. 그리고 그 일을 잊어버린 채로 몇 해가 흘렀다. 그 친구의 친구의 이름은 대런 애러노프스키Darren Aronofsky였으며 그의 영화 『파이Pi』는 1998년에 나왔다. 영화의 주인공은 지나치게 생각에 몰두하면서 손가락으로 머리칼을 휘젓는 맥스 코헨Max Cohen이라는 정수론 학자다. 그는 하시딤Hasidim(영적 부흥을 추구하는 유대인 종교 모임_옮긴이)의 일원인 남자를 만남으로써, 단어를 이루는 히브리 문자의 수치값을 더하여 단어를 수로 바꾸는, 게마트리아gematria라* 불리는 유대교 수비학Jewish numerology에 관심을 갖게 된다. 그 남자는 '동쪽east'에 해당하는 히브리어 단어의 수치 합계가 144이고, '생명의 나무The Tree of Life'는 233이 된다고 설명한다. 맥스는 이들

* 이 말은 그리스어 '기하학(geometry)' 히브리어화가 분명하다고 생각될 수도 있지만, 단어의 기원에 관한 설명에는 논란의 여지가 있다.

이 피보나치 수열의 수이기 때문에 흥미를 느끼고, 신문의 주식시세 면에 다른 피보나치 수를 몇 개 더 쓴다.

"이런 것은 본 적이 없습니다."

감명을 받은 하시드Hasid가 말한다. 맥스는 유클리드라는 자신의 컴퓨터를 열성적으로 프로그램하여 황금 직사각형의 나선을 그리고, 커피에서 우유가 그리는 비슷한 나선을 한참 동안 응시한다. 그는 주식시세를 예측하는 열쇠로 보이며 신의 비밀 이름일 수도 있는 216자릿수의 숫자를 계산한다. 논문의 지도교수와 바둑도 많이 둔다. ("그만 생각해, 맥스. 그냥 느껴. 직관을 사용해.") 막스는 심한 두통을 겪고 더욱 세차게 머리칼을 휘젓는다. 이웃 아파트의 아름다운 여인이 그에게 호기심을 느낀다. 말하는 것을 잊었지만, 이 영화는 흑백 영화다. 누군가가 그를 납치하려 한다. 마침내 맥스는 수학적 압력을 낮추기 위하여 두개골에 구멍을 뚫게 되며, 영화는 해피엔딩처럼 보이는 장면으로 끝난다.

내가 애러노프스키에게 무슨 말을 했는지는 기억나지 않지만 그런 이야기는 아니었다.

(완전 공개: 『파이』가 나온 후 20대 시절에 커피숍에 앉아 있을 때, 나는 많이 닳은 로빈 하츠혼Robin Hartshorn의 《대수 기하학Algebraic Geometry》을 전술적으로 탁자 위 잘 보이는 곳에 올려놓고 생각에 몰두하면서 손가락으로 머리칼을 휘젓곤 했다. 관심을 보인 사람은 아무도 없었다.)

애러노프스키는 고등학교의 '수학과 신비주의'라는 과목에서 피보나치 수를 배웠고, 즉시 그 수열과의 유대감을 느꼈다. 자기 집 우편번호가 11235였기 때문이다. 우연과 패턴에 대한 그런 식의 관심은, 의미가 있든 없든, 황금숫자주의golden numberism의 특징이다. 언제부턴가, 1.618…의 수학적 성질에 관한 이해할 수 있는 매혹이 더 거창한 주장으로 번져 나가기 시작했다. 정수론 학자 조지 밸러드 매튜스George Ballard Matthews는 일찍이 1904년에 애러노프스키의 영화를 비판했다.

> '신성한 비율' 또는 '황금분할'은 무지한 사람들뿐만 아니라 케플러처럼 신비적 감각이 있고 학식을 갖춘 사람에게까지 깊은 인상을 주었다. 그리스인들조차도 '그 분할the section'이라 불렀으며 동양사상의 영향을 받았음이 틀림없는 그리스 철학자들은, 우리에게는 유치하게 보이지만 자신들에게는 충분히 진지했던 방식으로, 원자와 정입방체에 관하여 사유했다. 어쨌든, 정오각형의 정확한 구성을 처음으로 알아낸 사람은 자신의 업적에 자부심을 느낄 만한 이유가 있었다. 그리고 기적의 오각성pentagramma mirificum 주위에 모여든 미신은 그 사람의 명성에 대한 기괴한 메아리다.[5]

황금비의 길이로 구성된 도형은 본질적으로 가장 아름다운 도형이라 불리기도 한다. 19세기 독일의 심리학자 구스타프 페히너Gustav Fechner는 피실험자들이 정말로 황금비 사각형을 가장 마음에 들어 하는지를 알아보기 위하여 다양한 사각형을제시하기도 했다. 그렇다! 사람들에게 있어 황금비 사각형은 잘생긴 사각형이었다. 그러나 기자Giza의 대피라미드, 파르테논 신전, 그리고 〈모나리자〉가 모두 황금비의 원리로 설계되었다는 주장은 제대로 입증되지 못했다. (다빈치는 실제로, 이탈리아인들이 '신성한 비율'로 생각한 숫자에 관하여 파치올리Pacioli의 책을 예시하기는 했지만, 자신의 미술 작업에서 그 비율에 특별한 관심을 기울였다는 증거는 없다.6) 황금비의 φ라는 이름은 고대 그리스 조각가 피디아스Phidias를 기려서 20세기에 만들어진 용어다. 아마 사실이 아니겠지만, 피디아스는 고전적으로 완벽한 석조물을 만들기 위하여 황금비를 이용했다고 전해진다. 1978년에 〈치과보철학회지Journal of Prothestic Dentistry〉에 실린 영향력 있는 논문에 따르면,[7] 가장 매력적인 미소를 위해서는 중앙 앞니의 폭이 측면 앞니의 1.618배가 되어야 하고, 이는 다시 송곳니의 1.618배가 되어야 한다.[8] 황금 치아를 얻을 수 있는데 왜 금 이빨에 만족할까?

황금숫자주의는 2003년에 댄 브라운Dan Brown이 메가히트 소설 《다빈치 코드Da Vinci Code》를 발표하면서 본격적인 도약을 시작했다. 《다빈치 코드》는 피보나치 수열과 황금비를 이용하여 성당기사단과 오늘날까지 이어진 예수의 자손에 관련된 음모를 파헤치는 하버드대 '종교 기호학' 교수가 주인공인 이야기다. 그 후로 'φ를 붙이는 것'은 딱 좋은 마케팅 전략이 되었다. 당신은 뒷모습을 멋지게 해 주는 황금비가 들어간 청바지를 살 수 있었다. (의치와도 어울릴 것이다) 또 당신이 단백질과 탄수화물을 황금비로 섭취하여 살을 빼기를 다빈치도 원했을 거라고 주장하는 '다이어트 코드Diet Code'도 있었다.[9] 아마도 이제까지 나온 신비로운 기하학적 야단법석 중에 '숨이 멎을 듯한' 최고의 걸작은 아넬 그룹Arnell Group의 마케팅 대행사가 만든 것으로, 2008년에 새로 디자인된 펩시콜라의 '지구globe' 로고에 대한 27페이지에 달하는 설명서일 것이다.[10] 그들은 펩시와 황금비가 자연스러운 동반자라고 설명한다. 왜냐하면 여러분도 알다시피 '진실과 단순성이 브랜드brand의 역사에서 되풀이되는 현상'이기 때문이다. 새로운 펩시 로고가 공개되는 순간은 피타고라스, 유클리드, 다빈치, 그리고 뫼비우스의 띠Möbius strip까지 포함하는 5,000년을 이어 온 과학과 디자인의 정점으로 설정된다. 아넬이 비라한카를 몰랐던 것이 다행한 일이다. 알았다면 어떤 사이비 아대륙pseudo subcontinental철학을 추가했을지를 생각하면 떨리기 때문이다.

새로운 펩시 로고는 반지름이 서로 황금비를 이루는 원들의 호arc로 이루어질 것이며 그 비율은, 브랜드 이미지를 혁신하려는 진정한 시도에서, '펩시 비율The Pepsi Ratio'로 알려질 것이라고 선언된다. 그때부터 상황이 기괴해진다. 이어지는 페이지에는 '펩시 에너지장Pepsi Energy Fields'과 지구 자기권의 관계를 보여 주고 아인슈타인이 설명한 중력과 식료품 통로에서 브랜드의 매력 사이의 관련성을 예시하는 그림이 나온다.

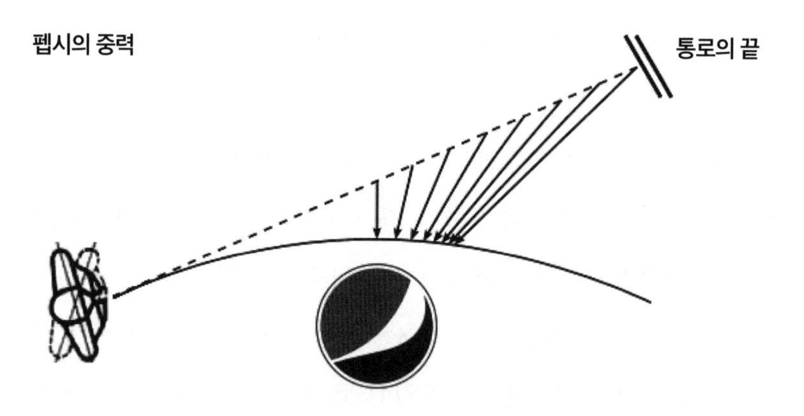

이 모두가 터무니없음에도 불구하고, 아넬의 펩시 지구는 10여 년이 지난 오늘날에도 여전히 콜라 깡통 위에 버티고 있다. 따라서 황금비가 실제로 무엇이 아름답고 좋은지에 관한 진정한 자연의 중재자일지도 모른다! 아니면 그저 사람들이 펩시를 좋아하거나.

랄프 넬슨 엘리엇Ralph Nelson Elliott은 20세기 초의 30년 동안 미국과 중앙아메리카를 오가면서 멕시코 철도회사와 미국이 점령한 니카라과의 금융 개편작업을 위해서 일했던 캔자스 출신의 회계사다. 그는 1926년에 기생충 아메바에 심하게 감염되어 미국으로 돌아가야 했다. 몇 년 뒤에는 걷잡을 수 없는 혼란에 빠진 주식시장이 전 세계를 불황으로 몰아넣었다.[11] 그래서 엘리엇은 남아도는 시간과 함께, 더 이상 깔끔한 복식부기複式簿記(경영조직의 회계 장부기록 방법 중 하나_옮긴이)가 어울리지 않는 금융계에 다소간의 질서를 회복하려는 강력한 동기를 얻게 되었다. 엘리엇이 랜덤워크로 주식시세를 분석한 루이 바슐리에의 연구를 알지 못했던 것은 확실하지만, 설사 알았더라도 단 1분의 시간도 할애하지 않았을 것이다. 그는 주가가 액체 속에 떠 있는 먼지처럼 무작위하게 움직인다고 믿고 싶지 않았다. 행성이 각자의 궤도에서 안전하게 운행하도록 해 주는, 위안이 되는 물리 법칙 비슷한 것을 원했다. 엘리엇은 자신을, 외견상으로는 무작위하게 오고 가는 것처럼 보이는 혜성이 실제로는 엄격한 시간표를 따라 움직인다는 사실을 알아낸, 17세기의 에드먼드 핼리Edmond Halley와 비교했다. 엘리엇은 말했다.

"인간은 태양이나 달과 마찬가지로 자연스러운 존재이며, 인간의 행동 패턴 역시 측정과 분석의 대상이다."[12]

엘리엇은 75년 동안의 주식시세를, 주가의 오르내림을 이해할 수 있는 이야기로 바꾸려 애쓰면서 시시각각 변하는 움직임에 이르기까지 꼼꼼하게 살펴보았다. 그 결과, 주식시장이 몇 분마다 오르내리는 분 단위 사이클로부터 1857년에 시작되어 당시에도 진행 중이던 '그랜드 슈퍼사이클grand supercycle'에 이르기까지 서로 맞물린 여러 사이클의 지배를 받는다고 가정한 엘리엇 파동이론Elliot Wave Theory이 만들어졌다.

이론이 투자자가 돈을 버는 데 도움이 되려면, 시장이 상승 또는 하락 추세로 바뀌려는 시점이 언제인지를 알아야 한다. 파동이론에 그 답이 있다. 엘리엇은 주식시장의 움직임이 상승 및 하락 추세의 예측 가능한 패턴, 즉 파동이론에 정통한 사람이라면 현재의 추세와 이전 마지막 추세의 지속 기간 사이의 비율이 황금비인 1.618배라는 원리에 따라 예측할 수 있는 패턴에 좌우된다고 믿었다. 이 점에서 엘리엇은, 『파이』에서 주식시세 면에 피보나치 숫자를 휘갈겨 쓴 맥스 코헨의 선구자라 할 수 있다.

1.618의 법칙은 절대적인 법칙이 아니다. 다음번 파동은 61.8% 더 길어질 수 있다. 그러면 마지막 추세가 지금 추세의 1.618배로 길어지기 때문이다. 아니면 38.2% 더 길어질 수도 있다. 38.2%가 61.8%의 61.8%이기 때문이다. 수많은 편법이 있다. 이론에 편법이 많을수록, 이미 일어난 일을 "바로 내가 말한 대로야!"라고 자신 있게 설명하기가 쉬워진다. 솔직히 말해서 엘리엇이 정확히 무엇을 예측하거나 하지 않는지를 외부인이 꿰뚫어 보기는 어렵다. 그의 파동이론에는, 혼자서 많은 시간을 보낸 사람들이 개발한 모든 이

론과 마찬가지로, 색다른 용어가 가득하다. (“3차의 3차Third of a Third—충동파동impulse wave의 강력한 중간부. 추진Thrust—삼각형의 완성에 따르는 충동적 파동.) 주식시장을 해결하는 데 만족하지 않았던 엘리엇은 남은 삶의 마지막 10년 동안 진정한 일생의 역작 《자연의 법칙: 우주의 비밀Nature's Law: The Secret of Universe》을 저술했다. (스포일러: 그 비밀은 다름 아닌 파동이다.)

이는 그저 또 하나의 로저 밥슨Roger Babson 이야기 같은, 금융의 역사가 남긴 잿더미 속의 이야기에 불과할 수도 있다. 뉴턴의 운동 법칙이 주식시장을 지배한다고 믿었던 밥슨은 1929년의 대폭락과 임박한* 1930년의 대공황 종료를 예측했고 매사추세츠주에 밥슨 대학Babson College, 캔자스주 유레카Eureka(미국 본토의 중심이며, 원자폭탄으로부터 안전할 것으로 믿었던)에 유토피아 대학Utopia College을 설립했으며, 1940년에는 금주당Prohibition Party 후보로 대통령 선거에 출마했고, 반중력 금속의 개발을 시도하면서 주식투자를 돕는 정보를 팔아서 번 돈의 대부분을 썼다.[13]

두 사람의 차이점은 엘리엇의 파동이론이 지금도 관심의 대상이라는 것이다. 메릴 린치Merrill Lynch의 ‘기술적 분석’ 지침서는 통상적인 황금비가 시사하는 ‘피보나치 개념’에 대하여 지침서의 한 장 전체를 할애한다.

다른 모든 분석 기법과 마찬가지로 피보나치 관계를 100% 신뢰

---

* 실제로 임박한 것은 아니었다.

할 수는 없다. 그렇지만 피보나치 관계가 중요한 전환점을 얼마나 자주 예측하는지는 불가사의한 일이다. 피보나치 비율과 그 파생물이 계속해서 나타나는 이유에 관해서는 추측이 무성하다. 사실 이 신비한 비율은 자연에서 반복적으로 발견된다. 르네상스 시대의 그림에는 균형과 관점을 정의하는 황금비율이 만연했다. 피보나치의 시대보다 훨씬 이전의 고대 그리스 신전 건축물에서도 황금비율이 발견되었다.[14]

당신의 블룸버그Bloomberg 단말기는 (그런 단말기가 있을 정도로 돈이 많다면), 주식 차트 위에 작은 '피보나치 선Fibonacci Lines'을 그려 줄 것이다. 따라서 당신은 주식 가격이, 파동 이론가들이 '피보나치 되돌림Fibonacci retracement'이라 부르는 과정을 통하여 가장 최근의 추세를 φ배로 반복하게 되기 전에, 어떤 수준까지 올라갈 수 있을지 알 수 있다. 2020년 4월 〈월스트리트 저널Wall Street Journal〉은 독자들에게 코로나 바이러스로 타격을 입은 S&P 500 주가지수가 '앞으로 더 큰 고통을 겪을 것'이라고 경고했다.[15] 지난 3월에 시장이 바닥을 친 후로 주가가 23% 반등했지만, 피보나치 되돌림이 추가적인 손실을 예고했던 것이다. 두 달 뒤에 S&P 지수는 10% 더 상승했다.*

내 친구 ―굳이 알려 주자면 상당히 부자인― 친구 한 사람은 피보나치 기법을 투자에 사용한다. 그녀는 피보나치 기법이 '실제로'

---

* 그렇다면 그로부터 두 달 뒤는 어떨까? 어쩌면 피보나치가 옳았음을 알게 될지도 모른다! 글쎄, 생각해 보라. "내 추측이 옳았다."라는 말이 "미래의 언젠가 불특정한 시점에 주식시장이 하락할 것이다."를 의미한다면, 정확하긴 하지만 인상적인 추측은 아니다.

효과가 있는지는 중요하지 않다고 주장한다. 시장과 엘리엇 파동의 예측 사이에 조금이라도 상관관계가 있으려면, 충분한 수의 사람이 효과가 있다고 생각하는 것만이 중요하다. 엘리엇 파동은, 팅커 벨 Tinker Bell(동화 '피터 팬'에 나오는 요정_옮긴이)처럼, 진정으로 믿는 사람들의 바람으로 생명을 얻는다. 어쩌면 내 친구의 말이 맞을지도 모르지만, 그녀의 견해를 뒷받침하는 증거는 빈약하다. 독자의 투자 매니저가 피보나치 되돌림을 지지한다면, 나는 (양해 바란다) 그들이 φ값(φ와 보수를 뜻하는 영어 단어 fee가 발음이 유사한 점을 활용한 말장난_감수자)을 하지 못한다고 말할 것이다.

다코타와 다코타 다시 보기

노스다코타 사람들이 약간 더 지저분해지도록 우리의 모델을 조정한다면 어떻게 될까? 노스다코타의 감염자 한 사람이 동료 주민을 한 명이 아니라 두 명 더 감염시킨다고 해 보자. 앞에서처럼 노스다코타의 감염자가 한 명이고 사우스다코타에는 감염자가 없는 상황으로 시작한다면

(1 ND, 0 SD)

다음 세대에는 노스다코타 주민 두 명과 사우스다코타 주민 한 명이 새로 감염된다.

(2 ND, 1 SD)

그러면 두 명의 노스다코타 감염자는 노스다코타에서 네 명, 사우스다코타에서 두 명을 추가로 감염시키고, 이미 감염된 사우스다코타 주민은 노스다코타 주민 한 명을 감염시키게 된다.

(5 ND, 2 SD)

노스다코타에서 매주 발생하는 감염자 수는 다음과 같은 수열이다.

1, 2, 5, 12, 29…

여기서 각 숫자는 앞에 나온 숫자의 두 배에 그 앞에 있는 숫자를 더한 것이다. 이 수열에도 펠 수열Pell sequence이라는 이름이 있다. 등비수열은 아니나 피보나치 수열처럼 등비수열에 점점 더 가까워지는 수열이다. 연속하는 항의 비율은 다음과 같다.

2/1=2

5/2=2.5

12/5=2.4

29/12=2.416666…

수열이 계속 진행되면 33,461 다음에 80,782가 나오고, 그 비율 2.4142…은 거의 정확하게 가 된다. 멀리 진행할수록 비율이 지배 상수governing constant에 가까워진다.

노스다코타의 감염자가 동료 주민 세 명을 감염시키더라도 마찬가지다. 마법의 비율은 3.3보다 약간 큰 $(1/2)(1+\sqrt{13})$이 된다. 또는 네브래스카를 포함하도록 원래 모델을 확장하고, 네브래스카의 감염자 한 사람이 사우스다코타 주민 한 명을 감염시키고 사우스다코타의 감염자는 네브래스카 주민 한 명을 감염시키지만 네브래스카 주민 사이에는 감염이 일어나지 않는다고 가정한다면, 3개 주 사이의 복잡한 상호작용에 따른 노스다코타의 감염자 수는 다음 수열이 된다.

1, 1, 2, 3, 6, 10, 19, 33…

이 수열에는 이름이 없지만,* 앞에서 나온 수열들과 비슷한 특성이 있다. 즉, 연속되는 항의 비율이 점점 더 1.7548…에 가까워진다. 정말로 정확한 표현을 알고 싶다면 다음과 같은 값이다.

$$\frac{1}{3}\left(2+\sqrt[3]{\frac{25}{2}-\frac{3\sqrt{69}}{2}}+\sqrt[3]{\frac{25}{2}+\frac{3\sqrt{69}}{2}}\right)$$

---

* 그렇지만 온라인 정수열 백과사전에는 A028495 항목으로 나와 있다. 나는 거기서 이 수열의 n번째 항이, 특별히 주의 깊게 선택된 위치에서 시작한 체스 게임에서 n+1번의 착수 안에 이길 수 있는 방법의 수라는 것을 배웠다. 기이하다!

이런 유형의 규칙성은 특별히 황금비뿐만 아니라, 자연의 모든 곳에서 나타나는 근본적 원리다. 얼마나 많은 주가 포함되는지, 와이오밍의 감염자 한 사람이 평균적으로 유타 주민을 정확히 몇 명 감염시키는지 등등은 중요하지 않다. 각 주의 감염자 수는 항상 등비수열에 접근하는 경향이 있다.* 결국 플라톤이 옳았다. 자연은 정말로 등비수열 같은 유형을 선호한다.

등비수열의 속도를 지배하는 이상할 정도로 복잡한 숫자를 고유값이라 부른다. 황금비는 단지 존재 가능한 고유값 중 하나일 뿐이다. 황금비의 바람직한 특성은 특히 단순한 시스템의 고유값이라는 사실에서 비롯된다. 시스템마다 각자의 고유값을 지니고 있다. 실제로 대부분 시스템에는 하나 이상의 고유값이 있다. 우리가 고려한 첫 번째 다코타 시나리오에서 전염병은 실제로 하나는 매주 세 배로, 다른 하나는 두 배로 각자 지수적으로 증가하는 구분되어진 진행의 조합이었다. 시간이 지남에 따라, 더 빠르게 증가하는 쪽이 완전히 압도하여 총 발병 건수가 공통 비율 3의 등비수열과 비슷해진다. 이는 3과 2의 두 고유값이 있는 상황이다. 여기서 중요한 것은 가장 큰 고유값이다.

여러 부분이 상호작용하는 시스템에서는 진행 상황을 그처럼 완벽한 등비수열로 분리하는 방법을 알아내기가 그리 쉽지 않다. 그러나 할 수 있다! 예를 들어, 다음은 약 .07236인 숫자로 시작하고 각 항이 앞 항의 황금비 배인 등비수열이다.

---

* 적어도 처음에는. 등비수열 모델은, 바이러스가 감염시킬 취약한 숙주의 감소가 시작되기 전인, 전염병의 초기를 모델링한다.

0.7236…, 1.1708…, 1.8944…, 3.0652…, 4.9596…

그리고 0.2764로 시작하고 음수인 공비 -0.618을 갖는 또 하나의 수열이 있다. (이 비율은 실제로 황금비에서 1을 빼서 얻는 값이다.) 두 번째 수열은 지수적으로 증가하는 대신에 0을 향하여 지수적으로 감쇄한다. (글쎄, 그 정도로 비슷하지는 않을 수도 있다. 한 번 걸러 한 번씩 음수가 나오기 때문이다.)

0.2764…, -0.1708…, 0.1056…, -0.0652…, 0.0403…

두 등비수열을 더하면 아주 멋진 일이 일어난다. 소수점 아래 지저분한 숫자들이 서로 완전히 상쇄되고 정확히 피보나치 수열만 남는다.

1, 1, 2, 3, 5…

다시 말해서, 피보나치 수열은 등비수열이 아니라, 하나는 황금비에, 다른 하나는 -0.618에 지배되는 두 개의 등비수열이다. 두 숫자는 고유값이다. 장기적으로는 가장 큰 고유값이 실제로 중요하다.

그런데 이 두 숫자는 어디에서 온 것일까? 노스 고유값이나 사우스 고유값은 없다. 1.618과 -0.168이라는 고유값은 시스템의 거동에 관한 심층적·전반적 특성을 포착한다. 그런 특성은 시스템의 개별적 부분의 속성이 아니라 부분 사이의 상호작용에서 나타난다.

대수학자 제임스 조셉 실베스터James Joseph Sylvester(그에 대해서는 곧 다시 살펴볼 것이다)는 이들 숫자를 '잠재근latent roots'이라 불렀다. 그가 명쾌하게 설명한 대로, '물속에 수증기가, 또는 담뱃잎 속에 연기가 잠재된 것'과 비슷한 의미의 '잠재적'이다.[16] 유감스럽게도 영어권의 수학자들은, 독일어로 '내재하는 값inherent value'을 의미하는 힐베르트Hilbert의 용어 Eigenwert를 절반만 번역하는 쪽을 선호했다.*

팬데믹이 지리적으로만 구분되어야 하는 것은 아니다. 어떤 범주든 원하는 대로 사용할 수 있다. 다코타 주민을 북쪽과 남쪽으로 나누는 대신에 두 연령층, 또는 5개나 10개 연령층으로 나누고 각 연령층 내부와 다른 연령층 사이에서 얼마나 많은 상호작용이 일어나는지를 추적할 수도 있다. 10개 연령층에 대한 정보는 상당히 많은 양이다. 그 모두를 정리하기 위하여 10×10의 숫자 상자를 만들 수도 있다. 3행과 7열이 만나는 상자에는 세 번째 연령층과 일곱 번째 연령층 사이의 밀접한 개인적 접촉 횟수가 들어간다. (따라서, 3행 7열의 상자와 7행 3열의 상자에 들어가는 숫자와 같다는 점에서, 약간의 중복일 수 있다. 또는, 젊은 사람들이 나이 많은 사람들을 감염시킬 가능성이 더 크다거나 아니면 그 반대라고 생각한다면, 두 상자에 다른 숫자를 넣기를 원할 수도 있다.) 실베스터는 이러한 숫자 상자를 행렬matrix이라 불렀는데, 이 경우에는 그의 용어가 그대로 정착되었고, 행렬의 고유값(숫자 상자로 기술되는 다多부분 시스템의 성장을 지배하는 잠재적 수) 계산은 가장 근본적인 계산의 하나로 여겨지게 되었다. 수학자들은 일상적으로 고유값을 계산한다.

---

* 그리고 Eigenwert는, 아마도 푸앵카레의 초기 용어인 특성수의 독일어 버전일 것이다.

고유 스토리eigenstory는 팬데믹의 진행과 예상되는 미래에 대하여 앞서 논의되었던 모델보다 훨씬 더 세련된 그림을 제공할 수 있다. 특히 인구의 부분적 하위집단이 다른 집단보다 감염 및 바이러스 전파 가능성이 훨씬 크다면, 초기의 높은 R_0가 반드시 대부분 인구집단으로 확산하는 팬데믹을 가리키는 것이 아닐 수도 있다. 아마 그 대신에, 초기의 감염자 수가 대단히 취약한 하위집단에 의해 주도되고, 그 소규모 집단에 퍼진 바이러스가 적어도 일시적으로는 면역성이 있는 다른 집단으로 전파될 때, 남아 있는 사람들의 감염 속도가 팬데믹의 확산에 충분할 정도로 빠르지 않을 수도 있다. 그런 식으로, R_0가 크더라도 10% 또는 20% 정도의 낮은 비율로 사람들을 감염시키고 나서 팬데믹이 멈추는 모델을 만들 수 있다.[17] 이들 숫자를 실제로 알아내는 데는 서로 다른 하위집단 사이의 고유값 다툼이 수반되지만, 다음과 같은 간단한 경우를 상상하는 것만으로도 중요한 아이디어를 얻을 수 있다. 인구 집단의 10%만이 바이러스에 취약하고 나머지 90%는 면역성이 있다고 가정하자. 10%에 속하는 사람은 감염된 후에 각자 20명과 접촉한다. 그러면 초기 증가율 R_0가 2임을 알 수 있을 것이다. 감염자가 접촉한 20명 중에 바이러스에 취약한 두 명만이 감염되기 때문이다. 그 10%를 거의 모두 감염시킨 후에는 바이러스가 감염시킬 취약한 사람이 고갈될 것이다.

우리가 살펴본 대로 등비수열이 전부는 아니다. 정부와 개인이 감염을 통제하는 전략을 수정함에 따라 R_0가 시간이 지나면서 변할 수 있다. 그 외에도 로스-허드슨-커맥-맥켄드릭 모델이 예측한 상승과 하락이 있다. 바이러스가 인구 집단을 포화시키고 집단 면역이 달성되면, 전염병이 서서히 그리고 고통스럽게 가라앉는다. 인구를 지리적 또는 인구학적으로 나눈 하위집단에 대하여 이 모든 분석을 할 수 있다. 그러면 단일한 전염병보다는 각자가 다른 모든 집단에 영향을 미치는 전염병의 앙상블ensemble을 연구하게 된다. 그 모든 것을 종합하면, 서로 다른 집단에서 서로 다른 시간에 전염병이 발발하고 가라앉는, 다소나마 현실적으로 보이는 결과를 얻는다.

정말로 제대로 하기를 원한다면, 이러한 모델링은 확률적으로 수행되어야 한다. 예컨대, 각 개인에게 정확한 R_0를 할당할 뿐만 아니라 (파티를 즐기는 25세의 당신이 동료 젊은이 여섯 명과 노인 한 명을 감염시킬 것이 틀림없다는 듯이) 확률변수도 할당해야 한다. 확률변수의 값은 지나치게 큰 폭으로 변하지 않는다면, 중요하지 않을 수도 있다. 아마도 감염자의 절반은 한 명을, 나머지 절반은 두 명을 감염시킬 것이다. 그러면 다음 주의 감염자가 이번 주의 1.5배가 될 것으로 생각하여, R_0를 1.5로 모델링해도 큰 문제가 없다. 그러나 감염자의 90%는 아무도 감염시키지 않고, 9%는 10명을 감염시키며, 나머지 1%가 60명을 감염시킨다면 어떨까? 감염자 한 사람당 신규 감염자 수의 평균은 여전히 1.5지만 전염병의 역학이 달라진다. 아마도 그 소수의 감염자는 알 수 없는 생물학적 이유로 전염력이 극도로 강한 사람들이거나 대규모 결혼식에 참석한 사람들이겠지만 어쨌든 상관없다. 수학이 처리할 수 있다. 슈퍼확산superspreading 사건은 규모가 크지만 드물게 일어난다. 어떤 지역이든 그런 사건이 일어나지 않은 채로 외부의 이곳저곳에서 유입된 감염으로 질병이 폭발적으로 확산하지는 않는 상태가 한동안 유지될 수 있다. 그러나 슈퍼확산 사건이 연이어 발생하면, 감염자 수가 갑자기 국지적으로 급증한다. 그러면 확산의 원인에 대한 전반적인 불확실성이 남게 된다. 두 지역의 질병으로 인한 피해 양상이 매우 다르다면, 한 지역에서 시행되는 방역정책이 더 나았기 때문일 수 있다. 아니면 그저 확률적인 우연의 결과일 수도 있다. 감염이 슈퍼확산에 좌우되는 정도가 심할수록, 단순한 운에 따라 고통받는 사람들과 그렇지 않은 사람들이 갈릴 수 있다.

그렇다고 지역의 보건당국이 그저 두 손 들고 제물을 불사르면서 무작위한 운명이 자비를 베풀기를 기원해야 한다는 뜻은 아니다. 슈퍼확산이 전염병을 주도한다는 사실을 아는 것은 실제로 유용할 수 있다. 슈퍼확산이 질병 전파의 근원이라면, 슈퍼확산을 차단함으로써 질병의 전파를 억제할 수 있다. 대규모 실내 결혼식, 술집의 영업, 요들송 경연대회를 금지하는 대신에, 다른 형태의 거리두기 제한을 완화할 수 있을 것이다.

구글이 작동하는 방식, 또는 장거리 보행의 법칙

구글 이전의 인터넷과 구글 이후의 인터넷이 있었다. 1990년대 중반 이후에 처음으로 인터넷에 접속한 사람들에게는 그 즉각적이고 철저했던 차이를 전달하기가 거의 불가능하다. 갑자기, 어떤 연결 link의 순서를 따라갈지 알아야 하는 대신에 또는 특정한 정보에 도달하기 위하여 HTML 주소를 일일이 손으로 입력하는 대신에, 그저… 물어볼 수 있게 되었다. 기적처럼 보였던 그것은 실제로 고유값이었다.

인터넷 검색이 어떻게 작동하는지를 이해하는 가장 좋은 방법은 팬데믹으로 돌아가는 것이다. 더 세련된 전염병 모델이 있다고 가정하자. 이 모델은 인구 집단을 단지 두 다코타나 10개 연령대로 나누는 것에 그치지 않고, 각 개인이 자신의 상자를 갖게 될 때까지, 점점 더 세분되는 범주로 사람들을 분류한다. 개인과 다른 모든 사람의 상호작용에 대한 엄청난 양의 데이터를 어떻게든 추적할 수 있는 단계에 이르면 (또는 의미 있게 근사할 수 있다면) 행위자 기반agent based 모델이라는 훌륭한 모델을 얻게 된다. 그런 모델은 여러 면에서 로널드 로스가 연구한 랜덤워크와 비슷하다. 그러나 감염된 모기가 돌아다니는 대신, 감염된 개인이 접촉하는 감염에 취약한 사람에게 특정한 확률로 점프하면서, 바이러스 자체가 무작위로 돌아다닌다. 그리고 집단에 속한 모든 사람의 행과 열에 해당하는 숫자 상자가 엄청나게 많음에도 불구하고, 동일한 유형의 고유값 분석이 적용된다!

이러한 모델에서는 타인과 접촉한 사건이 얼마나 많았는지에 따라 개인의 감염 가능성이 달라질 것으로 생각될 수도 있다. 어느 정도는 사실이다. 그러나 누구와 그런 상호작용을 하느냐가 중요하다. 배우자 사이에서는 아마도 감염의 위험성이 높은 상호작용이 거의 매일같이 일어날 것이다. 하지만 그들이 배우자 관계 밖에 있는 사람들과는 좀처럼 상호작용하지 않는다면, 그런 접촉은 전반적 확산에서 중요하지 않다. 당신이 사회적 접촉을 최소화하고 가장 친한 친구만 만난다면, 꽤 안전해 보일 수도 있다. 하지만 그 절친이 마스크를 쓰지 않는 창고파티에 일상적으로 참석한다면, 타인과의 접촉 횟수가 적음에도 불구하고 당신의 감염 위험성이 높아진다.

실제로 행위자 기반 모델은 코로나19 모델을 주도하지 못했다. 모델의 작동에 필요한 개인적 접촉에 관한 세분화된 데이터 비슷한 것도 없기 때문이다. (있을 수도 없다!)

그러나 우리는 지금 코로나19 이야기를 하는 것이 아니다. 인터넷 검색에 관한 이야기를 하고 있다. 웹페이지 사이의 연결 네트워크는 사람 사이의 접촉 네트워크보다 훨씬 더 측정하기 쉽지만 구조는 비슷하다. 수많은 개별 페이지가 있고, 각 페이지 쌍은 연결되거나 연결되지 않는다.

'팬데믹'을 검색할 때는 그 단어를 언급하는 모든 인터넷 페이지 중에서 무작위로 선택된 웹페이지를 원하는 것이 아니다. 가장 좋은 페이지를 원한다! 특정한 주제에 대한 최고의 페이지는 연결이 가장 많은 페이지일 것이라고 자연스럽게 생각할 수 있다. 하지만 그런 생각이 착각일 수도 있다. "팬데믹은 실제로 지방정부의 수돗물 불소화 사업의 부작용에 불과하다."라고 주장하는 팸플릿을 공급하는 사람도 얼마든지 그 주제에 관하여 서로 다른 웹사이트 100개를 꾸며 놓고 모두가 서로 연결되도록 할 수 있다. 연결이 많다는 근거로 "치약인가 죽음인가Dentifrice or DEATH?!?!" 페이지에 높은 평점을 부여한다면 큰 실수를 저지르는 것이다.

연결은 어디에서 오는지가 중요하다. 외부세계로부터가 아니고 서로 간에만 연결되는 불소화 페이지들은 모든 대인접촉이 집 안에서 이루어지는 자가격리된 부부와 같다. 파티를 즐기는 친구가 있는 것은 CNN으로부터 당신의 페이지에 이르는 연결이 있는 것과 비슷하다. 다른 많은 페이지로 연결되는 페이지에서 오는 연결은 중요한 연결로 간주해야 한다. 팬데믹의 확산에 대한 행위자 기반 모델처럼 인터넷의 중요도를 랜덤워크로 모델링할 수 있다. 각 페이지에서 무작위로 선택된 연결을 따라 인터넷에서 무작위 보행을 한다면, 어느 페이지를 자주 방문하게 되고 어느 페이지는 거의 마주치지 않게 될까?*

이런 질문에 답할 수 있다는 것이 랜덤워크의 매우 멋진 특성이다. 이는 안드레이 안드레예비치 마르코프와 장거리 보행의 법칙 Law of Long Walks까지 오래전의 과거로 거슬러 올라간다. 만약에 모기가 머물 수 있는 습지의 수가 유한하고, 각 습지에 고정된 습지의 집합이 연결되며, 모기가 순간마다 현재의 습지에서 도달할 수 있는 습지를 무작위한 목적지로 선택한다면, 각 습지에는 극한확률 limiting probability이 있게 된다. 즉, 각 습지에 특정한 비율이 주어지고, 오랫동안 돌아다니는 모기가 거의 정확하게 해당 비율의 시간을 각 습지에서 보내게 될 가능성이 크다.

이 말이 무슨 뜻인지는 모노폴리Monopoly(우리나라의 부루마불과 비슷

---

* 연결이 없는 페이지에 도달하면 어떻게 될까? 이는 경사하강법에서 국소 최적에 갇힌 것과 비슷하며 동일한 해결책이 적용된다. 무작위한 다른 지점에서 다시 시작하여 계속 진행한다.

한 보드게임_감수자) 게임을 생각하면 조금 더 이해하기 쉽다. 모노폴리 게임은 랜덤워크다. 당신은 주사위를 굴린 결과에 따라 수레를 40개의 칸 사이에서 움직인다. 1972년에 로버트 애쉬Robert Ash와 리처드 비숍Richard Bishop은 이러한 보행walk의 극한확률을 계산했다.[18] 수레가 있을 가능성이 가장 큰 장소는 감옥이다. 수레는 평균적으로 약 11%의 시간을 감옥에서 보낸다.* 그러나 당신이 집과 호텔을 어디에 지어야 할지 알고 싶다면, 부동산을 확보할 부지 중에 어느 곳에 가장 빈번히 도착하게 될지를 알아야 한다. 그곳은 수레가 40개 칸에 동일한 빈도로 도착할 경우에 예상되는 2.5%보다 상당히 큰, 약 3.55%의 시간을 보내는 일리노이대로Illinois Avenue다. 물론 게임을 하다보면 그렇게 자주 도착하는 곳도 완전히 피해갈 때가 있다.(내가 확률에 따라 일리노이대로에 집을 지을 때마다 운 좋은 우리집 아이들에게 항상 일어나는 일이다.) 그러나 전반적으로, 모든 게임에서 모든 선수가 어디에 도착하는지를 오랜 시간 동안 추적하면, 장거리 보행의 법칙은 당신이 그런 비율에 접근하게 될 것임을 말해 준다.

모노폴리 게임판의 40개 칸에는 각각의 극한확률이 있다. 40개의 수 목록이 있다는 뜻이다. 이는 우리가 앞선 장에서 벡터라 부른 도구인데 그저 단순한 벡터가 아니고 고유벡터eigenvector라 불린다. 고유값과 마찬가지로 고유벡터는 담뱃잎 속의 잠재적 연기처럼 시스템의 장기적 거동에 대한, 그저 보는 것만으로는 명확하지 않은 고유한 특성을 포착한다.

---

* 애쉬와 비숍은 당신이 50달러를 내고 즉시 감옥에서 나오기보다는, 세 차례 또는 두 주사위가 같은 숫자가 나올 때까지 감옥에 머물 것으로 가정한다.

구글의 개발자들은 애쉬와 비숍이 모노폴리에서 한 일을 전체 인터넷을 대상으로 했다. 사실은 전체 인터넷을 대상으로 한다do고 말했어야 한다. 모노폴리와 달리 웹web은 끊임없이 새로운 위치를 만들어 내고 오래된 위치를 제거하기 때문이다. 웹사이트의 극한확률은 페이지랭크PageRank라 불리며, 이전의 그 누구도 하지 못했던, 인터넷의 진정한 기하학을 포착하는 점수를 제공한다.

페이지랭크가 작동하는 방식은 정말로 아름답다. 인터넷상의 특정한 장소에 있을 확률은, 두 다코타의 감염자 총수와 마찬가지로, 등비수열의 복잡한 결합이다. 다만 다코타가 두 개가 아니고 10억 개일 때. 그러나 등비수열은 지수적으로 폭발하거나 지수적으로 감소할 수 있고, 두 가지 거동 사이의 정확한 경계에서 일정하게 유지될 수도 있음을 기억하라. 이와 같은 랜덤워크에서는 등비수열 중 하나가 일정하고 다른 모든 진행은 지수적으로 감쇄하는 것으로 나타난다. 시간이 지남에 따라 다른 진행의 기여가 점점 작아지고 보행자는 걷기를 계속한다. 이런 결과는 (4장에 나온) 두 습지 사이를 날아다니는 모기처럼 단순한 랜덤워크에서도 볼 수 있다. 마르코프의 분석은 모기가 장기적으로 첫 번째 습지에서 생애의 1/3을 보낼 것임을 보여 주었다. 그러나 우리는 더 정확하게 분석할 수 있다. 모기가 습지 1에서 시작한다면, 하루 뒤에 모기가 습지 1에 있을 가능성은 0.8, 이틀 뒤에는 0.66, 3일 뒤에는 0.562다.* 이들 가능성을 수열로 표현할 수 있다.

---

* 이 말이 명백하다고 생각되지는 않을 것이다. 그러나 한 단계씩 손 계산으로, 또는 행렬을 좋아한다면, '추이행렬(transition matrix)'의 거듭제곱을 통하여 알아낼 수 있다.

1, 0.8, 0.66, 0.562, 0.493, …

수열은 시간이 가면서, 모기가 그곳에 있을 장기적 가능성인, 1/3로 수렴한다. 이 수열은 등비수열이 아니다. (이제는 놀랍지도 않겠지만) 두 등비수열이 결합한 수열이다. 즉, 두 진행을 항별로 합산한 결과다. 그중 하나는 일정하다.

1/3, 1/3, 1/3, 1/3, …

나머지 하나는 각 항이 이전 항의 70%인 진행이다.

2/3, 14/30, 98/300, …

시간이 가면서 두 번째 등비수열은 거침없이 줄어들어 거의 0이 되고 1/3의 후렴refrain만 남는다.

10억 개의 웹사이트도 습지 두 곳과 다를 것이 없다. 랜덤워크의 특성이 네트워크의 모든 불필요한 복잡성을 녹여 없앤다. 마지막에 남는 것은 일정한 등비수열, 피아노 건반을 누를 때 모든 배음harmonics이 사라질 때까지 남아 있는 순음pure tone처럼, 다른 모든 것이 사라지는 동안에 변하지 않고 남아 있는 하나의 수다. 그렇게 남은 수가 바로 페이지랭크다.

화음 속의 음

처음에는 이렇게 서로 연결된 수백 또는 수천의 모델, 등비수열이나 그보다 어려운 진행들이 약간 기괴하게 보일지도 모른다. 행성의 운동을, 바퀴 위에서 구르는 바퀴처럼 큰 원운동 위에서 층을 이루는 작은 원운동들로 짜 맞춘, 뉴턴 이전의 주전원epicycle 이론처럼. 또는 울트라-2겹-메가사이클ultra-two-ply-megacycles 파동 위에서 작은 파동과 중간 파동이 꼼지락대는 엘리엇 파동이론처럼. 그러나 고유값 이야기는 진짜 수학이며 어디에나 있다. 양자역학의 핵심에도 고유값이 있다. 여기서 이야기할 공간이 있었으면 좋았을 기하학 이야기가 하나 있다. 그중 작은 부분이나마 이야기하는 편이 좋겠다. 이 장의 끝이 다가온 지금이 실제로 수학적 정의를 내릴 기회이기 때문이다. 알쏭달쏭한 소리는 그쯤 하고 실제로 계산해 보자!

무한한 수열을 생각해 보자. 단지 무한하기만 한 것이 아니라, 다음과 같이 양쪽 방향으로 무한한 수열이다.

...	1/8	1/4	1/2	1	2	4	8	...

이런 수열은 왼쪽으로 한 칸 이동할 수 있다.

...	1/4	1/2	1	2	4	8	16	...

그러면 아주 멋진 일이 생긴다. 수열을 왼쪽으로 한 칸 이동시키

는 것이 모든 항을 두 배로 늘리는 것과 같다. 이 수열이 등비수열이기 때문이다! 연속하는 항의 비율이 3인 등비수열이라면, 왼쪽으로 이동함에 따라 모든 항에 3이 곱해진다. 그러나 다음과 같이 등비수열이 아닌 수열이라면

...	-2	-1	0	1	2	...

이동한 수열의

...	-1	0	1	2	3	...

항들은 원래 수열의 배수가 아닐 것이다. 이동하면 특정한 숫자가 곱해지는 특별한 성질을 갖는 수열, 즉 등비수열은 이동에 대한 고유수열eigensequences이고 곱해지는 수가 수열의 고유값이다.

수열에 대하여 할 수 있는 일은 이동만이 아니다. 예컨대, 수열의 각 항에 위치에 따른 숫자를 곱할 수도 있다. 0번째 항에는 0, 첫 번째 항에는 1, 두 번째 항에는 2, 마이너스 첫 번째 항에는 -1을 곱하는 방식으로 계속할 수 있다. 이러한 조작을 피치pitch라 부르자. 우리의 등비수열에 1이 0번째 항이라 하고 피치를 적용하면 다음 수열이

1/8	1/4	1/2	1	2	4	8

다음으로 바뀐다.

-3/8	-2/4	-1/2	0	2	8	24

이 수열은 원래 수열의 배수가 아니다. 따라서 우리의 등비수열은 피치에 대한 고유수열이 아니다. 피치에 대한 고유수열은 다음과 같이

...	0	0	0	0	0	1	0	...

두 번째 위치에 1이 있고 나머지는 전부 0인 수열이다. 이 수열에 피치를 적용하면 다음과 같이

...	0	0	0	0	0	2	0	...

원래 수열의 두 배인 수열을 얻는다. 따라서 이 수열은 피치에 대한 고유값 2의 고유수열이다. 실제로 0이 아닌 항이 하나뿐인 수열이 피치에 대한 유일한 고유수열임을 (당신도 할 수 있을까?) 보일 수 있다. (모든 항이 0인 수열은 어떨까? 그런 수열은 피치와 이동 모두에 의하여 배수가 되기는 하지만 고유수열이라 할 수 없다. 우선, 자신의 몇 배인지를 말할 명확하게 정의된 방법이 없다.)

물리학의 가장 밑바닥에서는 일반적으로, 입자가 잘 정의된 위치나 운동량을 갖지 않고 그중 한 가지 또는 모두에 대하여 불확실성의 구름 같은 형태로 존재한다는 말을 들어 보았을 것이다. 이동

이 수열에 가할 수 있는 조작operation인 것처럼, '위치position'를 입자에 가할 수 있는 조작으로 생각할 수 있다. 더 정확하게 말해서, 입자에는 현재의 물리적 상황에 관한 모든 것을 기록한 '상태state'가 있고, '위치'라 불리는 조작은 입자의 상태를 어떤 식으로든 변화시킨다. 우리의 논의에서 상태가 어떤 종류의 객체entity인지는 중요하지 않지만,* 수열처럼 수를 곱할 수 있는 유형이라는 것은 중요하다. 이동에 대한 고유수열이 원래 수열을 이동시킬 때 특정한 수가 곱해지는 수열인 것처럼, 위치에 대한 고유상태eigenstate는 위치라는 조작을 할 때 특정한 수 —고유값— 가 곱해지는 상태다. 입자가 정확한 고유상태에 있을 때는 공간에서 정확한 위치를 갖는 것처럼 행동하는 것으로 밝혀졌다. (그러면 그 위치는 어디일까? 고유값에서 알아낼 수 있다.) 대부분의 수열이 고유수열이 아닌 것처럼, 대부분의 상태는 고유상태가 아니다. 그렇지만 앞에서 살펴본 대로 비라한카-피보나치 수열 같은, 보다 일반적인 수열은 종종 등비수열의 조합으로 분해될 수 있다. 같은 방식으로 고유상태가 아닌 상태는 각자의 고유값이 있는 고유상태의 조합으로 분해될 수 있다. 그런 고유상태 중 일부는 강도가 더 크고 나머지는 강도가 작다. 이러한 변화는 입자가 특정한 지점에서 발견될 확률을 좌우한다.

입자의 운동량도 비슷한 이야기다. 운동량momentum은 상태에 대한 또 다른 조작이며 피치와 비슷하다고 생각할 수 있다. 피치에 대한 고유수열과 비슷하게, 모호한 확률구름 대신에 잘 정의된 운동

---

* 꼭 알아야겠다면, 힐베르트 공간(Hilbert space)이라 불리는 종류의 공간에 있는 점이다. 세기말에 벌어진 기하학의 토대에 관한 논의에서 마지막으로 만났던 그 힐베르트다.

량이 있는 입자는 운동량이라는 조작자operator에 대한 고유상태에 있다.

그러면 위치와 운동량이 모두 잘 정의된 입자는 어떤 종류일까? 그런 입자는 이동과 피치 모두에 대하여 고유수열인 수열과 비슷할 것이다.

하지만 그런 수열은 없다! 이동에 대한 고유수열은 등비수열이다. 피치에 대한 고유수열은 0이 아닌 항이 하나뿐인 수열이다.

'0이 아닌 수열 중 동시에 둘 다 만족하는 수열은 없다.'

이 사실을 증명하는 다른 방법이 있다. 우리가 양자물리학에 더 접근하도록 하는 방법이다. (이 장의 나머지 부분은 종이와 연필을 꺼낼 좋은 기회다. 아니면 그냥 훑어봐도 무방하다.) 다음 질문으로 시작하자. 우리의 수열에 이동과 피치를 모두 적용하면 무슨 일이 일어날까? 즉 다음과 같은 수열로 시작하여

...	4	2	1	-3	2	...

이동시키고

4	2	1	-3	2	...	...

피치를 적용하면 (앞에서 첫 번째 위치에 있었던 -3이 지금은 0번째 위치에 있고, 1은 마이너스 첫 번째 위치에 있다는 것 등등을 기억하면서)

-12	-4	-1	0	2	...	...

우리는 이와 같이 결합된 조작을 이동-그리고-피치, 또는 줄여서 이동-피치라 부를 수 있다.* 하지만 그런 순서로 부르는 이유는 무엇일까? 이동-피치 대신에 피치-그리고-이동을 수행하면 어떻게 될까? 원래 수열에 피치를 적용하면 다음이 되고

...	-8	-2	0	-3	4	...

이어서 이동시키면 다음 수열을 얻는다.

-8	-2	0	-3	4	...	...

피치이동pitchshift과 이동피치shiftpitch는 같지 않다! 우리는 비가환성noncommutativity이라 불리는 현상을 보고 있는데, 한 작업에 이어서 다른 작업을 수행한 결과가 순서를 바꾸어 수행한 결과와 항상 같지는 않다는 사실을 말하는 멋진 수학 용어다. 학교에서 배우는 수학은 대부분 가환적commutative이다. 2를 곱하고 3을 곱한 결과는 3을 곱하고 2를 곱한 결과와 같다. 물리적 세계에서 진행되는 과정 역시 왼손과 오른손에 장갑을 끼는 것처럼 일부는 가환적이다. 그러나 양발보다 먼저 신발을 신으려 한다면 비가환성과 마주치게 될

---

* 연습문제: 이동피치에 대한 고유수열을 알아낼 수 있는가?

것이다.

그런데 이런 이야기가 고유값과 무슨 관계가 있을까? 그것은 피치이동과 이동피치의 차이로 귀결된다. 피치이동에서 이동피치를 뺀

-8	-2	0	-3	4	...	...

-12	-4	-1	0	2	...	...

결과는 다음 수열이다.

4	2	1	-3	2	...	...

바로 처음 시작했던 수열이다! (또는, 더 신중하게, 그것이 이동한 수열.) 실제로 어떤 수열로 시작하더라도 피치이동과 이동피치의 차이는 원래 수열이 이동한 수열이 된다. 이제 피치와 이동 모두에 대하여 고유수열인 신비로운 수열 S를 어찌어찌 찾아냈다고 가정해 보자. 아마도 S의 이동은 S의 3배이고 S의 피치는 S의 2배일 것이다. 그렇다면, S의 이동의 피치는 S의 3배인 수열의 피치로서 S의 6배가 되어야 한다.* 그러나 동일한 추론은 S의 이동피치 역시 S의 6배이며 피치이동과 같다는 것을 보여 준다. 따라서 S의 피치이동과 이동피

* 여기서 우리는 피치가 선형이라는 특성을 이용하고 있다. 3을 곱하고 나서 피치를 수행하는 것이 피치를 수행한 뒤에 3을 곱하는 것과 같다는 의미로서 또 하나의 가환성 문제다!

치의 차이는 모든 항이 0인 수열이다. 하지만 그 차이는 또한 (이동한) S 자체이기도 하다! 따라서 S는 모든 항이 0인 수열이 되어야 하며, 앞에서 규정한 대로, 고유수열로 간주되지 않는다.[19]

고유수열의 아이디어는 이동과 피치 같은 조작이 곱셈처럼 작용하는 상황을 포착한다. 그러나 곱셈은 교환되는 반면에 이동과 피치는 그렇지 않다. 거기서 긴장감이 조성된다! 그들 조작은 비슷하면서도 비슷하지 않다. 윌리엄 로언 해밀턴이 사랑하는 쿼터니온을 공식화하기 위하여 직면해야 했던 것과 같은 긴장감이다. 그는 회전을 일종의 수로 다루기를 원했지만 회전은 교환되지 않는다. 한 축을 중심으로 20도 회전시킨 뒤에 다른 축을 중심으로 30도 회전시킨 결과는 두 회전을 다른 순서로 수행한 결과와 같지 않다. 해밀턴은 회전을 모델링하는 '수'를 얻기 위하여 가환성 공리를 버려야 했다. (물론, 두 번의 회전이 교환될 수도 있다. 예컨대, 동일한 축을 중심한 회전이라면 교환된다. 이 경우, 공통축의 모든 점이 두 번의 회전에 의해서 변하지 않는다는 것은 주목할 만하다. 그것은 두 번의 회전 모두에 대하여 각각 고유값이 1인 고유 특성이다.)

양자물리학의 상황도 비슷하다. 운동량과 위치를 나타내는 조작은 교환되지 않는다. 그리고 위치운동량position momentum과 운동량위치momentum position의 차이는 단지— 글쎄, 정확히 상태 자체는 아니지만, 상태에 플랑크 상수Planck constant라 불리며 $\hbar$로 표기되는 수를 곱한 것이다. 이는 특히 그 차이가 0이 될 수 없음을 뜻하며,* 앞

* 그렇지만, 우리의 감각기관의 척도에 비하여, 플랑크 상수는 0이나 마찬가지다. 우리의 직접적 지각으로는 물체가 특정한 위치에 있음과 동시에 특정한 방식으로 움직이는 것처럼 보이는 이유다.

에 나온 수열들과 마찬가지로, 입자의 상태가 위치와 운동량 모두에 대하여 절대로 고유상태가 될 수 없음을 시사한다. 다시 말해서 입자는 잘 정의된 위치와 잘 정의된 운동량을 동시에 가질 수 없다. 양자역학에서 하이젠베르크 불확정성 원리로 불리면서 신비와 호기심의 망토를 걸치고 돌아다니는 원리다. 그러나 이 원리는 단지 고유값일 뿐이다.

우리가 다루지 못하고 남겨 둔 이야기가 많다는 것은 당연하다.* 우리는 계속해서, 수많은 흥미로운 수열이 어떻게 등비수열의 조합으로 분해될 수 있으며, 입자의 상태가 어떻게 고유상태의 조합으로 분해될 수 있는지를 이야기한다. 그러나 현실적으로 그런 분해가 실제로 수행될 수 있을까? 보다 고전적인 물리학 영역에 그 예가 있다. 음파는 특정한 조작의 고유파동인 순음으로 분해될 수 있다. 순음의 고유값은 그것이 연주하는 음인 주파수에 따라 결정된다. 우리가 듣는 C장조 화음은, 각각 고유값 C, E, 그리고 G를 갖는, 고유파동 세 개의 조합이다. 파동을 구성 요소인 고유파동으로 분리하는 —푸리에 변환Fourier transform이라 불리는— 수학적 메커니즘도 있다. 푸리에 변환은 미적분학, 기하학, 그리고 선형대수linear algebra가 얽혀 있는 풍부한 이야기이며 19세기가 되기 전까지 개발되지 못했다.

그러나 당신이 미적분학을 모르더라도 화음을 이루는 개별 음을 들을 수 있다. 수학자들이 개발하는 데 수백 년이 걸린 심오한

---

* 내가 빠뜨린 내용을 더 배우고 싶다면, 양자물리학의 기초를 이루는 수학에 관한 훌륭한 비전문적 입문서로 숀 캐롤(Sean Carroll)의 《다세계(Something Deeply Hidden)》를 추천한다.

기하학적 계산이 당신의 귓속 달팽이관이라 불리는 구부러진 근육 조각에 의해서도 수행되기 때문이다.[20] 우리가 종이 위에 성문화하는 방법을 알기 전에도 기하학은 우리 몸속의 그곳에 있었다.

13

장

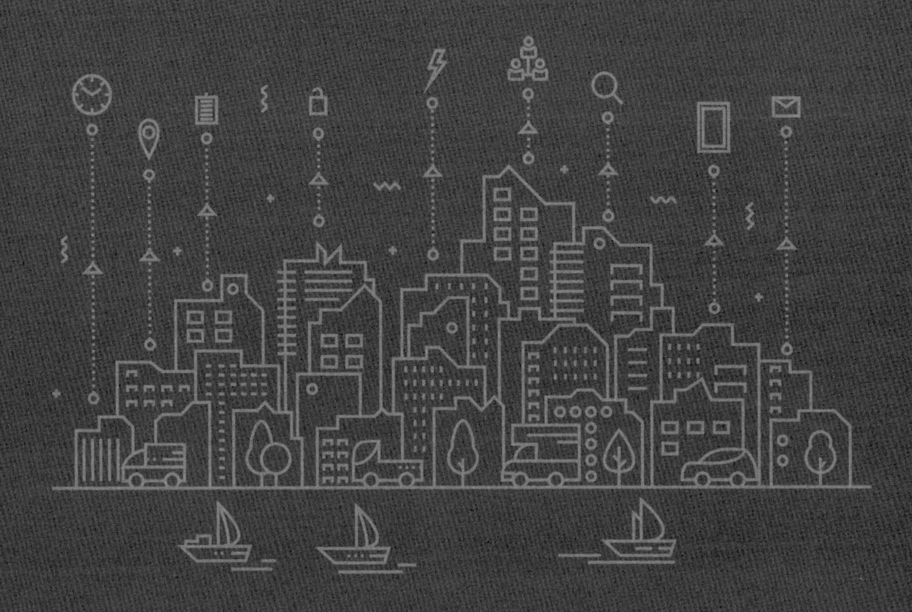

공간의 주름

S · H · A · P · E

헝가리의 죄르지 포여George Pólya와 제자 플로리안 에겐버거Florian Eggenberger 같은 마르코프 이론의 얼리 어답터early adopter들이 처음에 고려한 예는 2차원 공간을 통한 현상의 확산이었다. 현실 세계 응용에 대하여 분노하는 러시아인의 반감을 무시한 그들은 마르코프 과정을 이용하여 천연두, 성홍열, 열차의 탈선, 증기 보일러의 폭발을 모델링했다.[1] 에겐버거는 자신의 논문을 '확률의 전염The Contagion of Probability'이라 불렀다. (독일어 논문이었으므로 단 한 단어였다. Die Wahrscheinlichkeitsansteckung.)

질병의 확산을 공간의 랜덤워크로 생각하는 방법은 다음과 같다. 맨해튼의 도로 지도 같은 직선 격자 위의 한 점에서 시작한다고 가정하자. 그 점은 바이러스에 감염된 사람이고 그의 개인적 접촉은 네트워크에서 이웃한 네 사람이다. 문제를 가능한 한 단순화하기 위하여, 감염자 각자가 매일같이 불운하게 이웃이 된 사람 모두를 감염시킨다고 가정해 보자.

각 사람에게는 네 명의 이웃이 있으므로 R_0=4의 기하급수적으로 증가하는 팬데믹을 보게 될 것으로 생각할 수도 있다. 하지만 전혀 그렇지 않다. 하루가 지나면 다섯 명이 감염된다.

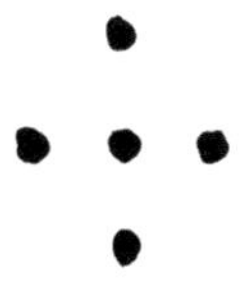

이틀 뒤의 감염자는 13명이다.

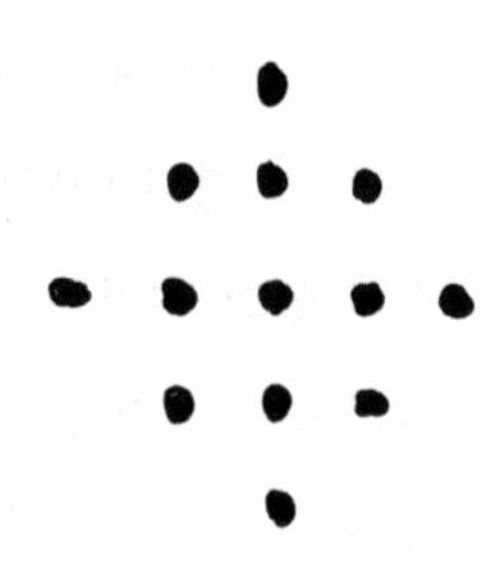

그리고 3일 후에는 25명이다.

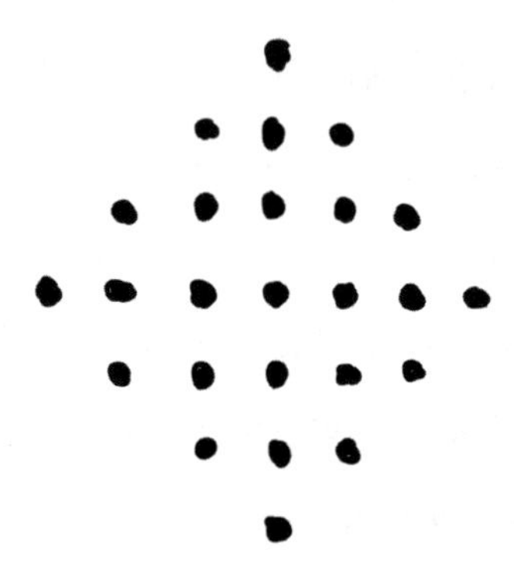

이 수열은 1, 5, 13, 25, 41, 61, 85, 113…으로 진행하다. 증가 속도가 등차수열보다 빠르지만 (연속하는 항 사이의 차이가 매번 증가한다)* 등비수열보다는 훨씬 느리다. 처음에는 각 항이 이전 항의 두 배보다 크나 시간이 가면서 비율이 감소한다. 113/85는 1.33에 불과하다.

처음으로 질병 모델을 세웠을 때 우리는 감염이 등비수열을 따

* 그 차이의 차이가, 윌리엄 파의 주장대로 항상 같은 값인 4임을 확인해 보는 것도 흥미로울 것이다.

라 지수적으로 증가하는 현상을 보았다. 이번 모델은 다르다. 단지 얼마나 많은 사람이 감염되었는지뿐만 아니라, 그들이 어디에 있고 서로 얼마나 멀리 떨어져 있는지도 고려하기 때문이다. 기하학을 고려하는 모델이다. 이런 유형의 전염병에 대한 기하학은, 환자 0이 중심에 있고 날마다 일정한 속도로 체계적으로 확산하는, 대각선 방향으로 놓인 정사각형이다.* 우리가 코로나19에서 살펴본, 불과 몇 주 동안에 전 세계로 불붙은 것처럼 보이는 모델과는 전혀 다르다.

왜 증가 속도가 그렇게 느릴까? 환자가 접촉하는 네 사람이 널리 퍼져 있는 노스다코타 주민 중에 무작위로 선택된 사람들이 아니기 때문이다. 그들은 환자와 가까이 있는 사람들이다. 당신이 다음 그림에 표시된 사람이라면

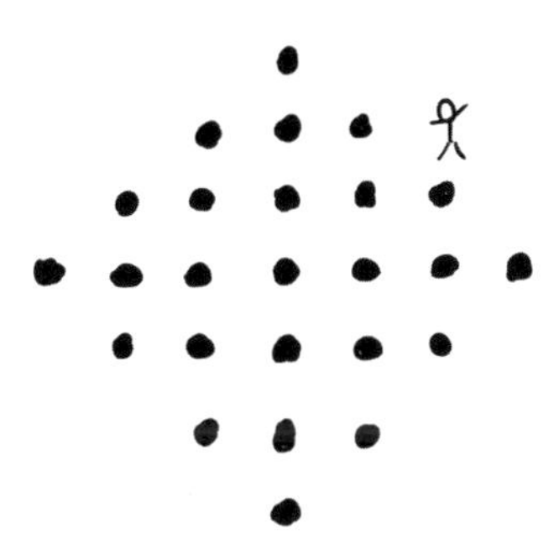

내일 접촉하게 되는 네 사람 중 두 명은 이미 감염자다. 그리고 북쪽에 있는 미감염자는 서쪽에 있는 이웃과 당신의 바이러스를 동

* 그렇지만 맨해튼의 기하학에서는 8장에서 살펴본 것처럼, 이 정사각형이 원이다!

시에 받게 된다. 같은 사람을 되풀이하여 만나면서, 바이러스는 불필요하게 과다한 방식으로 확산한다.

여기서 우리의 옛 친구, 도시의 같은 구획을 되풀이하여 방문하면서 아주 천천히 태어난 장소에서 멀어져 가는 모기를 떠올릴 수 있을 것이다. 모기가 n일 동안 날아다니면서 방문할 수 있는 장소의 총수는 반지름이 n인 다이아몬드에 채워진 사각형의 수를 넘을 수 없다. 그렇게 큰 수는 아니다. 모기든 바이러스든 기하학적 네트워크를 빠르게 탐색하기는 어렵다.

과거에는 팬데믹도 이런 식이었다. 1347년에 마르세유와 시칠리아에 상륙하여 유럽에 도착한 흑사병은 꾸준히 북쪽으로 진행하여 약 1년 뒤에는 프랑스 북부와 이탈리아까지 퍼졌고, 독일을 횡단하는데 1년, 러시아까지 가는 데 다시 1년이 걸렸다.

북미 대륙에서 말 독감horse flu이 대유행했던 1872년에는 이미 상황이 달라져 있었다. 'epidemic(전염병)'이 아니고 'epizootic(가축전염병)'인 것은, 그리스어 'demos'가 '사람들people'을 의미하며 사람은 말 독감에 걸리지 않기 때문이다.* 지금은 많이 쓰이지 않는 용어지만 1872년의 말 독감은, 때로 '에피수직episoozick' 또는 '에피주티악epizootiack'으로 발음되는 용어가 20세기까지도 (사람이든 동물이든) 분류할 수 없는 질병을 뜻하는 속어로 사용될 정도로 아메리카인의 삶에 큰 흔적을 남겼다.[2] 보스턴의 한 특파원은 "이 도시에 있는 동물 전체의 적어도 7/8이 이 질병을 앓고 있다."라고[3] 전했고, 1872년

---

* 그렇다면 식물의 전염병은 '식물전염병(epiphytic)'일까? 그래야 한다고 생각되지만, 이 용어는 그런 의미로 거의 사용되지 않는 것 같다.

가을에 가축전염병이 시작된 토론토는 '병든 말들의 거대한 병원'이라 불렸다.[4] 모든 자동차와 트럭이 독감에 걸렸다고 생각해 보면 그

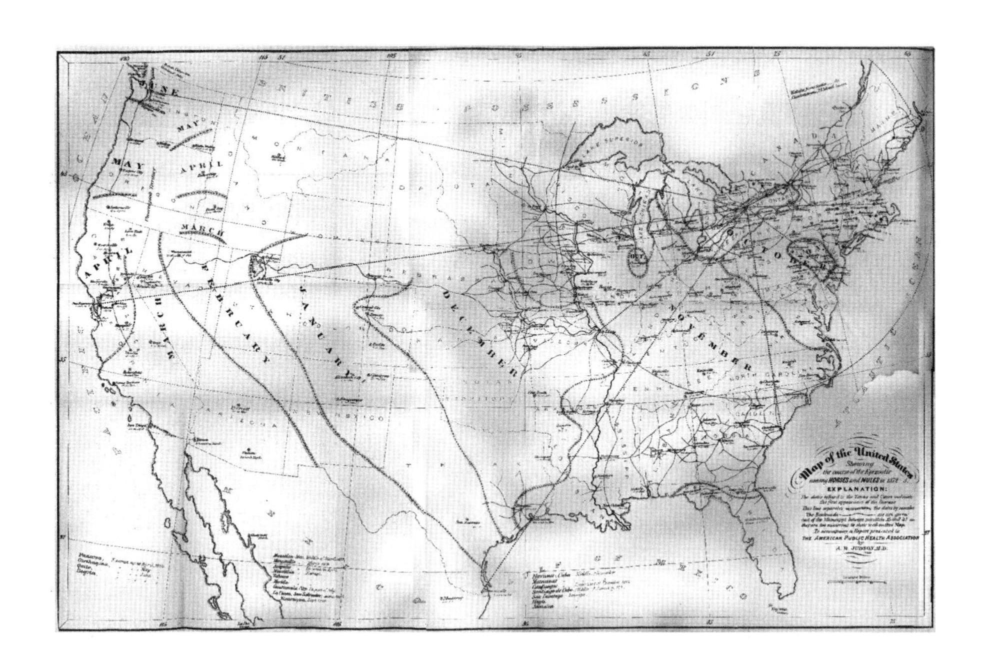

충격을 상상할 수 있을 것이다.

전염병은 토론토에서 대륙의 대부분 지역으로 퍼져 나갔으나 흑사병처럼 고르게 확산하지는 않았다. 말 독감은 1872년 10월 13일에 국경을 뛰어넘어 버펄로에 도착했다. 10월 21일에는 보스턴과 뉴욕시, 일주일 뒤에는 볼티모어와 필라델피아에 이르렀다. 그러나 스크랜턴Scranton과 윌리엄스포트Williamsport 같은 토론토에 더 가까운 내륙 지역에는 11월 초가 되어서야 도달했다. 그때쯤에는 이미 남쪽 멀리 찰스턴Charleston의 말들도 전염병에 걸렸다. 서쪽으로의 진

행도 고르지 않았다. 독감은 1월 둘째 주에 솔트레이크시티에 도착했고 4월 중순에는 샌프란시스코에 이르렀다. 그러나 토론토에서 직선거리가 비슷한 시애틀에는 6월이 되어서야 도달했다.

그 이유는 독감이 직선거리로 이동하지 않기 때문이다. 독감은 철도를 따라 이동한다. 당시 건설된 지 3년밖에 안 된 대륙횡단철도가 미국의 중심부에서 샌프란시스코까지 직행으로 말과 질병을 운반했고, 토론토와 동부 해안지역의 대도시 및 시카고를 연결하는 철도 역시 그들 도시의 때 이른 전염병 발발을 초래했다.[5] 철도에서 떨어진 곳으로 가는 기계화되지 않은 여행은 더 느렸으므로 전염병도 더 늦게 도착했다.

피자의 주름

'기하학'은 그리스어로 '지구의 측정'을 의미하며 그것이 바로 우리가 하는 일이다. 기본적으로, 토지의 구획 또는 사람이나 말의 집단에 기하학을 적용하는 것은 임의의 두 점에 그들 사이의 거리로 해석되는 수를 할당하는 일이다. 그리고 현대 기하학의 근본적 통찰은 거리로 해석되는 수를 할당하는 여러 가지 방법이 있고, 다른 방법을 선택하면 다른 기하학이 된다는 것이다. 우리가 가계도에서 사촌 사이의 거리를 기록할 때 이미 살펴본 사실이다. 지도상의 점을 이야기할 때조차도 우리가 선택할 수 있는 복수의 기하학이 있다. 미국의 두 도시 사이의 거리가 그들을 연결하는 직선거리인* 직선 기하학이 있다. 두 도시 사이의 거리가, '1872년에 한 도시에서 다른 도시로 가는 데 걸렸던 시간'에 해당하는 기하학도 있다. 가축 전염병과 관련된 기하학이다.** 그런 메트릭metric('모든 점의 쌍에 거리를 할당하는 것'이라는 장황한 말 대신에 기하학에서 사용하는 전문 용어)으로는 토론토에서 직선거리로 훨씬 가까운 스크랜턴이 뉴욕보다 멀다. 우리는 원하는 대로 무엇이든 할 수 있다. 이 책은 수학이지 학교가 아니다! '알파벳 순서로 정리한 미국의 도시 목록에서 두 도시 사이의 거리'가 미트릭일 수도 있다. 그러면 스크랜턴이 다시 한번 뉴욕보다 토론토에 가깝게 된다.

기하학이 고정된 것이 아니고 우리의 의지에 따라 바뀔 수 있다는 아이디어는 다음 그림에서 보듯이 여러 세대의 책을 좋아하는 미국 어린이들에게 익숙한 생각이다.

이 그림은 《시간의 주름A Wrinkle in Time》이라는 책에서 우주의 악을 물리치는 세 어린이를 돕는 항성 간 마녀/천사 세 명 중에 와칫 부인Mrs Whatsit이 보여 주는 기하학적 예시다.*** 그들은 어떻게 빛보다

* 그렇지만 지구 표면의 곡률은 어떻게 될까? 몇 페이지만 기다리면 알게 될 것이다.

** 그리고 8장에서 살펴본 등시선 지도(isochrone map)와 관련된 기하학이다.

*** 와칫 부인은 또한 다음의 사소하면서도 멋진 질문의 해답이기도 하다. 영화에서 알프리 우다드(Alfre Woodard)와 리즈 위더스푼(Reese Witherspoon)이 모두 연기한 인물은 누구일까?

빠른 속도로 우주를 가로지를까?

"우리는 가능할 때는 언제나 지름길을 택하는 방법을 배웠다."

그녀는 말한다.

"수학에서처럼."

그녀는 개미가 줄의 한쪽 끝에 가까이 있고 다른 쪽 끝에서는 아주 멀리 떨어져 있다고 설명한다. 그러나 공간에서 줄을 움직이면 그 거리가 거의 0으로 붕괴하여, 개미가 한쪽 끝에서 다른 쪽 끝으로 건너뛸 수 있게 된다. 와칫 부인은 설명한다.

"이제 보다시피 그렇게 긴 여행을 하지 않고도 거기에 도착하게 되지. 그것이 우리가 여행하는 방식이야."

줄의 구부림은 책의 제목이 된 주름이다. 마녀들은 그것을 '테서랙트tesseract'라 불렀다. 1872년의 맥락에서는 '철도'라 불린다. 시카고와 샌프란시스코를 연결하는 철도는, 두 점을 우리의 순진한 생각보다 더 가깝게 만드는 메트릭의 변화다. 또는 점들이 더 멀어질 수도 있다! 1872년의 가축전염병은 멀리 남쪽으로 니카라과까지 내려갔지만 남아메리카로 건너가지는 못했다. 횡단을 원하는 질병에게 파나마 지협이 '거칠고 험준한 산맥이 교차하고 통행이 거의 불가능한 습지'였기 때문이다.[6] 컬럼비아와 니카라과는 지구 표면의 거리로 보면 매우 가까웠지만 말을 타고 여행하는 메트릭으로는 사실상 무한히 멀리 떨어져 있었다.

현대 세계의 주름은 엄청나다. 코로나19는, 우리가 팬데믹이 발발했다는 사실을 미처 알아차리기도 전에, 중국과 이탈리아, 이탈리아와 뉴욕, 뉴욕과 텔아비브를 오가는 비행기 속에 있었다. 설사 비행기라는 운송수단이 있다는 사실을 알지 못했더라도 전염병이 확산하는 특성으로부터 유추할 수 있었을 것이다. 그렇지만 지구 표면의 표준적인 기하학에도 여전히 역할이 있었다. 2020년 봄에 미국에서 가장 피해가 심했던 지역은 국제공항과 제트족jet-setting 주민이 있는 도시가 아니라 뉴욕에서 차를 타고 갈 수 있는 지역이었다. 팬데믹은 무엇이든 편승할 수 있는 운송수단을 이용하여 빠르게 그리고 느리게 여행한다.

책의 조금 뒤에서 와칫 부인이 설명한다.[7]

"유클리드, 또는 구식의 평면 기하학으로 말하자면 직선은 두 점 사이의 가장 짧은 거리가 아니다."*

그러나 우리는 신식 기하학에서도 유클리드를 옹호할 수 있다. 시카고와 바르셀로나처럼 지구 표면에 있는 두 점 사이의 최단거리는 얼마일까? 당신이 정말로 땅을 잘 파지 않는 한, 최단거리가 통상적 의미의 직선일 수는 없다. 유클리드의 평면과 달리 지구의 표면에는 약간의 곡률이 있기 때문이다. 구sphere의 표면에는 직선이 없다.

---

* 왜 우리는 항상, 직선이 '거리'가 아닌데도, 이렇게 말할까? 이런 이상한 표현은 19세기에, '가장 짧은 경로'라고 보다 정확하게 직선을 설명한, 르장드르(Legendre)의 기하학 교과서를 잘못 번역한 데서 유래한 것으로 생각된다. 번역을 망친 사람은 누구였을까? 역사가이자 평론가이며 유명해지기 전에는 스코틀랜드의 커콜디(Kirkcaldy)에서 고등학교 수학교사로 일했던 토머스 칼라일(Thomas Carlyle)이었다.

그러나 최단 경로는 존재해야 한다. 그리고 독자가 생각하는 거리가 아닐 수도 있다. 시카고와 바르셀로나는 북위 41도의 거의 같은 위도에 있다. 지도상에서 두 도시를 직선으로 연결하면, 북위 41도선을 따라서 동쪽으로 약 4,650마일을 여행하게 된다. 하지만 그 직선은 더 긴 경로다! 실제 최단 경로는, 대구cod의 가공으로 유명한 작은 마을인 뉴펀들랜드Newfoundland의 콘치Conche에서 북아메리카 대륙을 떠난 뒤에 대서양 위에서 북위 51도 정도의 최북단에 도달하는, 지도상에서 북쪽으로 호arc를 그리는 경로다. 그러면 여행 거리를 200마일 이상 절약할 수 있다.

위도선을 따라 동쪽이나 서쪽으로 움직이는 것이 '직선'이라는 생각은 외견상 그럴듯하지만, 실제로 무엇을 의미할지를 생각하면 무너지고 마는 아이디어다.* 우리가 남극으로부터 2m 떨어진 지점에서 정서 방향으로 걷기 시작한다고 가정해 보자. 몇 초 안에 아주 작고 추운 원을 돌게 된다. 직선으로 걷는 것처럼 느껴지지는 않을 것이다. 그 느낌을 믿어야 한다.

구면에서 직선이 무엇을 의미해야 하는지에 대한 최선의 아이디어는 유클리드 기하학에도 있었다. 우리는 직선을 단순한 최단 경로로 정의한다. (사실은, 직선과 달리 명확한 시작과 끝이 있는 선분과 더 비슷하다.) 구면 위의 모든 최단 경로는, 구면에 그릴 수 있는 가장 큰 원이기 때문에 '대원great circle'이라 불리는, 정반대쪽에 있는 두 점을 통과하는 원으로 밝혀졌다. 대원이 우리가 말하는 구면의 직선이

---

* 여기에 독자가 가장 덜 좋아하는 정치적 이념과의 비교를 삽입하라.

다. 적도는 대원이지만, 다른 위도선은 그만큼 크지 않다. 경도선은 지구 반대편의 반자오선antimeridian과 짝 지으면 대원이 된다. 따라서 정북이나 정남 방향의 여행은 실제로 직선 운동이다. 남북과 동서의 비대칭성이 신경 쓰인다면, 경도와 위도가 계산되는 방식에 그러한 비대칭성이 내재할 뿐임을 기억하라. 자오선meridians은 만나지만 평행선은 그렇지 않다. 북극이나 남극은 있어도 서극West Pole은 없다.

그렇지만 서극을 만들어 내는 데는 아무런 문제도 없다. 어디든 원하는 곳에 극pole을 만들 수 있다. 예컨대, 우즈베키스탄의 키질쿰 사막Kyzylkum Desert 한가운데 극이 하나 있고 다른 극은 지구의 반대편 남태평양에 있다고 선언하지 못할 이유는 아무것도 없다. 뉴욕의 소프트웨어 엔지니어 해롤드 쿠퍼Harold Cooper가 바로 그런 지도를 만들었다. 왜? 그렇게 하면 10여 개의 자오선, 또는 쿠퍼가 부른 대로 '대로Avenue'가 맨해튼의 남북 방향을 따라 곧장 오르내리게 되고, 거기에 수직한 위도선들이 맨해튼을 동서로 가로지르는 도로streets가 되기 때문이다. 그렇게 하면 뉴욕의 도로망을 지구의 나머지 지역으로 확장할 수 있다.* 위스콘신 대학교 수학과는 5086번 대로와 웨스트 -3442번가Street 모퉁이 가까이 있게 되는데, 어쩌면 우리의 극도로 다운타운 같은 분위기에 대한 설명이 될지도 모르겠다.

우리가 세계지도에 직선으로 위도선을 그리는 것은 그런 지도

* extendny.com에서 독자의 위치를 맨해튼화할 수 있다.

를 고안한 게라르두스 메르카토르Gerardus Mercator에게서 물려받은 유산이다.[8] 게르하르트 크레머Gerhard Cremer로 태어난 그는 당시의 과학자들 사이의 유행을 따라, 라틴어식 이름을 채택했다. '메르카토르'는 라틴어인데, '크레머'는 북부 독일 방언으로 '상인merchant'을 뜻한다. (만약 내가 같은 일을 했다면, 조르다누스 큐비투스Jordanus Cubitus가 되었을 것인데,* 꽤 그럴듯하다.) 메르카토르는 플랑드르의 젬마 프리시우스Gemma Frisius와 함께 수학과 지도 제작법을 공부했고, 필기체 쓰기에 관한 대중적 안내서를 썼으며, 1554년에는 개신교에 가담한 혐의로 종교적 광신자들에 의해 투옥되었다. 또한 뒤스부르크Duisburg에서 고등학생을 위한 기하학 과정을 개발하고 가르쳤으며, 수많은 지도를 제작했다. 오늘날 그는 1569년에 제작한 '선원을 위하여 수정된 새롭고 확장된 세계지도Nova et Aucta Orbis Terrae Descriptio ad Usum Navigantium Emendata'라는 지도로 유명하며, 그가 발표한 지도 투영법은 메르카토르 도법Mercator projection이라 불린다.

뱃사람에게 중요한 것은 절대적인 최단 경로를 아는 것이 아니라 길을 잃지 않는 것이었으므로 메르카토르 지도가 유용했다. 바다에서는 나침반을 이용하여 북쪽에 대한 (또는 최소한, 진북에서 너무 멀리 벗어나지 않기를 바라는, 자북에 대한) 고정된 각도를 유지할 수 있다. 메르카토르 투영법에서는 남북 방향의 경도선이 수직선이고 위도선은 수평선이며 지도상의 모든 각도가 실제와 동일하다. 따라서 정서 방향, 또는 북쪽에서 47도 등 어떤 방향이든 설정하고 그 방향

---

* '엘렌버그(Ellenberg)'는 '팔꿈치'를 뜻하는 독일어 방언이다. 적어도 우리 가계에서는 그렇게 전해 내려온다.

을 고수하면, 이동하는 경로 —항정선(loxodrome 또는 rhumb line)이라 불리는— 가 메르카토르 지도상의 직선이 된다. 메르카토르 지도와 각도기만 있으면 해안선의 어느 위치에 상륙하게 될지를 쉽게 알 수 있다.

그렇지만 메르카토르 지도에는 몇 가지 잘못된 점이 있다. 지도의 자오선이 절대로 만날 수 없는 평행선으로 표현되기 때문에 그럴 수밖에 없다. 자오선은 실제로 북극과 남극에서 두 번 만난다. 따라서 북쪽이나 남쪽으로 멀리 갈수록 뭔가가 잘못될 수밖에 없다. 실제로 메르카토르는 고통스러울 정도로 명백한 북극과 남극 지역의 왜곡을 피하려고 자신의 지도를 극지에서 멀리 못 미친 지점에서 좌우로 평행하게 잘랐다. 지도상에서는 남극과 북극에 가까운 경도선이 점점 더 사이가 벌어지나 실제로는 그렇지 않다. 따라서 극지역이 실제보다 커 보이게 된다. 메르카토르 도법에서는 그린란드의 크기가 아프리카만 하다. 실제로는 아프리카가 14배 더 크다.

더 좋은 도법은 없을까? 우리는 대원이 직선으로 나타나기를 (심사gnomonic 도법) 원하고, 지리적 대상의 상대적 면적이 실제와 일치하기를 (등적authalic 도법) 원하고, 각도가 정확하기를 (정각conformal 도법, 메르카토르 지도가 여기에 속한다) 원할 수 있다. 그러나 이 모두를 가질 수는 없다. 이유는 칼 프리드리히 가우스가 증명한 피자 정리pizza theorem로 귀결된다. 가우스는 자신의 정리를 피자 정리라 부르지 않았지만, 19세기 괴팅겐에 살았던 그가 뉴욕 스타일의 피자를 맛볼 수 있었다면 틀림없이 그런 이름을 붙였을 것이다. 대신에 그는 현대 영어로 대략 '경이로운 정리The Awesome Theorem'라는 의미인

Theorema Egregium이라 불렀다. 정리를 정확하게 설명하면서 독자를 괴롭히는 대신에 그림을 그리는 편이 좋겠다.

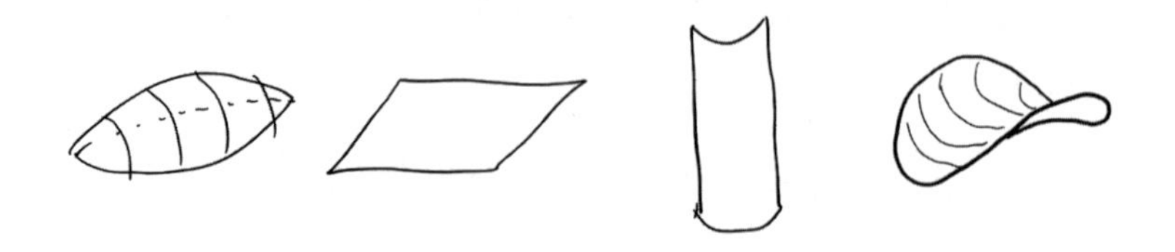

매끄러운 곡면을 충분히 확대하면 이들 네 가지 그림 중 하나처럼 보일 것이다. 왼쪽에는 구가 절단된 모양이 있고, 중앙에는 평면과 원통형의 조각, 오른쪽에는 프링글Pringle이 있다. 가우스는 '곡률curvature'의 수치적 개념을 고안했다. 평면의 곡률은 0이고, 원통형도 마찬가지다. 구면의 곡률은 양수이고 프링글의 곡률은 음수다. 다음 그림처럼 더 복잡한 표면은

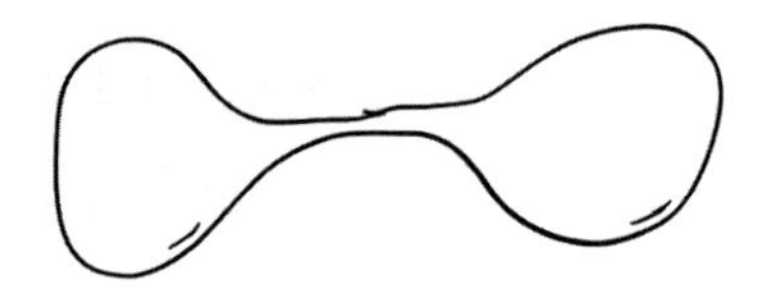

한 곳에서는 양의 곡률, 다른 곳에서는 음의 곡률을 가질 수도 있다. 한 표면을 다른 표면으로, 각도와 면적을 동일하게 유지하는 방식으로, 매핑mapping할 수 있으면 메트릭 또한 정확하게 설정되는 것으로 밝혀졌다. 다시 말해서 두 표면의 기하학이 같아지는 것이다. 한 표면에서 두 점 사이의 거리는 다른 표면에서 대응하는 점 사이의 거리와 같다.

경이로운 정리는 다음과 같다. 한 표면을 다른 표면으로, 동일한

기하학이 유지되는 방식으로 투영할 수 있다면 —다시 말해서, 표면을 구부리거나 비틀 수 있지만 늘리는 것은 허용되지 않는다면— 곡률 또한 같아야 한다. 오렌지 껍질은 구의 조각이므로 곡률이 양수다. 따라서 오렌지 껍질을 평평하게 펴서 곡률이 0인 평면을 만들 수는 없다. 평평한 파이 모양에서 잘라낸 피자 한 조각의 곡률은 0이다. 따라서 끝 쪽이 처지게 하거나

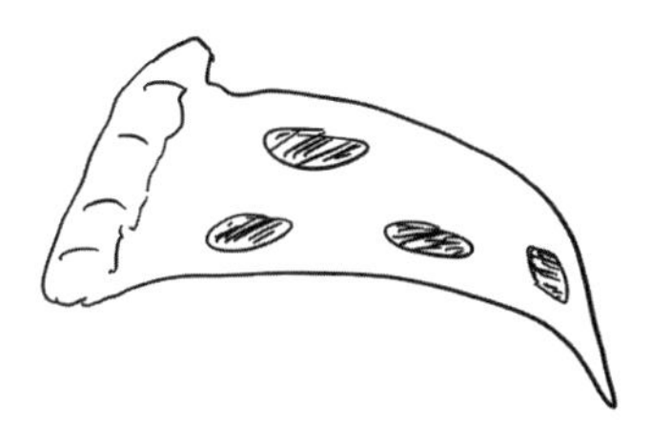

양쪽 가장자리를 말아 올려서

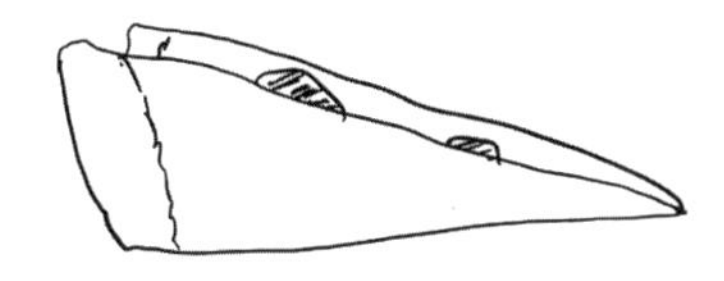

곡률이 0인 원통 모양을 쉽게 만들 수 있지만, 두 가지를 동시에 할 수는 없다.[9] 그러면 프링글이 될 것이기 때문이다. 피자는 프링글이 아니고 프링글이 될 수도 없다. 프링글의 곡률이 0이 아니고 음수이기 때문이다. 그래서 당신은 피자 조각을 들고 암스테르담가를 걸어갈 때 피자의 가장자리를 말아 올린다. 끝부분이 아래로 처져서 뜨거운 치즈가 셔츠 앞으로 떨어지는 것을 피자의 곡률 0과 가우스의 정리가 막아 주기 때문이다.

지구의 구형 표면에 대하여 우리의 모든 기하학적 욕구를 충족하는 지도를 만들 수 없다는 사실을 알기 위하여 경이로운 정리의 완전한 경이로움이 필요한 것은 아니다. 이 문제를 설명하는 오래된 수수께끼가 있다. 어느 날 아침잠에서 깬 사냥꾼이 텐트 밖으로 나와서 곰 사냥을 떠났다. 그는 남쪽으로 10마일을 걸었으나 곰을 찾지 못했다. 그래서 동쪽으로 10마일을 걸었지만 여전히 곰은 없었다. 다시 북쪽으로 10마일을 걸었더니 마침내 자신의 텐트 바로 앞에 곰이 있었다.

수수께끼: 이 곰은 무슨 색일까?

이 수수께끼를 모른다면 다른 버전도 있다. 거의 적도상에 위치한 가봉의 리브르빌Libreville에서 출발하여 북극에 도달할 때까지 북쪽으로 직진한다. 그러고는 오른쪽으로 90도 돈 후에 남쪽으로 내려와 수마트라의 바타안Batahan이라는 마을 근처에서 다시 적도를 만난다. 마지막으로 다시 오른쪽으로 90도 돌고 정서 방향으로 지구 둘레의 1/4을 돌아서 리브르빌로 돌아온다.

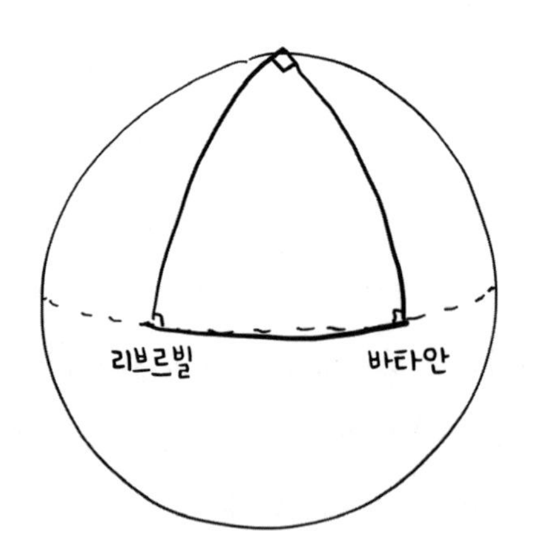

우리가 상상하는 완벽한 지도에서는 대원이 직선으로 나타남을 기억하라. 우리가 따라온 경로는 대원의 일부만으로 구성되므로, 상상 속의 완벽한 지도에서 세 개의 직선 선분, 즉 삼각형이 되어야 한다. 그러나 지도상의 모든 각도는 지구 표면에서의 각도와 같은 90도다. 평면에서 세 각이 모두 90도인 삼각형은 존재하지 않는다. 따라서 완전한 지도의 꿈도 끝난다. 아, 그리고 곰은 흰색이었다. 사냥꾼의 텐트가 북극에 있었어야 하므로, 곰은 북극곰이었다! (무릎을 친다.)

그러면 당신의 에르되시-베이컨 수는 얼마인가?

평면 지도의 기하학에서 구의 기하학에 이르기까지 이미 풍부한 수학이 포함되어 있다. 그러나 우리는 더 철저하게 유클리드의 책에서 벗어나기를 염두에 두고 있다. 영화배우의 기하학은 어떨까? 그들 신체의 곡선이나 평면이 아니라 —그에 대해서는 이미 충분히 언급되었다— 그들의 협업에 의한 네트워크의 기하학 말이다. 배우의 기하학을 위해서는 두 스타star가 창공에서 서로 얼마나 멀리 떨어져 있는지를 나타내는 개념의 메트릭이 필요하다. 이를 위하여 '공동출연 거리costar distance'가 사용된다. 두 배우 사이의 고리link는 그들이 함께 출연한 영화이고, 거리는 그들을 연결하는 가장 짧은 고리의 사슬chain of links이다. 조지 리브스George Reeves는 『지상에서 영원으로From Here to Eternity』에서 잭 워든Jack Warden과 공연했고, 워든은 자신의 마지막 영화 『리플레이스먼트The Replacements』에 키아누 리브스Keanu Reeves와 함께 출연했다. 따라서 조지와 키아누 사이의 거리는 2다. 또는 기껏해야 2다. 우리는 아직 두 사람 사이의 더 짧은 경로로 단일 고리에 해당할, 두 배우가 함께 출연한 영화가 없다는 사실을 확인해야 한다. 조지 리브스는 키아누가 태어나기 5년 전에 사망했으므로 두 배우의 거리는 2가 맞다.

영화배우라고 특별할 것은 없다. 어떤 협업 네트워크라도 같은 종류의 거리를 정의할 수 있다. 실제로 이 아이디어는 함께 논문을 쓴 수학자들이 고리로 연결되는 수학자들의 맥락에서 훨씬 더 오래되었다. 1969년에 캐스퍼 고프만Casper Goffman이 '그러면 당신의 에르되시 수는 얼마인가?And What Is Your Erdös Number?'라는 반쪽짜리 노트note를 〈월간미국수학American Mathematical Monthly〉에 발표한 이래로, 수학자의 기하학은 파티 게임이 되었다. 당신의 에르되시 수는 수학자 폴 에르되시Paul Erdős와 당신 사이의 거리다. 에르되시는 협업한 수학자의 수가 엄청난 덕분에 네트워크의 중심으로 여겨진다. 마지막 집계로는 511명이지만, 1996년에 사망했음에도 불구하고, 여전히 그와의 대화를 통해서 배운 아이디어를 이용하여 논문을 쓰는 저자에 의하여 때때로 새로운 고리가 생긴다. 에르되시는 자신의 집을 소유한 적이 없었고 요리와 빨래도 할 줄 몰랐던, 또는 할 줄 모른다고 알려졌던, 유명한 괴짜였다.* 그는 소요학파처럼 이런저런 수학자의 집에 머물면서, 집주인과 함께 정리를 증명하고, 상당한 양의 벤제드린Benzedrine(필로폰으로 더 유명한 암페타민의 상품명_옮긴이)을 소비하곤 했다. (적어도 한 번은, 점심식사 후에 커피를 마시는 수학자들과 합류하기를 거절하면서, "나에게는 커피보다 훨씬 좋은 것이 있다."[10]라고 설명했다.)

당신의 에르되시 수는 당신과 에르되시를 연결하는 가장 짧은 고리 사슬의 길이다. 당신이 에르되시라면 에르되시 수는 0이다. 에르되시는 아니지만 그와 함께 논문을 썼다면 에르되시 수가 1이다. 그리고 에르되시와 함께 논문을 쓴 적은 없지만 에르되시 수가 1인 사람과 함께 논문을 썼다면 에르되시 수가 2라는 식으로 계속된다. 에르되시는 협업 논문을 쓴 적이 있는 수학자 거의 모두와 연결된다. 이는 거의 모든 수학자에게 에르되시 수가 있다는 말과 같다. 체커 마스터인 마리온 틴슬리의 에르되시 수는 3이다. 나도 그렇다. 나는 2001년에 크리스 스키너Chris Skinner와 함께 모듈 형식modular forms에 관한 논문을 썼는데, 스키너는 벨 연구소Bell Labs의 인턴intern이었던 1993년에 앤드루 오들리즈코Andrew Odlyzko와 함께 제타함수zeta functions에 관한 논문을 썼고, 오들리즈코는 1979년과 1987년에 에르되시와 함께 세 편의 논문을 썼다. 그리고 틴슬리와 나의 거리는 4다.[11] 우리 세 사람은 이등변삼각형을 형성한다.

---

* 에르되시 전설의 불유쾌한 특성 하나: 일부 수학자에게 가사노동이 자신의 지위 아래에 있으며 동시에 자신의 능력 밖이라고 생각하도록 장려한다. 그렇지만 우리는 음식을 먹고 깨끗한 셔츠를 입는다. 사실: 설거지를 하면서 수학을 생각하는 것은 수학에도 좋고, 당신이 대부분 수학자처럼 몽상에 빠지기 쉬운 사람이라면 접시에도 좋다.

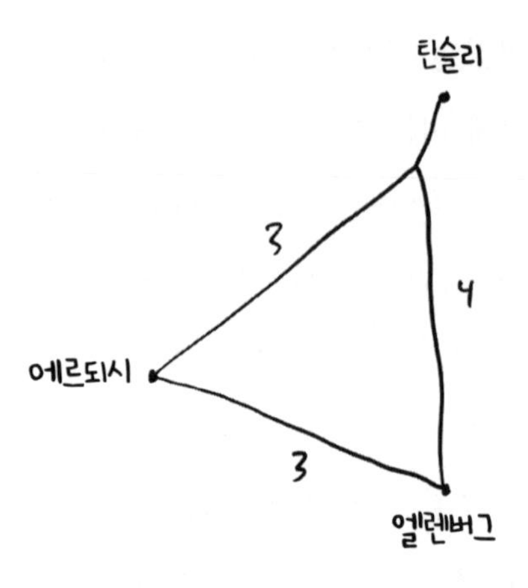

이 삼각형은 약간 주름지게 보인다. 짧았던 수학 연구 경력 중에, 틴슬리가 제자인 스탠리 페인Stanley Payne과 함께 논문 한 편만을 썼기 때문이다. 따라서 그 고리는 틴슬리와 에르되시를 연결하는 선의 일부이면서 틴슬리와 나를 연결하는 선의 일부이기도 하다.

이제 논문을 한 편이라도 발표한 적이 있는 약 40만 명의 수학자 모두를 볼 수 있도록 그림을 확대하자. 그리고 모든 공동저자의 쌍을 연결한다.

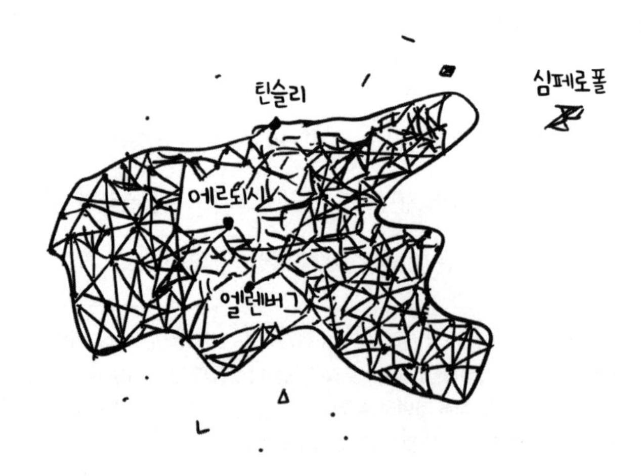

큰 덩어리(또는 기술적 용어로 큰 '연결된 구성요소')는 고리의 사슬로 에르되시와 연결되는 268,000명의 수학자다. 먼지처럼 보이는 것들은 공동으로 논문을 쓴 적이 없는 8만 명 정도의 외로운 수학자 집단이다. 나머지 수학자는 소규모 집단으로 나뉘는데, 그중 가장 큰 집단은 주로 우크라이나의 심페로폴Simferopol 주립대에 기반을 둔 32명의 응용수학자로 구성된다. 큰 덩어리에 속한 수학자는 모두 13개 고리보다 길지 않은 사슬로 에르되시와 연결된다. 당신에게 에르되시 수가 있다면 그 수는 기껏해야 13이다.

다양한 크기의 덩어리가 있는 대신에, 거대한 덩어리 하나와 외롭게 남겨진 수학자들의 완전히 분리된 집단 사이에 그렇게 큰 간격이 있다는 것이 이상하게 보일 수도 있다. 그러나 실제로는, 에르되시 덕분에 우리가 알게 된 네트워크의 일반적인 특성이다. 에르되시 수의 개념은 단지 에르되시의 사회성을 기리는 것만이 아니다. 대규모 네트워크의 통계적 특성에 관한 에르되시와 알프레드 레니Alfréd Rényi의 선구적 업적에 대한 감사의 표시다. 그들이 보인 것은 다음과 같다. 100만 개의 점이 있다고 가정하자. 여기서 '100만'은 '구체적으로 명시할 필요가 없는 큰 수'를 뜻한다. 그리고 우리가 어떤 숫자 R을 염두에 두고 있다고 가정하자. 이 점들로 네트워크를 만들려면, 어느 쌍이 네트워크에서 연결되고 어느 쌍이 그렇지 않은지를 결정해야 한다. 이런 작업은 전적으로 우연에 따르는 방식으로 수행된다. 즉 한 쌍의 모서리가 연결될 확률이 100만 분의 R이라고 말하는 것이다. R이 5라고 해 보자. 각 점에는 연결이 가능한 다른 점이 100만 개 (좋다, 999,999개) 있지만, 그들에 연결될 확률은 100만분의 5에 불과하므로, 각 점이 약 5개의 다른 점에 연결될 것으로 예상할 수 있다. 즉, R은 각 점이 보유한 '협력자collaborators' 수의 평균이다.

에르되시와 레이니가 발견한 것은 중요한 전환점이다. R이 1보다 작으면 네트워크는 거의 틀림없이 연결되지 않은 수많은 조각으로 분리된다. 그러나 R이 1보다 크면 네트워크의 대부분을 차지하는 거대한 덩어리가 생길 것이 마찬가지로 확실하다. 거의 모든 수학자가 에르되시에게 연결되는 방식으로, 덩어리 안에 있는 모든 점에는 다른 모든 점으로 연결되는 경로가 있다.* R의 미세한 변화(예컨대 0.9999-1.0001)가 네트워크의 거동에 거대한 변화를 초래한다.

우리는 앞에서도 이런 현상을 보았다. 점들이, 실제로 100만 명 정도인, 사우스다코타 주민이라고 가정해 보자. 그리고 사람들이 가깝게 접촉하여 서로가 내쉬는 호흡을 들이쉴 때 두 점이 연결된다고 가정하자. 감염의 확산에 대한 정확한 모델은 아니지만 —서로 다른 사람들이 서로 다른 시간에 감염된다는 것을 고려하지 않는다— 컨설팅 작업을 위해서는 충분히 가까운 모델이다. 감염자 한 사람이 감염시키는 사람 수의 평균은, 이제 고무 마스크를 벗어 버리고 그동안 내내 R_0였던 자신의 모습을 드러내는, R이다. R이 1보다 작다면? 질병이 네트워크의 일부 소규모 영역에 국한된다. 1보다 크면? 거의 모든 곳으로 퍼진다.

에르되시는 또한 '그 책The Book'의 아이디어, 즉 모든 정리에 대

---

* R이 정확하게 1이라면 어떻게 될까? 이 문제에 관해서는 수백 편의 논문이 있다. 두 영역의 경계에 걸쳐진 현상에 가장 바로크적으로 풍부한 수학이 숨어 있는 일이 종종 일어난다.

하여 가장 완벽하고 간결하고 우아하고 유용한 증명이 수록된 책에 관한 아이디어로도 유명하다. 오직 신만이 그 책을 볼 수 있다. 하지만 그 책을 믿기 위하여 신을 믿을 필요는 없다. 에르되시 자신도, 유대인 가정에서 성장했지만, 종교를 믿지 않았다. 그는 신을 '최고의 파시스트the Supreme Fascist'라 불렀고, 노트르담Notre Dame 대학교를 방문했을 때는 캠퍼스가 매우 멋지지만 더하기 표시가 너무 많다고 말했다(가톨릭 계열 학교인 노트르담 대학교 교내에 십자가가 많다는 점을 활용한 농담_옮긴이).[12] 그럼에도 수학적 실재에 대하여 그는 결국 독실한 신자였던 힐다 허드슨과 크게 다르지 않은 견해를 갖게 되었다. 그녀 역시 진정으로 훌륭한 증명은 신과의 직접 소통의 증거라고 믿었다. 신자가 아니었지만 신앙을 조롱하지도 않았던 푸앵카레는 이런 유형의 계시에 대하여 보다 회의적이었다. 초월적인 존재가 사물의 진정한 본질을 알았더라도, 푸앵카레는 말했다.

"그는 그것을 표현할 말을 찾을 수 없었다. 우리는 그런 응답을 받을 수 없을 뿐만 아니라, 받더라도 전혀 이해할 수 없을 것이다."[13]

그래프와 책벌레

영화배우에 대한 에르되시 게임은 1990년대에 따분해하던 대학생들이 케빈 베이컨Kevin Bacon은 모든 사람과 함께 영화에 나온 것처럼 보인다는 것을 관찰하고 창안한 게임이다.[14] 베이컨은 1980년대와

1990년대 할리우드의 에르되시였다. 따라서 영화배우의 베이컨 수는 공동출연 기하학에서 케빈 베이컨으로부터의 거리로 정의할 수 있다. 거의 모든 수학자에게 에르되시 수가 있는 것처럼 거의 모든 배우에게 베이컨 수가 있다. 나는 우연히도 둘 다 가지고 있다. 나의 베이컨 수는 옥타비아 스펜서와 함께 『어메이징 메리Gifted』에 출연한 덕분으로 2다. 옥타비아는 퀸 라티파Queen Latifah가 주연을 맡은 영화 『뷰티샵Beauty Shop』에서 케빈 베이컨이 연기한 '조르게Jorge'의 상대역인 '왕 고객Big Customer'으로 출연했다. 따라서 나의 에르되시-베이컨 수는 3+2=5다. 에르되시-베이컨 수가 있는 사람들의 클럽은 상당히 작다. 10대 시절에 『케빈은 열두 살The Wonder Years』에 출연했고, UCLA에서 그녀를 가르쳤던 내 친구들이 이구동성으로 하는 말처럼, 연기를 선택하지 않았다면 수학 분야에서 오랜 경력을 쌓았을 대니카 매켈러Danica McKeller의 에르되시-베이컨 수는 6이다. 닉 메트로폴리스Nick Metropolis는* 분자와 그들의 끊임없는 당구공 충돌에 대한 개별적 분석을 통하여 기체, 액체, 고체의 성질을 이해하려는 볼츠만의 꿈을 실현시키는 데 도움을 준 랜덤워크의 가장 중요한 알고리듬 중 하나를 개발하고 자신의 이름을 붙였다. 하지만 그는 오랜 시간이 지난 뒤에 그리고 우리의 논의와 더 밀접하게, 우디 앨런Woody Allen의 영화 『부부 일기Husbands and Wives』에서 중요한 배역을 연기함으로써, 에르되시-베이컨 수 4를 획득하여 나를 이겼다. (그의

* 아우구스타(Augusta)와 에드워드 텔러(Edward Teller) 부부, 아리아나(Arianna)와 마샬 로젠블루스(Marshall Rosenbluth) 부부와 함께. (아리아나 로젠블루스는 2020년 12월 28일에 코로나19로 사망했다.)

에르되시와 베이컨으로부터의 거리는 모두 2다.)*

수학자들은 일반적으로 이와 같은 네트워크를 네트워크라 부르지 않는다. 우리는 그런 네트워크를 그래프graph라 불러서 엄청난 혼란을 초래한다. 당신이 학교에서 그렸을지도 모르는 함수의 그래프와 아무런 관련이 없기 때문이다. 우리는 이러한 혼란을 화학자들의 탓으로 돌린다. 파라핀paraffin은 탄소와 수소만으로 구성된 분자다. 정말로 간단한 분자는 탄소 원자 한 개와 수소 원자 네 개로 구성되는 메탄('소의 트림으로 배출되어 지구 온난화를 초래하는' 가스)이다. 파라핀 왁스라는 단어는 아마도 수십 개의 탄소 원자를 가진 큰 분자를 떠올리게 할 것이다. 19세기 화학자들은 '원소 분석elemental analysis'을 통해서, 각 화합물에 얼마나 많은 탄소와 산소가 있는지 알아낼 수 있었다. '원소 분석'은 '불을 붙여 놓고 연소 결과물 중에 이산화탄소가 얼마나 되고 물이 얼마나 되는지를 확인하는 것'을 뜻하는 멋진 용어다. 하지만 그들은 곧 화학식이 같더라도 성질이 다른 분자가 있음을 이해하기 시작했다. 요점은 원자의 수를 세는 것이 전부가 아니라는 사실이었다. 분자에는 기하학이 있다. 같은 원자라도 다른 방식으로 배열될 수 있다.

지포Zippo 라이터의 연료인 부탄butane의 화학식은 C_4H_{10}이다. 탄소 원자가 4개, 수소가 10개다. 탄소 원자는 다음과 같이 4개의 고리 사슬로 연결되거나

---

* 에르되시의 공동저자인 두 사람, 다니엘 클라이트먼(Daniel Kleitman)과 브루스 레즈닉(Bruce Reznick)은 자신들이 엑스트라로 출연한 영화 덕분으로 에르되시-베이컨 수가 3이라고 주장한다. 이것은 반칙일까? 내가 말할 수는 없다. (그래, 사기다. 덤벼 봐.)

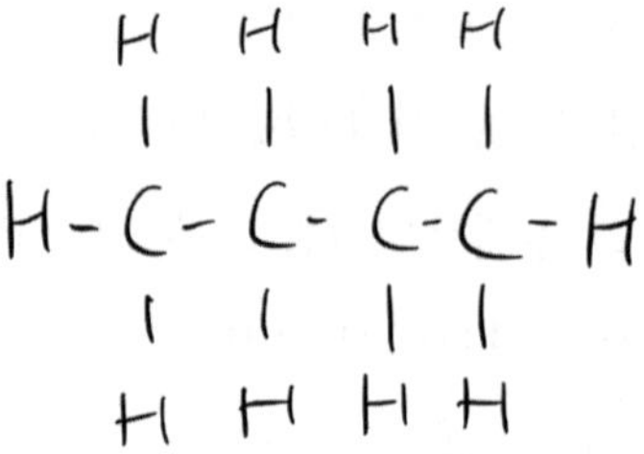

아니면 Y 모양으로 배열되어, '이소부탄isobutane이라 불리는 분자가 될 수도 있다.

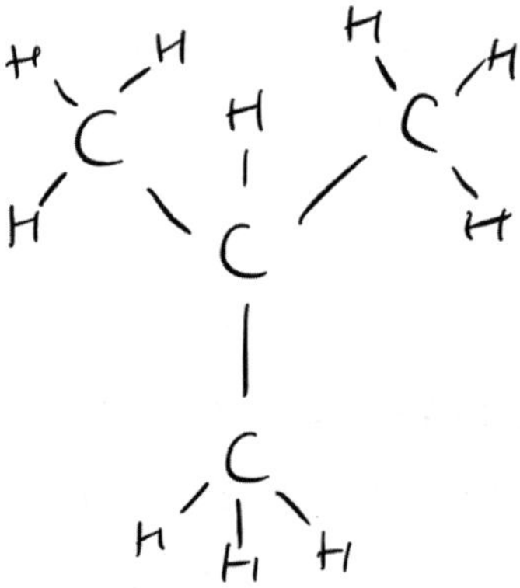

탄소 원자가 많을수록 기하학적 구조가 다양해진다. 옥탄octane에는 이름에서 알 수 있듯이 8개의 탄소 원자가 있다. 표준적 형태에서는 탄소 원자가 일렬로 늘어선다. 그러나 휘발유에 포함되어 부드러운 승차감을 제공하는 옥탄은 다음과 같은 형태로서

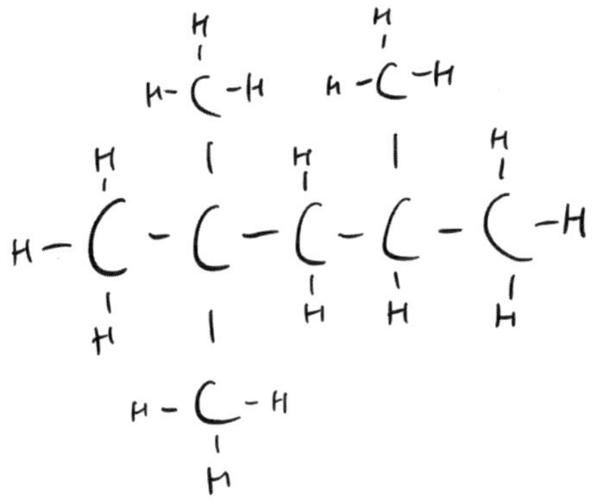

화학명은 2, 2, 4-트라이메틸펜탄trimethylpentane이다. 휘발유 펌프에 2, 2, 4-트라이메틸펜탄이라는 표지를 붙이지 않은 이유를 알 만하다. 그러나 일반적인 명명법은 화학자가 옥탄이라 부르는 물질의 옥탄가가 매우 낮다는, 다소 이상한 사실로 이어진다.

분자는 네트워크다. 점은 원자이고 결합bond으로 연결된다. 파라핀의 탄소 원자들은 닫힌 고리로 연결될 수 없다. 따라서 탄소 원자의 네트워크는, 체커 게임의 위치와 마찬가지로 나무를 형성한다.

각각의 탄소 원자는 다른 원자 네 개와 결합해야 하는 것으로 밝혀졌다. 반면에 수소 원자는 일부일처 방식으로 단 하나의 원자와 결합한다. 그렇다면 앞에 나온 그림의 두 가지 부탄이 4개의 C와 10개의 H가 함께 모이는 방법의 전부임을 확인할 수 있다. 탄소 원자가 5개인 펜탄pentane에는 세 가지 방법이 있다.

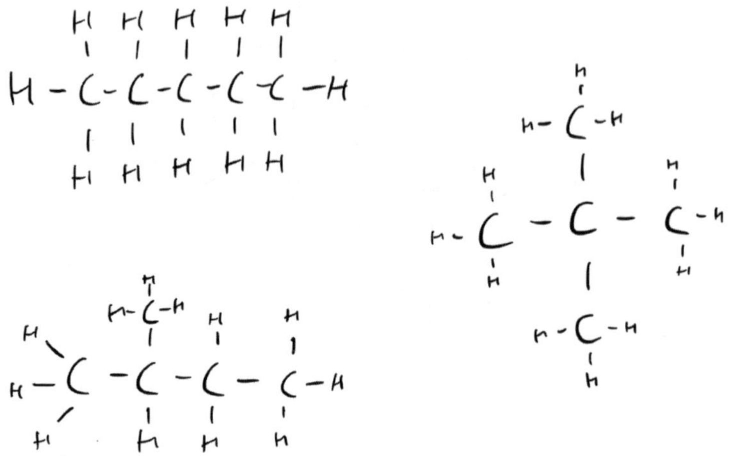

그리고 헥산hexane에는 다섯 가지 방법이 있다. (이번에는 작은 수소를 모두 그리지 않을 것이다.)

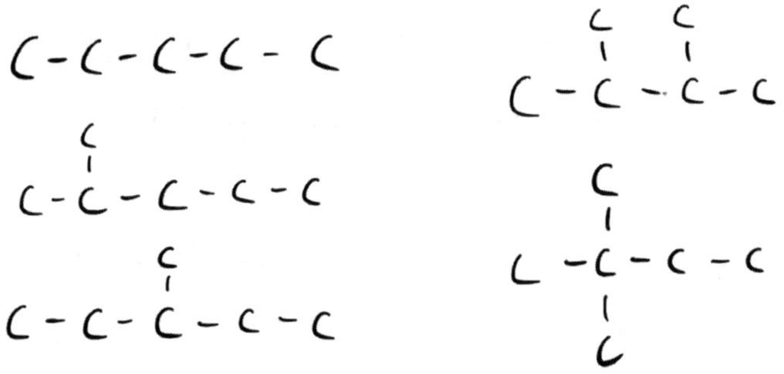

또 비라한카-피보나치다! 그러나 아니다. 탄소 원자가 일곱 개일 때는 여덟 가지가 아니고 아홉 가지 방법이 있다. 작은 숫자의 수는 그렇게 많지 않다. 따라서 작은 수를 세는 문제에는 겹치는 부분이 많다. 표준화된 테스트가 해결해야 할 과제다. 당신이 학생에게 "1, 1, 2, 3, 5, … 다음에 나올 숫자는 무엇일까?"라는 질문을 하고 싶은 이유는 알겠지만, 학생이 "우리가 파라핀을 세고 있다고 생각되기 때문에 9입니다."라고 대답한다면, 그 똑똑한 친구가 만점을 받을 자격이 있음을 인정해야 할 것이다.*

좋은 그림은 놀라울 정도로 정신을 명료하게 해 준다. 화학자들의 이해는 그래픽 표기법graphic notation이라 불린 우리의 그림 같은 그림을 그리기 시작하면서 엄청난 도약을 이루었다. 수학자들 역시 화학자들이 밝혀낸 새로운 기하학 문제에 영감을 받았고, 재빨리 순수 수학의 문제로 바꾸어 놓았다. 서로 다른 구조가 얼마나 많고, 이런 야생의 기하학 동물원을 어떻게 정리해야 할까? 대수학자 제임스 조셉 실베스터James Joseph Sylvester는 처음으로 이런 질문을 진지하게 받아들인 사람 중 하나였으며, '화학이 대수학자에게 재촉하고 암시하는 효과'가 있다고 말했다.[15] 그는 수학적 정신에 대한 화학의 작용을 시인이 그림에서 얻는 영감에 비유했다.

> 시와 대수학에서 우리는 순수한 아이디어를 구체화하고 언어라는 수단으로 표현한다. 회화와 화학에서 물질로 둘러싸인 아이디어의 적절한 표현은, 부분적으로는 수작업에, 그리고 예술적 자원에 의존한다.[16]

---

* 물론 탄소 원자가 더 많은 파라핀을 세는 수열도 온라인 정수열 백과사전에 수록되어 있다. 수열 A006602다.

실베스터는 '그래픽 표기법'이라는 문구를, 화학자들이 그리는 원자의 네트워크가 '그래프graphs'로 불린다는 의미로 이해한 것 같다.[17] 그는 자신의 작업에서 그런 표기법을 채택했고, 여기서 우리도 그것을 고수하고 있다.

실베스터는 영국인이었지만, 어떤 의미로는 최초의 미국 수학자이기도 했다. 그는 60대였던 1876년에 인정받는 원로 학자로서 막 설립된 존스홉킨스Johns Hopkins대 교수진에 합류했다. 당시에 미국의 수학은 거의 존재하지 않았고, 조금이라도 진지한 수학을 배우려는 학생은 독일로 가야 했다. 그는 저명한 원로 학자다운 면모를 보였다. 한 동시대인은 그를 '거대한 가슴에 닿는 턱수염에, 다행히도 목은 없고 (그런 괴물 같은 머리통을 지탱할 수 있는 목은 없을 것이므로), 대머리이지만 머리카락 몇 올의 거꾸로 선 후광이 넓은 어깨와 만나는 부분을 감싸고 있는, 거대한 땅 요정gnome'으로 묘사했다.[18] 모두가 실베스터의 거대한 머리통에 주목했다. 통계학자이며 골상학 애호가였던 프랜시스 골턴은 자신의 제자 칼 피어슨에게 말했다.

"그렇게 거대한 돔dome을 지켜보는 일은 특별한 경험이었다."[19] (골턴은, 머리통이 큰 자신이 항상 믿었던 것과 달리 두개골의 용량이 지적 성취와 상관관계가 없다는 피어슨의 발견에 불만을 표명하는 글을 쓰고 있었다.)

미국의 수학계는 훨씬 더 일찍 궤도에 오를 수도 있었다. 실제로 일찍이 1842년에 버지니아대에서 실베스터를 고용한 적이 있었기 때문이다. 버지니아대는 수학 애호가 토머스 제퍼슨의 모교였고, 필수적인 세 가지 입학 요건 중 하나가 '유클리드에 정통한 지식'이었으므로 완벽한 출발점으로 보일 수 있었다.[20] 그러나 처음부터 일이 잘 풀려 나가지 않았다. 주변에 요즈음 대학생들의 권리가 지나치다고 불평하는 사람이 있다면, 19세기 초의 미국 대학생에 관하여 읽어 보기를 최대한 강력하게 권해야 한다. 예일대에서는 1830년에 존 C. 칼훈John C. Calhoun 부통령의 아들을 포함한 44명의 학생이 오픈북open book에서 책을 덮은closed 시험으로 바뀐 기하학 기말고사를 거부하여 퇴학당했다.[21] 이 사건은 '원뿔곡선 반란Conic Section Rebellion'으로 알려졌다. 버지니아대에서는 학생들의 불만이 교실에서의 불복종을 넘어 노골적인 폭력으로 발전했다. 집단을 이룬 학생들은 '유럽인 교수를 타도하라'는 구호를 외쳤고, 눈 밖에 난 교수의 집 창문에 돌을 던지는 것이 일상적인 일이었다. 1840년에는 학생 폭도가 인기 없는 법학교수를 총으로 쏴 죽였다.[22]

실베스터는 단순한 유럽인이 아니라 유대인이었다. 한 지역 신문은 버지니아 주민이 '이교도, 이슬람교도, 무신론자가 아닌 기독교도'이며, 교수도 동일한 종교적 기준에 맞아야 한다고 불평했다. 정확하게 말해서 실베스터의 임명은, 학위가 없다는 이유로 보류되었는데 이 역시 종교적인 문제였다. 케임브리지대는 졸업생에게 영국 성공회의 39개 신조Thrity-Nine Articles를 지키겠다는 서약을 요구했는데 실베스터는 그럴 수 없었다. 다행히도, 가톨릭뿐만 아니라 개신교 학생도 수용해야 했던 더블린의 트리니티 칼리지Trinity College가 실베스터가 미국으로 떠나기 직전에 학사 학위를 수여했다.

당시에 신체적으로도 (큰 머리에도 불구하고) 보잘것없었고, 나이 또한 자신이 가르치는 학생들과 비슷했던 실베스터가 교실의 규율을 유지하려는 시도는 무례와 조롱에 직면했다. 수업시간에 책상 밑으로 다른 책을 읽었다는 이유로 뉴올리언스 출신의 윌리엄 H. 밸러드William H. Ballard라는 학생을 처벌하려 한 그의 시도는 전체 교수진이 판결해야 하는 논쟁으로 확대되었다. 밸러드는 상상할 수 있는 최악의 비행을 거론하면서 실베스터를 공격했고, 교수가 루이지애나의 백인이 노예에게 말하는 방식으로 자신을 대했다고 비난했다. 다수의 동료가 밸러드에게 호의적이었던 것은 실베스터에게 큰 좌절감을 안겨 주었다. 놀랍게도 상황은 점점 더 나빠졌다. 같은 학기 말에 실베스터는 구두시험에서 학생의 오류 몇 가지를 지적하는 실수를 저질렀고, 이는 가족의 명예를 지키기 위하여 복수에 나선 학생의 형이 실베스터의 얼굴에 주먹을 날리는 사태를 초래했다. 인기 없었던 법학교수의 운명을 알았음에 틀림없는 실베스터는 칼이 든 지팡이로 무장하는 예방책을 강구하고 있었고 그것으로 반격을 가했다. 학생의 형이 다치지는 않았지만, 실베스터에게 버지니아는 그것으로 끝이었다. 그는 더 적절한 상황을 찾으려고 몇 달 동안 미국을 돌아다녔다. 컬럼비아대에서 거의 자리를 잡을 뻔했지만, 다시 한번 교수직을 맡기에는 너무 구식이라는 평가를 받았다. 대학 이사회는 외국인 교수에 대한 편견이 전혀 없으며, 유대계 미국인이었더라도 똑같이 임용에 부적합하다는 판단을 내렸을 것이라고 했다. (그들 나름으로는 적절한 변명으로 여겼을 것이 틀림없다.) 이 실패는 또한 실베스터가 뉴욕에서 추구하던 구애 작업court-ship도 침몰시켰다.

"이제 내 삶은 텅 빈 것이나 다름없다."

실베스터는 말했다. 외로운 실업자가 된 그는 영국으로 돌아갔고, 여기저기서 —보험계리사, 변호사, 그리고 플로렌스 나이팅게

일Florence Nightingale의 개인 수학교사로— 생계를 이어 가는 한편으로 대수학을 병행했다.[23] 버지니아 시절에 관한 소문 때문에 대서양을 건너온 것도 도움이 되지 않았다. 단지 무기화된 지팡이를 들고 달려들었을 뿐이었지만, 사람들은 그가 상대방을 죽였다고 생각했다. 실베스터는 또한, 1851년에 발표한 '미스터 실베스터가 이 저널 12월호에 발표한 정리와 돈킨Donkin 교수가 6월호에 발표한 정리의 우연한 일치에 관한 설명' 같은 논문에서 추측할 수 있듯이, 학문적 다툼을 즐기는 바람직하지 않은 습관이 있었다. 논문을 그대로 인용한다.

「나는 비록 때때로 귀 저널에 논문을 제출하기는 하지만, 정기적으로 저널을 읽지는 않는다. 따라서 내가 실제로 9년 전에 증명했으나 너무 쉬운 증명이고 다른 어딘가에 이미 발표되었을 것으로 생각하여 아무에게도 말하지 않았던 정리에 관한, 돈킨의 앞선 논문을 알지 못했다.」

그는 돈킨에게 아주 미약하게 미안한 듯 아닌 듯한 말을 전하는 것으로 결론을 맺었는데, 너무 재미있어서 인용하지 않을 수 없다.

「개인적 고려와는 별개로, 그의 정당하게 획득한 고매한 명성에 비추어 진정한 과학 애호가의 노력에 활력을 불어넣는 진실 자체에 대한 사심 없는 사랑을 말할 것도 없이, 문제의 매우 간단한 (아무리 중요하더라도) 정리의 첫 번째 저자 또는 발표자가 됨으로써 얻게 될 그 어떤 명예에도 무관심할 것이 틀림없다.」

실베스터는 나중에 칼 피어슨이 맡게 되는 그레셤 기하학 강의에 지원하고, 시범 강의까지 했으나 거절당했다.[24] 그는 죽을 때까지 결혼하지 않았다.

이 모든 역경에도 불구하고 실베스터는 결국 영어권 수학의 제도권에서 자신의 자리를 되찾았으며, 오늘날 선형대수linear algebra라 불리는 분야를 창안하는 데 힘을 보태면서 19세기 중반을 보냈다. 실베스터에게는 스스로 끊임없이 되돌아간 공간의 기하학과 별로 다르지 않은 주제였다. 선형대수는 3차원 공간에 대한 우리의 직관을 원하는 대로 얼마든지 더 높은 차원으로 확장할 수 있게 해 준다.* 그래서 우리의 마음은 자연스럽게 실제로 우리가 살아가는 세계에 그런 고차원 공간이 존재할 수 있는지 의문을 품게 된다. 실베스터는 '책벌레bookworm'의 비유를 좋아했다. 책벌레는 종이 두 장 사이의 2차원 공간에 사는 벌레로 차원이 더 높은 세계가 있다는 것을 알지 못하고 그런 생각을 할 수도 없다. 실베스터는 묻는다. 우리 3차원적 존재도 그와 같이 제한된 존재라면 어떨까? 우리의 상상력이 책벌레보다 나아서 3차원 '페이지' 너머를 볼 수 있을까? 실베스터는 말했다.[25]

"우리의 세계가 4차원 공간(가상의 책벌레가 우리의 공간을 이해할 수 없는 것처럼 우리가 이해할 수 없는)에서 페이지의 구겨짐과 비슷한 왜곡을 겪고 있을지도 모른다…."

이는 물론 와칫 부인이 제시한 것과 동일한 것으로 끈 위를 기어가는 개미가 책벌레로 대체된 이론이다.

실베스터는 "본질적으로, 말 잘하는 수학자는 말하는 물고기처

---

* 기계학습의 핵심인 '벡터' 이론을 제공하고, 제프리 힌턴에게 14차원 공간을 3차원 공간처럼 설명하면서 "14."라고 큰 소리로 말하게 하는 수단을 제공하는 것이 바로 선형대수다.

럼 희귀한 현상으로 남아야 한다."라고 사과하면서 강의를 시작한 적이 있다.[26] 그러나 이 말은 자신의 말솜씨를 꽤 자랑스러워하는 사람의 의례적인 사과였다. 실제로 실베스터는 윌리엄 로언 해밀턴과 로널드 로스처럼 시인이었다. 그는 아마도 유일하게 대수적 표현을 언급한 소네트로 생각되는 '대수학 공식 용어의 가족군에서 누락된 구성원에게To a missing member of a family group of terms in an algebraical formula'를 썼다.* 실베스터는 더 나아가, 시의 작법을 엄밀한 수학적 기반 위에 올려놓을 목적으로 《운문의 법칙The Laws of Verse》이라는 책까지 썼다. 이 책에서 실베스터는 산스크리트어 운율 체계를 공부한 적이 있는지를 전혀 언급하지 않았다. 하지만, 강세가 있는 음절의 길이가 강세가 없는 음절의 두 배라는, 1,300년 전 비라한카와 같은 관점을 채택했다. (실베스터는 비라한카가 말한 라구와 구루 대신 '4분음표crotchet'와 '8분음표quaver'의 음악 용어를 사용했다.)

나는 실베스터의 목표가 시를 수학적 주제로 줄이는 것이 아니라 수학적 주제로 승격시키는 것임을 주의 깊게 설명하고 있다. 그것이 실베스터의 견해였음이 분명하기 때문이다. 그는 평생 동안 수학이 연역적 단계를 밟아 가는 두서없는 거친 발걸음이라는 대중적 견해에 반대했다. 실베스터에게 수학은 초월적 실재와 접촉하는 수단이었다. 당신은 직관을 통하여 자신을 그곳으로 밀어 올린다.

---

* 다니엘 브라운(Daniel Brown)은 매우 흥미로운 《빅토리아 시대 과학자들의 시(The Poetry of Victorian Scientists)》라는 책에서 이 시를, 실베스터 자신을 '누락된 구성원'으로 표현하면서 종교적 이유로 대학 시스템에서 배제된 처지를 언급하는 것으로 읽을 수 있다고 주장했다. 역사적 과학자의 작품에서 종교적 상징을 찾아내는 능력에도 불구하고, 이 브라운은 《다빈치 코드)》의 저자 댄 브라운과는 관련이 없다.

그런 불꽃 튀는 순간을 겪은 뒤에야 다시 돌아와 다른 사람이 경치를 조망하는 것을 돕기 위하여 논리적 비계scaffold를 구축한다. 실베스터는 자신의 학문적 지위를 거부했던 영국 성공회의 멍청한 전통주의와 명시적으로 연결하면서 당시의 관습적인 교육 관행을 공격한다.

> 나는 초기의 유클리드 공부 때문에 기하학을 혐오하게 되었다. 누구든 이 방에 있는 사람(유클리드를 성서 다음가는 신성한 존재로, 그리고 영국 헌법의 진보된 전초기지로 평가하는 사람들이 있음을 알고 있다)의 견해에 충격을 주었다면, 앞에서 학교 교과서를 언급한 맥락에서, 그것이 나의 변명이 되기를 바란다. 그렇지만, 어떤 수학적 문제든 충분히 깊이 들어갈 때마다 제2의 천성이 되어 버린 혐오감에도 불구하고, 나는 마침내 기하학의 바닥에 도달한 자신을 발견했다.[27]

실베스터는 독일과 미국을 동경했고 그곳에서 영국에서는 불가능한 지성적 바람이 얼굴에 부는 것을 느꼈다. 그는 심지어 (물론 미국 청중에게. 실베스터는 무례했을지라도 바보는 아니었다) 지리적 위치에도 불구하고, 미국과 독일은 같은 반구hemisphere에 있고 영국은 다른 반구에 있다는 말까지 했다.[28] 그러나 1880년대에, 실베스터는 로그표를 만든 헨리 브릭스가 처음으로 맡았던 자리인 새빌 기하학교수가 되어 다시 영국으로 돌아왔다. 그 무렵에 실베스터는 19세기 말의 그 누구보다도 기하학을 유클리드의 감옥에서 해방시켜 모든 과학의 기초로 삼을 것을 주장한, 젊은 푸앵카레를 만났다.

> 나는 최근에 파리의 게이-뤼삭Gay-Lussac가에 있는 푸앵카레의 집을 방문했다… 그토록 강력한 억눌린 지성의 힘 앞에서 처음에 내 혀는 할 말을 잊었고 내 눈은 방황했다. 잠시 시간이 지난 뒤에야 (2~3분 정도였을 것이다), 젊음의 특성이 드러나는 그의 아이디어를 파악하고 흡수하여, 말을 할 수 있었다.[29]

길고 웅변적이었던 생애에서 단 한 번, 실베스터는 할 말을 찾지 못하는 자신을 발견했다.

1897년에 실베스터가 사망했을 때, 왕립협회는 그를 기리는 메달을 만들었다. 푸앵카레가 첫 번째 수상자였다. 젊은 수학자는 협회의 1901년도 연례 만찬에서 실베스터를 추모하는 감동적인 연설을 했다. 위대한 기하학자가 자신의 수학에 '고대 그리스인의 시적 정신 같은 것'이 있다는 말을 들었다면 실베스터도 기뻐했을 것이 틀림없다.

만찬에 참석한 사람 중에 로널드 로스 경도 있었다.[30] 그가 푸앵카레의 옆자리에 앉았고, 푸앵카레가 잡담 중에라도 자신의 제자 바슐리에의 금융 분야에 관한 랜덤워크 연구를 언급했다고 상상해 보라. 그리고 로스가 아직 개발 중이었던 돌아다니는 모기에 관한 아이디어와 연결 지을 수 있었을지도 생각해 보라.

장거리 독심술

1916년 5월 15일에 마술 잡지 〈스핑크스The Sphinx〉는 다음과 같은 광고를 게재했다.

> 장거리 독심술. 친구에게 평범한 카드 한 벌을 우편으로 보내서, 카드를 섞은 뒤에 한 장을 선택하고 다시 카드를 섞은 다음, 선택한 카드가 포함되었는지를 밝히지 않고 전체 카드의 절반만을 돌려보내도록 합니다. 그러면 당신은 친구가 선택한 카드가 무엇인지를 맞히는 답장을 보내게 됩니다. 가격: $2.5
> 주의: 50센트를 보내면 마술의 실제 시범을 제공합니다. 그리고 비결을 원한다면, 나머지 $2.00을 송금하시오.

페탈루마Petaluma의 양계장 주인이었으며, 취미로 거대한 라디오를 제작하기도 했고, 신문의 퍼즐 경연대회를 수입이 짭짤한 부업으로 삼았던 찰스 조던Charles Jordan이 게재한 광고였다. (조던이 너무 많이 이기게 되자 신문사는 경연대회 참가를 금지했다.[31] 그러자 그는 상금의 일부를 받는 조건으로 공모자가 자신의 해답을 대신 제출하도록 했다. 이 작전은 조던의 파트너 중 한 사람이 대면 타이브레이커tiebreaker를 위하여 신문사로 호출되었을 때 탄로 날 뻔했다.) 조던은 또한 수많은 카드 마술을 창안했다. 우리가 아는 한 공식적 수학 교육을 받은 적이 없었음에도 불구하고 그는 수학을 마술에 접목한 선구자였다.

나는 독자에게 편지를 통하여 마음을 읽는 방법을 가르치려 한다. 마술사가 마술의 비밀을 절대로 밝히지 않는다는 것은 안다! 그러나 나는 마술사가 아니다. 수학 교사다. 그리고 조던의 마술에 숨겨진 비밀은 카드 섞기의 기하학으로 귀결된다.

나는 학부 논문 지도교수였던 퍼시 디아코니스Persi Diaconis에게 카드 섞기의 기하학을 배웠다. 학계의 수학자 대부분에게는 꽤 예측 가능한 뒷이야기가 있다. 디아코니스는 그렇지 않다. 만돌린 연주자이자 음악 교사의 아들로 태어난 그는 뉴욕에서 마술사가 되려고 열네 살 때 가출했다. 그리고 카드 솜씨에 도움이 될 것이라는 동료 마술사의 말을 들은 뒤에 확률 이론을 공부하기 위하여 시티 칼리지City College로 갔다. 거기서 수학과 마술을 모두 좋아하는 동료 마틴 가드너Martin Gardner를 만났는데,* 그가 다음과 같은 추천서를 써 주었다.

「저는 수학에 관하여 많이 알지는 못하지만, 이 친구는 지난 10년 동안 나온 최고의 카드 마술 중 두 가지를 창안했습니다. 귀하는 그에게 기회를 주어야 합니다.」

프린스턴 같은 곳에서는 이 추천서에 감명을 받지 않았다. 그러나 하버드에는 통계학자이자 아마추어 마술사였던 프레드 모스텔러Fred Mosteller가 있었고, 디아코니스는 하버드로 가서 모스텔러의 제

---

* 가드너는 20세기 수학의 대중화에 가장 크게 기여한 인물이다. 예를 들어, 콘웨이의 라이프 게임이 세계적으로 유명해진 것은 가드너의 <사이언티픽 아메리칸> 칼럼을 통해서였다. 가드너는 나보코프(Nabokov)의 소설 《에이다(Ada)》에도 언급되고, 사이언톨로지 교회(Church of Scientology)에 의하여 '억압적인 인물(suppressive person)'로 선언되었으며, 4차원 정육면체(tesseract)를 토의하려고 살바도르 달리와 함께 점심식사를 했던 사람이다. 그는 유클리드가라는 거리에 살았고, 위상기하학에 관한 단편소설을 <에스콰이어(Esquire)>지에 발표한 적도 있었다. 재미있는 사람이다.

자가 되었다. 내가 하버드에 입학했을 때 그는 그곳의 교수였다.

하버드 대학원의 수학 입문과정에는 정해진 커리큘럼curriculum이 없다. 교수가 무엇이든 가장 적합하다고 생각하는 것을 가르칠 수 있다. 대학원 첫해 가을학기의 대수학은 나의 박사학위 지도교수가 되는 배리 메이저Barry Mazur가 가르쳤는데 강의 내용은 전적으로 — 그의 연구 주제이며 나중에 나의 연구 주제가 되기도 한— 대수적 정수론에 관한 것이었다. 그다음 봄학기에는 디아코니스가 한 학기 내내 카드 섞기를 가르쳤다.

카드 섞기의 기하학은 영화배우나 수학자의 기하학과 흡사하다. 단지 훨씬 더 클 뿐이다. 우리의 '공간'에 있는 점들은 52장의 카드가 정렬되는 방법을 나타낸다. 그 방법은 몇 가지나 될까? 첫 번째 카드는 52장의 카드 한 벌 중 어떤 카드든 될 수 있다. 첫 카드를 선택하고 나면, 다음 카드는 남은 카드 중 어느 것이든 될 수 있다. 꼭대기에 무슨 카드가 있든 남은 카드는 51장이다. 따라서 처음 두 카드에 대해서만 52×51=2,652가지의 선택이 있다. 그다음 카드는 아직 사용되지 않은 50장 중 어느 것이든 될 수 있으므로, 총 선택지는 52×51×50=132,600가지가 된다. 이런 방식으로 끝까지 계속하면, 정렬 방법의 가짓수가 52부터 1까지 모든 숫자를 곱한 수가 된다. 이 숫자는 52!로 표시되고 '52 계승factorial'이라 불리는 것이 보통이지만, 19세기에는 감탄부호와 어울리게 '52 감탄admiration'이라 부르려는 움직임도 있었다.[32] 52의 계승은 67자릿수의 숫자이며 그 정확한 값으로 독자를 괴롭힐 생각은 없다. 그러나 수학자나 영화배우의 수보다 훨씬 큰 숫자임은 분명하다.

(물론 이 기하학은 어떤 순진한 의미에서는, 소박하지만 무한히 많은 점이 있는 선분의 기하학보다 작다!)

기하학에는 거리의 개념이 필요하다. 그래서 섞기가 등장한다. 여기서 섞기shuffle는 표준적 리플 셔플riffle shuffle을 말한다. 카드 한 더미를 잘라cut 두 더미로 나눈 다음에 왼쪽이나 오른쪽에서 선택한 카드를 한 장씩 내려놓아 새 더미를 만든다. 카드를 다 내려놓으면 두 더미의 카드가 섞인 한 더미로 합쳐진다. (두 더미의 카드를 엄밀하게 교대로 선택할 필요는 없다.) 이러한 섞기는 통상적으로, 두 더미를 마주 대고 눌러서 모서리를 약간 구부린 다음에 멋진 푸르르르 소리와 함께 양쪽의 카드가 섞이도록 하는, 더브테일dovetail이라 불리는 조작으로 수행된다. 리플 셔플에는 다양한 방법이 있다. 예를 들어, 두 더미 중 하나가 카드 한 장뿐이라면, 그 카드를 다른 더미에 아무 데나 밀어 넣을 수 있다. 실제로 그렇게 할 가능성은 낮겠지만, 그런 방법도 리플 셔플로 간주된다. 우리는 리플 셔플을 통해서 카드의 정렬 상태를 바꿀 수 있을 때, 처음과 나중의 정렬이 서로 연결된다고 말한다. 두 정렬 사이의 거리는 처음에서 나중으로 가는 데 필요한 셔플의 수다.

약 4,500조 가지의 서로 다른 리플 셔플이 있다. 큰 수지만 52의 계승에 비길 것은 아니다. 따라서 포장을 뜯고 한 번만 섞은 새 카드 한 벌은 임의의 순서로 정렬될 수 없다. 공장에서 나온 정렬 상태에서 거리가 1 이내인 정렬 중 하나여야 한다. 기하학에서는 주어진 점으로부터의 거리가 기껏해야 1인 점들의 집합에 이름이 있다.

우리는 그 집합을 '공ball'이라 부른다.*

우편을 통한 독심술의 핵심은 공의 크기가 작다는 것이다. 마술의 본질은 다음과 같다. 내가 당신에게 카드 한 벌을 우편으로 보낸다. 당신은 카드를 섞은 다음에 두 더미로 나누고 어느 쪽에서든 원하는 대로 카드 한 장을 뽑는다. 무슨 카드인지 적어 둔 뒤에 뽑은 카드를 다른 더미에 삽입한다. 그리고 두 더미 중 아무거나 선택하여 바닥에 던진 다음 다시 집어서 섞인 순서대로 봉투에 넣어 나에게 보낸다. 나는 우편을 통하여 당신의 마음에 도달하고 선택된 카드를 알아내게 된다. 어떻게? 문제를 더 단순화하기 위하여 다이아몬드 카드만으로 마술을 부린다고 상상해 보자. 리플 셔플은 다음과 같이 보일 것이다. 우선 정렬된 카드로 시작하자.

2, 3, 4, 5, 6, 7, 8, 9, 10, J, Q, K, A

반드시 크기가 같을 필요는 없는 두 더미로 나누면

2, 3, 4, 5, 6 　　　　7, 8, 9, 10, J, Q, K, A

그리고 푸르르르 소리 뒤에는

* '구(sphere)'가 아니다. 구는 주어진 점으로부터의 거리가 정확히 1인 점들의 집합이다. 지구의 표면은 구지만 (좋다, 아주 약간 평평한 회전타원체지만), 지구 자체는 공이다. 앞에서 '원(circle)'과 '원반(disc)'을 구별한 것과 마찬가지다.

2, 3, 7, 4, 8, 9, 10, 5, J, 6, Q, K, A

카드가 섞였지만, 자세히 들여다보면 여전히 처음 시작한 순서의 '기억'이 남아 있음을 알 수 있다. 2에서 시작하여 다음으로 높은 카드인 3으로 가고, 다시 다음 카드인 4로 건너뛴다. 이런 식으로, 다음 카드로 가려면 뒤로 돌아가야 할 때까지 건너뛰기를 계속한다.

6에 도착하면 뒤로 돌아가야 한다. 뒤로 돌아가기 전에 도착한 카드를 굵은 글자로 표시하면 다음과 같다.

2, **3**, 7, **4**, 8, 9, 10, **5**, J, **6**, Q, K, A

이제 다음 카드인 7로 돌아가서 같은 과정을 반복하라. 이번에는 나머지 카드에 모두 도착하게 된다. 실제로 당신이 표시한 두 카드 배열은 처음에 섞었던 두 카드 더미와 같다. 어떤 식으로 카드를 섞든 오름차순의 두 배열로 나뉜다.

이제 다시 카드를 두 더미로 나눈다고 가정하자.

2, 3, 7, 4, 8, 9 10, 5, J, 6, Q, K, A

카드 한 장 ―예컨대 퀸queen― 을 다른 더미로 옮긴다.

2, 3, 7, Q, 4, 8, 9 10, 5, J, 6, K, A

그리고 한 더미를 독심술사인 나에게 우편으로 보낸다.

마술의 비결은 다음과 같다. 어느 더미를 받든지 연속되는 카드의 배열로 정리한다. 카드 한 장이 더미를 바꾸지 않았다면, 그러한 배열이 두 개일 것이다. 그러나 지금은, 아마도 배열이 세 개 생길 것이다. 그중에 카드가 한 장뿐인 배열이 있다면, 그것이 움직인 카드다. 그렇지 않고 남아 있었다면, 두 배열을 결합했을 카드가 빠졌다면, 그것이 더미에서 사라진 카드다. 우리의 예에서는 어떻게 되는지 살펴보자. 당신이 첫 번째 더미를 우편으로 보냈다면, 내가 오름차순으로 정리한 배열은 다음과 같을 것이다.

2, 3, 4, 7, 8, 9, Q

연속되는 수열이 두 개이고 (2, 3, 4와 7, 8, 9) 카드 한 장이 남는 것에 주목하라. 그 카드가 자리를 바꾼 퀸이다.

그렇지만 당신이 다른 카드 더미를 보냈다면? 그 더미를 정리한 결과는 다음과 같다.

5, 6, 10, J, K, A

이를 연속하는 카드 그룹으로 나누면 세 그룹이 생긴다. 그러나 10, J와 K, A를 분리하는 카드 한 장, 즉 사라진 퀸만 있다면, 단 두 그룹으로 만들 수 있음을 알 수 있다.

내 말을 오해하지 말라. 이 비결은 효과가 없을 수도 있다. 당신이 두 번째 더미에서 10을 뽑아 첫 번째 더미로 옮기고 그 더미를 나에게 보냈다면 어떻게 될까? 그러면 당신이 우편으로 보낸 카드 더미는 2, 3, 4와 7, 8, 9, 10의 완벽하게 훌륭한 연속 배열로 나뉘게 된다. 어느 카드가 빠졌는지 알아낼 방법이 없다. 카드가 13장뿐일 때는 이런 일이 꽤 자주 일어난다. 그러나 52장의 카드 한 벌에 대해서는 이 비결이 거의 언제나 효과가 있다.

물론 조던은 사람들에게 공장에서 나온 카드를 그대로 보내지는 않았다. 그랬다면 마술의 비결이 너무 명확했을 것이다. 독자가 집에서 마술을 시연할 때도 마찬가지다. 카드의 원래 배열 순서를 알아야 한다. 따라서 쉽게 기억할 수 있는 순서를 정해 두는 것이 좋다. 절반의 카드 더미를 받아서, 무엇이든 당신이 선택한 규칙에 따라 정리하면 움직인 카드가 바로 튀어나온다.

이런 마술이 가능한 것은 섞인 카드의 순서가 무작위하지 않기 때문이다. 또는, 적절한 수학 용어로 말해서 균일하게uniformly 무작위한 순서가 아니기 때문이다. 모든 순서의 가능성이 동일하지는 않다는 뜻이다. 수학자들은 '무작위random'란 단어를 이보다 더 일반적인 방식으로 사용하기를 좋아한다. 2/3의 확률로 앞면이 나오도록 만들어진 동전이라도 동전 던지기의 결과는 여전히 무작위하다! 그러나, 두 가지 가능성 중에 한쪽의 확률이 크기 때문에, 균일하지는 않다. 그런 기준으로는, 앞면이 두 개인 동전조차도 무작위하다! 어쩌다가 두 가지 가능성 중 한 가지가 나올 확률이 100%가 된 것뿐이다. 우연성에 따르지 않으므로 그런 결과는 진정한 '무작위'가 아니라고 주장할 수도 있다. 하지만 나에게 그런 주장은, 0이 사물의 양을 말하기보다 그 양이 없음을 나타내기 때문에 숫자가 아니라고 우기는 것과 같다. (심지어 지금도 이런 좋지 못한 아이디어가, 1부터 시작하는 정수를 뜻하는 '자연수natural numbers'라는 용어에 남아 있다. 나는 이런 개념을 혐오한다. 0보다 더 자연스러운 수는 없다. 존재하지 않는 것도 많다!)

카드를 많이 섞을수록 더욱 균일하게 무작위해진다. 이 말은 자연스럽게 느껴지지만 (그리고 잘못된 것으로 판명된다면 전 세계의 블랙잭 딜러들이 꽤 열 받게 되겠지만) 증명하기는 그렇게 쉽지 않다. 초기의 증명 한 가지는, 확률에 관한 논문을 쓰려고 잠시 기하학에서 벗어났던, 푸앵카레의 책에서 찾을 수 있다.[33] 이와 관련된 수학은 구글 페이지랭크의 기반을 이루는 수학과 거의 비슷하다. 다시 한번 장거리 보행의 법칙이다. 모든 순서의 공간에서 무작위하게 방랑할 때는 원래 출발점의 기억이 희미해지기 시작한다. 어디에서 출발했든 다를 것이 없다. 페이지랭크와 카드의 다른 점은, 웹페이지 중에 확실하게 다른 것들보다 나은 페이지가 있고 인터넷을 검색하는 사람들이 그런 웹페이지에서 평균적으로 더 긴 시간을 보내게 되어 더 높은 페이지랭크 점수가 부여된다는 것이다. 카드의 순서는 모두가 동등하며, 충분히 오래 카드를 섞는다면 한 가지 배열이 나올 가능성이 다른 어떤 배열이 나올 가능성과도 동일하다.

조던의 텔레파시 마술의 피해자가 한 번이 아니라 두 번 카드를 섞었다면, 이 마술이 작동하지 않았거나 최소한 동일한 방식으로는 작동하지 않았을 것이다. 이에 영감을 받은 디아코니스와 그의 동료 데이브 베이어Dave Bayer*는 다음과 같은 질문을 했다.

"대체 얼마나 여러 번 카드를 섞어야 카드의 순서가 마술을 펼칠 수 없을 정도로 완벽한 균일성에 근접할까?"

카드의 모든 순서가 가능해지는데 여섯 번의 섞기로 충분하다는 것이 밝혀졌다. 중심으로부터 달릴 공간이 남지 않을 때까지 이동할 수 있는 거리인 이 기하학의 '반지름'이 6이라고 말할 수도 있다. 수학자에게 가능한 가장 큰 에르되시 수가 13인 것처럼, 카드의 배열에서 가능한 순열permutation의 최대치는 6이다. (짐작이 가겠지만, 카드의 순서를 처음과 정반대로 바꾸는 배열은 여섯 번의 완전한 섞기가 필요한 배열 중 하나다.) 따라서 카드 섞기의 기하학은 크다. 그러나 한편으로는 수많은 대륙 간 직항 항공편이 있는 세계처럼 작기도 하다. 서로 다른 장소는 많지만, 한 위치에서 다른 위치로 이동하는 데는 여러 단계가 필요치 않다.

그러나 여섯 번을 섞은 뒤에도, 일부 순서는 다른 순서보다 나올 가능성이 훨씬 더 크다. 아무리 여러 번 섞더라도 모든 순서의 가능성이 정확하게 같아지지는 않는 것으로 밝혀졌다. 하지만 그 확률은 의미 있는 차이가 없을 정도로 빠르게 같은 값으로 접근한다. 아무리 솜씨가 좋더라도 당신이 카드 더미에서 카드 한 장을 다른 위치로 옮겼는지 아닌지를 알 수 있는 마술사는 없다. 디아코니스와

---

* 수학자 존 내시(John Nash)의 전기영화 『뷰티플 마인드(Beautiful Mind)』의 모든 칠판 장면에서 러셀 크로(Russell Crowe)의 손으로 출연함으로써 에드 해리스(Ed Harris)를 거친 베이컨 수 2를 얻었고, 최대 공약수에 대하여 에르되시와 함께 쓴 논문이 에르되시의 사후 8년 만에 발표된 디아코니스를 통하여 에르되시 수 2를 얻은 수학자다. 그 논문은 또한 에르되시로부터 대니카 매켈러에 이르는 길이가 4인 경로의 첫 번째 링크다.

베이어는 이러한 균일성을 향한 수렴convergence을 거의 정확하게 정량화할 수 있었다. 수학계에서는 이 결과를 '일곱 번 섞기 정리seven shuffle theorem'라 부른다. 일곱 번의 섞기가 뒤섞임mixed-upedness의 합리적인 기준을 충족하기 때문이다.[34]

디아코니스는 마술사였으므로 카드 섞기에 관심이 있었다. 그렇지만 푸앵카레는 왜 그랬을까? 부분적으로는 물리학과 관련이 있었기 때문이다. 당시의 모든 과학자와 마찬가지로, 푸앵카레는 엔트로피entropy의 문제로 고심하고 있었다. 물질의 거동이 뉴턴의 법칙을 따라 운동하는 수많은 개별 분자의 집합적 물리학으로부터 유도될 수 있다는 볼츠만Boltzmann의 비전은 매력적이고 우아하다. 그러나 뉴턴의 법칙은 시간 가역적time-reversible이다. 앞으로나 뒤로나 같은 방식으로 작동한다. 그렇다면 어떻게 열역학 제2법칙이 요구하는 대로 엔트로피가 항상 증가할 수 있을까? 뜨거운 수프와 차가운 수프를 섞어 놓으면 금방 미지근해지지만, 미지근한 수프가 저절로 그릇의 한쪽은 뜨거운 수프로 다른 쪽은 차가운 수프로 분리되는 일은 절대로 일어나지 않는다.

한 가지 답은 확률에서 찾을 수 있다. 어쩌면 엔트로피가 감소할 수 없는 것이 아니라, 감소할 가능성이 믿기 힘들 정도로 낮은 것인지도 모른다. 한 벌의 카드를 섞는 것 역시 시간 가역적 과정이다. 아마도 당신이 뒤섞은 카드 한 벌이 공장에서 나온 순서로 완벽하게 복원된 일은 결코 없었을 것이다. 하지만 그런 일이 불가능하기 때문이 아니다. 불가능하지 않다! 단지 가능성이 희박할 뿐이다. 마찬가지로 헤드폰 코드 같은 길고 유연한 끈을 주머니에 넣으면 뒤엉키는 경향이 있다. 우리가 살아온 경험과 '동요된 끈의 자발적 매듭 생성Spontaneous Knotting of an Agitated String'이라는 멋진 제목의 2007년도 논문도 이 점에 동의한다.[35] 엉킴이 증가해야 한다는 보편적 법칙이 있어서가 아니라, 대체로 끈이 풀리기보다 엉키는 방법이 더 많으므로 무작위한 움직임을 통하여 끈이 풀린 상태라는 희귀한 결과가 나올 가능성이 낮기 때문이다.*

다시 1904년 세인트루이스 박람회와 물리학을 둘러싼 여러 위기를 언급한 푸앵카레의 강연으로 돌아가자. 1890년대에 푸앵카레는 확률이 물리학에 침투하는 것을 완강하게 반대했다. 하지만 그는 특정한 이념을 신봉하는 사람은 아니었다. 푸앵카레는 확률 과목을 가르침으로써 자신이 싫어하는 이론과 씨름했고, 결과적으로 확률에도 장점이 있음을 알게 되었다. 그는 세인트루이스의 청중에게 말했다.

"확률적 관점이 옳다면, 물리 법칙은 완전히 새로운 양상을 맞게 됩니다. 더 이상 미분방정식에만 전적으로 의존하지 않고 통계적 법칙의 특성을 갖게 될 것입니다."[36]

---

* 물리학자라면 이런 설명이 엔트로피에 관한 현대인의 사고방식을 지나치게 단순화했음을 이해할 것이다. 여전히 단순하지만 엔트로피를 수프의 상태에 관한 척도가 아니라, 수프의 상태에 관한 우리의 불확실성의 척도로 생각하는 편이 더 낫다. 시간이 지남에 따라 우리의 불확실성이 증가한다. 불확실성이 최대화되었다는 말은 (대단히) 근사적으로, 모든 상태의 가능성이 동등하다는 말과 같다. 그리고 미지근한 수프에 해당하는 분자들의 상태가 온도가 분리된 수프에 해당하는 상태보다 훨씬 더 많다. 따라서 수프는 장기적으로 미지근할 가능성이 크다.

세계에서 유일한 카르딤

카드 섞기는 로스의 모기와 매우 비슷하다. 두 경우 모두 선택지의 메뉴에서 무작위로 선택된 일련의 단계가 수행된다. 모기는 시계가 재깍거릴 때마다 북쪽, 동쪽, 서쪽, 또는 남쪽으로 날아가기를 선택한다. 카드는 가용한 리플 셔플 중 하나를 통해서 섞인다.

그러나 두 기하학에는 차이가 있다. 모기가 아주 천천히 돌아다닌다는 것을 기억하라. 20×20 격자의 중심에서 출발한다면, 격자의 모서리에 도착할 기회라도 갖는 데만 20일이 걸린다. 앞에서 살펴본 대로 실제로는 무작위한 운동에 따라 그보다 훨씬 더 천천히 출발점에서 멀어지게 된다. 격자상의 모기의 위치가 대체로 무작위하게 되려면 수백 번의 이동이 필요할 것이다. 카드 더미는, 가능한 배열 순서가 훨씬 더 많지만, 6단계 만에 전체 기하학을 탐색하고 7단계에서는 매우 균일하게 된다.

한 가지 분명한 차이점은, 모기가 이동하는 데는 네 가지 방향이 있고, 카드는 40억 가지의 서로 다른 리플 셔플을 수행할 수 있다는 것이다. 하지만 그런 이유로 셔플이 더 빨리 돌아다니는 것은 아니다. 40억 개의 선택지 중에서 네 가지 종류의 셔플을 선택하고, 카드를 섞을 때마다 그 네 가지 방법 중에 무작위로 하나를 선택하도록 하더라도, 배열 순서는 여전히 매우 빠르게 무작위해진다.[37]

모기의 비행과 카드 섞기 사이에는 진정한 구조적 차이가 있다. 전자는 일반적인 공간의 기하학에 묶여 있다. 후자는 그렇지 않다. 그것이 차이를 만든다. 섞인 카드의 기하학 같은 추상적 기하학은 일반적으로 아주 빠르게, 물리적 공간에서 끌어낸 기하학보다 훨씬 더 빠르게 탐색할 수 있다. 도달할 수 있는 장소의 수가 단계를 밟을 때마다, 그리고 기하학적 증가의 무시무시한 법칙을 따라 기하급수적으로 증가한다. 이는 아주 짧은 단계를 거쳐서 거의 모든 곳에 도달할 수 있음을 의미한다. 루빅스 큐브Rubik's cube에는 4,300경 가지의 위치가 있지만, 그중 어느 위치에서라도 단 20번의 움직임을 통하여 원래의 설정으로 돌아갈 수 있다.[38] 논문을 발표한 수학자 수십만 명은 모두 (우크라이나의 응용수학자들과 다른 외톨이들을 제외하고) 폴 에르되시로부터 불과 13단계의 협력 관계 안에 있다.

그러나 수학은 인간의 활동이고 수학자도 인간이다. 그러므로 우리의 관심을 가장 많이 사로잡는 네트워크는 (솔직히 말해서) 사람들과 그들의 상호작용의 네트워크다. 팬데믹의 확산과도 관련이 있는 네트워크다. 그렇다면 그것은 어떤 종류의 네트워크일까? 카드 섞기에 더 가까울까, 아니면 로스의 방황하는 모기와 비슷할까?

조금씩 양쪽 다다. 당신이 상호작용하는 사람 대부분은 당신과 아주 가까운 곳에 산다. 그러나 장거리 연결도 있다. 우한의 사업가는 캘리포니아로, 북부 이탈리아의 스키어는 아이슬란드의 고향으로 날아간다. 그런 장거리 전파는 드물지만 중요하다. 그래프 이론에서는 이렇게 길고 짧은 연결이 혼합된 네트워크가 '작은 세상small worlds'이라 불린다. 이 표현은 1960년대의 사회심리학자 스탠리 밀그램Stanley Milgram에게로 거슬러 올라간다. 밀그램은 아마도 피실험자가 배우에게 가짜 전기충격을 가하도록 강압적으로 설득한 일로 가장 잘 알려졌겠지만, 보다 유쾌한 순간에는 더 긍정적인 형태의 인간관계를 연구했다. 밀그램은 물었다. 두 사람이 서로를 알 때마다 연결되는 지인human acquaintance의 기하학에서 두 사람이 사슬로 연결될 가능성이 얼마나 되고, 연결이 가능하다면 얼마나 긴 사슬이 필요할까? 존 게르John Guare의 연극 『여섯 사람 건너Six Degrees of Separation』는 뉴욕 예술계의 상류층을 연기하는 불안정한 인물의 대사로 밀그램의 연구를 요약한다.

> 지구상의 모든 사람이 단 여섯 명만 거치면 연결된다는 말을 어디선가 읽었어. 분리의 여섯 단계라는 거지. 우리와 이 행성에 있는 모든 사람 사이에. 미국의 대통령과 베네치아의 곤돌라 사공도. 이름을 적어 봐. 우리가 그렇게 가깝다는 사실이 a) 엄청나게 위로가 되기도 하고 b) 중국식 물고문(두피, 이마, 또는 얼굴에 냉수를 전신을 결박한 사람에게 오랜 시간 동안 천천히 떨어뜨리는 고문_옮긴이) 같기도 해. 연결하려면 맞는 사람 여섯 명을 찾아내야 하니까. 대단한 이름이 아니야. 누구든 상관없어. 열대우림의 원주민. 티에라 델 푸에고Tierra del Fuego의 섬사람. 에스키모.

밀그램의 발견이 정확히 그런 것은 아니었다. 밀그램은 미국인만을 연구했고, 네브래스카 오마하Omaha 사람들에게 매사추세츠 샤론Sharon에 있는 한 주식중개인에서 끝나는 지인의 사슬을 찾도록 요청했다. 그리고 모두가 연결 고리를 발견하지도 않았다. 그와 반대로, 네브래스카 사람들의 21%만이 샤론의 주식중개인에게 연결되는 경로를 찾을 수 있었다. 완성된 경로는 대개 4~6명 길이였지만, 적어도 한 경우에는 10단계의 분리가 필요했다. 구아르의 연극은 이러한 결과를 인종적 불안에 대한 더 적절한 은유가 되도록 비틀었다. 연극에 등장하는 백인들은 자신이 다양하고 현대적인 세계의 일부라고 말할 수 있기를 원하지만, 열대우림과 그 '원주민'이 자신이 상상하는 것만큼 어퍼이스트사이드Upper East Side에서 멀지 않을 수도 있다는 인식으로 고통을 받는다. (게르가 밀그램의 여섯 단계에 붙인 '분리separation'에는 '그러나 평등but equality'이라는 무언의 접미사가 있음이 분명하다.) 밀그램은 실제로 1970년에 후속 연구를 수행하여, 로스앤젤리스에 사는 백인 540명에게 절반은 흑인이고 절반은 백인인 뉴욕 주민 18명과 연결되는 사슬을 찾도록 요청했다.[39] 백인 사이의 연결은 약 1/3이 성공적으로 완료되었지만, 캘리포니아 백인의 불과 1/6만이 흑인으로 연결되는 경로를 찾을 수 있었다.

'분리의 여섯 단계Six Degrees of Separation'라는 표현은, 영화배우의 기하학에서 케빈 베이컨에 이르는 최단 경로를 그리는 과정의 통칭인, '케빈 베이컨의 여섯 단계Six Degrees of Kevin Bacon'로 바뀌었다. 완전히 한 바퀴를 돌아 코로나19로 돌아온 것처럼 베이컨은 2020년 3월에, 자신의 팬들에게 사회적 거리를 유지하도록 요청하는 공공 캠페인을 시작했다.

"당신과 나는 기술적으로 불과 여섯 단계 떨어져 있습니다."[40]

그는 공개된 영상에서 말했다.

"내가 집에 머무는 것은 생명을 살리고 코로나 바이러스의 확산을 늦추는 유일한 방법이기 때문입니다."

오늘날 우리는 밀그램처럼 사람들에게 엽서를 보내는 방법에 의존하지 않고도 분리도degrees-of-separation 실험을 수행할 수 있다. 2011년에 페이스북은 약 7억 명의 활동적인 사용자를 보유했으며, 그들 각자에게는 평균적으로 170명의 친구가 있었다. 페이스북 연구부서의 수학자들은 이 초거대 네트워크 전체에 접근할 수 있다. 지구상 어디서든 사용자 두 명을 무작위로 선택할 때, 그들 사이의 가장 짧은 페이스북 친구 사슬의 평균 길이는 4.74에 불과한 것으로 밝혀졌다. (즉, 두 사용자 사이에 일반적으로 3~4명의 중개자가 있다.) 거의 모든 쌍이 (전체의 99.6%) 6단계 이내에 있었다. 페이스북은 작은 세상이다.[41] (그리고 사용자 수가 늘어나더라도 오히려 점점 더 작아진다.[42] 2016년에는 경로의 평균 길이가 약간 떨어진 4.57이었다.) 페이스북의 범위는 너무 넓어서 지리적 특성을 압도한다. 미국에서 임의의 두 사용자 사이의 거리는 4.34다. 임의의 두 스웨덴 사람의 페이스북 계정 사이의 거리는 3.9다. 페이스북에게 세계는 스웨덴보다 조금 더 크다.

이 거대한 그래프를 분석하는 것은 엄청난 계산 작업이다. 페이스북은 당신에게 얼마나 많은 친구가 있는지 말해 줄 수 있지만, 그런 경로 분석을 수행하려면 당신의 친구의 친구가 얼마나 되는지 알아야 하고, 그들 친구의 친구의 친구가 얼마나 되는지 알아야 하는 식으로 최소한 몇 번 더 반복해야 한다. 매우 복잡한 작업이다. 당신의 친구 각자에게 있는 친구의 수를 단순히 더할 수는 없다. 수많은 이름이 중복될 것이기 때문이다! 중복되는 이름을 찾기 위하여 전체 목록을 검색하려면 수십만 개의 레코드record를 저장하고 접속해야 하므로 속도가 너무 느려질 것이다.

이 작업을 빠르게 수행하는 비결은 플라졸레-마틴Flajolet-Martin 알고리듬이라 불리는 과정이다. 정확히 어떤 내용의 알고리듬인지 설명하기보다 더 간단한 버전을 말하려 한다. 페이스북은 당신의 친구의 친구가 얼마나 되는지 알려 주지 않을 것이다. 대신에 당신의 친구의 친구 중에서 콘스탄스Contance라는 이름을 검색하도록 한다. 나의 경우는 25명이다. 콘스탄스는 흔한 이름이 아니다. 내 소셜 서클social circle의 대부분을 차지하는 연령층으로 보면, 미국에서 태어난 사람 100만 명 중에 100~300명이 콘스탄스라 불린다. 내 친구의 친구의 이름이 콘스탄스일 가능성이 전형적인 미국인과 동일하다면, 나에게 75,000~250,000명의 친구의 친구가 있다는 의미가 된다. 나는 셀 수 있을 정도의 짧은 목록을 얻고자 흔하지 않은 이름에 대하여 몇 번 더 시도해 보았다. 제럴드Gerald는 50명, 채리티Charitys는 18명. 대개 25만 명 정도가 나의 추정치다.

플라졸레-마틴 알고리듬은 정확하게 그런 방식은 아니나 동일한 원리를 기반으로 작동한다. 모든 친구의 모든 친구의 목록을 한 사람씩, 그때까지 나온 가장 희귀한 이름을 기록하면서, 훑어보는 것과 비슷하다. 현재의 챔피언보다 더 희귀한 이름을 만날 때마다 저장했던 이름을 새로운 이름으로 대체한다. 따라서 대규모의 저장 공간이 필요 없다! 과정이 끝나면 아마도 매우 희귀한 이름을 얻게 될 것이고, 목록이 클수록 그 이름의 희귀성도 높을 가능성이 크다. 따라서 뒤로 돌아가 가장 희귀한 이름의 희귀성으로부터 당신의 친구의 친구 중에 서로 다른 사람이 얼마나 되는지를 추정할 수 있다!

이런 방법이 항상 효과가 있는 것은 아니다. 부모가 가장 친한 친구 일곱 명의 이름 첫 글자를 발음할 수 있는 순서로 합쳐서 아기의 이름으로 붙여 준 카르딤Kardyhm이라는 친구가 있다. 나는 이 친구가 세계에서 유일한 카르딤이라고 믿는다. 따라서 카르딤의 친구의 친구에 대한 추정은 극도로 높은 이름의 희귀성 때문에 터무니없이 높을 것이다. 실제 플라졸레-마틴 알고리듬은 이름을 사용하지 않고 카르딤 문제를 피할 수 있는 통제력이 충분한, 해시hash라 불리는 다른 종류의 식별자identifier를 사용한다.

이들 계산에 관한 작은 경고 한 가지. 스스로 계산을 수행해 보면 당신의 친구들이 당신보다 친구가 많다는, 자존심 상하는 사실에 직면하게 될 것이다. 이는 나의 전형적인 독자들의 사회성을 모욕하려는 말이 아니다. 2011년에 수행된 페이스북 네트워크의 대규모 분석에 따르면, 사용자의 92.7%가 자신의 평균적인 친구보다 친구의 수가 적은 것으로 나타났다.[43] 그 이유는 당신의 친구들이 실생활에서나 화면에서나, 인구 집단으로부터 무작위하게 선택된 표본이 아니기 때문이다. 그들은 당신과 친구인 덕분에, 친구가 많은 유형의 사람들일 가능성이 크다.

셀마 라겔뢰프의 여섯 단계

대부분 사람에게, 페이스북처럼 방대한 소셜 네트워크를 단 몇 단계 만에 한쪽 끝에서 다른 쪽 끝까지 횡단할 수 있다는 것은 매우 놀라운 일이다. 그러나 우리는 이제, 1990년대 후반에 수학적 토대를 마련한 던컨 와츠Duncan Watts와 스티븐 스트로가츠Steven Strogatz의 기초 작업에 힘입어, 작은 세상의 네트워크가 흔하다는 사실을 알고 있다.[44] 와츠와 스트로가츠는 다음과 같은 유형의 네트워크를 생각해 보도록 요청한다. 원의 둘레를 따라 배열되어 가장 가까운 이웃과 서로 연결되는 점들로 시작하자. 이 네트워크는 모기의 움직임과 비슷하다. 아주 빠르게 움직일 수 없고, 원주 위의 점이 수천 개라면, 한 바퀴 도는 데 오랜 시간이 걸릴 것이다. 그렇지만, 멀리 떨어진 사람들 사이에 존재한다는 사실을 알고 있는 장거리 연결을 모사하기 위하여, 무작위한 장거리 연결 몇 개를 네트워크에 추가하면 어떻게 될까?

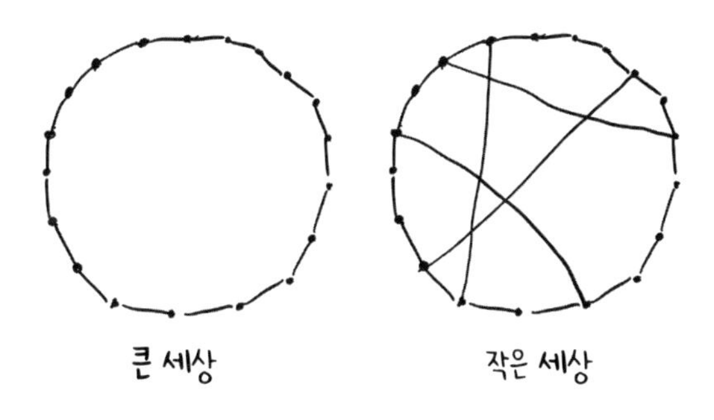

와츠와 스트로가츠가 발견한 것은, 이렇게 소수의 연결만 있으면 네트워크를 작은 세상으로 만들 수 있고 모든 개인이 짧은 경로를 통하여 다른 모든 사람과 연결된다는 사실이었다. 그들은 지금 생각하면 노스트라다무스적으로 불안하게 느껴지는 표현으로 다음과 같이 말했다.

"작은 세상에서는 전염성 질병이 훨씬 더 쉽고 빠르게 확산하리라고 예상된다. 걱정스럽고 명확하지 않은 요점은 작은 세상을 만드는 데 필요한 지름길이 얼마나 적은가이다."

작은 세상 네트워크에 관한 수학의 발전은 밀그램이 발견한 대로 처음에는 놀라웠던 현상이 전혀 놀라운 것이 아니었음을 보여준다. 훌륭한 응용수학의 특성이다. "어떻게 그럴 수가 있을까?"를 "어떻게 그렇지 않을 수 있을까?"로 바꾸는.

스탠리 밀그램은, 부분적으로는 자신이 수행한 실험 때문에, 그리고 자신의 업적에 대한 매우 숙련된 마케터marketer였기 때문에, '여섯 단계' 이론을 대표하는 인물이다.[45] 우편엽서를 이용한 그의 연구는 공식적 논문이 나오기도 전에 대중 잡지 〈사이콜로지 투데이Psychology Today〉에 처음으로 소개되었다. 그것도 창간호의 특집기사였다. 그러나 작은 세상의 네트워크가 협소하다는 것을 처음으로 생각한 사람은 밀그램이 아니었다.[46] 그의 실험은, 맨프레드 코헨Manfred Kochen과 이딜 드 솔라 풀Ithiel de Sola Pool —짧은 사슬의 원리에 따라, 후자는 내 대학 룸메이트의 할아버지다— 이 수행은 했으나 발표하지 않았던, 기존의 이론적 예측을 검증하려고 설계된 것이었다. 그전 1950년대 초반에는 레이 솔로모노프Ray Solomonoff와 아나톨 라포포트Anatol Rapoport가 생물학 저널에 기고하면서, 나중에 에르되시와 레니가 순수 수학의 맥락에서 독립적으로 발견하게 되는 전환점tipping point, 즉 연결의 밀도가 특정한 수준에 도달하면 질병이 어디서 시작되든 거의 모든 곳으로 확산한다는 것을 이해했다. 그보다 전인 1930년대 후반에는 사회심리학자 제이콥 모레노Jacob Moreno와 헬렌 제닝스Helen Jennings가 뉴욕주립 여학생훈련학교New York State Training School for Girls(미성년 범죄를 저지른 소녀들을 보내기 위하여 뉴욕주에서 운영한 특수학교_옮긴이)에서 소셜 네트워크social network의 '사슬관계chain-relations'를 연구했다.[47]

그러나 작은 세상의 아이디어가 최초로 등장한 분야는 생물학이나 사회학이 아니고 문학이었다. 프리제시 커린치Frigyes Karinthy라는 헝가리의 풍자 작가는 1929년에 '사슬고리chain-links'라는 이야기를 발표했다.*[48]

> 지구라는 행성이 지금처럼 작았던 적은 없었다. 지구는 —물론 상대적으로 말해서— 물리적/언어적 의사소통의 맥박이 빨라짐에 따라 줄어들었다. 이 주제는 전에도 나왔었지만, 정확히 이런 식으로 표현된 적은 없다. 우리는 지구상의 모든 사람이, 나 또는 누구의 의지로든, 내가 생각하거나 하는 일과 하기를 원하거나 원하지 않는 일을… 불과 몇 분 안에 알 수 있게 되었다는 사실을 언급한 적이 없다. 우리 중 한 사람은, 지구에서 사는 사람들이 그 어느 때보다 가깝다는 것을 입증하기 위하여, 다음과 같은 실험을 제안했다. 우리가 지구에 거주하는 15억 명 중에서 한 사람을 선택한다. 어디에 사는 누구라도 좋다. 그는 우리에게 개인적 지인을 포함한 다섯 명 이하의 사람과 지인관계 네트워크 외에는 아무것도 사용하지 않으면서, 선택된 사람에게 연락할 수 있다는 내기를 걸었다. 예를 들면, "저기, 미스터 X. Y.를 아시죠? 그분에

* 에르되시와 레니도 헝가리인이었고 밀그램의 아버지도 마찬가지다. 그래프 이론은 오늘날에도 연구하기가 매우 헝가리적인 유형의 주제로 여겨진다. 이 말의 의미는 독자 나름대로 해석하면 된다.

게 친구인 미스터 Q. Z.에게 연락하도록 부탁해 주세요." "흥미로운 아이디어로군!" 누군가가 말했다. "한번 해 봅시다. 셀마 라겔뢰프Selma Lagelöf에게는 어떻게 연락하시겠소?" "글쎄요, 셀마 라겔뢰프라." 게임을 제안한 사람이 말했다. "그보다 쉬운 일은 없습니다." 그는 2초 만에 해결책을 제시했다. "셀마 라겔뢰프는 얼마 전에 노벨 문학상을 받았지요. 따라서 스웨덴 왕 구스타프와 아는 사이여야 합니다. 법률에 따라 왕이 그녀에게 상을 수여하게 되어 있으니까요. 그리고 구스타프 왕이 테니스를 즐기며 국제 테니스대회에 참가한다는 것은 잘 알려진 사실입니다. 왕이 미스터 케를링Kehrling과 테니스를 쳤으니, 두 사람은 서로 아는 사이여야 합니다. 나 역시 어쩌다 보니 미스터 케를링을 잘 압니다."

지구의 인구가 적은 것말고는 2020년에 쓰였다 해도 이상할 것이 없는 이야기다. 이야기의 화자가 느끼는 불안은, 세계적 팬데믹의 와중에 있는 오늘의 우리가, 그리고 어퍼이스트사이드의 아파트에 갇힌 것처럼 느끼는 게르의 캐릭터들이 느끼는 것과 같은 불안이다. 자신이 살고 있는 세계의 기하학에 관한 불안감이다. 우리는 가까이 있는 사물을 보고 듣고 만질 수 있는 세계를 이해하도록 진화했다. 우리가 지금 살고 있는, 그리고 이미 1920년대에 커린치가 익숙해져야 했던, 기하학은 다르다.

"19세기의 끝을 장식했던 유명한 세계관과 사상이 오늘날에는 아무 쓸모가 없다."

커린치는 이야기의 후반부에서 말한다.

“세계의 질서가 파괴되었다.”

오늘의 세계의 기하학은 더 작아지고 더 연결되고 더 쉽게 지수적 확산이 일어나는 기하학이다. 시간의 주름도 너무 많아서 거의 전체가 주름이다. 이런 기하학을 지도로 그리기는 쉽지 않다. 우리의 그리는 능력이 바닥 날 때 기하학의 추상화가 등장한다.

14
장

수학은 어떻게 민주주의를 파괴했나 (그리고 어떻게 구원할 수 있을까)

S · H · A · P · E

2018년 11월 6일 밤은 위스콘신주의 참을성 있는 민주당원들에게 즐거운 밤이었다. 두 차례 총선거와 주민소환recall 캠페인에서 살아남았고, 매디슨에서 8년 동안 주지사로 재직하면서 위스콘신주에 워싱턴 스타일의 양극화를 불러 왔으며, 잠시 2016년 대통령 선거의 공화당 후보가 될 것처럼 보이기도 했던 스콧 워커Scott Walker 공화당 주지사가, 이전에 맡았던 최고위 공직이 공공교육 분야의 주 교육감이었고 친근한 이미지와 상대의 실수에 힘입어 승리를 거둔 전직 교사 토니 에버스Tony Evers에게 근소한 차이로 패하여, 마침내 주지사직에서 물러나게 되었던 것이다. 실제로 그날 밤 민주당은 위스콘신주의 선출 공직을 휩쓸었다. 민주당 상원의원 후보 태미 볼드윈Tammy Baldwin은 11%의 득표율 차이로 재선되었는데, 이는 2010년 이래로 양당의 상원의원 후보가 거둔 가장 큰 승리였다. 민주당은 공화당이 맡았던 주법무장관과 재무장관직도 인수했다. 이 모든 것은, 전국적인 친민주당 정서에 따라 민주당이 연방하원에서 41석을 얻어 다수당이 된 맥락과 일치했다.

그러나 위스콘신의 민주당원들에게 모든 것이 맥주와 장미는 아니었다. 공화당은 주 입법부의 하원에서 한 석만을 잃어 63-36이라는 다수당의 지위를 유지했다. 주 상원에서는 실제로 공화당 의석이 늘어났다.

민주당이 전반적으로 우세했던 2018년 주의원 선거에서, 공화당의 론 존슨Ron Johnson 연방상원의원이 재선 가도로 순항했고 수십 년 만에 공화당 대통령 후보가 위스콘신에서 승리했던 2016년과 비슷한 결과가 나온 이유는 무엇일까? 정치적인 설명을 찾을 수도 있다. 어쩌면 위스콘신 주민이, 행정부는 민주당을 선호했더라도 입법부는 공화당이 낫다고 생각했을지도 모른다. 그것이 사실이라면 다수의 하원의원 선거구에서 공화당 후보에게 투표하면서 주지사로는 에버스를 지지하는 결과가 예상되었을 것이다. 그러나 실제로, 각 선거구의 스콧 워커와 공화당 하원의원 후보의 득표율을 도표로 그리면 다음과 같은 결과가 나온다.*

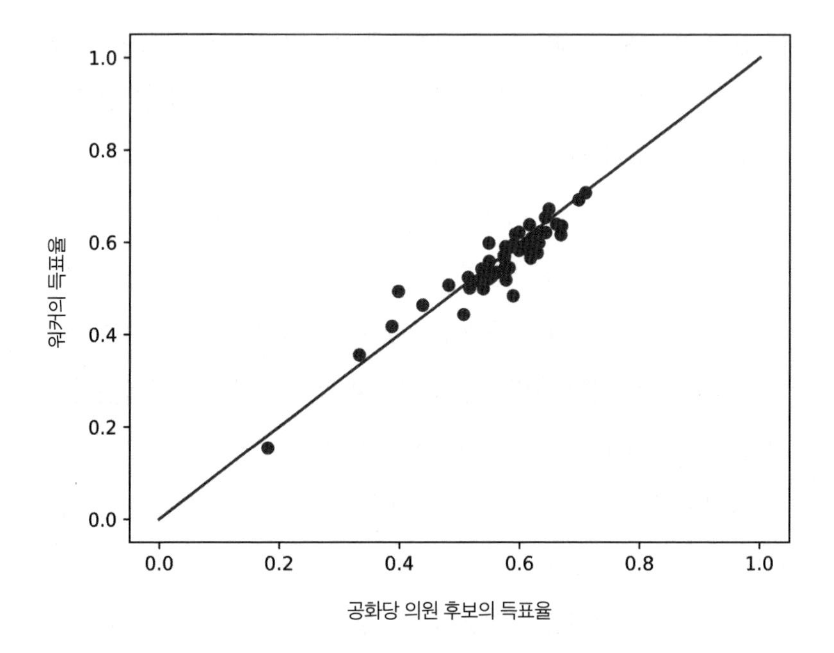

선거구들은 거의 정확하게 공화당 의원 후보를 선호하는 만큼 스콧 워커를 선호했다. 현직 의원이 공화당인 선거구 두 곳에서만

* 매우 주의 깊은 독자라면 도표의 점이 99개가 아니고 61개뿐임을 알아차릴 것이다. 양당이 후보를 낸 61개 선거구의 결과만을 보여 주기 때문이다.

에버스에게 투표하면서 하원의원으로는 공화당 후보를 지지했다.[1] 워커는 99개 선거구 중 61개 선거구에서 더 많은 표를 얻고도 주지사직을 잃었다. 2018년에 위스콘신의 유권자 대다수는 민주당을 선택했지만, 위스콘신의 선거구 대다수는 공화당을 선택했다.

이는 흥미로운 우연의 결과처럼 보일 수도 있지만, 우연이 아닐 뿐더러 머리를 긁적이며 멋쩍게 웃는 식이 아니라면 흥미롭지도 않다. 위스콘신의 선거구는 공화당이 그렸기 때문에 공화당에 유리했고, 그런 결과가 나오도록 정확하게 설계되었다. 다음은 각 의원 선거구에서 워커의 득표율을 보여 주는 도표다. 여기서 선거구는 공화당 지지율이 증가하는 순서로 정렬되었다.

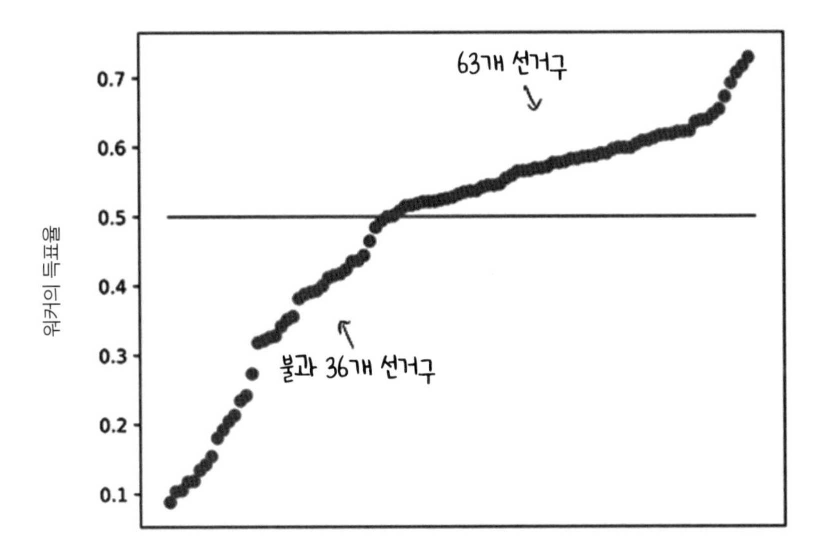

이 도표에는 명백한 비대칭성이 있다. 워커의 득표율이 50%를 겨우 넘긴 선거구가 압도적으로 많다는 것에 주목하라. 99개 중 38

개 선거구에서 워커의 득표율이 50~60%였다. 상대 후보인 토니 에버스는 불과 11개 선거구에서만 50~60%의 득표율을 기록했다. 토니 에버스가 주 전체에서 얻은 근소한 우위는, 약 1/3의 선거구에서 크게 이기고 나머지 선거구에서 아주 근소한 차이로 진 결과였다.

이 도표를 읽는 몇 가지 방법이 있다. 민주당의 우세가 정치적 열기가 높은 작은 지역에 주도되어 위스콘신 주민 전체의 정치적 성향을 대표하지 못한다고 말할 수도 있다. 당연하게도 이는 위스콘신주 공화당의 견해다. 공화당 지도자의 한 사람인 로빈 보스Robin Vos는 선거가 끝난 뒤에 말했다.

"주의원 선거의 공식에서 매디슨과 밀워키를 뺐다면, 우리가 확실한 과반수를 차지했을 것이다."*[2]

위스콘신의 정치 상황에 대한 보다 민주당적인 견해는, 스콧 워커가 1/3에 못 미치는 표를 얻은 선거구가 열여덟 곳인 반면에, 에버스의 득표가 그렇게 저조했던 선거구는 다섯 곳에 불과했다는 설명일 것이다. 다시 말해서 공화당은 위스콘신의 1/5에 해당하는 지역에서 참패했지만, 민주당은 공화당이 우세를 보인 선거구를 포함한 거의 모든 지역에서 상당한 표를 얻었다. 스콧 워커에게 투표한 위스콘신 주민의 78%에게는 자신을 대의하는 공화당 의원이 있었지만, 에버스에게 투표한 주민 중에 자신을 대의하는 민주당 의원이 있는 비율은 48%에 불과했다.

두 가지 설명 모두 곡선의 비대칭성을 위스콘신의 독특한 정치

---

* 옛 이디시어 속담처럼. "할머니에게 바퀴가 있다면 마차가 될 것이다."

지형에서 나타나는 자연스러운 특성으로 취급한다. 그러나 사실이 아니다. 실제로 그 곡선은 2011년 봄에 매디슨에 있는, 정계와 연결된 법률회사의 문이 잠긴 사무실에서 공화당 의원의 보좌관과 컨설턴트들이 그려 낸 것이었다. 그 프로젝트는 공화당이 2010년 선거에서 확보한 우위를 유리한 선거구로 전환하려는 전국적 노력의 일부였다.[3] 2010년의 마지막 숫자 0이 중요하다. 미국에서는 10으로 나누어지는 해에 인구조사가 실시되어 공식적 인구통계가 새로 만들어지는데, 인구의 자연스러운 지역 간 이동에 따라 기존의 몇몇 선거구가 다른 선거구보다 커지게 된다. 따라서 새로운 선거구를 만드는 과정에서 선거구의 구성을 둘러싼 당파적 다툼이 일어나게 된다. 그 전 인구조사가 있었던 해에는 민주당과 공화당 모두 위스콘신 주의회 아니면 주지사직을 장악하고 있었으므로, 법률로 통과될 수 있는 선거구 지도가 양당을 모두 만족시켜야 했다. 그것은 실제로 법률로 통과될 수 있는 지도가 없고, 법원이 그 일을 해야 한다는 것을 의미했다. 2010년에는 공화당이 상·하 양원 모두 다수당이었고 새로 공화당 주지사가 된 스콧 워커는 당선이 확정되기도 전에 10년 동안의 위스콘신주 선거 규칙을 설정하기를 열망했다. 그들 자신의 예절 감각sense of decorum 말고는 최대한의 정치적 이점을 추구하려는 행동을 저지할 수 있는 것이 전혀 없었다.

지금부터 하려는 이야기는 예절의 승리에 관한 이야기가 아니다.

공격적인 조의 삶과 시간

위스콘신의 지도 제작자들은 철저하게 비밀을 유지했다. 공화당 의원조차 자신의 선거구에 대한 계획안만을 볼 수 있었고, 열람한 내용을 동료와 논의하는 것도 금지되었다. 민주당은 아무것도 보지 못했다. 의회가 양당의 당론에 따른 투표를 거쳐서* 법안 43조를 주 법률로 통과시키기 일주일 전까지도 전체 지도가 공개되지 않았다

지도 제작자들은 최대한 공화당에 유리한 지도를 만들기 위하여 문이 잠긴 사무실에서 몇 달 동안 작업했다. 그중에는 게임의 경험이 풍부했던 조셉 핸드릭Joeseph Handrick도 있었다. 그는 10대 시절에 인터뷰에서 말했다.

"내 인생에서 모든 중요한 결정은 주의원 출마를 염두에 두고 내려졌다."

자신의 북부 지역 선거구에서 처음으로 하원의원 선거에 출마했을 때, 헨드릭은 20세의 대학 3학년생이었다. 그는 1980년대 중반으로는 이례적으로 데이터를 중시하는 선거운동을 펼치면서 인기 있는 현직 민주당 의원이 지역의 당파적 성향에 지나치게 의존했던 곳을 식별하기 위한 구역별 도표를 작성하고, 그런 유권자들을 겨냥하여 세금과 아메리카 원주민의 낚시권에 관한 강력한 이념적 캠페인을 벌였다. (그는 두 가지 모두 반대했다.) 스프레드시트를 손에 쥔 대학생이 인기 있는 현직 의원을 이길 수 없다는 일반적 통념은

* 또는 거의 당론에 따른. 랜달(Randall)의 서맨사 커크먼(Samantha Kerkman)은 공화당 의원 중에서 유일하게 반대표를 던졌다.

틀리지 않았다. 하지만 그 선거를 통해서 위스콘신주 공화당의 유망주로 떠오른 핸드릭은 이후 의원직을 세 번 역임하게 된다.[4] 2011년에 선출 공직을 떠난 그는 위스콘신주 의원들을 위한 컨설턴트로 일했다. 핸드릭은 이렇게 말한 적이 있다.

"내가 선거운동에서 무엇보다 좋아하는 것은 전략을 계획하고 게임 플랜game plan을 개발하는 일이다."

법률 회사의 뒷방에서 그는 자신이 제일 좋아하는 정치에 깊숙이 빠져 있었다.

지도 제작팀은 공화당에 상당히 유리한 지도를 '적극적assertive', 그보다 더 유리한 지도를 '공격적aggressive'으로 분류했다. 그들은 지도마다 그런 형용사와 지도를 그린 사람의 이름을 결합한 이름을 붙였다. 마침내 완성되어 2018년까지도 사용된 지도는 조셉 핸드릭이 그린 지도였다. 그 지도는 '공격적인 조Joe Aggressive'라 불렸다.[5]

다음은 조가 얼마나 공격적이었는지를 말해 준다. 자문을 위하여 영입된 오클라호마 출신의 키스 개디Keith Gaddie라는 정치학자는 공화당의 주 전체 득표율이 48%로 떨어지는 선거에서도 55-45 정도로 공화당이 하원의 다수 의석을 차지할 것으로 추산했다. 민주당이 과반수 의석을 얻으려면 공화당이 주 전체에서 54-46의 차이로 패배해야 한다는 것이었다.

개디의 주장이 어떻게 7년을 버텼는지 확인하는 간단한 방법이 있다. 2018년에 스콧 워커가 얼마나 선전했는지를 기준으로 위스콘신주 99개 선거구의 순위를 매기면, 중앙에 위치하는 선거구는 매디슨과 그린베이Green Bay의 중간쯤에 있는 위너베이고 카운티

Winnebago county의 하원의원 55선거구다. 워커는 그곳에서 자신의 총 득표율보다 4% 정도 높은 54.5%의 표를 얻었다.* 그는 49개 선거구에서 이보다 선전했고 다른 49개 선거구에서는 그렇지 못했다. 55선거구는 통계 용어로 선거구의 중앙값median이라고 말할 수 있다. 민주당이 55선거구에서 승리한다면, 민주당 지지 성향이 더 강한 49개 선거구에서도 승리하여, 과반수를 차지할 가능성이 크다. 공화당도 마찬가지다. 55선거구의 전조적bellwether 지위는 가상적인 것만이 아니다. 이 지도가 그려진 이후에 위스콘신에서 실시된 모든 선거에서, 55선거구에서 승리한 후보가 예외 없이 과반수의 선거구에서 승리했다.[6]

민주당이 55선거구에서 승리를 쟁취하려면 얼마나 잘나가는 1년이 필요했을까? 양당 주지사 후보의 득표가 비슷했던 2018년에, 스콧 워커는 55선거구에서 9% 차이로 승리했다. 따라서 민주당이 55선거구에서 손익분기점을 맞추려면, 주 전체에서 9% 앞서서 54.5-45.5로 승리해야 한다고 추정할 수 있다. 지도가 그려질 때 개디가 제시한 수치와 거의 같다. 미래의 선거에 대한 정확한 예측이 아니고 경험에 기초한 어림짐작에 불과하지만, 하원의 과반수 의석을 차지하려는 민주당이 기존의 선거구 경계로 인하여 직면한 역풍을 어느 정도 짐작하게 해 준다.

법령 43에 따른 지도의 효과를 이해하는 또 다른 방법은 전에 사용된 지도와 비교하는 것이다. 이전의 지도는 2002년에 양쪽 이

---

* 공화당과 민주당을 합친 득표의 54.5%. 단순한 설명을 위하여 군소 정당이 얻은 표를 제외하고 (자유당에는 미안하지만) 두 정당의 지분만 사용할 것이다.

해 당사자가 제안한 16가지 지도 모두에서 '돌이킬 수 없는 결함 unredeemable flaws'을 발견하고 분노한 법원이 그린 지도였다.[7]

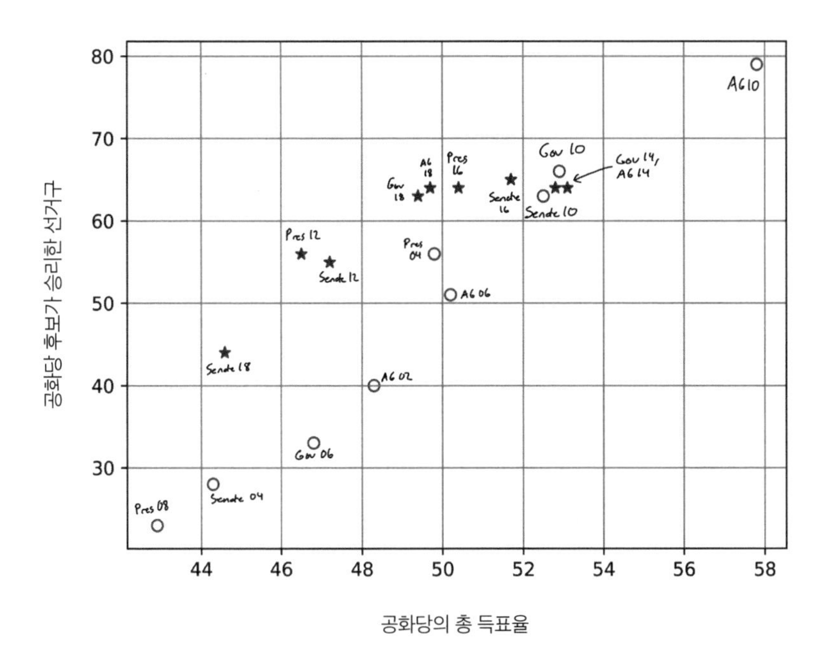

이 도표는 위스콘신에서 2002년부터 2018년까지 11월에 치러진 선거의 목록이다.* 수평축은 주 전체로 본 공화당 후보의 득표율이고 수직축은 99개 선거구 중 공화당이 민주당보다 많은 표를 얻은 선거구의 수다.

동그라미는 법원이 그린 2002년 지도로 치른 선거이고 별표는

* 전부는 아니다. 민주당의 압승으로 끝난 2006년의 연방 상원의원 선거와 전직 공화당 주지사의 동생이 자유당 후보로 출마하여 10%를 득표했던 다소 기묘한 2002년의 주지사 선거는 제외되었다.

공격적인 조를 사용한 선거다. 차이를 알겠는가? 2004년 대통령 선거에서 존 케리John Kerry는 위스콘신에서 양당 득표수의 50.2%를 얻어 근소한 차이로 조지 W. 부시를 이겼고, 부시는 56개 하원의원 선거구에서 승리했다. 비슷하게 박빙이었던 2006년의 선거에서 공화당의 J. B. 반 홀렌Van Hollen이 캐슬린 포크Kathleen Falk를 물리치고 위스콘신주 법무장관이 되었을 때, 51개 하원의원 선거구에서 승리했다. 도표 중간쯤에 있는 점 두 개가 이들 선거 결과다. 2010년의 연방 상원의원 선거에서 더 선전했던 공화당의 론 존슨Ron Johnson은 52.4%를 득표하여 현직에 있었던 러스 페인골드Russ Feingold를 물리쳤으며, 63개 하원의원 선거구에서 승리했다.

2012년부터는 양상이 달라진다. 2016년의 도널드 트럼프와 2018년의 스콧 워커도 부시와 반 홀렌처럼 박빙의 선거를 치렀지만, 앞의 두 사람이 56개 및 51개 선거구에서 앞섰던 반면에, 트럼프와 워커는 모두 99개 중 63개 선거구에서 승리했다. 상대 민주당 후보를 확실하게 제압했던 론 존슨이 법원이 그린 지도에서 승리한 선거구와 같은 수였다. 법령 43에 따른 지도가 사용된 첫해인 2012년에 공화당의 미트 롬니Mitt Romney는 양당 득표수의 46.5%를 얻었지만, 99개 선거구 중 56곳에서 승리했다. 52.9%를 득표하여 연방 상원의원에 당선된 태미 볼드윈Tammy Baldwin이 이긴 선거구는 44곳에 불과했다. 2018년에 재선을 위하여 출마한 볼드윈은 훨씬 더 선전하여 상대 후보 레아 부크미르Leah Vukmir를 11% 차이로 완파했지만 승리한 선거구는 55곳에 불과했다. 과반수임에는 틀림없지만, 2004년의 연방 상원의원 선거에서 같은 차이로 민주당 후보를 이긴 러스 페인골드Russ Feingold는 이전 지도의 99개 선거구 중 71개구에서 승리했었다.

이미 드러난 사실을 설명하느라 말이 길어졌다. 동그라미들 위에 높이 떠 있는 별들은, 같은 선거를 통하여 공화당이 더 많은 의석을 얻게 되었음을 의미한다. 위스콘신의 정치 상황이 2010년과 2012년 사이에 갑자기 달라진 것은 없다. 유일한 차이점은 지도다.

문을 걸어 잠근 사무실에서 작업했던 지도제작자 중 한 사람인 태드 오트먼Tad Ottman은 공화당 전당대회에서 이렇게 말했다.

"우리가 통과시키는 지도는 향후 10년 동안 누가 여기에 있을지를 결정할 것이다. … 우리에게는, 공화당이 수십 년 동안 갖지 못했던, 이런 지도를 그릴 기회와 의무가 있다."[8]

그럴듯한 말이다. 기회만이 아니라 의무. 이 말의 시사점은 정당의 첫 번째 임무가 적대적으로 변할 수 있는 유권자의 변덕으로부터 자신의 이익을 보호하는 일이라는 것이다. 자신이나 동료 파벌의 우위를 확보하기 위하여 선거구의 경계를 그리는 관행은 게리맨더링gerrymandering이라 불리며, 아이오와와 켄터키처럼 더 보수적인 주보다 위스콘신 같은 경합주에서 공화당이 더 많은 의석을 차지하는 결과로 이어지는 방식이다.

그것이 공정할까?

짧은 대답: 아니다.

더 긴 대답에는 약간의 기하학이 필요하다.

인위적인 구분과 삼단논법의 미묘함

민주적 정부는 모든 시민의 의견이 국가의 의사결정에 반영된다는 원리에 기반을 둔다. 모든 훌륭한 원리와 마찬가지로, 말하기는 쉽지만 정확하게 실천하기는 어렵고 완벽하게 만족스러운 방식으로 구현하기는 거의 불가능한 원리다.

우선, 오늘날의 정부는 크다. 중소 도시조차도 구획 설정, 학교의 교육과정, 대중교통, 세금에 관한 모든 결정을 시민 투표에 부치는 일이 비현실적일 정도로 크다. 물론 해결책이 있다. 형사 사건의 경우는 모자 속의 제비뽑기로 12명의 이름을 골라서 그들이 결정하게 한다. 도시와 주의 일상적 운영에 관한 사항 대부분은, 때때로 유권자로부터 간접적 정보만 전해지는 정부기관 내부에서 결정된다. 그러나 우리는 정부의 집행에 근거가 되는 입법을 할 때, 일반 시민이 선출한 소수의 의원에게 시민을 대신하여 발언하도록 위임하는 선출직 대의원 시스템을 사용한다.

그런 대표자를 어떻게 선택할까? 거기서 세부사항이 시작된다. 그리고 세부사항이 고려할 수 있는 다양한 방식이 있다. 필리핀의 유권자는 무려 12명의 후보에게 투표하고, 상위 득표자 12명이 상원에 합류한다. 이스라엘에서는 각 정당이 추천하는 의원 목록을 제시하고, 유권자는 개별 후보가 아닌 정당을 선택한다. 그러면 각 정당에 일반투표의 득표율에 따른 크네세트Knesset(이스라엘의 입법부_옮긴이) 의석이 할당되고, 목록의 상위 후보부터 시작하여 할당된 의석수만큼 의원이 된다. 그러나 입법부를 구성하는 가장 일반적인 방식은 미국이 채택한 방식이다. 전체 인구 집단이 미리 정의된 지역구로 나뉘고 각 지역구에서 대표자가 선출된다.

미국에서는 지역구가 지리적으로 그려진다. 그러나 반드시 그런 방식이어야 하는 것은 아니다. 뉴질랜드에는 원주민인 마오리Māori족을 위한, 일반 선거구와 겹치는 독자적 선거구가 있다.[9] 마오리족 유권자는 선거에서 자신이 거주하는 지역의 마오리 선거구와 일반 선거구 중 하나를 선택할 수 있다. 선거구의 구분에 지리적 고려가 전혀 없을 수도 있다. 홍콩에는, 이른바 직능별 선거구functional constituencies가 선출하는 35석 중 하나로, 교사와 학교 직원만 투표할 수 있는 입법회 의석이 있다. 로마 공화정 켄투리아 민회Centuriate Assembly의 선거구는 부wealth의 계층으로 구분되었다. 아일랜드의 입법기관인 에러크터스Oireachtas의 상원에는 더블린의 트리니티 칼리지 재학생과 졸업생을 위한 3개 선거구가 있고 아일랜드 국립 대학교 동문을 위한 선거구도 하나 있다. 이란의 의회에는 유대인만을 위한 의석이 있다.

미국인으로서 그리고 미국의 방식이 유일무이한 방식이라고 생각하도록 훈련된 사람으로서, 나는 미국의 유권자를 나눌 수 있는 다양한 방식을 생각해 보는 일이 신선하게 느껴진다. 우리의 주의원 선거구가 지리적 지역 대신에 같은 크기의 연령대라면 어떨까? 나는 어떤 사람들과 정치적 우선순위와 가치를 더 많이 공유할까? 10마일 떨어진 곳에 사는 노령의 퇴직자일까, 아니면 나만큼이나 계획해야 할 여생이 남아 있고 아이들도 비슷한 연령대일 가능성이 크지만 어쩌다 보니 주의 반대편에 살게 된 49세의 유권자일까? 의

원들이 연령대 선거구에서 '살아야' 할까? (그렇다면, 관성적으로 영원히 재임하는 게으른 의원의 문제가 깔끔하게 해결될 것이다. 의원들의 생년월일이 극히 균일한 간격을 유지하지 않는 한, 시간이 지나서 연령대를 통과하는 나이가 가까워지면서 현역 의원끼리 서로 다투게 될 것이기 때문이다.)

최소한 공식적으로는, 미국의 주들은 반자치 정부이고 각자 특별한 관심사가 있다. 반면에 주 안의 선거구들은 큰 의미가 없는 토지의 구획일 뿐이다. 내가 사는 위스콘신의 하원의원 2선거구Second Congressional District of Wisconsin에는 WI-2가 인쇄된 운동복을 입거나 선거구의 윤곽으로 지역을 알아볼 수 있는 사람이 아무도 없다. 내가 속한 주의원 선거구의 번호가 맞는지 확인하려고 찾아봐야 했다. 고유한 정치적 정체성이 없음에도 불구하고, 그런 선거구들은 어떻게든 결정되어야 한다. 누군가가 주를 여러 조각으로 잘라야 한다. 그러한 선거구 획정劃定, districting이라 불리는 과정은 기술적이고 시간이 오래 걸리며 스프레드시트와 지도를 포함한다. 중요한 TV 뉴스거리도 되지 않고 전통적으로 대중의 관심도 끌지 못했다.

지금은 상황이 바뀌었다. 우리가 이전에 확실하게 이해하지 못했던 것, 수학적이면서 정치적인 사실을 이해하기 때문이다. 주를 선거구로 자르는 방식은 누가 결국 주의회에서 법률을 만들게 되는지에 엄청난 영향을 미친다. 가위를 든 사람이 누가 선출될지에 대하여 엄청난 힘을 갖고 있다는 뜻이다. 그렇다면 그 힘센 가위를 누가 휘두를까? 대부분 주에서는 의원들 자신이다. 유권자가 자신의 대표자를 선택해야 하지만, 많은 경우 대표자가 유권자를 선택한다.

어느 정도까지는, 선거구를 그리는 사람들에게 큰 힘이 있다는 것이 명백하다. 나에게 위스콘신의 선거구 획정을 완벽히 통제하고 어떤 방식이 되었든 원하는 대로 주민을 나눌 힘이 있다면, 그저 같은 생각을 하는 사람들의 도당을 찾아서 그들 각자를 독자적인 선거구로 선언하고 나서 나머지 모든 사람으로 구성되는 마지막 선거구를 만들 수 있다. 내가 직접 뽑은 후보자들은 자신에게 투표하여, 기껏해야 한 사람의 잠재적인 반대 목소리가 있는 의회를 지배한다. 민주주의다!

그런 것은 명백히 공정하지 않다. 도당 자체만 제외하고, 위스콘신 주민은 당연히 자신의 의견이 주의 의사결정에 반영되지 않는다고 느낄 것이 확실하다. 또한 우스꽝스럽기도 하다. 그 어떤 민주적 정부도 이런 방식으로 운영되지는 않을 것이다! 물론, 이미 존재하는 사례는 제외하고. 예컨대 영국에는, 인구가 줄어서 거의 텅 빌 지경이 되었는데도 꼬박꼬박 국회의원을 선출하면서 수 세기 동안 지속된 '썩은 자치구rotten boroughs'가 있었다. 한때는 런던만큼 큰 도시였던 던위치Dunwich는, 조금씩 북해로 가라앉으면서 17세기에는 거의 버려진 마을이 되었지만, 1832년에 얼 그레이Earl Grey(차를 발명한 사람이라고 생각한 것을 인정하라) 휘그당Whig 총리의 개혁법Reform Act에 의하여 해산되기 전까지 계속해서 두 명의 의원을 하원House of Commons으로 보냈다.[10] 그리고 던위치가 썩은 자치구 중에 가장 썩은 자치구도 아니었다! 올드 새럼Old Sarum은 한때 대성당이 있는 번영하는 마을이었지만, 새로운 솔즈베리Salisbury 대성당이 세워지면서 존재의 이유를 상실했다. 1322년에는 마을이 비워졌고 건물이

철거되어 폐허로 변했다. 그런데도 올드 새럼에는 500년 동안, 사람이 살지 않는 돌투성이 언덕을 소유한 어느 부유한 가문에서 선택했던 두 명의 국회의원이 있었다. 일반적으로 전통을 존중했던 에드먼드 버크Edmund Burke조차도 개혁의 필요성을 주장했다.

"유권자보다 많은 대표는 이곳이 한때 상업의 중심지였음을 일깨워 준다. … 그렇지만 옥수수의 색깔로만 거리의 흔적을 찾을 수 있는 지금, 이곳의 유일한 산물은 국회의원이다."[11]

이곳 식민지의 상황은 보다 합리적이었으나 차이는 미미했다. 썩은 자치구는 없었지만, 미국인의 일부가 다른 사람들보다 더 큰 대표성을 가졌다. 토머스 제퍼슨은 버지니아 주의원 선거구의 크기가 같지 않은 것을 비판하면서, '정부는 모든 구성원이 관심사에 대하여 동등한 목소리를 낼 수 있는 만큼 공화적'이라고 주장했다.[12] 20세기에 들어서까지도 볼티모어시에서 선출되는 하원 의석은, 주 전체 인구의 절반을 볼티모어 시민이 차지했음에도 불구하고, 메릴랜드 주하원 101석 중 24석에 머물렀다.[13] 메릴랜드주 법무장관 (볼티모어 출신이었던) 아이작 로브 스트라우스Isaac Lobe Straus는 제퍼슨과 버크를 인용하면서 볼티모어에 평등한 대표성을 부여하는 헌법 개정을 강력하게 주장했다.

"무슨 정의 또는 윤리 또는 법률 또는 정치 또는 철학 또는 문학 또는 종교 또는 의학 또는 물리학 또는 해부학 또는 미학 아니면 예술의 원리에 의하여, 켄트 카운티에 사는 남자가 볼티모어에 사는 남자보다 29배 큰 대표성을 가질 자격이 있는지 누가 설명해 보겠는가?"[14]

스트라우스가 원칙에 입각한 민주주의의 수호자였다는 인상을 주었을 것이 염려되어 덧붙이자면, 그는 같은 해인 1907년의 연설에서 투표권을 부여하는 데 읽기 쓰기 능력 시험을 요구하는 추가적 수정안을 제안했다. 수정안의 목적은 '메릴랜드 주민의 행동을 통해서만이 아니라, 문제가 있는 사람들에게 투표권을 부여한 연방헌법의 수정조항에 대한 엄숙한 반대를 통하여, 북부와 남부의 전쟁 덕분에 유권자가 된 다수의 무책임한 문맹 유권자들이 휘두르는, 생각이 없는 참정권의 폐해'를 완화하는 것이었다. (미국 정치의 관습적인 암호code words에 익숙하지 않은 독자를 위해서 말하자면, 그가 말한 사람들은 흑인을 의미했다.)

불평등한 대표성의 시대는 1964년에 연방대법원Supreme Court이 레이놀즈 대 심스Reynolds vs. Sims 사건에서 앨라배마의 주의원 선거구를 폐지하는 판결을 내림으로써 막을 내렸다. 앨라배마 주법은 카운티별로 대표자를 할당했다. 당시에 시행된 공식은 주민 수가 15,417명인 라운스 카운티Lowndes County에, 버밍햄을 포함해 인구가 60만이 넘는 제퍼슨 카운티와 동일하게 주 상원의원 한 명을 배정했다. 앨라배마주의 변호인 W. 매클린 피츠W. McLean Pitts는 선거구 지도를 뒤엎는 것이 '크고 인구밀도가 높은 카운티가 1인 1표를 기반으로 앨라배마 주의회의 목을 조를 것이며, 농촌 지역의 주민은 자신들의 정부에서 아무런 발언권도 얻지 못하게 됨'을 의미할 것이라고 경고했다.[15] 법원의 견해는 달랐다. 대법원은 8-1의 평결로 앨라배마주가 더 큰 카운티의 유권자로부터 투표를 관장하는 법률에 의한 '동등한 보호equal protection'를 박탈함으로써, 수정헌법 14조를 위반했다고 판결했다.

평등한 대표성의 요구는 정부가 지역구의 경계를 수정하지 못하도록 하는 것으로는 게리맨더링을 막을 수 없음을 의미한다. 수정은 불가피하다. 사람들이 이리저리 이동하고, 노인이 사망하고 젊은이가 자식을 낳음에 따라, 인구가 늘어나는 지역과 줄어드는 지역이 생긴다. 따라서 그려졌을 때는 헌법에 부합했던 경계가 다음번 인구조사가 실시될 때는 헌법에 위배되게 된다. 끝자리가 0으로 끝나는 해가 그렇게 중요한 이유다.

"왜 버밍햄 주민이 단지 머릿수가 많다는 이유로 입법에 대하여 더 큰 힘을 가져야 하는가?"라는 W. 매클린 피츠 원리가 오늘의 우리에게는 이상하게 들리지만, 실제로 미국인들은 여전히 그 원리에 따라 살고 있다. 미국의 각 주에는 조그마한 와이오밍이든 거대한 캘리포니아든, 두 명의 상원의원이 있다. 이 문제는 처음부터 논란거리였다. 알렉산더 해밀턴Alexander Hamilton은 《연방주의자 논집Federalist》의 22번째 논문에서 다음과 같이 불평했다.

> 비율에 대한 모든 아이디어와 공정한 대표성의 모든 규칙이, 매사추세츠, 코네티컷 또는 뉴욕과 같은 비중의 권력을 로드아일랜드에 부여하고, 국정 운영에 대하여 펜실베이니아, 버지니아, 또는 노스캐롤라이나와 동등한 발언권을 델라웨어에 주는 것을 한 목소리로 비난한다. 그런 행태는 다수의 견해가 우세해야 한다는 공화국 정부의 기본원칙에 위배된다. … 이들 다수의 주가 미국인의 소수집단이 되는 일도 일어날 수 있다. 그리고 미국인의 2/3

가 인위적인 구분과 삼단논법의 미묘함을 인정하여 자신들의 관심사를 1/3의 관리와 처분에 맡기도록 설득할 수는 없다.*

역사는 해밀턴의 분노에 찬 우려가 근거 없는 것이 아니었음을 보여 준다. 26개 작은 주의 상원의원 52명이 상원의 과반수를 차지하지만, 그들이 대표하는 미국인은 인구의 18%에 불과하다.**

상원만 그런 것이 아니다. 각 주는 아무리 작더라도 최종적으로 대통령 당선자를 결정하는 선거인단에서 적어도 세 표의 투표권을 갖는다. 채터누가Chattanooga(미국 테네시주의 도시_옮긴이) 권역의 인구와 비슷한 와이오밍 주민 579,000명이 선거인 세 명을 공유한다. 이는 각 선거인이 약 193,000명의 와이오밍 주민을 대표함을 뜻한다. 캘리포니아의 인구는 거의 4천만에 달한다. 따라서 캘리포니아의 선거인단 55명은 각자 70만이 넘는 캘리포니아 주민을 대표한다.

아마도 독자의 헌법 근본주의자constitutional-originalist 친구들이 종종 상기시켜 주겠지만, 이는 의도된 설정이다. 전체 국민의 투표에서 다수표를 얻는 방식으로 대통령이 선출되어야 하다는 생각은 오늘날의 미국인 대부분에게, 심지어 선거인단 제도를 이해하는 사람에게도 꽤 자연스럽게 보인다. 그러나 건국의 아버지founders 중에는 이

* 엄밀히 말하자면, 여기서 해밀턴은 방금 작성된 헌법 초안 중에 상원 의석의 배분이 아니라 연방 규약(Articles of Confederation)에 대하여 말하고 있다. 그러나 나중에 헌법 초안에 관한 논쟁 중에 비슷한 질문을 했다. "주라 불리는 인위적 존재의 권리를 지키기 위하여 개인의 권리가 희생되도록 보편적인 정부를 수정하는 것이 우리에게 이익이 될까?"

** 말하자면, 50개 주 인구의 18%. 상원 의석이 없는 워싱턴 D. C., 푸에르토리코, 기타 미국이 관할하는 지역에 거주하는 미국인을 포함하면 비율이 더 낮아진다.

런 아이디어를 탐탁하게 여긴 사람이 별로 없었다. 제임스 매디슨James Madison이 주목할 만한 예외였는데, 그조차도 다른 모든 선택지가 더 나쁘다고 생각했기 때문에 전국적 일반 투표를 지지했다. 작은 주들은 인구가 많은 주의 후보에게만 기회가 있을 것을 우려했다. 남부인들(매디슨을 제외하고)은 전국적 투표가 노예 상태로 참정권이 박탈된 다수의 흑인 인구에 대한 의회에서의 추가적 대표성을 인정받은 그것, 즉 어렵게 얻은 '3/5 타협three-fifths compromise'의 효과가 떨어지는 것을 좋아하지 않았다. 전국적 일반 투표 시스템에서는 주민에게 투표하도록 하지 않으면 주의 권력을 확보할 수 없다.

대통령을 선출하는 방식은 심각한 분열의 원인이 되었고, 헌법회의가 개최된 1787년 여름 내내 논쟁이 계속되었다. 수많은 계획이 제시되고 투표를 통하여 모두 거부되었다. 매사추세츠의 엘브리지 게리는 주의 인구에 따른 가중치가 부여된 주지사 투표로 대통령을 선출하는 방안을 제안했지만, 즉시 거부되었다. 주의회 또는 연방의회 아니면 무작위로 선택된 15명의 연방의원으로 구성되는 위원회가 대통령을 선출하도록 하자는 제안도 마찬가지였다. 헌법회의의 중추부는 합의를 이루지 못했고, 결국 대통령 선거를 비롯하여 끝까지 의견 일치를 보지 못한 몇 가지 문제에 관한 결정을 '미완결 문제 위원회Committee on Unfinished Parts'라 불린 불운한 11명에게 떠넘겼다. 최종적으로 결정된 시스템이 국부들의 지혜를 훌륭하게 압축한 것이라고 생각하면 안 된다. 아무도 더 나은 대안을 내놓을 수 없었기 때문에 마지못해서, 그리고 지쳐서 합의된 타협이었다. 어린이집에서 아이를 데려와야 하는 시간이 점점 다가오는데, 참석자 모두가 투덜거리면서라도 서명할 수 있는 정책 문서가 만들어지기 전에는 집에 갈 수 없는 마라톤 회의에 참석한 적이 있다면 선거인단 제도가 어떻게 생겨났는지 충분히 이해할 수 있을 것이다.

설령 선거인단에 내재한 대표성의 불평등을 받아들이더라도, 그 불평등이 제도를 만든 사람들의 시대보다 훨씬 더 심각해졌음을 알아야 한다. 1790년의 인구조사에서 가장 큰 주였던 버지니아의 인구는 가장 작은 로드아일랜드의 11배였다. 지금은 와이오밍과 캘리포니아의 인구비가 약 68이다. 로드아일랜드가 당시의 크기보다 여섯 배 작았더라도 헌법회의가 상원의원과 선거인단을 선출하는 그토록 막강한 권력을 로드아일랜드에 부여했을까?

아마도 선거인단의 불평등성을 희석하는 가장 간단한 방법은 하원의 의석수를 늘리는 방법일 것이다. 1912년에 435명이었던 하원의원은, 나라가 세 배 넘게 커진 지금도 435명이다. 각 주의 선거인 수는 그 주의 하원의원과 상원의원을 합친 수다. 하원의원이 1,000명이라면, 그중 120명이 캘리포니아에서 나오고 와이오밍에서는 두 명이 나오게 될 것이다. 따라서 캘리포니아는 주민 324,000명당 한 명씩 122명의 선거인을 갖게 되고, 와이오밍은 주민 144,500명당 한 명씩인 네 명의 선거인을 갖게 된다. 여전히 불평등하나 이전처럼 불평등하지는 않다. 하원을 더 크게 만들면 더 많은 하원의원이 생기게 되고, 국부들의 계획에서 점 하나 바꾸지 않고도 유권자를 더 잘 대표하는 선거인단을 얻게 될 것이다.

선거의 불평등은 지금도 극심하지만, 과거에는 더 심각했다. 1864년, 연방에 합류했을 때 네바다의 주민은 약 4만 명에 불과했다. 뉴욕주의 인구는 그 100배였다! 그렇게 엄청난 차이는 우연히 생긴 것이 아니다. 에이브러햄 링컨과 공화당은 1864년 대통령 선거를 앞두고 네바다 지역을 빈약한 인구에도 불구하고 주로 만들려고 서둘렀다. 세 명의 주요 후보에게 표가 나뉘어 선거가 하원으로 넘어갈 것을 우려한 그들은 공화당을 지지하는 네바다의 믿음직한 목소리가 필요했다. 선거를 몇 주일 앞두고 주가 된 네바다는 충실하게, 정직하지만 필요할 때는 영악하기도 했던 에이브Honest But Also Shrewd When He Needed To Be Abe에게 표를 던졌다. 네바다는 결국 더 커졌지만 거기에는 시간이 필요했다. 1900년에도 여전히 뉴욕주의 1/171 규모에 불과했던 네바다가 주로 승격된 이후 36년 동안 워싱턴으로 보낸 민주당 상원의원은 단임으로 끝난 한 사람뿐이었다.

이러한 불균형은 몇몇 작은 주가 크게 보인다는 사실로 가려질 수 있다. 공화당 성향의 정치인들은 서해안에서 동해안까지 대부분 지역이 공화당의 붉은색 바다로, 민주당의 거점인 캘리포니아와 북동부는 해안선을 따라가는 푸른색 변두리로 표시되는 지도를 보여주기를 좋아한다. 이런 관점에서는 와이오밍에 두 명의 상원의원이 있는 것이 전혀 불공정하게 보이지 않는다. 와이오밍이 얼마나 큰지 보라!

물론 이는 지도가 그려지는 방식의 결과물일 뿐이다. 상원의원은 땅이 아니고 사람을 대표한다. 우리는 이미 '너무 큰 그린란드'의 문제와 마주쳤었다. 메르카토르 도법 같은 표준적 지도는, 일부 영역이 실제로 지구상에서 차지하는 공간보다 크게 보이도록 면적을 왜곡한다. 각 주에 면적이 아니라 인구에 따른 공간을 할당하여, 상원의원이 대표해야 하는 사람들을 더 정확하게 표현하는 지도가 있다면 어떨까? 기하학이 그런 일을 할 수 있다. 그런 종류의 지도는 통계지도cartogram라 불린다.

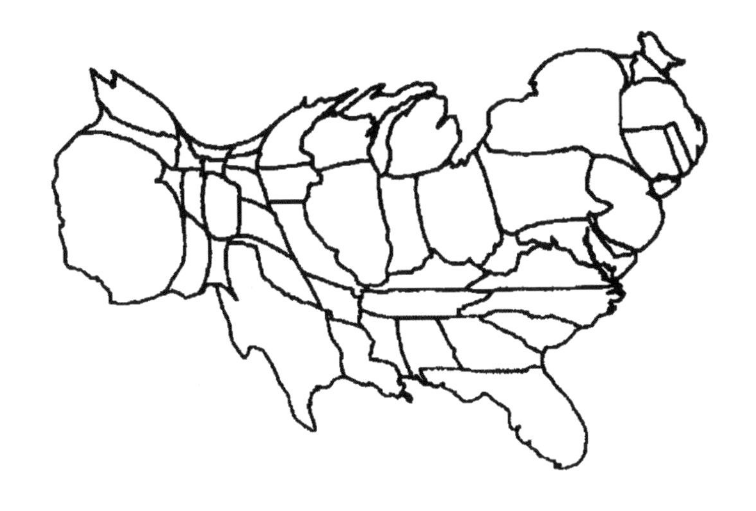

통계지도는 심지어 오늘날에도, 식민지에서 출발한 동부 13개 주의 인구가 많고 대평원Great Plains은 실제로 개미허리처럼 좁은 지역이라는 것을 분명하게 보여 준다.

펜실베이니아의 유권자는 뉴햄프셔의 유권자보다 대통령 선거에서 영향력이 작을 수 있지만, 푸에르토리코, 북마리아나Nothern Marianas, 또는 괌에 사는 미국인보다는 무한 배의 영향력이 있다. (시민의식에 투철한 괌 주민은, 선거인을 선출하지 못함에도 불구하고, 해마다 대통령 예비선거와 대통령 선거를 실시한다. 2016년의 투표율은 69%로, 3개 주를 제외한 미국의 모든 주보다 높았다.)[16]

우리가 무엇이라고 생각하든 상원과 선거인단을 일종의 표준화된 테스트, 즉 민의를 정량화할 수 있는 대용물로 생각할 수도 있다. 이 테스트는 모든 표준화된 테스트와 마찬가지로 측정할 대상을 근사적으로 측정한다. 그러나 테스트는 게임의 대상이 될 수 있다. 고정된 상태로 오래 지속될수록 사람들이 게임에 능숙해지고, 테스트 자체가 정말로 중요하다는 생각에 점점 더 익숙해진다. 나는 때로 미국의 먼 미래, 기후변화와 억제되지 못한 오염으로 전 지역이 황폐화하고, 100세를 넘긴 한 줌의 사이보그 인간만이 살아남은 미래를 상상한다. 그들은 공기가 정화되는 상자에 갇혀 있고 기계에 의하여 짝수 해마다 한 번씩 헌법이 보장하는 대로 의회의 대표를 선출하는 투표를 하는 데 필요한 시간 동안만 깨워진다. 그래도 여전히 신문에는 그토록 오랫동안 우리에게 봉사한 자치정부 시스템을 설계한 국부들의 예리한 통찰력을 찬양하는 기고문이 실릴 것이다.

오늘날의 주는 대부분 고정되어 있으며, 와이오밍과 그보다 큰 채터누가가 의회에서 동일한 발언권을 갖도록 고도로 합리화된 기계가 전국을 같은 크기로 나눈 덩어리들로 대체되는 일은 결코 없을 것이다. 앞으로도 계속해서 다른 주보다 훨씬 작은 주가 존재할 것이다. 반면, 레이놀즈 판결 이후로 의원 선거구는 거의 모두 같은 크기가 되었다. 이는 선거구를 그리는 사람들의 힘을 무디게 하고, 자신들의 권력을 유지하기 위하여 뻔뻔스럽게 썩은 자치구를 만들어 내는 것을 방지한다. 하지만 그런 행태를 완전히 제거할 수는 없다. 얼 워런Earl Warren 대법원장은 레이놀즈 판결의 다수 의견에서 다음과 같이 말했다.

"정치적 분할이나 자연적 또는 역사적 경계선을 전혀 고려하지 않은 무차별적 선거구 획정은 당파적 게리맨더링을 부르는 공개적 초대장과 다르지 않을 것이다."

그의 말은 사실로 입증되었다. 정치적 당파의 이익을 앞세우려는 강력한 동기를 가진 의원에게는 장난칠 수 있는 수많은 방법이 있다. 그런 장난이 크레이올라Crayola주에서 어떻게 작동하는지 살펴보자.

누가 크레이올라를 지배하는가?

위대한 크레이올라에는 오렌지Oranges와 퍼플Purples이라는 두 정당이 권력을 다툰다. 주의 인구는 많지 않은데, 100만 유권자의 60%가 퍼플당Purple Party을 지지한다. 크레이올라의 의원 선거구는 열 곳이며 각 선거구는, 정부의 엄중한 임무를 수행하도록, 상원의원 한 명씩을 크로모폴리스Chromopolis(색깔의 도시라는 뜻_옮긴이)의 주의회 의사당으로 보낸다.

다음은 유권자를 10개 선거구로 나눌 수 있는 네 가지 방법이다.

	옵션 1		옵션 2	
	퍼플	오렌지	퍼플	오렌지
1 선거구	75,000	25,000	45,000	55,000
2 선거구	75,000	25,000	45,000	55,000
3 선거구	75,000	25,000	45,000	55,000
4 선거구	75,000	25,000	45,000	55,000
5 선거구	75,000	25,000	45,000	55,000
6 선거구	75,000	25,000	45,000	55,000
7 선거구	35,000	65,000	85,000	15,000
8 선거구	35,000	65,000	85,000	15,000
9 선거구	40,000	60,000	80,000	20,000
10 선거구	40,000	60,000	80,000	20,000

네 가지 옵션 모두 크레이올라를 유권자 10만 명씩의 10개 선거구로 나눈다. 그리고 모든 옵션에서 퍼플당 지지자의 합계가 60만 명, 오렌지당 지지자의 합계가 40만 명이다. 그렇지만 선출되는 의원 수는 크게 차이가 난다. 첫 번째 지도에서는 퍼플당이 6석, 오렌지당이 4석을 얻는다. 두 번째에서는 오렌지당이 10석 중 6석을 얻어서 과반수를 차지한다. 세 번째에서는 퍼플당이 10석 중 7석을 얻어서 과반수 정당이 된다. 그리고 마지막 지도에서는 오렌지당이 완전히 배제되고, 반대의 목소리가 들리지 않은 의사당에서 퍼플당이 법을 만들게 된다.

어느 옵션이 공정할까?

수사적인 질문이 아니다. 실제로 1분 동안 생각해 보라! 우리가 달성하려는 것이 어떤 목표라고 생각되는지를 돌이켜보지 않고, 어

	옵션 3		옵션 4	
	퍼플	오렌지	퍼플	오렌지
	80,000	20,000	60,000	40,000
	70,000	30,000	60,000	40,000
	70,000	30,000	60,000	40,000
	70,000	30,000	60,000	40,000
	65,000	35,000	60,000	40,000
	65,000	35,000	60,000	40,000
	55,000	45,000	60,000	40,000
	45,000	55,000	60,000	40,000
	40,000	60,000	60,000	40,000
	40,000	60,000	60,000	40,000

려운 사회문제에 대하여 수십 페이지를 읽어 나가는 것은 의미가 없다.

1분이 지나간다…

독자도 깨달았기를 바라지만 명확한 답은 없다. 나는 선거구 획정에 관하여 이야기하는 기회가 많은데, 그때마다 이 질문을 하고 온갖 종류의 대답을 듣는다. 거의 언제나, 대다수가 옵션 1을 가장 좋아한다. 가장 불공정한 선거구로는 지지자가 주민의 절반이 안 되는데도 오렌지당이 과반수를 차지하는 옵션 2를 선택한다. 그러나 한 번은, 한 정당의 참여 권리가 완전히 박탈되는 옵션 4가 명백히 최악이라고 생각하는 유니태리언Unitarians(북미의 자유주의적 기독교 종파_옮긴이)들과 이야기를 나눈 적도 있다. 그리고 이는 유니태리언만의 관점이 아니다.

이 문제를 수학 문제로 볼 수 있을까? 수학 문제가 아니라고 할 수는 없다. 그러나 이 문제에는 법률적 측면, 정치적 측면, 그리고 철학적 측면까지 있어서 서로 얽힌 그들을 풀어낼 방법이 없다. 선거구 획정의 문제를 “어떻게 하면 위스콘신주를 완벽한 직선으로 잘라서 인구가 동일한 다각형 모양의 지역으로 분할할 수 있을까?” 같은 질문을 던지면서, 순수한 기하학 문제로 접근하는 수학자들의 오래되고 인상적이지 않은 전통이 있다. 우리도 그렇게 할 수 있다. 그러나 그러지 말아야 한다. 실제 위스콘신의 정치 상황과 아무런 관련이 없는 선거구들을 얻게 될 것이기 때문이다. 그런 선거구는, 기하학적 특성은 바람직할지 몰라도 도시와 인근 지역을 반으로 자르고 카운티의 경계를 가로지르게 될 것이다. 위스콘신을 비롯한 여러 주에서, 선거구의 인구를 맞추기 위하여 불가피한 경우가 아니라면, 헌법으로 금지되는 일이다.[17]

반면에 법률가와 정치인들이 수학적 측면을 무시하고 선거구 획정을 생각할 때, 그 결과 역시 나을 것이 없다. 그런데 이 문제는 최근까지도 바로 그런 방식으로 다루어졌다. 올바른 선거구 획정을 위해서는 숫자와 모양을 파고드는 것 외에 대안이 없다.

크레이올라의 네 가지 선거구 옵션을 살펴보면 게리맨더링의 정량적 기본 원리가 명확해진다. 당신이 선거구를 그린다면, 상대 정당에 투표하는 유권자들이 우세한 소수의 선거구에 몰려 있기를 원할 것이다. 가장 좋은 방법은 적대적 유권자들을 이전에 경쟁적이었던 선거구에서 끌어내어 당신에게 유리한 선거구로 만드는 것이다. 지지자들에 대해서는, 충분히 안전하게 과반수를 차지할 수 있도록 여러 선거구로 신중하게 분산되기를 원할 것이다. 옵션 2에서 바로 그런 일이 일어난다. 퍼플당에 투표하는 유권자 대부분을 오렌지당이 승리할 가능성이 없는 4개 선거구로 몰아넣으면, 나머지 6개 선거구는 55-45의 확실한 차이로 오렌지당에 기울게 된다.

위스콘신에서도 그런 일이 일어난다. 워키쇼Waukesha 카운티와 밀워키 카운티의 경계는 주 안에서 가장 확연하게 정치적 성향이 갈리는 경계선이다. 선거가 있는 해에 브루어스Brewers(밀워키의 메이저리그 야구팀_옮긴이)의 게임을 보려고 매디슨에서 동쪽으로 차를 몰면, 124번가를 건너면서 마당의 표지판들이 일제히 공화당의 빨간색에서 민주당의 파랑색으로 바뀐다. 2010년까지는 의원 선거구의 경계선이 대체로 카운티의 경계선과 일치했다. 공화당에 유리한 선거구들은 워키쇼 카운티의 서부 지역에 있었고, 민주당 지지 성향의 선거구들은 밀워키 카운티에 있었다. 2011년에 제정된 지도는 그 모든 것을 바꾸어 놓았다.

이제 13, 14, 15, 22, 그리고 84선거구는 공화당의 텃밭인 워키쇼 카운티의 경계를 넘어간다.*[18] 민주당을 지지하는 유권자를 —너무 많이는 아니고— 섞어 넣기 위함이다. 이들 5개 선거구는 설립 당시부터, 전직 목사이며 2017년에 위스콘신의 올해의 어머니로 선정되었던 로빈 비닝Robyn Vining 민주당 후보가 0.5%에도 못 미치는 차이

* 방금 위스콘신주 헌법이 카운티의 경계를 넘는 것을 허용하지 않는다고 말하지 않았나? 그렇긴 하지만, 이 지도에 대한 법정 다툼은 주 헌법에 대한 잠재적 위반을 다루지 않는 연방법원까지 가 있다.

로 승리한 2018년까지, 공화당 후보를 지지했다.* 전적으로 밀워키 카운티의 경계선 안에 있는 선거구는 옛 지도의 열여덟 곳에서 열세 곳으로 줄었다. 13개 중 11개 선거구에서 민주당이 우세하고 그중 열 곳은 경쟁력의 차이가 너무 커서 2018년 선거에서 공화당 후보를 내지도 못했다.

정치는 생물이라는 말이 있듯이 어떤 관점에서는 여기에서 불공정을 찾을 수 없다. 입법은 누구든지 앞서가는 사람이 그때그때 규칙을 변경하는 게임으로, 옳고 그름이 없고 승리와 패배만 있는 게임이다. 그러나 사람들은 대부분 게리맨더링의 관행에 경계해야 할 요소가 있다고 생각하고 거기에는 연방 판사들도 포함된다. 위스콘신의 선거구는, 스콧 워커가 서명하여 법률의 효력을 가진 순간부터 법정 다툼의 대상이었다. 2012년에 법원은 다음과 같이 시작하는 판결문을 통하여, 선거구 지도가 밀워키의 히스패닉Hispanic 유권자에게 덜 적대적이도록, 2개 선거구를 수정하라는 판결을 내렸다.

"한때는 위스콘신이 예의 바름과 훌륭한 정부의 전통으로 유명했던 적이 있었다."[19]

판결문은 이어서 당파적 편견이 없이 작업했다는 지도 제작자들의 주장을 "웃음거리나 다름없다."라고 평가했다. 그리고 2016년

---

* 증거 추가: 2020년 11월에, 13선거구에서 민주당이 판세를 뒤집었고 주의 대통령 선거가 워커와 에버스의 주지사 선거처럼 초박빙이었으나, 하원의원 선거에서는 공화당이 61-39의 과반수를 차지했다.

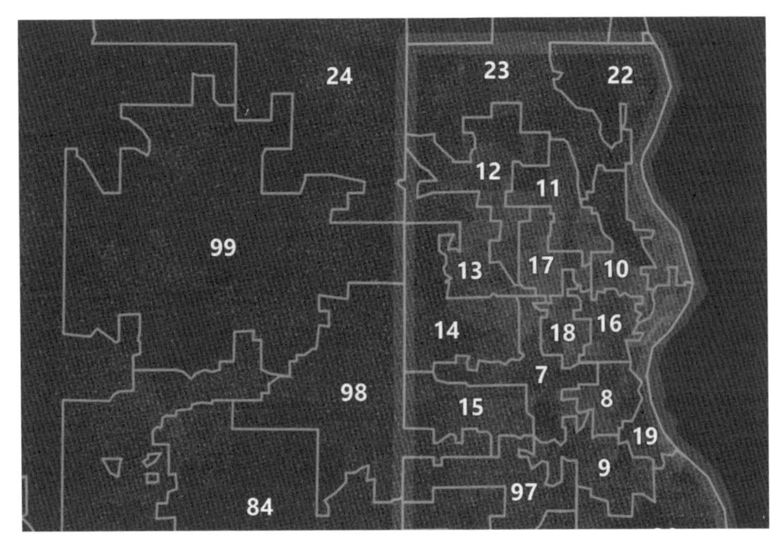

2001년 지도

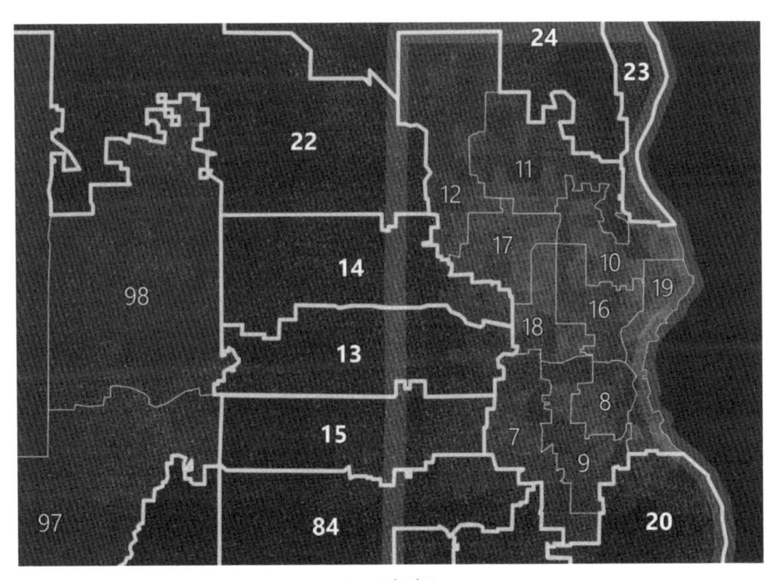

2011년 지도

에, 위스콘신 서부지구 연방지방법원U. S. District Court의 3인 판사 합의부는 지도 전체가 미국 헌법에 위배되는 정치적 게리맨더링의 표본이며 무효라는 판결을 내렸다. 위스콘신주가 법원의 결정에 항소함에 따라 법정 다툼은 연방대법원으로 올라갔고, 어느 정도의 당파적 게리맨더링이면 너무 지나친 것인지에 대한 합리적이고 적법한 기준을 찾기 위한 노력이 오래도록 이어졌다. 그 후에 일어난 일은 수학, 정치, 법, 그리고 미국의 정치가 아직도 다 흡수하지 못한 함의를 지닌, 동기가 부여된 추론의 충돌이었다.

'소수의 지배가 확립되었다'

독자가 게리맨더링에 관하여 아는 바가 있다면, 아마도 이름 자체가 시사하는 두 가지 사실일 것이다. 첫째, 주지사로서 매사추세츠 선거구 획정에 참여했던 엘브리지 게리가, 1812년 선거에서 민주공화당Democratic-Republicans이 연방주의자들을 물리치는 것을 지원하기 위하여 게리맨더링을 창안했다. 둘째, 게리맨더링에는 '샐러맨더salamander(도롱뇽)' 모양의 매사추세츠 선거구처럼 경계선이 기괴하게 구불구불한 선거구가 있다. 어느 만화가가 두 가지를 합쳐서 만든 '게리-맨더Gerry-mander'는 불멸의 이름이 되었다.

그러나 두 가지 모두 사실이 아니다. 우선, 미국의 게리맨더링은 게리의 시대와 용어가 만들어진 시대보다 훨씬 더 과거로 거슬러 올라간다. 1907년에 시카고대에서 역사적인 박사학위 논문으로 발표된 엘머 커밍스 그리피스Elmer Cummings Griffith의 결정적인 연구에 따르면,[20] 게리맨더링의 관행은 적어도 1709년의 펜실베이니아 식민지 의회까지 거슬러 올라간다.[21] 그리고 미국의 초창기에 정치적 동기에 따른 선거구 만들기의 가장 악명 높은 사례의 주인공은 패트릭 헨리였다. 자유를 옹호하는 태도가 버지니아 입법부의 철권통제를 유지하려는 욕망을 이기지 못한, "자유가 아니면 죽음을 달라."의 패트릭 헨리 말이다. 헨리는 새로운 미국 헌법에 격렬하게 반대했다. 또한 헌법의 주요 설계자 중 한 사람인 제임스 매디슨이 1788년 선거에서 의회에 들어가지 못하게 하려고 했다. 헨리의 지시에 따라 매디슨의 고향 카운티는 헌법에 반대한다고 알려진 매디슨의 적수 제임스 먼로James Monroe에게 투표할 것으로 기대되는 5개 선거구와 함께 묶이게 되었다. 이 선거구가 얼마나 불공정했는지는 오늘날까지도 논란거리지만, 매디슨과 그의 지지자들은 분명히 헨리가 더러운 짓을 하고 있다고 느꼈다. 매디슨은 자신이 원했던, 의회로 가는 쉬운 길을 찾지 못하고 뉴욕에서 고향으로 돌아와 선거구를 누비면서 선거운동을 벌여야 했다. 그는 치질을 심하게 앓아서 여행에 어려움을 겪었고, 1월에는 루터교 신자들의 야외 집회에서 먼로와 토론을 벌이다가 얼굴에 동상을 입었다. 게리맨더였든 아니든 매디슨은, 부분적으로는 본거지인 오렌지카운티에서 216-9의 압승을 거둔 덕분에 선거에서 이겼다.[22]

따라서 게리가 시도한 게리맨더링은 새로운 것이 아니고 확립된 정치적 술수였다. (다시 한번 스티글러의 법칙이다!) 1891년에는 다양한 방식의 선거 사기와 얽힌 게리맨더링의 관행이 너무도 심각하여, 벤저민 해리슨Benjamin Harrison 대통령이* 국정 연설에서 다음과 같이 경고하기에 이르렀다.

> 우리의 중요한 국가적 위험이 어디에 있는지 말하라는 요청을 받는다면, 주저 없이 국민 참정권의 억압이나 왜곡으로 다수의 통제가 전복된 일이라고 말할 것이다. 여기에 진정한 문제가 있다는 데는 모두가 동의해야 한다. 하지만 그렇게 생각하는 사람들의 에너지는 주로 그러한 관행을 불가능하게 만들려는 것보다 상대방의 책임을 묻는 데 소비되었다. 이제 우리가 합의하여, 모든 이해 당사자가 대통령 선거인단과 하원의원의 선출에 영향을 미친다고 비난하는 게리맨더링을 제거하는 방향으로 한 걸음을 내디딤으로써, 끝이 없고 결론이 나지 않는 논쟁을 끝낼 수 있지 않겠는가?

게리맨더링이 지배하는 민주주의에 대한 해리슨의 설명은 매우 적절했다.

"정치적 격변을 통해서만 타도할 수 있는 소수의 지배가 확립되었다."[23]

여기서 의문이 생긴다. 국회의원들이 300년 동안 자신들의 당파적 이익에 맞게 선거구를 그려 왔고, 어쨌든 민주주의가 지속되었다면, 지금 갑자기 긴급한 혁신이 요구되는 이유는 무엇일까?

---

* 공교롭게도, 1888년에 일반 투표에서는 패배했으나 선거인단의 확실한 과반수를 얻었던.

그것은 부분적으로 기술과 관련된다. 위스콘신의 나이 든 선거 관계자가 과거에 어떻게 선거구 조정이 이루어졌는지 말해 준 적이 있다. 위스콘신 정계에서 수십 년이 넘는 경험을 쌓고, 커노샤 Kenosha에서 슈피리어Superior까지 모든 지역의 투표 성향을 기억하는 사람이 있었다. 그런 선거구 획정 전문가가 거대한 회의 탁자 위에 커다란 지도를 펼쳐 놓고 표시를 해 가면서 여기저기로 덩어리를 옮기곤 했다. 작업은 그것으로 끝이었다.

계산 능력의 발전에 따라 과거에는 기술이었던 게리맨더링이 과학이 되었다. '공격적인' 조 헨드릭과 그의 지도 제작팀은 나무 탁자가 아니라 컴퓨터 화면에서 수많은 지도를 테스트하고 수정했다. 그들은 모든 잠재적 선거구 획정안에 대하여, 가장 극단적인 경우를 제외한 모든 상황에서 공화당이 우위를 유지하도록 최적화된 지도에 수렴할 때까지 광범위한 정치적 환경에 대한 성능을 테스트하는 모의실험을 수행했다. 그 과정은 단지 더 빨랐을 뿐만 아니라 더 효율적이었다. 주를 상대로 한 소송에 참여했던 변호사는 나에게, 법령 43에 따른 게리맨더링의 효과가 과거의 모든 지도 장인이 성취한 수준을 훨씬 넘어섰다고 말했다.

게다가 초기의 선거에서 게리맨더링이 효과를 나타낸 뒤에는, 게리맨더링당의 현직 의원이 늘어나서 게리맨더링이 제공하는 것보다 더 많은 이점이 추가된다. 반대 정당에 정치자금을 기부하는 사람들은 지도가 극복할 수 없을 정도로 기울어졌다고 판단하여 기부금을 다른 곳에 할당하게 된다. 그래서 게리맨더링이 저절로 강화된다.

샌드라 데이 오코너Sandra Day O'Connor 대법관은 1986년 데이비스 대 밴더머Davis vs. Bandemer 사건 판결의 반대 의견에서, 선거구 재조정 문제에 법원이 개입할 필요가 없다고 주장했다. 잘 게리맨더된 지도를 만드는 일은, 상대편이 압도하는 몇몇 선거구에 맞서서 자신의 정당이 적당한 우위를 확보하는 선거구를 많이 만드는 작업임을 기억하라. 오코너는 그 점이 게리맨더링이 본질적으로 위험한 전략임을 의미하지 않는지를 묻는다. 그녀는 정당이 비합리적으로 강력한 게리맨더링을 자제할 것이라고 설명했다. 각 정당의 현직자들이 예상치 못한 정치적 돌풍에 쓰러질 위험이 너무 크기 때문이다.

"정치적 게리맨더링은 자기제한적self-limiting 관행이라고 생각할 이유가 충분하다."

당시에는 그녀가 옳았을지도 모른다. 그러나 오늘날의 컴퓨터는 다른 수많은 제한과 마찬가지로 게리맨더링의 자기제한적 특성을 날려 버렸다. (마리온 틴슬리에게 물어보라.) 상당한 당파적 이익을 제공하도록 지도가 조정될 수 있는 것처럼, 현직자의 위험도 동시에 줄이도록 조정될 수 있다. 단지 오늘날의 고성능 컴퓨터가 애플 II 보다 빠르기 때문만이 아니다. 유권자도 변했다! 우리 미국인은 자신이 각 후보자의 정책 방향과 공직에 대한 기질적 적합도를 검토하여 편견 없이 냉정하게 투표에 임하고 선출할 수 있는 최선의 후보를 뽑는다고 생각하기를 좋아한다. 그러나 실제로 우리는 상당히 예측 가능하고 점점 더 그렇게 되고 있다. 우리 대부분은 이름 다음에 맞는 글자가 있는 후보에게 투표한다. 대통령 선거 사이에 지지 정당을 바꾸는 '부동층'의 비율은 1950년대부터 1980년대까지 10%

내외를 유지하다가 지금은 그 절반으로 떨어졌다.[24] 유권자의 선택이 더 안정적이고 예측 가능할수록, 다수당의 지위를 유지하고 현직 공직자를 보호하며 다음번 인구조사까지 효과가 유지된다. 그리하여 여전히 다수당으로서 전과 같이 잠긴 사무실에서 새로운 지도를 그릴 수 있도록 지도를 그려야 하는 정당의 능력도 커진다.*

도널드 덕을 그만 걷어차

게리맨더링에 대한 전통적 관점은, 포터 스튜어트Potter Stewart 대법관이 매우 다른 사법적 맥락에서 말한 대로 보면 알 수 있다는 것이다. 정말로 괴상하게 생긴 선거구들이 있다. 별개의 두 지역이 1~2마일의 고속도로로 연결되어 '귀마개earmuffs'라 불리는 일리노이의 하원의원 4선거구나, 다음 그림의 '도널드 덕을 걷어차는 구피Goofy Kicking Donald Duck'로 알려진 펜실베이니아의 멋들어진 선거구처럼.

펜실베이니아 7선거구가 이런 식으로 그려진 것은 흩어져 있는 공화당 지지자들을 모아서 공화당에 유리한 선거구를 만들기 위함이었다. 두 주요 지역은 구피가 걷어차는 발끝에 있는 병원 구내를

---

* 비슷하게 양극화되었던 시대에 대하여 엘머 커밍스 그리피스가 했던 말과 비교해 보라. "1840년에는 두 거대 정당이 자리를 잡고 정치적 우위를 확보하기 위하여 지속적인 다툼을 벌였다. 전반적인 정치적 안정에 따라, 더 큰 성공의 약속과 함께 선거를 예측할 수 있게 되었다. 정당이 자리를 잡음에 따라서 한 정당에서 다른 정당으로 지지 정당을 바꾸는 유권자의 비율이 매우 낮아졌다. 그리고 선거 결과가 일정한 범위 안에서 안전하게 예측될 수 있었다."

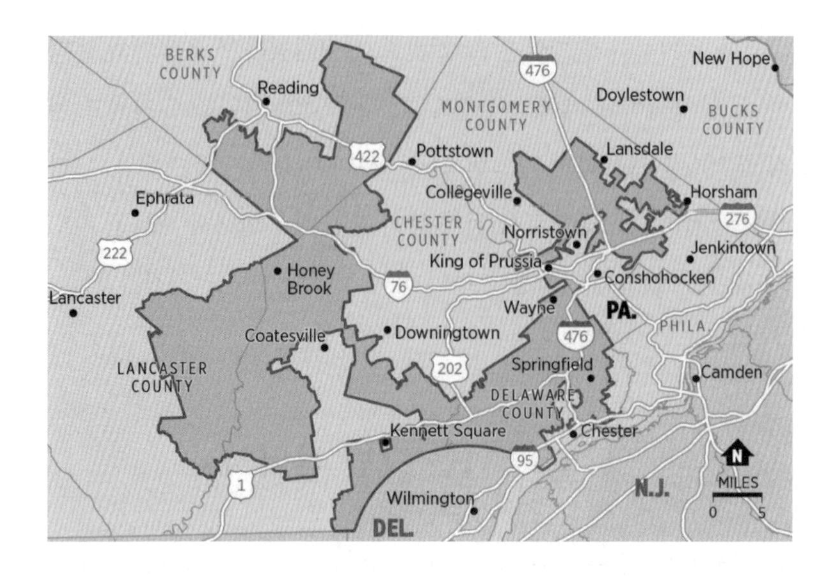

통해서만 연결된다. 구피의 목 부분은 주차장이다.[25]

2018년에 펜실베이니아 대법원은 너무 지나친 당파적 게리맨더링의 본보기로 이 선거구를 폐지했다. 공정한 선거와 대략 둥근 모양의 승리였다. 선거구 개혁의 역사에서 흔히 볼 수 있는 믿음은 선거구가 '합리적인' 모양을 갖도록 요구하여 의원들이 장난칠 여지를 제한하면 과도한 게리맨더링을 방지할 수 있다는 것이다. 여러 주의 헌법에는 심지어 지도 제작자에게 디즈니 만화의 주인공 같은 모양을 피하도록 요구하는 조항이 있다. 예컨대, 위스콘신주 헌법은 선거구가 '가능한 한 조밀한compact 형태'를 갖출 것을 요구한다. 그런데 이 말은 정확히 무슨 뜻일까? 의원들은 합의된 기준을 정한 적이 없다. 어떤 모양이 조밀한지를 명시하려는 시도는 때로 상황을 더욱 혼란스럽게 만든다. 2018년에 미주리의 유권자들은 주민투표를 통하여, '조밀한 선거구가 자연적 또는 정치적 경계가 허용하는 범위 안에서 정사각형, 직사각형, 또는 육각형 모양일 것'을 요구하는 헌법 개정을 승인했다. 우선, 정사각형은 직사각형의 일종이다. 그리고 미주리주는 삼각형, 오각형, 그리고 직사각형이 아닌 사각형에 대하여 무슨 유감이 있었을까? (내 개인적인 이론은 미주리의 사다리꼴 모양을 의식한 과잉 반응이라는 것이다.)

기하학은 모양의 '조밀성compactness'을 측정하는 몇 가지 옵션을 제공한다. 당신의 직관은 아마도 펜실베이니아 7선거구처럼 매우 복잡한 모양이 지그재그 형태의 길고 복잡한 경계선을 사용하여 대단히 비효율적으로 지역을 둘러싼다고 생각할 것이다. 따라서 넓이에 대하여 둘레가 너무 크지 않은 모양이 바람직할지도 모른다.

첫 번째로 생각할 만한 방법은 비율의 사용이다. 경계선 1마일당 면적이 얼마나 될까? 점수가 높을수록 좋다. 남북으로 4마일, 동서로 4마일인 정사각형의 둘레는 16이고 넓이는 4×4=16이다. 따라서 면적/둘레 점수가 16/16=1이 된다. 그러나 정사각형을 한 변의 길이가 40마일이 되도록 확장하면 어떻게 될까? 그러면 둘레가 160이고 면적이 1,600이다. 점수가 1,600/160=10으로 개선된다.

이것은 반갑지 않은 상황이다. 정사각형이 얼마나 '조밀한'지가 크기에 따라 달라져서는 안 된다! 크기를 킬로미터, 마일, 또는 펄롱furlong(약 200미터_옮긴이) 단위로 측정하는 데 따라 달라져도 안 된다! '조밀성'에 대하여 어떤 척도를 사용하든 기하학자가 말하는 불변량invariant이어야 한다.* 즉, 영역이 움직이거나 회전하거나 확장되거나

* 특히, 3장에서 논의한 닮음(similarities)에 대하여 불변이어야 한다.

축소되어도 변하지 말아야 한다. 영역을 움직이거나 회전시킬 때는 둘레와 넓이가 변하지 않으므로 문제가 없다. 그러나 10배로 확장할 때, 둘레가 10배 늘어나는 반면에 넓이는 100배로 증가한다. 이는 더 나은 비율이 선거구를 확장하거나 축소해도 변하지 않는

$$넓이/둘레^2$$

와 같은 비율임을 시사한다. 그런데 이런 종류의 지표를 추적하는 매우 간편한 방법은 항상 측정 단위를 붙여서 표기하는 것이다! 우리의 40마일 정사각형의 둘레는 160마일이고 넓이는 1,600평방square 마일이다. 따라서 넓이를 둘레로 나눈 결과는 10이 아니라 10마일이다. 수가 아니고 길이다.

선거구 조정 작업에서는 1990년대에 중요성을 깨달은 두 변호사의 이름을 따라 폴스비-포퍼Plosby-Popper 점수라 불리지만, 이 비율의 개념은 더 오래되었다. 반지름이 r인 원의 둘레는 $2\pi r$이고 넓이는 πr^2이다. 따라서 점수는

$$(\pi r^2)/(2\pi r)^2=\pi r^{2/}4\pi r^2 r^2=0.079...$$

결과가 반지름과 무관함에 주목하라. r이 상쇄되어 없어졌다. 이 수가 불변량인 이유다. 정사각형도 마찬가지다. 한 변의 길이가 d면 둘레는 4d고 넓이는 d2이다. 따라서 폴스비-포퍼 점수는

$$d^2/(4d)^2 = d^2/16d^2 = 1/16 = 0.0625$$

이 값 역시 변의 길이와 무관하다. 정사각형의 점수는 1/4π만큼 좋지는 않다. 실제로, 1/4π은 모든 모양에 대하여 가능한 최고 점수로 밝혀졌다! 이는 도형의 둘레를 고정시킬 때 넓이가 얼마나 커질 수 있는지에 대한 우리의 직관과 일치한다. 끈으로 만든 고리를 탁자 위에 놓고 고리 안에 가능한 대로 많은 재료를 채워서 '부풀려' 보라. 원형이 될 것 같지 않은가? 이 사실은 제노도로스zenodoros에 의하여 알려지고 증명되었다. 대부분 고대 수학자의 증명이 그렇듯이, 유클리드보다 한 세기쯤 뒤에 이루어진 다소 캐주얼casual한 의미의 증명이었다. 수학자들은 '등주 부등식isometric inequality'이라 부른다. 등주 부등식은 19세기가 되어서야 현대 기하학자의 기준에 맞는 증명이 이루어졌다.[26]

따라서 폴스비-포퍼 점수는 선거구가 얼마나 '원형인지circle-like'를 측정하는 지표로 생각할 수 있는데, 그렇다면 이것이 정말로 좋은 생각인지 궁금할 것이다. 원형 선거구가 실제로 정사각형보다 나을까? 다음과 같이 길쭉한 직사각형,

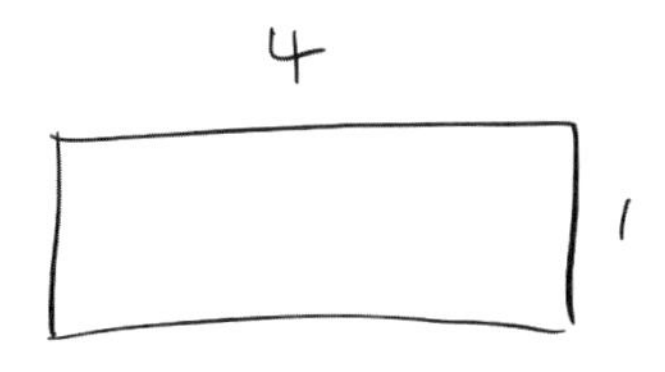

즉 점수가 4/100=0.04인 사각형은 정말로 훨씬 더 나쁠까?

그렇다면 우리가 말하는 둘레의 진정한 의미는 무엇일까? 실제 선거구의 경계선은, 직선 부분과 척도에 따라 프랙탈fractal 모양으로 구불구불해지는 해안선 같은 곡선이 섞여서 지그재그 모양을 세밀히 측정할수록 길어진다. 그러나 우리가 사용하는 자의 크기에 따라 선거구의 질이 달라질 수는 없다!

다른 측면을 생각해 보자. 여러 면에서 가장 다루기 쉬운 기하학적 도형은 볼록한convex 도형이다. 볼록한 도형이란 넓게 말해서 바깥쪽으로만 구부러지고

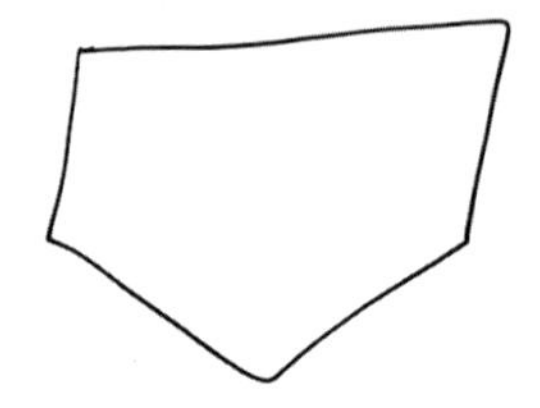

안쪽으로는 절대로 구부러지지 않는 도형이다.

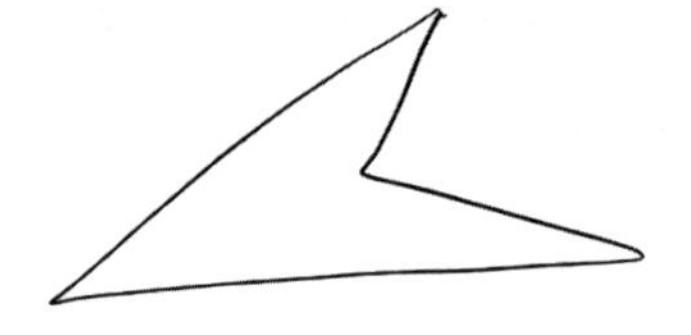

멋진 공식적 정의도 있다. 내부에 있는 두 점을 연결하는 모든 선분이 내부에 완전히 포함되는 도형은 볼록하다. (이 정의는 2차원, 3차원, 심지어 '안쪽'이나 '바깥쪽'을 시각화할 수 있는 우리의 능력을 넘어서는 훨씬 더 고차원에서도 성립한다.) 앞의 도형은 이러한 선분 테스트를 만족하지 못함을 볼 수 있다.

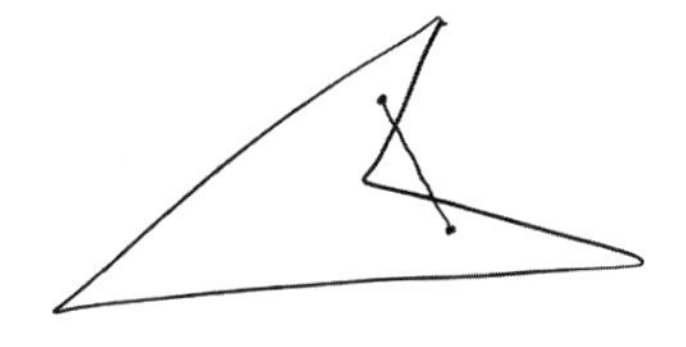

모양의 볼록 껍질convex hull은 그 모양에 있는 점의 쌍을 연결하는 모든 선분의 집합이다.

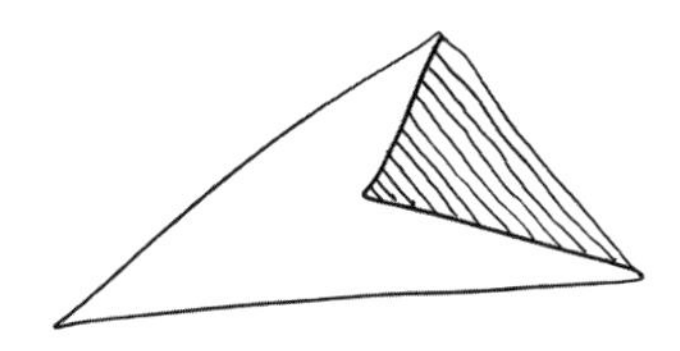

볼록 껍질은 '모든 볼록하지 않은 곳을 채우는 것', 또는 더 물리적으로, 도형 주위로 가능한 한 단단하게 플라스틱 랩wrap을 씌우는 것으로 생각할 수 있다. 골프공의 볼록 껍질은 표면의 딤플dimple이 메워진 구sphere다. 당신의 볼록 껍질은 양다리를 모아 붙이고 양팔을 몸에 붙이면 몸 주위를 단단히 둘러싸지만, 팔다리를 모든 방향으로 뻗으면 훨씬 더 커진다.

어쨌든, 선거구의 '인구 다각형Population Polygon' 점수는 그 선거구에 사는 사람 수와 볼록 껍질 안에 있는 인구의 비율이다. 구피와 도널드 덕의 볼록 껍질에는 구피와 도널드 덕 사이에 있는 모든 사람이 포함된다. 따라서 선거구의 점수가 상당히 나빠진다.

인구 다각형은 사람들이 실제로 사는 곳을 고려하므로 폴스비-포퍼보다 개선된 지표다. 그러나 게리맨더링을 막기 위하여 조밀도를 강제하는 방법의 심각한 문제점은 바로 효과가 없다는 것이다.

종이 지도 시대에는 자신이 원하는 유권자의 포트폴리오portfolio를 얻기 위하여 괴상한 모양에 의존해야 했을지도 모르나 지금은 그렇지 않다. 오후 한나절 동안에 100만 장의 지도를 평가하는 지도 소프트웨어는 모양이 적절하면서도 목적을 달성하는 지도를 고르게 해 준다. 밀워키 주변의 게리맨더링된 선거구들은 정직하게 보이는 준 직사각형들로서, 조밀성에 관한 어떤 정량적 척도로도 무난한 점수를 받을 것이다.[27]

샌드라 데이 오코너는, 의원 선거구와 관련하여, "모양이 중요하다."라고 말한 적이 있다.* 도롱뇽 같은 선거구는 민주주의적 이상이 아닌 무언가가 작용하고 있다는 느낌을 준다. 나에게 묻는다면, 구피와 도널드 선거구와 마찬가지로 당파적이지만 덜 공격적으로 보이는 지도로 대체하는 것으로는 그러한 이상이 크게 강화되지 않는다고 말할 것이다. 선거구가 조밀하기를 원하는 데는, 주의원 사무실까지 가는 평균적 운전 거리가 짧아지고 유권자의 정치적 우선순위 조정이 다소 늘어나는 것 같은 몇 가지 타당한 이유가 있다고 생각된다. 그러나 조밀성이 노골적인 게리맨더링을 조금이라도 억제하는 것은 단지 제한조건이 되기 때문이다. 지도 제작자의 선택지가 적을수록 지독하게 조작된 옵션을 찾을 수 있는 가능성이 낮아진다. 대략 원형인 선거구에 본질적으로 더 공정한 특성이 있는 것은 아니다. 선거구를 둥근 모양 비슷하게 만들어야 한다면, 주를

* 인종차별적 게리맨더링 사례인 쇼 대 레노(Shaw vs. Reno) 사건에서 소수 인종의 대표성을 보장하거나 막기 위하여 그려진 선거구들은, 이 장에서 다루기에는 지면이 부족하지만, 완전히 다른 측면의 선거구 획정 이야기다.

선거구로 분할하는 방법이 크게 줄어드는 것뿐이다.

이제 우리는 기존의 조밀성 척도가, 레이놀즈 대 심스 판결의 동일 인구 요구조건처럼, 정당이 자신에게 유리하도록 판을 짜는 일을 막기에 충분치 않다는 것을 안다. 물론 더 엄밀한 조밀성 기준을 적용하여 더욱 엄격한 제한을 가하거나, 카운티의 경계를 넘지 못하도록 주법으로 강제하거나, 또는 10년마다 게리맨더링의 발정기에 들어서는 의원들이 움직일 여지를 제한하기 위하여 순전히 임의적인 규칙('각 선거구에 등록된 유권자 수는 소수prime number여야 한다')을 만들어 낼 수도 있다. 그러나 현실적으로 그런 임의적 규칙은 정치적으로 가능하지 않다. 게리맨더링을 멈추는 것이 목표라면 게리맨더링을 직접 겨냥하는 전략이 되어야 한다. 이는 지도에 관하여 선거구의 인구가 얼마나 고르게 나뉘었는지나 선거구가 얼마나 둥글고 통통한지가 아니라, 얼마나 게리맨더되었는지를 말해 주는 지표가 필요함을 의미한다. 더 어려운 문제다. 그러나 기하학이 해답을 줄 수 있다.

그릿츠를 두들겨라!

H. L. 멘켄Mencken의 말을 빌리자면, 응용수학의 거의 모든 흥미로운 문제에는 단순하고 수학적으로 우아하면서 부정확한 답이 있다. 선거구에 관해서는 비례 대표제proportional representation, 즉 정당이 후보의 득표율과 같은 비율의 의석을 차지해야 한다는 원칙이 그런 답이

다. 선거구 지도가 '공정'하다는 의미에 대하여 실제로 널리 받아들여지는 직접적·정량적 답변이다. 〈워싱턴 포스트〉는 2016년 위스콘신주 하원의원 선거에서 공화당이 「후보들의 총 득표율은 52%였지만, 의석의 65%를 차지했다」라고 보도했다. 신문은 공화당이 「득표율과 의석수의 차이를 감안할 때, 게리맨더링의 이득을 얻은 것으로 보인다」라고 했다.[28] 이 말은 그 수치들이 일치하지 않을 때 무언가 냄새가 난다는 것을 암시한다.

비례 대표제는 사람들이 크레이올라의 지도에서 옵션 1을 선호하는 경향을 보이는 이유다. 60%를 득표한 퍼플당이 의석의 60%를 얻었다.

그렇지만 비례 대표제가 정말로 지도가 공정하게 그려진 결과일까? 거의 틀림없이 그렇지 않다! 와이오밍의 예를 보자. 와이오밍은 미국에서 가장 강력하게 공화당을 지지하는 주에 속한다. 2016년 대통령 선거에서는 유권자의 2/3가 도널드 트럼프에게 투표했고, 2018년 주지사 선거에서도 같은 비율의 유권자가 공화당 후보에게 투표했다. 그러나 주 상원의 공화당 의석은 2/3가 아니다. 공화당 상원의원이 27명이고 민주당은 세 명뿐이다. 정말로 이것이 불공정하다고 보아야 할까? 주민의 2/3가 공화당을 지지하면, 주에서 지리적으로 구분된 지역이 거의 모두 공화당을 지지할 가능성이 크다. 주민의 정치 성향이 완벽하게 균일하여, 모든 지역과 도시에서 공화당과 민주당을 지지하는 비율이 동일한 극단적인 경우라면, 일반 득표율이 높은 정당이 의회의 모든 의석을 남김없이 차지하게 될 것이다. 크레이올라 옵션 4의 시나리오다. 그렇게 단일 정당이 장악하는 의회는 게리맨더링의 결과가 아니라 이례적으로 일관성 있는 유권자 분포의 결과일 것이다.

아이다호에는 연방 하원의원이 두 명 있고 하와이도 마찬가지다. 우리는 지난 10년 동안, 두 주에서 다수당에 투표한 유권자의 비율이 100%보다 50%에 더 가까웠음에도 불구하고, 아이다호의 하원의원이 모두 공화당이고 하와이는 모두 민주당이었던 사실을 이상하게 생각하지 않는다.* 아이다호를 공정한 두 선거구로 나누더라도 공화당과 민주당의 하원의원이 한 명씩 생길 것으로는 생각되지 않는다. 아이다호의 절반을 차지하고 민주당을 다수당으로 만드는 선거구를 번듯하게 그릴 수 있는 가능성은 생각조차 할 수 없다.

그리고 자유당Libertarians의 곤경은 어떻게 생각해야 할까? 자유당의 하원의원 후보에게 투표하는 미국인은 꾸준하게 1% 안팎을 맴돌지만, 비례 대표제에 해당하는 3~5명은 고사하고, 단 한 명의 자유당 연방의원이 선출된 적도 없다.[29] 자유당이 우세한 도시는 물론이고 동네조차 없기 때문이다. (상상해 보는 것은 재미있지만!) 선거의 구조가 미국과 매우 비슷한 캐나다에서는 편차가 더욱 극명하다. 2019년 연방선거에서 신민주당New Democratic Party은 총 투표 중 불과 8%를 얻는 데 그친 퀘벡 블록Bloc Québécois의 두 배인 16%를 득표했지만, 지지자들이 한 지역에 집중된 퀘벡 블록이 훨씬 더 많은 의석을 얻었다.

---

* 공정하게 말하자면, 2008년 선거 이후로 각 주는 소수당에서 단임 임기로 의원 한 명을 선출한다.

그런데 캐나다는 미국식 의회 제도를 채택했음에도 불구하고 게리맨더링 문제가 없다. 캐나다인이 미국인보다 훌륭해서 그런 것은 아니고, 1964년 이래로 선거구를 그리는 임무(북쪽으로 달리기라 불리는)가 비당파적 위원회에 위임되었기 때문이다. 그전에는 선거구를 그리는 작업이 미국처럼 정치적 동기에 휘둘리고 지저분했다. 캐나다의 초대 총리인 보수당의 존 맥도널드John Macdonald 경은, 이른바 '그릿츠Grits'라는 자유당 내 반대파의 힘을 줄이기 위하여, 선거구를 그리는 펜을 무자비하게 휘둘렀다.[30] 1882년 선거에 사용된 지도는 〈토론토 글로브Toronto Glove〉에 실린 —게리맨더링의 원리를 강약 4보격trochaic tetrameter으로 명확하게 설명하는— 다음과 같은 시에 영감을 줄 만큼 뻔뻔했다.

그러므로 재배분하자
의심스러운 선거구를
우리의 전망을 강화하기 위하여
그릿츠를 두들겨라
그들을 패배시키기에는 너무 강력한 곳을
우리의 약한 지역을 강화하라
이들 요새에서 파견대를 보내서
실로 이것이 자연이 진리다
강력한 토리Tory 족장의![31]

비례 대표제는 완벽하게 합리적인 시스템이며 여러 국가에서 입법부를 구성하는 방식에 포함된다. 그러나 우리의 시스템은 그렇지 않다. 미국의 선거에서 비례 대표제에 맞는 결과가 나오기를 바라는 것은 비합리적인 기대다. 그렇지만 비례 대표제의 유령은 여전히 게리맨더링의 담론 주위를 배회한다. 공화당원들에게 판사와 충돌하지 않으면서 자신에게 유리한 지도를 그리는 방법을 조언하는 비공개 세미나에서 —한 참석자가 비밀리에 녹음한— 공화당의 선거 변호사 한스 폰 스파코프스키Hans von Spakovsky는 법정에서 지도를 뒤엎으려는 사람들에 대하여 경고했다.

> 그들의 주장은, 예를 들어 민주당 대통령 후보가 어떤 주에서 60%를 득표했다면 주의회와 연방의회에서 60%의 의석을 차지할 자격이 있다는 것이다.[32]

스파코프스키가 알고 있는지는 분명치 않지만, 이 말은 잘못된 설명이다. 대표적인 개혁주의자들이 주장하는 것은 비례 대표제가 아니다. 그러면 무엇일까?

격차를 주의하라

2004년의 비스 대 주벨리러Vieth vs. Jubelirer 사건의 대법원 판결은 당파적 게리맨더링의 문제를 기묘한 법률적 불확실성의 문제로 바꿔 놓았다. 네 명의 판사는 당파적 이익을 위한 게리맨더링의 관행이 전혀 재판의 대상이 되지 않는다고 생각했다. 연방법원의 개입이 금지된, 순전히 정치적인 문제라는 것이었다. 하지만 그들은 문제의 지도가 헌법 위반에 해당할 정도로 심하게 유권자의 대의권을 모욕한다고 느꼈다.

앤서니 케네디Anthony Kennedy 대법관은 다른 많은 판결에서 법원의 버팀목이 되었던 것처럼, 게리맨더된 지도를 인정하는 다수 의견에는 동의했지만 재판의 대상이 되는가라는 중요한 문제에 대해서는 동의하지 않았다. 그는 법원에 당파적 게리맨더링을 멈출 힘과 의무가 '있다'고 말했다. 만약에 판사가 헌법에 위배될 정도로 나쁜 지도를 판정하는 데 사용할 수 있는 합리적인 기준만 있다면 말이다.

우리는 비례 대표제가 그런 기준이 아니고 기하학적 조밀성 척도도 마찬가지임을 보았다. 따라서 새로운 아이디어가 필요했다. 개혁가들은 정치학자 에릭 맥기Eric McGhee와 법학교수 니콜라스 스테파노풀로스Nicholas Stephanopoulos가 말한 '효율성 격차efficiency gap'에서 아이디어를 얻었다.

당신의 정당이 다수의 선거구에서 근소한 차이로 이기고 소수의 선거구에서 큰 차이로 지도록 하는 것이 게리맨더링의 효과임을 기억하라. 이는 당신의 정당에 투표하는 유권자의 '효율적인' 배분으로 생각할 수 있다. 그런 렌즈를 통해서 크레이올라의 옵션 2를 살펴보면 퍼플당의 효율성이 크게 떨어지는 것을 볼 수 있다. 7선거구에서 퍼플당이 85,000-15,000이라는 압도적 승리를 거둔 것이 무슨 소용이 있는가? 퍼플당에 투표한 사람 중 10,000명을 6선거구에서 오렌지당에 투표한 10,000명과 바꿨으면 더 좋았을 것이다. 그랬다면 7선거구에서 여전히 75,000-25,000의 압승을 거두는 한편으로 6선거구에서도 55,000-45,000으로, 동일한 차이로 패배하는 대신에 승리했을 것이다.

7선거구에 있는 여분의 지지자는 퍼플당의 관점에서 보자면 낭비된 것이다. 스테파노풀로스와 맥기가 말하는 '낭비된 표'는 다음 중 하나에 해당한다.

- 정당이 패배한 선거구에서 얻은 표, 또는
- 정당이 승리한 선거구에서 50%의 임계치보다 더 얻은 표

옵션 2에서 퍼플당은 다음과 같이 많은 표를 낭비한다.

낭비된 표	퍼플당 표	오렌지당 표	낭비된 표
45,000	45,000	55,000	5,000
45,000	45,000	55,000	5,000
45,000	45,000	55,000	5,000
45,000	45,000	55,000	5,000
45,000	45,000	55,000	5,000
45,000	45,000	55,000	5,000
35,000	85,000	15,000	15,000
35,000	85,000	15,000	15,000
30,000	80,000	20,000	20,000
30,000	80,000	20,000	20,000

패배한 6개 선거구에서 45,000표씩 낭비하고, 7/8선거구에서는 과반을 차지하는 데 필요한 표를 초과한 35,000표씩 낭비한다. 9/10선거구에서는 퍼플당이 얻은 160,000표 중에 60,000표가 낭비된다. 모두 합산하여 6×45,000+70,000+ 60,000=400,000표다.

이와는 대조적으로 오렌지당은 믿기 힘들 정도로 효율적이다. 첫 6개 선거구에서 불과 5,000표씩만 낭비하고, 패배한 선거구에서 크게 패배함으로써, 7/8선거구에서 불과 30,000표씩, 9/10선거구에서 40,000표씩만 낭비한다. 낭비된 표의 합계는 퍼플당의 300,000보다 적은 100,000표다.

효율성 격차는 두 정당이 낭비한 표의 차이를 총 투표수의 백분율로 나타낸 것이다.* 옵션 2의 경우에 격차는 100만 표 중 30만 표, 즉 30%다.

30%라면 엄청난 효율성 격차다. 실제 선거의 격차는 한 자릿수가 보통이다. 격차가 7%를 넘는다면 법원이 신중하게 점검하도록 유도하기에 충분하다고 주장한 변호사도 있었다.

우리가 크레이올라에서 제시한 옵션이 모두 격차가 큰 것은 아니다. 비례 대표제를 충족하는 지도인 옵션 1은 다음과 같다.

---

* 두 정당? 그러나 만약에… 무슨 말인지 안다. 관련된 정당이 둘보다 많은 경우에 대한 게리맨더링의 정량화는 거의 탐구되지 않은 주제이므로 독자 스스로 생각해 보기를 권한다.

낭비된 표	퍼플당 표	오렌지당 표	낭비된 표
25,000	75,000	25,000	25,000
25,000	75,000	25,000	25,000
25,000	75,000	25,000	25,000
25,000	75,000	25,000	25,000
25,000	75,000	25,000	25,000
25,000	75,000	25,000	25,000
35,000	35,000	65,000	15,000
35,000	35,000	65,000	15,000
40,000	40,000	60,000	10,000
40,000	40,000	60,000	10,000

퍼플당은 첫 6개 선거구에서 25,000표씩, 7/8선거구에서 35,000표씩, 9/10선거구에서 30,000표씩, 총 300,000표를 낭비한다. 오렌지당 역시 첫 6개 선거구에서 150,000표를 낭비하지만, 7/8선거구에서는 15,000표씩만, 9/10선거구에서도 10,000표씩, 총 200,000표를 낭비한다. 따라서 효율성 격차가 100만 표 중 10만 표인 10%로 떨어지지만 여전히 오렌지당에 유리한 결과다. 퍼플당이 모든 의석을 차지하는 지도인 옵션 4에서는, 모든 선거구에서 오렌지당이 400,000표를 낭비하고 퍼플당은 불과 100,000표를 낭비하여 다시 한번 30%의 엄청난 효율성 격차가 나오게 되는데, 이번에는 퍼플당이 유리하다. 옵션 3은 어떨까?

낭비된 표	퍼플당 표	오렌지당 표	낭비된 표
30,000	80,000	20,000	20,000
20,000	70,000	30,000	30,000
20,000	70,000	30,000	30,000
20,000	70,000	30,000	30,000
15,000	65,000	35,000	35,000
15,000	65,000	35,000	35,000
5,000	55,000	45,000	45,000
45,000	45,000	55,000	5,000
40,000	40,000	60,000	10,000
40,000	40,000	60,000	10,000

이제 두 정당이 똑같이 250,000표씩 낭비하므로 효율성 격차는 0이다. 효율성 격차라는 척도로 보면, 비례 대표제에서 벗어남에도 불구하고, 최대한 공정한 지도다.

내 생각으로는 그 정도면 훌륭하다! 실제로, 의석 점유율과 득표율이 모두 50-50에 가까운 경우를 제외하면, 중립적인 중재자가 그린 지도가 비례 대표제에 근접하는 경우는 매우 드물다. 대개 의석 점유율이 득표율보다 50-50에서 더 멀리 벗어나게 된다. 효율성 격차의 기준으로, 60%를 득표한 정당이 의석의 60%를 얻은 선거는 게리맨더링을 시사하는 증거일 수 있다. (그 반대가 아니고.)

효율성 격차는 객관적 척도이며 계산하기도 쉽다. 수많은 경험적 증거는 위스콘신처럼 게리맨더링이 있는 것으로 알려진 지도에서 효율성 격차가 급증한다는 것을 보여 준다. 따라서 빠르게 원고 측의 인기를 얻게 되었다. 효율성 격차는 수년에 걸친 분쟁 끝에 위스콘신의 선거구 지도를 폐지한 2016년의 법정 다툼에서 중요한 역할을 했다.

그러나 다시 한번 반전이 일어난다. 효율성 격차는 인기를 얻음과 거의 동시에 비난받기 시작했다. 효율성 격차에는 심각한 결함이 있다. 우선 매우 불연속적이다. 표가 낭비되는지 아닌지는 누가 승리하는가에 따라 달라진다. 이는 선거 결과의 아주 작은 변화에도 효율성 격차가 크게 변할 수 있다는 뜻이다. 퍼플당이 한 선거구에서 50,100-49,900으로 승리한다면, 오렌지당은 49,900표를 낭비하는 반면에 퍼플당의 낭비는 100표에 불과하다. 투표 성향의 작은 변화에 따라 오렌지당이 50,100-49,900으로 승리한다면, 상황이 역전되어 이번에는 퍼플당이 거의 5만 표를 낭비하게 된다. 이것만으로도 효율성 격차가 10% 가깝게 변한다! 좋은 척도는 이렇게 변동성이 심하면 안 된다.

효율성 격차의 또 다른 문제는 수학보다 법과 더 관련이 있다. 법원이 지도를 폐지하도록 하거나 아니면 심리라도 하도록 하려면 소송을 제기하는 측에서 근거를 제시해야 한다. 다시 말해서, 주의 선거구 지도 때문에 자신의 헌법에 따른 권리의 일부가 거부되었음을 원고 측이 개인적·개별적으로 입증해야 한다. 선거구의 크기가 심하게 차이 날 때는 누가 피해를 입었는지가 분명하다. 거대한 선거구에 속한 유권자의 표는 중요성이 감소한다. 그러나 게리맨더링 소송에서 원고 측의 주장은 훨씬 더 모호하고 효율성 격차도 큰 도움이 되지 않는다. 누구의 권리가 거부되었거나 또는 적어도 의미 있게 축소되었는가? 예컨대 접전을 치른 선거구에서 패배한 정당에 투표한 사람들을 포함하여, 표가 '낭비된' 것으로 여겨지는 모든 사람일 수는 없다. 그리고 가장 경쟁이 치열한 선거구라 해서 유권자의 권리가 축소되었다고 볼 수 없는 것은 분명하다. 위스콘신 소송의 원고 측이 연방대법원에서 패소한 것은 바로 이런 입증의 문제 때문이었다. 대법원은 만장일치로 원고 측이 개인적으로 게리맨더링의 피해를 입었음을 충분히 입증하지 못했다고 판결했다. 소송은 재심을 위하여 위스콘신 주법원으로 돌려보내졌고, 노스캐롤라이나와 메릴랜드의 판례를 게리맨더링에 대한 판결의 근거로 삼은 연방대법원으로 다시 돌아가지 못했다.

효율성 격차는 또한 과도한 경직성에 따른 어려움을 겪는다. 크레이올라의 예처럼 모든 선거구의 투표수가 같다면, 효율성 격차는 단순히

승리한 정당이 총 투표에서 얻은 승리 마진margin

그리고

승리한 정당이 의석수에서 얻은 승리 마진의 절반

의 차이로 나타난다.[33]

따라서 효율성 격차는 의석수의 승리 마진이 투표율 승리 마진의 정확히 두 배일 때 0이 되고 그런 기준에 근접할수록 작아진다. 크레이올라에서 퍼플당은 20%의 마진으로 총 투표에서 이겼다. 따

라서 효율성 격차의 기준으로는, 의석수의 '올바른' 승리 마진이 두 배에 해당하는 40%다. 바로 퍼플당이 의석의 70%를 차지하는 효율성 격차 0의 옵션 3에서 일어나는 일이다. 퍼플당이 총 투표와 의석수 모두 20%의 승리 마진을 얻은 옵션 1의 효율성 격차는 20%-10%=10%다.

법원은 주어진 득표수에 따라 의석을 할당하는 '정확한' 수치가 있는 시스템을 좋아하지 않는다. 그들은 이처럼 공식이 대체로 비례 대표제와 양립하지 않을 때조차도, 비례 대표제를 선호하는 것 같다.

내가 '대체로' 양립하지 않는다고 말한 것은, 무엇이 공정한지에 대하여 효율성 격차와 비례 대표제가 (그리고 아마 당신도) 동의하는 한 가지 상황이 있기 때문이다. 각 정당이 정확히 총 투표수의 절반씩을 득표하는 시나리오다. 그러면 '공정'하다고 여겨지는 어떤 지도라도 충족할 것으로 예상되는 기본적 대칭성이 생긴다. 주의 인구가 정확히 균등하게 나뉜다면, 두 정당의 의석수도 같아야 하지 않겠는가?

위스콘신주 공화당은 아니라고 말할 것이다. 그리고 2011년 봄에 공화당이 자행한 선거구 획정의 속임수가 어떻게 느껴지든, 그들의 주장에도 일리가 있음을 인정해야 한다.

크레이올라의 지도 2는 총 투표에서 오렌지당에 참패했음에도 불구하고, 퍼플당에 다수 의석을 부여한다. 그렇지만 퍼플당 지지자들이 오렌지당을 지지하는 시골 지역을 배경으로 짙은 자주색의 도심 지역 몇 군데에 모여 있다면 어떻게 될까? 지도 제작자의 장난질이 없었더라도 이와 비슷한 결과를 보게 될 수 있다. 이런 유형의 비대칭성이 정말로, 퍼플당 지지자들이 스스로 게리맨더링을 한 것처럼, 불공정할까?

공화당의 브래드 쉬멜Brad Schimel 위스콘신주 법무장관은 연방대법원에 제출한 법정 의견서amicus brief에서 바로 이런 시나리오가 위스콘신에서 일어났다고 주장했다.[34] 내가 사는 매디슨의 AD77 하원의원 선거구에서는 민주당의 토니 에버스가 28,660표를 얻었다. 공화당의 스콧 워커가 얻은 표는 3,935표에 불과했다. 밀워키 10선거구에서는 에버스가 20,261-2,428이라는 더욱 압도적인 승리를 거두었다. 공화당이 그와 비슷하게라도 승리한 선거구는 없었다. 게리맨더링이 그들 선거구를 민주당 지지자로 가득 채웠기 때문이 아니다. 그저 매디슨에 민주당 지지자가 가득하기 때문이다.

쉬멜은 득표율이 50-50으로 갈리면 의석수도 대략 50-50으로 나뉘어야 한다는, 외견상 공정해 보이는 기준이 실제로는 위스콘신뿐만 아니라 인구가 밀집한 도시에서 민주당이 우세한 모든 주, 즉 거의 모든 주에서 공화당에 불리하게 편향된 것이라고 주장했다.

양당의 부정행위

그 법정 의견서의 모든 요점이 타당한 것은 아니다. 법령 43에 따른 지도는 투표 성향의 균일한 변화에 대한 저항선을 구축함으로써 유권자의 영향을 받지 않도록 설계되었다. 모든 선거구에서 동일하게 민주당 지지율이 늘어나더라도, 공화당이 설계한 우위를 해소하려면 상당한 변화가 필요하다. 자신의 정당이 그렇게 힘들여 만든 지도의 효율성을 부정하는 것이 임무였던 쉬멜은 실제로 99개 선거구 모두의 투표 성향이 정확하게 동시에 바뀌지는 않는다고 지적했다.

그러한 성향의 변화가 얼마나 균일한지, 그리고 더 현실적인 연도별 변동모델에서 법령 43에 따른 지도가 민주당의 이익에 얼마나 효과적으로 저항하는지를 계산하기 위한 주 차원의 통계적 측정 자료가 많이 있다. 그런 계산은 흥미롭고 유용한 분석이 되었을 것이다. 그러나 쉬멜은 그렇게 하지 않았다.

오히려 그는 자신의 주장을 뒷받침하는 근거로, 한 선거에서 유권자의 63%가 공화당 후보에게 투표하고 다음번 선거에서는 44%가 투표하여 19%의 변동이 생겼던, 주 상원의원 10선거구의 사례 하나를 제시했다. 주 전체에서 그토록 짧은 시간에 민주당 지지 성향이 그렇게 많이 늘어난다는 것이 가능한 일인가? 만약 그랬다면, 민주당이 '99 의석 중 77석을 차지하는' 가도를 달렸을 것이라고 쉬멜은 말했다. 결국 게리맨더링이 그렇게 심하지는 않았던 모양이다!

쉬멜이 말하지 않는 것은 민주당의 패티 샤흐트너Patty Schachtner(손주가 아홉 명이고 곰을 사냥하는 할머니로, 이전에 맡았던 최고위 공직이 카운티의 의료검시관이었던)가 10선거구에서 승리한 선거가 공석이 된 의석의 보궐선거로서 투표율이 정상적인 선거의 1/4에 불과했다는 사실이다. 그전 선거에서 63%를 득표했던 공화당 후보는 16년 동안 자리를 지킨 현직 의원이었다. 데이터를 매우 신중하게 선택하지 않는 한, 위스콘신의 정치 상황이 18개월 만에 19% 변했다는 결론을 내릴 수는 없다. 하지만 쉬멜은 바로 그런 일을 했다.*

이런 유형의 통계적 부정행위는 위스콘신주 공화당에만 국한되지 않는다. 2018년의 주 하원의원 선거에서 민주당 후보들은 총 1,306,878표를 얻었다. 공화당 후보들이 얻은 표는 1,103,505표에 그쳤다. 그러나 민주당은 53%의 득표율에도 불구하고 하원의 99석 중 고작 36석을 얻었다. 이는 단지 비례 대표제에서 벗어날 뿐만 아니라, 표를 적게 얻은 당이 거부권을 거의 무력화시키는 수준의 다수 의석을 차지한 것이다. 이 통계는 모든 곳에서 공유되었다. 진보 성향의 레이첼 매도Rachel Maddow가 인기 TV 쇼에 소개했고, 민주당 대표는 위스콘신의 선거구 지도가 조작되었다는 증거로 트위터에 올렸다.

하지만 나는 그 통계를 언급한 적이 없다. 이유는 이렇다. 게리맨더링의 중요한 효과 중 하나는 민주당 지지 성향이 너무 확실해서 공화당 후보가 승리할 가능성이 전혀 없는 선거구에 민주당 지지자들을 몰아넣는 것이다. 2018년처럼 민주당 지지세가 강했던 선거에서는 공화당 후보가 출마할 가치도 없는 선거구 말이다. 따라서 2018년 선거에서는, 99개 선거구 중 공화당 후보가 아예 없는 선거구가 서른 곳 —내가 속한 매디슨의 선거구도 당연히 그중 하나다— 인 반면에 민주당 후보가 없는 선거구는 여덟 곳에 불과했다. 경쟁이 없었던 30개 선거구에서 누구라도 공화당 후보로 출마했다면 얼마라도 표를 얻었을 것이다. 그러나 53%라는 수치는 그런 선

---

* 추가적 증거: 그리고 실제로 2020년 11월에 처음으로 정규 선거에 출마한 샤흐트너는 19% 차이로 재선에 실패했다.

거구들을 공화당을 지지하는 정서가 전혀 없는 것처럼 취급한다.

쉬멜과 매도의 수치는 모두 정확했다. 그러나 정확하다는 것이 웬일인지 상황을 더 악화시킨다! 틀린 수치는 바로잡을 수 있다. 그러나 잘못된 인상을 주기 위하여 선택된 이 아첨꾼 같은 수치에 재갈을 물리기는 너무나 어렵다. 사람들은 종종, 아무도 더 이상 사실과 숫자와 이성과 과학을 좋아하지 않는다고 불평하지만, 공개적으로 그런 주제를 이야기하는 사람으로서 나는 그것이 사실이 아니라고 말할 수 있다. 사람들은 숫자를 사랑하고, 때로는 필요 이상으로 깊은 인상을 받는다. 수학으로 치장된 주장에는 권위가 따른다. 당신이 그런 식의 치장을 제공한 사람이라면, 그것을 바르게 할 특별한 책임이 있다.

잘못된 질문

대등한 표가 대등한 의석으로 이어져야 한다는 기본원칙조차 의심스럽다면, 공정성을 정의하는 데 무슨 희망이 남아 있을까? 어떻게 크레이올라의 네 가지 지도 중 어느 것이 올바른지를 판단할 수 있을까? 비례 대표제를 충족하고 퍼플당이 6석, 오렌지당이 4석을 얻는 옵션 1일까? 효율성 격차가 0이고 퍼플당이 7-3으로 우세한 옵션 3일까? 옵션 4는 어떨까? 퍼플당이 모든 의석을 차지하는 것은 잘못되었다고 느껴진다. 그러나 크레이올라가 정치적으로 균일하여 동서남북으로 도시와 시골 모두 퍼플당과 오렌지당을 지지하는 비율이 60-40으로 동일하다면 바로 그런 일이 일어난다. 경계선을 어떻게 그리더라도 모든 선거구가 60-40으로 퍼플당에 유리할 것이며 단일 정당의 의회가 구성될 것이다.

위스콘신주 공화당은 옵션 2조차도 배제하면 안 된다고 주장할 것이다. 퍼플당 지지자들이 퍼플로폴리스Purpleopolis에 충분히 밀집되어 있다면, 합리적인 지도라도 퍼플당이 압도적으로 우세한 선거구 네 곳과 오렌지당이 다소 우세한 선거구 여섯 곳을 만들어 낼 수 있다.

우리는 교착상태에 빠진 것 같다. 수치를 보고 어느 지도가 공정한지를 합의할 명확한 방법이 없다. 아무런 제약이 없이 어두운 작업을 할 수 있기를 원하는 게리맨더러gerrymanderers는 그런 허무감을 환영한다. 게리맨더링의 관행을 변호하기 위하여 법원에 제기되는 모든 주장의 중심으로 삼는다. 어쩌면 공정할 수도 있고, 어쩌면 아닐 수도 있다. 유감스럽지만, 재판장님, 판단할 방법이 없습니다.

그럴지도 모른다. 그러나 독자와 나는 판사가 아니다. 지금 우리는 수학자다. 법의 한계에 얽매이지 않고, 실제로 무슨 일이 일어나고 있는지 알아내기 위하여 가용한 모든 도구를 사용할 수 있다. 그리고 운이 따른다면, 법원도 인정할 만한 무언가를 찾아내게 될 것이다.

게리맨더링을 둘러싼 법적 다툼은 연방대법원이 두 건의 구두변론을 심리한 2019년 3월에 절정에 달했다.[35] 심리의 결과에 따라 케네디 대법관이 감질나게 열어 놓았던 헌법의 문이 최종적으로 열리거나 닫힐 수 있었다. 케네디 자신은 심리에 참여하지 않았다. 몇 해 전에 은퇴한 그의 자리는 닐 고서치Neil Gorsuch 대법관으로 바뀌어 있었다. 두 건의 심리는 노스캐롤라이나의 루초 대 코먼 코즈Rucho v. Common Cause와 메릴랜드의 라몬 대 베니섹Lamone v. Benisek 사건이었다. 논쟁의 대상이 된 지도는 모두 연방 하원의원 선거구와 관련된 지도였다. 공화당에 의하여 게리맨더된 노스캐롤라이나의 지도는 공화당이 확실하게 13석 중 10석을 차지하도록 그려졌고, 민주당에 의하여 게리맨더된 메릴랜드의 지도는 공화당이 차지할 가능성이 있는 의석을 10개 중 단 한 석으로 줄여 놓았다. 메릴랜드의 지도 제작자들은 민주당의 베테랑 하원의원이며 다수당 원내대표인 스테니 호이어Steny Hoyer의 조언을 따랐다. 그는 인터뷰에서 이렇게 말한 적이 있다.

"이제 분명히 말하지만, 나는 연쇄serial 게리맨더러다."[36]

아이러니하게도, 호이어의 정치 경력은 1966년에 27세의 정치 신인으로 메릴랜드주 상원 4C 의석에 대한 선거에서 승리함으로써 시작되었다. 바로 그해에 대법원이 레이놀즈 대 심스 판결의 여파로 크기가 불평등한 선거구를 폐지한 뒤에 생겨난 의석이었다.[37] (슬프게도 아이작 로브 스트라우스는 살아서 그 판결을 보지 못했다.)

쌍둥이 같은 두 소송은 법원에 당파적으로 편드는 것으로 보이지 않으면서 게리맨더링 문제를 해결하는, 완벽한 기회를 제공했다. 노스캐롤라이나, 버지니아, 위스콘신처럼 가장 주목받은 게리맨더링이 공화당에 의해서 그려졌기 때문에, 선거구 재조정을 위한 투쟁의 주체는 민주당으로 여겨지는 것이 보통이었다. 그러나 존 케이식John Kasich 오하이오 주지사와 존 매케인John McCain 애리조나주 상원의원 같은 공화당의 유력인사들도 의도적으로 제작된 지도가 민주주의에 미치는 영향에 대한 자신들의 참담한 경험을 설명하는 법정의견서를 법원에 제출하면서, 게리맨더링에 관한 논쟁에 끼어들었다. 전국의 전문가들도 의견서를 제출했다. 〈연방주의자 논집〉에서 11건 이상의 논문을 인용한 역사학자들의 의견서, 소수집단의 권리에 미치는 영향을 언급한 시민권 단체의 의견서, 게리맨더링의 문제가 저절로 해결될 것이라는 오코너 대법관의 견해를 반박하는 정치학자들의 의견서, 그리고 대법원 역사상 처음으로 수학자들의 의견서도 있었다.* 나도 서명한 의견서였다. 몇 페이지 뒤에서 그 내용을 살펴볼 것이다.

수학자들은《반지의 제왕The Lord of the Rings》에 나오는 지각을 갖춘 나무 엔트Ent와 비슷하다.[38] 우리는 수학자의 느린 시간 척도와 맞지 않는 일상적인 국가적 갈등에 관여하기를 좋아하지 않는다. 그러나 때로는 (하지만 나는 여전히 엔트와 비슷하다) 세상사가 우리의 특별한 이해관계에 너무 거슬려서 개입할 수밖에 없다. 개입이 필요한 이유는 문제의 본질에 대한 근본적인 오해가 우리의 의견서를 통하여 바로잡히기를 바라기 때문이다. 구두 변론이 시작되는 순간부터 우리가 충분한 성공을 거두지 못했음이 분명해졌다. 닐 고서치Neil Gorsuch 대법관은 노스캐롤라이나의 원고 측 변호사 에멧 본듀란트Emmet Bondurant에게 질문하면서 바로 자신이 생각하는 본론으로 들어갔다.

"비례 대표제에서 얼마나 벗어나면 결과를 좌우하기에 충분한

---

* 정확하게 말하자면, '수학자, 법학교수, 그리고 학생들의 의견서'였지만, 참여자 대부분이 수학자였다.

가?"

수학에서는 잘못된 답도 나쁘지만 잘못된 질문이 더 나쁘다. 그리고 앞의 질문은 잘못된 질문이다. 앞에서 살펴본 대로 비례 대표제는, 선거구가 중립적으로 그려졌을 때 일반적으로 일어나는 일이 아니다. 공화당에 투표한 노스캐롤라이나 주민이 유권자의 3/4에 한참 못 미침에도 불구하고 3/4 이상의 선거구가 확실하게 공화당에 유리했던 것은 사실이다. 하지만 그것은 원고 측이 법원에 바로잡기를 요청한 진짜 문제가 아니었다.

판사들이 그런 요청이었기를 바란 것은 이해가 간다. 자신들의 일이 쉬워질 것이기 때문이다. 그런 요청이었다면 그저 소송을 기각할 수 있었다. 데이비스 대 밴더머Davis vs. Bandemer 사건에서 이미 비례 대표제가 부족한 지도라도 헌법에 위배되지 않는다는 판례가 확립되어 있었다. 그러나 루초 사건의 실제 문제는 더 미묘했다. 그것을 설명하려면, 수학에서 정말로 오도 가도 못하게 되었을 때 종종 그렇듯이 문제의 출발점으로 돌아가 다시 시작해야 한다.

술 취한 선거구 획정

우리는 '공정성'에 대한 수치적 기준을 찾으려 애썼지만 실패했다. 기본적인 철학적 실수를 저질렀기 때문이다. 게리맨더링의 반대는 비례 대표제, 효율성 격차 0, 또는 특정한 수치 공식을 준수하는 것이 아니다. 게리맨더링의 반대는 게리맨더링이 아닌 것이다. 선거구 지도가 공정한지를 물을 때 우리가 정말로 묻고 싶은 질문은 다음과 같다.

> 이러한 선거구 획정에 중립적 정당이 그릴 만한 지도와 비슷한 지도를 만들어 내는 경향이 있을까?

우리는 이미 변호사들이 초조하게 자신의 턱을 매만지도록 하는 영역으로 들어섰다. 반사실적counterfactual 질문을 하고 있기 때문이다. 이곳과 다른 공정한 세상에서는 어떤 일이 일어날까? 솔직히 말해서 수학처럼 들리지 않는 질문이다. 지도 작성자의 욕구에 대한 지식을 요구하는 질문이다. 수학이 욕구에 대하여 무엇을 알까?

덤불을 쳐 내고 빠져나오는 길을 만든 사람은 정치학자 조웨이 천Jowei Chen과 조너선 로든Jonathan Rodden이었다. 그들은 게리맨더링에 관한 전통적 기준의 문제, 특히 50%의 표가 50%의 의석으로 연결되어야 한다는 원리를 놓고 고심했다. 그들에게는 한 정당의 지지자들이 도시의 선거구에 집중되면, 중립적으로 그려진 지도라도 시골 지역에 지지층이 분산된 정당에 유리한, 이른바 의도하지 않은 게리맨더링이 생길 가능성이 있다는 것이 명백한 사실이었다. 바로 우리가 크레이올라에서 보았던 상황이다. 지지자들이 소수의 선거구에 몰려 있는 정당은 의석 확보 측면에서 비대칭적 불이익을 안게 된다. 하지만 그런 비대칭이 관찰되는 차이를 설명할 만큼 충분히 클까? 그 답을 알아내려면 중립적인 정당이 지도를 그리도록 할 필요가 있다. 중립적인 정당을 알지 못한다면, 그저 컴퓨터가 그런 역할을 하도록 프로그램하면 된다. 이제 우리가 게리맨더링을 생각하는 방식의 중심이 된 천과 로든의 아이디어는 특정한 정당을 선호하지 않도록 작성된 프로그램을 이용하여 수많은 지도를 자동적으로 생성하는 방법이었다. 따라서 우리는 앞의 질문을 다른 말로 표현할 수 있다.

이러한 선거구 획정에 컴퓨터가 그릴 만한 지도와 비슷한 지도를 만들어 내는 경향이 있을까?

물론 컴퓨터가 지도를 그리는 데는 수많은 다양한 방법이 있다. 그렇다면 모든 가능성을 살펴보기 위하여 컴퓨터의 능력을 활용하지 않을 이유가 있을까? 이제 다시 표현된 질문은 수학과 비슷하게 들리기 시작한다.

이러한 선거구 획정에 법적으로 허용되는 모든 지도의 집합에서 무작위로 선택된 것과 비슷한 지도를 만들어 내는 경향이 있을까?

이 질문은, 적어도 처음에는, 우리의 직관과 일치한다. 각 정당이 얼마나 많은 의석을 얻는지에 정말로 무관심한 지도 제작자라면 위스콘신주를 가위질하는 어떤 방법이든 똑같이 만족할 것이라고 상상할 수 있다. 그렇게 하는 방법이 100만 가지라면, 면이 100만 개인 주사위를 굴리고 윗면에 나온 작은 숫자를 읽어서 지도를 선택한 뒤에 다음번 인구조사까지 휴식을 취할 수 있을 것이다.

그러나 이것도 정확히 올바른 방법이 아니다. 다른 지도보다 나은 지도가 있게 마련이다. 예컨대, 완전히 불법인 인접하지 않은 지역으로 구성되는 선거구,* 소수 인종이 대표자를 선출할 가능성을 높이는 선거권법Voting Rights Act의 요구조건에 위배되는 선거구, 또는 유권자 수가 법률이 허용하는 범위와 크게 차이 나는 선거구 같은 지도도 있다.

그리고 법률에 저촉되지 않는 지도 중에도 특정 정당을 선호하는 지도가 있다. 주들은 자연스러운 정치적 구분이 반영되고, 카운티, 도시, 이웃한 지역이 잘리는 상황을 피하기를 원한다. 선거구가 합리적으로 축소되기를 원하고, 같은 맥락에서 선거구의 경계선이 지나치게 구불구불하지 않기를 바란다. 우리는 각 선거구에 부여되는 —법률적 용어로는 전통적 선거구 획정기준이지만 나는 잘생김이라고 부를— 기준에 얼마나 잘 맞는지를 측정하는 점수를 상상할 수 있다. 그러면 합법적인 옵션 중에서, 무작위하지만 가장 잘생긴 지도를 선호하는 방식으로 선거구를 선택할 수 있다.

따라서 한 번 더 질문을 바꿔 보자.

이러한 선거구 획정에 법적으로 허용되는 모든 지도의 집합에서, 잘생김을 선호하는 편향은 있으나 당파적 이익과 관련된 편향은 없는 방식으로 무작위하게 선택된 지도와 비슷한 지도를 만들어 내는 경향이 있을까?

---

* 선거구의 인접성을 요구하지 않는 네바다는 예외다. 나중에 필요할 것이므로 기억해 두라.

이제 다음 질문이 자연스럽게 제기된다. 컴퓨터가 가장 잘생긴 선거구, 즉 카운티의 경계를 존중하고 경계선을 따라 볼록함에서 벗어나는 요철이 가장 적은 선거구를 찾아낼 때까지 모든 선거구를 탐색하도록 하지 않는 이유는 무엇일까?

두 가지 이유가 있다. 하나는 정치적 이유다. 내 경험에 따르면, 실제로 정부에서 일하는 사람들은 선출된 공직자와 유권자들이 컴퓨터가 그린 지도의 아이디어를 혐오한다는 데 만장일치로 동의한다. 선거구 획정은 우리의 이익을 대변해야 하는 공식적 기구를 통하여 주민에게 주어진 과업이다. 감시할 수도 없는 알고리듬에 그런 과업을 위임한다는 것은 받아들일 수 없는 일이다.

그 이유가 마음에 들지 않는다면 다른 이유도 있다. 절대적으로 확실하게 불가능한 일이기 때문이다. 컴퓨터는 100장의 지도 중에 최고의 지도를 고를 수 있다. 100만 장 중에서도 최고를 고를 수 있다. 선거구 획정의 가능한 방법은… 그보다 훨씬 더 많다. 카드 한 벌을 배열하는 순서의 가짓수인 천문학적 숫자 52팩토리얼을 기억하는가? 그 수치도 위스콘신주를 인구가 거의 같은 99개의 인접한 지역으로 나누는 방법의 엄청난 가짓수에 비하면* 아주 작은 수치다.[39] 이는 단순히 모든 지도의 잘생김을 평가하고 최고의 지도를 고르라고 컴퓨터에게 명령할 수 없다는 것을 의미한다.

대신에 우리는 그저 가능한 몇 가지 지도를 살펴볼 수 있다. 내

---

* 이 숫자에 대한 정확한 공식이나 적절한 근사치조차도 알려지지 않았다. 9×9 정사각형 격자에 있는 작은 상자 81개를 각각 연결된 같은 크기의 9개 영역으로 나누는 방법의 수 — 스도쿠 게임을 좋아한다면, 가능한 '스도쿠 조각 그림(Jigsaw Sudoku picture)'의 수— 도 이미 706,152,947,468,301이다. 위스콘신에는 99개 영역으로 나눠야 하는 6,672개 지역이 있다.

가 말하는 '몇 가지'는 19,184가지다. 그러면 다음과 같은 도표를 얻는다.

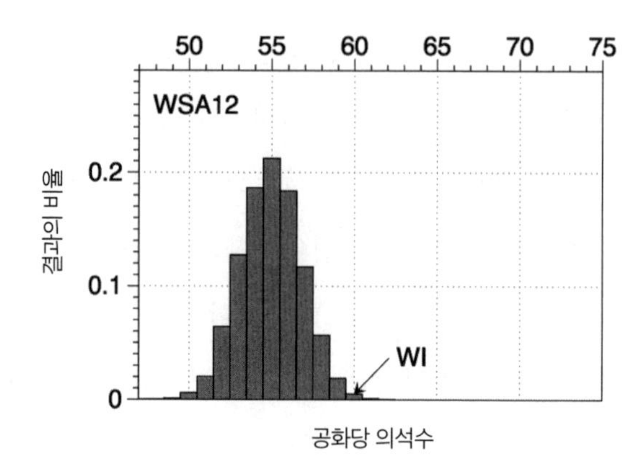

앙상블ensemble이라 불리는 이 도표는, 컴퓨터가 무작위로 생성한 지도의 집합을 보여 준다. 도표를 만든 컴퓨터는 듀크대의 그레고리 허쉴랙Gregory Herschlag, 로버트 래비어Robert Ravier, 조너선 매팅리Jonathan Mattingly가 운영하는 컴퓨터였다.[40] 그들은 무작위로 생성된 19,000여 장의 지도에 대하여 2012년 위스콘신주 하원의원 선거에서 민주당과 공화당이 얻은 표를 컴퓨터가 새로 구성한 선거구에 할당했다.* 막대그래프는 각 지도에서 공화당이 더 많은 표를 얻은 선거구를 센 결과를 보여 준다. 컴퓨터가 생성한 지도의 1/5 이상에

* 여기에는 다음과 같은 주름이 있다. 실제 선거에서 한 정당만 후보를 낸 지역의 사람들은 어떻게 할까? 양당에서 후보가 나왔다면 그들이 어떻게 투표했을지에 대한 최선의 추측을 해야 한다. 동시에 치러진 대통령, 상원의원, 하원의원 선거에서 지역의 투표 결과를 외삽하여 그런 작업을 수행할 수 있다.

서 나타나는 가장 일반적인 결과는* 공화당이 55석을 차지하는 것이다. 공화당이 54석이나 56석을 얻는 결과는 빈도가 약간 떨어진다. 그 세 가지 가능성의 합이 모의실험 결과의 절반 이상을 차지한다. 가장 빈번하게 나오는 결과에서 멀어질수록 막대의 높이가 급격하게 낮아진다. 수많은 무작위 과정과 마찬가지로, 막대그래프가 종 곡선과 비슷한 모양을 형성하고, 55석에서 멀리 벗어난 결과가 나올 가능성이 매우 낮다. 그런 결과는, 통계 전문용어로 말하자면 특이치outliers다.

2012년 선거의 유권자를 60개 선거구가 공화당에, 39개 선거구가 민주당에 유리하도록 나눈 선거구 획정이 그런 특이치의 하나다. 선거구 지도가 공화당에 그렇게 좋은 결과를 안겨 줄 가능성은, 200번의 컴퓨터 실험에서 한 번 미만으로 나올 정도만큼 매우 낮다. 다시 말해서 그런 유형의 지도는 당파적 이해관계가 없는 사람이나 기계가 무작위로 선택했다면 나올 가능성이 희박하다.

앙상블은 또한 지도를 옹호하는 위스콘신 주의회의 진실과 거짓말을 보여 준다. 그들은 진보주의자로 자처하는 민주당 지지자들이 도시로 모이기를 선택한다면 자신들도 어쩔 수 없다고 말한다. 그러면 득표율이 비슷하더라도 의회에서 공화당이 우위를 차지하게 된다는 것이다.

그 말은 사실이다! 그러나 우리는 앙상블을 이용하여 얼마나 사실인지를 평가할 수 있다. 민주당과 공화당이 주 전체 투표에서 비

---

* 가장 자주 발생하는 변수 값, 즉 막대그래프가 정점을 이루는 위치는 일반적으로 최빈값(mode)이라 불린다. 이 역시 칼 피어슨이 만들어 낸 용어다.

슷하게 표를 얻었던 2012년 선거에서 중립적으로 그려진 전형적 지도라면 공화당에 55-44의 다수 의석을 부여했을 것이다. 공화당이 실제로 얻은 60-39의 다수보다 적은 의석이다. 6년 뒤인 2018년 선거에서, 스콧 워커는 투표수의 절반에 조금 못 미치는 표를 얻었다.[41] 그래서 전형적인 중립적 지도라면 57개 하원의원 선거구에서 그가 앞서도록 했을 것이다. 그러나 공화당이 그린 지도는 워커가 우세한 63개 선거구를 만들어 낼 수 있었다! 위스콘신의 정치 지형은 공화당에 유리하다. 그러나 공화당이 게리맨더링에서 얻는 특별한 효과는 정치 지형의 이점을 넘어선다.

적어도, 때로는 그렇다. 2014년 중간선거는 전국적으로 공화당이 다소 우세한 분위기였다. 위스콘신에서도 선전한 공화당은 전체 투표에서 52%에 가까운 표를 얻었으나, 99석 중 63석의 의석을 차지함으로써 하원의 다수 의석을 3석 늘리는 데 그쳤다.[42] 이 선거 결과는 19,184장의 무작위한 지도에 적용해도 전혀 특이치로 보이지 않는다. 2014년 선거에서 공화당이 차지한 63석은 무작위한 중립적 지도가 제공했을 가능성이 큰 수준과 일치했다.[43]

어떻게 된 일이었을까? 단 2년 만에 게리맨더링이 마력을 잃었을까? 그랬다면 게리맨더링에 사법적 개입이 필요 없고, 숙취처럼 저절로 사라진다는 증거가 되었을 것이다. 하지만 꼭 그렇지는 않다. 폭스바겐의 사례에 더 가깝다. 몇 년 전에 이 자동차 회사가 엔진의 배출가스 기준을 충족하는 것으로 규제기관을 속이려고, 디젤 자동차에 소프트웨어를 설치하여 대기오염 검사를 체계적으로 회피해 왔음이 드러났다. 방법은 다음과 같았다. 소프트웨어는 자동차가 검사를 받는다는 것을 탐지하고, 그동안에만 공해방지 시스템을 켰다. 나머지 시간에 폭스바겐의 자동차는 미세먼지를 내뿜으면서 고속도로를 질주했다.

위스콘신의 선거구 지도는 그와 비슷하게 대담한 작품이다. 앙상블 방법이 그것을 드러낸다. 단지 선거에서 무슨 일이 일어났는지만 아니고, 선거가 약간 다르게 진행되었다면 무슨 일이 일어났을지까지 보여 주기 때문이다. 2012년 하원의원 선거 결과를 6,672개 지역 모두에서 민주당이나 공화당에 유리한 방향으로 1% 이동시키면 어떻게 될까? 이는 처음에 공화당이 지도를 설계할 때 키스개디가 사용했던 가정과 동일한 반사실적 가정이다. 그리고 놀라운 사실을 드러낸다. 주 전체에서 공화당이 과반수를 득표한 선거에서는 게리맨더링의 효과가 크지 않다. 그런 선거는 어차피 공화당이 의회에서 다수 의석을 차지할 선거다. 게리맨더링이 실제로 효과를 보는 것은, 유권자의 일반적 정서에 맞서서 공화당의 다수 의석을 지키는 방화벽 역할을 하게 되는, 민주당이 우세를 보이는 선거다. 539페이지의 도표에서 그런 방화벽을 볼 수 있다. 공화당이 선전한 해에는 원형과 별표의 간격이 크지 않다. 그러나 공화당의 득표율이 낮아짐에 따라 별표가 원형에서 멀어져서, 공화당에 과반수 의석을 부여하는 50석을 나타내는 선 위쪽에 굳건히 버티게 된다.

듀크Duke대 팀은 앙상블을 통하여 법령 43의 지도가 개디의 예측과 정확히 일치하는 일을 한다고 추정했다. 그 지도는 민주당이 총 투표에서, 위스콘신처럼 양당의 지지도가 비슷한 주에서는 거의 달성할 수 없는, 8~12% 차이로 승리하지 않는 한 하원에서 공화당

의 우위를 보장한다. 수학자로서 나는 감명을 받는다. 위스콘신의 유권자로서는 약간 불편함을 느낀다.[44]

내가 빠뜨린 것이 있다. 가능한 지도는 상상할 수 없을 정도로 많다. 우리가 단순히 최고의 지도를 고를 수 없는 이유다. 그렇다면 어떻게 그중에서 19,000장을 무작위로 선택할 수 있을까?

그 질문에 답하려면 기하학자가 필요하다. 문 더친Moon Duchin은 매사추세츠주 터프츠Tufts 대학교의 수학 교수이며 기하학을 연구하는 학자다. 그녀의 시카고대 박사학위 논문은 타이히뮐러Teichmüller 공간의 랜덤워크를 다뤘다. 타이히뮐러 공간이 무엇인지는 신경 쓰지 말고* 랜덤워크에 집중하라. 랜덤워크가 핵심이다. 우리는 바둑의 위치와 카드 섞기에서 그리고 모기에서도 작게나마 랜덤워크를 보았다. 우리의 옛 친구 마르코프 연쇄는 감당할 수 없을 정도로 큰 옵션의 집합을 탐색하는 방법이다.

선거구 지도 사이로 무작위하게 걸어가려면 한 지도 다음에 어떤 지도와 마주치게 될지, 즉 어떤 지도들이 가까이 있는지를 알아야 한다. 다시 기하학으로 돌아가는데, 이번에는 매우 수준이 높고 개념적인 유형의 기하학이다. 위스콘신주의 기하학이 아니고, 그 기하학을 99개 조각으로 나눌 수 있는 모든 방법을 모아 놓은 기하학이다. 지도 제작자들이 자신에게 유리한 게리맨더링을 찾기 위하여 탐색했던 기하학이며, 그런 게리맨더링이 얼마나 섬뜩한 특이치인지를 보이기 위하여 수학자들이 탐색해야 하는 기하학이다.

---

* 꼭 알아야겠다면, 모든 2차원 기하학이 그 이름을 따라 명명된 유형의 기하학이다. 20세기 초반의 수학계에서 가장 열렬했던 나치(Nazis)가 전적으로 개발한 것은 결코 아니지만.

위스콘신주 자체에 어떤 기하학을 사용해야 하는지에는 논란의 여지가 없다. 매디슨은 마운트 호레브Mount Horeb와 가깝고 메콴Mequon은 브라운 디어Brown Deer와 가깝다. 모든 선거구 획정을 포함하는 공간의 고차원 기하학에는 수많은 선택이 있고, 그러한 선택이 중요하다는 사실이 밝혀졌다. 내가 가장 좋아하는 기하학은, 더친이 대릴 디포드Daryl Deford와 저스틴 솔로몬Justin Solomon과 공동으로 개발한, '재결합recombination'을 줄여서 리컴ReCom이라 불리는 기하학이다.[45] 리컴 기하학의 랜덤워크는 다음과 같다.

1. 지도에서 이웃한 두 선거구를 무작위로 선택한다.
2. 두 선거구를 두 배 크기의 단일 선거구로 통합한다.
3. 통합된 선거구를 무작위한 방식으로 절반으로 나누어 새로운 지도를 만든다.
4. 새로운 지도가 법적 제한 조건에 저촉되지 않는지를 확인한다. 저촉된다면 3.으로 돌아가 새로운 분할을 선택한다.
5. 1.로 돌아가서 다시 시작한다.

선거구 획정에 대한 단계 2와 3의 '분할과 재결합'(또는 '리컴')은 카드 한 벌의 섞기와 같다. 카드와 마찬가지로 불과 몇 단계를 통하여 엄청나게 많은 구성을 탐색할 수 있다. 다시 말해서, 작은 세상이다. 우리는 일곱 번의 섞기를 통하여 카드 한 벌을 무작위한 순서로 만들 수 있다. 유감스럽게도 일곱 번의 리컴은 선거구 획정의 공간을 탐색하기에 충분치 않다. 10만 번의 리컴이면 가능할 것으로 보인다. 엄청나게 들리지만, 모든 선거구 획정을 하나씩 살펴보는 것에 비하면 사소한 문제다. 10만 번의 리컴은 당신의 노트북 컴퓨터로도 한 시간 안에 가능하다. 그러면 중립적으로 그려진 지도로 이루어진 상당한 규모의 앙상블을 얻어서 게리맨더링이 의심되는 지도와 비교할 수 있다.

앙상블 방법의 요점은, 레이놀즈 대 심스 판결의 요점이 선거구의 인구가 마지막 한 사람의 유권자까지 동일하도록 요구하는 것이 아닌 것처럼 게리맨더링을 완전히 제거하는 것이 아니다. 현직 공직자를 보호하려는 목적이든 경쟁하는 후보에게 유리하도록 하려는 목적이든, 지도 제작자가 내리는 모든 결정은 당파적 영향력을 미칠 수 있다. 목표는 불가능한 절대적 중립을 강요하는 것이 아니고 최악의 반칙 행위를 차단하는 것이다.

태드 오트먼이 공화당 의원들에게 한 연설, 즉 정당이 확고한 통제력의 기회를 잡아야 하는 '의무'를 다시 생각해 보라. 당신의 임무가 의회에서 과반 의석을 확보하고 유지하는 것이고, 원하는 만큼 얼마든지 더러운 행동을 할 수 있도록 법이 허용한다면, 더럽게 행동하는 것이 당신의 의무다. 게리맨더링의 힘을 빼고 민주주의가 허용할 수 없는 수준의 불공정이 존재한다는 사실을 확립하면, 선거 과정 전반에 건전한 영향을 미칠 것이다. 게리맨더링의 보상이 그렇게 크지 않다면, 정치인들도 합리적인 타협을 하게 될 가능성이 크다. 아이들이 가게에서 도둑질하는 것을 원치 않는다면, 그렇게 많은 막대 사탕을 그렇게 출입문 가까운 곳에 진열하지 말아야 할 것이다.

그래프, 나무,
그리고 구멍의 위풍당당한 귀환

나는 리컴에서 두 배 크기의 선거구를 둘로 나누는 부분에 대하여 얼버무리고 넘어갈 수도 있지만 그러지 않을 것이다. 그 이야기는 앞에서 나왔던 두 인물을 소환하는 기회이기 때문이다. 우선, 선거구 안의 투표 지역은 영화배우나 탄화수소의 원자들처럼 네트워크, 또는 제임스 조셉 실베스터가 부른 대로, 그래프를 형성한다. 선거구가 꼭짓점이고, 두 꼭짓점은 해당 선거구가 서로 접할 때 연결된다. 지역의 형태가 다음과 같다면

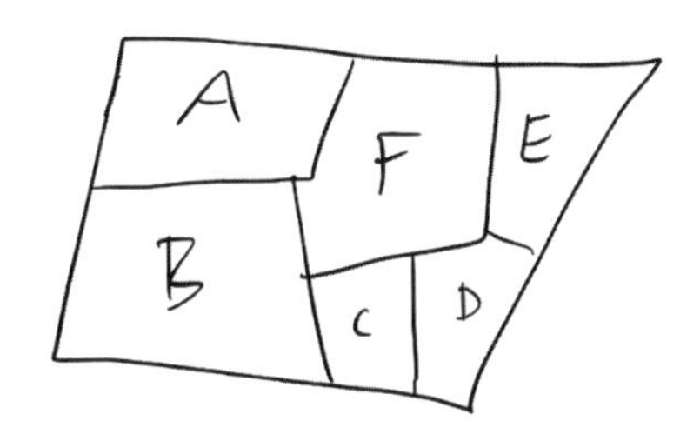

그래프는 다음과 같다.

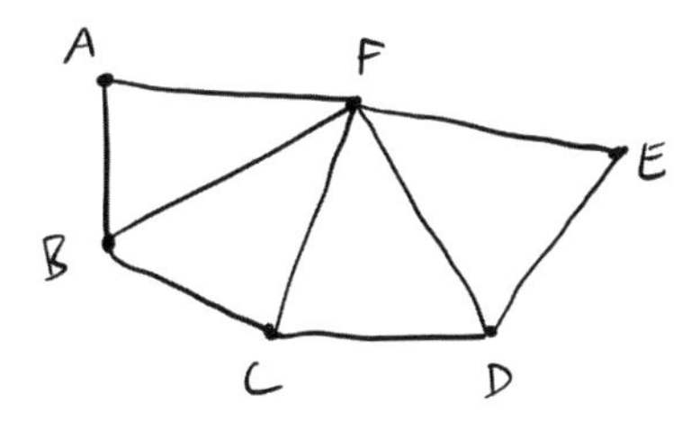

우리는 지역을 두 그룹으로 나누는 방법을 찾고, 나눠진 각 그룹이 자체적으로 연결된 네트워크를 형성하는지 확인해야 한다.

A, B, C를 한 그룹에, D, E, F를 다른 그룹에 배치하는 것은 좋다.

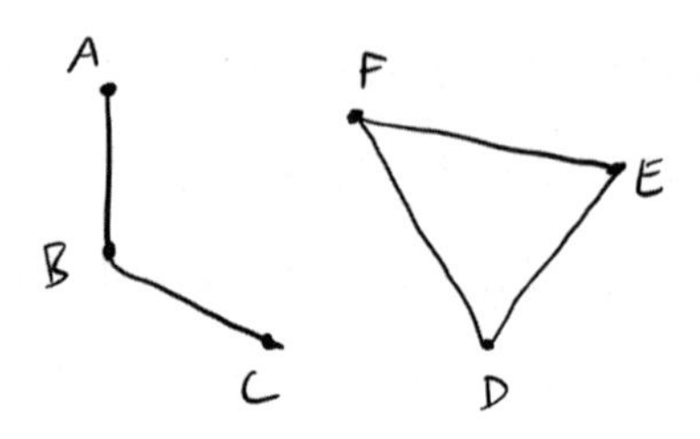

그러나 C, D, F를 그룹화하면 나머지 A, B, E는 연결된 선거구를 형성하지 않는다.

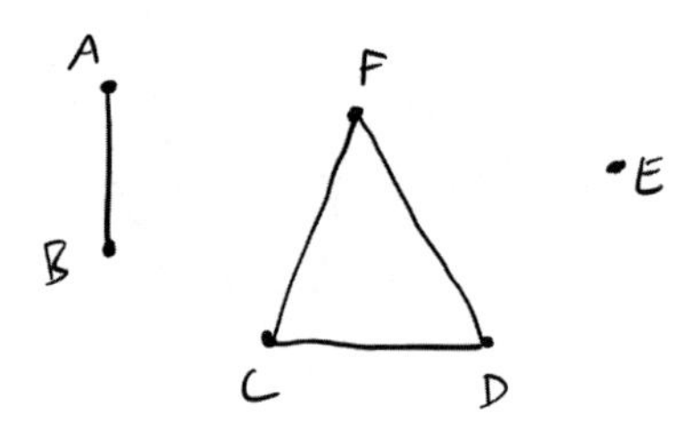

여기서 우리는 거품이 일고 있는 그래프 이론의 칼데라caldera(화산 폭발로 생긴 분화구_옮긴이) 가장자리에 서 있다. 볼티모어 레이븐스Baltimore Ravens의 공격 라인맨offensive lineman이었던 존 어셸John Urschel은 2017년에, 평생 하고 싶었던 일인 이 문제를 연구하기 위하여 프로 미식축구 선수의 경력을 포기했다. 그가 미식축구를 떠난 후 최초로 발표한 논문은, 우리가 12장에서 만났던 고유값 이론을 사용하

여 그래프를 연결된 덩어리로 나누는 방법에 관한 논문이었다.[46]

그래프를 분할하는 방법은 여러 가지다. 우리의 예처럼 작은 그래프일 때는 모든 분할을 나열하고 그중에서 무작위로 하나를 선택할 수 있다. 그러나 그래프가 조금만 더 커지더라도 모든 가능한 분할을 나열하는 일이 복잡해진다. 무작위로 하나를 고르는 요령이 있는데, 거기에는 더 많은 옛 친구들이 필요하다. 아크바르와 제프가 게임을 한다고 가정하자. 그들은 교대로 네트워크에서 변을 하나씩 제거하여, 누구든지 네트워크를 연결이 끊어진 조각으로 만드는 사람이 진다. 앞에 나왔던 그래프에서 아크바르는 변 AF를 제거하고 제프는 DF를 제거할 수 있다. 다시 아크바르가 EF를 제거하고 (그러나 AB는 아니다. AB를 제거하면 A의 연결을 끊어 게임에서 질 것이기 때문에!) 제프는 BF를 제거할 수 있다. 이제 아크바르가 궁지에 몰린다. 어느 변을 지우더라도 그래프를 연결이 끊어진 두 부분으로 나누게 된다.

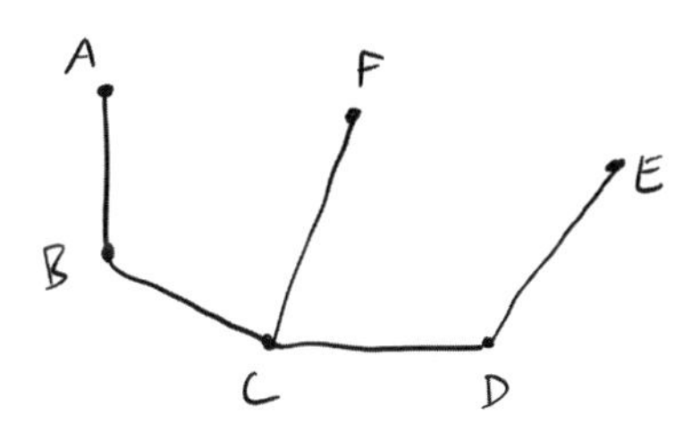

아크바르가 더 똑똑하게 플레이하여 승리할 수 있었을까? 아니다. 이 게임에는 감춰진 특성이 있다. 두 선수 모두 불필요하게 네트워크를 끊는 실수를 저지르지 않는 한, 어느 변을 제거하든 상관이 없다. 게임은 항상 네 번의 선택 뒤에 끝나고 차례가 돌아온 아크바르가 지게 된다. 실제로, 네트워크가 아무리 크더라도 이 게임의 착수 횟수는 고정된다. 심지어 다음의 멋진 공식도 있다.

변의 수 - 꼭짓점 수 + 1

게임이 시작될 때는 6개 영역을 연결하는 9개의 변이 있으므로, 9-6+1=4다. 게임이 끝날 때는 5개의 변만 남고 이 숫자가 0으로 떨어진다. 그리고 남아 있는 네트워크는 매우 특별한 형태가 된다. 이 그래프에서는, 원래 그래프처럼 A에서 B로 가고 F를 거쳐서 다시 A로 돌아올 수 있는 닫힌 고리를 찾을 수 없다. 그런 고리가 있다면 그래프의 연결을 끊지 않고도 변 하나를 제거할 수 있을 것이다. 그러나 남은 것은 사이클cycles이 전혀 없는 그래프이며 사이클이 없는 그래프는 나무다.

네트워크에는 구멍이 몇 개나 있을까? 어떤 면에서는 빨대나 바지에 구멍이 몇 개나 되는지와 마찬가지로 혼란스러운 질문이다. 그러나 이 질문에 대해서는 이미 답을 말했다. 바로 위에서 언급한 숫자, 즉 변 빼기 꼭짓점 더하기 1이다. 사이클에서 변을 잘라 낼 때마다 구멍이 하나씩 제거된다. 더는 잘라 낼 수 없게 되면, 구멍이 전혀 없는 그래프, 즉 나무가 남는다. 단순한 은유가 아니다. 모든 유형의 공간에는, 구멍의 수를 대략적으로 알려 주는, 오일러 특성Euler Characteristic이라 불리는 불변량이 있다.* 우리는 앞에서 빨대와 바지의 구멍을 셀 때 오일러 특성을 본 적이 있다. 빨대에도, 네트워크에도, 그리고 26차원 시공간의 끈이론 모델에도 오일러 특성이 있다. 가장 소박한 대상에서 우주까지 아우르는 통합 이론이다.

그래서 우리는 나무의 기하학으로 돌아왔다. 변 자르기 게임의 끝에 남는 나무처럼, 네트워크에 있는 모든 꼭짓점과 접촉하는 나무는 신장 나무spanning tree라 불린다. 신장 나무는 수학의 모든 영역에서 나타난다. 당신은 이미 맨해튼의 도로망처럼 미로maze라 불리는, 직교하는 격자의 신장 나무를 본 적이 있다. (다음 그림에서 흰색 선은 변이다.**47** 연필이 있으면 미로가 연결되었음을 확인해 보라. 흰색 선을 벗어나지 않고 임의의 두 점을 연결하는 경로를 그릴 수 있다. 실제로 되돌아가지 않고 두 점

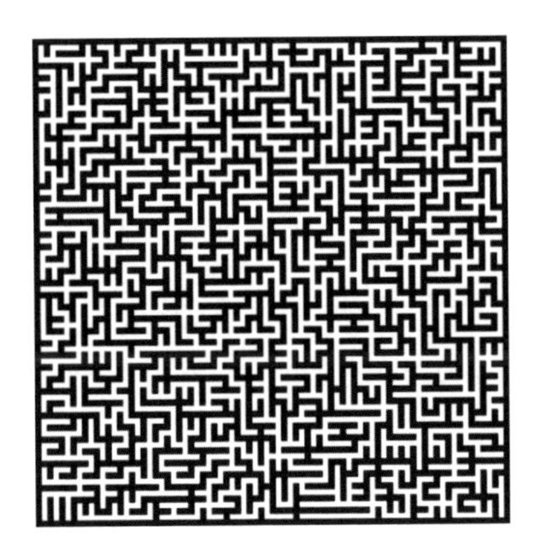

* 조금 더 정확하게는, '짝수 차원 구멍 수 빼기 홀수 차원 구멍 수'에 더 가깝다. 확실한 내용을 알고 싶다면 데이브 리치슨(Dave Richeson의 책 《오일러의 보석(Euler's Gem)》을 참조하라.

을 연결하는 경로는 하나뿐이다. 내 책이니까 낙서를 허락한다.)

또는 선거구 그래프를 그렸던 방식과 더 비슷하게, 꼭짓점을 점으로 변을 선분으로 그릴 수도 있다.

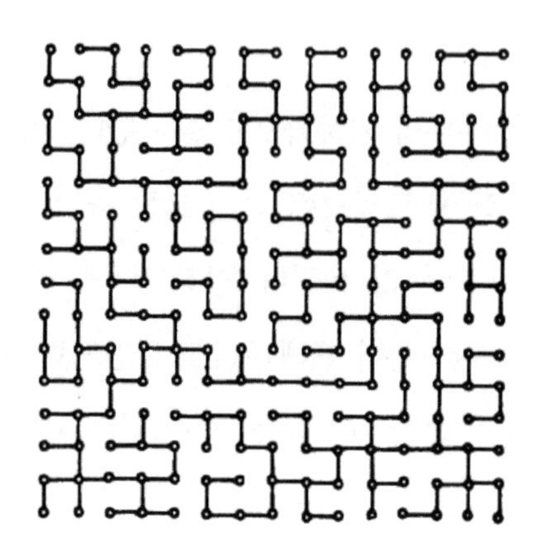

적당한 크기의 그래프 대부분에는 수많은 신장 나무가 있다. 19세기의 물리학자 구스타프 키르히호프Gustav Kirchhoff는 그 수가 정확히 얼마인지 알려 주는 공식을 찾아냈지만, 신장 나무가 제기한 문제에 모두 답하기에는 거리가 멀었다. 한 세기가 지난 지금도 신장 나무는 활발한 연구가 이루어지는 분야다. 신장 나무에는 규칙성과 구조가 있다. 예컨대, 임의의 미로에는 막다른 골목이 몇 개나 될까? 물론 미로가 클수록 막다른 골목도 많을 것이다. 그렇지만 미로에서 막다른 골목이 차지하는 비율을 묻는다면 어떨까? 1992년에 만나Manna, 다르Dhar, 마줌달Majumdar이 발표한 멋진 정리에 의하면 미로가 커지더라도 그 비율이 1이 되거나 0으로 떨어지지 않는다.[48] 대신에 이유는 알 수 없지만, $(8/\pi^2)(1-2/\pi)$, 즉 30%에 약간 못 미치는 값에 점점 가까워진다. 무작위한 그래프에 대한 신장 나무의 수는 난수random number와 비슷할 것이라고 생각될 수도 있다. 하지만 그렇지 않다. 내 동료인 멜러니 맷쳇 우드Melanie Matchett Wood는 2017년에 그래프가 무작위로 선택된다면,* 신장 나무의 수가 짝수일 가능성이 홀수일 가능성보다 약간 더 크다는 것을 증명했다.[49] 정확하게 말해서, 신장 나무의 수가 홀수일 가능성은 다음의 무한곱이다.

(1-1/2)(1-1/8)(1-1/32)(1-1/128)…

여기서 각 분수의 분모는 이전 항의 네 배다. (다시 한번 등비수열이다!) 이 곱은 41.9%에 접근하며 50/50과는 상당한 차이가 있다. 이러한 비대칭성은 모든 신장 나무의 집합에 더 심오한 기하학적 구조가 있음을 말해 주는 표지다. 예를 들면, 언제 신장 나무의 수열이 등차수열을 형성하는지를 알 수 있는 의미 있는 방법이 있다는 사실이 밝혀졌다![50]

그러나 이를 설명하려면 '로터-라우터 과정rotor-router process'의 매혹적인 세부사항을 살펴보아야 하는데, 우리는 아직 민주주의를 구원하지 못했다. 따라서 선거구 문제로 돌아가자.

신장 나무가 있을 때는 네트워크를 두 부분으로 자르는 쉬운 방법이 있다. 그저 게임에서 지게 되는 선택으로 변을 잘라서 그래프

* 13장에서 살펴본 에르되시와 레니의 의미에서.

의 연결을 끊으면 된다. 어떤 선택을 하든 그래프가 둘로 나뉠 것이다. 조금만 노력하면 대체로 크기가 거의 비슷한 두 조각을 만들어 내는 변을 찾을 수 있다. (찾을 수 없다면, 다른 나무를 골라서 다시 시작하라.) 두 부분으로 나뉜 나무의 한쪽에는 덧칠하고 다른 쪽에는 하지 않은 다음 그림과 같다.

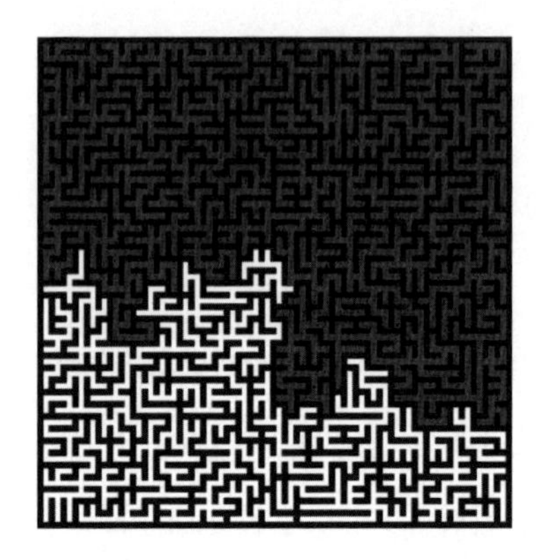

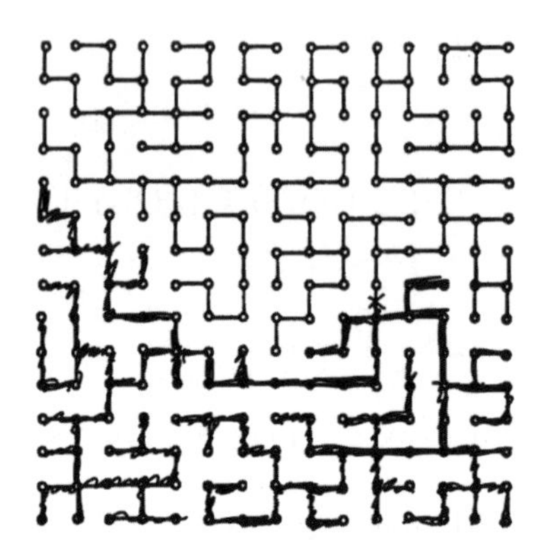

이제 독자는 리컴의 작동 방식을 어느 정도 알게 되었다.* 두 배 크기의 선거구에 대하여 무작위로 (예컨대, 무작위한 선택을 통하여 변 자르기 게임을 하는 방법으로**) 신장 나무를 선택하고, 역시 무작위로 가지 하나를 골라서 자르면, 그래프가 깔끔하게 새로운 선거구 두 곳으로 갈라진다.

* 더 많은 것을 알고 싶다면 더친이 2021년에 아리 니(Ari Nieh), 올리비아 월치(Olivia Walch)와 함께 편집한 《정치적 기하학(Political Geometry)》을 참조하라.

** 그렇지만 실제로 신장 나무를 동일한 확률로 얻기를 원한다면, 자를 가지의 선택이 조금 더 의도적이어야 한다. 또는 디포드(DeFord), 더친, 솔로몬의 방식을 따라 조금 더 빠른 윌슨 알고리듬(Wilson's algorithm)을 이용할 수도 있다.

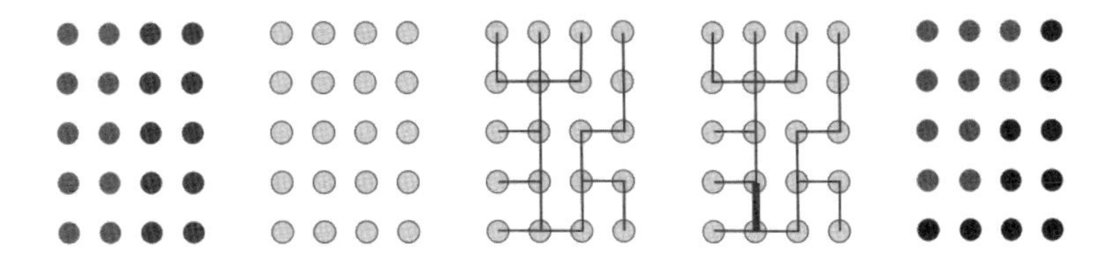

주의를 환기하기 위하여 여기서 멈추는 것이 좋겠다. 지도의 공간에서 리컴에 의한 랜덤워크와 카드 한 벌의 배열 순서 공간에서 섞기에 의한 랜덤워크 사이에는 큰 차이가 있다. 후자의 경우는 일곱 번 섞기 정리seven-shuffle theorem가 있다. 즉, 특정한 횟수(여섯 번!)의 섞기로 모든 가능한 배열 순서를 탐색하기에 충분하고, 단 몇 번(일곱 번!)의 섞기를 통하여 모든 배열 순서의 가능성이 거의 같아진다는 수학적 증명이 있다.

선거구 획정에 관해서는 정리가 없다. 우리는 섞기의 기하학보다 선거구 획정의 기하학에 관하여 아는 것이 훨씬 적다. 예를 들면, 모든 선거구 획정의 공간은 다음과 같이 보일 수 있다.

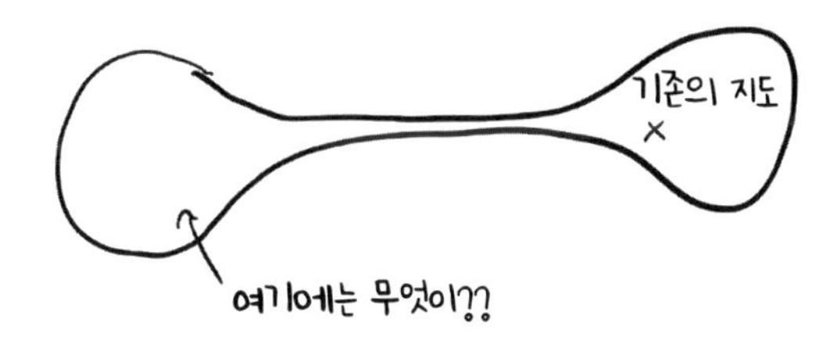

이 공간의 한쪽 끝에서 출발한다면, 지협의 반대쪽에 무엇이 있는지 탐색을 시작하기도 전에 오랫동안 무작위로 방랑하게 될지도

모른다. 또는, 우리가 아는 한 모든 선거구 획정의 공간이 연결된 두 부분이나 그 이상으로 나뉠 수 있다. 수학자, 컴퓨터, 또는 파렴치한 정치인의 생각과는 근본적으로 다른 노스캐롤라이나의 지도가 있는, 발견되지 않은 국가가 있을 수 있고 그런 지도 중에 13석 중 10석의 공화당 의석이 전혀 이상하지 않은 지도가 있을지도 모른다. 그런 가능성을 배제할 수 없다면, 기존의 게리맨더된 지도가 여전히 특이치라고 말할 권리가 있을까?

나로서는 그렇다. 우리는 대안적 지도의 비밀 저장소가 존재하는지를 절대적으로 확신하지 못할 수도 있다. 그러나 노스캐롤라이나 의회가 만든 지도에서 시작하여 어떻게 손을 보든 공화당의 이점이 줄어든다는 것을 안다. 그런 실험은 모든 의미 있는 통계적 측면에서, 지도가 요리되었다는 강력한 표지를 제공한다. 지도 제작자가 게임을 조작하려 했다는 증거는 아니다. 그 문제라면, 지도 제작자의 이메일과 메모도 게임을 조작하려 했다는 직접 증거가 될 수 없다. 그들이 실제로는 "본론으로 들어가서 주민의 의사를 공정하게 포착하는 지도를 그리자."라고 타자하려 했는데, 손가락이 미끄러지는 바람에, "이 주를 우리가 도저히 질 수 없을 정도로 심하게 게리맨더하자."로 타자하게 된 것이 아님을 밝힐 유클리드적 증거는 없다. 그런 증거는 기하학이 아니고 법적인 의미의 증거다.

미합중국 대 참치 샌드위치

랜덤워크로 생성된 지도의 앙상블은 2019년 연방대법원이 심리한 게리맨더링 소송의 핵심이었다. 심리의 요점은 지도가 당파적 의도로 그려졌음을 입증하는 것이 아니었다. 그 문제는 논쟁의 대상이 아니었다. 노스캐롤라이나의 지도를 만든 토마스 호펠러Thomas Hofeller는 이미 자신의 목표가 '공화당 후보가… 당선될 선거구를 가능한 한 많이 만드는 것'과 '민주당 후보가… 당선될 선거구를 최소화하는 것'이었음을 증언했다.[51] 문제는 그런 계획이 효과가 있었는가였다. 단지 불공정을 시도했다 하여 지도를 폐기할 수는 없다. 지도가 실제로 불공정했다는 사실이 입증되어야 한다.

앙상블 방법은 그것을 입증하기 위한 최선의 방법이다. 원고 측 주장에서 효율성 격차 같은 낡은 아이디어는 거의 찾아볼 수 없었다. 그들이 법원의 인정을 요청한 것은 노스캐롤라이나의 지도가 새끼 돼지들 속에 있는 멧돼지처럼 중립적으로 그려진 지도와 동떨어진 특이치outlier라는 것이었다.[52] 그들은 이러한 특이치 분석이 법원에서 추구해 온 '관리 가능한 기준'이라고 주장했다. 듀크대의 수학자이며 위스콘신주 선거구 지도의 앙상블을 만든 팀의 일원이었던 조너선 매팅리는 노스캐롤라이나의 선거구에 대해서도 같은 작업을 수행했다. 그는 24,518장의 지도로 이루어진 앙상블에서 공화당이 10개 선거구에서 승리한 지도가 162장에 불과했다고 증언했다. 기존의 지도는 노스캐롤라이나의 민주당 지지자들을 너무도 효율적으로 3개 선거구에 몰아넣은 나머지, 그들 선거구에서 민주당의 득표율이 74%, 76%, 그리고 79%였다. 24,518장의 모의실험된 지도 중 단 한 장도 그토록 한쪽으로 치우친 선거구를 만들어 내지 않았다.

더 멋진 그래프가 있기는 했지만, 수학자들의 의견서도 비슷한 사실을 지적했다.

그리고 나서 진행된 구두 변론은 수학의 렌즈를 통하여 소송을 지켜본 모든 사람에게 엄청난 실망이었다. 마치 선거구 획정에 관한 여러 해 동안의 연구와 발전이 전혀 없었고, 주 전체의 득표율 55%가 의회 의석의 55%를 보장해야 하는가라는 진부한 문제로 돌아간 것 같았다. 노스캐롤라이나의 지도를 변호한 폴 클레멘트Paul Clement는 소니아 소토마요르Sonia Sotomayor 대법관을 상대로 변론을 시작했다.

"판사님은 비례 대표제의 부족함이라는, 원고 측에서 인식하는 문제에 손가락을 올려놓으신 것으로 생각됩니다."

소토마요르 대법관은 클레멘트에게 자신의 손가락이 다른 곳에 있다고 말하려 했지만, 그는 계속해서 스티븐 브레이어Stephen Breyer 대법관에게 말했다.

"무엇으로부터 벗어나고 있는지를 알지 않는 한, 일반적으로라도 특이치나 극단성extremity을 말할 수 없습니다. 그리고 판사님과 소토마요르 판사님의 질문에는 사람들을 괴롭히는 것이 비례 대표제로부터 벗어나는 것이라는 견해가 내포되어 있습니다."

소니아 소토마요르가 끼어들었다.

"실제로— 변호인은 계속 그렇게 말하지만, 나는 그 말이 옳다고 생각하지 않습니다."

엘레나 케이건Elena Kagan 대법관도 반대 의사를 밝혔다. 그래도 매사추세츠에 대해서 할 말이 있었던 클레멘트는 멈추지 않았다. 그는 매사추세츠에서 공화당 지지자가 주민의 1/3을 차지함에도 불구하고, 공화당 하원의원이 선출된 적이 없다고 말했다.

"아무도 그것이 불공정하다고 생각하지 않습니다. 주민의 지지 성향이 고르게 분포되어 공화당에 유리한 지도를 그리는 일이 사실상 불가능하기 때문입니다. 공화당에는 유감스러운 일이지만, 불공정하다고 생각되지는 않습니다."

매사추세츠주 공화당의 곤경은 때마침 수학자들의 의견서에서도 논의된다. 우리의 설명은 기본적으로 클레멘트와 일치하지만 한 가지 중요한 세부사항에서 차이가 있다. 클레멘트가 원고 측이 강제하기를 요청한다고 말한 것은, 사실상 원고 측이 금지하기를 요청하는 것이었다. 공화당이 매사추세츠에서 비례 대표제를 확보하지 못하기 때문에 불공정한 것이 아니다. 사악한 당파적 의도가 없이 그려진 지도 수천 장의 앙상블을 만든다 해도, 그 모든 지도는 예외 없이 민주당 의원 아홉 명과 공화당 의원 0명을 하원으로 보낼 것이다.[53] 코먼 코즈Common Cause(정부를 감시하고 개혁을 지지하는 시민단체_옮긴이)가 대법원에 비례 대표제를 보장하라고 요청하지 않는 이유다. 비례 대표제는 공정성을 평가하기에 형편없는 기준이다. 비례 대표제에 맞는 결과를 낳는 매사추세츠의 지도는 게리맨더링이라는 비난에서 자유롭지 못할 것이며 사실상 공격적인 조와 다름없는 악성의 게리맨더링이 될 것이다.

그러나 다수의 대법관은 고집스럽게도 비례 대표제를 자신들이 판결해야 할 문제로 취급했다. 닐 고서치는 자신이 노스캐롤라이나에 불리한 판결을 내릴 때 이어질 결과를 우려했다.

"우리는 모든 선거구 재조정 소송에서 의무적 관할권의 일환으로, 왜 비례 대표제에서 벗어나는 편차가 있는지를 밝히기 위하여 증거를 검토해야 할 것이다. 그것이… 그것이… 그것이… 요청인가?"

그것은 요청이 아니었다. 고서치로서는 인정하기 어려운 것으로 보였지만. 구두 변론의 막바지에 게리맨더된 지도에 반대하는 여성유권자연맹League of Women Voters을 대표하는 앨리슨 릭스Allison Riggs와 고서치 대법관 사이에 정말로 놀라운 논쟁이 벌어진다. 릭스는 자신의 의뢰인이 법원에 요청하는 것은 '당파적 특성 때문에 한 줌의 중립적 대안 말고는 모든 대안을 차단하는, 가장 기형적이고 특이한 게리맨더링을 폐기하는 것'뿐임을 설명하고 있다. 그래도 주들은 여전히 무엇이든 마음에 맞는 비당파적 기준을 고려하여 나머지 99%의 지도에서 자유롭게 선택 가능한, 숨 쉴 수 있는 넓은 공간이 있을 것이다. 고서치가 끼어든다.

고서치 대법관: 하지만, 변호인. 말을 끊어서 미안한데, 무엇으로부터 숨 쉴 공간 말입니까?

릭스 변호사: 숨 쉴 공간이란……

고서치 대법관: 무엇으로부터, 얼마나 되는 숨 쉴 공간입니까? 아마 변호인은 인정하지 않는 것으로 생각되지만, 진짜 대답은 비

례 대표제로부터 7% 정도까지의 숨 쉴 공간이 아닌가요?

릭스 변호사: 아닙니다.

좀 더 논쟁을 벌인 후에 고서치는 자신이 강요하는 표현을 릭스가 받아들이지 않을 것을 인정하는 듯하다.

"우리에겐 기준선이 필요합니다. 나는 아직도 그렇다고 생각하지만, 만약 비례 대표제가 기준선이 아니라면 변호인이 생각하기에 우리가 사용해야 하는 기준선은 무엇입니까?"

그는 조금 전에 엘레나 케이건 대법관이 이미 대답했던 질문을 하고 있었다.

"주는 무엇에서든 일탈할 수 있지만, 당파적 고려가 들어가 있다면 일탈을 허용할 수 없습니다."

이 논쟁의 기록을 읽는 건 수학자에게는 한 명의 학생만 예습해 온 소규모 세미나에서 가르치는 일처럼 느껴진다. 케이건 대법관은 이해한다. 그녀는 고려해 보도록 요청받은 정량적 주장을 명확하고 간결하게 표현한다. 그런데… 모두가 마치 그녀에게서 한마디도 듣지 않은 것처럼 논쟁을 계속한다. 소니아 소토마요르와 존 로버트John Robert 대법관은 말을 많이 하지 않지만, 그들의 말은 대부분 옳다. 원고와 피고 모두 별로 좋아하지 않는 스티븐 브레이어 대법관에게는 자기 나름의 게리맨더링 테스트가 있다. 그리고 고서치, 새뮤얼 알리토Samuel Alito, 어느 정도는 브렛 캐버노Brett Kavanaugh 대법관까지, 폴 클레멘트의 도움을 받아 원고 측이 어떤 형태로든 비례 대표제를 주들에 강요하도록 법원에 요청하고 있다는 소송의 허구적 버전을 구축하는 데 협력한다.

앙상블, 랜덤워크, 특이치로부터 잠시 휴식이 필요한가? 이 구두 변론이 게리맨더링 대신에 샌드위치 주문에 대한 변론이었다면 다음과 같이 진행되었을 것이다.

릭스 변호사: 치즈 토스트 주세요.

고서치 대법관: 좋아요, 참치 샌드위치 하나.

릭스 변호사: 아니, 치즈 토스트라고 했습니다.

캐버노 대법관: 참치 샌드위치가 맛있다는데.

고서치 대법관: 참치 샌드위치를 어떻게 해 드릴까?

릭스 변호사: 내가 원하는 것은 참치 샌드위치가 아니고……

고서치 대법관: 그냥 말하고 싶지 않은 것 같은데, 참치 샌드위치를 원하는 것 맞지요?

릭스 변호사: 아닙니다.

케이건 대법관: 그녀는 치즈 토스트를 주문했습니다. 치즈 토스트는 참치가 없으니까 참치 샌드위치가 아닙니다.

고서치 대법관: 그렇지만, 당신 말대로 참치 샌드위치를 원하지 않는다면, 도대체 뭘 원합니까? 우리가 당신을 위한 샌드위치를 만들어 내야 하나요?

알리토 대법관: 당신은 여기에 들어와서 구운 빵에 치즈를 올린 뜨거운 샌드위치를 주문했어요. 그건 내 생각에, 참치 샌드위치입니다.

브레이어 대법관: 아무도 다진 간을 주문한 적이 없지만, 사람들

이 정말로 기회를 주었을까요?

클레멘트 변호사: 프레임frame을 짜는 사람들은 당신에게 참치 샌드위치를 먹일 기회가 충분히 있었지만, 그렇게 하지 않았습니다.

아마 독자는 이미 소송이 어떻게 끝났는지 알겠지만, 모르더라도 추측할 수 있을 것이다. 2019년 6월 27일, 연방대법원은 5-4의 평결로 당파적 게리맨더링이 합헌인지 아닌지를 결정하는 일이 연방법원의 관할 범위를 벗어난다는 판결을 내렸다. 기술적 용어로, 이 문제는 "사법적 판단의 대상이 아니다nonjusticiable." 쉬운 말로 하자면, 주는 아무런 제약 없이 멋대로 선거구 지도를 게리맨더할 수 있다. 로버츠 대법관은 다수 의견을 쓰면서 다음과 같이 설명했다.

> 당파적 게리맨더링의 주장은 언제나 비례 대표제에 대한 갈망으로 들린다.* 오코너 대법관이 말했듯이, 그런 주장은 비례성에서 더 멀리 벗어날수록 임용 계획appointment plan이 더 의심스러워진다는 확신에 근거한다.

로버츠는 판결문 말미에서 루초 사건의 원고 측 요구가 비례 대표제가 아니라는 것을 인정하지만, 판결문의 대부분을 요청받지 않은 요청에 대한 반대를 되풀이하는 데 할애한다. 그는 누구의 투표

---

* 변호사 친구의 도움을 받아서 가능한 한 최선의 설명을 하자면, 여기서 '들린다(sound in)'는 '~에서 파생된(derives from)'과 '~에 해당하는(amounts to)'의 중간쯤을 의미한다. 그런데도 사람들은 수학자들이 이해할 수 없는 전문 용어로 이야기한다고 불평한다.

권도 희석되지 말아야 한다는 헌법상의 제약이 "각 정당이 지지자 수에 비례하는 영향력을 가져야 함을 뜻하지는 않는다."라고 주장했다.

아니, 참치 샌드위치를 만들어 주지는 않겠다. 여기는 참치 샌드위치가 없다는 걸 알잖아!

나는 변호사가 아니고 변호사인 척하지도 않을 것이다. 그리고 이 소송의 헌법적 문제가 쉬운 문제라고 하지도 않을 것이다. 쉬운 사건은 대법원까지 올라가지 않는다. 그러므로 법적 문제로서 다수 판결이 잘못되었다고 말하지 않을 것이다. 그런 말을 찾는다면, 너무 냉소적이고 암울해서 때로 쓴웃음이 터져 나올 것 같은 케이건 대법관의 반대 의견을 추천한다.

로버츠에게는 과거에 법원이 선거구 재조정에 관하여 어느 정도의 당파적 편향을 명시적으로 허용했다는 사실이 중요하다. 법원이 직면한 문제는 편향성이 너무 지나치다고 판단할 수 있는 지점이 있는가였다. 루초 판결의 다수 의견은 아니라고 했다. 어떤 일을 하는 것이 합헌이라면, 지나치게 하는 것도 합헌이다. 더 정확하게 말해서 법원이 허용과 금지 사이에 그릴 수 있는 명확하고 합의된 보편적 경계선을 찾지 못한다면, 그 문제를 전혀 고려할 수 없다. 이는 아리스토텔레스의 오랜 스파링 파트너sparring partner인 유블리데스Eublides까지 거슬러 올라가는 더미sorites 역설의 법률적 버전이다. 더미 역설은 더미(그리스어로 soros)를 만드는 데 밀 알갱이가 얼마나 필요한지를 묻는다. 밀 한 알은 더미가 아니고, 두 알도 아님은 분명하다. 실제로, 탁자 위에 밀이 아무리 많더라도 알갱이 하나를 더함으로써 더미가 아닌 상태가 더미로 바뀌는 상황을 상상하기는 불가능하다. 따라서 밀 세 알은 더미가 아니고, 네 알도 아니고, 등등… 이런 주장을 극한까지 밀고 나가면 밀 더미 같은 것은 없음을 보일 수 있다. 그렇지만 어쨌든 밀 더미는 존재한다.*

로버츠는 게리맨더링을 불가피한 더미 역설 같은 것으로 본다. '받아들일 수 있는 게리맨더링'과 '미안하지만, 너무 심해' 사이에 어떤 경계선을 긋더라도 불가피하게 임의적일 수밖에 없고, 결국에는 상황에 따라 달라지는 복잡한 경계선이 될 것이다. (그는 알갱이 99개는 더미가 아니지만 100개는 더미라는 규칙에 만족했을지도 모른다. 그러나 알갱이가 밀인지 모래인지에 따라 임계값이 달라진다면 만족하지 않았을 것이다.)

나는 그의 주장을 이해한다. 그렇지만 계속해서 네바다를 생각하게 된다. 50개 주에서 유일하게 네바다에서는 의원 선거구의 인접성이 전혀 요구되지 않는다. 원리적으로는 이 민주당이 우세한 주의 의회가 21개 주 상원의원 선거구 중 3개 선거구를 등록된 공화당원만으로 채우고 나머지 선거구는 민주당이 60% 정도 우세하도록 함으로써, 거의 확실하게 18-3이라는 압도적 다수의 상원 의석을 차지하여 거부권을 무력화할 수 있을 것이다. 그리고 이런 상황은 주의 정치 성향이 상당히 우경화하여 공화당 주지사를 선출하더라도 지속될 것이다. 루초 판결의 추론에 따르면, 그런 계획을 '너무 심하다고' 판단할 명확한 방법이 없다. 때로는 법적 추론이 —법적 관점에서는 건전하더라도— 상식에서 벗어난다.

---

* 님 게임에 관한 이야기에서 나왔던 귀납에 의한 증명(proof by induction) 아이디어와의 유사성에 주목하기 바란다.

결국 다수결에 따른 판결의 기술적 요지는 당파적 게리맨더링이 '정치적 문제'라는 것이다. 게리맨더링이 헌법에 위배되더라도 연방대법원이 개입할 수 없다는 뜻이다. 게리맨더링의 결과가 "합리적으로 판단할 때 부당하게 보인다." —즉, 실제로 "민주주의 원칙에 부합하지 않는다."— 라는 것은 논쟁의 대상이 아니다. 실제로 다수결 판결문에서 인용한 말이다! 그리고 자신들의 지도가 선거에서 우위를 확보하는 데 그다지 효과가 없었다는, 게리맨더러들의 설득력 없는 반론은 별다른 논평도 없이 기각되었다. 그러나 로버츠 대법관은 단지 무언가가 부당하고, 민주주의 원칙에 부합하지 않고, 극도로 효과적이라는 이유만으로 법원이 위헌 여부를 판단할 수 있는 것은 아니라고 말했다. 게리맨더링은 악취가 나지만, 헌법이 냄새 맡을 정도로 심한 악취는 아니다.

게리맨더링이 민주주의를 저해한다는 것을 인정했을 뿐만 아니라 연방 대법관이 아닌 누군가가 조치를 취해 주기를 바라는 간절한 표현에서, 이런 결정이 불편했음을 느낄 수 있다. 로버츠는 아마도 주헌법에서 게리맨더링을 금지하는 무언가가 발견될 것이라고 말했다. 그렇지 않다면 의회가 주민투표의 결과를 즉시 뒤집을 수 없는 주에 살고 있는, 곤경에 처한 유권자들이 들고 일어나 주민투표를 통해서 시스템을 바꿀 수도 있다. 어쩌면 연방의회가 무슨 조치를 취할지도 모른다. 누가 알겠는가?

나는 로버츠가 5시 5분에 퇴근하다가 공장 건물에 불이 난 것을 발견한 노동자라고 상상해 본다. 그는 벽에 걸린 소화기를 잡고 불이 난 곳에 거품을 뿌려 댈 수 있지만, 잠깐만, 원칙의 문제가 있다. 지금은 5시가 지났으므로 근무 시간이 아니다. 노조의 규칙에 따르면 무급 초과근무를 하면 안 되는 것이 명백하다. 이번 불을 끈다면 선례를 남기게 된다. 이제 그는 근무 시간이 끝난 뒤에 건물에 불이 날 때마다 곤경에 처하게 될까? 어쩌면 주변에 늦게까지 일하는 사람이 있어서 불을 끌 수 있을지도 모른다. 그리고 어쨌든, 화재를 진압할 임무는 소방서에 있다! 그들이 나타나는 데 얼마나 걸릴지 알 수 없다는 것도 인정하고, 실제로 이 마을의 소방관이 아예 나타나지 않을 수도 있을 정도로 느슨하다는 사실이 알려져 있긴 하지만. 그러나 여전히, 공식적으로는 그들의 일이다. 그의 일이 아니고.

'정치적 격변을 통해서만 타도할 수 있는'

대법원의 결정은 게리맨더링에 반대하는 사람들이 바랐던 해피엔딩이 아니었다. 그렇지만 해피 비기닝happy beginning은 될 수 있었다. 혁신이 가능한 다른 길이 있다는 로버츠 대법관의 말은 틀리지 않았다, 루초 판결 후 1년도 지나지 않아서 노스캐롤라이나 주법원 합의부가 헌법에 위배된다는 이유로 주의원 선거구를 폐지했다. 2018년에 펜실베이니아주 대법원도 동일한 조치를 취했다. (그에 따라 주지사는 더 공정한 지도를 새로 그리기 위하여, 리컴 알고리듬을 개발한 더친을 초빙했다.) 현재는 상원 지도부에 의하여 차단된 상태지만, 하원은 연방 하원의원 선거구를 그릴 초당파적 위원회를 구성하는 법안을 통과시켰다.[54] (그러나 하원에 아무런 권한이 없는 주의원 선거구는 대상이 아니다.)*

그리고 단지 세간의 이목을 끈 소송의 존재만으로도, 게리맨더링은 훨씬 더 날카롭게 대중의 시선을 사로잡았다. HBQ의 뉴스풍자 토크쇼『래스트 위크 투나잇Last Week Tonight』은 선거구 재조정에 관한 20분짜리 코너를 운영했다. 심하게 기형적인 텍사스 10선거구에 사는 삼형제가 만든 게리맨더링 보드게임인 '지도제작자Mapmaker'는, 게리맨더링의 최대 적수 아놀드 슈워제네거의 소셜 미디어 홍보에 따라 수천 카피가 팔렸다. 과거보다 많은 사람이 게리맨더링을 알게 되었고, 그들은 게리맨더링을 좋아하지 않는다. 위스콘신의 72개 카운티 중 일부는 민주당이 우세하고 나머지는 공화당이 우세한 55개 카운티에서 비당파적 선거구 획정을 요구하는 결의안이 통과되었다.[55]

미시간과 유타의 유권자들은 주민투표를 통하여 비당파적 선거구 획정을 위한 새로운 위원회를 승인했다. 공화당에 의하여 게리맨더된 지도가 있는 버지니아에서는, 의회의 초당파적 그룹이 선거구 재조정에 관한 권한을 독립적 위원회에 넘기는 헌법 수정안을 가까스로 통과시켰다. 그러나 주의 정치 성향이 너무 빠르게 좌경화한 나머지, 2019년에는 게리맨더링을 격파한 민주당이 주의회에서 상·하 양원을 모두 장악하게 되었다. 새로 다수당이 되어 다음번 인구조사를 위한 운전석에 앉게 된, 민주당의 대다수 구성원은 갑

* 적어도 통념은 그렇다. 그러나 최근에 몇몇 변호사들은, 수정헌법 14조에 따른 권한으로, 하원이 주의원 선거구를 규제할 수 있다고 주장했다.[56]

자기 개혁에 대한 열의가 줄어들었다.

케이건 대법관의 반대 의견은 정치적 과정에 너무 많은 것을 기대할 수 없다고 주장한다. 게리맨더링이 축소하려 하는 것이 바로 정치적 과정이라는 것이다. 예를 들어 메릴랜드 주의회의 게리맨더링은 공화당 주지사를 두고도 여전히 확고하게 자리 잡고 있다. 그러나 거부권을 무력화하고 게리맨더링을 격파할 수 있는 다수당인 민주당은 기존의 지도를 그대로 유지할 것으로 예상된다.

위스콘신주는 어떻게 더 공정한 지도를 얻을 수 있을까? 위스콘신 주헌법에는 선거구 경계에 관한 규정이 너무 적어서 (그리고 있는 규정조차 이미 일상적으로 무시된다) 기존의 지도에 반대하는 청원이 법원에서 받아들여질 가능성이 희박하다.* 의회가 발의하지 않는 한, 위스콘신 주민에게는 주민투표를 발의할 방법이 없고 의회는 기존의 방식을 선호한다. 위스콘신주는 공화당이 게리맨더한 지도에 거부권을 행사할 것이 확실한 주지사를 새로 선출할 수 있었다. 실제로 2018년에 바로 그런 일이 일어났다. 선거구 재조정은 의회의, 그리고 의회만의 일이며 주지사의 서명을 필요로 하지 않는다고 선언하도록 주의회가 법원에 요청을 계획 중이라는 소문이 있고, 주법원도 의회에 동조할 가능성이 있다. 그렇게 된다면, 위스콘신 주민이 이 문제에 대하여 어떻게 발언권을 얻을지 알 수 없는 일이다.

미시간에서는 독립적인 선거구 조정위원회가 주민투표에서

---

* 그렇지만 언젠가 위스콘신 주헌법이 어떻게 법적 도전을 뒷받침할 수 있는지 모르겠다고 은퇴한 위스콘신주 판사에게 말했을 때 그는 세파에 지친 듯한 시선으로 나를 쳐다보면서 대답했다. "자네는 소송쟁이가 아니로군."

61%의 동의로 법제화된 바로 그날부터, 공화당의 법적 도전에 직면했다. 팬데믹 와중에도 아칸소에서는 선거구 재조정의 개혁을 주장하는 단체인 아칸소 보터스 퍼스트Arkansas Voters First가 11월 선거에 대한 헌법의 개정을 청원하는 10만 명의 서명을 받았다. 아칸소 주 국무장관은 유급 운동원들이 범죄 경력 조사를 받았다는 인증서가 관련 양식에 잘못 표기되었다는 이유로 청원이 무효라고 선언했다.[57] 이처럼 주 정치는 거부권으로 가득 차 있어서, 지켜야 할 영역이 있는 정치 파벌은 일반 대중으로부터 다양한 수단으로 자신을 보호할 수 있다.

그 모든 것에도 불구하고 나는 낙관적이다. 과거에 미국인들은 엄청나게 다른 크기의 선거구에 대하여 그저 게임이 진행되는 방식이라고 하면서 어깨를 으쓱하곤 했다. 그러나 여태껏 나와 대화했던 사람 대부분은 그런 관행이 허용되었다는 사실에 충격을 받았다. 우리는 불공정을 싫어하는 성향이 있고, 공정성에 관한 우리의 생각은 수학적 사고에서 분리될 수 없기 때문이다. 사람들에게 게리맨더링의 어두운 기술에 관하여 이야기하는 것은 수학을 가르치는 하나의 방법이다. 특히 수학과 권력, 정치, 대표성처럼 우리가 깊은 관심을 갖는 문제가 얽힐 때, 수학은 인간의 마음을 알 수 있게 한다. 게리맨더링은 잠긴 문 뒤에서 자행되었을 때 큰 성공을 거두었다. 나는 그런 성공이 개방적이고 조명이 환한 교실에서 지속될 수 없다고 믿고 싶다.

결론

나는 정리를 증명하고 집은 확장된다

식민지 인도의 수도 뉴델리의 설계자 중 한 사람인 영국의 건축가 허버트 베이커Herbert Baker는 새로운 도시가 신고전주의적neoclassical 계획에 따라 건설되어야 한다고 주장했다. 토착적인 맛을 살린 건축물은 제국의 목표에 맞지 않을 것이다. 그는 말했다.

"그런 스타일이 인도의 매력을 표현할 수단이 될 수는 있겠지만, 영국 정부가 혼란으로부터 만들어 낸 법과 질서의 개념을 구현하는 데 필요한 건설적이고 기하학적인 특성이 없다."

기하학은 의문의 여지가 없기 때문에 의심할 수 없는 권위에 대한 은유, 즉 왕, 아버지, 또는 식민 통치자를 중심한 자연적 질서의 유추로 이용될 수 있다. 프랑스의 군주들은, 궁전으로 수렴하는 완벽한 선들이 자신이 당연시하는 불변의 질서를 나타내는 공식적 정

원을 만드는 데 엄청난 돈을 썼다.[1]

아마도 이러한 관점의 가장 순수한 예는 영국인 교사 에드윈 애벗Edwin Abbott이 1884년에 발표한 소설 《플랫랜드Flatland》일 것이다. (초판은 '정사각형A Square'이라는 저자의 가명으로 발표되었다.*) 이 소설은 실베스터의 책벌레처럼, 자신이 아는 나침반의 네 방향으로 표현되지 않는 그 어떤 방향도 상상할 수 없는 주민이 살고 있는 2차원 세계의 이야기다. 평면의 사람들은 모양으로 사회적 위치가 결정되는 기하학적 도형이다. 변이 많을수록 지위가 높아지고, 원과 구별할 수 없을 정도로 변이 많은 다각형이 가장 고귀한 도형이다. 한편으로 일반 대중을 구성하는 이등변삼각형은 중심각의 크기가 사회적 지위에 비례한다. 위험할 정도로 각도가 날카로운, 정말로 뾰족한 삼각형은 군인이다. 그들보다 아래에 있는 사람은 단지 선분에 불과한 여자들뿐이다. 소설에서 여자들은 거의 생각이 없고, 치명적으로 뾰족하며 정면에서 보면 보이지 않는, 무서운 존재로 그려진다. (이등변이 아닌 삼각형은 어떨까? 그들은 기괴할 정도의 결함이 있다고 여겨져서 보호시설로 보내지거나, 지나친 기형일 때는 자비롭게 안락사당한다.)

정사각형은 꿈속에서 라인랜드LineLand의 세계를 여행한다. 그곳의 자랑스러운 1차원 왕은 자신의 영역 너머에 있는 평면 우주에 관한 방문자의 설명을 이해할 수 없다. 꿈에서 깨어난 정사각형은 어디선가 들려오는 목소리에 깜짝 놀라는데, 어떻게 들어왔는지 모르지만, 집 안으로 들어온 작은 원에서 나오는 목소리로 밝혀진다.

---

* 수학적 말장난일 수도 있다. 애벗의 전체 이름은 에드윈 애벗 애벗이므로, 머리글자를 모은 EAA를 대수적으로 'E A 제곱(E A squared)'으로 표기할 수 있다.

그 원은 불가해하게 확장되고 축소되는데, 이유는 물론 원이 아니고 구이기 때문이다. 구가 3차원에서 오르내림에 따라 우리의 화자가 사는 2차원 세계에서 구의 단면이 확장되고 축소된다. 정사각형에게 자신을 설명하려다 실패한 구는 화자를 평면에서 들어 올리고 기울여서, 이전에는 추측만 했던 세계를 스스로 볼 수 있게 해 준다. 이러한 계시가 있은 뒤에 평면으로 돌아온 정사각형은 자신이 본 것에 관한 소식을 퍼뜨리려 한다. 예상대로 그는 투옥되고 소설에서 사라진다. 자신이 받은 계시는 무시되고, 갇힌 채로.

출간 당시 《플랫랜드》에 대한 반응은 곤혹감과 비아냥거림이 뒤섞인 것이었다. 〈뉴욕타임스〉는 말했다.

"매우 곤혹스럽고 읽기 괴로운 책이다. 미국과 캐나다 전체에서 이 책을 즐길 사람은 여섯 명, 기껏해야 일곱 명 정도일 것이다."[2]

그러나 《플랫랜드》는 기하학 취미가 있는 젊은이들의 필독서가 되었고 여러 차례 영화로 각색되었으며, 계속해서 출판되고 있다. 나도 어린 시절에 되풀이하여 읽었다.

그러나 어렸던 나는 이 책이 플랫랜드를 지배하는 사회적 계층구조에 관한, 이미 구식이 된 관점을 수용하기보다 비꼬는 풍자소설임을 이해하지 못했다. 애벗은 여성을 머리가 텅 빈 죽음의 바늘로 보기는커녕 교육의 평등을 옹호했다. 그는 여성을 위한 공립학교 설립에 자금을 지원하는 단체 걸스 퍼블릭 데이 스쿨 컴퍼니Girl's Public Day School Company의 이사회에서 일했다.[3] 나는 이 책 말고는 저작물 대부분에서 신학적 주제를 다뤘던 애벗이 성공회 신부였다는 사실을 몰랐기 때문에 이야기에 생기를 불어넣는 기독교적 우화

allegory를 더더욱 이해하지 못했다. 기하학의 원리는 억압적인 사회 질서를 강제하는 것과는 거리가 멀고, 저 너머에 실재하는 세계를 받아들일 수 있는 사람들이 그런 억압으로부터 벗어나는 방법이다.

이 이야기에서 기하학의 힘은 2차원적 존재가, 순수한 생각을 통해서 직접 관찰할 수 없는 더 높은 세계의 속성을 추론할 수 있게 해 주는 것이다. 그는 자신이 아는 정사각형에서 유추하여 정육면체에는 여덟 개의 모서리와, 자신처럼 정사각형 모양인, 여섯 개의 면이 있어야 한다는 것을 알아낼 수 있다. 그 시점에서 기독교와의 유사점이 무너져 내리거나 극도로 파괴적이 된다. 정사각형이 구에게 똑같은 방법으로 유추할 수 있는 4차원에 대하여 아는 것이 있는지 묻기 때문이다. 구는 터무니없는 질문이라고 대답한다. 4차원 같은 것은 없어. 왜 그런 바보 같은 생각을 하지?

우리가 알고 있는 기하학은 전통적인 방식을 지지하는 데 사용될 수 있다. 그러나 아직 모르는 기하학은 위협이다. 17세기 이탈리아의 예수회Jesuits는 무한소infinitesimal의 엄밀한 이론을 개발하고 이전에 접근할 수 없었던 도형의 넓이와 부피를 계산하려는 수학자들의 시도를 뿌리 뽑았다.[4] 유클리드를 넘어서는 기하학은 수상한 기하학이었다. 영국에서는 뉴턴의 미적분학 이론이 교회의 맹렬한 공격을 받아서, 제임스 주린James Jurin의 《불신의 친구가 아닌 기하학Geometry No Friend to Infidelity》 같은 책으로 변호되어야 했다. 그러나 잘못된 믿음 또한 불신의 친구라 할 수 있다. 기하학, 특히 새로운 기하학은 확립된 질서에 필적하는 권위의 중심locus을 제공한다. 기하학은 그런 방식으로 불안정을 초래하는 힘과 혁신적인 조치measure

가 될 수 있다.

사실의 영혼

리타 도브Rita Dove는 퓰리처상을 받은 미국의 계관시인poet laureate이고, 예전에 토머스 제퍼슨과 제임스 조셉 실베스터가 심오한 수학을 생각했던, 버지니아 대학교의 영연방 영어 교수다. 그러나 1960년대의 그녀는 오하이오주 애크런Akron의 괴짜 소녀였다. 그녀의 아버지는 굿이어 타이어Goodyear Tire 최초의 흑인 연구원이었던 산업화학자였다.[5] 도브는 회상한다.

나는 남동생과 함께 수학 숙제를 하곤 했다. 우리는 스스로 해결하기를 포기하고 아버지를 찾을 때까지 어려운 문제를 풀려고 애쓰면서 몇 시간씩 보내곤 했다. 왜냐하면, 글쎄, 아버지는 진짜 수학 천재였고 대수에 관한 질문을 받으면 "글쎄다, 우리가 로그를 사용한다면 더 쉽겠지."라고 말했기 때문이다. 우리는 항의한다. "그러나 우리는 로그를 몰라요!" 그래도 아버지는 계산자를 꺼내고, 우리는 두 시간 동안 로그를 배우게 된다. 저녁 시간은 다 지나가고.[6]

그런 기억은 〈학습 카드Flash Cards〉라는 시로 바뀐다.

학습 카드Flash Cards

나는 수학 신동이었다
오렌지와 사과의 수호자. 네가 이해하지 못하는 것은,
대장. 아버지가 말했다; 더 빨리
대답할수록, 그들이 더 빨리 온다는 거야.

선생님의 제라늄에서 봉오리 하나를 볼 수 있고,
젖은 유리창에서 벌 한 마리가 붕붕거린다.
폭우가 내린 뒤에는 언제나 튤립 줄기가 처진다.
그래서 나는 집으로 달려갈 때 머리를 숙인다.

일을 마친 아버지는 편하게 발을 높이 올리고
하이볼highball을 마시면서 〈링컨의 생애〉를 읽는다.
저녁 식사 후에 우리는 연습을 하고 나는 잠자리에 든다

잠들기 전에 가느다란 목소리가 숫자를 속삭인다
수레바퀴 위에서 돌면서 내가 추측해야 하는.
열, 나는 계속해서 말했다. 난 겨우 열 살이야.

〈학습 카드〉는 산술을 위로부터 강요되는 권위로 묘사한다. (이중으로— 터프한 아버지가 있고, 수학을 사랑하는 에이브러햄 링컨이 책의 형태로 등장한다.) 이 시에는 애정이 있다. 도브는 말했다.

"당신은 또한 그들이 당신을 사랑한다는 것을 깨닫는다. 그들이 당신을 위하여 이 모든 시간을 보내기 때문에. 그 시절에 아버지는 매우 엄격했다. 잠자리에 들기 전에는 학습 카드가 나와야 했다. 그 때는 싫었지만 지금은 기쁘다."[7]

그렇지만 당신은 결국, 가능한 한 빠르고 정확하게 답을 말하면서 어둠 속에서 바퀴 위를 달리고 있다. 많은 학생이 수학을 경험하는 방식이다.

대부분의 위대한 시인은 수학에 관한 시를 한 편도 쓰지 않지만 도브는 두 편을 썼다. 또 한 편은 다음 시다.

기하학

나는 정리를 증명하고 집은 확장된다:*
유리창이 천장 근처로 떠오르고
천장이 한숨을 쉬며 떠내려간다.

벽이 모두 사라져 투명함만 남고
카네이션 향기도 그와 함께 떠나간다.
나는 야외에 있다

그리고 위쪽의 창문은 경첩이 달린 나비가 되고,

---

* 도브가 보다 평등한 선거인단의 대표성을 위하여 하원(the House)을 확장하는 것을 암시한다고는 생각되지 않는다. 그러나 시어에는 여러 중복된 의미가 포함되므로, 원한다면 그렇다고 하자.

날개가 교차하는 곳에서 반짝이는 햇빛.

그들은 사실이지만 입증되지 않은 곳으로 가고 있다.

얼마나 다른가! 산술이 고역이라면, 기하학은 일종의 해방이다. 통찰력이 너무 강해서 벽을 옆으로 날려 버린다. (또는 보이지 않게 한다. 이것은 시이므로 시나리오의 정확한 물리학에 대해서 너무 명확할 필요는 없다고 생각한다.) 2차원의 페이지에 고정시킬 수는 없더라도 아름답게 보이는, 공간에서 교차하는 평면이 훨훨 날아갈 수 있는 아름다운 생명체가 된다. 이렇게 증명이 스스로를 드러낼 때 마음속에서 일어나는 일은 무거운 논리적 발걸음과는 거리가 멀다.

기하학에는 무언가 시를 쓸 가치가 있을 정도로 특별한 것이 있다. 학교에서 배우는 모든 다른 과목에서, 예를 들면 프렌치 인디언 전쟁French Indian Wars(오하이오강 주변의 인디언 영토를 둘러싸고 벌어진 영국과 프랑스의 식민지 쟁탈 전쟁_옮긴이)에서 누가 싸웠는지, 또는 포르투갈의 주산물이 무엇인지와 같은 문제에서는 결국, 교사나 교과서의 권위에 복종해야 한다. 기하학에서는 자신의 지식을 만든다. 그 힘은 우리의 손에 있다.

물론 그것이 바로 플랫랜드 사람들과 이탈리아 예수회가 기하학이 위험하다고 올바르게 인식한 이유다. 기하학은 권위의 대안적 원천을 대변한다. 피타고라스 정리는 피타고라스가 그렇게 말했기 때문에 사실이 아니다. 우리 스스로 사실임을 증명할 수 있기 때문에 사실이다. 보라!

그렇지만 사실과 증거는 같지 않다. 도브의 시가 끝나는, '사실이지만 입증되지 않은 곳'이다. 직관의 필수적인 역할을 주장하면서 같은 곳에 이르렀던 푸앵카레는 말했다.

> 내가 방금 한 말은 수학자의 자유로운 탐구를 어떤 유형이든 기계적인 과정으로 대체하려는 시도가 얼마나 헛된지를 보여 주기에 충분하다. 실제적 가치가 있는 결과를 얻으려면, 계산을 하거나 기계가 대상을 정리하도록 하는 것으로는 충분치 않다. 정말로 가치 있는 것은 단순한 질서가 아니라 예상치 못한 질서다. 기계는 벌거벗은 사실을 붙잡을 수 있지만, 사실의 영혼은 항상 거기서 벗어날 것이다.[8]

우리는 형식적 증명을 발판 삼아 직관의 범위를 넓히려 한다. 그러나 설명할 수는 없지만 볼 수 있는 지점에 어떻게든 도달하기 위하여 사용하지 않는다면, 증명은 아무 데도 닿지 않는 사다리처럼 쓸모가 없을 것이다.

수학자는 자신을 영원하고 견고한 지식을 갖춘 사람으로 세상에 내세운다. 우리가 그 모든 지식을 증명했기 때문이다. 증명은 우리에게 필수적인 도구이며, 링컨에게 그랬던 것처럼 확실성의 척도다. 하지만 그것이 요점은 아니다. 요점은 사물을 이해하는 것이다. 우리는 단지 사실만이 아니라 사실의 영혼을 원한다. 그것은 벽이 투명해지고, 천장이 날아가고, 우리가 기하학을 하고 있다는 것을 이해하는 순간이다.

몇 년 전에 그리고리 페렐만Grigori Perelman이라는 러시아 수학자가 푸앵카레 추측을 증명했다. 푸앵카레의 유일한 추측이 아니지만 그의 이름이 붙은 이유는 이 어려운 추측을 해결하려는 시도가 새롭고 흥미로운 아이디어들을 낳았기 때문이다. 말하자면, 그런 것이 정말로 훌륭한 추측이 스스로를 증명하는 방법이다.

나는 푸앵카레 추측을 정확하게 말하지 않으려 한다. 푸앵카레 추측은 3차원 공간과 관련된 추측인데, 그 공간이 반드시 우리가 살고 있는 공간일 필요는 없다. 오히려 푸앵카레는 조금 더 기하학적 풍요로움이 있는 3차원 공간, 자체적으로 휘고 구부러질 수 있는 공간에 대하여 묻는다.* 3차원 방문자에 의하여 플랫랜드에서 들어 올려진 정사각형이 제가 살고 있다고 생각했던 평면이 사실은 구의 표면이나** 심지어 복잡한 도넛 형태의 표면임을 깨닫고, 새로운 고차원 친구에게 당신의 3차원 세계가 사실은 4차원에서만 볼 수 있는 모종의 복잡한 모양이라면 어떻게 될지를 물었다고 상상해 보라. 당신이라면 뭐라고 말할 수 있을까?

도넛 위에서 사는지 아니면 구 위에서 사는지 알 수 있는 방법이 있다. 우리는 약간 탄성이 있는 끈으로 도넛의 표면에 닫힌 고리를 만들 수 있다.

이 고리는 도넛 표면에서 아무리 끌고 다녀도 합쳐지지 않는다.

---

* 잠깐, 우리가 사는 공간이 실제로 그렇다고 아인슈타인이 말하지 않았나? 비슷하다. 그러나 상대성이론의 기하학에서는 각도가 불변인 반면에 푸앵카레의 질문은 원과 사각형과 삼각형이 모두 동일한, 위상기하학이라 불리는 더 느슨한 속성의 기하학을 포함한다.

** 이는 실제로, 1950년대에 네덜란드의 학교 교사 디오니스 부르거(Dionys Burger)가 쓴 플랫랜드 속편의 줄거리다. 스피어랜드(Sphereland)라는 적절한 제목의 속편에 등장하는 사회는 매우 큰 삼각형의 내각의 합이 180도보다 크다는 사실을 발견하고 동요한다.

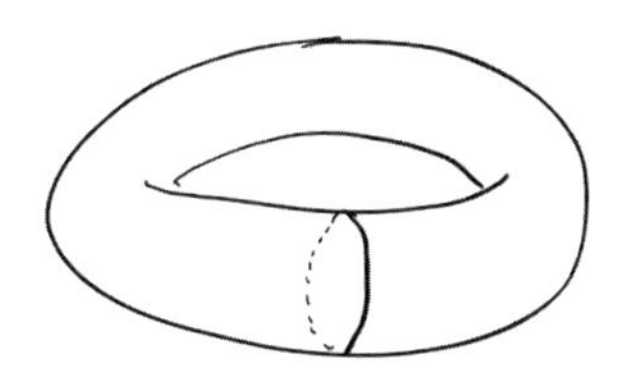

구는 이야기가 다르다. 구의 표면에 있는 어떤 고리든 한 점으로 축소될 수 있다.

우리의 3차원 공간에서 상상하기는 조금 어렵지만 시도해 보면 어떨까? 우리 손에 쥘 수 있는 끈고리는 우주를 떠나지 않고도 수축될 수 있음이 분명하다. 그러나 지구로부터 기가파섹gigaparsecs(10억 파섹. 1파섹은 3.26광년의 거리_옮긴이)의 거리를 여행한 후에 다시 지구로 돌아왔음을 알게 되는 우주선이라면 어떨까? 우주선의 경로를 우주 공간의 아주 긴 고리로 생각한다면, 잡아당겨서 닫을 수 있다는 사실이 명확할까? 우주의 대규모 기하학은 전자 내부의 미시적 기이함만큼이나 직접적 관찰로 접근할 수 없다.

푸앵카레는 닫을 수 있거나 닫을 수 없는 고리의 개념이 정말로 근본적인 개념임을 알았다. 그의 추측은 닫을 수 없는 고리가 없는 3차원 공간이 한 가지뿐이며 우리에게 친숙한 공간이라는 것이다. 모든 고리를 당겨서 닫을 수 있음을 확인하면 공간의 모양에 대하여 알아야 할 모든 것을 알게 된다.

솔직하게 말해서, 푸앵카레는 정확히 그렇게 추측하지는 않았다. 그는 1904년 박람회에서 발표한 논문에서 어느 한쪽을 내세우지 않고 단지 그것이 사실일지만을 물었다. 아마도 보수적인 기질 때문이었을 것이다. 아니면 1904년 논문에서 —4년 전에 자신이 발표한— 동일한 맥락의 다른 추측이 완전히 틀렸음을 보였기 때문이었을 수도 있다. 이런 일은 당신이 생각하는 것보다 흔하다. 위대한 수학자라도 수많은 잘못된 추측을 한다. 당신이 절대로 잘못 추측하지 않는다면, 충분히 어려운 문제에 관하여 추측하지 않는 것이다.

100년 뒤에 페렐만은 푸앵카레가 상상하기도 어려웠을 방법을 사용하여 푸앵카레의 질문에 답했다. 한 단계 더 올라간 그의 증명은 모든 기하학의 기하학을 이용하여, 고리가 없는 신비로운 3차원 공간이 우리가 알고 사랑하는 표준적 3차원 공간이 될 때까지 모든 공간의 공간 속으로 흐르게 한다.

쉬운 증명이 아니다.

그러나 페렐만의 새로운 아이디어는 이러한 추상적 연구의 흐름에 거대한 물결을 일으켰고, 기하학이 무엇인지에 대한 수학자들의 이해를 넓혔다. 페렐만 자신은 그 일부가 아니었다.[9] 그는 상트페테르부르크의 작은 아파트에 은둔하면서, 이 문제와 관련한 필즈메달Fields Medal과 클레이 재단Clay Foundation의 현상금 100만 달러를 모두 거절했다. 여기서 한 가지 사고실험thought experiment을 제안한다. 푸앵카레 추측이 내향적인 러시아 기하학자가 아니라 기계에 의하여 증명되었다면 어떨까? 이를테면 치누크의 손자의 손자가 체커를 푸는 대신에 이 3차원 기하학 문제를 해결할 수 있었다면. 그리고 체커에 대한 치누크의 완벽한 전략처럼, 기계의 증명이 인간의 마음으로는 판독할 수 없는 숫자나 형식 기호의 문자열로서 정확함을 입증할 수는 있지만, 그 어떤 의미로도 이해할 수 없는 증명이었다고 가정하자.

그랬다면, 기하학의 가장 유명한 추측 중 하나가 해결되어 지금 그리고 영원히 옳다는 사실이 입증되었음에도 불구하고 나는 상관하지 않는다고 말했을 것이다. 조금도 개의치 않았을 것이다! 무엇이 진실인지 또는 거짓인지가 요점이 아니기 때문이다. 진실과 거짓은 그렇게 흥미롭지 않다. 그들은 영혼이 없는 사실이다. 현대의 비유클리드 3차원 기하학의 위대한 탐색가이며, 펠레만의 연구를 통하여 성공적으로 완성된, 모든 기하학을 분류하는 대전략의 설계자인 빌 서스턴Bill Thurston은 수학을 진실의 생산 공장으로 여기는 산업적 관점을 좋아하지 않았다.

“우리는 정의, 정리, 증명의 추상적인 할당량을 맞추려는 것이 아니다. 우리의 성공을 판단하는 척도는 우리의 일이 사람들로 하여금 더 명확하고 효과적으로 수학을 생각하고 이해할 수 있게 하는가이다.”[10]

수학자 데이비드 블랙웰David Blackwell은 더 직설적으로 말했다.

“나는 기본적으로 연구에 흥미가 없고 연구를 해 본 적도 없다. 그와는 전혀 다른, 이해하는 일에 관심이 있다.”[11]

기하학은 사람으로 이루어진다. 보편적이고 영원하게 느껴지며, 지금까지 존재했던 모든 인간 공동체에서 거의 같은 형태로 나타나지만, 또한 바로 여기의 시간과 공간 그리고 사람들 사이에도 있다. 기하학은 우리에게 집이 확장되는 것을 가르친다.

블랙웰은 마르코프 연쇄에 관하여 많은 업적을 쌓은 확률론 학자였지만, 링컨, 도브, 로널드 로스와 마찬가지로 유클리드의 평면에서 영감을 얻었다. 그는 "기하학이야말로 수학이 정말로 아름답고 아이디어로 가득 차 있다는 것을 일깨워 준 유일한 과목이었다."라고 말했다. 블랙웰은 어쩌면 당나귀 다리의 증명일 수도 있는 증명을 회상한다.

"나는 아직도 보조선helping line의 개념을 기억한다. 상당히 신비로워 보이는 명제가 제시된다. 누군가가 선을 긋고 나면 갑자기 명제가 분명해진다. 아름다운 일이다."[12]

내 아이들이 나를 이겼다!

아크나이의 화덕the oven of Akhnai이라는 유명한 탈무드Talmud 이야기.[13] 한 무리의 랍비rabbis가, 랍비들이 모이면 늘 그렇듯이, 격렬한 논쟁을 벌이고 있다. 논쟁 중인 문제는, 잘린 조각을 다시 회반죽으로 붙인 화덕이 자르지 않은 돌로 만든 화덕을 지배하는 것과 같은, 청결 의례에 관한 규범을 따르는가였다. 그들이 무엇에 관한 논쟁을 벌였는지는 별로 중요하지 않다. 단 한 사람에 불과한 랍비 엘리저 벤 후루카누스Eliezer ben Hurcanus만이 방에 있는 모든 사람의 견해에 반대하는 소수 의견을 굳게 고수하고 있다. 논쟁이 뜨거워진다. 탈무드에 따르면 랍비 엘리저가 '세상의 모든 증거'를 제시해도 반대자들은 흔들리지 않는다. 엘리저는 더욱 극적인 형태의 시연으로 눈을 돌린다.

"토라Torah(유대교의 율법서_옮긴이)에 대한 나의 해석이 옳다면, 캐럽carob 나무가 그것을 증명하게 하라!"

그러자 근처에 있는 캐럽 나무의 뿌리가 저절로 뽑히더니 100 큐빗cubit(1큐빗은 약 45센티미터_옮긴이) 밖으로 뛰어오른다. 반대자들의 우두머리인 랍비 여호수아Joshua는 상관없다고 말한다. 캐럽 나무는 증거가 아니다. 좋다, 랍비 엘리저가 말한다. 내가 옳다면 시냇물이 증명하게 하라! 그러자 시냇물이 거꾸로 흐르기 시작한다. 무슨 상관이야, 랍비들이 말한다. 시냇물은 증거가 아니다. 엘리저가 다시 말한다. 내가 옳다면, 아카데미의 벽이 그것을 증명하게 하라! 그러자 벽이 구부러지기 시작한다. 그것조차도 반대하는 랍비들에게 감명을 주지 못한다.

그러나 엘리저에게는 마지막 카드가 있다.

"토라의 율법에 관해서 내가 옳다면, 하늘이 내가 옳다는 것을 증명하게 하라."

그러자 천상에서 하느님의 목소리가 들린다.

"너희는 어찌하여 랍비 엘리저를 그토록 괴롭히느냐? 그가 이런 문제에서 항상 옳다는 것을 알면서."

그러자 랍비 여호수아가 일어서서 말한다.

"하느님의 목소리는 증거가 아니다! 토라는 더 이상 천상에 있지 않고 여기 지상에 기록되어 있으며 우리가 받은 율법은 분명하다. 판결은 다수 의견으로 결정되고, 다수 의견은 랍비 엘리저의 견해에 반대한다."

그러자 하느님이 웃음을 터뜨린다.

"내 아이들이 나를 이겼구나! 내 아이들이 나를 이겼어!"

천상의 목소리가 기쁘게 선언하고는 잠잠해진다.

이 의견 불일치에 관한 이야기는 많은 의견 충돌을 낳는다. 프로메테우스Prometheus처럼 신의 권위를 낚아챈 여호수아를 영웅으로 보는 사람도 있다. 이 이야기에서 여호수아는 시골 변호사에 해당하고, 에이브러햄 링컨도 그의 편을 들었을 것이다. 링컨의 파트너 헌든은 설명했다.

"그는 사실과 원칙을 분석하는 데 양보가 없었다. 철저한 분석 과정이 모두 끝난 뒤에야 생각을 정립하고 표현할 수 있었다. 그는, 전통이나 권위에서 비롯된 것일지라도, '그렇다고 하라say so's'는 말을 믿지도 존중하지도 않았다."[14]

다른 사람들은 모두의 반대에 맞서서 자신의 믿음을 옹호하는 엘리저를 선호한다. 엘리 위젤Elie Wiesel은 자신과 동명인 랍비에 대하여 이렇게 말한다.

"나는 또한 엘리저의 고독함 때문에 그를 좋아한다. … 그는 결코 굴복하지 않는 자신의 모습을 지켰고, 다른 사람이 뭐라 하든 자신의 생각에 충실했다. 고독할 준비가 되어 있었다."[15]

여기서 1960년대에 기하학을 처음부터 다시 만들었지만 업적이 거론되지 않은 채로 책의 끝까지 오게 된(글쎄, 어쩌면 다음번에는 기회가 있을지도), 알렉산더 그로텐디크Alexander Grothendieck가 생각난다. 그는 파리에서의 초창기 학창 시절을 다음과 같이 회상했다.

> 그 중요한 시기에 나는 혼자 해 나가는 법… 명시적이든 암묵적이든, 내가 속하게 된 집단이나 무슨 이유로든 주장되는 권위가

제시하는 합의consensus의 개념에 의존하기보다, 나만의 방식으로 배우고 싶은 것을 찾아가는 방법을 배웠다. 이러한 침묵의 합의는, 중등학교와 대학교 모두에서 '명백히 자명한', '일반적으로 알려진', '문제가 없는' 등등의 방식으로 사용되는, '부피' 같은 용어가 정말로 무슨 의미인지를 걱정할 필요가 없다는 것을 알려 주었다. 나는 그들의 머리 위로 넘어가곤 했다. … 합의의 졸pawn이 되기보다 독자적인 존재가 되는 것은 '넘어가는' 몸짓, 즉 다른 사람들이 그려 놓은 고정된 원 안에 머물기를 거부하는 몸짓을 통해서다. 이와 같은 고독에서 진정한 창조성이 발견된다. 다른 모든 것은 자연스럽게 따라온다.[16]

그렇지만 그로텐디크가 그로텐디크가 된 것은 그의 아이디어를 키워 준 프랑스 기하학의 비옥한 토양과, 혁신적인 아이디어를 즉시 흡수한 파리 수학계의 여러 수학자 덕분이었다.

우리는 기하학적 대상에 관하여 팬데믹의 진행을 기록하려 하거나, 게임을 지배하는 전략의 나무를 탐색하거나, 어느 것이 다른 것에 가깝다고 느껴지는지를 이해하려 하거나, 집의 외관을 내부에서 시각화하려 하거나, 또는 링컨처럼 자신의 믿음과 가정을 엄밀하게 비판할 때, 어떤 면에서는 혼자다. 그러나 또한 지구상의 모든 사람과 함께 혼자다. 방식은 다르지만, 모두가 기하학을 한다. 이름이 뜻하는 대로 기하학은, 우리가 세계를 측정하는 방법이다. 따라서 (오직 기하학에서만 '따라서'라고 말할 수 있다) 우리 자신을 측정하는 방법이다.

▼

감사의 글

▲

책을 쓰는 초기에 격려와 지원을 아끼지 않은 나의 에이전트 제이 맨델과 그의 조수 션 애쉴리 에드워즈, 그리고 윌리엄 모리스 엔데버William Morris Endeavor의 모든 사람에게 감사한다. 그리고 펭귄 출판사의 스콧 모이어스 편집자와 다시 작업하게 된 것은 큰 기쁨이었다. 그들은 일관되게 출판사가 팔기를 원하는 책을 쓰도록 하는 것이 아니라, 저자가 쓰고 싶은 책을 쓰도록 하는 데 전념했다. 특히 미아 카운실, 리즈 칼라마리, 쉬나 파텔, 영국 펭귄 출판사의 로라 스티크니, 그리고 놀라운 이미지의 표지를 만들어 준 스테파니 로스에게 감사한다.

연구 조수가 필요한지를 물어서 우울했던 지난여름에 나를 구해 낸 라일리 말론에게 감사한다. 정말로 필요했다! 이 책은 그녀가 이상한 질문의 답을 추적하고, 제시된 사실을 확인하고, 이상한 표현에 의문을 제기하면서 보낸 시간에 크게 힘입었다. 교열 담당자 그렉 빌피크는 전체 원고를 전문가의 솜씨로 샅샅이 훑어서, 내 자신의 바 미츠바 연도를 포함하여, 여러 당혹스러운 사실적 오류에서 나를 구해 주었다. 질문에 답하고, 워크숍에 참석하고, 참을성 있게 헌법과 양자물리학을 설명해 준 친구, 지인, 그리고 초면인 사람들의 도움을 받을 수 있었던 것은 행운이었다. 모두를 거명할 수는 없지만, 아미르 알렉산더, 마사 알리발리, 데이비드 베일리, 톰 밴초프, 마이라 번스타인, 벤 블럼스미스, 배리 버든, 데이비드 칼튼, 리타 도브, 찰스 프랭클린, 앤드루 겔만, 리사 골드버그, 마가렛 그레이버, 엘리센다 그릭스비, 패트릭 호너, 캐서린 호간, 마크 휴즈, 패트릭 이버, 랄리트 제인, 켈리 제프리스, 존 존슨, 말리아 존스, 데렉 카우프만, 엠마뉴엘 코왈스키, 아담 쿠차르스키, 그렉 쿠버버그, 저스틴 레빗, 완린 리, 런던 위생 열대의학 대학원London School of Hygiene and Tropical Medicine의 활동가들, 제프 맨델, 조너선 매팅리, 켄 메이어, 로렌조 나즈트, 제니퍼 넬슨, 롭 노와크, 캐시 오닐, 벤 올린, 찰스 펜스, 웨스 펙든, 더글라스 폴란드, 벤 레치트, 조너선 셰퍼, 톰 스코카, 아제이 세티, 리오 실버만, 짐 스타인, 스티브 스트로가츠, 진 룩 티폴트, 찰스 워커, 트래비스 워윅, 에이미 윌킨슨, 롭 야블론, 태식 윤, 팀 유, 그리 아자이 줏시에게 감사한다.

미완성 상태의 정리되지 않은 책을 섹션별로 읽어서 보다 나아지게 만들어 주신 분들께 특별히 감사한다. 칼 버그스트롬, 메레디스 브루사드, 알렉 데이비스, 랄리트 제인, 아담 쿠차르스키, 그렉 쿠버버그, 더글라스 폴랜드, 벤 레치트, 리오 실버만, 스티브 스트로가츠, 그리고 누구보다도 책의 대부분을 읽고 그 모두가 말이 된다고 내가 믿도록 도와 준 편집자 미셸 시에게 감사한다.

게리맨더링이 정치적으로 중요한 문제일 뿐만 아니라 심오하고 흥미로운 수학 문제를 내포한다는 것을 보여 준 문 더친과, 2018년도 위스콘신주 선거 데이터에 대한 추가 분석을 수행한 그레고리 허쉴랙에게 감사한다.

늘 그렇듯이, 작가로서의 작업을 변함없이 지원해 준 매디슨의 위스콘신 대학교에서 일하게 된 것은 행운이다. 우리 캠퍼스는 이처럼 광범위한 책을 쓰기에 가장 적합한 환경이다. 걸어갈 수 있는 거리 안에 모든 분야의 전문가가 있다. 커피를 마실 곳도 많다.

나에게 처음으로 기하학을 가르친 선생님은 2020년 11월에 코로나19로 사망한 에릭 월스타인이었다. 선생님이 더 많은 아이들에게 수학을 가르쳤더라면 좋았을 텐데.

기하학에 관한 책에 포함되었으면 좋았겠지만, 한 가지 더 인정하고 싶은 것은 시간과 공간이 부족해서 쓰지 못한 이야기가 많다는 것이다. 나는 '럼퍼와 스플리터lumpers and splitters'와 군집 이론, 주데아 펄Judea Pearl과 인과관계 연구에서의 방향성 비순환 그래프의 사용, 마샬 군도Marshall Islands의 항해도, 착취 대 탐구와 다중-무장 도적multi-armed bandit, 사마귀 유충의 쌍안시binocular vision, N×N 격자에서 어떤 세 점도 이등변삼각형을 형성하지 않는 부분집합의 최대 크기(당신이 정말 이 문제를 풀었다면 알려 주기 바란다)에 관하여 이야기하려 했었다. 푸앵카레에서 시작하여 당구, 시나이Sinai, 그리고 미르자하니Mirzakhani에 이르는 역학, 대수학과 기하학의 통합을 시작했던 데카르트, 그 통합의 범위를 데카르트가 꿈꾸었던 것보다 훨씬 더 멀리 확대한 그로텐디크에 관해서도 더 많이 다루고 싶었지만, 거의 이야기하지 못했다. 파국 이론catastrophe theory과 생명의 나무tree of life도 마찬가지다. 현실 세계의 기하학에서는 항상 실제와 이상을 동시에 바라보아야 하며 책을 쓰는 일도 비슷하다. 이 책의 이상은 그저 독자와 나의 상상에 맡겨야 할 것이고, 독자의 손으로 찾아낸 것이 충분히 훌륭한 스케치였기를 바란다.

책을 쓰는 일은 온 가족이 참여하는 작업이다. 내 아들 CJ는 수년간의 위스콘신주 선거 데이터를 정리·분석했고, 딸 AB는 몇 점의 그림을 그렸다. 그리고 모두가, 왜 상당히 많은 사람이 싫어한다고 생각되는 주제에 대하여 책을 쓰는 것이 좋은 아이디어라고 생각했을까 후회하는 나를 참아 주었다. 타냐 슐램Tanya Schlam은 독자가 이 책에서 보는 모든 것을 처음과 마지막으로 읽으면서, 거친 문장을 매끄럽게, 비뚤어진 구절을 곧게, 모호한 설명을 분명하게 만들었다. 그녀가 없었다면 이 책이 나오지 못했을 것이다.

▼
노트
▲

서문. 어디에 있고 어떻게 생겼는지

—

1. A Structural Typology," Journal of Consciousness Studies 9, no. 2 (2002): 3- 30, 10페이지로부터. 내가 개인적 경험으로 이야기한다고 생각할지도 모르니까.
2. Jillian E. Lauer and Stella F. Lourenco, "Spatial Processing in Infancy Predicts Both Spatial and Mathematical Aptitude in Childhood," Psychological Science 27, no. 10 (2016): 1291-98.
3. Margalit Fox, "Katherine Johnson Dies at 101; Mathematician Broke Barriers at NASA," New York Times, Feb. 24, 2020, 2010년 〈페이어트빌 옵저버(Fayettevile Observer)〉 인터뷰에 근거한다.
4. 예컨대, Newton P. Stallknecht, "On Poetry and Geometric Truth," The Kenyon Review 18, no. 1 (1956)에 인용된 대로. 워즈워스는 《서곡》을 여러 번 고쳐 썼으며, 여기처럼 '스스로(itself)'가 아니고 'herself(그녀 스스로)'를 사용한 버전도 있다.
5. John Newton, An Authentic Narrative of Some Remarkable and Interesting Particulars in the Life of John Newton, 4th ed. (Printed for J. Johnson, 1775),

75-82.

6. Thomas De Quincey, The Works of Thomas De Quincey, vols. 3-4 (Cambridge, MA: Houghton, Mifflin, and Co.; The Riverside Press, 1881), 325.
7. See the letter of June 26, 1791. from the poet's sister Dorothy Wordsworth to Jane Pollard (Letters of the Wordsworth Family From 1787 to 1855, vol. 1. ed. William Knight (Cambridge: Ginn and Company, 1907), 28, 시인의 누이 도로시 워즈워스(Dorothy Wordsworth)는 제인 폴라드 (Jane Pollard)에게 보낸 1791년 6월 26일 편지에서, 워즈워스가 자신에게 수학 공부를 강제할 수 없었기 때문에 케임브리지의 장학금을 받지 못했다고 설명한다. "그는 이탈리아어, 스페인어, 프랑스어, 영어책을 읽지만, 수학책을 펼치는 일은 절대로 없다."
8. Joan Baum, "On the Importance of Mathematics to Wordsworth," Modern Language Quarterly 46, no. 4 (1985): 392.
9. 해밀턴이 1822년 9월 4일에 사촌 아더(Arthur)에게 보낸 편지. reproduced in Robert Perceval Graves, Life of Sir William Rowan Hamilton, vol. 1 (Dublin: Hodges Figgis, 1882), 111.
10. 적어도 로버트 퍼시발 그레이브스(Robert Perceval Graves)는, 친구 해밀턴이 살아 있는 동안에 쓴, 〈더블린대 매거진 19 (1842): 95〉에 실린 해밀턴의 프로필에서 그렇게 말한다. 나중에 《윌리엄 로언 해밀턴 경의 생애》의 78페이지에서도 같은 이야기를 되풀이한다. 내가 아는 한 이 이야기는, 그레이브스의 책을 근거로 이후에 출간된 거의 모든 해밀턴 관련 문헌에 나온다. 1820년 콜번과의 만남과 그의 놀라운 계산 능력을 '목격'했음을 설명하는 해밀턴의 편지가 있지만, 콜번과의 시합을 언급한 편지는 찾지 못했다. 주.11의 콜번 자신의 회고록에도, 다른 신동들을 만나고 자신이 우월함을 느낀 자랑스러운 이야기는 있으나, 그런 시합이나 해밀턴을 만난 일조차 언급되지 않는다. 정말로 두 사람의 시합이 있었을까?
11. Zerah Colburn, A Memoir of Zerah Colburn: Written by Himself. Containing an Account of the First Discovery of His Remarkable Powers; His Travels in America and Residence in Europe; a History of the Various Plans Devised for His Patronage; His Return to this Country, and the Causes which Led

Him to His Present Profession; with His Peculiar Methods of Calculation (Springfield, MA: G. and C. Merriam, 1833), 72.

12. Graves, Life of Sir William Rowan Hamilton, 78-79.
13. 주.13의 261페이지에 인용된, 해밀턴이 1827년 9월 16일에 엘리자 해밀턴에게 보낸 편지.
14. Tom Taylor, The Life of Benjamin Robert Haydon, vol. 1(London: Longman, Brown, Green, and Longmans, 1853), 385.

1장. "나도 유클리드에게 투표한다"

—

1. "Mr. Lincoln's Early Life: How He Educated Himself," New York Times, Sep. 4, 1864, 5. 물론 여기에 '인용된' 링컨은 걸리버의 회상이며 링컨이 한 말의 정확한 기록으로 간주할 수 없다.
2. The Real Lincoln; a Portrait (Boston: Houghton Mifflin, 1922), 240.에 인용된 헌든의 회상. 나는 이 이야기를, 원의 네모화나 각도의 3등분 등 독자가 알고 싶어할 만한 모든 것이 들어 있는, 데이브 리치슨(Dave Richeson)의 놀라운 책 《불가능의 이야기(Tales of Impossibility, 프린스턴대 출판부, 2019)》에서 알게 되었다.
3. 나의 캐주얼한 번역이다. '원을 네모로 만들기'라는 번역은 다음 문헌에 근거한다. R. B. Herzman and G. W. Towsley in "Squaring the Circle: Paradiso 33 and the Poetics of Geometry," Traditio 49 (1994): 95- 125.
4. John Aubrey, 'Brief Lives,' Chiefly of Contemporaries, Set down by John Aubrey, between the Years 1669 & 1696, vol. 1. ed. Andrew Clark (Oxford: Oxford University Press, 2016), 332. https://www.gutenberg.org/files/47787/47787-h/47787-h.htm.
5. F. Cajori, "Controversies in Mathematics Between Hobbes, Wallis, and Barrow," Mathematics Teacher 22, no. 3 (March 1929): 150.
6. Review of Geometry without Axioms, from Quarterly Journal of Education XIII (1833): 105.

7. 이러한 통찰은 다음에 근거한다. Adam Kucharski, "Euclid as Founding Father," Nautilus, Oct. 13, 2016. http://dev.nautil.us/issue/41/selection/euclid-as-founding-father.
8. Abraham Lincoln, The Collected Works of Abraham Lincoln, vol. 3, eds. Roy P. Basler et al. (New Brunswick, NJ: Rutgers University Press, 1953), 375. Accessed at http://name.umdl.umich.edu/lincoln3.
9. Thomas Jefferson, The Essential Jefferson, ed. Jean M. Yarbrough (Indianapolis: Hackett Publishing, 2006), 193.
10. Thomas Jefferson, The Papers of Thomas Jefferson, Retirement Series, vol. 4, ed. J. Jefferson Looney (Princeton: Princeton University Press, 2008), 429. Accessed at https://press.princeton.edu/ books/ebook/9780691184623/the-papers-of-thomas-jefferson-retirement-series-volume-4.
11. 기하학의 개념에 관한 제퍼슨과 링컨의 차이에 대해서는 다음을 참조하라. Drew R. McCoy, "An 'Old-Fashioned' Nationalism: Lincoln, Jefferson, and the Classical Tradition," Journal of the Abraham Lincoln Association 23, no. 1 (2002): 55- 67.
12. 앞의 원을 네모로 만드는 사람들에 대한 인용과 동일한 저자 및 리뷰. Quarterly Journal of Education, vol. XIII (1833): 105. 이 익명의 저자는 매우 자주 인용된다!
13. William George Spencer, Inventional Geometry: A Series of Problems, Intended to Familiarize the Pupil with Geometrical Conceptions, and to Exercise His Inventive Faculty (New York: D. Appleton, 1877), 16. 영국판은 1860년에 나왔다.
14. James J. Sylvester, "A Plea for the Mathematician," Nature 1 (1870): 261-63.
15. Kenneth E. Brown, "Why Teach Geometry?," Mathematics Teacher 43, no. 3 (1950): 103-6. Accessed at https://www.jstor.org/stable/27953519.
16. H. C. Whitney, Lincoln the Citizen (New York: Baker & Taylor, 1908), 177. 솔직히 말해서 휘트니가 바로 다음에 제시하는 '기업에 영혼이 있다고 말할 수 있는가'의 문제를 포함한 오류의 예는 연역적 논리의 실패로 보이지 않는다.

17. Whitney, Lincoln the Citizen, 178.
18. The Orlin material is from his Oct. 16, 2013, "Two-Column Proofs That Two-Column Proofs Are Terrible," Math with Bad Drawings (blog), http://mathwithbaddrawings.com/2013/10/16/two-column-proofsthat-two-column-proofs-are-terrible/.
19. 10인 위원회와 2열 증명의 역사에 대해서는 다음을 참조하라. P. G. Herbst, "Establishing a Custom of Proving in American School Geometry: Evolution of the Two-Column Proof in the Early Twentieth Century," Educational Studies in Mathematics 49, no. 3 (2002): 283- 312.
20. Ben Blum-Smith, "Uhm Sayin," Research in Practice(blog), http://researchinpractice.wordpress.com/2015/08/01/uhm-sayin/.
21. Bill Casselman, "On the Dissecting Table," Plus Magazine, Dec. 1. 2000. https://plus.maths.org/content/dissecting-table.
22. Henri Poincaré, The Value of Science, trans. G. B. Halsted (New York: The Science Press, 1907), 23.
23. M. J. Nathan, et al., "Actions Speak Louder with Words: The Roles of Action and Pedagogical Language for Grounding Mathematical Proof," Learning and Instruction 33 (2014): 182-93.
24. A Scientific Biography (Princeton: Princeton University Press, 2012), 26.

2장. 빨대에는 구멍이 몇 개나 있을까

—

1. David Lewis and Stephanie Lewis, "Holes," Australasian Journal of Philosophy 48, no. 2 (1970): 206-12.
2. https://forum.bodybuilding.com/showthread.php?t=162056763& page=1.
3. 이 동영상은 다음을 포함하여 여러 온라인 사이트에서 재생되었다. http://metro.co.uk/2017/11/17/how-many-holes-does-a-straw-have-debate-drives-internetinsane-7088560/.

4. shot a video: www.youtube.com/watch?v=W0tYRVQvKbM.
5. 사실대로 말해서, 베이글 제빵사들은 긴 반죽을 연결하기도 하고 구 모양 반죽의 가운데를 파내기도 하지만 다 구워진 빵에 구멍을 내는 사람은 없다.
6. Galina Weinstein, “A Biography of Henri Poincaré—2012 Centenary of the Death of Poincaré,” ArXiv preprint server, July 3, 2012, 6. Accessed at https://arxiv.org/pdf/1207.0759.pdf.
7. the loss of Alsace: Jeremy Gray, Henri Poincaré: A Scientific Biography (Princeton: Princeton University Press, 2012), 18-19.
8. In 1889 he won: June Barrow-Green, “Oscar II's Prize Competition and the Error in Poincaré's Memoir on the Three Body Problem,” Archive for History of Exact Sciences 48, no. 2 (1994): 107-31.
9. precise habits: Weinstein, “A Biography of Henri Poincaré,” 20.
10. Tobias Dantzig, Henri Poincaré: Critic of Crisis (New York: Charles Scribner's Sons, 1954), 3.
11. Gray, Henri Poincaré, 67.
12. “La Géométrie est l'art de bien raisonner sur des figures mal faites.” Henri Poincaré, “Analysis situs,” Journal de l'École Polytechniqueser. 2, no. 1 (1895): 2.
13. Dantzig, Henri Poincaré, 3.
14. 푸앵카레에게 공정하게 말해서, 위상기하학의 새벽을 보았고 2002년에 110세의 나이로 사망한 레오폴트 비토리스(Leopold Vitories)는 푸앵카레가 구멍들이 공간을 형성한다는 것을 알았지만 ‘취향’에 따라 그렇게 표현하지는 않았다고 말한다. 나는 뇌터의 취향을 선호한다. (Saunders Mac Lane, “Topology Becomes Algebraic with Vietoris and Noether,” Journal of Pure and Applied Algebra 39 [1986]: 305- 7) 비토리스도 비슷한 시기에 뇌터와 독립적으로 같은 개념을 공식화했지만, 당시에는 비엔나의 수학이 즉시 괴팅겐에 알려지지 않았고 그 반대도 마찬가지였다.
15. Erster Band. Grundbegriffe der Mengentheoretischen Topologie Topologieder Komplexe· Topologische Invarianzsätze und Anschliessende

Begriffsbildungen· Verschlingungen im n-Dimensionalen Euklidischen Raum Stetige Abbildungen von Polyedern

16. 리스팅의 전기에 관한 내용은 다음을 참조하라. "Johann Benedikt Listing," History of Topology, ed. I. M. James (Amsterdam: North-Holland, 1999), 909-24.

17. Poincaré, "Analysis situs," 1.

3장. 다른 것에 같은 이름 붙이기

—

1. 남북전쟁 전에 작성한 개인 메모에서. Michael Burlingame, Abraham Lincoln: A Life (Baltimore: Johns Hopkins University Press, 2013), 510.

2. 박람회에 관한 정보는 주로 다음을 참조했다. D. R. Francis, The Universal Exposition of 1904, vol. 1 (St. Louis: Louisiana Purchase Exposition Company, 1913).

3. Henri Poincaré, "The Present and the Future of Mathematical Physics," trans. J. W. Young, Bulletin of the American Mathematical Society 37, no. 1 (Dec. 1999): 25.

4. Poincaré, "The Present and the Future," 38.

5. 독일어로 mist는 '쓰레기, 오물'을 뜻한다. Colin McLarty, "Emmy Noether's first great mathematics and the culmination of first-phase logicism, formalism, and intuitionism," Archive for History of Exact Sciences 65, no. 1 (2011): 113.

6. "Professor Einstein Writes in Appreciation of a Fellow-Mathematician," New York Times, May 4, 1935, 12.

4장. 스핑크스의 파편

—

1. St. Louis Post-Dispatch, Sep. 17, 1904, 3.

2. 로스의 강연 시간은 다음에서 찾을 수 있다. Hugo Munsterberg, Congress of Arts and Science, Universal Exposition, St. Louis, 1904: Scientific Plan of the Congress (Boston: Houghton, Mifflin, 1905), 68.
3. D. R. Francis, The Universal Exposition of 1904, vol. 1 (St. Louis: Louisiana Purchase Exposition Company, 1913), 285.
4. Ronald Ross, "The Logical Basis of the Sanitary Policy of Mosquito Reduction," Science 22, no. 570 (1905): 689-99.
5. Houshmand Shirani-Mehr et al., "Disentangling Bias and Variance in Election Polls," Journal of the American Statistical Association 113, no. 522 (2018): 607- 14. 저자 중 한 사람인 통계학자 앤드루 겔만(Andrew Gelman)의 블로그는 흥미로운 통계적 논의의 중심을 이룬다. 다른 두 저자의 일반인을 위한 논문 해설판도 참조하라. David Rothschild and Sharad Goel, "When You Hear the Margin of Error Is Plus or Minus 3 Percent, Think 7 Instead," New York Times, Oct. 5, 2016.
6. A. Prokop, "Nate Silver's Model Gives Trump an Unusually High Chance of Winning. Could He Be Right?," Vox, Nov. 3, 2016. https://www.vox.com/2016/11/3/13147678/nate-silver-fivethirtyeight-trumpforecast.
7. The New Republic, Dec. 14, 2016.
8. Egon S. Pearson, "Karl Pearson: An Appreciation of Some Aspects of His Life and Work," Biometrika 28, no. 3/ 4 (Dec. 1936): 206. Egon S. Pearson is Karl Pearson's son.
9. 언급된 것 외에, 이 두 문단의 피어슨의 전기 데이터는 다음에 근거한다. M. Eileen Magnello, "Karl Pearson and the Establishment of Mathematical Statistics," International Statistical Review 77, no. 1 (2009): 3- 29.
10. 《칼 피어슨》 207페이지에 인용된 1884년 6월 9일 편지.
11. 다음에 인용된 1884년 11월 12일 편지. M. Eileen Magnello, "Karl Pearson and the Origins of Modern Statistics: An Elastician Becomes a Statistician," New Zealand Journal for the History and Philosophy of Science and Technology 1 (2005). Accessed at http:// www.rutherfordjournal.org/ article010107.html.

12. W. F. R. Weldon, Speciation and the Origins of Pearsonian Statistics," British Journal for the History of Science 29, no. 1 (Mar. 1996): 47-48.

13. Pearson, "Karl Pearson," 213.

14. Pearson, "Karl Pearson," 228.

15. 다음에 인용된 1895년 2월 11일 편지. Stephen M. Stigler, The History of Statistics (Cambridge: The Belknap Press of Harvard University Press, 1986), 337.

16. 주.15의 문헌에 인용된 1895년 3월 6일 편지. Stigler, History of Statistics, 337.

17. "Karl Pearson and Sir Ronald Ross," Library and Archives Service Blog, http://blogs.lshtm.ac.uk/library/2015/03/27/karlpearson-and-sir-ronald-ross.

18. Karl Pearson, "The Problem of the Random Walk," Nature 72 (Aug. 1905), 342.

19. 적어도 버나드 브루(Bernard Bru)는, 이런 설명 대부분이 근거로 삼은 다음 문헌에서 그렇게 말한다. Finance and Stochastics 5, no. 1 (2001): 5. Jean-Michel Courtault et al., in "Louis Bachelier on the Centenary of Theorie de la Speculation," Mathematical Finance 10, no. 3 (July 2000): 341- 53. 에서는 바슐리에의 성적이 상당히 좋았다고 한다.

20. 푸앵카레와 드레퓌스 사건에 관한 내용은 그레이(Gray)의 《앙리 푸앵카레(Henry Poincaré)》 166-69페이지를 참조하라.

21. Courtault et al., "Louis Bachelier on the Centenary of Théorie de la Spéculation," 348.

22. 바슐리에의 이야기는 타쿠(Taqqu)의 《바슐리에와 그의 시대(Bachelier and His Times》 3-32페이지에 나온다.

23. Robert Brown, "XXVII. A Brief Account of Microscopical Observations Made in the Months of June, July and August 1827, on the Particles Contained in the Pollen of Plants; and on the General Existence of Active Molecules in Organic and Inorganic Bodies," Philosophical Magazine 4, no. 21 (1828): 167.

24. 올림피아 아카데미에 관한 내용은 모리스 솔로빈(Maurice Solovine)의 알베르트 아인슈타인 입문서 《솔로빈에게 보낸 편지(Letters to Solovine)》에 나온다. 솔로빈은 처음 읽은 책으로 《칼 피어슨의 과학적 저작》을 언급하지만, 다른 문헌들

은 그 책이 《과학의 문법》임을 확인한다.

25. 네크라소프에 관한 사실과 인용은 다음에 근거한다. E. Seneta, "The Central Limit Problem and Linear Least Squares in Pre-Revolutionary Russia: The Background," Math Scientist 9 (1984): 40.

26. E. Seneta, "Statistical Regularity and Free Will: L. A. J. Quetelet and P. A. Nekrasov," International Statistical Review/Revue Internationale de Statistique 71, no. 2 (Aug. 2003): 325.

27. G. P. Basharin, A. N. Langville, and V. A. Naumov, "The Life and Work of A. A. Markov," Linear Algebra and Its Applications 386 (2004): 8.

28. Seneta, "Statistical Regularity and Free Will," 331.

29. 신발 이야기는 다음에 나온다. Basharin et al., "The Life and Work of A. A. Markov," 8. 신발을 보낸 KUBU와 당의 관계는 다음을 참조하라. N. Krementsov, "Big Revolution, Little Revolution: Science and Politics in Bolshevik Russia," Social Research 73, no. 4 (Baltimore: Johns Hopkins University Press, 2006): 1173- 1204.

30. Seneta, "Statistical Regularity and Free Will," 322- 23.

31. Basharin et al., "The Life and Work of A. A. Markov," 13.

32. P. Norvig, "English Letter Frequency Counts: Mayzner Revisited, or ETAOIN SRHLDCU," 2013, available at http://norvig.com/mayzner.html. 일부 바이그램과 트라이그램의 빈도는 노르빅의 이전 논문에 근거한다. Beautiful Data, eds. T. Segaran and J. Hammerbacher, eds. (Sebastopol, CA: O'Reilly, 2009).

33. Claude E. Shannon, "A Mathematical Theory of Communication," Bell System Technical Journal 27, no. 3 (1948): 388.

34. 모든 마르코프-연쇄-생성 텍스트는 http://bit-player.org/wp-content/extras/drivel/drivel.html에 있고 믿을 수 없을 정도로 재미있는 '헛소리 생성기(Drivel Generator)'로 만들었으며 사회보장국에서 얻은 아기들의 이름 데이터를 그대로 사용했다. 더 진지하게 마르코프식 아기 작명을 시도하려면 이름이 사용되는 빈도에 따른 가중치를 주어야 할 것이다. 나는 그저 어떤 이름이 인기가 있는지와 상관없이 전체 목록을 사용했다. 이 섹션의 내용 일부를 포함하

고 정말로 멋진 그림이 있는 다음을 참조하라. Brian Hayes, "First Links in the Markov Chain," American Scientist 101. no. 2 (2013): 252.

5장. "그의 스타일은 천하무적이었다"

—

1. L. Renner, "Crown Him, His Name Is Marion Tinsley," Orlando Sentinel, Apr. 27, 1985.
2. G. Belsky, "A Checkered Career," Sports Illustrated, Dec. 28, 1992.
3. 틴슬리의 초기 삶에 관한 전기적 내용은 주로 다음을 참조했다. Jonathan Shaeffer, One Jump Ahead (New York: Springer-Verlag, 1997), 127-33. 틴슬리 대 치누크에 관한 내용 일부는 다음에 있다. A. Madrigal, "How Checkers Was Solved," Atlantic (July 19, 2017).
4. Renner, "Crown Him, His Name Is Marion Tinsley."
5. Schaeffer, One Jump Ahead, 1.
6. Schaeffer, One Jump Ahead, 194.
7. Quoted in J. Propp, "Chinook," American Chess Journal, November 1997, available at http://www.chabris.com/pub/acj/extra/Propp/Propp01.html.
8. Matt Groening, Life in Hell, 1977- 2012.
9. 이 그림은 다음에 있는 그림 6이다. Ronald S. Chamberlain, "Essential Functional Hepatic and Biliary Anatomy for the Surgeon," IntechOpen, Feb. 13, 2013. https://www.intechopen.com/books/hepatic-surgery/essential-functional-hepatic-and-biliary-anatomy-for-the-surgeon.
10. From the Walters Art Gallery, http://www.thedigitalwalters.org/Data/WaltersManuscripts/W72/data/W.72/sap/W72_000056_sap.jpg.
11. Ahmet G. Agargün and Colin R. Fletcher, "Al-Fa¯risı¯and the Fundamental Theorem of Arithmetic," Historia Mathematica 21. no. 2 (1994): 162-73.
12. L. Rougetet, "A Prehistory of Nim," College Mathematics Journal 45, no. 5 (2014): 358-63.

13. W. Fajardo-Cavazos et al., "Bacillus Subtilis Spores on Artificial Meteorites Survive Hypervelocity Atmospheric Entry: Implications for Lithopanspermia," Astrobiology 5, no. 6 (Dec. 2005): 726-36. www.ncbi.nlm.nih.gov/pubmed/16379527.
14. Jessica Wang, "Science, Security, and the Cold War:The Case of E. U. Condon," Isis 83, no. 2 (1992): 243.
15. "Fair's Ticket Sale Is 'Huge Success,' with Late Rush On," New York Times, May 6, 1940, 9. 미스터 니마트론에 관한 내용은 '보덴(Boden)의 '미래의 낙농' 에서 스타가 된' 암소 엘시(Elsie)가 '특별한 유리방'에 전시된다는 광고 다음에 나온다.
16. E. U. Condon, "The Nimatron," American Mathematical Monthly 49, no. 5 (1942): 331.
17. S. Barry Cooper and J. Van Leeuwen, Alan Turing (Amsterdam: Elsevier Science & Technology, 2013), 626.
18. Cooper and Van Leeuwen, *Alan Turing*.
19. 이론적으로 가능한 가장 긴 체스 게임에 대해서는 논란의 여지가 있는 것으로 보이지만, 5,898이 가장 일반적으로 주장되는 숫자다. 269수 만에 끝난 시합은 1989년에 베오그라드에서 벌어진 이반 니콜라치과 고란 아르소비치의 게임이다. 체스의 일반적 표기법으로 '수(move)'는 두 선수의 말이 한 번씩 움직이는 두 번의 움직임으로 구성된다. 따라서 그 게임에 해당하는 체스 나무의 경로에는 실제로 538개의 분기(branch)가 있을 것이다.
20. Robert Lowell, "For the Union Dead" (1960) from his 1964 book of the same title. You can read the poem at https://www. poetryfoundation.org/poems/57035/for-the-union-dead.
21. 1988년에 제임스 D. 앨런과 빅터 앨리스에 의하여 거의 동시에 증명되었다. 앨리스의 석사논문을 참조하라. Victor Allis, "A Knowledge-based Approach of Connect-Four—The Game is Solved: White Wins." (1988, Masters thesis, Vrije Universiteit, Amsterdam).
22. Claude E. Shannon, "XXII. Programming a Computer for Playing Chess,"

London, Edinburgh, and Dublin Philosophical Magazine and Journal of Science 41. no. 314 (1950): 256-75.

23. Image from C. J. Mendelsohn, "Blaise de Vigenère and the Chiffre Carré," *Proceedings of the American Philosophical Society* 82, no. 2 (Mar. 22, 1940): 107.
24. Stephen M. Stigler, "Stigler's Law of Eponymy," *Transactions of the New York Academy of Sciences* 39 (1980): 147-58.
25. The information about Vigenère here is all taken from Mendelsohn, "Blaise de Vigenère and the Chiffre Carré."
26. A. Buonafalce, "Bellaso's Reciprocal Ciphers," *Cryptologia* 30, no. 1 (2006): 40-47.
27. Mendelsohn, "Blaise de Vigenère and the Chiffre Carré," 120.
28. C. Flaut et al., "From Old Ciphers to Modern Communications," *Advances in Military Technology* 14, no. 1 (2019): 81.
29. William Rattle Plum, *The Military Telegraph During the Civil War in the United States: With an Exposition of Ancient and Modern Means of Communication, and of the Federal and Confederate Cipher Systems; Also a Running Account of the War Between the States*, vol. 1 (Chicago: Jansen, McClurg, 1882), 37.
30. Nigel Smart, "Dr Clifford Cocks CB," honorary doctorate citation, University of Bristol, Feb. 19, 2008. Accessed at http://www.bristol. ac.uk/graduation/honorary-degrees/hondeg08/cocks.html.
31. 위스콘신 주지사 후보인 저자 매트 플린의 2012년 소설 《프라임 넘버(Pryme Knumber)》에서. 2017년의 속편에서 버니는 리만 추측을 증명하고, 중국 정보기관의 추적을 피하여 도망치게 된다. 이것이 재미있는 이유는 소수를 인수분해 할 수 없기 때문이다. 소수는 소수다!
32. 브라이언 크리스찬(Brian Christian)의 "*The Most Human Human* (New York: Doubleday, 2011)" 124페이지를 비롯한 여러 문헌은 40게임 중 21게임이 같았다고 말하지만, 다수의 체커 관계자는 28/50이 정확하다고 생각하는 듯하다.

33. Jim Propp, "Chinook," *American Chess Journal* (1997), originally published on the ACJ website. Accessed at http://www.chabris. com/pub/ acj/extra/ Propp/Propp01.html.
34. Quoted in *The Independent*, Aug. 17, 1992; from Schaeffer, *One Jump Ahead*, 285.
35. "Go Master Lee Says He Quits Unable to Win Over AI Go Players," Yonhap News Agency, Nov. 27, 2019, http://en.yna.co.kr/view/ AEN20191127004800315.
36. "Checkers Group Founder Pleads Guilty to Money Laundering Charges," Associated Press State & Local Wire, June 30, 2005. Accessed at https:// advance-lexis-com/api/document?collection=news&id=urn:contentItem:4G HN-NTJ0-009F-S3XV-00000-00&context=1516831.
37. "King Him Checkers? Child's Play. Unless You're Thinking 30 Moves Ahead. Like a Mathematician. This Mathematician," *Orlando Sentinel*, Apr. 7, 1985.
38. Martin Sandbu, "Lunch with the FT: Magnus Carlsen," *Financial Times*, Dec. 7, 2012.
39. Quoted in *Conversations with Tyler* (podcast), episode 22, May 2017.
40. Quoted in *Conversations with Tyler* (podcast), episode 22, May 2017.

6장. 시행착오의 신비한 힘

—

1. Colin R. Fletcher, "A Reconstruction of the Frénicle-Fermat Correspondence of 1640," *Historia Mathematica* 18 (1991): 344-51.
2. André Weil, *Number Theory: An Approach Through History from Hammurabi to Legendre* (Boston: Birkhäuser, 1984), 56.
3. A. J. Van Der Poorten, *Notes on Fermat's Last Theorem*(New York: Wiley, 1996), 187.
4. Weil, *Number Theory*, 104.

5. 베유는 두 사람이 각자의 중요한 정리를 감추었으며, 심지어 상대방이 우위를 차지하는 것을 방해하려고 오도하는 말을 하기도 했음을 시사한다. Weil, *Number Theory*, 63.
6. Qi Han and Man-Keung Siu, "On the Myth of an Ancient Chinese Theorem About Primality," *Taiwanese Journal of Mathematics* 12, no. 4 (July 2008): 941-49.
7. J. H. Jeans, "The Converse of Fermat's Theorem," *Messenger of Mathematics* 27 (1898): 174.
8. 기계 투르크의 이야기는 다음에 자세히 나온다. Tom Standage, *The Turk: The Life and Times of the Famous Eighteenth-Century Chess- Playing Machine* (New York: Berkley, 2002). 앨런 튜링의 논문 "Digital Computers Applied to Games," in *Faster Than Thought*, ed. B. V. Bowden (London: Sir Isaac Pitman & Sons, 1932)에는 게임이 진행되는 동안에 누군가가 "불이야!" 소리치자 숨어 있던 조작자가 놀라서 뛰어나오는 바람에 비밀이 탄로 났다는 재미있는 이야기가 있는데, 사실 여부를 확인할 수 없어서 여기에 언급한다.
9. 노름꾼의 파산과 그에 관한 파스칼과 페르마의 서신 교환에 대한 모든 정보는 다음에 근거한다. A. W. F. Edwards, "Pascal's Problem: The 'Gambler's Ruin,' " *International Statistical Review/ Revue Internationale de Statistique* 51. no. 1 (Apr. 1983): 73- 74.
10. Alexandre Sokolowski, "June 24, 2010: The Day Marathon Men Isner and Mahut Completed the Longest Match in History," *Tennis Majors*, June 24, 2010. https://www.tennismajors.com/ourfeatures on-this-day/june-24-2010-the-day-marathon-men-isner-and-mahutcompleted-the-longest-match-in-history-267343.html.
11. Greg Bishop, "Isner and Mahut Wimbledon Match, Still Going, Breaks Records," *New York Times*, June 23, 2010.
12. The material on alternate World Series formats is adapted from J. Ellenberg, "Building a Better World Series," *Slate*, Oct. 29, 2004. https://slate.com/human-interest/2004/10/a-better-way-to-pick-thebest-team-in-baseball.

html.

13. S. Gelly et al., "The Grand Challenge of Computer Go: Monte Carlo Tree Search and Extensions," *Communications of the ACM* 55, no. 3 (2012): 106-13.

7장. 인공지능의 등산

—

1. MSNBC, *Velshi & Ruhle*, Feb. 11. 2019. Available at www.msnbc.com/velshi-ruhle/watch/trump-to-sign-anexecutive-order-launching-an-ai-initiative-1440778307720.

2. 미적분 애호가를 위하여: 최대화하려는 함수가 f(x, y)라면, 함수의 미분은 f(x, y)=c를 만족하는 곡선(지형도상의 등고선으로도 알려진)의 접선 기울기가 -(df/dx)/(df/dy)이고, 벡터 (df/dx, df/dy)인 경사도는 그 접선에 수직임을 말해 준다.

3. Frank Rosenblatt, "The perceptron: a probabilistic model for information storage and organization in the brain." *Psychological Review* 65, no. 6 (1958): 386. Rosenblatt's perceptron was a generalization of a less refined mathematical model of neural processing developed in the 1940s by Warren McCulloch and Walter Pitts.

4. Lecture 2c of Geoffrey Hinton's notes for "Neural Networks for Machine Learning." Available at www.cs.toronto.edu/~tijmen/csc321/slides/lecture_slides_lec2.pdf.

5. 두 힌턴의 가족 관계에 대해서는 다음을 참조하라. "Mr. Robot," *Toronto Life*, Jan. 28, 2018.

8장. 당신은 자기 자신의 마이너스 촌수이다, 그리고 다른 지도들

—

1. Dmitri Tymoczko, *A Geometry of Music* (New York: Oxford University Press,

2010).

2. Seymour Rosenberg, Carnot Nelson, and P. S. Vivekananthan, "A Multidimensional Approach to the Structure of Personality Impressions," *Journal of Personality and Social Psychology* 9, no. 4 (1968): 283. 그러나 어린 시절의 나는 조셉 크러스컬의 책 《*A Guide to the Unknown*》, ed. Judith Tanur (Oakland: Holden-Day, 1972)의 '단어의 의미'라는 장에서 이에 관한 이야기를 읽었다. 지금까지도 생생하게 기억되고, 더 많은 사람이 읽기를 바라는 훌륭한 수학 해설서다.
3. 여기서 나는 키스 풀과 하워드 로젠탈이 개발했고, http://vote.com에서 찾을 수 있는 DW-지명 점수(DW-Nominat scores)를 말하고 있다. 실제로 이 점수를 생성하는 방법은 다차원 척도법(multidimensional scaling)이 아니며, 엄밀하게 말해서 의원 사이의 '거리' 개념을 포함하지 않는다. 더 자세한 내용은 다음을 참조하라. Keith T. Poole and Howard Rosenthal, "D-Nominate After 10 Years: A Comparative Update to Congress: A Political- Economic History of Roll- Call Voting," *Legislative Studies Quarterly* 26, no. 1 (Feb. 2001): 5-29.
4. 이 모든 것의 출처는 내 노트북이다. Word2vec이 생성하는 단어 벡터는 자유롭게 다운로드하여 파이썬(Python, 고급 프로그래밍 언어의 일종_옮긴이)으로 조작할 수 있다.

9장. 3년 동안의 일요일

—

1. '바보처럼 보일 것'이라는 말은 주로 내 동료 사미 스콜크(Sami Schalk)가 2019년 3월 8일에 올린 트위터에 자극받은 것이다.
2. Andrew Granville, *Number Theory Revealed: An Introduction* (Pawtucket, RI: American Mathematical Society, 2019), 194.
3. 당신도 파이썬 패키지 SymPy의 ntheory.factorint 명령을 사용하여 얼마나 빠른지 확인할 수 있다.
4. Andrew Trask et al., "Neural Arithmetic Logic Units," *Advances in Neural*

Information Processing Systems 31. NeurIPS Proceedings 2018, ed. S. Bengio et al. Accessed at https:// arxiv.org/ abs/ 1808.00508. 논문의 서론에서 전통적 신경망 구조가 이 특정한 문제에서 어떻게 실패하는지를 설명하고 본론에서 가능한 개선책을 제안한다.

5. CBS, "The Thinking Machine" (1961), YouTube, July 16, 2018. David Wayne and Jerome Wiesner at 1:40 to 1:50 of the video compilation. Available at www.youtube.com/watch?time_continue=154&v=cvOTKFXpvKA&feature=emb_title.
6. Lisa Piccirillo, "The Conway Knot Is Not Slice," *Annals of Mathematics* 191. no. 2 (2020): 581- 91. 피치릴로의 발견에 관한 비전문적 설명은 다음을 참조하라. E. Klarreich, "Graduate Student Solves Decades-Old Conway Knot Problem," *Quanta*, May 19, 2020. https://www.quantamagazine.org/graduate-student-solves-decades-old-conway-knot-problem-20200519.
7. Jordan S. Ellenberg and Dion Gijswijt, "On Large Subsets of F_q^n with No Three-Term Arithmetic Progression," *Annals of Mathematics* (2017): 339-43.
8. Mark C. Hughes, "A Neural Network Approach to Predicting and Computing Knot Invariants," *Journal of Knot Theory and Its Ramifications* 29, no. 3 (2020): 2050005.

10장. 오늘 일어난 일은 내일도 일어난다

—

1. Ronald Ross, *Memoirs, with a Full Account of the Great Malaria Problem and Its Solution* (London: J. Murray, 1923), 491.
2. E. Magnello, *The Road to Medical Statistics* (Leiden, Netherlands: Brill, 2002), 111.
3. M. E. Gibson, "Sir Ronald Ross and His Contemporaries," *Journal of the Royal Society of Medicine* 71. no. 8 (1978): 611.
4. E. Nye and M. Gibson, *Ronald Ross: Malariologist and Polymath: A Biography* (Berlin: Springer, 1997), 117.

5. Ross, *Memoirs*, 23-24.
6. Ross, *Memoirs*, 49.
7. 윌리엄 스펜서의 《창의적 기하학》에 나오는 "진정한 참교육은 자기-교육이다."와 거의 같은 말이다. 로스가 그 책을 읽었을까?
8. Ross, *Memoirs*, 50.
9. Ross, *Memoirs*, 8.
10. 이 인용과 로스, 허드슨, 그리고 행위 이론에 관한 나머지 설명 대부분은 다음에 근거한다. Ross, Hudson, and the theory of happenings, owes much to Adam Kucharski's *The Rules of Contagion* (New York: Basic Books, 2020).
11. Hilda P. Hudson, "Simple Proof of Euclid II, 9 and 10," *Nature* 45 (1891): 189-90.
12. Hilda P. Hudson, *Ruler & Compasses* (London: Longmans, Green, 1916).
13. Hilda P. Hudson, "Mathematics and Eternity," *Mathematical Gazette* 12, no. 174 (1925): 265-70.
14. Hudson, "Mathematics and Eternity."
15. Luc Brisson and Salomon Ofman, "The Khora and the Two-Triangle Universe of Plato's *Timaeus*" (preprint, 2020), arXiv:2008.11947, 6.
16. Plato, *Timaeus*, trans. Donald J. Zeyl (Indianapolis: Hackett Publishing, 2000), 17.
17. R_0 값은 다음에 근거한다. P. van den Driessche, "Reproduction Numbers of Infectious Disease Models," *Infectious Disease Modelling* 2, no. 3 (Aug. 2017): 288- 303.
18. 이 그림들은 놀라울 정도로 자기주장을 굽히지 않은 통계학자이며 네트워크 이론가인 코스마 살리지(Cosma Shalizi)가 그린 것이며 다음의 강의 노트에서도 볼 수 있다. www.stat.cmu.edu/~cshalizi/ dm/ 20/ lectures/ special/ epidemics.html#(16).
19. M. I. Meltzer, I. Damon, J. W. LeDuc, and J. D. Millar, "Modelling Potential Responses to Smallpox as a Bioterrorist Weapon," *Emerging Infectious Diseases* 7, no. 6 (2001): 959-69.
20. Mike Stobbe, "CDC's Top Modeler Courts Controversy with Disease

Estimate," Associated Press, Aug. 1. 2015.

21. 이 섹션의 내용 일부는 다음을 개작한 것이다. Jordan Ellenberg, "A Fellow of Infinite Jest," *Wall Street Journal*, Aug. 14, 2015.

22. István Hargittai, "John Conway—Mathematician of Symmetry and Everything Else," *Mathematical Intelligencer* 23, no. 2 (2001): 8-9.

23. R. H. Guy, "John Horton Conway: Mathematical Magus," *Two-Year College Mathematics Journal* 13, no. 5 (Nov. 1982): 290-99.

24. Donald Knuth, *Surreal Numbers: How Two Ex-Students Turned on to Pure Mathematics and Found Total Happiness* (Boston: Addison-Wesley, 1974). 이 책에서 콘웨이의 새로운 수 체계가 소개되지만, 그 수와 게임의 관계는 1976년에 출간된 콘웨이의 《수와 게임(On Numbers and Games)》에 나온다.

25. 다음의 그림 1이다. Conway, "An Enumeration of Knots and Links, and Some of Their Algebraic Properties," *Computational Problems in Abstract Algebra* (Oxford: Pergamon, 1970), 330.

26. John H. Conway and C. McA. Gordon, "Knots and Links in Spatial Graphs," *Journal of Graph Theory* 7, no. 4 (1983): 445- 53. 이 논문에는 여러 정리가 있는데, 이 책에서 설명된 정리는 호르스트 작스(Horst Sachs)에 의해서도 증명되었다.

27. 이 섹션의 모든 통계는 다음에 근거한다. Dana Mackenzie, "Race, COVID Mortality, and Simpson's Paradox," *Causal Analysis in Theory and Practice* (blog), http:// causality .cs. ucla. edu/ blog/ index. php/2020/07/06/race-covid-mortality-and-simpsons-paradox-by-dana-mackenzie. 이 글을 쓰는 시점(2020년 9월)과 숫자는 다르지만, 마찬가지로 심슨 역설의 효과를 보여 주는 것으로 보인다.

28. 이 섹션은 다음을 개작한 것이다. Jordan Ellenberg, "Five People. One Test. This Is How You Get There," *New York Times*, May 7, 2020.

29. 작스Paul de Kruif, "Venereal Disease," *New York Times*, Nov. 23, 1941. 74.

30. 도프만의 전기에 관한 정보와 집단검사의 역사는 다음에 근거한다. "Economist Dies at 85," *Harvard Gazette*, July 18, 2002, and Dingzhu Du

and Frank K. Hwang, *Combinatorial Group Testing and Its Applications*, vol. 12 (Singapore: World Scientific, 2000), 1- 4.

31. R. Dorfman, "The Detection of Defective Members of Large Populations," *Annals of Mathematical Statistics* 14, no. 4 (Dec. 1943): 436-40.

32. Du and Hwang, *Combinatorial Group Testing*, 3.

33. Katrin Bennhold, "A German Exception? Why the Country's Coronavirus Death Rate Is Low," *New York Times*, Apr. 5, 2020.

34. Ellenberg, "Five People. One Test. This Is How You Get There."

35. BBC report, June 8, 2000, at www.bbc.com/news/worldasia-china-52651651.

36. James Norman Davidson, "William Ogilvy Kermack, 1898- 1970," *Biographical Memoirs of Fellows of the Royal Society* 17 (1971), 413-14.

37. M. Takayasu et al., "Rumor Diffusion and Convergence During the 3.11 Earthquake: A Twitter Case Study," *PLoS ONE* 10, no. 4 (2015): 1- 18. M. Cinelli et al., in a 2020 preprint, "The COVID-19 Social Media Infodemic," 이들은 코로나19 팬데믹 발발 초기의 정보 확산도 비슷하게 분석되어야 하며, 인스타그램 소문의 R_0가 트위터보다 높은 것을 측정할 수 있다고 주장한다.

38. 인도의 운율체계에 관한 내용은 다음에 근거한다. Parmanand Singh, "The So-Called Fibonacci Numbers in Ancient and Medieval India," *Historia Mathematica* 12, no. 3 (1985): 229-44.

39. Henri Poincaré, "The Present and the Future of Mathematical Physics," trans. J. W. Young, *Bulletin of the American Mathematical Society* 37, no. 1 (1999): 26.

11장. 무시무시한 증가의 법칙

—

1. Y. Furuse, A. Suzuki, and H. Oshitani, "Origin of Measles Virus: Divergence from Rinderpest Virus Between the 11th and 12th Centuries, *Virology*

Journal 7, no. 52 (2010), doi.org/10.1186/1743-422X-7-52.

2. S. Matthews, "The Cattle Plague in Cheshire, 1865-1866," *Northern History* 38, no. 1 (2001): 107-19, doi.org/10.1179/nhi.2001.38.1.107.
3. A. B. Erickson, "The Cattle Plague in England, 1865-1867," *Agricultural History* 35, no. 2 (Apr. 1961): 97.
4. 스노와 파, 콜레라 전염병에 관한 설명은 다음에 근거한다. N. Paneth et al., "A Rivalry of Foulness: Official and Unofficial Investigations of the London Cholera Epidemic of 1854," *American Journal of Public Health* 88, no. 10 (Oct. 1998): 1545-53.
5. British Medical Association, *British Medical Journal* 1. no. 269 (1866): 207.
6. General Register Office, *Second Annual Report of the Registrar-General of Births, Deaths, and Marriages in England* (London: W. Clowes and Sons, 1840), 71.
7. *Second Annual Report of the Registrar-General*, 91.
8. *Second Annual Report of the Registrar-General*, 95.
9. 파 스타일의 '눈을 감고 그것이 등차수열인 척하는' 방법이 유일한 옵션은 아니다. 뉴턴 방법(이름이 암시하듯이 미적분에 기초한)이라 불리는 비슷한 방법도 59/11만큼 훌륭한 5.4라는 근사치를 낳고, 제곱근이 정수에 아주 가까운 수에 대해서는 훨씬 더 좋은 결과를 제공한다.
10. 내삽의 초기 역사에 관한 정보는 다음에 근거한다. E. Meijering, "A Chronology of Interpolation: From Ancient Astronomy to Modern Signal and Image Processing," *Proceedings of the IEEE* 90, no. 3 (2002): 319- 42.
11. Charles Babbage, *Passages from the Life of a Philosopher* (London: Longman, Green, 1864), 17.
12. Babbage, *Passages from the Life of a Philosopher*, 42.
13. 어쨌든 나로서는 최선의 추측이다. 하셋은 '3차 맞춤'이라는 제목 외에 자신의 곡선을 얻은 정확한 메커니즘을 제시하지 않았지만, 관찰된 숫자 기록을 파의 방식으로 3차 다항식에 맞춰 본 결과 언론 보도와 아주 잘 맞는 곡선을 얻을 수 있었다.

14. Justin Wolfers (@JustinWolfers), Twitter, Mar. 28, 2020, 2:30 p.m.

15. British Medical Association, *British Medical Journal* 1. no. 269 (1866): 206-07.

16. 그렇지만 게이트웨이 아치는 건설자인 에로 사리넨(Eero Saarinen)이 현수선이라 했지만, 실제로 '평평한 현수선(flattened catenary)'인 것으로 밝혀졌다. R. Osserman, "How the Gateway Arch Got Its Shape," *Nexus Network Journal* 12, no. 2 (2010): 167- 89.

17. Robert Plot and Michael Burghers, *The Natural History of Oxford-Shire: Being an Essay Towards the Natural History of England*(Printed at the Theater in Oxford, 1677): 136-39. Biodiversoty Heritage Library, https://www.biodiversitylibrary.org/item/186210#page/11/mode/1up.

18. Zeynep Tufekci, "Don't Believe the COVID-19 Models," *Atlantic*, Apr. 2, 2020. https://www.theatlantic.com/technology/archive/2020/04/coronavirus-models-arent-supposed-be-right/609271.

19. Photo by Jim Mone/ Associated Press, http://journaltimes.com/news/national/photos-protesters-rally-againstcoronavirus-restrictions-in-gatherings-across-us/collection_b0cd8847-b8f4-5fe0-b2c3-583fac7ec53a.html#48.

20. Yarden Katz, "Noam Chomsky on Where Artificial Intellgence Went Wrong," *Atlantic*, Nov. 1. 2012, https://www.theatlantic.com/technology/archive/2012/11/noam-chomsky-on-whereartificial-intelligence-went-wrong/261637/, and the combative but very informative Peter Norvig, "On Chomsky and the Two Cultures of Statistical Learning," available at http://norvig.com/chomsky.html.

12장. 나뭇잎의 연기

—

1. J. Conway, "The Weird and Wonderful Chemistry of Audioactive Decay," Eureka 46 (Jan. 1986).

2. Karl Fink, *A Brief History of Mathematics: An Authorized Translation of Dr. Karl Fink's Geschichte der Elementarmathematik*, 2nd ed., trans. Wooster Woodruff Beman and David Eugene Smith (Chicago: Open Court Publishing, 1903), 223.
3. H. Becker, "An Even Earlier (1717) Usage of the Expression 'Golden Section,' *Historia Mathematica* 49 (Nov. 2019): 82-83.
4. 조 충지와 밀류에 관한 정보는 다음에 근거한다. L. Lay-Yong and A. Tian-Se, "Circle Measurements in Ancient China," *Historia Mathematica* 13 (1986): 325- 40.
5. From a review of *Geschichter der Element.r-Mathematik in Systematischer Darstellung*, Nature 69, no. 1792 (1904): 409- 10. 이 리뷰는 그저 GBM이라고 서명되었지만, 당시 왕립협회 회원이었던 매튜스가 쓴 것이 분명하다. 제니퍼 넬슨의 추적 작업에 감사한다.
6. Mario Livio's book *The Golden Ratio* (New York: Broadway Books, 2002). 이 책은 고전적 예술품들이 비밀리에 황금비율을 채택했다는 주장의 오랜 역사에 대하여 상당히 긍정적이다.
7. E. I. Levin, "Dental Esthetics and the Golden Proportion," *Journal of Prosthetic Dentistry* 40, no. 3 (1978): 244-52.
8. Julie J. Rehmeyer, "A Golden Sales Pitch," Math Trek, *Science News*, June 28, 2007. https://www.sciencenews.org/article/golden-salespitch.
9. Steven Lanzalotta, *The Diet Code* (New York: Grand Central, 2006). The actual recommendations of the book are not purely golden ratio, but also involve the number 28, which "variously represents the lunar cycle, a yogic age of spiritual unfolding, one of the Egyptian cubit measures, and a fundamental Mayan calculational coordinate." http://www.diet-code.com/f_thecode/right_ proportions.htm.
10. Available all over the internet, e.g. at www.goldennumber.net/wp-content/uploads/pepsi-arnell-021109.pdf.
11. 엘리엇의 전기에 관한 내용은 다음의 도입부인 64페이지 분량의 전기에 근

거한다. *R. N. Elliott's Masterworks: The Definitive Collection*, ed. Robert R. Prechter Jr. (Gainesville, GA: New Classics Library, 1994).

12. R. N. Elliott, *The Wave Principle* (self-published, 1938), 1.
13. 로저 밥슨에 관한 모든 이야기는 다음에 근거한다. Martin Gardner, *Fads and Fallacies in the Name of Science* (Mineola, NY: Dover Publications, 1957), chapter 8. 중력에 대한 밥슨의 반감은, '중력-우리의 적 1호'라는 자신의 에세이에서 설명한 대로 어린 시절에 누이가 익사한 사고에서 비롯된 것으로 보인다.
14. Merrill Lynch, *A Handbook of the Basics: Market Analysis Technical Handbook* (2007), 48.
15. Paul Vigna, "How to Make Sense of This Crazy Market? Look to the Numbers," *Wall Street Journal*, Apr. 13, 2020.
16. J. J. Sylvester, "The Equation to the Secular Inequalities in the Planetary Theory," *Philosophical Magazine* 16, no. 100(1883): 267.
17. 이에 관하여 수많은 논문이 있지만, 특히 중요한 것은 다음 논문이다. M. G. M. Gomes et al., "Individual Variation in Susceptibility or Exposure to SARS-CoV-2 Lowers the Herd Immunity Threshold," medarXiv (2020). https:// doi. org/ 10.1101/ 2020.04.27.20081893.
18. Robert B. Ash and Richard L. Bishop, "Monopoly as a Markov Process," *Mathematics Magazine* 45, no. 1 (1972): 26- 29. 후속 논문은 같은 계산을 통하여, 내가 완전히 이해할 수는 없는 이유로 약간 다른 숫자를 얻었지만, 일리노이가가 가장 자주 방문되는 장소라는 결과는 일치했다. Paul R. Murrell, "The Statistics of Monopoly," *Chance* 12, no.4 (1999): 36- 40.
19. 나는 이런 유형의 논증을 양자역학의 맥락이 아니라, 훌륭한 기하학자이자 많은 상을 받은 교사이며 2020년 2월 1일 불과 48세의 나이로 사망한 일리노이대의 톰 네빈스(Tom Nevins)가 진행한 비가환(noncommutative) 기하학에 관한 세미나에서 처음으로 배웠다.
20. See, for instance, Robert Fettiplace, "Diverse Mechanisms of Sound Frequency Discrimination in the Vertebrate Cochlea," *Trends in Neurosciences* 43, no. 2 (2020): 88-102.

13장. 공간의 주름

1. David Link, "Chains to the West: Markov's Theory of Connected Events and Its Transmission to Western Europe," *Science in Context* 19, no. 4 (2006): 561- 89. The Eggenberger-Polya paper referred to is Florian Eggenberger and George Polya, "Uber die statistik verketteter vorgange," *ZAMM—Journal of Applied Mathematics and Mechanics/Zeitschrift für Angewandte Mathematik und Mechanik* 3, no. 4 (1923): 279- 89.
2. Jim Warren, "Feeling Flulike? It's the Epizootic," *Baltimore Sun*, Jan. 17, 1998. See also the entry for "epizootic" in the *Dictionary of American Regional English*.
3. A. B. Judson, "History and Course of the Epizoötic Among Horses upon the North American Continent in 1872-73," *Public Health Papers and Reports* 1 (1873): 88-109.
4. Sean Kheraj, "The Great Epizootic of 1872-73: Networks of Animal Disease in North American Urban Environments," *Environmental History* 23, no. 3 (2018): 495-521. doi.org/10.1093/envhis/emy010.
5. Kheraj, "The Great Epizootic," 497.
6. Judson, "History and Course of the Epizoötic," 108.
7. See J. H. Webb, "A Straight Line Is the Shortest Distance Between Two Points," *Mathematical Gazette* 58, no.404 (June 1974): 137-38.
8. Biographical details on Mercator from Mark Monmonier *Rhumb Lines and Map Wars: A Social History of the Mercator Projection*(Chicago: University of Chicago Press, 2004), chapter 3.
9. 팩트 체커(fact-checker)인 내 딸은 실제로 조금만 노력하면 피자를 아래쪽으로 구부릴 수 있다고 주장한다. 따라서 피자 조각 끝이 아래로 구부러지는 것을 피자 고정핀이 어렵게 한다고 말하는 편이 나을지도 모르겠다. 피자 정리에 관한 자세한 내용은 다음을 참조하라. Atish Bhatia, "How a 19th Century Math Genius Taught Us the Best Way to Hold a Pizza Slice," *Wired*, Sep. 5, 2014.

10. S. Krantz, review of Paul Hoffman's *The Man Who Loved Only Numbers, College Mathematics Journal* 32, no. 3 (May 2001): 232-37.

11. 모든 거리는 미국수학협회가 제공한 협업 거리(Collaboration Distance) 도구로 계산했다. http://mathscinet.ams.org/mathescinet/freeTools.html

12. Melvin Henriksen, "Reminiscences of Paul Erdös (1913-1996)," *Humanistic Mathematics Network Journal* 1. no. 15 (1997): 7.

13. Henri Poincaré, *The Value of Science*, trans. George Bruce Halsted (New York: The Science Press, 1907), 138.

14. Brandon Griggs, "Kevin Bacon on 'Six Degrees' Game: 'I Was Horrified,' " CNN, Mar. 12, 2014. https:// www.cnn.com/2014/03/08/tech/web/kevin-bacon-six-degrees-sxsw/index.html.

15. J. J. Sylvester, "On an Application of the New Atomic Theory to the Graphical Representation of the Invariants and Covariants of Binary Quantics, with Three Appendices [Continued]," *American Journal of Mathematics* 1. no. 2 (1878): 109.

16. Sylvester, "On an Application."

17. '그래프'라는 용어의 기원에 관한 내용은 다음에 나온다. N. Biggs, E. Lloyd, and R. Wilson, *Graph Theory* 1736- 1936 (Oxford: Oxford University Press, 1999), 64- 67.

18. 실베스터의 첫 번째 박사과정 학생이었던 조지 브루스 홀스테드(George Bruce Halstead)의 말이다. E. E. Slosson, *Major Prophets of To-Day* (New York: Little, Brown, 1914)의 137페이지. 논쟁을 좋아하는 지도교수의 취향을 물려받은 듯한 홀스테드는 행정 부서를 비난했다는 이유로 여러 대학에서 해고되었다. 그는 결국 작은 상점의 전기공으로 일하면서 계속해서 비유클리드 기하학 논문을 발표했다.

19. Letter from F. Galton to K. Pearson, Dec. 31. 1901. in *The Life, Letters, and Labours of Francis Galton*, vol. 1. ed. K. Pearson (Cambridge: Cambridge University Press, 1924).

20. 나머지 두 요건은 고전 독해와 영어를 라틴어로 번역하는 능력이었다.

21. Clarence Deming, "Yale Wars of the Conic Sections," *The Independent . . . Devoted to the Consideration of Politics, Social and Economic Tendencies, History, Literature, and the Arts* (1848-1921) 56, no. 2886 (Mar. 24, 1904): 667.
22. Lewis Samuel Feuer, *America's First Jewish Professor: James Joseph Sylvester at the University of Virginia* (Cincinnati: American Jewish Archives, 1984), 174-76.
23. 실베스터의 전기에 관한 내용은 다음에 근거한다. Karen. H. Parshall, *James Joseph Sylvester: Jewish Mathematician in a Victorian World* (Baltimore: Johns Hopkins University Press, 2006), 66- 80. 실베스터가 갑자기 버지니아를 떠나게 된 정확한 경위는 논란의 여지가 있다. 그의 사임은 발라드와의 불화 때문이었을까, 아니면 지팡이칼 사건 때문이었을까? 포이어의 《미국 최초의 유대인 교수(America's First Jewish Professor)》는 후자라고 주장한다.
24. Alexander Macfarlane, "James Joseph Sylvester(1814- 1897)," *Lectures on Ten British Mathematicians of the Nineteenth Century* (New York: John Wiley & Sons, 1916), 109. https://projecteuclid.org/euclid.chmm/1428680549.
25. James Joseph Sylvester, "Inaugural Presidential Address to the Mathematical and Physical Section of the British Association," reprinted in *The Laws of Verse: Or Principles of Versification Exemplified in Metrical Translations* (London: Longmans, Green, 1870), 113.
26. James Joseph Sylvester, "Address on Commemoration Day at Johns Hopkins University," Feb. 22, 1877. Collected in *The Collected Mathematical Papers of James Joseph Sylvester: Volume III*(Cambridge: Cambridge University Press, 1909), 72-73.
27. James Joseph Sylvester, "Mathematics and Physics," *Report of the Meeting of the British Association for the Advancement of Science* (London: J. Murray, 1870), 8.
28. Sylvester, "Address on Commemoration Day," 81.
29. James Joseph Sylvester, *The Collected Mathematical Papers of James Joseph Sylvester*, vol. 4 (London: Chelsea Publishing, 1973), 280.

30. 1901년 11월 30일 왕립협회 만찬에서 푸앵카레의 발언과 로스가 만찬에 참석한 사실은 다음에 근거한다. *The Times*, Dec. 2, 1901, p. 13, a reference I obtained from G. Cantor, "Creating the Royal Society's Sylvester Medal," *British Journal for the History of Science* 37, no. 1 (Mar. 2004): 75-92. 〈더 타임스〉는 '메이저 로스(Major Ross)'가 참석했다고만 언급하지만, 로널드 로스는 그 해에 왕립협회 회원으로 선출되었고 나중에 부회장이 되었으며 당시의 다른 문헌에도 '메이저 로스'로 언급되기 때문에, 우리의 모기맨이 참석했음이 확실하다고 생각된다.

31. 조던의 전기와 독심술 마술에 관한 모든 정보는 다음에 근거한다. Persi Diaconis and Ron Graham, *Magical Mathematics* (Princeton: Princeton University Press, 2015), 190-91.

32. Florian Cajori, "History of Symbols for N Factorial," *Isis* 3, no. 3 (1921): 416.

33. Oscar B. Sheynin, "H. Poincaré's Work on Probability," *Archive for History of Exact Sciences* 42, no. 2 (1991): 159-60.

34. 여기서 사용된 섞임 정도를 나타내는 척도의 핵심 용어는 '균일 분포로부터의 총 변동 거리(total variation distance from the uniform distribution)'다.

35. Dorian M. Raymer and Douglas E. Smith, "Spontaneous Knotting of an Agitated String," *Proceedings of the National Academy of Sciences* 104, no. 42 (2007): 16432-37.

36. Poincaré, *The Value of Science*, 110-11.

37. 여기서 나는 최근에 발표된 정리를 다른 말로 표현했는데, 엄밀하게 정확하지는 않지만 아이디어는 올바르게 전달했다고 생각한다.

38. Clay Dillow, "God's Number Revealed: 20 Moves Proven Enough to Solve Any Rubik's Cube Position," *Popular Science*, Aug. 10, 2010.

39. C. Korte and S. Milgram, "Acquaintance Networks Between Racial Groups: Application of the Small World Method," *Journal of Personality and Social Psychology* 15, no. 2 (1970): 101-08.

40. Althea Legaspi, "Kevin Bacon Advocates for Social Distancing with 'Six Degrees' Initiative," *Rolling Stone*, Mar. 18. 2020, www.rollingstone.

com/movies/movie-news/kevin-bacon-social-distancing-sixdegrees-initiative-969516.

41. Information about the Facebook graph is from Lars Backstrom et al., "Four Degrees of Separation," *Proceedings of the 4th Annual ACM Web Science Conference* (June 22- 24, 2012): 33-42, and Johan Ugander et al., "The Anatomy of the Facebook Social Graph" (preprint, 2011), https://arxiv.org/abs/1111.4503.
42. Described on the Facebook research blog, research. fb.com/blog/2016/02/three-and-a-half-degrees-of-separation.
43. Ugander et al., "The Anatomy of the Facebook Social Graph." The socalled "Friendship paradox" was first described in Scott L. Feld, "Why Your Friends Have More Friends Than You Do," *American Journal of Sociology* 96, no. 6 (1991): 1464-7.
44. Duncan J. Watts and Steven H. Strogatz, "Collective Dynamics of 'Small-World' Networks," *Nature* 393, no. 6684(1998): 440-42.
45. Judith S. Kleinfeld, "The Small World Problem," *Society* 39, no. 2 (2002): 61-66. 이 논문은 밀그램에 관한 광범위한 문헌 연구를 통하여 그의 과학적 발견과 그 발견이 대중 언론에 제시된 방식을 설명한다.
46. 작은 세상 네트워크 연구의 역사에 관한 내용은 다음에 근거한다. Duncan Watts, *Small Worlds: The Dynamics of Networks Between Order and Randomness*(Princeton: Princeton University Press, 2003), and Albert-Laszlo Barabasi, Mark Newman, and Duncan Watts, *The Structure and Dynamics of Networks* (Princeton: Princeton University Press, 2006).
47. Jacob L. Moreno and Helen H. Jennings, "Statistics of Social Configurations," *Sociometry* 1. no. 3/ 4 (1938): 342-74.
48. "Chain-links" ***("Láncszemek")***: The translation used here is by Adam Makkai and appears in Barabási, Newman, and Watts, *The Structure and Dynamics of Networks*, 21-26.

14장. 수학은 어떻게 민주주의를 파괴했나

(그리고 어떻게 구원할 수 있을까)

—

1. 49 및 51선거구. 이 사실을 뒷받침하는 데이터와 위의 산포도(scatter plot)를 제공한 마르케트대의 존 존슨(John Johnson)에게 감사한다.
2. Molly Beck, "A Blue Wave Hit Statewide Races, but Did Wisconsin GOP Gerrymandering Limit Dem Legislative Inroads?," *Milwaukee Journal Sentinel*, Nov. 8, 2018.
3. 다음에 기록된 대로. Dave Daley's book *Ratf**ked* (New York: Liveright, 2016). 직접 경험에 따른 자료를 선호한다면, Karl Rove, "The GOP Targets State Legislatures: He Who Controls Redistricting Can Control Congress," *Wall Street Journal*, Mar. 4, 2010.
4. 조 핸드릭의 전기에 관한 정보와 인용은 다음에 근거한다. Joe Handrick are from R. Keith Gaddie, *Born to Run: Origins of the Political Career* (Lanham, MD: Rowman & Littlefield, 2003), 43- 55.
5. '공격적인 조' 지도에 관한 정보는 2016년 11월 21일의 휘트포드 대 길(Whitford vs. Gill) 사건 판결문 14-15페이지에 있다. 정확히 말해서, '공격적인 조'는 매우 비슷한 여러 장의 지도 중 하나다. 그들 지도 모두 법령 43으로 시행된 지도와 정확히 같지는 않지만 매우 비슷하다.
6. 위스콘신주는 과거의 선거 결과에 대한 지역별 분석을 공개한다. 따라서 외부 인용이 없는 이런 숫자는, 나나 열심히 일하는 데이터 조수인 내 아들이 스프레드시트에 직접 손을 대서 알아냈다는 뜻이다.
7. *Baumgart v. Wendelberger*, case nos. 01-C-0121. 02-C-0366 (E.D. Wis., May 30, 2002), 6.
8. Matthew DeFour, "Democrats' Short-Lived 2012 Recall Victory Led to Key Evidence in Partisan Gerrymandering Case," *Wisconsin State Journal*, July 23, 2017.
9. 세계의 선거구 시스템과 아울러 이 장의 일부 내용은 다음을 개작한 것이다. J. Ellenberg, "Gerrymandering, Inference, Complexity, and Democracy,"

Bulletin of the American Mathematical Society 58, no. 1 (2021), 57- 77.

10. C. Lynch, "The Lost East Anglian City of Dunwich Is a Reminder of the Destruction Climate Change Can Wreak," *New Statesman*, Oct. 2, 2019.

11. E. Burke, "Speech on the Plan for Economical Reform," February 11. 1780. Reprinted in *Selected Prose of Edmund Burke*, ed. Sir Philip Magnus (London: The Falcon Press, 1948), 41-44.

12. Thomas Jefferson to 'Henry Tompkinson'(Samuel Kercheval), 12 July 1816," Founders Online, National Archives. https://founders.archives.gov/documents/Jefferson/03-10-02-0128-0002.

13. L. Smith, "Some Suggested Changes in the Constitution of Maryland," July 4, 1907, published in the *Report of the Twelfth Annual Meeting of the Maryland State Bar Association* (1907), 175.

14. Smith, "Some Suggested Changes," 181.

15. 레이놀즈 대 심스 사건의 구두 변론. 구두 변론의 기록이 가용한지는 모르겠다. 나는 이 인용을 녹취했으며, 논쟁의 열기를 실감하려면, 남부 억양의 분노에 찬 주장을 직접 들어 보아야 한다. http://www.oyez.org/cases/1963/23.

16. A. Balsamo-Gallina and A. Hall, "Guam's Voters Tend to Predict the Presidency—but They Have No Say in the Electoral College," Public Radio International, *The World*, Nov. 8, 2016. Accessed at https://www.pri.org/stories/2016-11-08/presidential-votes-areguam-they-wont-count.

17. 위스콘신주 법무장관 로버트 워렌의 견해. 58 OAG 88 (1969)

18. 이들 선거구의 생성과 게리맨더링 특성에 관한 내용은 다음에 근거한다. Malia Jones, "Packing, Cracking and the Art of Gerrymandering Around Milwaukee," WisContext, June 8, 2018, www.wiscontext.org/ packing-cracking-and-art-gerrymandering-around-milwaukee.

19. *Baldus v. Members of the Wis. Gov't Accountability Bd.*, 843 F. Supp. 2d 955 (E.D. Wis. 2012).

20. E. C. Griffith, The *Rise and Development of the Gerrymander* (Chicago: Scott, Foresman, 1907).

21. Griffith, *The Rise and Development of the Gerrymander*, 26-27.

22. 헨리의 어쩌면-게리맨더(maybe-gerrymander)는 그리피스의 박사학위 논문에서, 보다 현대적인 관점으로는 다음 논문에서 다뤄진다. T. R. Hunter, "The First Gerrymander? Patrick Henry, James Madison, James Monroe, and Virginia's 1788 Congressional Districting," *Early American Studies* 9, no. 3 (Fall 2011): 781- 820.

23. United States Department of State, *Papers Relating to the Foreign Relations of the United States* (Washington, D.C.: Government Printing Office, 1872), xxvii.

24. C. D. Smidt, "Polarization and the Decline of the American Floating Voter," *American Journal of Political Science* 61. no. 2 (April 2017): 365-81.

25. Trip Gabriel, "In a Comically Drawn Pennsylvania District, the Voters Are Not Amused," *New York Times*, Jan. 26, 2018.

26. 역사에 관한 상세한 설명은 다음을 참조하라. V. Blasjo, "The Isoperimetric Problem," *American Mathematical Monthly* 112, no. 6 (June- July 2005): 526- 66.

27. 나는 법령 43에 따른 위스콘신주 선거구의 조밀도를 계산하지 않았다. 법원에서 제기된 지도의 문제가 조밀도를 근거로 삼지 않았음은 확실하다. 따라서 그들 선거구에 조밀도 문제는 없다고 생각해도 좋을 것이다. 어쨌든, 그렇게 보인다.

28. P. Bump, "The Several Layers of Republican Power-Grabbing in Wisconsin," *Washington Post*, Dec. 4, 2018.

29. 그렇지만 미시간의 저스틴 어마시(Justin Amash)는 공화당 소속으로 당선된 뒤에 당을 떠나 자유당 의원으로 재직했다. 당적을 바꾼 그는 재선을 위한 출마를 포기했다.

30. Anthony J. Gaughan, "To End Gerrymandering: The Canadian Model for Reforming the Congressional Redistricting Process in the United States," *Capital University Law Review* 41. no. 4 (2013): 1050.

31. R. MacGregor Dawson, "The Gerrymander of 1882," *Canadian Journal of Economics and Political Science/Revue Canadienne D'Economique et De Science Politique 1*. no. 2 (1935): 197.

32. "The Full Transcript of ALEC's 'How to Survive Redistricting' Meeting," *Slate*, Oct. 2, 2019, https://slate.com/news-andpolitics/2019/10/full-transcript-alec-gerrymandering-summit.html.
33. 그리고 투표율이 모든 선거구에서 동일하지 않다면 어떻게 될까? 이러한 더 일반적인 상황에서 효율성 격차와 투표율의 관계는 다음을 참조하라. Ellen Veomett, "Efficiency Gap, Voter Turnout, and the Efficiency Principle," *Election Law Journal: Rules, Politics, and Policy* 17, no. 4 (2018): 249-63.
34. Brief for the State of Wisconsin as Amicus Curiae, *Benisek v. Lamone*, 585 U.S. (2018).
35. 루초 대 코먼 코즈 사건의 내용 일부는 다음을 개작한 것이다. J. Ellenberg, "The Supreme Court's Math Problem," *Slate*, March 29, 2019, https://slate.com/news-and-politics/2019/03/scotus-gerrymandering-case-mathematician-brief-elena-kagan.html.
36. Ovetta Wiggins, "Battles Continue in Annapolis over the Use of Bail and Redistricting," *Washington Post*, March 21, 2017.
37. In the case of *Maryland Committee for Fair Representation v. Tawes*, 377 U.S. 656 (1964).
38. J. R. R. Tolkien, *The Two Towers* (London: George Allen & Unwin, 1954), book 3, ch. 4.
39. The number 706,152,947,468,301 was computed by Bob Harris in his 2010 preprint "Counting Nonomino Tilings and Other Things of That Ilk."
40. Gregory Herschlag, Robert Ravier, and Jonathan C. Mattingly, "Evaluating Partisan Gerrymandering in Wisconsin" (preprint, 2017), arXiv:1709.01596.
41. 허쉴랙 팀의 '위스콘신의 당파적 게리맨더링 평가'는 2016년 선거까지만을 다룬다. 그러나 그레고리 허쉴랙은 친절하게도 2018년 주지사 선거에 대하여 비슷한 분석을 제공했다.
42. 여기서 52%는 더 정확히 말해서, 모든 선거구에서 선거전이 벌어졌다면 주 전체에서 공화당이 얻었을 것으로, 허쉴랙 팀이 추산한 득표율이다.
43. Herschlag et al., "Evaluating Partisan Gerrymandering in Wisconsin," data summarized in figure 3, p. 3.

44. Material on this page is adapted from Jordan Ellenberg, "How Computers Turned Gerrymandering into a Science," *New York Times*, Oct. 6, 2017.

45. 이 페이지의 내용은 다음을 개작한 것이다. Daryl DeFord, Moon Duchin, and Justin Solomon, "Recombination: A Family of Markov Chains for Redistricting" (preprint, 2019), https://arxiv.org/abs/1911.05725.

46. John C. Urschel, "Nodal Decompositions of Graphs," *Linear Algebra and Its Applications* 539 (2018): 60-71. 나는 존을 인터뷰하고 그의 대단히 흥미롭고 이상하면서도 전형적인 수학으로의 길에 관한 이야기를 온라인 매거진 〈Hmm Daily〉에 올렸다.

47. 출처: 러스 라이온스(Russ Lyons)의 웹페이지 http://pages.iu.edu/~rdlyons/maze/maze-bostock.html. 러스는 마이크 보스토크가 구현한 윌슨 알고리듬을 사용하여 이 그림을 그렸다.

48. Subhrangshu S. Manna, Deepak Dhar, and Satya N. Majumdar, "Spanning Trees in Two Dimensions," *Physical Review* A 46, no. 8 (1992):R4471- R4474.

49. Melanie Matchett Wood, "The Distribution of Sandpile Groups of Random Graphs," *Journal of the American Mathematical Society* 30, no. 4 (2017): 915-58.

50. Alexander E. Holroyd et al., "Chip-Firing and Rotor-Routing on Directed Graphs," *In and Out of Equilibrium* 2, eds. Vladas Sidoravicius and Maria Eulália Vares (Basel, Switzerland: Birkhäuser, 2008), 331-64.

51. The Hofeller testimony is quoted in the majority decision by Judge James Wynn in *Rucho v. Common Cause*, 318 F. Supp. 3d 777, 799 (M.D.N.C., 2018), 803.

52. Brief for Common Cause Appellees, *Rucho v. Common Cause.*

53. M. Duchin et al., "Locating the Representational Baseline: Republicans in Massachusetts," *Election Law Journal: Rules, Politics, and Policy* 18, no. 4 (2019): 388-401.

54. H.R. 1. 116th Congress, "For the People Act of 2019," especially title II, subtitle E.

55. Editorial, "11 More Wisconsin Counties Should Vote 'Yes' to End

Gerrymandering," *Wisconsin State Journal*, Sep. 12, 2020.

56. G. Michael Parsons, "The Peril and Promise of Redistricting Reform in H.R. 1," *Harvard Law Review* Blog, Feb. 2, 2021. https://blog.harvardlawreview.org/the-peril-and-promise-of-redistricting-reform-in-h-r-1/; also Peter Kallis, "The Boerne-Rucho Conundrum: Nonjusticiability, Section 5, and Partisan Gerrymandering," 15, *Harvard Law and Policy Review* (forthcoming) which argues that the decision in Rucho can be read to give the U.S. Congress the power to oversee state districting as well.

57. Michael R. Wickline, "3 Ballot Petitions in State Ruled Insufficient," *Arkansas Democrat-Gazette*, July 15, 2020. 서명한 사람의 수는 다음을 참조하라. John Lynch, "Backers of Change in Arkansas' Vote Districting Sue in U.S. Court," *Arkansas Democrat-Gazette*, Sep. 3, 2020. 주민투표는 아칸소의 11월 선거에 반영되지 않았다.

결론. 나는 정리를 증명하고 집은 확장된다

—

1. 베이커의 인용과 프랑스의 공식 정원에 대한 해석은 아미르 알렉산더의 책 《증명! 세계는 어떻게 기하학적이 되었나(Proof! How the World Became Geometrical)》에 근거한다. 베이커는 엄격한 기하학적 구조가 영국 식민지 정부의 권위를 주장한다고 보았으나 그보다 앞선 영국인 앤서니 트롤럽(Anthony Trollope)이, 필라델피아와 맨해튼의 '4변형 열병'을 거론하면서, 19세기 미국 도시의 직선적 구조가 두드러지게 비영국적이라고 본 것은 주목할 만하다.

2. *New York Times*, Feb. 23, 1885.

3. Edwin Abbott Abbott, William Lindgren, and Thomas Banchoff, *Flatland: An Edition with Notes and Commentary*(Cambridge: Cambridge University Press, 2010), 262.

4. 이 이야기에 관해서는 아미르 알렉산더의 《무한소(Infinitesimal)》 전반부를 참조하라.

5. "Comprehensive Biography of Rita Dove," University of Virginia, http://people.virginia.edu/~rfd4b/compbio.html.
6. "A Chorus of Voices: An Interview with Rita Dove," *Agni* 54 (2001), 175.
7. "A Chorus of Voices," 175.
8. Henri Poincaré, "The Future of Mathematics" (1908), trans. F. Maitland, appearing in *Science and Method* (Mineola, NY: Dover Publications, 2003), 32.
9. Luke Harding, "Grigory Perelman, the Maths Genius Who Said No to $1m," *Guardian*, Mar. 23, 2010.
10. William P. Thurston, "On Proof and Progress in Mathematics," *Bulletin of the American Mathematical Society* 30, no. 2(1994): 161-77.
11. William Grimes, "David Blackwell, Scholar of Probability, Dies at 91," *New York Times*, July 17, 2010.
12. Donald J. Albers and Gerald L. Alexanderson, *Mathematical People: Profiles and Interviews* (Boca Raton, FL: CRC Press, 2008), 15.
13. Bava Metzia 59a-b. See D. Luban, "The Coiled Serpent of Argument: Reason, Authority, and Law in a Talmudic Tale," *Chicago-Kent Law Review* 79, no. 3(2004), https://scholarship.kentlaw.iit.edu/cklawreview/vol79/iss3/ 33. 이 논문은 이야기의 해설 및 현대의 법적 사고(thinking)와의 관련성을 다룬다. 증명이 건물의 벽을 구부리는 순간이 도브의 '기하학'에서도 되풀이되는 것은 우연의 일치일까?
14. William Henry Herndon and Jesse William Weik, *Herndon's Lincoln*, eds. Douglas L. Wilson and Rodney O. Davis (Champaign: University of Illinois Press, 2006), 354.
15. Wiesel quoted in "Wiesel: 'Art of Listening' Means Understanding Others' Views," *Daily Free Press*, Nov. 15, 2011. https://dailyfreepress.com/2011/11/15/wiesel-art-of-listening-meansunderstanding-others-views.
16. From Alexander Grothendieck, *Récolltes et Semailles*, trans. Roy Lisker, available in *Ferment Magazine* at https://www.fermentmagazine.org/rands/promenade2.html.